KB122422

산방수 명인의
우리茶 이야기

仙房寺 蒸 眼雀苦茶

신광수 명인의 우리 茶 이야기
신광수 지음

초판 1쇄 발행 2014년 5월 23일
    2쇄 발행 2014년 12월 3일

펴낸이 오일주
펴낸곳 도서출판 혜안

등록번호 제22-471호
등록일자 1993년 7월 30일

주소 121-836 서울시 마포구 서교동 326-26번지 102호
전화 02-3141-3711~2 | **팩시밀리** 02-3141-3710
이메일 hyeanpub@hanmail.net

ISBN 978-89-8494-502-9 03590

값 20,000원

신광수 명인의
우리茶 이야기
仙岩寺九蒸九曝雀舌茶

혜안

| 신 광 수 |

1952년 전남 순천 출생
순천 선암사에서 불경 및 경전을 익히고 차 생활을 하며 성장
선친 용곡스님으로부터 선암사 구증구포작설차 전수
1976년부터 선암사 차밭 복원
1978년부터 순천 승주 관내 차밭 발굴 및 복원, 본격 차류 제조업 투신
1978~1997년 각지에 200만평 차밭조성 기여 및 공로상 수상
1999년 자랑스런 전남인상 수상
1999년 농림부(현 농림축산식품부)에서 전통식품(작설차제조부문)명인 지정
2006년 일본에 차 수출, 이후 매년 3~4회 한국차문화전파공연 및 전시회
2006년~현재 일본, 미국, 체코 등지 수출
2007년 친환경 농산물 품평회 가공부문 대상 수상
2007년 국립농산물품질관리원 유기가공품인증 획득
2007년 미국식약청FDA등록 공인인증시험소 제품 안전성 검사 통과
2008년 일본 농림수산성 지정 인증기관에서 유기 JAS 인증
2009년 제6회 친환경농업대상 우수상 수상
2010년 수출 유망 중소기업 지정
2011년 국립농산물품질관리원으로부터 한국 100대 스타팜 농장 지정
2013년~현재 한국식품명인협회 회장

저자의 재래종 차밭 전경

저자의 재래종 차밭(좌)은 반듯하게 정리된
개량종 차밭(우)과는 한눈에도 그 풍광이 매우 다르다.

저자의 수하다원 (비음수와 차밭)

❶ 활짝 핀 매화와 재래종 차밭
❷ 산딸나무 꽃이 만개한 재래종 차밭
❸ 편백나무와 재래종 차밭
❹ 은행나무와 재래종 차밭

개량종 차 뿌리와 재래종 차뿌리의 비교. 저자가 직접 그 차이를 보여주고 있다.

창과 기_ 성장에 따른 찻잎 모습

차꽃과 차 열매

죽로차밭

차움을 따는 대나무 집게

찻잎 따기
장작불 지피기

차 덖기

생엽을 담는 소쿠리와 제다에 쓰이는 장작

초벌 덖어 유념(비비기)하여 털어 널기

❶ 제다 작업장 내부 ❷ 무쇠 가마솥 ❸ 건조 죽석 ❹ 유념 멍석

아홉 번의 덖음 과정을 거쳐 완성되는 구증구포작설차

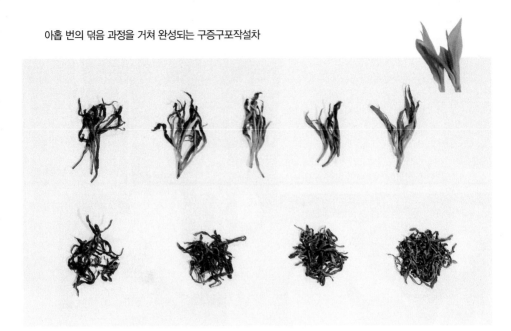

FDA공인인증기관 검사결과

JAS인증서

승설   무애   진향

난향   청향   순향

주요 차 제품

승설 : 춘분 전후 추위와 눈을 이기며 솟아난 좁쌀 크기의 새움을 채취하여 법제한 차로 고려 때부터 최상등급으로 알려져 왔다.

무애 : 한식인 청명 전후 채취한 찻잎으로 정성을 다하여 법제한 차로 깊은 향과 오미를 갖추었다.

진향 : 곡우 전 찻잎 크기가 참새의 혀 정도일 때 채취하여 법제하였으며, 향·색·미가 뛰어나다.

난향 : 곡우와 입하 전 1창2기의 찻잎을 엄선 채취하여 법제하여 차를 우려 마신 후에는 찻잎의 형태가 그대로 되살아나서 공정의 섬세함과 정성을 느낄 수 있다.

청향 : 입하와 소만 전에 채취한 찻잎으로 법제하여 향과 맛이 독특하다.

순향 : 소만과 망종 전에 딴 찻잎으로 법제하여 순수한 향과 맛을 즐길 수 있다.

저자의 제다공장. 뒤로 보이는 조계산 줄기와 그 너머에 모두 재래종 차가 자라고 있다.

저자의 제다공장과 승설헌에서 바라다본 조계산 전경.
오른쪽 아래 아스팔트의 갈림길이 저자가 성장한 선암사 입구다.

저자의 생활터전임과 동시에 우리 전통차를 보급하기
위해 운영하고 있는 승설헌 전경.
아래는 승설헌을 방문한 일본인 단체 손님과 함께한 모
습이다.

문경요 도천 천한봉 선생 다기세트

문경요 2대 천경희 선생 다기세트

호남의 명산 중 하나인 해발 884m의 조계산은 일찍부터 명승지로 손꼽혀 온 곳이다. 이 조계산 자락에 천년고찰(千年古刹) 선암사(仙巖寺)가 위치하고 있다. 그 관문인 승선교와 강선루는 그 아름다움으로 설명이 굳이 필요없으리만큼 유명하며, 강선루를 지나 아담한 못 삼인당과 일주문을 이어서 종각과 함께 선암사 40여 동의 불우가 옹기종기 조계산 품속에 안긴 듯 자리하고 있다.

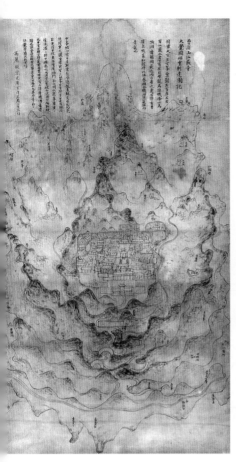

(좌) 선암사 전경 (출처: 문화재청 홈페이지)
(중) 선암사 대각국사 중창건도
(우) 31본산 선암사 전경(1929년)

선암사 경내에는 국가지정 문화재와 보물들이 즐비하다.

선암사 일주문

대웅전과 동서 삼층탑

대승암

삼인당

1986년 저자의 선친 용곡 스님이 주지를 맡고
계실 때 주조한 무게 2000관 급의 동종

각황전

3~4월의 선암사는 수령이 수백년에 이르는 아름다운 매화들로 유명한데,
특별히 선암매라는 이름으로 불린다.

이 선암매가 흐드러지게 핀 담을 사이에 두고 위치한 자그마한 건물이 무우전(아래 사진).
저자가 어린 시절을 보낸 곳으로 지금은 입구에 종정원이라는 현판이 걸려 있다.
보이지는 않지만 이 무우전 뒤로 각황전이 있다.

저자는 선암사에서
부친인 용곡 스님으로부터
차에 관한 모든 것을 배우고 익혔다.

차밭과 보리수

선암사의 차 아궁이(조왕단)와 선암사 뒤쪽의 복원된 차밭   선암사 대각암 실내

대각암

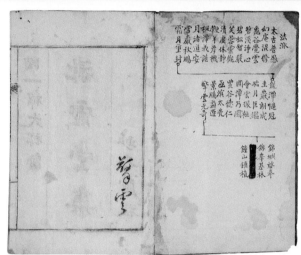

유서깊은 선암사에는 세 군데 부도밭이 존재한다. 아래는 그 중 두 곳의 부도밭이다.

가운데 사진은 왼쪽부터 서산대사 진영(부분), 경운 스님 서사(書寫) 법화경 금니사경이고, 오른쪽은 『청허당집』 표지에 경운 스님이 쓴 임제종 법맥

선암사로 들어서는 초입에 세워져 있는 표주석. 선교양종대본산(禪敎兩宗大本山) 조계산선암사(曹溪山仙巖寺), 벽계남악천봉수(碧溪南岳千峰秀) 방출조계일파청(放出曹溪一派淸)이라고 새겨져 있다. 그 바로 앞 비전에는 선암사 출신으로 이름을 널리 떨친 청허휴정 제5세 법손 상월새봉, 제12세 함명태선, 제13세 경붕익운, 제14세 경운원기, 제15세 금봉기림, 그리고 저자의 선친 제16세 용곡선사까지 태고임제종 법계를 잇는 선사들의 비가 나란히 서 있다.

용곡선사의 비 무산선생 서 저자 자작시

傳承法製雀舌茶
萬人試飮讚嘆也

松名一南說序先生詩 茂山

순 천 전 통 야 생 차 체 험 관

2005년부터 2007년까지 3년여에 걸쳐 대지 1500여 평에 총 250여 평의 한옥 건물로 신축된 순천야생차체험관. 명실공히 조계산 일대가 우리 전통차의 한 축으로 우뚝 섰음을 보여줌과 동시에 선암사의 구증 구포작설차를 널리 알리고 홍보할 수 있는 발판이 마련되었다고 할 수 있다.

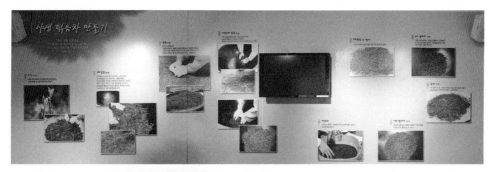

전시된 차나무는 재래종
차나무에 비료를 하여
개량종처럼 뿌리가
변종이 되었다.

又峴,〈茶室前景〉, 화선지 · 먹 · 채색, 65×50cm, 2013.

머리말

순천에는 호남의 명산 중 하나인 조계산이 있고, 이 산의 품 안에는 천년고찰 선암사가 있다. 이 선암사에 저자의 선친 용곡 스님께서 1917년 동진출가하여 당시 조선불교 임제종 관장이신 경운 스님과 인연을 맺게 되었다. 경운 스님은 당시 조선불교계의 정신적 지주이자 한국불가의 고승이었다. 조선불교 선교양종 교정으로 추대되셨던 경운 스님은 시·서·화에 능하셨고 또한 사경불교의 거장이셨다. 선친께서는 1936년 경운 스님 임종 시까지 20여 년간을 모시며 경서와 차를 배웠고, 1994년 자신의 임종 시까지 선암사와 함께한 선암사의 산 역사였다. 이러한 연유로 저자는 어린 시절부터 선암사에서 차와 더불어 살게 되었고, 선친께서 선암사 주지직을 퇴임한 1987년부터는 경내 생활을 청산하고 선암사 아랫마을에서 선친에게서 이어받은 선암사 구증구포작설차 법제 일에 종사하였다.

　선친께서는 선조사 스님들의 유지를 받들어 불가의 문화유산과 조계산의 차향을 후세에 잘 전하기 위하여 한평생을 헌신하셨다. 저자의 가슴에는 선친의 혼백이 자리하므로 차와 함께 선친의 뒤를 따르게 되었고 아들과 딸 또한 같은 길을 선택하였다. 차는 저자에게 세상을 살아갈 수 있는 힘을 주는 한편, 저자에게 건강과 사유(思惟)의 외연(外延)을 넓혀주었기에 차를 연구하며 공부해 나가는 일만큼은 절대 소홀히 할 수 없었고, 또 차생활로 자신을 정화하고 차를 통해 세상을 보려고 노력했었다. 그리고 저자는 일찍 젊은 시절에 경험한 차의 신령함을 믿었기에 궁극적으로 차와 하나되기를 원했었다. 또 차는 과거와 현재뿐 아니라 미래의 가장 든든한 동반자이며 버팀목이 되어줄 것이기에 저자에게는 모든 것의 위에 존재하게 되었으며, 생사고락을 차와 함께할 수 있었다는 것이 바로 행복이었다.

  때로 홀로 차밭에 올라 지난 일을 돌이켜보면 스스로 생각해도 실로 엄청나다고밖에 할 수 없는 면적의 차밭과, 또 그 차밭을 어떻게 유지 관리해 왔는지가 도무지 믿기지 않고 꿈같기도 하였다. 작금 여러 여건이 어려워지고, 또 끝없는 잡초와의 전쟁도 차에 대한 과욕과 스스로 차의 노예가 되기를 자초하였기 때문일 것이다. 이제 가슴에 담고 있는 모든 것을 내려놓고 멍에를 벗을 때도 되지 않았나 하는 생각이 스치기도 하고, 때로는 대를 이은 구속이라는 생각이 들 때도 있지만 차를 벗어나는 것은 저자에게 해방이 아니라 신의 벌을 초래하는 또 다른 구속이라고 생각되었다. 저자는 글을 쓰면서 우리 차문화가 잘 전파되어 차를 통한 행복을 추구하는 사람이 넘쳐나길 바라는 마음도 드러냈지만 저자의 뜻대로 이루어진 일에 대한 기억이 별로 없으며, 우리 차는 커피에 자리를 내어준 지도 오래되어 우리 전통차의 위상을 되찾는 일을 기대하는 마음조차 호강이라는 생각이 들곤 한다. 다만 우리 민족의 우리 문화를 우리가 알아야 하고, 또 우리가 지켜나가야 한다는 데 공감하는 분들이 더욱 많아졌으면 하는 생각과, 수천 년 후에도 이 땅에 우리 차문화가 올곧게 지속되었으면 좋겠다는 꿈을 꾼다.
  이순(耳順)이 지나면서 생각해 보니 저자의 성장 배경과 보고, 듣고, 배우고, 또 체험하며 느낀 바를 정리 기록하여 차에 관심 있는 분들이 일독함으로 조금이라도 도움이 되었으면 좋겠다는 생각을 했었다. 하지만 필재(筆才)는 부족하고 그저 차밭을 일구고 관리하며 채엽하여 법제하는 명업(茗業)에 매달려 허우적대며 살아오느라 글 쓰는 일은 항상 뒷전으로 밀려났었다. 그동안 국내를 비롯하여 일본과 체코, 프랑스 등 차를 통해 교류하게 된 지인들 및 애호가들에게서 책을 쓰라는 요청을 받았고, 이에 부족하지만 틈틈이 자료를 준비했었다. 주된 내용으로 동양 삼국의 차문화에 대하여 개략적이나마 역사적 고찰을 하고자 하였고, 선인들의 차생활과 차사랑, 그리고 청허휴정으로부터 선친까지 불가를 통해 내려온 구증구포차의 내력, 저자를 차의 세계로 이끌어주신 선친께 감사하는 마음을 담았으며, 이제는 낡은 집의 거미줄에 걸린 듯한 케케묵고, 또 아름다운 이야기는 아니지만 역사는 역사이기에 저자가 몸소 겪은 선암사의 분규 이야기도 담았다. 그리고 저자가 평생을, 행복뿐 아니라 고난과 역경까지도 함께한 차사랑 이야기를 적었다. 그리하여 우리 전통작설차의 앞길을 독자와 같이 고민해 보고자 하였다.

좋은 친구가 있다. 삼대(三代)에 걸쳐 세교(世交)하는 죽마고우로서 이 책을 내는 데 있어 함께 공부하는 마음으로 기획, 자료정리 등의 수고를 마다하지 않은 친구 소주(素洲) 장인근(張芒根) 인형(仁兄)의 노고에 감사드린다. 또 멀리서 늘 조용히 성원해주시는 김종심(金種心) 전 저작권심의조정위원회 위원장님, 그리고 항상 격려하며 힘이 되어주셨던 한승원 선생 내외분과, 물심양면 지원을 아끼지 않고 건강에도 신경써 주셨던 일본인 마사유키 씨와 그 가족들께도 깊은 감사의 뜻을 전한다. 그동안 저자의 차를 아끼고 사랑한 많은 애호가 및 지인들과 묵묵히 따르며 뒷받침하였던 가족과 성장해서도 곁을 떠나지 않고 차공부에 매진하는 두 딸과 아들에게 감사를 표한다.

2014년 雨水節

曹溪山 勝雪軒에서

松軒 申珖秀 頓首

신 동다송(新東茶頌)을 보는 감회

다 아는 대로 유명한 초의선사(草衣禪師)의 동다송(東茶頌)이 세상에
알려진 것은 1830년대 초반이었다. 우리나라의 차에 관한 불후의 고전으
로 칭송되는 책이다. 그로부터 거의 2세기, 그 동다송의 정맥(正脈)을
이어 송헌(松軒) 신광수(申珖秀) 명인이 차 이야기를 상재했다. 가히
신동다송(新東茶頌)의 출현으로 경하할 일이다.

내가 신광수 명인을 처음 알게 된 것은 지금으로부터 10여 년전 그가
만든 차를 우연히 접하게 되면서부터였다. 그리고 차를 접한 지 5년
뒤에는 선암사 아랫마을 그의 거처와 작업장을 찾아가 그를 직접 대면하
는 기회도 가졌다.

그때 나는 상사호가 내려다보이는 조계산 남쪽 기슭에 그가 30년
이상 혼자서 땀 흘려 복원하고 조성한 10여만 평의 재래종 차밭을 둘러보
고, 청허휴정(淸虛休靜) 이래 임제종(臨濟宗) 법맥과 함께 선암사에 유구
하게 전해져 내려오는 덖음차 제조 과정을 찬찬히 견학한 뒤 명인이
손수 우려내서 따라주는 귀한 작설차를 밤이 이슥하도록 음미하는 행운
을 누렸다.

내가 만난 신 명인은 수행이 몸에 밴 불제자(佛弟子)답게 과묵하고
진중하고 따스하고 부드러웠다. 그는 고요한 표정과 그윽한 미소로
말을 대신했다. 그런 그에게도 어딘가엔 서릿발같이 차가운 단호함이

숨겨져 있었을 것이다. 그렇지 않고서야 잊혀져 가고 사라져 가는 전통차의 맥을 잇고 소생시키는 지난한 작업을 그 혼자서 어찌 그토록 오래 감당해낼 수 있었겠는가.

나는 신 명인을 알고 나서야 차는 만든 사람을 닮는 것이 아닌가 하는 생각을 떠올리기도 했다. 비록 다선일여(茶禪一如)의 깊은 경지는 알 수 없지만, 그가 만든 차를 통하여 개결하고 담박한 차의 맛은 감각을 넘어 형이상(形而上)으로 온다는 것을 어렴풋하게나마 더듬어 보게 되었으니 얼마나 감사해야 할 일인가.

초의선사의 동다송은 차의 내력·효능·품종·품질·제조법, 차를 끓이고 마시는 법 등에 관한 31편의 송시(誦詩)와 주석을 모아놓은 책이다. 그 31편 가운데 우리나라 전통차에 관한 것은 6편이다.

그러나 신 명인의 이 책은 내용 거의 전부가 우리 차에 관한 것이다. 선인들이 남긴 다수의 다송시문(茶誦詩文)과 차에 관한 각종 문헌, 선암사에 전해오는 선맥(禪脈)과 다맥(茶脈), 신 명인 자신이 보고 듣고 배우고 만들고 체험한 전통차에 관한 정보가 다 들어 있다. 따라서 이 책은 동다송과는 또 다른 의미에서 동세대에게 읽히고 후세대에게 전해야 할 소중한 기록이라 할 수 있다.

신 명인은 이 신동다송(新東茶頌)의 저술로 그 자신이 바라는 바 "평생 차와 더불어 살았던 아름다운 사람으로 기억되고 싶다"는 소망을 다시 이루었다. 이 책이 아니더라도 그는 이미 '차와 함께 산 아름다운 사람'이다. 다만 이 책이 그 사실을 거듭 증명했을 뿐이다. 누구도 그를 대신해서 그 자리에 앉지는 못할 것이다.

김종심 | 전 동아일보 논설위원실장
전 저작권심의조정위원회위원장
전 한국간행물윤리위원회위원장

선암사 다맥의 현재와 미래를 비춰주는 등대 같은 책

『신광수 명인의 우리 茶 이야기』에 부쳐

송헌 신광수 명인이 차에 관한 자전적인 책을 냈다. 선암사 다맥의 과거·현재·미래를 비춰주고 그의 차에 대한 사상을 드러내주는 책이다.

선암사의 다맥은 휴정 서산대사로부터 현재 송헌 신광수 명인에 이르기까지 맥맥히 흘러왔다. 나는 그를 이르기를 '차미친(茶美親)'이라고 부른다. 차에 미친 사람이라는 뜻이다. 세상의 그 어떠한 일을 이룩한 사람이든지 자기의 일에 미치지 않으면 그것을 이루어낼 수 없다.

그는 태고종 선암사를 지켜낸 용곡 스님의 둘째 아들이다. 용곡 스님은 고흥에서 고령신씨 봉헌공파 종가의 외아들로 태어났는데, 그 종가의 재산 모두를 선암사에 털어부었다. 용곡 스님은 선암사를 지키는 일뿐만 아니라, 광주 송정리에 있는 정광 중·고등학교를 운영하면서 후진을 양성한 교육자이기도 했다.

선암사는 이 땅 해방공간의 비극적인 역사를 증언해주는 존재이다. 이승만정권 하에서 조계종과 태고종 간에 절을 차지하려는 다툼이 치열했다. 용곡 스님은 옥살이까지 하며 선암사를 지켜내려고 투쟁을 했다. 그 과정에서 아들 신광수 명인도 함께 옥살이를 했다.

신광수 명인은 태고종 승적을 가지고 있었던 불자였다. 선암사 입구에서 몇 십만 평의 차밭을 만들어 관리하고 대한민국 최고의 맛깔스럽고 향기로운 차를 생산하고 있다. 그는 수도하듯이 차나무를 가꾸고 차를 따서 손수 덖는다. 누군가가 차밭을 조성해달라고 하면 자기의 차씨와 인부들과 그들이 먹을 음식과 막걸리를 싣고다니면서 조성해준다. 나의 토굴 뒤란 언덕 위의 솜대밭 6백 평을 쳐내고 차밭을 조성해주기도 했다.

그의 차를 마셔 보면, 신화처럼 전해오는 '구증구포'라는 것이 무엇인지 실감이 난다.

그의 차는 일본으로 수출되는데, 그의 차맛을 본 일본인들은 눈물을 글썽이며 감탄을 한다. 해마다 일본의 관광객들은 단을 짜 가지고 순천 선암사 입구의 신광수 명인의 차밭과 차공장을 방문한다.

그는 차를 만드는 사람이지만 차에 대한 확고한 이론을 가지고 있다. 그의 차 생산방법은 남다르다. 두꺼운 무쇠솥과 오동나무를 사용한다.

그의 차향은 특이하다. 그냥 고소한 향만 가지고 있는 것이 아니다. 갓난아기를 뜨겁지 않은 물로 목욕을 시킨 다음 물기를 씻어내고, 그 아기의 살갗에 코를 댔을 때 맡아지는 배릿한 향이 섞여 있다. 그것은 우주의 원초적인 생명력을 내포한 향기이다.

차를 마시면, 백 살이 되도록 살지만 소년처럼 얼굴이 발그레해진다는 전설적인 말이 있는데, 그 차가 바로 이 배릿한 향과 맛을 지닌 차인 것이다.

차를 마시는 것은 선(禪)을 함께 마신다는 것이고, 선을 마신다는 것은 불교적인 각성(깨달음)을 얻는다는 것이다. 당신이 이 책을 읽는다면 나보다 훨씬 많은, 차에 대한 좋은 것들을 얻고 깨달을 것이다. 책 출간을 축하한다.

한승원 | 시인 · 소설가

제5장 부록   441

| 題字 | 茂山 許會泰   대한민국미술대전 대상 수상, 심사 및 운영위원
                       Emography 창시 및 구미 순회전시
                       상명대학교 대학원 동양화 전공

| 그림 | 又峴 李淑炯   대한민국미술대전 초대작가
                       대한민국문화예술대전 대상 수상
                       상명대학교 대학원 한국화 전공

| 일러두기 |

1 선암사의 법맥과 다맥은 용곡 스님의 법맥과 다맥을 말한다.

2 이 책을 엮는 데 있어 한국고전번역원, 한국불교문화종합시스템 및 선학자의 제 도서, 논문에서 많은 참고를 하였고 이에 그 관계자들에게 감사드린다.

3 본문의 사실에 대하여 정확성을 기하고자 많은 노력을 하였으나 미처 저자의 눈길이 미치지 못한 오류에 대한 지적을 겸손하게 기다린다.

4 홈페이지 : www.jagsul.com
      이메일   : jagsul@naver.com

제1장 우리나라의 전통작설차

구멍 뚫어 용천 만들고 물 길어 작설차 달이네
鑿穴擬龍泉 挹澌煎雀舌

_慧諶

예로부터 차는 동양에서 특히 우리나라와 중국, 일본에서 각 나라를 대표하는 기호식품으로 음식 및 신앙, 예술 그리고 제례문화에서 큰 축을 이루어왔으며, 전제시대에 왕조 혹은 정권의 부침(浮沈)에 따라 흥하기도 하고 쇠퇴하기도 하였다. 우리나라도 차의 태동기라 할 수 있는 신라시대를 거쳐 차의 중흥기인 고려시대를 거친 후, 숭유억불의 국가시책으로 쇠퇴기를 겪는 조선조와 우리의 전통과 민족문화의 말살화로 피폐화되었던 일제강점기를 지나서 건국과 민족상잔전쟁의 혼란기를 거쳐 1960년대 후반에 들어서야 우리 전통차문화가 기지개를 켜기 시작하였다. 이에 저자[申珖秀]는 어려서부터 커왔던 집이라고 할 수 있으며, 한때는 법복을 입고 계율을 지키며 수행생활을 했던 선암사에서 선친이신 용곡정호(龍谷正浩) 스님을 비롯한 노장 스님들로부터 선암사에서 오랜 기간 동안 면면히 이어져온, 주로 선차(禪茶)라고 부르던 전통 구증구포작설차와 그 제다법을 접하여 배우고 익히며, 또 1970년대 중반부터 그동안 황폐화된 차밭을 복원하고 조성하면서 제다법을 전승하였다. 이후 선암사를 떠나서는 글로 다 표현키 어려운 각고의 노력 끝에 다원을 이루고 운영해왔는데, 이에 그 과정과 배워오면서 깨우치고 습득한 지식을 기술코자 한다. 그간 우리 전통작설차와의 숙명적인 인연으로 오로지 재래종 차밭의 복원 및 조성과 작설차법제 등 평생 차 일밖에 모르고 살아온 차 농사꾼이지만 나름대로 부지런히 일하고, 치열하게 배우며 한눈팔지 않고 살아온 그대로를 그동안 축적된 자료와 사실에 기초하여 새롭게 공부하는 마음과 정리하는 자세로 정성을 다하여 써보려 했다. 하지만 원래 천학(淺學)인데다 글재주 없음의 안타까움으로 오랫동안 망설여왔다.

저자는 모든 학문과 문화의 시작은 역사라고 생각하고 있다. 역사는 작게는 개인사, 가문사이고 크게는 국사가 될 것이다. 저자는 선암사에서 성장했기 때문에 어려서부터 한국불교사와 선암사의 역사인 사적(寺蹟)과 선조사들의 행적, 업적, 시문(詩文) 등을 귀가 닳도록 듣고 읽고 외우며 자랐다. 특히 선암사에 이어져오는 법통, 즉 임제종법맥(臨濟宗法脈)은 다맥(茶脈)과 연관하여 선친께서 늘 각별히 강조하셨으므로 어렸던 저자에게 깊이 각인이 되었다. 흔히 모든 일은 하루아침에 이루어지지 않는다고 말한다. 또 어제가 있음으로 오늘이 있고 오늘이 있어 내일이 있다고도 한다. 저자는 오늘이 소중한 만큼 옛일도 소중히 생각하여야 한다고 믿는다. 그러므로 지난 일을 돌아보는 일과 기록하는 일, 정리하는 일도 크든 작든 역사를 위한 중요한 일이라고 생각한다. 이제 작설차라하면 으레 우리 전통차를 말하고 또 우리 차의 대명사가 되었지만 대흥사에 우리 차와 그 역사를 소중히 했던 응송 스님이 있어 초의선사, 그리고 『동다송(東茶頌)』과 『다신전(茶神傳)』이 세상에 알려졌듯, 저자에게도 선암사에 오래 전부터 전해져 내려온 구증구포작설차가 더없이 소중하므로, 나름대로 소명감을 가지고 그 법제와 전승이 영원히 지속되기를 간절히 염원하고 있다. 이에 저자가 이어온 선암사의 구증구포작설차와 그 법제, 그리고 이어오게 된 경위와 더불어 우리나라 차문화의 개론을 기술함에 앞서 의욕을 따르지 못하는 학문의 얕음과 필재 부족으로 인한 난필에 대해 본인 스스로 부끄럽고 독자에게 죄송한 마음 금할 수 없으며 이에 양해를 구하는 말씀을 먼저 드린다.

1. 작설차에 대해서

1) 우리나라 차의 약사와 유래

현재 우리나라 전통차의 대종을 이루는 작설차의 차나무는 선사 이전부터 자생되었으리라 생각되지만 역사에 등장하는 시기는 신라 이후이다. 차와 관련된 원효대사 및 설총, 충담대사, 대렴 등의 이야기가 『삼국사기』와 『삼국유사』 등에 전해지며, 고려시대 역시 송과 명과의 사신의 왕래, 교역 등의 영향으로 차문화는 왕실뿐 아니라 민간에까지 파급되어 깊숙이 스며들게 되었다. 따라서 고려 중기부터는 뇌원차(腦原茶), 유차(孺茶), 대차(大茶) 등의 토산차가 생산되기 시작하지만 차의 명칭, 음다법, 제조법 등이 중국과 유사하였으리라 생각된다.

우리나라 차의 전래에 관해서는 『삼국유사(三國遺事)』의 「가락국기(駕洛國記)」에 김수로왕의 왕비가 된 인도 아유타국의 허황옥 공주가 서기 48년 7월 전했다 하며, 구체적인 품목은 보이지 않지만 품목 외 물품일 것으로 짐작된다(所賣錦繡 綾羅 衣裳 疋緞 金銀 珠玉 瓊玖服 玩器 不可勝記). 이후 수로왕과 허황후의 사자(嗣子)인 가락국 2대 거등왕(199~255)으로부터 9대손 구형까지 수릉왕묘에 배향하고 세시(歲時)에 차 등으로 묘에 제사를 지냈다고 기록되어 있다.[1]

또 이능화(1869~1943)는 『조선불교통사』에서 "김해 백월산에 죽로차

---

[1] 一然, 『三國遺事』, 「駕洛國記」
"장사지내고 수릉왕묘라고 이름하였다. 뒤를 이은 거등왕부터 9대손 구형까지 이 능에 배향하고, 매년 정월 3일과 7일, 5월 5일, 8월 5일과 15일에 정결한 제사가 이어져 끊어지지 않았다.… 왕의 17대손인 급간 갱세가 조정의 뜻을 받들어 그 전답을 관리하며 해마다 술과 감주를 빚고 떡과 밥, 다과 등 여러 음식을 진설하여 제사지내기를 거르지 않았다."
葬之 號首陵王廟也 自嗣子居登王 泊九代孫仇衡之享是廟 須以每歲孟春之三日 七之日 中夏五之日 中秋初五之日 十五之日豊潔之奠相繼不絶 … 王之十七代孫 賡世級干祗稟 朝旨主掌厥田 每歲時 釀醪醴 設以餠飯茶菓庶羞等奠 年年不墜

가 있는데 세상에서는 수로왕비 허씨가 인도에서 가져온 차씨라고 전한다"(金海白月山有竹露茶 世傳首露王妃許氏 自印度持來之茶種)라고 쓰고 있다. 『삼국사기』의 흥덕왕 3년(828)조에는 "당나라에 갔다 돌아온 대렴이 차씨를 가져와 왕은 지리산에 심도록 한바, 차는 이미 선덕왕(632~647) 때에도 있었으나 이때에 이르러 성행하였다"(入唐廻使大廉 持茶種子來 王使植地理山 茶自善德王時有之 至於茶盛焉)라고 기술되어 있다. 위의 내용은 차의 외래에 대한 기술이나, 저자는 우리나라에도 선사 이전부터 토종 차나무는 자생하고 있었을 것이며, 외래종은 이후 사람의 왕래에 따라 전래되었으리라 생각하지만 기록 이전의 시대에는 약용이나 제물(祭物) 등 토속적인 용도 외 기호음료로서 마시는 등의 차문화가 형성되지는 못하였을 것으로 추측된다.

신라 이전의 차에 관해서는 백두산에서 생산되는 백산차(白山茶) 혹은 석남차(石南茶)라는 이름의 차가 있었으며, 추사 선생의 문인으로 〈세한도(歲寒圖)〉와의 인연으로 유명한 우선 이상적(藕船 李尙迪: 1803~1865)의 「백산차가 사박경로(白山茶歌 謝朴景路)」에 그 이름이 전한다.[2]

통일신라시대에는 『삼국유사』에 신라 제35대 경덕왕과 충담 스님의 차에 얽힌 이야기와 원효대사(617~686)와 그 시자(侍子)인 사포(蛇包)에 관한 이야기가 기록되어 있고,[3] 사포와 원효방에 관한 차이야기[茶話]는

---

2) 李尙迪, 『恩誦堂集』, 「白山茶歌謝朴景路」 부분
　　불함산(백두산)의 첫물차 그대에 감사하니　　　　不咸一網感君惠
　　찬 날씨 폐병에 인삼만큼 효과 있다네　　　　　　天寒肺病當三椏
　　뉘라서 알았으리 이 땅에도 이런 것이 있을 줄　誰知此土乃有此
　　비유컨대 인재가 먼 시골서 나옴인 양　　　　　　譬如人才出荒遐
　　다만 중령수 얻기 어려움 안타깝지만　　　　　　但恨難得中泠水
　　굳이 멀리서 무이차 챙기려 애쓰지 마시게　　　　無勞遠購武夷芽

3) 一然, 『三國遺事』, 「景德王·忠談師」
　　"왕이 기뻐하여 만나보고는 … '그대는 누구인가?' 하니 스님이 아뢰기를 '충담이
　　오니이다' 하였다. '어디서 오는 길인가?' 하니 스님이 '승이 해마다 중삼일과

50

이규보(李奎報: 1168~1241)가 원효방을 직접 찾았고, 그 기행(紀行)과
감회를 『남행월일기(南行月日記)』에 기록하였으며 시로 읊었다.[4]

> 중구일에 차를 끓여 남산의 삼화령 미륵세존께 올리는데 지금도 이미 올리고
> 돌아오는 길이니이다'라고 답하였다. 왕께서 이르기를 '과인에게도 역시 차
> 한 사발 나누어줄 수 있겠느뇨?' 하니, 스님이 이에 차를 끓여 바쳤는데 차의
> 맛이 이상하고 찻잔 속에서 기이한 향기가 풍겼다."
>
> 王喜見之 … 日 汝爲誰耶 僧日 忠談 日 何所歸來 僧日 僧每重三重九之日 烹茶饗南山三
> 花嶺彌勒世尊 今玆旣獻而還矣 王日 寡人 亦一甌茶有分乎 僧乃煎茶獻之 茶之氣味異常
> 甌中異香郁烈
>
> 『三國遺事』, 「蛇福不言」
> "경사의 만선북리에 사는 한 과부가 남편 없이 잉태를 하여 아이를 낳았는데,
> 나이 12세에 이르도록 말을 하지 못하고 일어서지도 못해 사동이라 불렀다[사복
> 혹은 사파, 또는 사복 등으로 쓰기도 하는데 모두 사동을 말한다]. 어느 날
> 그의 어머니가 죽었다. 그때 원효가 고선사에 머물고 있었는데 사복을 보고
> 맞이하여 예를 올리니 사복은 답배를 하지 않고 말하기를 '그대와 내가 옛날
> 불경을 싣고 다니던 암소가 지금 죽었으니 함께 장사지내는 것이 어떻겠는가?'
> 하였다. 원효가 승낙하자 함께 집에 이르러 원효로 하여금 포살수계를 하도록
> 하였다."
>
> 京師萬善北里 有寡女 不夫而孕 旣産 年至十二歲 不語亦不起 因號蛇童[下惑作蛇卜
> 又巴又伏等 皆言童也] 一日 其母死 時元曉住高仙寺 曉見之迎禮 福不答拜而日 君我昔日
> 駄經牸牛今已亡矣 偕葬何如 曉日 諾 逐與到家 令曉布薩授戒

4) 李奎報, 『東國李相國全集』 제23권, 「南行月日記」
> "… 다음날 부령 현령 이군 및 다른 손님 6~7인과 더불어 원효방에 이르렀다.
> 높이가 수십 층이나 되는 나무 사다리가 있어서 발을 후들후들 떨며 찬찬히
> 올라갔는데, 정계와 창호가 수풀 끝에 솟아나 있었다. 들건대, 이따금 범과
> 표범이 사다리를 타고 올라오다가 결국 올라오지 못한다고 한다. 곁에 한
> 암자가 있는데, 속어에 이른바 '사포성인'이란 이가 옛날 머물던 곳이다. 원효가
> 와서 살자 사포가 또한 와서 모시고 있었는데, 차를 달여 효공에게 드리려
> 하였으나 샘물이 없어 딱하던 중, 이 물이 바위 틈에서 갑자기 솟아났는데
> 맛이 매우 달아 젖과 같으므로 늘 차를 달였다 한다. 원효방은 겨우 8척쯤
> 되는데, 한 늙은 중이 거처하고 있었다. 그는 삽살개 눈썹과 다 해진 누비옷에
> 도모가 고고하였다. 방 한가운데를 막아 내실과 외실을 만들었는데, 내실에는
> 불상과 원효의 진용이 있고, 외실에는 병 하나, 신 한 켤레, 찻잔과 경궤만이
> 있을 뿐, 취구도 없고 시자도 없었다."
> … 明日 與扶寧縣宰李君及餘客六七人至元曉房 有木梯高數十級 疊足凌兢而行 乃得至
> 焉 庭階窓戶 上出林杪 聞往往有虎豹攀緣而未上者 傍有一庵 俗語所云蛇包聖人所昔住

이후 차츰 융성하게 된 차문화는 특히 화랑의 수행요목인 산천유오(山川遊娛)의 한 절목(節目)으로 자리 잡게 되었을 것이고, 이와 관련하여 고려의 이곡(李穀: 1298~1351)이 지은 유람기『동유기(東遊記)』에 강릉의 신라시대 유물인 돌아궁이[石竈], 석지(石池), 석정(石井)에 관한 기록과 시 〈한송정(寒松亭)〉이 전한다.[5] 김극기도 시 〈한송정〉에서 "차

也 以元曉來居故 蛇包亦來侍 欲試茶進曉公 病無泉水 此水從嚴罅忽湧出 味極甘如乳 因嘗點茶也 元曉房才八尺 有一老闍梨居之 厖眉破衲 道貌高古 障其中爲內外室 內室有 佛像元曉眞容 外則一甁雙屨茶瓷經机而已 更無炊具 亦無侍者

李奎報,『東國李相國全集』제9권,「題楞迦山元曉房」
"변산을 능가라고도 한다. 옛날 원효가 살던 방장이 지금까지 있는데, 한 늙은 비구승이 혼자 수진하면서 시중드는 사람도 솥·탕반 등 밥 짓는 도구도 없이 날마다 소래사에서 재만 올릴 뿐이었다.
邊山一名楞迦 昔元曉所居方丈 至今猶存 有一老比丘獨居修眞 無侍者 無鼎鐺炊爨之具 日於蘇來寺趁一齋而已

산 따라 위태한 사다리 올라	循山度危梯
조심조심 좁은 길 지나	疊足行線路
천길 아득한 낭떠러지 위	上有百仞顚
원효 스님 지은 집	曉聖曾結宇
...	
원효 스님 머문 후	曉公一來寄
바위 틈에서 약수 솟았네	甘液湧岩竇
...	
시중드는 자도 없으니	亦無侍居者
홀로 앉아 세월을 보내누나	獨坐度朝暮
소성이 다시 세상에 태어난다면	小性復生世
원효대사를 세상에서 소성거사라고도 한다	曉師俗號小性居士
감히 굽혀 절하지 않겠는가	敢不拜僂傴

5) 李穀,『稼亭集卷之十九』,〈次寒松亭體泉君所題韻〉

오로지 빼어난 경치 찾으려	意專尋勝景
아침 일찍 옛 성문 나섰네	早出故城門
선인들 가신 후 한송정 폐하여	仙去松亭廢
산에 돌 아궁이만 남았다오	山藏石竈存
인정에 오늘과 옛날의 차이 있듯	人情有今古
물상도 아침 다르고 저녁 다르다오	物像自朝昏

부뚜막은 이제 버려져 이끼만 푸르구나"(茶竈今落荒蒼苔)라고 읊었고, 안축(安軸)은 〈제한송정(題寒松亭)〉에서 "오직 차 끓이던 우물 있어 돌받침만 그대로구나"(惟有煎茶井 依然在石根)라는 싯귀를 남겼다.

한편 신라 말의 고승인 진감국사 혜소(眞鑑國師 慧昭: 774~850)의 최치원 선생 봉찬(奉撰) 「쌍계사비문」에는 다음과 같은 차에 관한 내용이 있다.

> 다시 한차를 올리는 이가 있으면 땔나무로 돌솥에 불을 지피고 가루로 만들지 않고 끓이면서 말하기를, 나는 단지 배만 적실 뿐 맛은 알지 못한다. 참된 것을 지키고 속된 것을 싫어함이 모두 이러한 것들이었다.
> 復有以漢茗爲供者 則以薪爨石釜 不爲屑而煮之曰 吾不識是何味 濡腹而已 守眞忤俗 皆此類也

이는 국사께서 당시 중국과 신라의 차 끓이는 방식인 『다경(茶經)』중의 떡차를 숯불에 구운 후 차 맷돌에 갈아 가루를 만들어 끓여 마시는 복잡하고 번거로운 방식 대신 선물받은 귀한 중국차를 가루 내지 않고 검소하게 그냥 돌솥에 넣어 끓여서 탕으로 마셨으며, 이는 당시의 음다기호 특히 값비싼 수입품인 한차(漢茗) 등을 탐닉하지 않고 속락(俗樂)을 즐기지 않았다는 소박한 심중소회를 밝힌 것으로 생각된다.

특히 대렴이 당에서 차씨를 가져올 때에는 장보고(張保臯: ?~846)가 청해진에서 대사로 임명되는 시기이므로 당과의 활발한 교역을 통해 각종 차를 비롯하여 다기 등의 많은 교역이 있었을 것이며, 이로 인해 차문화가 성행했으리라는 추측이 가능하다. 그리고 도자기는 처음에는 당의 월주요(越州窯)의 청자를 주로 수입했으나 나중에는 강진 등지에서

일찍 이 곳에 와 보지 않았다면
말만 듣고 근거 없다 하였으리

不是曾來此
聞言謂不根

직접 제작하여 각국에 수출했다고 하는 사실도 역사적으로 증명되고
있다.

　이후 비약적으로 발전을 거듭한 도자기는 12세기 무렵에는 비색청자
(翡色靑瓷)의 완성으로 이어지며, 이어 고려의 독자적인 상감(象嵌)청자
가 출현하고 15세기 조선시대에는 조선만의 백자가 탄생하게 된다.
일반적으로 모든 문화의 정점에 있다고 하는 차와 다기는 뗄래야 뗄
수 없는 불가분의 관계이며 서로 지대한 영향을 미쳐왔으므로 저자도
20여 년전 쯤 다기에 대한 많은 호기심 및 배워야 하겠다는 학구적인
욕심으로 우리나라 다기의 명장들을 찾아 문경, 양산, 울산, 경주 등
경북 일대와 여주, 이천, 공주 등을 주유한 적이 있다.

　그때 만났던 몇 분과 불을 다루고 고도의 집중력을 요한다는 공통점으
로 인해 이심전심으로 깊고 유익한 이야기를 나누게 되었다. 이후 문경요

2011년 일본공연 포스터 사진

의 도천 천한봉 선생, 영남요
의 백산 김정옥 선생, 이미
고인이 되신 사기장 장여 신
정희 선생 등과 서로의 작품
을 주고받으며 교분을 나누
었다. 특히 문경의 천한봉 선
생과는 대를 이어 교류하며
지난 2011년 2월과 2012년 4
월 일본 도쿄 기타센주(北千
住)에서 한국문화 전파 공연
을 함께 하기도 하였다.

　차문화의 중흥기라 할 수
있는 고려시대는 태조 왕건
의 건국 이래 신라의 문화와

예술을 더욱 계승 발전시켰다. 따라서 신라 말의 불교문화와 음다풍속을 그대로 고려로 이어받으면서 차에 대한 의식(儀式)까지 차차 대중화되면서 융성해져, 차는 필수적인 의례(儀禮) 및 기호음료로 자리 잡았고, 불교 역시 국가의 정책에 힘입어 크게 융성하였다. 고려는 불교의식을 신라보다 더 폭넓게 받아들였고, 오교구산(五教九山)으로 불교를 숭상한 나라이다. 승려들이 왕실을 자주 출입하고 왕들이 불제자를 자처했으며 왕비나 비빈, 후궁들이 불전에 친히 나아가 불공을 드렸다. 불교는 정신적 지도이념으로, 다른 어느 것보다 그들을 결속시켜 주었다. 선가(禪家)의 음다풍습이 왕공귀족으로 확대되고 국가적인 행사인 연등회(燃燈會)나 팔관회(八關會)도 사찰의 스님들이 많이 연계되어 헌다의례는 빠질 수 없는 중요한 자리를 점하게 되었다.

고려 때 국가의 연중행사 중 가장 큰 의식으로 초봄인 음력 2월 15일에 열리는 상원연등회(上元燃燈會)와 초겨울인 11월 15일 전·후 3일간 열리는 초동팔관회(初冬八關會)가 있는데, 이때는 다감(茶監)이 나오고 왕과 대신들이 수행하여 진다(進茶)하고 또 왕이 차를 하사하심이 정례로 되어 있다고 『고려사』 연등회의조(燃燈會儀條)에 기록되어 있다. 이 밖에도 『고려사』「예지(禮志)」에 언급된 98번의 의식 중 차의식을 거행하는 의식이 북조(北朝)의 사신 영접 시, 원자나 공주의 탄생 및 시집갈 때, 대관전의 군신 연회 등 11회나 나와 있기도 하는 등 차는 왕실에서부터 승려들 그리고 사대부 사이에서 크게 번성하게 되었다.

고려에는 조정의 다례를 거행하고 왕이 행행(行幸)할 때 다례를 봉행하는 일을 담당하는 다방(茶房)과 다군사 제도가 있었다. 다방은 부수적으로 약도 다루었으며 상사는 태의감(太醫監)이 겸직하였고 다방별감(茶房別監), 어다방원리(御茶房員吏), 참상원(參上員), 시랑(侍郎), 지다방사(知茶房事) 등등 수많은 관직이 있었음이 『고려사』「예지(禮志)」에 기록되어 있다. 또 고려만의 특수한 제도로서 왕의 순행(巡幸)이나 친행(親行)으로 행차 때 수행했던 다군사로는, 차풍로 등을 휴행(攜行)하는 행로군사(行爐軍士)와 차를 전담했던 다담군사(茶擔軍士)가 있었다고 기록되어 있으며 "행로다담각일군사사인"(行爐茶擔各一軍士四人)이라는 기록도 보인다.

고려시대에 금·은·소금·차·도자기 등의 특정 산물은 금소(金所)·은소(銀所)·염소(鹽所) 등 왕실직할의 소(所)라는 생산조직에서 조달되었다는 사실이 최근 밝혀지고 있으며, 그 시기는 10세기쯤으로 추정되고 있다. 다소(茶所)로는 『세종실록 지리지』와 『신증동국여지승람』에 경상도의 평교(坪郊)다소와 화계(花溪) 및 전라도의 18개소 다소가 적혀 있다. 평교다소는 통도사 북쪽 동을산(冬乙山)에 있던 차마을[茶所村]에서 차를 만들어 통도사에 바쳤다고 『통도사사리·가사사적약록(通度寺舍利·袈裟事蹟略錄)』에 기록되어 있다. 이규보는 화계다소에서 만들어 국가에 공납한 차, 좁쌀알과 같은 차의 움으로 만든 연고차(研膏茶)인 조아차(早芽茶)를 시 〈운봉의 노규선사가 얻은 올싹차를 보이며 시를 청하기에 유차라 이름하고 한 수 짓다[雲峰住老珪禪師 得早芽茶示之 予目爲孺茶 師請詩爲賦之]〉와 〈운을 다시 쓴 시[復用前韻贈之]〉, 그리고 〈손한장의 화답에 운을 이은 시[孫翰長復和 次韻寄之]〉에서 젖비린내 나는 차[乳臭兒]라는 뜻의 유차(孺茶)라고 이름하였다.

송 휘종 선화 5년(고려 인종 원년, 1123) 서긍(徐兢: 1091~1153)이 정사 노윤적(路允迪)과 같이 예종의 조의사절로 왔다가 돌아간 후 고려에 대한 갖가지 견문을 글과 그림으로 엮은 책인 『고려도경(高麗圖經)』제32권 기명(器皿) 다조(茶俎)절목에는 고려인의 차를 즐기는 내용과 법도, 차에 대한 차평(茶評) 및 다기(茶器) 등에 대한 내용이 실려 있다. 그 중에

고려에서 생산되는 차는 그 맛이 쓰고 떫어 입에 넣을 수 없고 오직

56

중국의 납차(蠟差)와 중국황실에서 쓰던 용봉단차(龍鳳團茶)를 귀하게
여기며 하사해 준 것 이외에 상인들 역시 가져다 팔기 때문에 근래에는
차 마시기를 자못 좋아하여 더욱 차의 제구를 만든다. 다구로는 금으로
도금한 검은 잔과 작은 청자사발, 화로는 은로를 쓰고 있었는데 모두
중국을 본받았다.

土産茶 味苦澁 不可入口 惟貴中國臘茶 幷龍鳳賜團 自錫賚之外 商賈亦通販
故邇來 頗喜飮茶 益治茶具 金花烏盞 翡色小甌 銀爐湯鼎 皆竊效中國制度

라고 쓰고 있다. 그러나 이는 송인(宋人)의 눈으로 본 견해로서, 당시의
고려 토산차로는 화개의 유차(孺茶), 뇌원차(腦原茶), 조계산의 작설차
(雀舌茶), 그리고 자순차(紫荀茶), 쌍각용차(雙角龍茶), 엄차(釅茶), 대차
(大茶), 노아차(露芽茶) 등이 있었고, 특히 화계다소에서 생산되어 진상된
유차는 그 품질이 중국의 용봉단차를 능가할 정도로 우수하였다고 전해
진다. 한편 용단승설의 실물에 대해서 조선후기 시인이며 골동품·금석
등에 조예가 깊었던 이상적은『은송당(恩誦堂)』속권4,「용단승설을
적는다[記龍團勝雪]」에서, 대원군이 불태웠던 충남 덕산군의 고려시대
절인 가야사 5층석탑에 700여 년전 안치된 크기 방(方) 각 1치에 두께
반치의 용단승설차 4과(銙) 중 1과를 얻은 경위를 적고 있다.[6]

한편 금화오잔(金花烏盞)에 대해서 일본인 아유카이 후사노신(鮎貝房
之進)은 그의 저서『차 이야기[茶の話]』에서 "고려청자가 세계에 자랑할
우수품이라는 것은 다시 말할 나위도 없거니와, … 이 금화오잔을 보고
서 이 시대에 금가루를 구워 붙여서 꽃무늬를 나타낸다는 기술의 진보
발달에 경이로운 눈을 뜨게 되는 것입니다. … 고려도자기의 세계에

---

6) 李尚迪,『恩誦堂 續卷四』,「記龍團勝雪」
　　… 龍團一銙 面作團龍形 鱗鬣隱起 側有勝雪二字 楷體陰文 度以建初尺 方一寸厚半之
　　近者石坡李公省掃于湖西之德山縣 訪高麗古塔 得小銅佛泥金經帖舍利子沈檀珍珠之屬
　　與龍團勝雪四銙焉 近余獲其一而藏之

자랑할 만한 만큼 발전을 이룩한 한 원인이 오로지 다구를 다스리는 데 있었다는 것을 알게 되어 기쁘게 여기는 바입니다"라고 하여 고려다기의 우수성을 극찬하였다. 또 우치야마 쇼조(內山省三)도『조선도자감상(朝鮮陶瓷感想)』에서 "동양정신의 극치가 정적(靜寂)이며 정적의 극치가 무(無)라고 한다면 무의 세계의 소산인 고려도기야말로 동양정신의 극치라고 하여도 감히 지나친 말은 아닐 것이다"라고 하였다.

한편 고려시대 다원(茶院)이란 왕이나 관리, 귀족, 스님들이 여행중에 들러 숙박하거나 쉬어가는 곳을 말한다. 당연히 차가 접대되었을 터이고 좋은 샘이 있는 곳에 위치하였을 것이다. 황해 평산의 다정원(茶井院), 문의와 선산의 다정원(茶亭院), 함창의 다방원(茶房院), 창녕의 다견원(茶見院), 경주의 다연원(茶淵院) 등의 기록이 있으며, 의종 21년 귀법사(歸法寺)에 거둥한 왕이 현화사(玄化寺)에 들른 후, 말을 달려 달령(獺嶺)의 다원에 이르렀다고『고려사』에 기록되어 있다.

그리고 민간에서 차의 판매와 거래를 하는 곳으로는 좌상(坐商)과 행상(行商)이 있었으며 차를 판매하고 마시는 곳으로는 다점(茶店)과 다방(茶房)이 있었다. 죽림칠현(竹林七賢)인 임춘(林椿: 생졸미상)의 시에 〈다점에서의 낮잠[茶店晝眠]〉이 있으며, 이숭인의 시 중에 다방이 언급된 시가 있다.[7]

---

7) 林椿, 〈李郎中惟誼茶店晝眠 二絶〉

평상에 누워 잠이 들었네	頹然臥榻便忘形
바람 불어 낮잠에서 저절로 깨어	午枕風來睡自醒
꿈속에서도 이 한 몸 머물 데 없었으니	夢裏此身無處着
이 세상도 잠시 머무는 곳인 것을	乾坤都是一長亭
빈 다락에서 해질 무렵 잠깨어	虛樓夢罷正高春
부질없이 먼 산만 쳐다보네	兩眼空濛看遠峯
뉘라서 숨어사는 한가로운 멋을 알리	誰識幽人閑氣味
한 마루 봄잠 천종의 녹에 맞먹으니	一軒春睡敵千鍾

李崇仁, 『陶隱集 卷之三』, 〈戲賦一師念珠百八顆〉

2) 중국의 차문화 유래

역사적으로 차나무는 인도와 중국의 기원설이 있으며, 수천 년 전부터 자생하여 약용 등으로 쓰이고 있었다고는 하지만 차의 종주국이라 할 수 있는 중국에서 기호품으로 인간의 생활과 정서 및 문화에 깊숙이 파고들게 되는 본격적인 차문화는 당나라 육우(陸羽: 733~803)의 『다경(茶經)』에 의해 시작되었다고 할 수 있다. 육우의 출생과 사망 연도는 확실치 않다. 당 현종 개원 15년(727, 신라 성덕왕 26)경 강가에 버려진 집안 내력이 불분명한 고아를 지적선사(智積禪師)가 거두어 길렀고, 이후 지금의 호북성 천문현 복부주(覆釜州) 용개사(龍蓋寺)에서 생활하였다. 9세 때부터 불경 공부를 시작하였지만 육우가 불법에 특별한 관심이 없고 오히려 공자의 유학에 뜻을 둔 것을 알게 된 스승 지적선사는 마침내 절에서 유학공부를 허락하였고, 성장 후에는 당 태종의 후손으로 하남도의 부윤(府尹) 이제물(李齊物)을 만남으로써 유학과 문학 공부를 본격적으로 하게 되었다고 한다. 이후 육우의 학문은 점점 깊어져 이윽고 십 수종의 저서가 완성된 것으로 알려져 있는데, 대부분 없어지고 『다경』과 『육문학자전(陸文學自傳)』만 전해온다. 육우가 『육문학자전』에 『다경』이 3권이라고 적었는데, 현재 전해지는 것은 북송(北宋)의 진사도(陳師道: 1053~1101)가 『다경』의 경전을 취합하여 서문을 짓고 재간행한 것이다.

차와 인간이 처음 문화적으로 대화를 시도하는 기록물이라고 평가하는 『다경』은 차에 관한 전문서적으로, 중국문화 양식을 대표하는 고전(古典)으로 받아들여졌다. 『다경』 상권에는 차의 근원과 도구 그리고 차제조

끝날 기약 없이 돌리고 돌리는 염주   念念循環無盡期
다방이든 술집이든 늘 모시고 다니누나   茶房酒肆也相隨
스님께 여쭈오니 백팔 아미타불 중에   問師百八彌陀佛
어느 아미타불을 대장으로 모시는지요   那箇彌陀解道帥

법에 대해서, 중권에는 차생활에 필요한 다구의 종류, 하권에는 차를 달이는 법과 음차의 종류 그리고 차의 내력이 수록되어 있다. 『다경』이 저술됨으로써 이후 차와 융화하여 살아가는 인간의 생활방식이 본격적으로 다루어지게 되어 다양하고 풍부한 차 관련 서적들이 나오지만 대부분 이 책을 인용한 내용들이 많다. 우리나라에서도 차인으로 살아가는 사람은 말할 것도 없고 차에 관심 있는 사람들이 필독할 만한 가치가 높은 다도의 경전으로 인식되어 있다.

육우와 『다경』에 대하여, 756년에 당의 진사 봉연(封演)이 『봉씨문견기(封氏聞見記)』에서 "육우가 다론을 지어 그 효능을 널리 알렸을 뿐 아니라 다구 24종을 만드는 등 음다의 기법까지 창출했기 때문이며, … 이와 같은 이론을 상백웅(常伯熊)이란 사람이 이어받아 널리 윤색하니 이에 있어서 다도가 크게 성행되어 왕공조사(王公朝士)로서 안 마시는 사람이 없었다"(楚人陸鴻漸爲茶論 說茶之功效 幷煎茶炙茶之法 造茶具二十四事 以都統籠貯之 遠近傾慕 好事者家藏一副 有常伯熊者 又因鴻漸之論廣潤色之 於是茶道大行 王公朝士無不飮者)라고 기록할 만큼 당시의 차문화에 『다경』이 끼친 영향은 심히 컸다. 생전에 이미 다선(茶仙)이라는 칭호를 받은 육우는 당시의 관료, 시인 등 유명 인사들과 많은 교유가 있었다. 그 중에서도 삼계정(三癸亭)이라는 다정(茶亭)을 지어 육우에게 기증한 명필이며 충신인 안진경(顔眞卿)과, 여류시인 이계란(李季蘭)과의 교유는 유명하였고, 당시(唐詩)의 대가이며 소주태수였던 위응물(韋應物)과의 친분관계도 있는 것으로 전해진다. 그가 죽은 후에는 다신(茶神)으로 추앙되어 그 유적지에는 그를 기리는 사람들의 발길이 끊이지 않는다고 한다.

『다경』의 영향 이외에 당대에 특히 차문화가 크게 성행하고 발전한 원인으로는 다음 세 가지 원인을 들 수 있다.

첫째, 당의 조정에서 불교를 크게 숭상하였기에 이로 말미암아 불교가 전국적으로 전파되어 불원(佛院)사찰이 많이 세워지게 되고 이는 선종(禪宗)의 흥기(興起)와 깊은 관계를 갖게 되었다. 선종은 불교교단이면서 다른 종파와 구별하기 위해, 당대에 임제종과 조동종 등 2개의 유력한 흐름의 종문(宗門)이 생겼다. 선찰(禪刹)에서 중시하는 좌선 수련 시에는 음식물 섭취와 수면을 금하는데 차는 피로회복제로, 또 졸음을 쫓는 데 도움이 되었기에 더욱 즐겨 마셨다. 또 현종 개원 연간(713~741)에 산동성 태산 영암사(靈巖寺)의 강마사(降魔師)가 처음으로 좌선(坐禪)할 때 차를 마실 수 있다고 허락했기 때문에 이후 경향 각 지방으로 번지기 시작했다고 기록되어 있다.

둘째, 과거제도 때문이다. 당나라 조정은 특명을 내려 기린초(麒麟草)라고 칭하는 다송시장(茶送試場)을 마련하여 과거를 보았으며, 이는 차문화 형성에 있어서 당대의 시풍(詩風)과도 유관하다 할 수 있다. 차를 좋아하는 시인으로 노동과 이백, 백거이 등이 유명하고 그 영향으로 선비들 가운데 다지풍(茶之風)의 시가 유행하고, 선비묵객들 사이에 음다행위(飮茶行爲)가 성행하게 되었던 것이다.

셋째, 금주령 때문이다. 술은 쌀로 빚어내는데 인구증가로 인한 식량난과 안록산의 난으로 폐농 사태에 이르러 숙종조에 장안(長安)에 금주령을 내렸으며, 이후 조정에서 차를 마시기 시작하여 중원에서 각 지방으로 차 마시는 풍습이 점점 퍼지게 되었다. 당대의 음다풍습은 황실이 선도하여 승려·문인 등이 제창하였고 이로 인해 백성들에까지 점차 파급되었던 것이다.

이리하여 장안성 내에 끽다점(喫茶店)이 도처에 열리게 되고 차가 성행함에 따라 차에 세(稅)를 부과하는 일이 제도화되었으며 차 창고를 중수(重修)하는 일까지 있었다. 또한 황실에 바치는 공다(貢茶)가 성행하였고 회기(回紀) 사람들이 황제에게 명마(名馬)를 바치고 차와 거래하였다는 기록을 볼 때 차마교역이 당나라 때부터 시작되었음을 짐작할 수 있다.

육우의『다경』에 차에는 추차(觕茶)·산차(散茶)·말차(末茶)·병차(餠茶)의 네 종류가 있다고 했고, 당나라의 차가 병차를 중심으로 이룩된 시대라고 한다면 송(宋)나라 때 제조차는 연고차(研膏茶) 중심의 시대로 큰 변화를 가져온다. 이 연고차는 오대(五代: 907~959)경에 일어난 차 제조법으로, 촉(蜀)의 모문석(毛文錫)은『다보(茶譜)』(935)에서 제조방법과 찻잎의 종류를 분류하고 있다.

송대(宋代)의 다서로는 채양(蔡襄: 1012~1067)의『다록(茶錄)』(1051), 구양수(歐陽脩: 1007~1072)의『대명수기(大明水記)』, 북송 말기 제8대 황제 휘종(徽宗: 재위 1100~1125)의『대관다론(大觀茶論)』(1107), 웅번(熊蕃)의『선화북원공다록(宣和北苑貢茶錄)』(1120), 조여려(趙汝礪)의『북원별록(北苑別錄)』(1186) 등이 있다.

『다록』에는 차의 빛깔, 향기, 맛, 저장방법, 차굽기, 맷돌의 차갈기, 차의 체치는 일, 끓는 물 살피기, 찻잔 데우기, 차 달이기, 차그릇의 분별 등에 대해 논(論)하였다.『대관다론』에는 차나무 식재방법, 차 생산의 발판, 차를 따는 일과 차를 가리는 일, 차 찌는 방법, 차의 제법, 감별법, 흰차, 차와 맷돌, 그리고 차솥들, 찻물 끓이는 방법, 차 향기, 색깔 등에 대해 상세히 기재되어 있다.『대명수기』는 물에 대한 내용이며,『선화북원공다록』은 육우의『다경』에서 차산지에 북원이 기록되어 있지 않아 진상차의 산지인 북원을 추가하고, 차종류와 등급, 진상차의 종류, 특색, 북원 차밭의 내력 등을 기록하였다. 또『북원별록』은『선화북원공다록』을 보완한 책이라고 이해할 수 있다.

이렇게 중국의 음차 역사를 보면 당나라 때의 음차법은 병차(餠茶)로 만들어 저장했다가 필요할 때 갈아 차솥에 가루를 넣어 거품, 즉 말발(沫餑)을 만들어 마시는 자다법(煮茶法)이고, 송나라 때는 오대부터 점차 개발된 차 가루를 다완에 직접 넣어 연고(研膏)와 같이 끈적하게 만든

후 적당한 양의 끓인 물을 부어 잘 저어 말발을 만들어 마시는 점다법(點茶法)으로 바뀌는데, 연고차는 덩어리 상태에서는 검고 차 맷돌에 갈면 흰 가루가 되는 것이다.

이후 명나라(1368~1644) 때는 명 초기까지만 해도 조정에서 용단봉병(龍團鳳餠)인 단차(團茶)를 즐겨 마셨는데, 홍무(洪武) 24년(1391) 9월 16일 명태조 주원장이 백성의 고단한 노역을 감하기 위해 용단차를 폐지시키는 칙령을 내려 잎차[茶芽]를 채취하여 진공토록 하였다. 이 칙령으로 인해 근 400년 동안 중국 차문화를 이끌어왔던 거품을 내는 점다법은 중국 차 역사에서 사라지고, 잎차를 우려 마시는 포다법(泡茶法) 시대가 열리게 되며, 이후 단차를 만들어 왔던 차농(茶農)들이 모두 잎차를 만들게 된다. 이제까지 중국차 역사에서 만들어왔던 차들은 모두 찻잎을 쪄서 떡[餠] 모양이나 덩어리[團]로 만든 증청차(蒸靑茶)였는데, 이제 상업적으로 또는 소비자의 수요에 따라 차농들은 여러 가지의 제다방법을 개발하게 된다.

3) 작설차와 구증구포

작설차(雀舌茶)는 차나무의 어린잎이 참새의 혀[雀舌] 같다고 해서 붙여진 이름으로 모문석(毛文錫)은 『다보(茶譜)』에서 "횡원의 작설·조취·맥과는 대개 그 여린 싹으로 만드는바, 이는 그 싹이 참새의 혀, 새 부리 그리고 보리 알갱이의 모습과 비슷하기 때문이다"(橫源雀舌鳥觜 麥顆 蓋取其嫩芽所造 以其芽似之也)라고 하였고, 북송(北宋) 심괄(沈括: 1031~1095)의 『몽계필담(夢溪筆談)』에도 "차 싹을 옛사람들은 작설이나 맥과라 하였다. 이는 지극히 어린 싹을 말한다"(茶芽 古人謂之雀舌 麥顆 言其至嫩也)라고 하였다. 송의 휘종 조길(趙佶: 1082~1135)의 『대관다론(大觀茶論)』에는 "무릇 찻잎이 참새의 혀, 곡식의 알갱이 같은 것은 차 겨루기 감으로, 일창일기는 상등품, 일창이기는 그 다음, 나머지는 하등품이다"(凡芽如雀舌穀粒者爲鬪品 一槍一旗爲揀芽 一槍二旗爲次之 餘斯爲下)라고 쓰고 있으며, 또 송의 섭몽득(葉夢得)은 『피서록화(避暑錄話)』에서 "대체로 차의 맛은 다 같지만 그 정한 것은 보드라운 싹에 있으므로, 이른 봄에 맨 처음 싹튼 마치 작설처럼 생긴 것을 취하면 그것을 창이라 하고, 싹이 조금 펴져서 잎이 된 것을 취하면 그것을 기라고 하는데, 기는 귀히 여기는 바가 아니다"(蓋茶味雖均 其精者在嫩芽 取其初萌如雀舌者謂之槍稍敷而爲葉者爲之旗 旗非所貴)라고 하였다. 그리고 『중국다엽대사전』에는 "작설은 찻잎이 가늘고 어린 것을 쓰는데, 참새 혀와 같은 형태다"(雀舌 用于表述茶葉嫩似麻雀之舌的形態)라고 되어 있고, 『중국다학사전』의 「작설조」에는 "작설차는 고대의 명차이다. 곡우 전 채취하고 차 싹의 잎이 어려서 얻은 이름이다"(雀舌茶 古代名茶采于穀雨前 因芽葉嫩如雀舌而得名)라고 기술되어 있다.

우리나라에서는 작설이 차의 모양에 따른 차의 명칭의 하나로 차의 순의 모양을 특징지어서 참새의 혀[雀舌]와 같은 모양의 차와, 대용차와 구분한 차의 의미로 이름붙인 한국 고유의 차의 보통명사를 지칭한다고 김기원 교수가 논문에서 설명하고 있다.

역사상으로 작설은 고려중기 진각국사 혜심(眞覺國師 慧諶: 1178~1234)의 시 〈선사를 모시고 방장실에서 눈을 끓여 여럿이 차를 마시다[陪先師丈室煮雪茶筵]〉에서 "구멍 뚫어 용천 만들고 물 길어 작설차 달이네"(鑿穴擬龍泉 挹澌煎雀舌)라고 읊어 처음으로 등장하며, 우정승, 문하시중 등의 요직을 겸임한 익재 이제현(益齋 李齊賢: 1287~1367)은 조계산 수선사(修禪寺) 송광화상에게 보내는 시 〈송광화상이 햇차를 부친 은혜에 붓 가는 대로 적어 방장께 부쳐드리다[松廣和尙寄惠新茗 順筆亂道寄呈丈下]〉에서 "봄에 말린 작설도 자주 나누어 주었네"(春焙雀舌分亦屢)라고 하였다. 운곡 원천석(耘谷 元天錫: 1330~?)도 〈아우 이선차사백이 보낸 차에 사례함[謝弟李宣差師伯惠茶])에서 "서울에서 보낸 소식 숲 집에 도달하니 가느다란 풀로 새로 봉한 작설차라네"(惠然京信到林家 細草新封 雀舌茶)8)라고 읊었다.

유항 한수(柳巷 韓脩: 1333~1384)도 그의 시에서 작설을 말하였으며, 9) 조선전기의 보한재 신숙주(保閑齋 申叔舟: 1417~1475)는 도갑사 수미왕 사(壽眉王師)에게 차를 받은 답례로 시 〈선종판사 수미 견방 익조시사(禪 宗判事 壽眉 見訪 翼朝詩謝)〉에서 작설차(雀舌茶)가 언급된 시를 지어 보냈다.10) 매월당 김시습(梅月堂 金時習: 1435~1493)은 〈작설〉이라는 제시(題詩)를 지었으며, 11) 김시습이 경주 남산에서 직접 키우고 만든

8) 元天錫, 『耘谷詩史』 卷五, 〈謝弟李宣差師伯惠茶〉
　서울에서 보낸 소식 숲 집에 도달하니　　　　　惠然京信到林家
　가느다란 풀로 새로 봉한 작설차라네　　　　　細草新封雀舌茶
　식사 후 한 사발은 지나칠 수 없는 멋　　　　　食罷一甌偏有美
　취한 후 세 사발에 의기양양해진다네　　　　　醉餘三椀最堪誇
　주린 창자 적신 곳엔 찌꺼기도 없고　　　　　枯腸潤處無查滓
　아픈 눈 뜰 때에는 현기증도 사라지네　　　　　病眼開時絶眩花
　신묘한 공덕은 헤아리기 어렵고　　　　　此物神功試莫測
　시상이 떠오르니 수마도 사라진다　　　　　詩魔近至睡魔賒

9) 韓脩, 『柳巷先生文集』, 〈慶尙安廉寄新茶復用前韻答之〉
　지존께 올린 나머지도 어찌 기대할 수 있으랴　　　豈期分我至尊餘
　금년에 작설차 귀하고 없더라　　　　　雀舌今年貴莫如
　봉래산에서 돌아옴이 소망이 아니고　　　　　歸來蓬萊非所望
　다만 뱃속의 글 엷게 하기에 알맞네　　　　　正宜澆得腹中書

10) 申叔舟, 『保閑齋集』 卷七, 〈禪宗判事 壽眉 見訪 翼朝詩謝〉
　도갑산 계곡 작설차와　　　　　道岬山溪雀舌茶
　옹기 마을 울타리에 떨어져 있던 눈 속의 매화가　　　瓮村籬落雪梅花
　마땅히 네게 고향의 의미를 알게 하노니　　　也應知我思鄉意
　남쪽 고을 옛일들 떠오르게 하노라　　　　　說及南州故事多

11) 金時習, 『梅月堂集』, 〈雀舌〉
　남쪽에서 봄바람 살살 불어오는데　　　　　南國春風煙欲起
　차나무 잎새 밑엔 뾰족한 부리 머금었네　　　茶林葉底含尖觜
　가려낸 어린 싹은 바로 신령스러움이니　　　揀出嫩芽極通靈

작설차를 선물받은 친구 사가정 서거정(四佳亭 徐居正: 1420~1488)은 사례로 〈설잠 스님께서 보낸 차에 감사함[謝岑上人惠雀舌茶]〉을 써보냈다. 한편 시의 내용 중에 "봉함을 여니 모조리 봉황의 혀요 살짝 불 쬐어 곱게 갈았더니 옥가루처럼 날리네"(封緘——鳳凰舌 輕焙細碾飛玉屑)의 내용으로 보면, 잎차가 아니라 차 맷돌에 갈아낸 가루를 끓인 물에 타서 마시는 말차(末茶)였던 것으로 생각된다. 또 〈차를 달이다[煎茶]〉에서는 "돌솥에 한가로이 작설 같은 싹을 달이노라"(石鼎閑烹雀舌芽)라고 읊기도 하였다.

한편 작설차는 조선왕조실록에 총 40회 언급되었으며, 태종 때 명 사신 단목지(端木智)에게 작설차를 선물하였고, 세종 때도 명 사신에게 작설차를 보냈다는 기록 등으로 보아, 당시 작설차는 외교관계에서의 선물과 무역관련 교역품으로 사용되었음을 알 수 있다.

한편 허준(許浚: 1546~1615) 선생이 1596년(선조 29)에 임금의 명을 받아 1610년(광해군 2)에 완성한 한방의학의 최고원전인 『동의보감(東醫寶鑑)』 「탕액편(湯液篇)」에도 고다(苦茶: 작설차)라는 항목으로 작설차의 성질과 효능이 상세하게 기술되어 있다.[12]

그 맛과 품격은 일찍이 다경에도 쓰였다	味品曾以鴻漸經
자순은 잎과 새움 사이에서 나오고	紫笋推出旗槍間
봉병용단차는 헛되이 모양만 본떴네	鳳餠龍團徒範形
푸른 옥사발에서 타는 불로 달여내면	碧玉甌中活火烹
게눈 같은 거품 생기며 솔바람 소리 울린다	蟹眼初生松風鳴
고요한 절간에 객들 둘러앉아	山堂夜靜客圍坐
운유차 한 잔에 두 눈이 밝아지네	一啜雲腴雙眼明
사람 많은 집에서 잔질이나 해대는 저 양반	薰家淺斟彼粗人
어찌 알리오 눈으로 달인 차 이토록 맑은 줄	那識雪茶如許淸

12) 許浚, 『東醫寶鑑』, 「湯液篇」
   "고차 작설차. 차의 성질은 약간 차고 또는 냉하다고도 한다. 그 맛은 달고 쓰나 독은 없다. 기를 내리게 하고 묵은 식체를 없애주며, 머리와 눈을 맑게 하고 소변이 잘 통하게 한다. 소갈증을 멎게 하고, 잠을 줄여주며 굽거나

한편 신라시대부터 고려중기까지의 기록은 말차(沫茶)뿐이고 여말선초의 작설차는 연고차(硏膏茶)의 원료였거나 잎차로 혼용되었으며, 조선 중기 이후의 작설차는 점차 잎차가 보편화되는 추세로 생각되므로 그런 맥락에서 원천석과 한수 등의 시에 언급된 작설은 내용으로 보아 말차로 추측된다. 조선 선조 무렵에는 까치 작(鵲)자를 쓰기도 하였던 잎차로서의 작설차는, 저자의 선친 용곡 스님의 16대 선조사가 되시는 청허휴정(淸虛休靜: 1520~1604)대사께서 지리산에서의 수행 및 득도 후 보임(保任)중에 구증구포(九蒸九曝)작설차의 제다법제와 음차법을 완성하였다

볶은 음식으로 생긴 독을 풀어준다. 차나무는 작고 치자나무와 비슷하며, 겨울에 새 잎이 나는데 일찍 딴 것을 차라 하고 늦게 딴 차를 명이라 한다. 차의 이름은 다섯 가지가 있는데 첫 번째 차, 두 번째 가, 세 번째 설, 네 번째 명, 다섯 번째 천이라 부른다. 옛 사람들이 차의 새싹을 작설이나 맥과라고 부르는 이유는 어린 잎을 말하며 납다가 바로 이것이다. 어린 잎을 찧어 떡처럼 만들어 불에 쪼이면 좋은 차가 된다. 명이나 천은 다엽이 오래된 것을 말한다. [經史證類大觀本草]
차를 마시면 오장육부 중 심포경(心包經)과 간경(肝經)으로 들어가며, 마실 때는 마땅히 뜨겁게 마셔야 하고 차게 마시면 담이 쌓이게 된다. 오래 마시면 체내의 지방을 분해하여 사람을 마르게 한다. [醫學入門]
몽산차는 성질이 따뜻하여 병을 치료하기에 으뜸이며, 좋은 차로는 의흥차, 육안차, 동백산차, 신화산차, 용정차, 민랍차, 촉고차, 보경차와 여산운무차가 있는데 다 맛이 좋아 널리 이름을 얻었다. 어떤 사람이 구운 거위고기를 좋아해서 계속 먹는 것을 보고 의사가 그 사람에게 반드시 몸 속에 악창이 생길 것이라고 했는데 끝내 병이 나지 않으므로 찾아가 보니 그는 매일 밤 반드시 시원한 차 한 사발씩을 마셨는데 이것이 해독하였던 것이다. [食物本草]"

苦茶 쟉셜차

性微寒 一云冷 味甘苦 無毒 下氣 消宿食 淸頭目 利小便 止消渴 令人少睡 又解炙炒毒 樹小似梔子 冬生葉 早採爲茶 晩採爲茗 其名有五 一曰茶 二曰檟 三曰蔎 四曰茗 五曰荈 古人謂其芽 爲雀舌麥顆 言其至嫩 卽臘茶是也 採嫩芽 搗作餠 並得火良 茗或曰荈 葉老者 也 一本草一
入手足厥陰經 飮之宜熱 冷則聚痰 久服去人脂 令人瘦 一入門一
蒙山茶 性溫 治病最好 宜興茶 陸安茶 東白山茶 神華山茶 龍井茶 閩臘茶 蜀苦茶 寶慶茶 廬山雲霧茶 俱以味佳得名 一人好食燒鵝 不輟 醫者謂其必生內癰 後卒不病 訪知此人 每夜必啜涼茶一椀茶 此其解毒 一食物一

고 전한다.

한편 구증구포(九蒸九曝)는 원래의 자의(字意)가 '아홉 번 찌고[蒸] 아홉 번 햇볕에 말린다[曝: 日乾]'는 의미로 인삼이나 숙지황 등 한약재의 강한 성질을 누그러뜨려 약성을 발현시키기 위해 쓰는 방법이다. 그러므로 '아홉 번 덖고[炒] 비벼서[揉捻] 그늘에서 말리는[陰乾] 작설차의 법제와는 과정과 의미의 차이가 있다 하겠고 자의(字意)로 인한 세간의 논란도 있으나, 일찍이 다산 선생도 시 〈범석호의 병오서회 10수를 차운하여 송옹에게 부치다[次韻范石湖丙午書懷十首簡寄淞翁]〉의 둘째 수에서 구증구포를 최초로 언급하였다.13)

또한 한말의 문신 귤산 이유원(橘山 李裕元: 1814~1888)은 『임하필기(林下筆記)』에서 "강진 보림사의 죽전차는 정약용 선생이 구증구포의 법제를 절 스님들에게 가르쳤고 그 품질은 보이차에 떨어지지 않았다. 곡우 전에 딴 것을 더욱 귀하게 치니, 이를 일러 우전차라 해도 괜찮다"라고 언급하고 있으며,14) 문집인 『가오고략(嘉梧藁略)』에 〈죽로차(竹露

---

13) 丁若鏞, 『茶山詩文集』第六卷, 〈次韻范石湖丙午書懷十首簡寄淞翁〉

뜰에 가랑비 내려 푸른 이끼 적시기에	小雨庭莎漲綠衣
여린 여종에게 느지막이 밥 지으라 했네	任敎屝婢日高炊
게을러 책 멀리한 아이 자주 부르고	懶抛書冊呼兒數
병으로 의관 벗으니 손님맞이 더뎌진다	病却巾衫引客遲
지나침 줄이려 차는 구증구포 거치고	洩過茶經九蒸曝
번다함 싫어해 닭은 한 쌍만 기른다네	厭煩雞畜一雄雌
시골의 잡담이야 자질구레한 것 많아	田園雜話多卑瑣
당시 차츰 물려두고 송시 배우노라	漸閣唐詩學宋詩
…	

14) 李裕元, 『嘉梧藁略』 册十四, 〈玉磬觚賸記〉; 『林下筆記』 卷32, 〈湖南四種〉

강진 보림사의 죽전차를	康津寶林寺竹田茶
열수 정약용이 얻어	丁洌水若鏞得之
스님들에게 구증구포 제다법을 가르쳐주었더니	敎寺僧以九蒸九曝之法
그 품질이 보이차에 떨어지지 않았도다	其品不下普洱茶
곡우 전에 딴 것을 더욱 귀하게 여기나니	而穀雨前所採尤貴

68

茶)〉란 장시를 지어 보림사 차에 대해 아주 구체적인 기록을 남겼고 여기서도 다산의 구증구포설은 반복적으로 언급된다.[15]

그리고 다산이 강진 시절에 직접 가르쳤던 제자 이시헌(李時憲: 1803~1860)에게 보낸 서한 중, "올해 들어 체증병이 더욱 심해져 흐트러진 몸뚱이를 지탱하는 것은 오로지 떡차에 기대는 덕분이라네. … 모름지기 세 번 찌고 세 번 말려 아주 가늘게 갈아야 할 것이네. 또 반드시 돌샘의 물로 잘 섞어 진흙처럼 반죽하여 작은 떡으로 만든 후에야 찰져 먹을 수 있다네. 아시겠는가"(年來病滯益甚 殘骸所支 惟茶餅是靠 … 須三蒸三曬 極細研 又必以石泉水調勻 爛搗如泥 乃卽作小餅然後 稠粘可嚥 諒之如何)라는 내용으로 보아 다산이 통상 마신 차는 잎차가 아닌 떡차[餅茶]였고, 삼증삼쇄나 구증구포로, 즉 여러 차례 되풀이하거나 여러 번 반복 과정을 거쳐 법제한 차로서 이 또한 덖음잎차가 아닌 떡차임을 알 수 있다.

떡차는 채엽 후 제다 전, 잎의 선도와 수분을 유지시킬 냉장보관이나 진공포장 등의 방도가 전혀 없었던 당시에 시간이 지날수록 잎의 진액이 누출되면서 산화되며, 또한 비가 자주 내리거나 습한 날씨가 오래 지속되면 찻잎이 발효되거나 부패되는 등 변질되어 잎을 덖어도 맛이 변해버리는 상황에서 나온 제다방법이었다. 떡차가 잎차보다 질이 우수하고 맛이 더 좋아 그랬던 것이 아니었음은 다산이 강진을 떠나면서 제자들과 맺은 「다신계절목(茶信契節目)」에 "곡우일에 여린 잎을 따서 볶아 1근을

이를 일러 우전차라 부름이 가하도다 　　　　謂之以雨前茶可也

15) 李裕元, 『嘉梧藁略』 冊四, 〈竹露茶〉
　　보림사는 강진 고을 자리 잡고 있으니 　　　　普林寺在康津縣
　　…
　　구증구포 옛법 따라 법제하니 　　　　蒸九曝九按古法
　　구리시루 대소쿠리 번갈아서 방아 찧네 　　　　銅甑竹籬替相碾
　　…
　　보림차로 만족하니 보이차 안 부럽다 　　　　我産自足彼不羨

만든다. 입하 전에 늦차를 따서 떡차 2근을 만든다"(穀雨之日 取嫩茶 焙作一斤 立夏之前 取晚茶 作餅二斤)라는 내용을 보아 짐작할 수 있다.

숙지황이나 인삼 등의 다른 약재와 마찬가지로 생차 잎도 덖거나[炒] 찌고[蒸] 말리는[乾] 과정을 거듭하면 차의 강한 성분이나 독성이 현저하게 줄어들어 이윽고는 섭취가 가능해진다. 그리고 작설차 고유의 향과 맛이 생성된다. 다산 선생은 이러한 약리(藥理)를 통하여 차의 제다 법리를 잘 알았기 때문에 구증구포가 차의 강한 독성을 감쇄시키기 위함이라고 했고, 찌는 횟수가 많음은 차의 향과 맛을 더 좋게 해주기 때문이라는 기록도 보인다. 이는 자의(字意)와 여건에 따르는 횟수에 관계없이 차의 독하고 냉한 성질을 감쇄시키고 떫은맛을 부드럽게 하며 단맛을 강화시켜 색·향·미를 고루 갖춘 작설차의 특성을 극대화하는 제다법인 데 대해 의문의 여지가 없음이다.

바꾸어 말하면 차나무의 잎을 생잎 그대로 사람이 섭취하기는 잎이 지닌 강한 성분과 독성 때문에 부적합하기에, 필히 가공과정을 거쳐야 하며, 이는 잎의 독성을 누르고 보관성과 운반성의 효율을 제고시키며, 작설차 고유의 색과 향, 그리고 맛을 살리면서도 간편하게 섭취토록 하기 위함이다. 그리고 제다된 후 기호음료로서 최상의 작설차가 되기 위해서는 제다과정에서 필히 확인하고 감안하여야 할 여러 조건들, 즉 새잎[嫩芽]과 늦잎[晚芽], 잎의 함수율, 법제하는 날의 습도의 정도, 불다루기[火候] 등에 따라 정도의 차이가 있고, 또 덖음의 횟수가 딱히 정해진 바는 아니지만 재래종 차의 잎은 주로 아홉 번 내외의 덖음 과정을 거침으로써 최선의 덖음차가 생산된다고 할 수 있다.

한편 저명한 차인이자 동국대학교 교수인 고 김운학(1934~1981) 박사는 저서 『한국의 차문화』에서 우리 차의 전통제조법으로 "차제조의 엄격한 구증구포에 이르는 것이나, … 그러니 한국차는 그 만드는 법도 훌륭했지만 그 맛도 가장 좋았다는 것을 알 수 있다. … 우리의 재래식

방법은 대흥사나 화엄사 등지에서 행하고 있는 구증구포에 있지 않나 생각된다. … 차의 빛깔만 보아도 그것이 구증구포가 다 되었는가 안 되었는가를 판별해 볼 수 있다. 그러니 이 제조법은 그 차에서 정(精)을 가장 많이 뽑아내 그것을 우려 마시는 이치다"라고 기술하는 등 작설차의 제다법으로 보통명사화되어 오랫동안 전용(轉用)해서 관습으로 써왔다고 생각된다. 또 굳이 구차하고 새삼스럽게 구초구건(九炒九乾) 등의 새로운 용어를 만들어 써야 할 이유도 없으며, 저자가 집이나 다름없이 성장하였던 선암사에서도 오래 전부터 선친을 비롯한 노장 스님들께도 그렇게 배우고 들어왔으므로 그대로 표기하기로 한다.

또한 항간에서의 논란의 핵심은 작설차의 제다과정이 아홉 번의 덖음을 필요로 하지도 않고 또 불가능하다고 예단(豫斷)함인데, 저자의 재래종 차밭 다원에서는 그 일이 통상적으로 늘 이루어지는 일이므로 어려운 일도 아니며 별도의 특별한 과정을 거치지도 않는 보편적 제다의 한 과정일 뿐이지만, 제반 여건을 세밀히 확인해 가며 굳이 아홉 번 정도를 덖는 과정과 이유는 본서 〈제3장 저자와 작설차〉에서 상세히 기술하겠다.

4) 조선시대 : 차의 쇠퇴기

한편 우리 한국차의 특징을 고찰해 보건대 『고려도경』이나 조선시대 궁중의식을 살펴보면 분명 엄격한 절차와 의식이 있었지만, 조선의 억불정책과 지나친 공세(貢稅) 등의 이유로 조선중기 이후 차문화는 쇠퇴되고 말았다. 이른바 민간생활에서 전통의 단절이라고도 볼 수 있는데, 사당(祠堂)차나 유가(儒家)류의 차가 없었던 것은 아니지만 주로 사찰 및 사찰 부근에서 차가 생산되었고, 실제 수요도 국가에 공납된 차 이외는 일부 사대부와 사찰에서 이루어졌고, 또 그 법제 등의 명맥도

사원과 스님 위주로 이어져왔으므로 우리의 전통차는 '사원차'라 불리는 경우가 많았다.

그리고 사찰 내에서의 차문화 발전 요인은 차가 손님접대용으로 사용되었고, 나아가 부처에게 올리는 엄숙한 차례(茶禮)의 의식으로도 발전하였으며, 차츰 사찰 및 승려의 일상사에서 분리할 수 없는 항다반사적 생활의 부분으로 자리 잡게 된 데 있다. 그 중에서도 가장 심층적인 원인은 선수행에서 궁극적 목표인 깨달음의 과정으로서 관념의 일치성, 즉 차의 성질과 선의 깨달음 자체와의 합일(合一)에 이르는 추구성에 있다고 하겠다. 즉 차와 선이 하나로 융합될 수 있기에 차는 선을 돕고 선은 차를 돕는 상호보완적 관계에서 점차 규율적인 풍속으로 정립되어, 이윽고 다풍 혹은 다맥으로 발전하고 전승되었다고 할 수 있다.

차가 성행하는 사찰에서는 특별한 날의 헌다례(獻茶禮) 이외에도 매일매일의 아침예불 때에도 차를 올리며 다게를 한다. 그리고 공양 후에 마시는 차는 머리를 안정시키며 소화를 돕고, 방선(放禪) 후 다각(茶角)이 받들어 나오는 차는 역시 심신의 안정과 피로회복의 역할을 하는 것이다. 교리공부나 선 수행 시의 차는 불당 처마에 걸린 풍경(風磬)의 감지 않는 물고기 눈처럼 늘 오감(五感)이 깨어 있는 상태로 경각심을 놓치지 않도록 하여 수마(睡魔)를 쫓고 화두(話頭)에 몰입·집중케 하고, 자연스럽게 무의식의 세계로 이입(移入)되어 깨달음의 경지에 도달하게 하는 것이다. 불가에서 차를 중요시하는 또 다른 이유는 농선병중(農禪幷重) 혹은 선농일체의 청규(淸規)로 차나무를 심고 가꾸며, 찻잎을 따고 차를 법제하는 일, 그 모두를 수행의 한 부분으로서 받아들였으며, 한편 차를 끓이고 마시는 일과 참선(參禪)은 마음 상태와 분위기가 비슷하므로 하나에 익숙하면 둘 다 자연스럽게 체득된다고 믿기 때문이기도 하다.

조선을 건국한 이성계는 고려시대에 큰 폐해가 있었던 불교를 배척하고 유교를 숭상하는 이른바 억불숭유(抑佛崇儒)정책을 시행했다. 이는 차와 관계되는 가장 중요한 정책으로서 사회적·정치적 지배계층에게 유교를 정치이념으로 택하고 이 유교의 규범이 일반백성의 생활 속까지 깊숙이 스며들도록 하는 정책이었다.

이어서 태종은 배불정책의 일환으로 전국 지정사찰 조계종, 화엄종 등 11종 242개 사찰만 남기고 나머지 사찰은 다 없애는 한편 사찰에 소유된 토지와 노비를 국가에 귀속시켰으며, 세종은 다시 전국 242개 사찰 중 36개 사찰과 선·교양종(禪·敎兩宗)만 존속시켰다. 이는 고려의 불교관련 유습과 폐단을 없애려는 목적 외에 사대교린정책의 대상인 명나라에서 불교가 쇠퇴하고 주정학(朱程學)과 양명학(陽明學) 등이 위세를 부리고 있었던 것도 이유라 할 수 있겠다. 그러나 왕실에서는 외유내불(外儒內佛)로서 개인적으로 불교를 숭상하는 경향이 있었다.

태조는 무학대사를 왕사로 봉하고, 절을 짓고 탑을 세우고 경을 출판하였으며, 문종도 정음청에서 왕자와 승려들이 불경을 번역·간행토록 하였다. 세종은 처음에는 성리학을 숭상하여 집현전을 세우고 문사들의 학문을 독려하였지만, 두 아들을 잃고 중전까지 별세하면서 불교에 심취하게 되었고, 「월인천강지곡(月印千江之曲)」을 지었다. 세조는 『석보상절(釋譜詳節)』을 펴내고 불경을 국역하기까지 하였다. 이처럼 생활 깊은 곳에 자리 잡고 있던 불교는 차와 더불어 그 명맥을 잇고 있었으며 이후 유교의 주자가례에서도 제례 시 그 제상에 차를 올리도록 되었다.

조선초기에는 고려의 다풍이 그런대로 남아 있었다. 궁중의 의식이나 사신의 접대에는 이조(吏曹)의 내시원(內侍院) 소속인 다방이 있어 차의식에 관한 제반 절차를 주관하였다. 또한 사헌부 소속으로 고려시대 어사대의 감찰어사직을 이어받은 감찰과 혜민서(惠民署) 관리들은 찻때[茶時]라 하여 매일 한 차례씩 차 마시는 시간이 있었다는 기록이 있다.

대체로 조선시대가 신라와 고려에 비하여 차문화가 쇠퇴한 원인은 조선초기 불교 탄압과 사원에 대한 중세(重稅)로 불교가 힘을 잃은 점과,

임진왜란 이후 백성들의 살림이 어려워지고 다기를 굽는 도공들이 거의 일본으로 잡혀간 점을 든다. 더욱이 영조(英祖)가 "귀하고 비싼 차 대신 술이나 뜨거운 물 즉 숭늉을 대신 쓸 것"을 지시한 후부터 일반 가정의 제례에서도 주류(酒類)를 많이 사용하게 되었고, 술을 쓸 수 없는 불가(佛家)에서는 청정수로 대신하기도 하였다. 그리고 연차(煙茶)라고까지 불리던 담배와 술 같은 기호품의 성행과, 우리나라 아무 곳에서나 마실 수 있는 좋은 생수(生水)와 식사 후 숭늉을 많이 마시는 습관으로 차의 필요를 덜 느끼는 등 한국인의 생활습관에 그 원인이 있다 할 것이다.

한편 차의 경작지가 사찰 부근으로 한정되어 생산량과 수요량이 한계가 있었으며, 일반 백성들로서는 넓은 경작지의 확보가 불가능했고, 식재 후 최소 7~8년이 되어야 수확이 가능하며, 제다가 어려웠던 점도 있다. 〈음다(飮茶)〉라는 차시를 남긴 순천부사 이수광(李睟光: 1563~1628)은 광해 11년(1618)『승평지(昇平志)』서문에 "진상품인 순천의 작설차는 2월령이 1근에 5전"(昇坪卽順天故號也 進上 二月令 雀舌茶一斤五錢)이라는 기록을 남길 만큼, 고급차나 이제 막 정기가 올라 차의 눈이라고 하는 차움과 싹으로 어렵고 힘든 과정을 거쳐 제다한 차를 진상품으로 요구한 부패한 지방관리의 공차(貢茶)에 의한 지나친 수탈 등에서도 그 원인을 찾을 수 있을 것이다.

고려시대에도 차공세의 폐해에 대해서 이규보는 시 〈손한장의 화답에 운을 이어 부치다[孫翰長復和 次韻寄之]〉에서 절절하게 이야기하고 있다.[16]

---

16) 李奎報,『東國李相國全集』제13권, 〈孫翰長復和 次韻寄之〉
　　…
　　관에서 감독하여 노약(老弱)까지도 징발하였네　　　　管督家丁無老稚
　　험준한 산중에서 간신히 따 모아　　　　　　　　　　瘴嶺千重眩手收
　　머나먼 서울에 등짐 져 날랐네　　　　　　　　　　　玉京萬里輓肩致
　　이는 백성의 애끓는 고혈이니　　　　　　　　　　　此是蒼生膏與肉

차시 20수를 남긴 차인인 점필재(佔畢齋) 김종직(金宗直: 1431~1492)은 성종 2년(1471) 노모의 봉양을 위해 함양군수로 부임했을 때 상공(上供)하는 차가 함양에서는 생산되지 않으므로 해마다 백성들에게 차세를 부과하면 백성들이 값을 가지고 전라도에 가서 대략 쌀 한 말에 차 한 홉의 비율로 바꿔와서 공납하는 폐단이 있으므로 백성에게 차세를 부과하지 않고 관아에서 자체적으로 구입해서 상공하였다. 이후 선생은 엄천사(嚴川寺) 부근의 땅을 매입해 관전(官田)으로 만들어 차를 만들어 상공토록 하였다는 기록과 이와 관련한 시 〈다원(茶園)〉 2수가 『점필재집』에 실려 있다.[17]

수많은 사람의 피땀으로 이루어졌네	欜割萬人方得至
…	
그대 다른 날 간원에 들어가거든	知君異日到諫垣
내 시의 은밀한 뜻 부디 기억하게나	記我詩中微有旨
산림과 들판 불살라 차의 공납 금지한다면	焚山燎野禁稅茶
남녘 백성들 편히 쉼이 이로부터 시작되리	唱作南民息肩始

17) 金宗直, 『佔畢齋集』 卷之十, 〈茶園 二首〉
"상공하는 차가 본군에는 생산되지 않으므로 해마다 백성들에게 이를 부과하는지라, 백성들은 값을 가지고 전라도에서 사오는데, 대략 쌀 한 말에 차 한 홉을 얻는다. 내가 처음 이 고을에 부임하여 그 폐단을 알고는 이것을 백성들에게 부과하지 않고 관에서 자체로 여기저기서 구걸하여 납부했었다. 그런데 일찍이 삼국사를 열람해 보니, 신라 때에 당나라에서 다종을 얻어와 명하여 지리산에 심게 했다는 말이 있었다. 아, 우리 군이 바로 이 산 밑에 있는데, 어찌 신라 때의 남긴 종자가 없겠는가. 그래서 매양 부로들을 만나서 그것을 찾아보게 한 결과 과연 엄천사의 북쪽 죽림 속에서 두어 떨기의 다종을 발견하게 되었으므로, 나는 매우 기뻐하면서 그 땅을 다원으로 만들게 하고, 그 부근은 모두 백성들의 토지이므로 그것을 관전으로 보상해주고 모두 사들여 차를 재배했는데, 겨우 수년 뒤에는 제법 번식하여 다원 전체에 두루 퍼지게 되었으니, 앞으로 4~5년만 기다리면 상공할 액수를 충당할 수 있게 되었다. 그래서 마침내 시 두 수를 읊는 바이다."
上供茶 不産本郡 每歲 賦之於民 民持價買諸全羅道 率米一斗得茶一合 余初到郡 知其弊 不責諸民 而官自求丐以納焉 嘗閱三國史 見新羅時得茶種於唐 命蒔智異山云云 噫 郡在此山之下 豈無羅時遺種也 每遇父老訪之果得數叢於嚴川寺北竹林中 余喜甚 令建園其地 傍近皆民田 買之償以官田 纔數年而頗蕃 敷遍于園內 若待四五年 可充上供之額

생육신의 한 분이신 매월당 김시습(梅月堂 金時習: 1435~1493)도 그의 시 〈차를 키우며[養茶]〉에서 "관가에서 도거리할 때는 창기만을 취한다네"(官家榷處取槍旗)라고 하여 관청의 공차에 대한 농민의 과도한 노고와 부담을 걱정하였다.18) 한편 차가 생산되지 않는 거창에서도 무명 30필을 차 한 말과 바꾸어 상공하므로 효종 9년(1658) 이 지방을 순시하던 암행어사 노봉 민정중(老峯 閔鼎重: 1628~1692)이 이처럼 불합리한 공세를 시정하기 위하여 차가 나는 진주 등지로 차세를 전환시켰다는 기록도 남아 있다.

遂賦二詩

신령한 싹 올려 성군께 축수코자 하는데　　　　　　　欲奉靈苗壽聖君
신라 때의 남긴 종자 오랫동안 못 찾았다가　　　　　新羅遺種久無聞
지금에야 두류산 밑에서 채취하고 보니　　　　　　　如今擷得頭流下
우리 백성 일분의 힘 펴일 것이 우선 기쁘네　　　　且喜吾民寬一分

죽림 밖 황량한 동산 두어 이랑 언덕에　　　　　　　竹外荒園數畝坡
붉은 꽃 검은 부리가 어느 때나 무성할꼬　　　　　　紫英烏觜幾時誇
다만 백성의 마음의 소리 치유하게 할 뿐이요　　　　但令民療心頭肉
곡식 알갱이 같은 찻잎 담은 광주리 이제 필요 없네　不要籠加粟粒芽
　　　　　　　　　　　　　　　| 임정기 역, 한국고전번역원 |

18) 金時習, 『梅月堂集』, 〈養茶〉
해마다 차나무에 자라는 새 가지　　　　　　　　　　年年茶樹長新枝
울타리 엮어 그늘에서 고이 살피네　　　　　　　　　蔭養編籬謹護持
육우는 다경에서 색과 맛을 논하였건만　　　　　　　陸羽經中論色味
관가에서 도거리할 때는 여린 잎만 취한다네　　　　官家榷處取槍旗
봄바람 불기 전에도 새움은 펴지고　　　　　　　　　春風未展芽先抽
곡우초가 되면 잎은 반쯤 펼쳐지네　　　　　　　　　穀雨初回葉半披
작은 차밭이라도 한갓지고 따뜻한 방향이면　　　　好向小園閑暖地
비 맞고서 옥 같은 싹 많이 달렸으면 좋겠네　　　　不妨因雨着瓊甤

76

2. 우리나라의 차인과 차시 · 문(茶詩 · 文)

1) 신라 · 고려시대

우리나라에서 서기 48년 가락국 김수로왕의 왕비가 된 허황옥 공주의 차의 전래 이후 역사적으로 차문화가 성한 계층을 살펴보면 신라의 왕실과 원효(元曉)대사와 설총, 충담(忠談) 스님, 진감국사 등의 승려와 화랑, 고려전기의 왕가 및 귀족, 그리고 고려후기와 조선전기의 문사와 중국을 왕래한 사행관(使行官)과 역관(譯官) 및 수행원, 사신을 영접하는 접빈관 및 그 관료들, 조선후기의 실학을 중시한 학자와 관리들, 그리고 전 시대에 걸쳐서는 차가 재배되고 생산되는 사찰의 승려 및 차를 즐겼던 차승(茶僧)과, 차승과 교류하였던 선비[土]와 출사한 대부(大夫) 등을 들 수 있다.

① 신라 성덕왕의 첫째 왕자로 등신불(等身佛)로 유명한 지장법사 김교각(地藏法師 金喬覺: 696~794)은 당으로 건너가 출가를 했는데, 수도를 위해 구화산으로 들어갈 때 선청(善聽)이라고 하는 삽살개와 금지차(金地茶)와 황립도(黃粒稻)를 가지고 들어갔고, 구화산에 공경차(空梗茶)를 심었다고 전해진다. 『고운당필기(古芸堂筆記)』에 수록되어 있는 스님의 다음 차시(茶詩)가 우리나라 최초의 차시라고 알려져 있다.

산에서 내려가는 동자를 보내며 [送童子下山]

절간 적막하여 집 생각만 하더니	空門寂莫汝思家
승방에 하직하고 구화산 내려가네	禮別雲房下九華
대나무 난간에서 죽마 타기 좋아했어도	愛向竹欄騎竹馬
절집에서 공양은 게을렀었지	懶於金地聚金沙
항아리에 물 길어 달 불러 놀던 일도	添瓶澗底休招月

차 달인 사발 위 꽃잎놀이도 그만이구나   烹茗甌中罷弄花

이제 눈물 거두고 부디 잘 가거라   好去不須頻下淚

늙은 나야 안개와 노을 짝하려니   老僧相伴有煙霞

② 통일신라 말기의 학자·문장가인 고운 최치원(孤雲 崔致遠: 857~?)
선생은 868년 12세 때 당나라에 유학하여 18세의 나이에 장원으로
급제하였으며 황소의 난이 일어났을 때 〈토황소격문(討黃巢檄文)〉을
써 문장가로서 이름을 높였다. 저서에 『계원필경(桂苑筆耕)』 등이 전한
다. 고운 선생은 당나라에 있을 때 고국의 부모에게 차와 약을 사서
부치려고 3개월치 봉록을 미리 청한 장문(狀文)이 『계원필경』 18권에
수록되어 있으며 〈새 차를 사례한 장문[謝新茶]〉[19]이 있고, 그 외 차에
관하여 〈강회에 순행하기를 청한 표문[請巡幸江淮表]〉에 "예로부터 서천
(西川)이 부강하다고 일컬어져 온 것은 단지 북로(北路)의 상인들 덕분으

---

19) 崔致遠, 『桂苑筆耕集』 卷之十八, 〈書狀啓 二十五首〉
   "신다를 사례한 장문
   모는 아룁니다. 오늘 중군사 유공초가 받들어 전한 처분을 보건대, 전건의
   찻잎을 보낸다는 내용이었습니다. 삼가 생각건대 이 차는 촉강에서 빼어난
   기운을 기르고, 수원에서 향기를 드날리던 것으로, 이제 막 손으로 따고 뜯는
   공을 들여서, 바야흐로 깨끗하고 순수한 맛을 이룬 것입니다. 따라서 당연히
   차의 유액을 황금 솥에 끓이고, 방향의 지고를 옥 찻잔에 띄운 뒤에, 만약
   선옹에게 조용히 읍하지 않는다면, 바로 우객을 한가로이 맞아야 할 터인데,
   이 선경의 선물이 범상한 유자에게 외람되게 미칠 줄이야 어찌 생각이나 하였겠
   습니까. 매화 숲을 찾을 필요도 없이 저절로 갈증이 그치고, 훤초를 구하지
   않아도 근심을 잊을 수 있게 되었습니다. 그지없이 감격하고 황공하며 간절한
   심정을 금하지 못하겠기에, 삼가 사례하며 장문을 올립니다."
                                 | 이상현 역, 한국고전번역원 |
   謝新茶狀
   右某今日中軍使兪公楚奉傳處分 送前件茶芽者 伏以蜀岡養秀 隋苑騰芳 始興採摘之功
   方就精華之味 所宜烹綠乳於金鼎 泛香膏於玉甌 若非靜揖禪翁 卽是閒邀羽客 豈期仙貺
   猥及凡儒 不假梅林 自能愈渴 免求萱草 始得忘憂 下情無任感恩惶懼激切之至 謹陳謝
   謹狀

로, 그 다시(茶市)의 이익에 편승하여 군대의 물자를 풍부하게 비축할 수가 있었습니다"(況舊謂西川富强 祇因北路商旅 託其茶利 瞻彼軍儲) 등의 내용과 쌍계사에 고운 선생이 봉찬(奉讚)하고 쓴 진감국사비문에 차 관련 내용이 언급되어 있다. 구례 화엄사에는 고운 선생과 관련하여 학사차가 전해진다.

요전의 지급을 청하며 올린 장문 [謝探請料錢狀]

… 더구나 고향의 사신이 없어서 집안에 글을 부치기도 어려운 상황이니 더 말해 무엇하겠습니까. 오직 척호의 시를 읊조릴 뿐, 바다를 건너는 소식을 접하지 못하던 차에, 지금 본국 사신의 배가 바다를 건너게 되었기에, 모가 차와 약을 사서 집에 서신을 부쳐 보내고자 합니다. 그런데 제잠은 마르기가 쉽고, 구학은 채우기가 어렵기 때문에 엄하신 꾸지람을 회피하지 않고 다시 곤궁한 사정을 아뢰게 되었습니다. 삼가 바라옵건대, 태위께서는 문관에 의탁한 말단의 문객 하나가 어버이 곁을 떠난 지 벌써 18년이 되어 일단 품팔이 생활을 면하고 부모에게 안갚음하기를 바라는 것을 생각하시어, 3개월치의 요전을 미리 찾을 수 있도록 특별히 허락해주소서. 바라는 바는 봉록이 마침내 어버이에게 미쳐서 멀리 이역에 영광을 나누고, 위기지학의 뜻을 제대로 추구하면서 길이 선향에 족적을 남기는 것입니다.…

| 이상현 역, 한국고전번역원 |

… 況又無鄕使 難附家書 唯吟陟岵之詩 莫遇渡溟之信 今有本國使船過海 某欲買茶藥 寄附家信 伏緣蹄涔易渴 溝壑難盈 不避嚴誅 更陳窮懇 伏惟太尉念以依門館次三千客 別庭闈巳十八年 旣免行傭 有希反哺 特賜探給三箇月料錢 所冀祿逮及親 遠分光於異域 志能求己 永投跡於仙鄕 …

③ 대각국사 의천(大覺國師 義天: 1055~1101)은 고려 제11대 왕인 문종의 넷째 아들로, 어머니는 인주이씨(仁州李氏) 가문 출신의 인예태후(仁睿太后)이다. 1065년(문종 19) 난원(爛圓)에게 출가했으며 그해에 구족

계(具足戒)를 받고 오관산(五冠山) 영통사(靈通寺)에 들어가 화엄학을 중심으로 불교경전을 공부했다. 의천은 불교전적을 수집하고 화엄학과 천태학의 교리상의 차이점을 알아보고자 중국 송나라에 유학할 것을 결심했으며 문종의 만류에도 송나라 서울 변경(汴京)에 들어가 철종(哲宗)을 만나고, 또한 철종의 주선으로 송에 머물면서 당시 활동하고 있던 거의 모든 종파의 고승들을 만나

대각국사 의천의 진영

불교에 대하여 토론했으며 불교전적을 수집하였다. 이후 송 황실로부터 극진한 예우를 받으며 1년 7개월 동안의 구법유학을 마치고 귀국한다. 돌아온 후에는 선종이 문종을 위하여 창성(創成)한 흥왕사 및 홍원사(洪圓寺) 주지가 되었다. 그러나 대각국사는 당시 정치적 실세로 왕권을 능가하였던 인주(仁州)이씨와 결탁된 법상종 세력에 밀려 한동안 해인사를 시작으로 화엄사, 선암사, 무등산 규봉암을 순유(巡遊)하기도 하였으며, 선암사에서는 주석하면서 선암사를 중창하였고 이때 차를 식재하였다고 전해진다.

「개성흥왕사대각국사묘지명(開城興王寺大覺國師墓誌銘)」에는 "요나라 천우황제(天佑皇帝 道宗: 1055~1100)가 재차 경적과 차향, 금백을 보내와 국사와 믿음의 연을 맺었다. 을축년(1085)에는 몰래 바다를 건너 송나라를 두루 순행하였으며"(恩禮甚厚累加法號 大遼天佑皇帝再寓

대각국사 선암사 중창건도(오른쪽은 부분)

經籍茶香金帛以結信緣 忽元豊乙丑歲師以微 行越海巡遊宋鏡)라고 기록되어 있다. 천태종(天台宗)의 중흥조가 된 대각국사는 『대각국사문집(大覺國師文集)』, 『대각국사외집(大覺國師外集)』, 『신집원종문류(新集圓宗文類)』, 『석원사림(釋苑詞林)』 등 많은 저술을 남겼으며, 불교사상 최초로 속장경(續藏經)을 간행하였다. 국사의 문집에 차에 관한 차시가 여러 수 수록되어 있는 차인으로, 송의 임금에게 올린 보내준 차와 약에 대한 감사의 표[謝賜茶藥表]가 국사의 문집에 전한다.

농서의 학사가 임천사를 생각하고 지은 시를 보여주자 그 운에 따라 화답하다 [隴西學士以憶臨川寺詩見贈 因次韻和酬]

한 곳에 옛 절 있어 원람이라 부르니	一區香寺號駕藍
문으로 가는 길 깨끗하고 푸른 봉우리 마주하네	門經淸虛對碧崗
빽빽한 숲에 잠긴 구름 전각을 둘러싸고	密樹貯雲籠象殿
얇은 장막 달과 함께 부처님 계신 곳 호위하누나	薄帷和月護猊床
강론 마치고 난간 돌아오매 힘들고 괴롭지만	講廻松檻吟魂苦
차밭의 차 볶는 향기 폐까지 시원하다	焙了茶園渴肺凉
석장 걸어둠은 부처님 뜻 알고자 함이로되	掛錫已酬爲學志

고향 산 옛집 꿈속에서 그린다 　　　　　　　　故山還夢舊遷堂

사례로 주는 차에 화답시 [和人謝茶]

이슬 정원 봄 봉우리 밑에서 무엇을 구하는가 　　露苑春峰底事求
꽃차 달이고 달빛 삶아 세상 근심 씻는다 　　　煮花烹月洗塵愁
몸 가볍게 하고 삼통에 노니나니 　　　　　　　身輕不後游三洞
뼛골이 서늘하니 가을 문턱에 들어선 듯 　　　骨爽俄驚入九秋
신선 같은 인품 종과 범패가 마땅하고 　　　　仙品更宜鍾梵上
맑은 향기는 한 잔하고 시 읊기에 좋으련만 　清香偏許酒詩流
영단으로 장생한 이 그 누가 보았던가 　　　　靈丹誰見長生驗
불문에 그런 일은 묻지 마소 　　　　　　　　休向崐臺問事由

스님에게 차를 준 사람에게 화답하다 [和人以茶贈僧]

북쪽 동산에서 새로 덖은 차 　　　　　　　　北苑移新焙
동림 계신 스님에게 선물했네 　　　　　　　　東林贈送僧
한가히 차 달일 날 미리 알고 　　　　　　　　預知閑煮日
찬 얼음 깨고 샘 줄기 찾네 　　　　　　　　　泉脈冷敲氷

차와 약을 내려주심에 사례하는 표 [謝賜茶藥表]

신승 의천은 아뢰옵니다. 금월 13일 중사 이르심에 칙지 받들었사옵니다. 성상께서 자애롭게도 특별히 차 20각과 약 1은을 함께 내려주시며, 면류관 드리우신 성상의 특별한 보살핌으로 어린 차싹과 영약으로 사사로운 은총도 너그럽게 보여주셨으니, 삼가 받들어 돌아오매 광영과 부끄러움이 함께 쌓였습니다. 신승 의천은 줄이옵고, 엎드려 생각하옵 건대, 신승은 처음부터 오로지 법만을 사모하여 이곳의 유학을 오래 서원하다가 몸을 드날려 멀리 큰 파도 무릅쓰고 길 재촉하여 대궐로 바삐 달리니 황제폐하의 높고 가없는 사랑과 천리에 미친 은혜 어찌 다 말로 할 수 있겠습니까. 마음 씻어 깊이 새기고 산을 넘고 물을

건너는 노고를 다 잊었사오며, 감격하오며 오직 만수무강 하시기를
받들어 비옵니다. 다행히 뵐 수는 있었사오나 은혜 갚을 길 없사옵니다.
臣僧某言 今月十三日 中使至 奉傳勅旨 伏蒙 聖慈 特賜御茶二十角 藥一銀合者
垂冕凝旒 特紆於睿眷 嫩芽靈藥 優示於寵私 祗承已還 榮覵交積 臣僧某中謝
伏念臣初專慕法 長誓遊方 揚聆夐越於鯨濤遵道忙 趨於鳳闕 豈謂皇帝階下 九
霄軫念 千里領恩 歐以滌心 頓忘勞於跋涉 感而零涕 唯奉祝於悠長 有幸遭逢
無階報效

④ 고려 인종 때의 문신·시인인 정지상(鄭知常: ?~1135)은 초명은
지원(之元)이고 호는 남호(南湖)이다. 수도를 서경으로 옮길 것과 중국
금(金)나라를 정벌하고 고려의 왕도 황제로 칭할 것을 주장하였다. 그는
불교와 도학을 사상적 기반으로 지니면서 풍수도참설에도 관심이 많았
다. 결국 묘청의 난에 연좌되어 죽임을 당했으나 계속 격찬의 대상이
되었던 것은 시인으로서의 재능이 탁월했기 때문이며 고려 12시인의
한 사람으로 꼽혔다. 문집으로『정사간집(鄭司諫集)』이 있었으나 전하지
않고 20수 가량의 시와 7편의 문장이『동문선』,『파한집』,『백운소설』,
『고려사』 등에 실려 전한다. 객관적이고 사실적인 묘사보다는 섬세하고
감각적인 표현에 뛰어났다. 문자의 수식과 조탁(彫琢)에 비중을 두는
만당시풍(晩唐詩風)을 이루면서도 세속의 번거로움과 갈등을 초월한
맑고 깨끗한 세계를 그렸으며 최치원 이후 고려전기 한시문학을 주도했
던 시인으로 평가받는다.

정지상의 시〈백률사서루〉는 국내 유가(儒家)의 시 중에서 현재까지
알려진 가장 오래된 차시이다. 이 시는 그가 여행 중에 소문난 물로
차를 끓여 마셔볼 정도로 차원 높은 차인으로서의 일상을 영위하였고,
게다가 차를 마시고 즐기는 일이 거의 삼매(三昧)의 경지에 이르렀음을
보여준다.

백률사서루 (栢栗寺西樓) 부분

...

민자천 샘물로 차 시음하니	試茶閔子泉
찻사발에 운유 뜨는구나	甌面發雲乳
최수옹 시 세 번 읊으니	三復壽翁詩
벽에 주옥 같은 글귀 가득하도다	滿壁珠璣吐
즐겁도다 근심되는 바 없으니	樂哉無所憂
이 즐거움 얼마나 옛스러운가	此樂何太古
일산 날리며 송문 내려오니	飛蓋下松門
송문은 어느덧 한낮이로다	松門日卓午

⑤ 김극기(金克己: 1150?~1204?) 선생은 농민반란이 계속 일어나던 시대에 핍박받던 농민들의 모습을 꾸밈없이 노래한 농민시의 개척자로 의주방어사를 거쳐 한림원에 들어갔다. 저서가 많았다고 하나 『김거사집』만이 전하며 『동문선』, 『동국여지승람』 등에 여러 편의 시가 남아있다.

황룡사시 (黃龍寺詩) 부분

...

타는 불에 향기로운 차 달여보니	活火試芳茶
꽃 자기에 옥유 뜨는구나	花瓷浮玉乳
향과 맛 감미롭고 오래 가니	香眠味尤永
한번 마시자 온갖 시름 사라진다	一啜空百慮
저무는 석양빛 들과 숲에 스며드니	暮色入平林
긴 낭하에 법고 울린다	長廊鳴法鼓
온갖 모습 설레지만 재주 부족하여	才微萬象驕
붓대 쥐고 시 읊기 더욱 괴로워라	把筆吟尤苦

한송정 (寒松亭)

홀로 선 정자 바다 베고 봉래산 배우니	孤亭枕海學蓬萊
지경 깨끗하여 먼지 하나 허용 않네	境淨不許栖片埃
길에 가득 흰 모래 걸음걸음 눈 밟은 양	滿徑白沙步步雪
솔바람 소리 맑아 옥구슬 흔드는 듯	松聲淸珮搖瓊瑰
여기가 네 신선 즐기던 곳이라 하니	云是四仙縱賞地
지금도 남은 자취 참으로 기이하구나	至今遺迹眞奇哉
술 마시던 누대 기울어 풀 속에 묻히고	酒臺欹傾沒碧草
차 부뚜막 이제 버려져 이끼 끼었다	茶竈今落荒蒼苔
양쪽 언덕 해당화 포기 포기 헛되이	雙岸野棠空釘餖
누굴 위해 피고 지는가	向誰凋謝向誰開
내 지금 옛 자취 찾아 그윽한 흥 도취되어	我今探歷放幽興
종일토록 삼아배로 술잔 기울이네	終日爛傾三雅盃
고요히 앉아 세상사 모두 잊은 줄 알고	坐知機盡已忘物
갈매기도 사람 곁에 날아 내린다	鷗鳥傍人飛下來

안화사조 (安和寺條)

어찌 기약했으랴 한번 웃고 밝게 만났음인데	豈期一笑粲相接
온 종일 흐뭇하고 즐겁게 마주 앉았네	終日陶陶歡對榻
입계 푸른 차 혜산 맑은 샘물로 달이니	立溪綠茗惠山泉
찻사발 위로 솔바람 쏴아 불어오누나	甌面松風吹颯颯

이 밖에 차 관련 시로 〈용만잡흥(龍灣雜興五)〉, 〈박금천(薄金川)〉 등이 있고 〈운주산용장사(雲住山龍藏寺)〉가 『신동국여지승람』 권34에 전한다.

⑥ 고려 명종 때의 학자 이인로(李仁老: 1152~1220)는 시문에 능했고 글씨 또한 뛰어나 초서(草書)와 예서(隸書)가 특출하였으며 중국의 죽림칠현(竹林七賢)을 흠모하여 죽림고회란 모임을 만들어 시와 술을 즐겼다.

한때 무신의 난을 피해 법복도 입었던 그의 문학세계는 선명한 회화성을 통하여 탈속의 경지를 모색했으며, 문은 한유의 고문을 따랐고 시는 소식을 숭상했다. 저서에『파한집』이 전하며『은대집(銀臺集)』,『쌍명재집(雙明齋集)』등이 있었다고 한다.

절간의 차맷돌 [僧院茶磨]

바람도 건드리지 않으니 개미행렬도 느릿느릿	風輪不管蟻行遲
달도끼 휘두르자 옥가루 날리네	月斧初揮玉屑飛
법희는 참다운 자재로부터 오고	法戲從來眞自在
맑은 하늘에 우뢰소리 눈발도 펄펄	晴天雷吼雪霏霏

⑦ 대문장가인 백운거사 이규보(李奎報: 1168~1241) 선생은 어려서부터 신동과 기재(奇才)라 불렸으며 젊어서는 분방한 생활을 누렸으나 32세에 벼슬길에 올랐다. 당시 계관시인과도 같은 존재로 문학적 영예와 관료로서의 명예를 함께 누렸다. 우리 민족에 대해 커다란 자부심을 갖고 외적의 침입에 대해 단호한 항거정신을 가졌던 선생은 국란의 와중에 공세(貢稅) 등으로 고통을 겪는 농민들의 삶에도 주목, 여러 편의 시를 남기기도 했다.『동국이상국집(東國李相國集)』과『동명왕편(東明王篇)』,『국선생전(麴先生傳)』등의 저서를 남겼고 차시 40여 편을 남겼으며 〈장원 방연보가 화답시를 보내왔기에 차운하여 화답하다[房狀元衍寶見和 次韻答之]〉에서는 "이 차가 고급품인데 어이 시 없을쏜가 하물며 평생에 가장 즐기던 것이랴 … 맑은 향취 새어나갈까 염려하여 상자 속에 겹겹이 간직하고 칡덩굴로 묶었어라"(此茶品絶可無詩 況復平生素酷嗜 … 爲恐淸香先發洩 牢纏縹箱纏紫虆)라고 하였고, 차를 통해서 참선의 경지에 이르는 지극한 다도정신을 느끼고 표현했을 만큼 높은 경지에 이른 차인이었다.

장원 방연보의 화답시를 보고 운을 이어서 답하다
[訪壯元衍寶見和次韻答之] 부분

...

어느 날 암자의 선실 두드려	草庵他日叩禪居
두어 권 오묘한 책 펼치고 깊은 뜻 나누리라	數卷玄書討深旨
비록 늙었어도 손수 샘물 뜰 수 있으니	雖老猶堪手汲泉
차 한 사발 이것이 곧 참선의 시작인 것을	一甌卽是參禪始

차맷돌을 선사한 분에게 감사함 [謝人贈茶磨]

돌 쪼아 바퀴 하나 이뤘으니	琢石作弧輪
돌리는 덴 한 팔을 쓰누나	廻旋煩一臂
그대도 차를 좋아하시면서	子豈不茗飲
어찌 내게까지 보내셨는가	投向草堂裏
내가 잠 즐기는 걸 어떻게 알아	知我偏嗜眠
이것을 나에게 부치신 건가	所以見寄耳
갈수록 푸른 향 나오니	研出綠香塵
그대 뜻 더욱 고마우이	益感吾子意

천화사에서 차 마시고 놀며 동파 시운으로 쓰다
[遊天和寺飲茶 用東坡詩韻]

한 지팡이 푸른 이끼 뚫고 가니	一筇穿破綠苔錢
시냇가 조는 오리 놀라 깨누나	驚起溪邊彩鴨眠
차 달이는 삼매경의 솜씨	賴有點茶三昧手
반 사발 눈 같은 찻물로 번뇌 씻나니	半甌雪液洗煩煎

엄선사를 찾다 [訪嚴師]

선사는 여간해서는 술을 내놓지 않았으나 나에게만은 반드시 술을 대접하였다. 그러나 시를 지어 사양하였다. (此師稀置酒 見我必置 故以詩止之)

내가 지금 산집을 찾은 것은	我今訪山家

술을 마시려고 해서가 아님인데	飮酒本非意
올 때마다 술자리 베푸시니	每來設飮筵
얼굴이 두꺼운들 어찌 땀이 안 나겠소	顏厚得無泚
스님의 격조 높음은	僧格所自高
오직 이 차를 마시기 때문일세	唯是茗飮耳
곧잘 몽정의 새싹을	好將蒙頂芽
혜산의 물로 달이고는	煎却惠山水
차 한 잔 마시고 나누는 한 마디에	一甌輒一話
점점 심오한 선의 경지에 들어가네	漸入玄玄旨
이 즐거움 참으로 맑고도 담담하거늘	此樂信淸淡
굳이 술에 취할 필요가 있으랴	何必昏昏醉

일암거사 정군분이 보내온 차에 사례함 [謝逸庵居士鄭君奮寄茶]

그리운 소식 몇 천리 날아왔나	芳信飛來路幾千
하얀종이 고운 함 붉은 실로 묶었네	粉牋糊櫃絳絲纏
내 늙어 잠 많은 줄 알고서	知予老境偏多睡
새움 따 만든 화전차 보냈네	乞與新芽摘火前
벼슬 높아도 누추하게 살아	官峻居卑莫我過
끼니마저 마땅찮거늘 황공한 선차라	本無凡餉況仙茶
해마다 홀로 어진이 크신 덕으로	年年獨荷仁人貺
이제야 재상집 사람 구실하누나	始作人間宰相家

한편 중국 최초의 다서로서 다도의 경전이라 일컬어지는 당(唐) 육우의 『다경(茶經)』이 이규보의 『동국이상국집(東國李相國集)』 제6권의 〈강가 마을에서 묵다[宿瀨江村舍]〉에서 처음 언급되며, 동책 제13권의 〈옥당손 득지 사관이윤보 사관왕숭 내한김철 사관오주경이 화답시를 보내왔기에 다시 운을 따라 화답하다[孫玉堂得之 李史館允甫 王史館崇 金內翰轍 吳史館 柱卿 見和復次韻答之]〉에서도 "시를 보는 일이 다경 보는 일보다 오히려

낮고 육우의 품평한 것도 찌꺼기에 불과하구려"(見詩猶勝見茶經 陸生所品槽粕耳)라고 읊었다. 이후 육우와 『다경』은 이제현의 시와 이색의 〈산중사(山中辭)〉 등에서도 언급된다.

강가 마을에서 묵다 [宿瀨江村舍]

강변 오르내리며 스스로 몸 생각 잊고	江邊放浪自忘形
날마다 물가에서 갈매기와 노니네	日狎遊鷗傍渚汀
옛 책들은 다 흩어져 약보만 남았고	散盡舊書留藥譜
남은 책 더미에서 다경만 가져왔네	檢來餘畜有茶經
흔들리는 나그네 마음 바람 앞 기와 같고	搖搖旅思風前纛
떠다니는 외로운 자취 물 위 마름이로세	泛泛孤蹤水上萍
장안 옛 친구에게 부쳐 사례하노니	寄謝長安舊知己
객 중 두 눈은 누구 위해 푸르렀느뇨	客中雙眼爲誰靑

⑧ 진각국사 혜심(眞覺國師 慧諶: 1178~1234)은 호는 무의자(無衣子)로 나주 화순현 출신이다. 1201년(신종 4) 사마시에 합격하여 태학(太學)에 들어갔으나 어머니의 병환으로 고향에 돌아가 있으면서 불경을 공부했다. 다음 해에 어머니가 죽자 조계산(曹溪山) 수선사(修禪社)의 지눌(知訥)에게 나아가, 재(齋)를 올려 죽은 어머니의 명복을 빈 다음 지눌 밑에 출가했으며 지눌의 입적 후 지눌의 뒤를 이어 수선사 제2세로서 간화선(看話禪)을 크게 떨쳤다. 저서로는 『선문염송집(禪門拈頌集)』, 『무의자시집(無衣子詩集)』 2권, 『금강경찬(金剛經贊)』, 『선문강요(禪門綱要)』 등이 있다.

차를 받고 답하다 [惠茶兼呈覿答之]

오랜 좌선으로 긴 밤 피곤하더니	久坐成勞永夜中
차 달이면서 한없는 은혜 느끼네	煮茶偏感惠無窮

한 잔 차로 혼미한 마음 물리치니 　　　　　一盃卷却昏雲盡
뼛속 스며드는 맑은 한기에 온갖 걱정 사라지네 　徹骨淸寒萬慮空

인월대 (隣月臺)

층층 솟은 바위 절벽 몇 길인지 알리오만 　　嚴叢屹屹知幾尋
그 위 높은 누대 하늘가에 닿았어라 　　　　上有高臺接天際
북두로 은하수 떠 한밤에 차 달이니 　　　　斗酌星河煮夜茶
차 연기 달 속 계수나무 싸늘히 감싼다 　　茶煙冷鎖月中桂

묘고대에 올라 [妙高臺上作]

고개 위 구름 느긋하여 걷히지 않건만 　　　嶺雲閑不徹
산골 물은 어찌 그리 급히 흐르는가 　　　　澗水走何忙
소나무 아래에서 솔방울 따다가 　　　　　　松下摘松子
차 달이니 더욱 향기롭구나 　　　　　　　　烹茶茶愈香

⑨ 원감국사 충지(圓鑑國師 沖止: 1226~1293)는 고종 13년(1226) 전남 장흥에서 탄생했다. 속명은 위원개(魏元凱), 법명은 밀암(宓庵), 법휘는 법환(法桓), 법호는 충지(沖止), 시호는 원감(圓鑑)이다. 국사는 유년시절부터 천재 소리를 들었다. 9세에 취학(就學)하여 17세에 사마시(司馬試)에 합격하고, 19세에 예부시(禮部試)에 장원으로 뽑혔다. 국사는 29세에 불문에 출가하여 수선사 보조국사(普照國師)의 법통을 이어받았다. 출가의 동기는 전쟁과 민란 그리고 질병 등으로 민중들의 삶이 더없이 고달프고, 고귀한 생명이 허무하게 사라져가는 시대적 혼돈 속에서 겪었던 생에 대한 고뇌였다. 국사는 "행함도 선이고 앉음도 선이니 산 중에서의 이 즐거움 참맛이거니"(行亦禪兮坐亦禪 山中此樂眞有味)라는 내용의 〈백운암중락시(白雲庵中樂詩)〉외 많은 다시를 남겼다. 문장으로도 유명해 국사의 시문은 『동문선』에 승려로서는 가장 많은 글이 실려 있다.

산살이 [山居]

배 고프면 한 바리때 나물밥 먹고	飢湌一鉢靑蔬飯
목 마르면 세 사발 자순차 마시네	渴飮三甌紫筍茶
지금의 삶 즐거움 넘치고	只个生涯有餘樂
그저 고담하거늘 호화로움이 무슨 걱정이리	不將枯淡博豪華

한가로울 때 우연히 쓰다 [閒中偶書]

배고파 밥 먹으니 밥 더욱 맛있고	飢來喫飯飯尤美
잠에서 깨어 마시는 차 또한 달도다	睡起啜茶茶更甘
외진 곳이라 문 두드리는 사람 없어	地僻從無人扣戶
암자 비었어도 부처님 계시니 즐겁기만 하네	庵空喜有佛同龕

⑩ 안축(安軸: 1287~1348)은 고려 말의 문신이다. 1323년 향시(鄕試)에 1등으로 합격하였고 이듬해인 1324년(충숙왕 11) 원(元)의 회시(會試)에도 급제하였으나 부임하지 않고 고려에 돌아와 성균학정(成均學正)을 거쳐 충혜왕(忠惠王) 때 강원도 존무사(存撫使)로 파견되었다. 이때 충군애민(忠軍愛民)의 뜻이 담긴 문집 『관동와주(關東瓦注)』를 남겼다. 이후 여러 관직을 거쳤으며 경기체가인 『관동별곡(關東別曲)』, 『죽계별곡(竹溪別曲)』을 지었고 시문집에 『근재집(謹齋集)』이 있다.

한송정에 제함 [題寒松亭]

네 국선 일찍 여기 모였으니	四仙曾會此
객들은 맹상군 문객 같았으리	客似孟嘗門
구슬신 신은 귀한 이들 구름처럼 자취 없고	珠履雲無迹
푸르던 소나무 불에 타 안 남았네	蒼官火不存
선경 찾으려니 푸른 숲 아쉬워	尋眞思翠密
옛날 회상하며 황혼에 서 있네	懷古立黃昏

오직 차 끓이던 우물 있어	惟有煎茶井
돌받침만 그대로구나	依然在石根

솔이 근년에 산불로 타서 이렇게 말했다.(松近爲山火所爎故云)

⑪ 성리학자이며 당대의 명문장가로 문하시중 등의 요직을 겸임한 계림부원군 이제현(李齊賢: 1287~1367)은 정주학(程朱學)의 기초를 닦았으며 성리학을 들여와 발전시켰다. 왕명으로 실록을 편찬하였고 중국 원나라 조맹부의 서체를 고려에 도입하여 유행시켰으며 고려의 민간 가요 17수를 한시로 번역하였다. 대표적인 저서에 『익재집(益齋集)』, 『역옹패설(櫟翁稗說)』, 『익재난고(益齋亂稿)』가 있다. 『익재난고』 권제4에 조계산 수선사(修禪寺) 송광화상에게서 차를 받고 사례하는 다음 시가 있고 말미에 선친의 대를 이어 선물 받은 차의 내력을 남겼다.

송광화상이 햇차를 부친 은혜에 붓 가는대로 적어 방장께 보내다
[松廣和尙寄惠新茗 順筆亂道寄呈丈下]

주린 창자 술 끊으매 연기 나려 하고	枯腸止酒欲生煙
늙은 눈 책 보니 안개 가린 듯	老眼看書如隔霧
뉘라서 이 두 병 자취 없이 쫓으려나	誰敎二病去無蹤
나는 좋은 약을 얻어온 데가 있다오	我得一藥來有素
동암[先親]께서는 옛날 녹야당에서 노니시고	東菴昔爲綠野遊
혜감은 조계주가 되어 갔소	慧鑑去作曹溪主
좋은 차에 정성스레 안부 물어 오시면	寄來佳茗致芳訊
긴 글로 깊은 흠모 표하여 보답하였다오	報以長篇表深慕
두 늙은이 풍류는 유불의 으뜸	二老風流冠儒釋
백 년 동안 생사가 아침저녁 같구려	百年存沒猶晨暮
사부의 의발을 이어 받아 이 산에 머무르니	師傳衣鉢住此山
사람들은 그의 규승 선조사보다 낫다 하오	人道規繩超乃祖
내 평생 글재주 후회하지 않으나	生平我不悔雕蟲

사업 이어 가기 참으로 부끄럽구려	事業今宜慚幹蠱
향화 인연 맺기로 전해왔으나	傳家有約結香火
속세에 끌려 어르신 모실 까닭 없다오	牽俗無由陪杖屨
외로운 신세 문안 받을 줄 어찌 뜻했으랴	豈意寒暄問素居
가는 길 다르다고 조금도 가리지 않구려	不將出處嫌異趣
가을 감 먼저 따서 나에게 부쳐주고	霜林虯卵寄曾先
봄볕에 말린 작설 여러 번 보내주셨지요	春焙雀舌分亦屢
대사는 옛 정분을 못 잊어 그렇지만	師雖念舊示不忘
나는 공 없이 많이 받기 부끄럽구려	我自無功愧多取
낡은 집 몇 간 풀이 뜰에 우거지고	數間老屋草生庭
유월의 궂은 장마 진흙이 길에 가득	六月愁霖泥滿路
문 두드리는 소리 놀라 보니 대바구니 보내와	忽驚剝啄送筠籠
옥과보다 더 좋은 신선한 차를 얻게 되었오	又獲芳鮮渝玉腴
맑은 향기는 금화 전 봄에 따셨는지	香淸曾摘火前春
고운 빛깔은 숲 속의 이슬을 머금은 듯	色嫩尙含林不露
돌솥에 끓는 소리 솔바람 부는 듯	飂飂石銚松籟鳴
자기 잔에 맴도는 무늬 젖빛 거품을 토한다오	眩轉瓷甌乳花吐
황산곡이 밀운용차을 자랑할 수 있겠는가	肯容山谷託雲龍
소씨댁의 월토보다 월등함을 깨달았다오	便覺雪堂羞月兎
서로의 친분은 혜감의 기풍 남았음인데	相投眞有慧鑑風
사례 하려 하나 동암 글귀 없구려	欲謝只欠東菴句
붓 솜씨조차 노동 본받을 수 없는데	未堪走筆效盧全
하물며 육우 따라 다경을 쓰겠소	況擬著經追陸羽
원중에 공안 다시 찾지 마오	院中公案勿重尋
나 역시 지금부터 시에 전념하겠소	我亦從今詩入務

처음에 혜감이 동암께 차를 보내면서 글로 쓰기를 "전에 관례로 산차 약간을 부친다" 하였고, 동암께서는 반드시 시로 답을 하였는데 지금 법주도 익재에게 차를 부쳐 연례가 되었기 때문에 이런 말을 하였다.(初慧鑑以新茶寄東菴 其書戲云 前公案付山茗若干 東菴必以詩爲答 今法主亦寄茶於益齋 爲年例故云)

그리고 차 관련 내용으로 『익재난고』 권제6에 「묘련사석지조기(妙蓮寺石池竈記)」가 수록되어 있다.

삼장 순암법사가 천자의 분부를 받들어 풍악의 불사에서 복을 빌고는 인하여 한송정을 구경하였는데, 그 위에 '석지조'가 있었다. … 그 중 하나는, 사방을 말[斗]처럼 모나게 다듬고 가운데를 확처럼 둥글게 팠으니 이는 샘물을 담으려고 한 것이며, 밑에다 주둥이처럼 구멍을 냈으니 이는 열고 찌꺼기를 씻어낸 다음 다시 막아 맑은 물을 담는 것이었다. 또 하나는, 두 군데가 오목한데 둥근 데는 물을 담는 것이고, 타원형인 데는 그릇을 씻는 것이며, 또한 조금 크게 구멍을 내어 둥근 데와 통하였으니, 이는 바람이 들어오게 한 것인데 합하여 이름하기를 '석지조'라 하였다.

三藏順菴法師奉天子之詔 祝釐于楓岳之佛祠 因游寒松之亭 其上有石池竈焉 … 其一 方刳之如斗爲圓 其中如臼 所以貯泉水也 下有竅如口 啓以洩其渾塞以畜其淸也 其一則有二凹 圓者所以厝火 橢者所以滌器 亦爲竅差大 以通凹之圓者 所以來風也 合而名之 所謂石池竈也

⑫ 이곡(李穀: 1298~1351) 선생은 자는 중보(仲父), 호는 가정(稼亭)이며 1317년 거자과(擧子科)에 합격, 예문관검열이 되었고 1332년 원나라에서 정동성 향시(鄕試)에 수석, 전시(殿試)에 차석으로 급제했고, 원의 황제에게 건의하여 고려에서의 처녀 징발을 중지시켰다. 1344년에 귀국하여 충렬왕, 충선왕, 충숙왕의 실록 편찬에 참여하였으며 이제현과 함께 『편년강목(編年綱目)』을 증수(增修)하였다. 가전체 작품 〈죽부인전(竹夫人傳)〉이 『동문선(東文選)』에 전하며 문집으로 『가정집(稼亭集)』이 있다.

홍합포가 귤과 차를 부쳐준 것을 감사하다 [謝洪合浦寄橘茶]

배고프면 명아주국도 맛만 좋거늘	晚食藜羹味亦長
동정향 나눠주다니 이것이 웬일이오	忽驚分我洞庭香
안개 낀 강의 옥회는 구할 수 없지만	烟江玉膾雖無計
때때로 금제 대하며 흥도 내곤 하지요	時對金虀發興忙
봄 우레 기다려 돌아나온 황금색 새싹	芽茁黃金待一雷
대궐 바치고 남겨 부친 향기로운 새 차	焙香新寄貢餘來
옥천의 일곱 잔처럼 신묘한 효과 빨라서	玉川七椀神功速
곧장 바람 타고 월대에 내려앉을 듯	便擬乘風到月臺

죽파 조 선생의 거소에 제하다 [題竹坡趙先生所居]

멋진 정자에 어찌 속객 오르게 하리	亭好那容俗客過
바람 부는 난간 사면에 연 가득하네	風軒四面滿池荷
꽃 피는 시절에 다시 찾아	重游要趁花時節
미녀의 노래 한 곡 취해 들으리	醉聽靑娥一曲歌
새로 꾸민 방 이웃 없어 적막해도	小齋新構寂無隣
정결한 서상 티 없고 달빛 밝아라	淨几明窓絶點塵
섬섬옥수로 찻잔 받들게 하지 마오	茶椀莫敎纖手捧
방안에 본디 관세음보살 계신다오	堂中自有白衣眞

백화부 · 우덕린과 함께 지은 음주 한 수 [飮酒一首同白和父禹德麟作] 부분

단지 취한 기분에 득실 가늠할 일을	但可陶陶齊得喪
어찌 멀쩡해서 같음과 다름 헤아릴 것인가	安用惺惺較異同
사람 일 옛부터 어긋남 많아	人事古多違
신궁 예도 맞추지 못한 때 있었다네	羿彀或未中
잔 드는 최종지	擧觴崔宗之
수레바퀴 굴대꽂이 뽑는 진맹공	投轄陳孟公
응당 웃었으리 노동의 일곱 주발 차에	應笑盧同七椀茶

두 겨드랑에 맑은 바람 일어난다 함을 　　　　　　　誤疑兩腋生淸風

그리고 『가정선생문집』 5권에는 기행문으로 "한송정에서 전별주를 마셨다. 이 정자 역시 사선이 노닐었던 곳인데, 유람객이 많이 찾아오는 것을 고을 사람들이 싫어하여 건물을 철거하였으며, 소나무도 들불에 연소되었다고 한다. 지금은 오직 석조와 석지와 두 개의 석정이 그 옆에 남아 있는데, 이것 역시 사선이 차를 달일 때 썼던 것들이라고 전해진다"(飮餞于寒松亭 亭亦四仙所遊之地 郡人厭其遊賞者多 撤去屋 松亦爲 野火所燒 惟石竈石池二石井在其旁 亦四仙茶具也)라는 한송정에 관한 내용이 있는 「동유기(東遊記)」가 수록되어 있다.

⑬ 고려 말의 고승 태고보우(太古普愚: 1301~1382)선사는 13세에 회암사에 출가한 후 용맹정진하다가 46세에 구법의 길에 올라 중국 호주(湖州) 하무산(霞霧山) 천호암(天湖庵)으로 가서 석옥청공(石屋淸珙: 1272~1352)을 만나 인가의 법을 받음으로써 우리나라 임제종의 시조가 되었다. 석옥선사는 당시의 농선병중(農禪幷重)의 청규(淸規)에 따라 천호암 주변 차밭을 직접 경작하며 차를 만들고 차생활을 하며 많은 차시(茶詩)를 남긴 고승이다. 태고보우는 이곳에 잠시 머물면서 석옥선사와 더불어 자연스럽게 차와 선의 깊은 묘미[茶喜禪悅]에 젖어들게 되었고, 이윽고 차와 선이 하나로 인식되는 깨달음으로 임제종맥을 이어가는 분들이 하나의 차맥을 형성케 하는 계기가 되었다. 그리고 태고보우는 조주의 다선일여에 몰입하여 차와 더불어 120세를 살다 간 조주의 차풍을 이 땅에 뿌리내리게 하였고, 그가 남긴 1700여 공안 중 무(無)자 화두를 중시하여 시인(示人)에게 강조하기도 하였다. 선사의 저서로는 『태고화상어록(太古和尙語錄)』 2권과 『태고유음(太古遺音)』 6책이 있다.

태고암가(太古庵歌)

내가 머무는 이 암자 나도 모르나	吾住此庵吾莫識
깊고 빽빽해도 옹색함 없지만	深深密密無塞塞
하늘 땅 온통 막혀 앞뒤 없어	函盖乾坤沒向背
동서남북 어디에도 머물 수 없네	不住東西與南北
주옥 같은 고대광실도 안중에 없으니	珠樓玉殿未爲對
소림사 풍습 규율 따르지 않네	少室風規亦不式
팔만사천 번뇌의 문 다 깨뜨리니	爍破八萬四千門
구름 밖 저쪽 청산이 푸르구나	那邊雲外靑山碧
...	
거칠어도 밥 고와도 밥이거니	麤也湌細也是湌
모두가 제각기 입맛따라 먹거늘	任儞諸人取次喫
운문의 떡이나 조주의 차라도	雲門糊餅趙州茶
어찌 이 암자의 맛없는 음식에 비기랴	何似庵中無味食
본래 이러한 옛 가풍인 터	本來如此舊家風
누구 있어 감히 기이하고 별스럽다 하리	誰敢與君論奇特
한 올 털끝 위 태고암	一毫端上太古庵
넓어도 넓지 않고 좁아도 좁지 않으나	寬非寬兮窄非窄
겹겹 극락정토 그 안에 있어	重重刹土箇中藏
넘치는 깨달음의 길 하늘까지 닿으니	過量機路衝天直
삼세여래도 만날 일 없고	三世如來都不會
역대 조사도 벗어나지 못하였도다	歷代祖師出不得
...	
그대 보지 못하는가	君不見
태고암 태곳적 일	太古庵中太古事
다만 지금처럼 밝고 뚜렷하니	只這如今明歷歷
백천의 삼매지경 그 안에 있고	百千三昧在其中
인연따라 온갖 것 이롭게 하니 늘 고요하도다	利物應緣常寂寂
...	

암중의 누추함 이와 같으니	庵中醜拙只如許
아는 일 어찌 거듭 다시 하리	可知何必更重宣
춤 그치고 삼대로 돌아간 뒤	舞罷三臺歸去後
청산은 변함없이 숲과 샘 마주하였네	淸山依舊對林泉

석옥화상의 발문 [石屋和尙書其尾詞]

이 암자 먼저 있고	先有此菴
비로소 세상 있으니	方有世界
세상 무너져도	世界壞時
이 암자 무너지지 않으리	此菴不壞
암자 속 주인이야	菴中主人
있든지 없든지	無在不在
온 허공에 달 비추고	月照長空
바람은 온갖 소리 내리라	風生萬籟

원지정 7년(고려 충목왕 3년) 정해 8월 단일 호주 하무산 석옥노납 77세 서(元至正
七年(高麗 忠穆王 三年) 丁亥八月旦日 湖州 霞霧山 石屋老納 七十七歲書)

⑭ 나옹혜근(懶翁慧勤: 1320~1376)선사는 20세 때 친구의 죽음을
보고, 출가해 공덕산 묘적암(妙寂庵)의 요연(了然)선사에게서 득도했다.
1348년(충목왕 4) 원나라에 가서 연경(燕京)의 고려사찰인 법원사(法源
寺)에서 호승(胡僧) 지공(指空)에게서 10년 동안 가르침을 받았다. 선사는
견문을 더욱 넓히기 위해 중국 각지를 편력하며, 특히 평산처림(平山處林)
과 천암원장(千巖元長)에게서 달마(達磨)로부터 내려오는 선(禪)의 요체
를 배워 체득했다. 그는 원나라 유학을 했고, 인도의 고승 지공(指空)
스님의 제자로서 인도불교를 한국불교로 정착시킨 역사적 인물로서
경기도 양주군 회암사를 우리나라 최대의 사찰로 중창했고, 조선 태조의
왕사로서 한양천도의 주요 인물인 무학대사가 그의 제자였다. 1358년
귀국하여 오대산 삼두암 등에서 설법하였으며, 청평사, 회암사 등에서

주석하였고, 1371년에는 왕사로 책봉되어 송광사에 주석하였으며 신륵사에서 열반하였다. 보우(普愚)와 함께 고려말의 위대한 고승으로 일컬어지며 조선불교에도 큰 영향을 끼쳤다. 그림과 글씨에도 뛰어났으며, 노래를 많이 지어 문집인『나옹집』에 보존하고 있다. 그의 노래 가운데 특색 있는 것은 〈나옹삼가(懶翁三歌)〉로 통칭된 〈백납가(百納歌)〉·〈고루가(枯髏歌)〉·〈영주가(靈珠歌)〉의 3편이다. 누더기, 해골 같은 몸, 보배스러운 구슬을 노래하고 삶에 집착하지 말고 불성(佛性)을 찾아야 한다는 것이 주제이다. 정골사리(頂骨舍利)는 신륵사에 있고, 비석과 부도(浮屠)가 회암사에 남아 있다. 저서로『나옹화상어록』1권과『가송(歌頌)』1권이 전한다.

차 따기 [摘茶]

차나무 흔들며 지나는 사람 없지만	茶樹無人撼得過
여러 사람 몸 굽혀 산차를 따누나	枉來同衆摘山茶
비록 풀은 터럭만큼도 움직이지 않지만	雖然不動纖毫草
모양과 맛 당당하여 한 치 어긋남이 없도다	體用堂堂更不差

보제존자삼종가 (普濟尊者三種歌) 부분

겨울 여름 늘 입어도 편안하기만 해	冬夏長被任自便
언제나 걸쳐도 거리낌 없도다	隨時受用也宜然
누더기 안에 무슨 별난 일이 있겠느뇨	衲衣殘下何奇特
배고프면 먹고 목마르면 차 마시고 곤하면 잠잘 뿐	饑食渴茶困則眠
…	
가섭의 남긴 자취 지금도 남아	飮光遺跡在今時
한 사발 차 사람들에게 대접하고	一椀茶對接人
한 사발 차가운 차 다시 사람들에게 보이면	一椀冷茶再示人
아는 이 오지만 만일 모르면	會也者來如不會

새롭고 새롭게 한없이 보이리라 示之無限更新新

백납가 (百衲歌) 부분

음광의 남긴 자취 지금도 남아 飮光遺跡在今時
한 잔의 차와 일곱 근의 장삼을 一椀茶七斤衫
조주선사 거듭 들어 보이는 헛수고하고 趙老徒勞擧再三
비록 천만 가지의 현묘한 설법 있다 한들 縱有千般玄妙設
어찌 우리 가문의 백납장삼에 비기랴 爭似吾家百衲衫

⑮ 고려말 문신으로 동유기의 저자 이곡의 아들로 벼슬이 성균관 대사성(大司成)에 이르렀던 목은 이색(牧隱 李穡: 1328~1396)은 원나라에서의 유학과 이제현을 통하여 이 시기 선진적인 외래사상인 주자 성리학을 수용했고, 이를 바탕으로 고려말기의 사회혼란에 대처하면서 정치사상을 전개했으나 주자학에서 말하는 수양론과 달리 죽음과 인간적 고뇌와 같은 초인간적·종교적 문제는 여전히 불교에 의존했다. 저서로는 『목은유고』와 『목은시고(牧隱詩藁)』 등이 있다.

이색은 〈산중사(山中辭)〉에서 "이곳에서 불을 피워 차를 끓이니 육우도 입맛 동하리"(將蔽火而煎茶兮 鄙陸羽之口饒)라고 육우를 대단치 않게 언급하는 내용을 읊을 만큼 차에 대한 조예가 깊었다.

주필로 대서하여 개천의 행재선사가 차를 부쳐준 데 대하여 답하다
[代書答開天行齋禪師寄茶 走筆]

동갑이라 늙을수록 더욱 친하여 同甲老彌親
영아차 맛도 절로 좋구려 靈芽味自眞
맑은 바람 양 겨드랑이에서 솟으니 淸風生兩腋
곧장 도 높으신 분 찾아뵙고 싶다오 直欲訪高人

차 마신 뒤의 작은 읊음 [茶後小詠]

작은 병에 샘물 길러와	小瓶汲泉水
깨어진 솥에 노아차 달이노라니	破鐺烹露芽
귀 속이 갑자기 말끔해지고	耳根頓淸淨
코로는 차향을 맡네	鼻觀通紫霞
잠깐 새 눈가리운 흐림도 사라지니	俄然眼翳消
밖으로는 작은 티끌도 보이지 않네	外境無纖瑕
혀로 맛본 후 목으로 내려가니	舌辨喉下之
기골이 바르게 편안해지고	肌骨正不頗
한 치 어긋남 없는 신령한 마음	靈臺方寸地
생각에는 그릇됨이 없다네	皎皎思無邪
어느 겨를에 천하를 언급하리	何暇及天下
군자는 마땅히 집안부터 바르게 다스려야지	君子當正家

신령한 샘 [靈泉] 〈鳳山十二詠 子通臨行索賦〉

학이 쪼아 맑은 샘물 나오니	鶴啄淸泉出
서늘한 기운 폐부까지 와 닿고	泠然照肺腑
마시면 뼈까지 신선이 되는 듯	飮之骨欲仙
사람으로 하여금 곤륜산 선경 상상케 하네	令人想玄圃
어찌 오직 시 짓는 창자만 씻으랴	豈惟洗詩脾
죽을 병도 능히 물리칠 수 있으리	可以却二竪
평생 맑고 깨끗한 일 좋아하였으니	平生愛淸事
고인의 다보에 속편 내고 싶네	有意續茶譜
내 의당 차 끓일 돌솥 갖고 가서	當携石鼎去
소나무 끝에 빗방울 흩날리는 걸 보리라	松梢看飛雨

영가군 권고에게 올림 [上永嘉君權皐] 부분

비단 같은 봄꽃은 내가 꺾고자 하는 것	春花如錦我所折

물결 같은 가을 달은 내가 좋아하는 것	秋月如波我所悅
시원한 봉우리와 대자리는 내가 앉고 싶은 곳	氷峯竹簟我所坐
눈 녹인 물로 끓인 차는 내가 마시고 싶은 것	雪水茶甌我所啜

차를 끓이다 [點茶]

찬 샘에서 물 길어 오면	冷井才垂綆
밝은 창가에서 바로 차 끓이리	晴窓便點茶
목 축이면 오열 다스려지고	觸喉攻五熱
뼈에 스미면 뭇 사기 스러진다네	徹骨掃羣邪
찬 계곡 물 달빛 아래 흐르고	寒磵月中落
푸른 구름 바람 밖으로 비꼈네	碧雲風外斜
이미 참 맛의 무궁함 알았으니	已知眞味永
이어 흐려진 눈도 씻어보리라	更洗眼昏花

⑯ 고려말 충신으로 유명한 포은 정몽주(圃隱 鄭夢周: 1337~1392) 선생은 차에도 깊은 아취를 지닌 성리학자로 자는 달가(達可)이며 호는 포은(圃隱)이다. 경북 연일(延日) 사람이며, 공민왕 때 성균관 학감으로 있으면서 개성에 5부학당(五部學堂), 지방에 향교를 두어 교육진흥을 꾀했고 의창(義倉)을 세워 가난한 사람을 구제하였다. 역성혁명에 반대하여 이성계와 이방원의 갖은 유혹에도 불구하고 끝까지 고려조를 떠받들었으며 결국 이방원의 수하에게 선죽교에서 피살되고 만다. 사신으로 먼 중국 땅을 가면서도 차를 옆에 두고 있을 정도로 차를 좋아했던 선생은 지조있고 고매한 차인으로 차 한 잔을 끓이면서 자연의 오묘한 이치에 몰입하는 한편으로 풍전등화인 고려의 운명, 그리고 자신의 처지를 깊이 고뇌하였을 것이다. 저서에 『포은집(圃隱集)』이 있고, 시조로 〈단심가(丹心歌)〉가 유명하고 많은 한시가 전한다.

돌솥에 차 끓이기 [石鼎煎茶]

나라에 공 없는 늙은이   報國無效老書生

차 마시기 버릇되어 세상물정 모르노라   喫茶成癖無世情

눈보라 치던 밤 조용한 서재에 홀로 누워   喩齋獨臥風雪夜

돌솥의 차 끓이는 소리 즐겨 듣노라   愛聽石鼎松風聲

역경 읽기 [讀易]

돌솥에 차가 끓기 시작할 제   石鼎湯初沸

풍로에는 붉은 불꽃 피어난다   風爐火發紅

감괘 이괘 천지간의 쓰임이니   坎離天地用

바로 이 뜻 무궁함이로다   卽此意無窮

⑰ 도은 이숭인(陶隱 李崇仁: 1347~1392) 선생은 본관은 성주(星州), 자는 자안(子安)이다. 이색, 정몽주와 함께 고려말의 삼은(三隱)으로 일컬어진다. 그는 문사(文士)로서 국내외에 이름을 떨쳤고, 문재(文才)로서 고려의 국익을 위해 기여했으며, 시는 후대에 많은 극찬을 받았다. 선생은 학문이 사무사(思無邪)의 경지에 들어가서 성정의 정을 얻은 후면 시는 저절로 된다고 했으며 시의 효용을 교화 위주에 두었고, 자연발로(自然發露)의 문학관으로 시는 억지로 생각하는 데서 나오는 것이 아니라 무심한 가운데 저절로 이루어진다고 했다. 그의 시는 정연하고 고아(高雅)하다는 평을 들었는데 저서로는 『도은집』 5권이 전한다.

백렴사가 주신 차 [白廉使惠茶]

선생께서 내게 나누어주신 화전차   先生分我火前春

색 맛 어울린 향기 모두 처음이네   色味和香一一新

온 세상 떠도는 한 깨끗이 씻어 없애니   滌盡天涯流落恨

좋은 차는 모름지기 아름다운 사람 같음 알아야 하네 須知佳茗似佳人

세찬 불 맑은 물로 손수 달여 마시는 차　　　　　活火淸泉手自煎
찻잔에 향기 동하며 누린내 씻어주네　　　　　　香浮碧椀洗葷羶
벼랑 끝 내몰리는 백만 창생 목숨　　　　　　　　巓崖百萬蒼生命
봉래산 신선님들에게 여쭤볼까나　　　　　　　　擬問蓬山列位仙

　위 시에서 한식 전의 작설차의 색과 맛과 향기를 새롭다고 읊은 시구와
탈속한 느낌을 주는 선생의 시에서 시인으로서의 높은 경지뿐 아니라
차인으로서도 빼어난 경지에 이르고 있음을 능히 알 수 있다.

실주주사에게 차를 선물하며 2수 [茶呈實周主事 二首]

이른 봄빛 가득한 해변의 시골 찻잎　　　　　　海上鄕茶占早春
새로 돋은 노아 바구니에 캐고 캤네　　　　　　筠籠采采露芽新
묶고 제하여 의조에 부치며 여쭈오니　　　　　題封寄與儀曹問
궁중 용단차와 어느 것이 진미일런지요　　　　內樣龍丹味孰眞

황금 가루인지 옥 싸라기인지　　　　　　　　黃金霏屑玉精麋
난고 섞지 않아도 절로 빼어난데　　　　　　　不雜蘭膏朶自奇
감람차에 묽은 술 탄 듯 그윽한 그 맛　　　　橄欖細和玄酒淡
공께서 다보 지어 세상에 알리소서　　　　　　煩公作譜使人知
다보에는 색, 향, 미 세 글자가 들어 있다　　茶譜有色香味三字

2) 조선시대

　조선시대 내내 지속된 숭유억불정책의 결과로 차의 주된 애호층이었
던 승려들의 일상생활 및 시문 등을 통한 예술적 활동은 크게 위축되고
제약을 받을 수밖에 없었다. 한편 성리학이 국가의 정치이념으로 되어
문학도 그 효용성이 중시되었으므로 선비는 유학의 경전, 즉 성현의
가르침을 몸에 익혀 사장(詞章)을 천시하고 경학(經學)을 탐구하는 것이

조선전기에 신진사대부의 보편적 문학관이었다. 그들이 사장용호론을 배척하면서도 많은 한시를 지은 사실을 추론하여 보면, 성리학의 규범을 수용한 시는 성품의 도야와 수양, 교화(敎化)에 꼭 필요하다고 여겼기 때문이다. 한편 관리의 등용시험인 과거의 준비 및 공부는 선비의 제일 필수 덕목으로 이 공부와 시험을 통하여 출사(出仕)하였으며 인격의 형성 및 살아가는 데 필요한 지식을 함양하였던 것이다. 그리고 과거시험은 경전(經典) 중심이었고, 조선시대의 경전이란 중국의 제도·규범·관제·문학과 문화 등 사회 전반에 관한 문헌들이며, 그 참고서로『사문유취(事文類聚)』·『예문유취(藝文類聚)』·『당류함(唐類函)』·『천중기(天中記)』 등과 같은 유서(類書)가 필요했을 것이다. 이 백과사전 격인 유서를 통하여 고려와 조선의 선비들은 각종 지식은 물론 육우의『다경』과 모문석의『다보』, 채양의『다록』을 알았을 것이고 작설차, 용단승설차, 자다(煮茶), 전다(煎茶), 팽다(烹茶) 및 기(旗)와 창(槍), 추차(觕茶) 등의 차 관련 용어와 지식을 습득하고 일부는 정통 혹은 해박하게까지 되었으리라 생각된다.

　선비가 차를 처음 마시는 계기는 다양하였을 것이나 이를 지속하여 차생활을 영위하면서 차시를 남길 정도의 차인이 되기란 쉽지가 않다. 차가 자신의 정서와 성정이 잘 맞는다 하더라도 이를 뒷받침할 여건과 능력이 되지 못하면 차생활의 지속이 불가능했을 것이다. 당시는 작설차 등 국내 생산차와 차시에서 언급되는 용단(龍團)과 육안차(陸安茶) 등을 구하기가 어려웠을 뿐더러 차생활에 필요한 다기와 다구 등도 일반인으로서는 접근 자체가 불가능하였기 때문이다. 따라서 차를 가까이 할 수 있으려면 과거에 합격하여 벼슬을 하는 중에도 중국을 왕래하는 사신이거나, 사신을 영접하는 영접사나 유관부서의 관료, 차 생산지의 관원이거나 명문 가문의 일원, 그리고 차인(茶人)이나 차승(茶僧)과 교유하는 정도의 경우일 것이다. 그리하여 차의 효용성 즉 잠과 숙취를 없애주며 정신을 맑게 하는 차의 신비하고 선(禪)과 선(仙)적인 약리적·심리적 효능과 그 유익함을 유서(類書) 등을 통해 습득했거나 실제 주위의 경험을 통해 알게 된 선비들은 선과 도(道)의 영역에 진입하고 그 범주에 안주코자 차의 색·향·미에 취하고 정신적인 효능에 도취하였던 것이다. 그리하여 그들의 사상과 감정의 폭을 넓히고 일상생활에서 느끼는 감정, 영감, 포부 등을 붓을 들어 시와 문으로 표현하였다.

우리나라는 비록 중국의 『다경』이나 『다록』 등의 다서를 초록(抄錄), 혹은 인용하였어도 초의선사 덕에 『다신전(茶神傳)』과 『동다송(東茶頌)』 두 불후의 다서를 가지게 되었지만 중국이나 일본 등에 비해서 다서가 현저하게 적은 것은 사실이다. 그러나 차시(茶詩)만큼은 두 나라에 못지 않다는 사실은 우리의 큰 다행이 아닌가 생각한다. 중국에서 차 문학에 관련된 차시(茶詩)로 당시 500수, 송대 약 1,000수, 금·원·명·청대 이후 근대까지의 기간 즉 800여 년간 약 500수에 이르지만 조선의 개국 이래 개국공신들로부터 선조 연간인 16세기 말까지의 문인이 지은 차시가 700수 안팎이다. 이 중 사행관과 역관 및 수행원과 사신 영접관 출신이 지은 차시는 서거정의 98수, 고경명의 22수를 비롯하여 300여 수가 넘는 것으로 알려지고 있다. 그리고 다시를 70편 이상 남긴 다인들을 보면 고려조의 이색, 조선조의 서거정 외 김시습, 정약용, 신위와 110수를 남긴 해거 홍현주, 송광사 보정 스님 등 7명이며 20편 이상 남긴 사람은 10명 정도로 알려져 있다.

조선초기에는 전술했지만 고려의 차 관련 사회제도와 음다풍이 그런 대로 이어진 듯했으나, 정치적·사회적 원인으로 차문화는 급속히 쇠퇴하게 된다. 전반적인 쇠퇴 원인으로는 척불정책으로 고려시대에 생활불교와 더불어 성행했던 음다풍이 사찰들의 폐쇄로 승려가 줄고, 절이나 승려와의 교류가 적어져 차인구가 줄어들며 퇴조하기 시작했고, 중엽에 이르러서 임진왜란의 발발과 양반제도의 발호(跋扈), 과중한 차공납(茶

貢納), 가난 등을 생각할 수 있을 것이다. 그러나 학문에 힘쓰는 사대부들과 수행하는 승려들 간에는 여전히 선대 유학자나 문인, 선조사들의 음다예속(飮茶禮俗)을 본받으면서 어렵게 그 맥을 이어왔다고 할 수 있다.

조선중기 다도풍속이 성행했던 시기는 전기의 사가 서거정, 설잠 김시습, 청허휴정 등이 중심이었던 때와, 후기에 와서 우리의 차문화를 중흥시킨 다산 정약용, 추사 김정희, 초의 장의순 시대이며 후기의 음다풍속은 실학과 더불어 성행한 점이 주목할 만한 일이다.

① 사가 서거정(四佳 徐居正: 1420~1488) 선생은 조선초기의 문신이며 학자로, 본관은 달성(達城), 자는 강중(剛中)이다. 권근(權近)의 외손자로, 1444년(세종 26) 식년 문과에 급제하고, 1451년(문종 1) 사가독서(賜暇讀書) 후 집현전 박사를 거쳐 1457년(세조 3) 문신 정시(文臣庭試)에 장원, 공조참의 등을 지냈다. 육조 판서를 두루 지냈고, 1470년(성종 1) 좌찬성(左贊成)에 이르렀다. 문풍(文風)을 일으키는 데 큰 공헌을 했으며, 『경국대전(經國大典)』, 『동국여지승람(東國輿地勝覽)』, 『동문선(東文選)』, 『동국통감(東國通鑑)』 등 수많은 편찬 사업에 참여했다. 또한 문장과 글씨에 능하였으며, 뛰어난 문학저술도 남겼다. 저술서로는 『역대연표(歷代年表)』, 『동인시화』, 『필원잡기(筆苑雜記)』, 『태평한화골계전(太平閑話滑稽傳)』이 있으며, 부려호방(富麗豪放)한 시문이 다수 실린 『사가집(四佳集)』 등이 있다.

사가 선생은 그의 시 〈동경인 윤담수가 문병을 하고 돌아가므로 회포를 서술해서 기록하여 바치다[同庚尹淡叟問病而還 述懷錄呈]〉에서 "타는 입술을 축이려고 늘 차만 마신다네"(吻思湯只啜茶)라는 표현과 같이 차와 평생을 같이하였다. 또한 〈윤숙보 시운에 세 번째 차운하다[三次尹叔保詩韻]〉에서는 "병중에는 전다보를 이어서 쓰고"(病續煎茶譜)라고 할 만큼

격이 높은 차시를 98수나 남겼고, 당대의 불우한 천재로 비판적이었던 김시습과는 손수 만든 차와 시를 주고받을 만큼 미묘하지만 친분관계가 깊었으며, 더불어 조선초기의 대표 다인이라 칭하여도 무리가 없을 것이다.

동지 이틀 후 청재에 들어가서 자심에게 부치다
[南至後二日入淸齋寄子深]

늙고 병들어 정회 쓸쓸해진 지 이미 오래라	老病情懷已索然
새벽에 화로 끌며 빠른 세월 느껴져	靑銅曉攬感流年
태양은 이제 막 동지선 넘었고	日南至後初添線
모진 삭풍은 불어와 솜옷 찢을 듯	風北來時欲折綿
종이로 둘러쳐 추위 막고 홀로 앉아 있다	紙帳遮寒成獨坐
화로의 온기 덕에 편히 푹 자기도 하네	木爐偸煖穩長眠
하지만 시가의 멋 그대로 남아 있어	詩家風味依然在
아이 불러 용단으로 설수에 달이노라	喚取龍團雪水煎

밤에 홀로 읊다 [夜吟]

홀로 앉아 등불 켜니 불똥 떨어지고	獨坐挑燈落盡花
이내 들으니 벌써 삼경 알리는 북소리	旋聞街鼓已三撾
병든 뒤론 주린 창자가 자꾸 쫄쫄거려	枯腸病後如雷吼
손수 생강 인삼 썰어 찻잔에 띄워 마시네	手切薑蔘點小茶

주문공의 무이정사도 문공의 운을 사용하다
[朱文公武夷精舍圖 用文公韻]

차 부뚜막 9 [茶竈 其九]

금빛 노아차 따고 또 땄네	采采金露牙
부뚜막은 물의 한가운데 있고	竈在水中央

타는 불에 차 달이노라니 　　　　　　　　聊以活火煎
문득 좋은 향 풍겨옴 깨닫겠네 　　　　　　便覺聞天香

차 달이기 [煎茶]

선차의 묘미 몹시도 좋아하여 　　　　　　絶愛仙茶妙
처음으로 재 넘어에서 가져왔는데 　　　　初從嶺外來
맑은 병에 새로 물 길어 　　　　　　　　澹瓶新汲水
옛 솥에 다리니 우레 소리 들리는 듯 　　古鼎故鳴雷
북에서 말려 일찍 봄에 나누는데 　　　　北焙分春早
남가의 헛된 꿈 부른다 　　　　　　　　南柯喚夢回
나 또한 옥천자 같아서 　　　　　　　　我如玉川子
석 잔 차로 시상 재촉해 본다 　　　　　三椀要詩催

차 달이기 [煎茶]

앓았더니 목말라 차가 몹시 생각나서 　　病餘消渴苦思茶
돌솥에 한가로이 작설차 싹 달이노라 　　石鼎閑烹雀舌芽
새 순을 덮어 보니 봄은 아직 일렀거니와 　試焙一槍春已早
용단 몇 덩이 나눠받을 땐 눈보라가 몰아치네 　分團數餅雪交加
주린 창자는 노동의 시처럼 끝까지 헤치고 　枯腸搜盡盧仝卷
기이한 다보는 전해 육우의 다경을 이뤘도다 　奇譜傳成陸羽家
차 한 사발에 뼛속까지 맑아져서 　　　　啜罷小椀清入骨
밤 창 앞에 가부좌하니 유마거사 같네 그려 　夜窓趺坐似維摩

② 조선조 제일의 천재로 시인·생육신·유학자·승려이며 한국소설의
효시인 『금오신화(金鰲新話)』를 쓴 매월당 김시습(梅月堂 金時習: 1435~
1493) 선생은 명문거족(鋸族) 강릉김씨의 후손으로 세조의 왕위 찬탈을
비탄하며 은둔과 방랑 생활을 반복하면서 차나무를 기르고 차를 법제하
며 일생동안 차생활을 했다고 전한다. 억불에서 척불까지 마다하지

않았던 조선조에 당시의 시대에 수긍할 수 없어 고난을 감수하며 법명 설잠(雪岑)으로 오랫동안 법복을 입기도 하였던 매월당은 현실과 이상 사이의 갈등 속에서 어느 곳에도 안주하지 못한 채 기구한 일생을 보냈다. 그의 사상과 문학은 이러한 고민에서 비롯한 것이며 전국을 두루 돌아다니면서 얻은 생활체험은 현실을 직시하는 비판력을 갖출 수 있도록 시야를 넓혀주었다. 선조의 명으로 『김시습전』을 쓴 율곡은 선생에 대해서 "가슴에 가득한 불평과 비분강개를 펼 길이 없어 생로병사와 자연과 자연현상, 물외 및 희로애락에 이르기까지 유형·무형의 표현할 수 있는 모든 것을 문장에 붙였으며, 그의 문장은 물이 용솟음치고 바람이 부는 것과도 같았으며[水湧風發], 산 속에 간직하고 바다 속에 숨겨진 것[山藏海涵]과도 같았다"고 하였으며 심유적불(心儒蹟佛)이라는 평을 하였다.

김시습은 『매월당집(梅月堂集)』 23권 중 15권에 2천 2백여 수의 시를 남겼으며 이 중 67편 73수라는 많은 차시를 남긴 다도사의 거목이자, 150편에 이르는 논(論)과 전(傳)과 기(記)를 남긴 탁월한 문인이다. 그 중에 당시 왜관에 와 있다가 관백(關伯)의 명으로 환국하는 선승 도시모 (俊茂)에게 이별을 아쉬워하며 써준 차시 〈일본 승 준장로와 이야기 하며[與日東僧俊長老話]〉가 있는데, 일본인 아사카와(淺川伯敎)는 이 시를 인용하여 일본차의 원류인 초암차(草菴茶)가 한국의 초암, 즉 초정(草亭)에서 전파된 것으로 주장하면서 매월당의 영향설을 기술하고 있다. 유저(遺著)로는 『금오신화(金鰲新話)』, 『매월당집(梅月堂集)』, 『매월당 시사유록(每月堂詩四遊錄)』 등이 있다. 매월당은 족하진 않으나 구애받지 않고 거리낌 없는 그의 처지와 심성을 다음과 같이 읊었다.

희위오절 4 (戲爲五絶 四)

향긋한 술 맛있는 고기야 얻을 수 없다지만　　　　旨酒禁臠不可得

절인 나물 거친 밥으로 날마다 배부르네 　　　　淹菜糲飯日日飽

배부르면 팔 베고 누워 잠이 들기도 하고 　　　　飽後偃臥又入睡

깨어서는 차 한 잔 그저 좋을 대로 살리라 　　　　睡覺啜茗從吾好

　한편 작설차는 조선의 대표적인 차로 군림하였는데 선생은 경주 금오산 용장사 아래에 금오산실을 짓고 머물던 때 차나무를 재배하면서 매화를 찾고 대나무도 찾으며 그것으로 차시 등 많은 시를 읊었다.

대나무 홈통 [竹筧]

대를 쪼개 찬 샘물 끌어 왔더니 　　　　　　剖竹引寒泉

밤새 졸졸 소리 내며 흐르네 　　　　　　　琅琅終夜鳴

자꾸 흐르면 깊은 골짜기 물도 마르리 　　　轉來深澗涸

물줄기 나누니 작은 물통도 넘실대고 　　　分出小槽平

가느다란 소리는 꿈속처럼 소근거려 　　　細聲和夢咽

맑은 운치는 차 달임 속으로 　　　　　　　淸韻入茶烹

차가운 두레박 길게 내려 　　　　　　　　不費垂寒縪

백 척 깊은 물 끌어올리지 않아도 되누나 　銀床百尺牽

차 달이기 1 [煮茶一]

솔바람 차 달이는 연기 살짝 밀치고 　　　松風輕拂煮茶煙

하늘하늘 기울어져 골짝 물가로 떨어진다 　裊裊斜橫落澗邊

동창에 달 떠올라도 아직 잠 못 이뤄 　　月上東窓猶未睡

물병 들고 돌아가 찬물 긷는다 　　　　　挈甁歸去汲寒泉

차 달이기 2 [煮茶二]

나면서 속된 세상 싫어함이 스스로 괴이하여 　自怪生來厭俗塵

문으로 들어 봉자 쓰니 이미 청춘 지나갔네 　入門題鳳已經春

차 달이는 누런 잎 그대 아는가 　　　　　　煮茶黃葉君知否

시 짓고 숨어사는 일 누가 알까 두렵네　　　　　却恐題詩洩隱淪

효의 (曉意)

어젯밤 산속에 비가 오더니　　　　　昨夜山中雨
오늘은 바위샘 물 흐르는 소리　　　　　今聞石上泉
창 밝아 날 새려 하고　　　　　窓明天欲曙
새소리 요란해도 나그네는 아직 꿈속　　　　　鳥聒客猶眠
작은 방이 훤해짐은　　　　　室小虛生白
구름 걷히고 하늘에 달이 나옴일세　　　　　雲收月在天
부엌에서 기장밥 다 지어놓고　　　　　廚人具炊黍
나에게 차 달임 늦다 하네　　　　　報我嬾茶煎

잠을 즐기다 [耽睡]

종일 누워서 잠만 즐기느라　　　　　竟日臥耽睡
게을러져 문 밖에도 안 나섰네　　　　　懶慢不出戶
방 안의 책들 책상에 내던져 있고　　　　　圖書抛在床
읽던 책들도 어지럽게 널렸어라　　　　　卷帙亂旁午
질화로에선 연기 피어오르고　　　　　瓦爐起香煙
돌솥엔 차 달이는 소리　　　　　石鼎鳴茶乳
미처 알지 못하였네 해당화 꽃이　　　　　不知海棠花
온 산에 내린 비에 다 진 줄　　　　　落盡千山雨

③ 청허휴정(淸虛休靜: 1520~1604)대사는 임진왜란 구국의 스님으로 묘향산에 오래 있었으므로 묘향대사 혹은 서산대사라 불린다. 어려서 부모를 잃고 양아버지 밑에서 자랐는데, 1534년 진사 시험에 떨어진 뒤 지리산에 들어가 화엄동(華嚴洞), 청학동(靑鶴洞), 칠불동(七佛洞) 등을 유람하다 숭인장로(崇仁長老)의 권유로 불교 공부를 시작했으며 21세에 일선(一禪) 스님에게 구족계를 받았다. 그 뒤 부용영관(芙蓉靈觀)

대사의 인가를 받은 후 운수행각(雲水行脚)을 하며 수행과 공부에만 전념하다가 1549년(명종 4) 승과(僧科)에 급제했고, 대선(大選)을 거쳐 선교양종판사(禪敎兩宗判事)가 되었으나 3년 만에 물러나 불사에 전념한다. 조선조 들어 불교에 대한 탄압이 강화되면서 불교는 국가제도권에서 탈락하여 산간총림으로 겨우 명맥을 유지하고 있었다. 휴정은 이러한 때에 불교교단의 존립과 국가 전체의 안위를 의식하고 이에 대처했다. 선조 25년(1592) 임진왜란이 일어나자 대사는 전국에 격문을 보내어 의승군(義僧軍)의 궐기를 호소하고 자신도 법흥사에서 승군을 조직했다. 대사는 유·불·도(儒·佛·道) 3교는 명칭만 다를 뿐 그 가르침의 근본은 같다는 3교일치를 주장하였고 성리학의 도통관(道統觀)에 대비되는 불교의 전통관을 새로 제시하여 임제종의 전통을 강조하였다. 그의 제자는 1,000여 명이나 되었는데, 그 중에서도 사명유정(四溟惟政)·편양언기(鞭羊彦機)·소요태능(逍遙太能)·정관일선(靜觀一禪)의 4대 제자가 조선후기의 불교계를 주도하게 되었다. 그리고 스님은 저자의 선친 용곡 스님께서 이어온 선암사법계 임제종(臨濟宗) 월저파(月渚派) 16대 선조사 스님이다.

스님은 두류산 내은적암(內隱寂庵)과 칠불암 등에서 지내는 6년 동안 구증구포작설차 법제를 완성함으로써 이후 가마솥에 덖어 만드는 잎차 문화가 시작되었다고 전하며, 차에 대한 수많은 차시문(茶詩文)에 그 깊은 경계를 나타내 보인 훌륭한 차승이다. 문집으로 『청허당집(淸虛堂集)』이 있고, 편저에 『선교석(禪敎釋)』, 『선교결(禪敎訣)』, 『심법요초(心法要抄)』, 『삼가귀감(三家龜鑑)』 등 많은 저서를 남겼다.

특히 청허대사는 주유하던 한때 지은 시 〈등향로봉(登香爐峯)〉으로 인해 정여립의 역모에 가담한 요승 무업(無業)의 무고를 받았으나 선조의 직접 심문으로 혐의가 풀렸고, 선조로부터 묵죽시를 하사받고 갱진(賡進)하였다.

향로봉에서 노닐다 [遊香峯]

걷고 걷고 또 걷고 걸어	步步又步步
포개진 벼랑 몇 겹이던가	層崖幾重重
흰 구름이 큰 골짜기에서 생겨나니	白雲生洞壑
홀연 향로봉이 사라지고	忽失香爐峰
시냇물 긷고 가을 잎 태워	汲澗燃秋葉
차 달여 한 번 마시고	烹茶一納胸
밤 되어 바위 밑에 자니	夜來嵒下睡
혼은 나는 용을 다스린다	魂也御飛龍
내일 아침 천하를 굽어보면	明朝俯天下
모든 나라가 벌집처럼 열지어 있으리라	萬國列如蜂

두류산내은적암 (頭流內隱寂)

스님 대여섯이	有僧五六輩
내 암자 앞에 집을 지었네	築室吾庵前
새벽 종소리에 함께 일어나	晨鐘卽同起
저녁 북 울리면 같이 잠든다	暮鼓卽同眠
시냇물 속의 달을 함께 길어다	共汲一澗月
차 달이노니 푸른 연기 모락모락	煮茶分靑烟
날마다 무슨 일로 소일하시나	日日論何事
오로지 참선과 염불일세	念佛及參禪

산중사 (山中辭)

스님의 남쪽은 백운과 두류산이고	山人之南兮白雲頭流
스님의 북쪽은 묘향과 금강산이네	山人之北兮妙香楓嶽
한 사미는 차를 달여 오고	一沙彌進茶
한 사미는 누더기를 빨아주네	一沙彌洗納
신선의 병속 세계가 아니며	不是神仙之壺裏乾坤

또한 신승의 손바닥 위 인물이 아니로다	亦 不是神僧之掌上人物
옛날 소동파를 동림에서 만났고	昔者 蘇學士訪余於東林
이태백은 죽원에서 만났으니	李處士話余於竹院
앞의 소씨와 이씨는 천백 년 전 이미 가셨고	前乎蘇李 千百世之已往
뒤의 이씨와 소씨는 천백 년 후 미래의 일이니	後乎蘇李 千百世之未來
아! 청산의 늙은이요 백운의 늙은이 아니겠는가	吁若非青山叟白雲子兮
나는 누구와 더불어 세상을 초월할 벗을 삼을까	吾誰與爲出世之交也哉

④ 고경명(高敬命: 1533~1592)은 조선 중기의 문신·의병장으로 본관은 장흥, 자는 이순(而順), 호는 제봉(霽峰)·태헌(苔軒)이다. 임진왜란 때 김천일(金千鎰)·박광옥(朴光玉)과 의병을 일으켜 금산(錦山)에서 왜적과 싸우다가 아들 인후(仁厚)와 유팽로(柳彭老)·안영(安瑛) 등과 순절했다. 아버지는 대사간 맹영(孟英)이다. 1552년(명종 7) 진사가 되고, 1558년 식년문과에 장원했다. 공조좌랑·전적·정언 등을 거쳐 호당(湖堂)에서 사가독서(賜暇讀書)를 했다. 1561년 사간원헌납이 된 뒤 사헌부지평·홍문관부교리를 거쳤다. 1563년 교리로 있을 때 인순왕후(仁順王后)의 외숙인 이조판서 이양(李樑)의 전횡을 논하는 데 참여하고 그 경위를 이양 일파인 장인 김백균에게 알려준 사실이 드러나 울산군수로 좌천된 뒤 곧 파직되었다. 1581년(선조 14) 영암군수에 다시 기용되고, 곧 김계휘(金繼輝)의 서장관(書狀官)으로 명나라에 갔다 오고, 이어 원접사(遠接使) 이이(李珥)의 종사관이 된 후, 승문원판교를 거쳐 1590년 당상관으로 동래부사가 되었으나 세자 책봉문제로 서인이 실각하자 파직되어 고향에 돌아왔다.

고경명은 의병장으로 순국한 행적이 선양되어 그의 문학적 능력이나 시인으로서의 명성이 오히려 가려졌다. 과거 급제 이전부터 시명(詩名)이 있었던 고경명의 문학적 재능은 명종과 선조에게서 특별한 인정을 받았으며, 율곡은 "나라를 빛낼 만한 특별한 재주"(華國財)라고까지

그를 두둔하였다. 시·서·화에 능했으며, 저서로는 시문집인『제봉집』,
무등산 기행문인『유서석록(遊瑞石錄)』, 각처에 보낸 격문을 모은『정기
록(正氣錄)』이 있다. 뒤에 좌찬성에 추증되었다. 광주 포충사(褒忠祠),
금산 성곡서원(星谷書院)·종용사(從容祠), 순창 화산서원(花山書院)에 배
향되었다. 시호는 충렬(忠烈)이다.

흥에 겨워 [漫興]

대자리 서늘하여 잠 못 이루니	竹簟生寒淸未睡
차 마시는 일밖에 딴 일이 없네	茶甌一啜無餘事
남쪽 오이밭 부슬비 내려 김매고 돌아와	南園小雨鋤瓜回
유종원 산수유기 자세히 읽노라	細讀柳文山水記

위 시는 출사 전인 21세 이전에 지은 차시로 벌써 달관한 듯한 은자의
풍모가 드러난다. 대자리의 서늘함, 맑은 차 한 잔, 그리고 아무 일
없는 한가함이 담박한 정신적 경계를 드러내고 있다. 비 내린 오이밭을
매고 돌아와 산수유기를 읽음은 정적인 일상의 변화와 자연과의 교감을
보여준다. 그의 시에 나타나는 일관된 성향은 풍부한 의상(意象), 조밀한
시상, 섬세한 감각적 묘사, 긴밀한 시적 구조 등이다. 따라서 그의
시는 사유의 심도에 의존하기보다 형상성 자체에 의존하며, 풍부하고
다양한 형상성으로 표현의 충실성을 얻었고 서정성을 함축, 표출하고
있다. 이러한 점은 그의 시세계를 관통하는 주된 문학적 개성으로 보인
다. 일찍 시작된 그의 차생활은 종사관으로 명에 다녀온 후 더욱 깊어졌을
것이며 총 22수의 차시를 남겼다.

병중 강숙김성원에 보임 2수 [病中示剛叔 二首]

술병이 생겼다는 의원의 말에	病因傷酒聞醫說

서둘러 술독 치우고 후회 많다네　　　　　　催屛奠罍我悔多
솔바람 베개 삼아 누워 낮꿈 꾸는데　　　　一枕松風成午夢
찻사발 흰 거품 아래 물결이 인다　　　　　茗甌浮雲幕生波

동백정 (冬柏亭)

높은 정자 홀로 올라 가없는 바다 굽어보니　危亭獨上俯滄溟
눈길 다하는 곳 흰 새가 운다　　　　　　　眼欲窮邊白鳥鳴
한 길 푸른 놀에 붉은 벼랑 두드러지고　　一道靑霞標赤岸
가득 쌓인 향기로운 눈 차꽃 안았네　　　[萬堆香雪擁茶英]
소라 같은 산 짙게 빗은 듯 묶이었고　　　山呈螺髻濃梳綰
파도는 교룡 비늘처럼 잘 다려 평평하다　波展鮫綃細熨平
바다는 맑아 신기루 없네　　　　　　　　最是海淸無蜃氣
붉은 주렴 대궐인 양 정히 아름답도다　　絳宮珠闕正盈盈

⑤ 율곡 이이(栗谷 李珥: 1536~1584) 선생은 조선시대의 학자·정치가. 자는 숙헌(叔獻), 호는 율곡(栗谷)·석담(石潭)·우재(愚齋)이고, 시호는 문성(文成)이다. 1564년에는 생원시(生員試), 식년문과(式年文科)에 모두 장원하여 호조좌랑(戶曹佐郎)에 초임되었으며 이후 여러 관직을 거쳐 이조·형조·병조 판서(判書), 우참찬(右參贊)을 역임했다. 학문으로는 이기론(理氣論)에서 기(氣)의 독자성을 중시하는 이론을 주장하였다. 이황(李滉)과 더불어 조선시대 유학의 쌍벽을 이루는 학자로 기호학파(畿湖學派)의 연원을 열었다. 저서로는『성학집요(聖學輯要)』,『격몽요결(擊蒙要訣)』,『율곡전서(栗谷全書)』등이 있다.

산중 (山中)

약을 캐다 홀연히 길 잃고 보니　　　　　採藥忽迷路
천 봉우리 깊은 산 가을 단풍 속이라오　千峰秋葉裏

산속 스님 물을 길어 돌아가더니　　　　　　　山僧汲水歸
숲 끝에서 차 달이는 연기 오르네　　　　　　林末茶烟起

다시 온 금강산 내금강에 들 제 비를 만남 [重遊楓嶽 將入內山 遇雨]

구름 끼고 비 내리니 숲속은 어둡건만　　　　雲雨暗幽林
산집은 도리어 깨끗하구나　　　　　　　　　山堂轉淸絶
차 마시고 났더니 할 일이 없어　　　　　　　茶罷一事無
시와 선 더불어 이야기 하네　　　　　　　　詩談雜禪說
내일 아침 좋은 경치 찾아가려니　　　　　　明朝欲尋勝
흐렸던 안개도 밤 동안 개일 테지　　　　　　陰靄夜應歇

　⑥ 부휴선수(浮休善修: 1543~1615)대사는 20세에 지리산에 들어가 신명(神明)의 제자가 되었으며 부용(芙蓉)의 밑에서 깨달음을 얻었다. 전국의 이름 있는 절에서 수행하다가 서울에 올라가 노수신(盧守愼)의 장서(藏書)를 읽었다. 임진왜란 때는 의병장으로 나섰으며, 유정(惟政)이 죽자 〈만송운장(輓松雲章)〉이라는 시를 지어 너그러운 마음으로 중생을 사랑하고 나라를 위해 몸을 잊었던 공적을 찬양했다. 그러나 그는 유정과는 달리 불법 융성을 임무로 삼았고 참선의 원리를 밝히고 방법을 가다듬는 데 힘썼으며, 많은 제자를 길러 교단(敎壇)을 이끌어나갈 인재가 되게 하였다. 1614년 조계산에서 방장산 칠불암으로 옮겼으며 다음 해 제자 각성(覺性)에게 교단의 책임을 맡긴 뒤 그해 11월 1일 임종게(臨終偈)를 남기고 입적했다. 저서에 『부휴당대사집』이 있다.

암선 (巖禪)

깊은 산 홀로 앉아 온갖 일에서 벗어나　　　　獨坐深山萬事輕
문 닫고 날 보내며 덧없음을 배우노라　　　　掩關經日學無生
한평생 돌아보니 남은 것 하나 없고　　　　　生涯點檢無餘物

새 차 한 사발에 경전 한 권뿐이로다   一椀新茶一卷經

산거잡영 (山居雜詠)

굽어보고 쳐다보는 하늘과 땅 사이   俛仰天地間
잠깐 한때의 나그네라네   暫爲一時客
숲을 엎어 새 차 심고   穿林種新茶
솥 씻어 약을 달인다   洗鼎烹藥石
달뜨는 밤에는 밝은 달과 노닐고   月夜弄月明
나락더미에서 한가위 보내고   粉山送秋夕
구름 깊고 물도 깊어   雲深水亦深
오가는 이 없으니 홀로 즐겁다   自喜無尋迹

송운에게 [寄松雲]

아침에 차 따고 저녁에는 섶 줍고   朝採林茶暮拾薪
또 산열매도 거두니 아주 가난치는 않네   又收山果不全貧
향 피우고 홀로 앉아 다른 일 없으면   焚香獨坐無餘事
좋은 사람과 나눌 이야기 생각   思與情人一話新

⑦ 사명당유정(四溟堂惟政: 1544~1610)대사는 1558년(명종 13)에 어
머니가 죽고, 이듬해 아버지가 죽자 김천 직지사(直指寺)로 출가하여
신묵(信默)에게서 『전등록(傳燈錄)』을 배웠다. 3년 뒤 승과에 합격한
것을 계기로 많은 유학자들과 교유했다. 1575년(선조 8)에 선종 승려의
여론에 의해 선종의 본거지인 봉은사 주지로 천거되었으나, 이를 사양하
고 묘향산 보현사(普賢寺)로 휴정(休靜)을 찾아가서 수행에 정진했다.
1578년에 휴정에게 하직하고 보덕사(普德寺)로 가서 3년간 머문 후 1581
년부터 팔공산·금강산·청량산·태백산 등을 돌아다니면서 선을 닦았다.
임진왜란 때 휴정의 격문을 받고 승병을 모아 순안으로 가서 휴정과

합류했다. 의승도대장(義僧都大將)으로 1593년 1월의 평양성 탈환작전에 참가하여 공을 세웠으며, 그해 3월 서울 부근 삼각산 노원평과 우관동 전투에서도 공을 세웠다. 이 일로 선교양종판사(禪敎兩宗判事)를 제수받았다. 그는 임진왜란에 참전한 경험을 토대로 부국강병책을 건의하여 중농정책의 실시, 인물본위의 관리채용, 탐관오리 숙청, 민력(民力)의 무장, 산성축조, 무기제조, 군량미 비축 등을 강조했다. 특히 불교억압책으로 인하여 몰락한 승려의 사회적 신분을 일반민과 같이 해줄 것을 건의했다. 임진왜란중에 이미 가토와 네 차례의 회담을 가진 바 있는 그는 난이 끝난 직후에는 일본에 건너가 도쿠가와 이에야스(德川家康)를 만나 성공적인 강화를 맺고 귀국했다. 시문에 능하여 저술이 많았으나 임진왜란 때 거의 불타버렸고, 『사명대사집(四溟大師集)』 7권과 『분충서난록(奮忠紓難錄)』 1권, 기타 상소문·발문(跋文)·서장(書狀) 등이 전한다.

사명대사는 국난 극복의 와중에도 바람, 창공, 구름, 달 등의 자연과 더불어 사는 삶에서 희열과 삶의 무상함, 정적감을 느끼며 시 〈청학동 추좌(靑鶴洞 秋坐)〉에서 "하늬바람 불어오니 사뿐히 비 내리고 가없는 저 하늘 조각구름 하나 없네"(西風吹動雨初歇 萬里長空無片雲)라고 읊으며 즐겼다. 또한 대사는 고요한 산중에서는 다선삼매(茶禪三昧)의 경지에서 선과 더불어 차를 즐긴 차승(茶僧)이었다. 사명은 차 한 잔으로 자연세계의 진실성을 접하였고, 그의 다시 내용이 다도관을 진하게 노출시켰으며, 그의 다도관은 차 한 잔 마시는 것이 곧 다선(茶禪)이고 우주 공안이 각(覺)이라 하였음을 알 수 있다.

원길의 운을 잇다 [次元佶韻]

모이고 흩어짐이 모두 오랜 인연이니	聚散皆因宿有緣
우리나라에서 자리 함께할 줄 어찌 헤아렸으랴	海東郡料此同筵
봄 정자에서 달여 바친 선차 마시니	春亭烹進仙茶飮

푸른 풀 기운 눈앞에 가득하네   青草烟花滿眼前

황정경 손에 들고 신비로운 비결 여쭙고자   欲把黃庭問神訣

애써 멀리 바다 건너 신선 계신 곳 찾았더니   遠勞乘海款仙扃

사미 불러 석잔 차 가져오네   喚沙彌進茶三碗

동원의 종풍 고전의 모범이로다   東院宗風古典形

선소의 운을 잇다 [次仙巢韻] 부분

…

저잣거리에 크신 은자 계신다 들었는데   城市曾聞大隱在

늙은 스님이신 방장이로구나   老師方丈正依然

차 달이고 종문의 글귀 보이시니   點茶示我宗門句

서쪽에서 오신 드높은 선임을 알겠노라   知是西來格外禪

상야수죽림원 벽에 쓰다 [題上野守竹林院壁上]

대나무 숲에 차 달이는 푸른 연기   竹林茶煙聚

맑은 꽃 화창한 삼월이로다   晴花三月時

강호에는 맑고 따스한 기운   江湖淨暖氣

버들은 푸른 실인 양 하늘하늘   楊柳弄青絲

먼 산은 물결 속의 그림   遠岳波中畫

산들바람은 소매 속으로 불어오네   斜風袖袖吹

같이 놀던 친구들 마음 다할 길 없어   同遊心不盡

다른 세상에서도 또 만나세나   重結上方期

지호 선백에게 드림 [贈智湖禪伯]

오랜 세월 이어온 조계의 후손   係出曹溪百代孫

가는 곳마다 사슴을 벗하네   行裝隨處鹿爲羣

사람들아 세월 헛되이 보낸다 마소   傍人莫道虛消日

차 달이며 흰구름 보네   煮茗餘閑看白雲

사명은 차를 달이고 마시는 일이 여가를 한가롭게 즐기는 헛된 일이 아니라 도를 참구하는 수행이라 강조한다. 그는 차를 즐겼고 차를 마시는 일상생활에서 깨달음을 이루려고 하였다. 또한 그는 자신이 조계의 후손임을 밝혀 조계 이후 역대 조사의 선맥을 이어옴을 알리고 이러한 선승에게는 차를 달이고 마시는 일상적인 평범한 순간도 모두 수행임을 강조하였다.

⑧ 지봉 이수광(芝峯 李睟光: 1563~1628) 선생은 조선중기의 문신·학자로 자는 윤경(潤卿), 호는 지봉(芝峯)이다. 이조판서를 지냈으며, 사신으로 여러 차례 명나라에 다녀오면서 이탈리아 신부 마테오 리치의 저서인 『천주실의』·『교우론』을 조선에 들여왔고 1614년(광해군 6)『지봉유설(芝峰類說)』을 간행하여 한국에 천주교와 서양문물을 소개하는 등 실학발전의 선구자로 활약한다. 특히『지봉유설』은 당시 주자학적 세계관을 지녔던 백성들에게 새로운 우주관과 인생관에 접할 기회를 제공하였으며, 우리나라의 차의 유래 및 시배지, 우전차와 화전차의 채취 시기, 찻때[茶時] 등에 대하여 기술하고 있다. 사후 영의정에 추증되고 순천(順天) 청수서원(淸水書院)에 제향되었으며, 『지봉유설』, 『채신잡록(采薪雜錄)』, 『해경어잡편(解警語雜篇)』, 『잉설여편(剩說餘篇)』, 『승평지(昇平志)』, 『병촉잡기(秉燭雜記)』, 『찬록군서(纂錄群書)』 등의 저서가 있다. 특히『승평지』서문에는 당시 진상되는 승평(순천)의 작설차에 대하여 언급하였다.

한가히 살다 [閑居]

늘그막에 농사지어 여생 의지하렸더니	暮年田圃寄生涯
마치 집 떠난 이처럼 외롭고 쓸쓸해	野性蕭然似出家
새끼 달린 사슴은 냇가 골짜기로 쏘다니고	閑與鹿麑行澗谷

122

갈매기 해오라기 짝 이뤄 오락가락　　　　　偶從鷗鷺戲溪沙

산속 부귀는 금은초이거니와　　　　　　　　山中富貴金銀草

길벗으로는 풍류 아는 여기가 제격이라　　　路畔風流女妓花

흥 파하고 오는 숲길 노을이 드리우니　　　興罷歸來林影夕

아이 불러 물 길어다 햇차 맛보리라　　　　呼童汲水試新茶

차 마시기 [飮茶]

강하지도 약하지도 않은 불길　　　　　　　不武不文火候

거문고 피리 소리도 아닌 차 끓는 소리　　　非絲非竹松聲

노동이 버린 찻사발로 마신 후에　　　　　啜罷盧仝亡碗

표연히 신상이 편해지누나　　　　　　　　飄然身上太靖

⑨ 조선시대의 문신·소설가인 허균(許筠: 1569~1618)의 자는 단보(端甫), 호는 교산(蛟山)·성수(惺叟) 등이다. 그의 가문은 대대로 학문에 뛰어난 집안이어서 아버지와 두 형, 그리고 누이인 난설헌(蘭雪軒) 등이 모두 시문으로 이름을 날렸다. 21세에 생원시에 급제하고 26세에 정시(庭試)에 합격하여 승문원 사관(史官)으로 벼슬길에 올랐으나 여러 차례 반대자의 탄핵을 받아 파면되거나 유배를 당했다. 그 후 중국 사신의 일행으로 뽑혀 명에 가서 문명을 날리는 한편, 새로운 문물을 접할 기회를 갖게 되었다. 그는 서자를 차별대우하는 사회제도에 반대하였으며, 광해군의 폭정에 항거하기 위하여 서인을 규합하여 반란을 계획하다 발각되어 참형을 당했다. 역적으로 형을 당한 까닭에 그의 저작들은 모두 불태워져 『성수시화(惺叟詩話)』, 『학산초담(鶴山樵談)』, 시문집으로 『성소부부고(惺所覆瓿藁)』 등 일부만이 전하며, 우리나라 최초의 국문소설인 『홍길동전』을 지었다. 문인으로서 그는 소설작품·한시·문학비평 등에 걸쳐 뛰어난 업적을 남겼다. 문집에 실려 있는 그의 한시는 많지는 않지만 국내외로부터 품격이 높고 시어가 정교하다는 평을 받는다.

선생은 우리나라 최초의 백과사전격인『성소부부고 도문대작(惺所覆
瓿稿卷之二十六 說部五 屠門大嚼)』에서 "작설차는 순천산이 으뜸이고 변산
이 그 다음이다"(茶 雀舌産于順天者最佳 邊山次之)라고 기술하였다. 그리
고 그 자신 당대의 다인으로 여러 차시를 남겼으며 특히 〈누실명(陋室銘)〉
은 누추한 거처에 대해 쓴 시로서, 그 가운데 두 구절 "차를 반쯤 따르고
향 한 심지를 붙이노라"(酌茶半甌 燒香一炷)라는 구절은 추사 선생의
다반향초(茶半香初)를 연상시킬 만큼 격 높은 차인이었다.

손님 물리치고 홀로 앉아 북정초객의 운으로 짓다
[搗客獨坐用北亭招客韻]

경서나 향로의 향이 말없이 고요하니	經卷鑪香寂不譁
신선의 집에 와 있는 듯이 조촐하여라	蕭然如在羽人家
섬돌에 닿은 따뜻한 햇살 매화꽃술 덥히고	當堦暖日烘梅蕊
창문을 때리는 가벼운 바람 버들꽃 떨구누나	撲戶輕颷墮柳花
업성의 기와벼루 이미 말라 붓은 벌써 던졌고	鄴瓦久乾抛兔翰
초강이 막 더우니 용차나 맛을 보세	焦阬方熱試龍茶
궁벽한 땅이라 왕래 없다 말하지 마소	休言地僻無來往
산벌처럼 자유로워 하루 두 번 관아에 간다네	自由山蜂趁兩衙

새 차를 마시다 1 [飮新茶一]

용단을 새로 쪼개어 속잎 달여 놓으니	新劈龍團粟粒鋪
향미로 말하자면 밀운보다 낫겠네	品佳能似密雲無
예전처럼 눈 녹인 물의 한가한 풍미이니	依然雪水閑風味
모든 사람들이여 낙노라 부르지들 마소	遮莫諸傖號酪奴

새 차를 마시다 2 [飮新茶二]

목이 말라 거뜬히 일곱 잔을 마시어	消渴能吞七椀無

답답증 사라지니 제호보다 낫도다　　　　　　屏除煩痞勝醍醐
호남에서 따온 차 유달리 좋다 하니　　　　　湖南採摘嘗偏美
이로부터 천지는 상전과 종이로세　　　　　　從此天池口僕奴

소자정에게 답한 운으로 소회를 적다 [書懷 用答邵資政韻] 부분

…

물러나려 했으나 물러나지 못하고　　　　　　欲退銜恩歲屢延
나이 들어 귀양갈 줄 뉘 알았으리　　　　　　誰知遷謫在衰年
원수들 제멋대로 중상모략 날조해도　　　　　謗讒自任仇人造
마음 자취 살펴보면 우리 무린 용인하리라　　心跡纔容我輩寬
봄 지난 들꽃으로 병든 눈 닦고　　　　　　　春後林花揩病眼
비 그치니 산새도 잠잠히 잠 청한다　　　　　雨餘山鳥喚幽眠
찻사발에 차 달여 소갈증 물리치려니　　　　茶甌瀹茗蠲消渴
어찌하면 우통 제일 샘물 얻을까　　　　　　安得于筒第一泉

해양에서 소회를 쓰다 2 [海陽記懷二] 부분

…

소원 주랑에 해가 이미 비꼈으니　　　　　　小院週廊日已斜
은사발에 갓 끓여낸 새 차 맛보세나　　　　　銀甌初瀹試新茶
못에 뜬 연꽃 잎 피어나고　　　　　　　　　點池菌蒼將浮葉
비 맞은 장미 하마 꽃이 피었구려　　　　　　經雨薔薇已發花
향수병 깊은 사람 술에 빠져들고　　　　　　愁病每嬰人滯酒
봄빛 거의 가니 나그네 집 그리워　　　　　　韶光垂盡客思家
시 이루려 스스로 강엄의 한 베껴 쓰니　　　詩成自寫江淹恨
새벽 놀 읊조리는 풍류와 견줄 수 없네　　　不比風流詠曉霞

⑩ 정약용(丁若鏞: 1762~1836) 선생은 조선후기의 학자로 자는 미용
(美鏞)이고 호는 다산(茶山), 사암(俟菴), 자하도인(紫霞道人)이며 당호는

여유(與猶)이다. 유형원(柳馨遠), 이익(李瀷)의 학문과 사상을 계승하여 조선후기 실학을 집대성했다. 다산의 생애와 학문과정은 1801년(순조 1) 신유사옥에 따른 유배를 전후로 크게 두 시기로 구분되며 그의 사회개 혁사상 역시 이에 대응되어 나타난다. 먼저 전기에 해당하는 시기는 주로 관료생활의 시기이며 그의 학문과정과 생애 후기는 주로 유배생활 의 시기이다. 그는 출중한 학식과 재능을 바탕으로 정조의 총애를 받았 다. 그러나 1800년 정조가 죽은 후 정권을 장악한 벽파는 남인계의 시파를 제거하기 위해 신유사옥을 일으켰으며 다산은 경상북도 포항 장기(長鬐)로 유배되었다가 그해 11월 전라남도 강진(康津)으로 이배되 었는데, 그는 이곳에서 18년의 유배기간 동안 독서와 저술에 힘을 기울여 그의 학문체계를 완성했다. 특히 1808년 봄부터 머무른 다산초당은 바로 다산학의 산실이었다. 그는 유배생활에서 향촌 현장의 실정과 봉건지배층의 횡포를 몸소 체험하여 사회적 모순에 대한 보다 구체적이 고 정확한 인식을 지니게 되었다. 또한 유배의 처참한 현실 속에서 개혁의 대상인 사회와 학리(學理)를 연계하여 현실성 있는 학문을 완성하 고자 하였으며, 이에 독자적인 경학체계의 확립과 일표이서(一表二書)인 『목민심서(牧民心書)』·『흠흠신서(欽欽新書)』·『경세유표(經世遺表)』를 중심으로 한 사회 전반에 걸친 구체적이고 체계적인 사회개혁론이 이때 결실을 맺었다. 그리고 차의 전매제도에 대한 고찰인 「각다고(榷茶考)」가 있으며, 차시집으로 『다합시첩(茶盒詩帖)』이 있고, 선생의 저술로 알려 진 『동다기(東茶記)』가 최근 이덕리(李德履: 1728~?)가 지은 차에 관한 문헌으로 밝혀지기도 하였다.

유배생활 와중에서 수많은 제자를 길러내는 한편 40세에 아암혜장(兒 庵惠藏) 스님을 만나 차에 심취했고, 44세에는 이윽고 초의선사와의 만남으로 차의 중흥기를 열게 된다. 병약했던 한때 안타까운 심정으로 "차 달이는 일 드물어져 차 화로에 고요히 먼지만 쌓이네"(稀煮茶爐靜有塵)

라는 차시도 지었던 선생은 강진 보림사의 스님들에게 구증구포의 제다법을 가르쳤고[敎寺僧以九蒸九曝之法], 적소(謫所)인 만덕산 지산인 다산에 초당을 짓고 손수 차를 기르며 물을 길어 차를 끓이는 생활을 영위하면서 시를 지었다.

다산의 꽃 이야기 19 [茶山花史十九]

산속 정자엔 책 한 권 없고	都無書籍貯山亭
오직 꽃길 물 흐르는 도랑뿐	唯是花徑與水徑
비갠 후 귤나무들 사뭇 아름답고	頗愛橘林新雨後
바위틈 샘에서 물 떠와 찻병 씻노라	岩泉手取洗茶瓶

다산팔경사 3 (茶山八景詞三)

산칡 무성하고 햇살 부드러운데	山葛萋萋日色姸
화로에 차 달이던 연기 끊기었네	小爐纖斷煮茶煙
어디선가 깍깍대는 세 마디 꿩소리	何來角角三聲雉
햇살에 구름 빗기어 잠시 든 잠 깨우네	徑破雲牕數刻眠

새 차 [新茶] 又細和詩集 부분

소금장 밖에는 깃대 높이 세우고	銷金帳外建高牙
게 눈과 고기비늘 같은 안화 가득하네	蟹眼魚鱗滿眼花
가난한 선비 점심도 때우기 어려워	貧士難充日中飯
새 샘물 떠다 속절없이 우전차 달이네	新泉謾煮雨前芽
백성 근심 뭇 신선에게 묻지 마소	民憂莫問群仙境
수액[茶]은 마다하는 집에 누가 나누어주리	水厄誰分謝客家
가슴속 막힘 없음 스스로 믿거니와	自信胸中無壅滯
청고한 맛 차 마시니 더욱 흡족하도다	喫添淸苦更堪誇

혜장 스님에게 차를 청하며 부침 [寄贈惠藏上人乞茗]

듣자 하니 석름봉 밑에서	傳聞石廩底
예전부터 좋은 차가 난다 하던데	由來産佳茗
지금은 보리 말릴 계절인지라	時當曬麥天
기도 피고 창 또한 돋아났을 터	旗展亦槍挺
궁한 탓에 낮에 굶음이 습관되어	窮居習長齋
누리고 비린 것 이미 싫어졌고	羶腥志已冷
돼지고기 닭죽 같은 좋은 음식은	花猪與粥雞
호사로워 함께 먹기 정말 어렵다네	豪侈邈難竝
당기고 아픈 고통 너무 괴롭고	秖因痃癖苦
때때로 술 취하면 못 깨어난다네	時中酒未醒
숲속 제기 스님 힘이라도 빌려	庶藉己公林
육우 차솥 조금이라도 채워	少充陸羽鼎
보시하듯 진실로 병만 나으면	檀施苟去疾
물에 빠진 이 뗏목으로 건져줌과 무엇이 다르리	奚殊津筏拯
모름지기 쪼이고 말리는 일 법대로 해야	焙晒須如法
차 우릴 때 빛깔 선명하리라	浸漬色方澄

당시 유배 생활중의 다산 선생은 건강이 좋지 못하고 소화불량에 시달렸으므로 혜장에게 차를 보시해서 이 묵은 고통을 낫게 해달라고 부탁했고 때가 마침 햇차가 날 시기였던 것이다. 차를 청하는 위 시의 끝 두 구절에서는 '배쇄(焙晒)' 즉 불에 쪼이고 햇볕에 말리는 절차를 반드시 방법에 따라 해야 나중에 차를 우렸을 때 빛깔이 좋다고 했다. 다산이 혜장에게 차를 청하면서 차를 만드는 방법까지 꼼꼼하게 일러준 것이다.

색성이 차를 보내와 사의를 표하다 [謝賾性寄茶]

혜장 스님의 많은 제자들 중에	藏公衆弟子

색성이 가장 뛰어났다네   賾也最稱奇

화엄 교리는 이미 터득하고   已了華嚴敎

아울러 두보의 시까지 배운다네   兼治杜甫詩

좋은 차도 꽤나 잘 덖어내어   草魁頗善焙

진중하게 외로운 나그네 위로한다네   珍重慰孤羇

혜장이 날 위해 차를 만들었는데 마침 그의 문도 색성이 내게 주었다고 하여 보내지 않으므로 그를 원망하여 혜장에게 보내도록 하였다
[藏旣爲余製茶 適其徒賾性有贈 遂止不予 聊致怨詞 以徼卒惠]

옛날 문여가는 대를 탐닉하였다더니   與可昔饞竹

요즈음 탁옹은 차에 푹 빠졌다네   籜翁今饕茗

하물며 그대는 다산에 사는데다   況爾棲茶山

그 산에 가득 자순 돋았을 터   漫山紫筍挺

제자 마음 씀은 저리도 후하건만   弟子意雖厚

선생께선 왜 그리 차갑단 말이오   先生禮頗冷

백근 준다 한들 마다하지 않을 텐데   百觔且不辭

두 꾸러미 다 주는 게 마땅한 일 아니오   兩苞施宜竝

술이 고작 한 병뿐이라면   如酒只一壺

어이 오래 깨지 않고 취할 수 있으리오   豈得長不醒

유언충 찻그릇 이미 비었고   已空彥沖瓷

미명의 돌솥도 쓸모 없다오   辜負彌明鼎

사방 이웃에 아픈 이들 많거늘   四隣多霍癖

찾아온 이들 하소 어떻게 감당하리오   有乞將何拯

오직 벽간월만이 부응할지니   唯應碧澗月

구름 벗어나 맑게 드러내소서   竟吐雲中澄

『육로산거영(六老山居咏)』은 원나라 승려 석옥청공(石屋淸珙)의 시 〈산거(山居)〉24수를 다산과 수룡색성(袖龍賾性), 철경응언(掣鯨應彦), 침교

법훈(枕蛟法訓), 철선혜즙(鐵船惠楫) 등 다섯 사람이 차운하여 지은 시를 함께 묶은 시집 이름이다. 석옥청공은 자신의 산거 생활의 동반자로 늘 차와 함께 지냈다. 다음은 석옥선사의 차시 〈산거〉 중 한 수이다.

산엔 죽순 고사리 가득 동산엔 차나무 가득	滿山筍蕨滿園茶
한 그루엔 붉은 꽃 사이 사이 흰 꽃일세	一樹紅花間白花
네 계절 중 봄철이 가장 좋으니	大抵四時春最好
이루기 더욱 좋긴 산속 집이라네	就中尤好是山家

위 차시를 차운하여 다산 선생은 다음 차시를 지었다.

동백꽃 다 지고 차나무 잎 펴니	落盡油茶始展茶
우전이 눈속으로 이어졌음이네	雨前因繼雪中花
봄 되니 바다 위엔 생선회 넘쳐나서	春來海上饒魚膾
찻자리가 육식하는 집과 다르지 않네	淸飮翻同肉食家

한편 다산의 많은 차시와 걸명시, 걸명소 등을 통해 다산이 차에 관한 전문지식이 상당히 깊었고, 생활화된 음차 습관은 물론, 차 제조에 대해서도 대단한 관심이 있었음을 알 수 있다. 다산과 연관된 차로는 햇볕에 쬐어 말린 일쇄차(日曬茶), 다산(만덕산) 밑에 있는 만덕리 주민들에게 만드는 법을 전수한 만덕차가 있다. 또한 다산은 긴 유배생활을 마치고 해배되어 강진을 떠날 때 다산초당에서 가르친 제자들과 다신계(茶信契)를 만들어 곡우에는 어린 찻잎차 한 근, 입하 전에는 병차(餠茶) 두 근씩을 보내라는 당부를 남길 만큼 차에 대한 애착이 깊었다.

⑪ 자하 신위(紫霞 申緯: 1769~1849) 선생은 19세기 전반에 시(詩)·서(書)·화(畵)의 3절(三絶)로 유명했던 문인이며, 시에서는 김택영이 조선

제일의 대가라고 칭할 만큼 당대를 대표하는 시인 중의 한 사람이었다. 본관은 평산(平山), 자는 한수(漢叟), 호는 자하(紫霞)이다. 1799년(정조 23) 문과에 급제하여 벼슬길에 나갔는데, 10여 년간 한직(閑職)에 머물거나 파직과 복직을 되풀이하는 등 기복이 많았다. 그 후 이조·병조 참판을 지냈다. 당시 국내외의 저명한 예술가, 학자 등과 폭넓은 교유를 했다.

시에서는 우리나라 시인과 그 작품을 7언절구 형식으로 논평한 일종의 논시시(論詩詩) 「동인논시절구(東人論詩絶句)」, 시조를 한역한 「소악부(小樂府)」, 그리고 판소리 연행을 한시화한 「관극절구(觀劇絶句)」 등의 작품이 유명하다. 그의 시는 전(前)시대에 활약했던 이서구(李書九) 등의 시풍을 계승하면서 한말 4대가인 강위·황현·이건창·김택영 등에게 많은 영향을 미친 것으로 보인다. 문집으로 시 4,000여 수를 수록한 『경수당전고(警修堂全藁)』 16책 85권을 남겼는데, 이 중 차시에 관한 것이 110여 수 포함되어 있다. 선생은 우리나라 역대 문장가들 중에서 가장 많은 차시를 남긴 인물이다. 그리고 당시(唐詩) 가운데 화의(畵意)가 풍부한 작품만을 뽑아 편집한 『당시화의(唐詩畵意)』가 있으며, 그 밖에 김택영이 중국에서 간행한 『신자하시집(申紫霞詩集)』이 있다.

옥중의 차 달이기 2수 [獄中煎茶二首]

문짝엔 굶주린 쥐의 바스락 소리	索索響扉饑鼠出
으슥한 뒷벽엔 새벽 등불 희미한데	幽幽背壁曙燈昏
꿈속에서 헤어나니 차솥 옆이라	夢回我與茶鐺嘴
한숨 한숨 면면히 이어지누나	一樣綿綿氣息存

자리에는 찬 이불이 병영과 같아도	席地寒衾卒伍同
다행히 다로에 불기운 남아 있어	茶爐幸有火通紅
귀에는 점점 차 끓는 소리 들리는 듯	耳根暫借松風響
신선이 노니는 산골짜기 멀지 않도다	咫尺神遊澗壑中

동정수 2수 (東井水二首)

숙신 옛 성터 동쪽 우물물은	肅愼故墟東井水
붉은 모래 흰 자갈 맑게 비치네	丹砂素礫映澄然
곧 은혜로운 천리 휴가 길	卽乘恩暇遊千里
돌아와서 우리나라 으뜸 샘물 시험하네	來試吾邦第一泉
정갈한 밥 향긋한 술에 병든 폐 살아나고	飯潔醪香穌病肺
맛있는 차 흰죽은 시심과 선정을 북돋우나	茶甘粥白供詩禪
모두가 쇠약한 기운 부축이는 좋은 약이거니	全勝藥物扶衰氣
북쪽 하늘 헤아리기에 한 가지 이치일 터	一理要參北坎天

세상의 모든 빛나고 화려함 싫어하니	世間一切厭紛華
칠십 드문 나이에도 생각마다 엇갈리네	七十稀年念念差
차 일은 늙음을 견디는 일 다시 깨달으니	茗事還知堪送老
온 세상 집 옮기려 하지 않네	天涯不計欲移家
이름난 샘은 이 강왕곡이니	名泉此是康王谷
육우차 달이기에 마땅히 으뜸이로다	頂品宜烹陸羽茶
청해성 동쪽 논밭 두둑에서	靑海城東田野畔
가맛길은 아침 갈가마귀 따르기에 익숙하다네	藍輿路熟趁晨鴉

이천 사람이 돌냄비를 선물하므로 방두천의 물을 길어 용척차를 끓이며 짓는다 [伊川人贈石銚 汲方斗泉 煮龍脊茶餠 有作]

돌냄비에 차를 달이니 공병차 향기롭고	石銚烹茶貢餠香
구리병 물 소리는 패옥 소리인 듯	銅瓶汲水佩聲鏘
공문서에 시달리니 하품이 절로 나도	勞形案牘欠伸須
벌써 두 번째 차 끓는 소리	已過松風第二湯

⑫ 아암혜장(兒庵惠藏: 1772~1811)선사는 해남 화산 출생으로 어려서 동진출가하였으며, 속성은 김(金), 속명은 팔득(八得), 자는 무진(無盡),

호는 연파(蓮坡), 아암(兒庵)이다. 연담유일(蓮潭有一) 스님에게 선과 다도를 수업하였으며 다산 선생과는 차를 통해 격의없는 교류를 하였고, 초의선사에게 다도를 가르쳤다.

아암은 일찍이 사람들이 "도덕경(道德經)에 '기(氣)를 한 곳으로 모아 능히 어린아이처럼 순수(純粹)할 수 있겠느냐?'라고 하였는데 그대는 고집(固執)이 세고 굽히지 않는다. 어린애처럼 부드러울 수 정녕코 없겠는가?"라고 말하자 혜장은 스스로 호를 아암(兒庵)이라고 하였다고 하며, 변려문을 잘하였고 성리학에도 뛰어났다. 저서에 『아암집(兒庵集)』과 58수의 시가 수록된 『연파잉고(蓮坡剩稿)』가 있다.

산거잡흥 2 (山居雜興二)

발에 어린 산빛 고요하고 신선해	一簾山色靜中鮮
푸른 나무 붉은 노을이 눈에 가득 곱구나	碧樹丹霞滿目妍
어린 사미에게 차 끓이라 하고 보니	叮囑沙彌須煮茗
베갯머리에 원래 지장수 샘 있었던 듯	枕頭原有地漿泉

화중봉낙은사 제3수 (和中峰樂隱詞第三首)

고갯마루 올라 찻잎 따고	登嶺採茶
물 끌어와 꽃에 물주네	引水灌花
문득 고개 돌리니 해는 기울고	忽回首山日已斜
그윽한 암자에 풍경 소리	幽菴出磬
고목엔 까마귀 깃드니	古樹有鴉
기쁘도다 이러한 한가함 즐거움 아름다움이	喜如此閑如此樂如此嘉

위 시에서 아암선사는 이런 삶이 참 한가롭고 기쁘고 즐겁다고 담백하게 말한다. 다산 선생과의 교류를 통해 차를 깊이 알게 된 이후, 철 따라 차를 따서 만드는 것이 혜장의 일상이 되었음을 잘 보여준다.

온 종일 [盡日]

온 종일 솔문 닫고 사는 곳	幽棲盡日閉松門
돌샘은 밤말촌에서 늘 그대로이고	石泉依然栗里邨
구름 속 큰 언덕에서 세월 다 잊어	一塢雲中忘甲子
두 상자 경전 위에 해 뜨고 노을 진다	兩函經上度朝昏
대밭 찻잎 새 혀처럼 펴지려 하고	竹間茶葉將舒舌
울 밖 매화가지 이미 애를 끊누나	墻外梅枝已斷魂
숲 아래 가까이도 적막함이니	林下邇來成寂寞
미물조차 지조 있음을 뉘 있어 논하리	禽蟲志操有誰論

다산께서 내게 시를 보내시어 좋은 차를 구하셨지만 마침 색성 스님이 먼저 드렸으므로 다만 그 시에 화답만 하고 차는 함께 보내지 않는다
[籜翁貽余詩 求得佳茗 適賾上人先獻之 只和其詩 不副以茗]

층층 산봉우리 오르고 올라서	登頓層峯頂
하늘 속 찻잎 조금 따왔다오	薄採天中茗
차 따는 사람에게 들으니	聞諸採茶人
대숲에서 나는 것 가장 좋다 하오	最貴竹裡挺
이 맛은 세상에 드문 것	此味世所稀
마실 때 차갑게 하지 마소서	飮時休敎冷
바다에서 나는 굴도 어이 이에 비하리까	石花何足比
밝은 달조차 나란히 서기 어렵다오	明月亦難竝
질병 쫓음은 잠깐 사이고	去疾在須臾
잠들어 못 깨어남 무슨 걱정이겠소	豈愁眠不醒
맑은 밤 은병에 물 길어다	淸宵汲銀缾
낮에 돌솥에 달이소서	長日鬻石鼎
고해 헤쳐갈 일 나야 없으니	我無苦海航
가라앉아도 어이 건질 수 있으리까	沈淪詎可拯
색성이 나누어드렸다 하오니	賾也有分施
그 또한 맑고 밝게 하심에 족히 도움되시리다	亦足助淸澄

다산은 다도를 대단한 학승이었던 혜장에게서 배웠으며 혜장의 부도 탑에 다음과 같은 내용의 비문을 썼다. "주역과 논어를 좋아하여 연구함에 빠뜨림이 없었고 역학(易學), 음악, 성리학을 깊고 세밀히 갈고 익힘이 속세의 유학자에 비할 바 아니었다."

⑬ 추사 선생의 문집인 『완당선생집(阮堂先生集)』의 첫머리 「완당김공소전(阮堂金公小傳)」에 어머니 기계유씨(杞溪兪氏)가 잉태 후 24개월 만에 낳았다고 다소 황당한 기록이 전하는 조선말 고증학자, 금석학자 겸 서예가인 추사 김정희(秋史 金正喜: 1786~1856) 선생은 24세 되던 순조 9년(1809) 생부 노경(魯敬)이 동지부사(冬至副使)로 선정되자 자제군관(子弟軍官)의 자격으로 수행하여 중국 연경에 가서 당시 대서가(大書家)이며 대유(大儒)인 완원(阮元), 옹방강(翁方綱) 등과 교류한 것을 계기로 북학의 태두(泰斗)가 되고 이후 추사체를 완성하게 된다.

선생은 30세에 다산의 아들 정유산(丁有山)의 소개로 동갑의 공문우(空門友)인 초의선사를 만나 40년 지기로 심기상응하는 금란(金蘭)의 관계를 맺어 시문서다(詩文書茶)의 교환이 끊이지 않는 아취(雅趣)를 자랑하게 된다. 이후 차는 선생의 생활 한 부분이 되어 늘 차와 함께 서(書)와 선(禪)을 행하였다. 차 관련 아호로 차로(茶老), 승설학인(勝雪學人), 차당(茶堂), 고정실주인(古鼎室主人) 등이 있고, 10여 통이 넘는 서신[乞茗疏]으로 차를 청하는 차주(茶主) 초의에게 다음 유명한 대련(對聯)을 써보냄으로써 고마움을 표시하였다고 한다.

고요히 앉은 곳 반쯤 우려난 배릿한 차향 피고   靜坐處茶半香初
오묘하게 움직일 때 물 흐르듯 꽃이 피듯   妙用時水流花開
                                        | 한승원 역 |

이 유명한 대귀(對句)에 대하여 진적이나 확실한 출전은 아직 밝혀지지 않았지만 추사고택에는 행서체 주련이 걸려 있다. 항간의 황산곡 작설(作說)은 확인이 불가하고, 신위가 잠시 머물고 초의가 주석하였던 대둔사의 북선원 방의 이름이 다반향초지실(茶半香初之室)이며, 수류화개(水流花開)는 당 사공도(司空圖: 837~908)의 이십사시품(二十四詩品)과, 전당문(全唐文) 중 유건(劉乾)의 초은사부(招隱寺賦), 그리고 소동파(蘇東坡)의 십팔대아라한송(十八代阿羅漢頌)에 나온다. 우리나라에서는 최북(崔北)이 〈초옥산수(草屋山水)〉의 화제(畵題)로 "공산무인 수류화개(空山無人水流花開)"를 차용하고 있으며, 근래에 보정 스님은 시 〈여인오장실다화(與寅旿丈室茶話)〉에서 "잘 달인 차향에 흥 더욱 깊어지네"(茶半香初興更悠)라고 읊기도 하였다. 그러나 효당 최범술 스님은 그의 저서 『한국의 다도』에서 "완당 선생이 즐겨 쓰던 차의 선구(禪句)이다"라고 기술하였다. 그 의미 또한 다양하게 해석되고 있으나 한문은 한글자 한글자가 여러 의미를 내포하므로 역자의 소양에 따르는 다양한 해석은 한시의 또 다른 묘미일 것이다. 이에 저자도 한 의미를 더하려 한다. "고요히 앉은 곳 차가 반쯤 우려나니 차향 퍼지고 신묘한 차맛에 들 때 꽃피고 물 흐르는 듯."

그리고 초의선사가 보내준 차에 대한 보답으로 쓴 휘호 〈명선(茗禪)〉의 협서(脇書)에 "초의께서 스스로 만들어 보내온 차는 몽정 노아보다 못하지 않다오. 이에 그 보답으로 제액(題額)을 백석신군 필의의 예서체로 대승 재가불자 씁니다"(草衣寄來自製茗 不減蒙頂露芽 書此爲報 用白石神君碑意. 病居士隸)라고 적었다.

산사 (山寺)

기운 봉 이어진 고갯마루 여기가 진경인데	側峯橫嶺箇中眞
잘못 들어 헤매던 길 열 길 홍진이었네	枉却從前十丈塵

감실 부처님 사람 보고 얘기하자는 듯	龕佛見人如欲語
산새는 새끼 끼고 날아와 반가워하네	山禽挾子自來親
대 홈통 맑은 물에 차 끓여 마시고	點烹筧竹泠泠水
화분 꽃 공양하니 느긋한 봄이로고	供養盆花澹澹春
눈물났던 공부 어느 누가 마치었나	拭涕工夫誰得了
깊은 골짝 솔바람에 큰 한숨 길게 쉬네	松風萬壑一嚬申

이유여가 차를 찾기에 수답하다. 이때 연경에서 돌아오다
[酬李幼輿索茶 時自燕還]

집닭 집오리 야생과 다르다 구별마오	休分鷄鶩野殊家
금산(錦山) 잎은 건안차(建安茶)와 견준다 하였고	錦葉由來賽建芽
열수 양자 일찍이 한가지로 여겼는데	洌水曾同楊子品
소재에선 도리어 고려 꽃을 찾는다오	蘇齋還覓高麗花
맑은 샘 하얀 돌은 진경임을 일러주고	淸泉白石輸眞境
법유 제호는 스미는 노을 깨뜨리네	法乳醍醐破細霞
만 리에 빈 주머니라고 그대 웃지 말고	萬里囊空君莫笑
부디 청안으로 사람에게 자랑하소	秖將靑眼對人夸

옛 샘 길어 차 달여보다 [汲古泉試茶]

사나운 용 턱 밑에 밝은 구슬 박혀 있어	獰龍頷下嵌明珠
솔바람 이는 석간수 그림 집어왔네	拈取松風澗水圖
성 안팎 샘물 맛으로 가려 보니	泉味試分城內外
을라에서도 차를 품평할 수 있겠네	乙那亦得品茶無

혜산철명 (惠山啜茗)

천하에 둘째 가는 샘	天下第二泉
진공(秦公) 홍군(洪君)이 거듭 길었어도	又重之秦洪
샘물이야 얻어 마실 수 있다지만	飮泉猶可得

두[香味] 가지 신묘함 함께 하긴 진정 어렵도다　　二妙眞難同

원서에 이르기를 혜산천은 제이천이다. 문득 진공 소현과 홍군 치존과 함께 좋은 차를 가지고 가 그 샘물에 끓여 조금씩 마셨다 했다. (原序云惠山泉爲第二 輒與秦公小峴 洪君稚存 携佳茗 煮泉細啜)

완당이 초의선사에게 차를 재촉하는 글을 부치다 [阮堂貽草衣促茶書]

해마다 때가 되면 어김없이 과천정과 열수장으로 차를 보내주셨거늘 금년에는 벌써 곡우 지나고 단오가 다가오는데도 두륜산선사께서는 종무소식입니다. 무슨 사정이신지요? 혹 차를 역마의 꼬리에 대충 잡아매어 보내셨음인지, 유마거사의 병이 옮으셨는지요? 그러나 이런 병들은 중병이 아니거늘 어인 연유로 기다리는 차가 이다지도 더디답니까? 만약 이 이상 더 늦장 부리시면 마조의 할과 덕산의 몽둥이로 그 몹쓸 버릇과 그 근본까지 응징할 터이니 경계하고 또 경계할 일입니다. 5월에 거듭거듭 당부합니다. 아픈 완당이 초의선사께

年來 茶神每先到 果川亭上洌水庄下 卽穀雨已度 端陽在邇也 頭崙一衲 乃無形影 何暇茶神附驥尾 以抵此耶 間因維摩病而然耶 此病不足重矣 此茶何可遲耶 若爾遲緩也則 馬祖喝德山棒 懲其習戒其源也 深戒深戒 餘榴夏重重

老果 阮堂病只 草衣禪師 楊下

초의께 [與草衣]

편지를 드렸는데도 답장 한 번 받지 못하였습니다. 생각건대 산중에 바쁜 일은 필시 없으실 터인데 세상일에 가까이 하지 않으시려 나의 이 같은 간절함에도 먼저 금강(金剛)으로 내려가시려 함인지요? 다만 생각으로는 머리가 다 흰 늙은 나이에 갑작스런 이런 일이 우습기만 합니다. 즐겨 사람 사이를 둘로 나누는 것 같은 이런 일이 과연 선(禪) 수행인에 맞는 일인지요? 나는 선사는 물론이고 선사의 편지도 보고 싶지 않습니다만, 오직 차와의 인연만은 차마 끊을 수도, 또 깨뜨릴 수도 없습니다. 또한 이번 차 독촉에는 답신 필요 없지만 단지 두 해 동안 밀린 차를 함께 보내시되 다시 지체하거나 잘못됨이 없어야

할 것입니다. 그렇지 않으면 마조의 할과 덕산의 몽둥이는 오히려
감당이 되실지언정 이 나의 할과 한 방 몽둥이는 수백 천겁이 지날지라도
피하지 못할 것입니다. 다 미루고 예도 못 갖춥니다. 늙은 부처(老迦)가.

有書而一不見答 想山中必無忙事 抑不欲交涉世諦 如我之甚切 而先以金剛下
之耶 第思之 老白首之年 忽作如是 可笑 甘做兩截人耶 是果中於禪者耶 吾則不
欲見師 亦不欲見師書 唯於茶緣 不忍斷除 不能破壞 又此促茶 進不必書 只以兩
年積逋並輸 無更遲悞可也 不然馬祖喝德山棒 尙可承當 此一喝此一棒 數百千
劫 無以避躱耳 都留不式 老迦

⑭ 초의선사(草衣禪師: 1786~1866)의 속성(俗姓)은 장씨(張氏), 법명은
의순(意洵)·의순(意恂), 호는 초의(草衣), 자는 중부(中孚)이다. 어머니가
큰 별 하나가 품안으로 들어오는 꿈을 꾸고 잉태하였다고 하며 정조
10년(1786)에 태어났다. 16세 때 남평 운흥사(雲興寺)에서 민성(敏聖)
스님을 은사로 득도하고, 대흥사에서 완호(玩虎) 스님에게 구족계를
받았다. 초의선사는 살아 있을 당시 호남7고붕(湖南七高朋) 중 한 사람으
로 추앙받았고, 시·서·화(詩·書·畵) 삼절(三絶)로 이름을 떨쳤고, 차와
선을 통하여 유학 선비와 벼슬아치들을 제도한 실사구시(實事求是)의
실학선승이었다.

조선후기 차문화사는 다산으로 인해 차문화 발흥의 계기가 마련되고,
초의선사의『다신전』과『동다송』, 그리고 초의차로 인해 널리 알려지고
중흥에 이르게 되었으며, 추사로 인해 빛을 발하게 된다. 초의가 본격적
으로 차를 알게 된 것도 다산을 통해서였다. 다산과 초의의 첫 만남은
1809년의 일이다. 당시 다산이 48세, 초의가 24세로 초의가 초당으로
다산을 찾아와 배움을 청했다. 신헌(申櫶)의『금당기주(琴堂記珠)』와
『다산시문집』에는 다산이 초의에게 준 5항목으로 된 〈초의승 의순에게
주는 말[爲草衣僧意洵贈言]〉이 실려 있다. 그 내용 중에서

인간 세상은 몹시 바쁘거늘, 그대는 늘 동작이 느리고 무겁다. 하여 늘 서(書)와 사(史)에 묻혀 있다 있더라도 대중을 위해 이룰 공적이 매우 적다. 이제 내가 그대에게 『논어』를 가르쳐주려 하니 그대는 지금부터 시작하되, 마치 임금의 지엄한 분부 받들 듯 촌음을 아껴 급하게 익히도록 하여라. 마치 장수는 뒤에 있고, 깃발은 앞에서 내모는 것처럼 황급하게 해야 한다.

人世甚忙 汝每動作遲重 所以終勢書史之間 而勳績甚少也 今授汝魯論 汝其始 自今 如承王公嚴詔 刻日督迫 如有將帥在後 麾旗前驅 遑遑汲汲

라고 채근하는 한편 틈만 나면 초의에게 제도의 그물을 박차고 나와 운유사방(雲遊四方)하며 대자유의 경계를 누리고 큰 깨달음을 얻는 사람이 될 것을 당부하곤 했다.

　다산의 이러한 각별한 후의에 대해 초의는 〈봉정탁옹선생(奉呈籜翁先生)〉(1809)과 〈비에 막혀 다산초당에 가지 못하고[阻雨未往茶山草堂]〉(1813) 등의 시를 지어 다산을 향한 애틋한 숭모의 정을 피력했다. 이처럼 다산 선생의 강진 적거시(謫居時) 유서(儒書) 및 시문을 배우고, 30세 때에는 선생의 권유에 의하여 경향의 명산을 편력하며 나라의 명산과 국중의 명사(名士)를 두루 찾아 한벽당(寒碧堂) 등을 거쳐 서울로 첫 나들이를 했다. 도중 만향각(蔓香閣)에서 다산의 아들 정학연과 만나 함께 시를 짓고, 수종사를 거쳐 수락산 학림암에서 해붕(海鵬展翎: ?~1826)대사를 모시고 결제(結制) 중에 찾아온 추사를 만났으며 선사는 그 일을 〈해붕대사화상찬발(海鵬大師畵像贊跋)〉에 다음과 같이 기록하였다.

　옛날 을해년(1815)에 노스님을 모시고 수락산 학림암에서 동안거에 들어 있었는데 하루는 완당이 눈을 무릅쓰고 찾아와서, 노스님과 더불어 공각이 능히 생겨나는 바에 대해 깊이 토론하였다.

昔在乙亥, 陪老和尙結臘於水落山之鶴林菴. 一日阮堂披雪委訪, 與老師大論
空覺之能所生

이후 초의선사는 당대의 명사들과 교유, 선교의 묘리는 물론 시문서화
와 다도 등에 두루 통하여 정다산과 완당 추사를 위시하여 홍석주(洪奭
周)·홍현주(洪顯周) 형제, 신자하(申紫霞), 김명희(金命喜), 신관호(申觀
浩), 백파거사 신헌구(白坡居士 申獻求), 권돈인(權敦仁) 등의 일류 문사들
의 추숭(推崇)을 받게 된다. 초의가 한양에 오면 도봉산 청량사에 머물면
서 추사댁의 검호별장(黔湖別莊)에 초대되곤 하였는데 그 소식이 전해지
면 당시 교목세가(喬木世家)의 자제로 세상의 촉망을 받던 한양의 내로라
하는 문사들이 시골스님을 만나려고 줄을 이었다. 그 일에 대해『동다송
(東茶頌)』의 끝에 발시(跋詩)를 쓴 신헌구는 "한양의 명사들이 그를 좋아하
는 것은 그가 덕망 높은 수도승 때문일 뿐만 아니라 누구나 친할 수
있는 인간성 때문이다. 시문, 탱화불사(幀畵佛事), 다도가 밖으로 빛나는
것이 아니라 내면으로 승화되고 있기 때문이다. 사실 세인(世人)은 그가
어떤 인물인지도 모르면서 남들 흉내만 내어 초의하느니라"라고 기록하
여 당시의 분위기를 전하고 있다.
  한편 유경도인 훈(留耕道人薰: 申櫶)은 〈초의선사화상찬(草衣禪師畵像
贊) 및 병서(幷書)〉에 초의선사에 대하여 다음과 같이 기록하였다.

선사께서 선리에 심오하시어 나와 선교를 논의함에 서로 다르지 않았으
므로 심히 기뻐하시며 선문변이의 설도 제시하시고 문답하셨다. 선사
께서 시문에 능하신 것은 다산 공으로부터 작시법을 전수하였고, 사대
부와 즐겨 만나셨으며 자하 추사 등 제 공과도 깊이 교유하셨음이니
이는 근세 혜원 관휴의 유라 할 수 있다.
師深於禪理 與我論禪敎無二致 師甚是之 示以禪門辨異之說 余亦卽答 師長於
詩文 蓋受於茶山公 又喜與士大夫游 紫霞秋史諸公亦善焉 近世之惠遠貫休流

也

선사는 중년 이후 대흥사 뒷산에 지은 일지암(一枝庵)에서 40여 년
동안 지관(止觀)을 닦았으며, 43세 때인 1828년 지리산 칠불선원(七佛禪
院)에서 청의 모문환이 엮은 『만보전서(萬寶全書)』 중 「다경채요(茶經採
要)」 부분을 뽑아서 『다신전(茶神傳)』을 등초(騰抄), 1830년 음력 2월에
정서하였다. 한편 정조의 부마(駙馬) 홍현주의 부탁으로 1837년(52세)
육우의 다경 등을 참조, 인용하여 차 전설과 효능, 생산지에 따른 차
이름과 품질, 차 만드는 일, 물에 대한 평, 차 끓이는 법, 차 마시는
구체적인 방법 따위를 정리한 칠언시 492자의 『동다송(東茶頌)』을 지었
으며 이때 『다신전』의 차 따는 시기와 물에 대한 오류를 바로잡았다.
그 외에 『선문사변만어(禪門四辨漫語)』 1권, 선의 진의를 밝힌 『이선래의
(二禪來儀)』 1권, 『초의시고(草衣詩藁)』 2권, 『진묵조사유적고(震默祖師
遺蹟考)』 등의 저서가 있다. 한편 경자년(庚子年: 1840) 추사가 제주도로
유배를 떠나서 보내온 서신부터 해배되어 풀려날 때까지 12년을 전후하
여 추사가 초의선사에게 보내온 서간문을 전부 모아서 책자로 재필(再
筆)·편서(編書)하여 펴낸 『영해타운(瀛海朶雲)』은 우리나라 예술문화의
한 단면을 엿보게 하는 역사적 증거자료로 평가받고 있으며 22수의
차시를 남겼다.

산천도인의 사차시에 삼가 화운하다 [奉和山泉道人謝茶之作]

예부터 현자와 성인이 두루 차를 즐겼으니	古來賢聖俱愛茶
차는 군자와 같아 삿됨이 없다오	茶如君子性無邪
사람이 풀과 차를 맛으로 분별함은	人間草茶差嘗盡
멀리 설령에서 찻잎 따면서라네	遠入雪嶺採露芽
법대로 만들어 나누고 이름도 달리 붙여	法製從佗受題品

옥단지에 담아서 비단으로 예쁘게 묶었다네　玉壜盛裏十樣錦
물은 황하 수원이 가장 좋아　水尋黃河最上源
팔덕의 미 두루 갖추었다오　具含八德美更甚
경연수 깊이 길어 차 달여 보면　深汲輕軟一試來
정한 물 좋은 차 잘 어우러지니 몸 마음 느긋해　眞精適和體神開
거칠고 더러움 사라지고 정기 스며드니　塵穢除盡精氣入
큰 깨달음 얻음이 어찌 멀기만 하리오　大道得成何遠哉
영산으로 가져와 여러 부처님께 올리는데　持歸靈山獻諸佛
차 달이며 다시 세세히 범률 살핀다오　煎點更細考梵律
차의 참 모습은 신묘한 근원의 다함에 있고　關伽眞體窮妙源
묘원은 곧 무착바라밀이거늘　妙源無着波羅蜜
아! 나는 삼천 년 후 태어나　嗟我生後三千年
독경 소리 아득하고 선천과 막혔으니　潮音渺渺隔先天
묘원을 물으려 해도 답 들을 곳 없어　妙源欲問無所得
부처님 열반 전에 나지 못해 한이라오　長恨不生泥洹前
종래의 차 좋아함 버리지 못해　從來未能洗茶愛
우리 땅에 가져오니 안목 좁다고 웃어　持歸東土笑目隘
비단 두른 옥단지 풀고 봉함도 뜯어　錦纏玉壜解斜封
먼저 이 몸 잘 아는 이께 시주한다오　先向知己修檀稅

돌샘물 길어 차 달이기 [石泉煎茶]

하늘빛 물과 같고 물은 연기와 같아　天光如水水如烟
이곳에 와 노닌 지 어언 반년이로다　此地來遊已半半
좋은 밤엔 명월 벗 삼아 누운 지 몇 번이던가　良夜幾同明月臥
맑은 강가에서 흰 갈매기 바라보며 졸기도 하였지　淸江今對白鷗眠
미워하고 시기하는 마음 원래 없었으니　嫌猜元不留心內
비방하고 칭찬하는 말 들은 바 없네　毁譽何會到耳邊
소매 속에 아직 뇌소차 남았으니　袖裏尙餘驚雷笑
구름 헤치고 두릉천 길어 차나 달이리　倚雲更試杜陵泉

초암 (草庵)

나는 본래 맑고 아름다움을 사랑하거늘	爲人性癖愛淸休
청산 두고 어이 낮은 곳에서 놀려나	不有靑山底處遊
소박하고 그윽하며 한가한 곳에 먼저 발걸음하며	澹素幽閒先着脚
시끄럽고 번잡한 곳은 머리 돌리네	繁華慕榮懶回頭
개울 길 깊고 물 흐르는 소리 멀리 들리는	澗道深深泉響遠
솔바람 잔잔하고 차 달이는 연기 오르는 곳	松風細細茗烟浮
속세의 인연 끊은 이 밝은 창 안을	萬緣消盡明窓內
보석으로 치장한 집이라도 어찌 견주리	玉殿珠樓未校尤

유산에 화답하다 [奉和酉山]

병풍 그리는데 남의 손 빌릴 일 없고	畵屛不願借人模
천 겹의 조화도 살아 있는 듯	千疊生進造化圖
줄지은 봉우리 붓으로 칠한 듯 생생하누나	列岳疑抽生彩筆
두 강줄기 물 주방으로 흘러들고	雙江可挹灌香廚
구름이 깔려 파도가 밀려드는 듯	雲鋪似海潮方進
자욱한 안개 덜 마른 나무 윤나게 하네	烟澹如塗潤未枯
어느 때고 별 다른 일 없어	張放四時無捲日
모처럼 맑게 갠 봄날 맞아 다로에 차 달이네	春晴偏近煮茶爐

금강의 바위 위에서 언선자와 함께 왕유의 종남별장에 화운하다
[金剛石上與彦禪子和王右丞終南別業之作]

새소리 듣노라 저녁 예불 못 가고	聽鳥休晩參
옛 시내 기슭에서 늦도록 노닌다네	薄遊古澗陲
아름다운 시구에 이 흥겨움 남기고	遺興賴佳句
좋은 벗 만나 마음을 털어놓네	賞心會良知
바위 사이 흐르는 샘물 소리에	泉鳴石亂處
바람 따라 솔바람 소리 함께 온다네	松響風來時

차 마시고 조용히 흐르는 냇가에서   茶罷臨流靜
느긋한 생각에 돌아갈 일 잊었다네   悠然忘還期

⑮ 산천도인 김명희(山泉道人 金命喜: 1788~1857)의 본관은 경주,
자는 성원(性源), 호는 산천(山泉)이다. 노경(魯敬)의 아들이며, 추사(秋
史) 정희(正喜)의 아우이다. 산천은 한국민족문화대백과사전 등에 의하
면, 1810년(순조 10) 진사에 급제하여 홍문관직제학·강동현령 등을
지냈다. 1822년 10월 20일 동지 겸 사은정사(冬至兼謝恩正使)인 아버지를
따라 자제군관(子弟軍官)으로서 연경(燕京)에 가서, 추사의 대련 「직성유
궐하(直聲留闕下)」와 「수구만천동(秀句滿天東)」을 고순(高蒓)에게 전달
하였으며, 청나라의 금석학자 유희해(劉喜海)·진남숙(陳南淑) 등과 편지
와 글씨를 교환하는 등 교분을 맺었다. 특히 연정(燕庭) 유희해에게
우리나라의 금석학본을 기증하여 『해동금석원(苑海東金石)』을 편찬하
는 데 도움을 주었다. 글씨는 구양순(歐陽詢)의 필법을 따랐으며, 추사와
함께 감식에도 뛰어났다고 한다. 문집에 필사본 『산천시(山泉詩)』가
전한다.
    한편 김명희는 향훈(香薰) 스님에게 「다법수칙(茶法數則)」[20]을 써주었

---

20) 山泉 金命喜, 「茶法數則」.
    "1. 차는 새벽에 따고 해가 뜨면 그친다. 손톱으로 끊어서 따며 손가락으로
    비틀어 따지 않는데 이는 냄새가 스미고 차가 신선하고 깨끗하지 않게 될
    것을 염려하기 때문이다. 그런 연유로 차를 만드는 사람은 흔히 새로 물을
    길어다 싹을 따면 물에다 넣는다. 무릇 싹이 참새 혀나 낟알 같은 것을 겨루기감으
    로 하고, 일창일기는 잘 골라 간아(揀芽)로 삼으며, 일창이기는 그 다음, 나머지
    는 하품으로 삼았다."
    一. 擷茶以黎明 見日則止 用爪斷芽 不以指揉 慮氣汚薰漬 茶不鮮潔 故茶工多以新汲水
    自隨 得芽則投諸水 凡芽如雀舌穀粒者爲鬥品 一槍一旗爲揀芽 一槍二旗爲次之 餘斯爲
    下 (趙佶, 『大觀茶論』, 「采擇」)
    "2. 차는 모름지기 새벽에 따서 해를 보지 않도록 한다. 새벽에는 밤이슬이
    아직 마르지 않아서 차싹이 통통하고 촉촉하다. 해를 보면 양기가 엷어지게

되어, 싹의 진액을 안에서 닿게 하므로 물에 넣어도 선명하지 않게 된다."

二. 采茶之法 須是侵晨 不可見日 侵晨則夜露未晞 茶芽肥潤 見日則爲 陽氣所薄 使芽之
膏腴內耗 至受水而不鮮明 (趙汝礪, 『北苑別錄』, 「採茶」)

"3. 청명과 곡우는 차를 따는 때이지만, 청명은 너무 이르고 입하는 너무
늦어 곡우 전후가 가장 알맞은 때이다. 만약 하루나 이틀 정도 지체하며 잎의
기력이 충분히 채워지기를 기다리면, 향기가 배나 더 강해지고 거두고 보관하기
가 용이하다. 매우 내릴 때, 즉 장마철에는 덥지가 않아 비록 조금 더 자랄지라도
여전히 여린 가지고 새잎이다."

三. 淸明穀雨 摘茶之候也 淸明太早 立夏太遲 穀雨前後 其時適中 若肯再遲一二日期
待其氣力完足 香烈尤倍 易於收藏 梅時不蒸 雖稍長大 故是嫩枝柔葉也 (許次紆, 『茶疏』,
「採摘」)

"4. 생차를 처음 따면 향기가 깊이 스며 있지 않아 반드시 불의 힘을 빌어
그 향기가 피도록 한다. 하지만 찻잎의 성질이 열에 약하므로 오래 덖음은
마땅치 않다. 너무 많이 취하여 솥에 넣고 손의 힘이 고르지 못하면 솥 가운데
오래 두게 되어 너무 익으므로 향기가 흩어진다. 심하여 바짝 마르고 타버리면
어떻게 차를 끓일 수 있는가. 차 덖는 그릇은 신철(新鐵), 즉 새 쇠를 가장
싫어한다. 쇠 비린내가 한번 스미면 향기가 다시 돌아오지 않는다. 더욱 기피할
것은 기름기이니, 쇠보다 해로움이 심하다[모름지기 미리 솥 하나를 취해,
오로지 밥을 짓는 데 쓰고 달리 쓰지 않는다]. 차를 덖는 섶나무는 나뭇가지만
쓸 수 있고 줄기나 잎은 쓰지 않는다. 줄기는 불의 힘이 너무 맹렬하고, 잎은
불이 쉬 붙고 쉽게 꺼진다. 솥은 반드시 윤이 나도록 깨끗이 닦고 잎을 따면
바로 덖는다. 한 솥에는 4냥(150g정도)만 넣는다. 먼저 약한 불[文火]로 덖어
부드럽게 하고, 다시 센 불[武火]을 가하여 재촉한다. 손에는 나무주걱으로
급히 뒤집으며 덖는데 반쯤 익히는 것을 척도로 한다. 향기가 은은하게 퍼지는
때가 바로 그때이다."

四. 生茶初摘 香氣未透 必借火力 以發其香 然性不耐勞 炒不宜久 多取入鐺 則手[力]不勻
久于(於)鐺中 過熟而香散[矣] 甚且枯焦 何堪烹點 炒茶之器 最忌(嫌)新鐵 鐵腥一入
不復有香 尤忌脂膩 害甚于(於)鐵 {須預取一鐺 專用炊飯 無得別作他用} 炒茶之薪
僅可樹枝 不用幹葉 幹則火力猛熾 葉則易炎(燄)易滅 鐺必磨瑩 旋摘旋炒 一鐺之內 僅容
(用)四兩 先用文火[焙軟] 次加(用)武火催之 手加木指 急急炒(鈔)轉 以半熟爲度 微俟香
發 是其候矣 (許次紆, 『茶疏』, 「炒茶」. ※ [ ]는 落字, ( )는 異字)

"5. 찻잎은 너무 가늘고 여린 것은 딸 필요가 없다. 가늘면 싹이 갓 움트는
것이므로 맛이 충분하지 못하다. 너무 푸른 것도 딸 필요가 없다. 푸르면
이미 때가 지난 것이니 여린 맛이 부족하다. 모름지기 곡우 전후에 줄기에
잎들이 무성해지면 옅은 녹색을 띠며 둥글고 두꺼운 잎이 좋다."

五. 采茶不必太細 細則芽初萌而味欠足 不必太靑 靑則茶以老以味欠嫩 須在穀雨前後

을 만큼 차를 몹시 즐겼을 뿐 아니라, 그의 호가 말해주듯 샘물에도 관심이 높았다. 산천과 초의의 첫 대면은 1815년 초의가 처음으로 상경했을 때 학림암(鶴林菴)에서 이루어졌다. 이후 1840년 추사 집안에 세도쟁패(勢道爭覇)의 비정한 정쟁의 회오리가 불어닥쳐 추사는 제주도로 유배되었고, 1843년 초의선사가 적소(謫所)인 제주도까지 찾아와 만난 이후에는 만나지 못하였다. 1848년 추사가 방송(放送)되어 상경하면서 초의차를 요청하는 추사의 편지가 과천의 별서(別墅) 과지초당(瓜地草堂)과 해남의 일지암 사이를 끊임없이 오간다. 다음 시 〈사차(謝茶)〉는 1850년에 초의차를 받은 63세의 노인인 김명희가 감사의 뜻을 담아 초의에게 보낸 시다. 〈사차〉는 초의의 『일지암시고(一枝庵詩稿)』에 「부원운(附原韻)」으로 수록되어 있으며, 추사와 동갑으로 당시 65세였던 초의선사 또한 이에 화답한 시 〈봉화산천도인사차지작(奉和山泉道人謝茶之作)〉을 남겼다.

그리고 시의 내용 중 가짜 차[多贋品]라든지, 옛 시에도 간혹 언급되지만 좋은 차는 고운사람 같다[佳茗似佳人]라는 구절은 현대에 사는 우리도 늘 안목을 높여 경계해야 하고, 또 좋은 차[佳茗]라 함은 차뿐 아니라 제다(製茶)·전다(煎茶)·행다(行茶)를 포괄적으로 아우르는 말일 것이므로 참 다인(茶人)이 되도록 마음속 깊이 새겨두고 신행(愼行)해야 할 명구(銘句)가 아닌가 싶다.

覓成梗帶葉 微綠色而團且厚者爲上 (屠隆, 『茶箋』, 「採茶」)

"6. 덖을 때는 모름지기 한 사람이 곁에서 부채질을 하여 뜨거운 열기를 식혀주어야 한다. 뜨거우면 누런색이 되어, 향과 맛이 모두 줄어든다."

六. 炒時須一人從傍扇之 以去熱氣 熱則黃色 香味俱減 (聞龍, 『茶箋』)

"다법 몇 법칙을 써 향훈(香薰) 스님에게 보이고 드린다. 이 요점에 따라 차를 만들어 중생을 이롭게 한다면 이 또한 부처님 일이 아니겠는가. 산천거사"

茶法數則 書贈見香 要依此製茶 以利衆生 無非佛事耳 山泉居士

사차 (謝茶)

늙은 이 몸 평소에 차 즐기지 않았더니	老夫平日不愛茶
하늘이 아둔함 미워하여 몹쓸 병 걸렸다오	天憎其頑中瘴邪
열보다는 소갈증 심히 걱정되어	不憂熱殺憂渴殺
급히 풍로 가져다 차싹 달이오	急向風爐瀹茶芽
연경에서 들여온 것 가짜가 많다더니	自燕來者多贗品
향편 주란도 비단 갑에 담았구려	香片珠蘭匣以錦
일찍 들은 바 좋은 차는 고운 사람 같다는데	曾聞佳茗似佳人
이 계집종 재주 용모 추하기 그지 없다오	此婢才耳醜更甚
초의 스님께서 갑자기 우전차 부쳐오시니	艸衣忽寄雨前來
대껍질 싼 응조차 손수 직접 풀었소	籜包鷹爪手自開
막힘 뚫고 답답증 씻는 효험 빼어나	消壅滌煩功莫尙
우레 같고 칼 같으니 어이 이리 대단한지	如霆如割何雄哉
노스님 차 고르기 부처님 고르는 듯	老僧選茶如選佛
일창일기 여린 싹만 엄히 지켜 가렸고	一槍一旗嚴持律
좋은 솜씨로 덖고 말림에 두루 통하셨으니	尤工炒焙得圓通
향기와 맛 따라 바라밀로 드는구려	從香味入波羅蜜
이 비법 오백 년 만에 비로소 드러났으니	此秘始抉五百年
옛 사람 누리지 못한 복인가 하오	無乃福過古人天
맛 또한 순수한 우유보다 훨씬 나음 알겠거니	明知味勝純乳遠
부처님 열반 전에 나지 못함도 한이 아니라오	不恨不生佛滅前
이토록 좋은 차 어찌 아끼지 않으리까	茶如此好寧不愛
옥천의 일곱 잔 차도 오히려 궁상이리이다	玉川七椀猶嫌隘
부디 가벼이 외인에게 말하지 마소서	且莫輕向外人道
산 속의 차에 세금 물릴까 두렵다오	復恐山中茶出稅

학질로 갈증이 심하였기로 신령스런 차를 청했습니다. 근래 연경의 점포에서 사온 차들은 수놓은 비단주머니에 싸서 다만 겉만 번지르르할 뿐 줄기 거칠고 찻잎 거세서 입에 넣을 수가 없었답니다. 이러한 때 초의 스님께서 부치신 차를 받고 보니 응조 맥과 모두 좋은 우전차였지요. 한 사발을 다 못 마셨는데도 답답증 가시고 목마름증이 해소됨을 느껴 전씨 갑옷처럼 껴입은 옷들은 이미 저만치나 벗어던졌습니다. 예전 고려 때는 차를 심게 하여 진공케 하였고,

임금의 하사품으로 모두 차를 썼는데도 오백 년 이래 우리나라에 차 있는 것을 알지 못했지만, 이제 차를 따고 덖는 신묘한 솜씨가 삼매의 경지에 이르신 것은 초의 스님께서 처음이시니 그 공덕이 참으로 끝이 없다 하겠습니다. 산천 노인이 병든 팔뚝으로 씁니다.(病癖渴甚 乞靈茗椀 近日燕肆購來者 錦囊繡包 徒尙外飾 蠹柯梗葉 不堪入口 此時得艸衣寄茶 鷹爪麥顆 儘雨前佳品也 一甌未了 頓令滌煩解渴 顓氏之胄 已退三舍矣 麗朝令植茶土貢 內賜皆用茶 五百年 來 不識我東有茶 採之焙之 妙入三昧 始於艸衣得之 功德眞無量矣 山泉老人試病腕)

「다법수칙」은 김명희가 조길(趙佶)의 『대관다론(大觀茶論)』(1107), 조여려(趙汝礪)의 『북원별록(北苑別錄)』(1186), 허차서(許次紓)의 『다소(茶疏)』(1597), 도륭(屠隆)의 『다전(茶箋)』(1590)과 문용(聞龍)의 『다전(茶箋)』(1630) 등 중국 다서 중에서 찻잎을 따는 채다법과, 불 조절하는 화후(火候)법, 덖는 초다(炒茶)법 등의 내용을 필요 부분만 초록(抄錄)하여 대둔사 승려인 향훈(香薰) 스님에게 준 글이다. 후일 응송 스님은 『동다정통고(東茶正統考)』에서 "초의선사 당시에는 여러 사찰에서 전다 계통의 엽차를 제조했으나 차의 진수(眞髓)에는 미치지 못하였고, 대흥사에서는 각 문중마다 차철이면 따로 제다하곤 하였는데 정제(精製)된 차는 제조하지 못한 것 같다"라고 기술하고 있다. 초의 당시에 중국의 다서에 정통하였고, 중국과 우리의 차를 두루 섭렵하였을 산천은 안타깝고 또 기대하는 마음으로 「다법수칙」을 초록하였으리라 생각된다.

한양대학교 정민 교수도 그의 논문에서 "실제 산천은 서유구의 『임원경제지(林園經濟志)』를 다시 인용한 것에 지나지 않고 산천 자신은 제다에 경험이 전혀 없었을 뿐 아니라, 차의 생태나 성질도 잘 알지는 못했다. 하지만 다수의 중국 다서를 읽음으로써 그 과정을 체득했고, 내용 중에서 필요 부분을 발췌, 정리하여 향훈에게 전수, 이를 실제 제다과정에 적용토록 하여 그가 만든 차가 한결 더 높은 수준에 이르도록 기여하였다. 초의의 『다신전』과 함께 산천의 「다법수칙」이 차문화사에서 중요한 의미를 갖는 이유가 여기에 있다"라고 「다법수칙」이 갖는 의미를 규정하였다.

⑯ 우선 이상적(藕船 李尙迪: 1803~1865)의 본관은 우봉(牛峰), 자는
혜길(惠吉)이며 역관 집안 출신이다. 벼슬은 온양군수를 거쳐 지중추부
사에 이르렀다. 역관 신분으로 청나라에 12회나 다녀왔으며, 그곳 문인
들과 교류하고 명성을 얻어 1847년 중국에서 시집을 펴내기도 했다.
그의 시는 섬세하고 화려하여 사대부들에게 널리 읽혔으며, 헌종도
즐겨 읽어 문집을 『은송당집(恩誦堂集)』이라고 했다. 시 외에 골동품·서
화·금석(金石)에 조예가 깊었다. 헌종 때 교정역관이 되어 『통문관지(通
文館誌)』, 『동문휘고(同文彙考)』, 『동문고략(同文考略)』을 속간했다. 저
서로는 『은송당집』 24권, 청나라 학자들과 교류한 서신을 모아 엮은
『해린척소(海隣尺素)』가 있다.

추사의 제자였던 이상적은 당시 유배중이었던 스승에 대한 지극한
마음으로 자신의 안위는 아랑곳하지 않고 중국에서 어렵게 구한 책
『만학(晚學)』과 『대운(大雲)』을 두 번 보내주었다. 이에 추사가 제자의
마음 씀씀이를 무척 고마워하여 〈세한도(歲寒圖)〉를 그려서 "오래도록
우리 서로 잊지 말자"는 뜻의 인문(印文) 장무상망(長毋相忘)까지 찍어
보냈다는 이야기는 사제 간의 아름다운 인연으로 유명하다. 우선은
당시 조선에서 차가 호사스런 기호품이었는데도 역관이라는 특수한
신분과 차에 대한 높은 안목을 바탕으로 생활 속에서 늘 차를 즐겼으며,
열두 차례 중국을 오가는 동안 중국에서 나는 온갖 명차(名茶)를 두루
섭렵하였다. 따라서 그의 문집 속에는 자신의 차생활을 노래한 차시가
적지 않다. 우선은 고려 석탑에 봉안된 700년 전의 용단승설차에 대한
유래와 소장(所藏) 경위에 대한 기록을 〈기용단승설(記龍團勝雪)〉에 남기
기도 하였다.

차 끓이는 연기 [茶煙]

죽로 돌냄비 아취 있게 서로 잘 어울려　　　　竹爐石銚雅相宜
센 불에 눈 녹은 물 새로 끓이니　　　　　　　活火新烹雪水時
평상에 이는 미풍 자줏빛 귀밑머리 날리고　　一榻風輕紫鬢影
겹발 꽃문양 가랑비에 젖는구나　　　　　　　重簾雨細綴花枝
술보다 차의 맑음이 꿈속에서 노닐게 하고　　清於煮酒初回夢
향 사른 듯 운치는 시경으로 이끈다네　　　　韻似燒香半入詩
그윽한 정 느끼기에 어느 곳이 좋을런지　　　領略幽情何處好
무성한 소나무 그늘 푸른 시냇가라네　　　　　蒼松陰裏碧溪涯

소나무 바람결에 이는 소리 [松濤]

바람은 휘몰아치는데 푸른 달빛 외롭게 밝아　　風湍一碧月孤明
잣나무 우수수 부는 바람 학이 꿈꾸다 놀라네　五粒隳岫鶴夢驚
온 집 가득 가을 물소리 들리는 듯하고　　　　滿院如聞秋水至
빈산에 갑자기 만조 일어남인가 의아스러워　　空山忍訝晚潮生
가야금 소리 잦아들더니 새 곡조에 접어드는 듯　琴微細入新調曲
차솥 맑아짐은 물 끓는 소리인가　　　　　　　茶鼎清分一沸聲
옛 사람 강 위 집은 아득한 추억이고　　　　　遙憶故人江上屋
글 쓰며 차디찬 한 시절 떠나보낸다오　　　　　著書消受歲寒情

임한정 (臨漢亭)

강가 정자에 묵으니 병이 나으려는데　　　　　信宿江亭病欲蘇
술꾼과 시인들 날마다 기다리네　　　　　　　酒人吟子日相須
어량에서 게통발 소식 찾았더니　　　　　　　漁梁蟹簖探消息
물가 정자 운랑이 그림인 양 펼쳐졌네　　　　水榭雲廊闢畫圖
줄풀에 기운 볕 그물도 말리고　　　　　　　　菰葉斜陽分曬網
대추꽃 보슬비는 놀이판 덮고　　　　　　　　棗花微雨映呼盧
돌샘 물 새로 길어 맑게 차 달이니　　　　　　石泉新汲供清瀹
육우의 다경 중 낙노라 한 것일세　　　　　　陸羽經中品酪奴

우제 (偶題)

돌솥 차 연기 올올이 푸르러	石銚茶烟靑縷縷
짙은 그늘 물 같고 해 기울어	繁陰如水日敧午
누워 새소리 듣다 문도 열지 않으니	臥聽啼鳥不開門
종려잎엔 바람 없고 오동잎엔 비 내리네	椶葉無風桐葉雨

⑰ 범해각안(梵海覺岸: 1820~1896)선사는 순조 20년(1820)에 전라도 완도에서 태어났다. 아버지는 최철이고 어머니는 성산배씨이다. 열네 살 나던 해에 출가하여 해남 두륜산 대둔사로 들어갔으며 열여섯 살 나던 해에 호의시오(縞衣始悟)선사를 은사로 머리 깎고 스님이 되었다. 선사는 초의선사의 대를 이어 대둔사 13대 강사의 한 분으로 추앙될 만큼 학문적 명성을 드날리다가 조선 개국 505년 되던 해인 고종 건양 원년(1896)에 77세를 일기로 입적하였다. 『동사열전(東師列傳)』을 지은 학승이자 「차약설(茶藥說)」,21) 〈차가(茶歌)〉22) 및 여러 수의 차시를

---

21) 梵海覺岸,「茶藥說」

"백약이 비록 좋다고 해도 모르면 쓸 수 없다. 온갖 병으로 괴롭다 해도 구함이 없으면 못 산다. 구함이 없어 못 살게 되었을 때, 구하고 살리는 수단이 있다. 몰라서 못 쓸 때 알게 하고 쓰도록 하는 묘함이 있다. 사람이 느끼고 하늘이 응하지 않으면 약이나 병은 어찌할 방도가 없다. 나는 임자년 가을 대흥사 남암에 머물고 있었는데 이질로 사지가 늘어지매 세시 끼니마저 잊은 지 열흘 지나고 달포 가량 되었던바, 틀림없이 죽을 줄 알았다. 하루는 같은 방 쓰는 법호가 무위(無爲)인 사형이 그 부모를 모시러 갔다가 왔다. 같이 선참하던 이름이 부인(富仁)인 사제도 스승님을 모시던 곳에서 왔다. 머리 들어 좌우를 살펴보니 세 사형 사제가 자리하고 있는지라 이제 틀림없이 살게 될 줄 스스로 알게 되었다. 잠시 후 무위사형이 말하기를 '내가 냉차로 거의 위급한 지경이시던 어머니를 구했으니 급히 달여서 쓰도록 하세나.' 이어 부인사제도 말했다. '제가 불시의 쓰임에 대비해 잎차[芽茶]를 간직하여 두었으니 쓰는 데 무슨 어려움이 있겠습니까?' 그 말대로 차를 달이고, 그 말대로 차를 썼다. 한 잔을 마시니 뱃속이 조금 편안하여졌다. 두 잔을 마시니 정신이 번쩍 들었다. 석잔 넉잔을 마시니 전신에서 땀이 흐르기 시작하였고 맑고 시원한 바람이 뼛속까지 부는 듯 기분이 상쾌하여, 마치 병이 아직 시작하기 전의 사람 같았다. 이로

남긴 차인이다.

말미암아 먹고 마시는 것이 점차 나아지므로 기운을 떨치는 일도 날마다 좋아졌
다. 곧 6월이 되었고, 70리 거리의 본가로 가서 어머니 기제사에 참석하고
돌아오기까지 하였다. 이때가 청나라 연호로 함풍 2년(1852년) 임자년 7월
26일이었다. 이 소식을 들은 이들은 놀랐고, 나를 본 사람은 손으로 가리키기도
하였다.

아! 차는 땅에 있고, 사람의 운명은 하늘에 있으니, 하늘과 땅이 감응함이
아니었던가? 약은 사형에게 있었고, 병은 사제에게 있었으니, 형제가 감응한
것인가? 어찌 신묘한 효험이 이와 같다 할 수 있는가? 차로써 어미를 구하고,
차로써 사제를 살려냈으니, 이로써 부모에 대한 효도와 형제간의 도리를 다하였
다 하겠다. 아! 안타깝구나. 병이 그렇게 심하지 않았는데도 어찌 틀림없이
죽을 줄 알았으며, 정이 그리 두텁지 않았건만 어찌 반드시 살아날 줄 알았으리!
이러하매 평생의 정분이 어떠한지를 가히 알 수 있다 할 것이다. 이에 훗날
구할 수 있는 방법이 틀림없이 있음에도 그 방법을 구하지 못하는 무리를
위하여 기록하여 보임이다."

百藥雖良 不知不用 百病爲苦 不救不生 不救不生之際 有救之生之之術 不知不用之中
有知之用之之妙 非人感之天應之 藥與病 爲無可奈何也 予壬子秋住南庵 以痢疾委四肢
忘三時奄 及旬朔 自知其必死矣 一日同入室號無爲兄 自侍親而來 與同禪懺名count仁弟 自
侍師而至擧 首左右 三台分位 自知其必生矣 俄爾兄曰 我以冷茶救母幾危之際 急煎用之
弟曰 我藏芽茶 以待不時之需 何難用之 如言煎之 如言用之 一椀腹心小安 二椀精神爽塏
三四椀渾身流汗 淸風吹骨快然 若未始有病者矣 由是食飮漸進 振作日勝 直至六月 往參
母氏忌祭 於七十里本家 時乃淸咸豊二年壬子七月二十六日也 聞者驚之 見者指之 吁
茶在地 人在天 天地應歟 藥在兄 病在弟 兄弟感歟 何神效之如此 以茶救母 以茶活弟
孝悌之道盡矣 傷心哉 病不甚重 何知必死 情不甚厚 何知必生哉 可知其平生情分之如何
而記示其後來有可救之道 而不可救之流

22) 梵海覺岸,〈茶歌〉

책 펴고 오래 앉으니 정신이 흐려져	攤書久坐精神小
간절해진 차 생각 견디기 어렵도다	茶情暴發勢難禁
우물 위에 따뜻하고 달콤한 물꽃이 피니	花發井面溫且甘
물 길어 화로 싸안고 끓는 소리 듣는다	刺罐擁爐取湯音
한 번 두 번 세 번째 끓으니 맑은 향기 퍼지고	一二三沸淸香浮
네 다섯 여섯 잔에 땀이 살풋 솟는구나	四五六椀微汗泚
육우의 『다경(茶經)』은 이제야 깨달았고	桑苧茶經覺今是
노동의 〈차노래[茶歌]〉는 대체를 알았네	玉泉茶歌知大體
보림사 작설차는 관아로 실어가고	寶林禽舌輸營府
화개동 귀한 차는 대궐로 진공(進貢)하네	花開珍品貢殿陛
함평 무안 토산차는 남녘에서 빼어났고	咸務土産南方奇

대둔사 각안 스님은 33세 때 이질에 걸려 달포 가량 식음을 전폐할
정도로 생사의 기로에 처하였는데 동료 승인 무위(無爲)의 권유와 부인(富
仁)이 준 차를 달여 마시고 병이 나았다. 그때까지는 대둔사에서 근
이십 년 승려생활을 하면서도 차에 대해 거의 알지 못했다. 또 이를

강진 해남 만든 차는 북녘 서울에도 알려졌네	康海製作北京啓
마음 속 괴로움 일시에 사라지니	心累消磨一時盡
새 빛으로 환해져 반나절이 거뜬하네	新光淨明半日增
졸음을 물리치니 눈빛이 살아나고	睡魔戰退起眼花
먹은 음식 쑥 내리고 가슴도 확 트인다	食氣放下開心膺
괴로운 이질 설사 멈춤은 일찍이 경험했고	苦利停除曾經驗
고뿔 낫고 해독되니 더더욱 신통하네	寒感解毒又通明
공자 모신 묘당에 절하며 잔 올리고	孔夫子廟參神酌
부처님 계신 법당서도 정성으로 차 올린다	釋迦氏堂供養精
서석산[현 無等山] 창기차는 부인(富仁) 통해 시험했고	瑞石槍旗因仁試
백양사의 작설차에 푹 빠졌지	白羊舌嘴從神傾
덕룡산 용단차 그만 끊었고	德龍龍團絶交闊
월출산서 나온 것 미련없이 막았네	月出出來阻信輕
초의 스님 옛 집터 이미 언덕이 되었고	中孚舊居已成丘
리봉 스님 계시는 산 물 긷기 편안해라	离峯棲山方安餠
법대로 조화함은 무위 스님이시고	調和如法無爲室
옛 예법 따라 잘 간수함은 예암 스님일세	穩藏依古禮庵秤
좋고 나쁨 굳이 따지지 않음은 남파 스님의 버릇	無論好否南坡癖
많고 적음 가리지 않음은 영호 스님의 마음이거니	不讓多寡靈湖情
세속을 살펴봐도 차 즐기는 이가 많아	細看流俗嗜者多
당송 시절 성현만 못함 없네	不下唐宋諸聖賢
조주 스님 화두는 선가의 유풍	禪家遺風趙老話
참맛은 재산 스님 먼저 얻었고	見得眞味霽山先
만일암 불사 끝나 달구경 하던 밤	挽日工了玩月夜
서로 이끌고 피리 불며 차 달여 올렸도다	茗供吹籥煎相牽
언질 스님 납일에는 정사에 담아 오니	正筍彦銍臘日取
성학은 샘물 긷고 태연을 부르누나	聖學汲泉呼太蓮
만병과 갖가지 근심 씻어 보내고	萬病千愁都消遣
성정대로 소요함이 부처와 한가질세	任性逍遙如金仙
차 달이며 기록하고 게송을 하는 동안	經湯譜記及論頌
가없는 하늘엔 별똥별이 스쳐간다	一星燒送無邊天
어이하여 귀하고 좋은 책 내게로 전해졌나	如何 奇正力書與我傳

보고 사람들이 모두 놀랐다고 한 것을 보면 당시까지만 해도 대둔사에서 차는 무위와 부인 같은 일부 승려들이 비록 알고는 있었으나 비상약으로 소량 보관했을 정도이지 음료로 마실 만큼 일상화된 것은 아니었다. 그리고 『동의보감』에 이질복통에 작설차를 첨가한 강차탕(薑茶湯)이 처방되어 있는데, 당시 스님들이 그 처방 내용을 알고 있었는지는 알 수 없지만 당시 작설차가 나는 산골에서는 작설차를 거의 만병통치의 효험이 있는 것으로 생각하고 소중히 여겼다.

　각안은 이때의 신기한 차 체험을 「차약설」 한 편에 담아 기록으로 남겼으며, 이 일을 계기로 차에 대해 깊은 관심을 갖게 되었던 듯하다. 이후 그는 문집에 차에 관한 시를 적지 않게 남겼으며 그의 대표작이라고 할 수 있는 〈차가〉는 모두 43구 303자에 달하는 장시로서, 차 달이는 모습과 보림사, 화개동, 강진, 해남 및 서석산 창기차, 백양사의 작설차, 덕룡산 용단차 및 월출산 등 차의 주요 산지와 명칭이 망라되어 있으며, 소화, 감기, 이질과 설사, 해독 등 차의 효용이 언급되어 있다. 또한 번뇌가 사라지며 졸음이 줄고 눈빛이 살아나는 등 수행 및 선정(禪定)에 도움이 되는 내용, 부인, 리봉, 무위와 성학, 태연 스님 등 수행과 차생활을 같이 하는 총 십 명에 이르는 승려들의 이름을 차례로 거론하였고, 육우의 『다경(茶經)』과 노동의 〈차노래[茶歌]〉 등을 즐겨 반복해 읽어 그 요강(要綱)을 체득하였음과, 산문(山門)에서의 차생활의 단면과 서정 등을 사실적으로 읊은, 한편으로는 당시의 차에 대한 사회적 인식과 성향을 엿볼 수 있는 대단히 중요하게 평가되고 있는 작품이다.

이송파공을 애도함 [挽李松坡]

차 마시며 시 주고받음이 몇 해던가	煎茶和韻幾多年
사람들은 동파 선생 옛 인연이라 하였네	人謂東坡續舊緣
귀를 기울여도 다시 산뜻한 말 들릴 리 없고	傾耳更無淸耳語

책을 펴도 서글픔 앞서 다시 덮었네　　　　　展書反有掩書憐
남쪽 기개 높은 선비 어느메 가셨는가　　　　南方高士歸何處
북두 정기 타고 오셨다 저 하늘 향하셨나　　北斗降生向彼天
푸르름 넘치는 좋은 시절 그대 자리 비었으니　綠漲佳時虛一座
물가엔 바람소리 서글프고 안개만 자욱하네　風愁澗咽但流煙

초의차 (草衣茶)

곡우초 맑고 밝은 날　　　　　　　　　　　穀雨初晴日
누른 차싹은 아직 피지도 않았지만　　　　　黃芽葉未開
빈 솥에서 정성스레 볶아 내어　　　　　　　空鼎精炒出
밀실에서 잘 말려 낸다네　　　　　　　　　密室好乾來
측백나무 상자에 각지고 둥근 도장 찍고　　栢斗方圓印
대껍질로 싸서 마름하여　　　　　　　　　竹皮苞裹裁
바깥 기운 잘 막고 단단히 갈무리하였더니　嚴藏防外氣
한 주발 가득 차향 감도네　　　　　　　　一椀滿香回

다구명 (茶具名)

한평생 맑고 한가하게 살면서　　　　　　生涯淸閑
몇 말 찻잎 거두고　　　　　　　　　　　數斗茶芽
볼품없이 일그러진 화로지만　　　　　　　設茗窳爐
약한 불 센 불 잘 맞추고　　　　　　　　載文武火
질항아리는 오른쪽　　　　　　　　　　　瓦罐列右
오지사발은 왼쪽　　　　　　　　　　　　瓷婉在左
그저 차일에 힘쓰는 것뿐　　　　　　　　惟茶是務
나를 꾀는 일 그 밖에 또 무엇 있으랴　　何物誘我

쾌년각에 제하다 [題快年閣]

법당 새로 열어 산머리 누르니　　　　　新開法宇鎭崗頭

156

용과 범 서린 곳 온갖 골 흘러든다	虎踞龍盤百谷流
옛 절에 천 년 만에 길운 돌아오니	古寺千年回運吉
늙은 스님 발우 하나 그윽하기만	殘僧一鉢卜居幽
맑은 바람 불어와 우리 차 흥 돋우고	淸風吹起東茶興
예쁜 새 지저귀니 공연한 말 수심될까	好鳥噪分謾語愁
힘 쏟아 공 이룬 비보의 땅이니	竭力成功裨補地
물 불 잘 살펴 마음 편히 노닐리라	虛消水火等閒遊

⑱ 금명보정(錦溟寶鼎: 1861~1930) 스님은 송광사 스님으로 성은 김씨(金氏), 호는 금명(錦溟)이며 가야왕의 후예 학성군 완(鶴城君完)의 후손이다. 아버지는 통정대부(通政大夫) 상종(相宗)이며, 어머니는 완산이씨(完山李氏)이다. 13세 때 어머니가 중병을 앓자 20개월 동안 잠시도 곁을 떠나지 않고 간호하였다. 15세 때 아버지의 명으로 출가하여 송광사(松廣寺) 금련(金蓮)화상을 은사로 득도하고, 경파(景坡)대사에게서 구족계(具足戒)를 받았다. 그 뒤 전국의 이름 있는 강원(講院)을 다니면서 경붕, 구련, 범해, 함명 등 여러 대종장(大宗匠)으로부터 가르침을 받아 불교의 중요 경전뿐만 아니라 육경(六經)과 노장학(老莊學)까지도 모두 섭렵하였다. 자(字)를 다송자(茶松子)라 했으며 평생 차와 함께 살았고, 다시 72편 79수를 『다송시고(茶松詩稿)』에 남겨 한국불교사에서 가장 많은 다시를 쓴 스님이다.

30세에 스승인 금련의 법맥을 잇고 화엄사(華嚴寺)에서 개강하였으며, 지리산 천은사, 해남 대흥사 등에서 머물다 뒤에 송광사로 옮겨 후학들을 지도하다가 나이 70세, 법랍 53세로 입적하였다. 제자로는 용은(龍隱)·완섭(完燮) 등이 있으며, 방대한 저술을 남겼는데, 저서로는 『다송시고』, 『다송문고』, 『불조찬영(佛祖贊詠)』, 『금명집』 등이 있고, 『조계고승전』 외 많은 편록(編錄)이 있다.

차를 달이다 [煎茶]

스님 오셔서 조주 빗장 두드리니	有僧來叩趙州扃
차 이름 스스로 부끄러워 뒤뜰로 모시네	自愧茶名就後庭
해남 초의선사 동다송 일찍 읽었고	曾觀海外草翁頌
다시 당나라 육우 다경도 살폈었네	更考唐中陸子經
정성으로 경뢰소 달여 내어	養精宜點驚雷笑
스님께 올리니 자용 향기 피어나고	待客須傾紫茸馨
부뚜막 위 구리병에 솔바람 소리 잦아드니	土竈銅瓶松雨寂
한 잔 작설차 제호보다 낫도다	一鍾禽舌勝醍靈

느낌을 쓰다 [述懷]

뜰 아래 차샘 뜰 위엔 정자	坮下茶泉坮上亭
집 문 넓고 멀어 남쪽 바다 누른다	軒門廣遠鎮南冥
거울 속 빛 소리 천 년 숨어 있고	鏡中聲色千年穩
그림 속 강산 점점이 푸르고녀	畫裡江山數點靑
백척난간에 불던 바람도 잠잠하고	百尺欄干風繞定
한 잔 뇌소차에 비로소 꿈 깨었네	一鍾雷笑夢初惺
안석에 기대노니 창랑곡 떠올라	隱几遙聞滄浪曲
맑은 물에 갓끈 씻고 흐린 물에 발 씻는다네	淸纓濯足任他經

석실의 글자를 차운함 [仍占石室字]

맛있는 나물밥 향긋한 차 마시고	香蔬飯後鬱香茶
연못가에 그린 듯 꽃피니 그를 기뻐하노라	且喜臨池墨潑花
보리 익는 단비 오고 따뜻한 바람 불어도	麥雨初甘風亦暖
야승 오가는 집 시비 닿지 않네	是非不到野僧家

비온 뒤 햇차를 따다 [雨後採新茶]

아침 비 잠깐 개어 사립문 밀치고	乍晴朝雨掩柴扉

차밭 찾아 대밭 향하네   借問茶田向竹園

새 혀 같은 찻잎 놀랍게도 햇살 아래 반짝이고   禽舌驚入啼白日

아이들 동무 부르니 어느덧 황혼   童稚喚友點黃昏

깊은 숲 골짜기 줄기 빽빽하고   纖枝應密深林壑

자갈밭 언덕에는 여린 잎 많이 폈네   嫩葉偏多少石邨

법에 따라 잘 만들어 차 달여 내니   煎造如令依法製

구리병에 찻물 따라 맑은 혼 마신다   銅瓶活水飲淸魂

다송명 (茶松銘)

바랑에 솔잎 한 줌 차 한 봉   一囊松葉一瓶茶

절간에 누우니 온갖 인연 얽매임 없어   不動諸緣臥此家

옛 사람들 수행한다 결사한 일 우습도다   堪笑昔人修結社

새 소리 듣고 꽃 바라봄이 무슨 거리낌이랴 何妨聽鳥又看花

⑲ 한편 한국차의 중흥조라 할 수 있는 초의선사와 선사의 법제자로서 초의의 동다풍을 고스란히 이었던 범해선사의 열반 이후 대흥사와 초의의 다맥을 전승하고 제다법을 후세에 전한 인물로는, 초의선사가 살았던 대광명전(大光明殿)을 지키며 그의 다선일미 정신을 이어간 초의선사의 법손 지산(芝山化仲) 스님 등과, 역사 속에 묻혀 그냥 지날 뻔했던 초의의 제다법과 정신을 찾아내 『동다송』과 『다신전』의 전사본을 수집해 세상에 알린 응송 박영희(應松 朴暎熙: 1893~1990) 스님을 들 수 있다.

김운학 박사는 저서 『한국의 차문화』에서 "오늘날 우리가 초의를 이야기하고 우리 차의 전통을 이야기하게 된 것도 거의 이 응송노장의 공로다. 응송 스님은 평생 차와 함께 살아오기도 하지만 그는 초의선사의 유품을 오늘에 전해주어 오늘날 우리의 다전(茶典)으로 자랑하는 것도 응송이 이 필사본을 보존해 왔기 때문이다. … 때문에 근래에 우리 차의 운동을 불러일으키게 된 것도 역시 이 응송에서 왔다고 볼 수 있다"라고 평가했다.

응송 스님은 저서인 『동다정통고(東茶正統考)』에서 "대흥사 외에 지리산 이남의 남쪽 고사찰에는 차나무가 없는 곳이 없다. 그러나 이런 차나무가 산재되어 있는 각 사찰에서는 끽다법·제다법 등이 약간 전수되어 있었으나 대부분 일종의 차갱(茶羹)으로 탕음(湯飮)하는 것이 통례였다"라고 기록하고 있다. 초의선사도 『동다송(東茶頌)』에서 "… 지리산 화개동 칠불암선원(七佛菴禪院)에서 좌선하는 스님들이 항상 늦게 쉰 찻잎을 따서 햇볕에 말려 섶으로 솥에 나물국 끓이듯 삶으니, 그 탕이 몹시 탁하고 붉은 빛깔에 맛은 매우 쓰고 떫었다. 정소도 천하의 좋은 차가 속된 솜씨로 버려짐이 많다고 말하였다"(智異山 花開洞 … 洞有王浮臺 臺下有七佛禪院 坐禪者 常晩取老葉 晒乾然紫 者鼎如烹菜羹 濃濁色赤 味甚苦澁 政所云天下好茶 多爲俗手所壞)라고 한탄하였다.

한편 "초의선사 당시인 조선말기에는 여러 사찰에서 전다계통의 엽차를 제조했으나 차의 진수(眞髓)에는 미치지 못하였고 다만 초의 수제인 작설이 경향 각지에 현명(顯名)했던 것 같다. 초의 이후에는 그렇게 정제된 차는 없어졌으며, 대흥사에 있었던 소요파(逍遙波)와 편양파(鞭羊波) 등의 문중 별로 기거하던 전각(殿閣)이나 당(堂) 중심으로 살림이 각각 독립되어 있어 각 문중마다 차철이면 따로 제다하곤 하였는데 정제(精製)된 차는 제조하지 못한 것 같다"라고 응송 스님은 술회하고 있다. 응송 스님과 저자의 선친 용곡 스님과는 많은 교유가 있었는데, 상세 내용은 후술하겠다.

⑳ 김운학 박사가 "응송은 차의 전수자로, 효당은 차의 전개자로 현대사의 한 페이지를 장식했다"라고 평가한 효당 최범술(曉堂 崔凡述: 1904~1979) 선생은 다솔사(多率寺)를 중심으로 음다의 보급과 차운동을 매우 적극적으로 펼쳤다. 차에 대한 선생의 애호심은 굳건한 신념과

같아서 그의 활동은 누구보다도 활동적이고 사상가적이라고 평하기도 한다. 대흥사의 차를 비롯한 우리 차들이 알려지기 전 우리 차를 강연 등을 통해서 직접 소개하고, 『독서신문』이나 기타 지상에 발표하는 등 적극 알림으로써 우리 차에 대한 관심이 높아지고 한편으로 붐이 일 정도로 대중화되기 시작한 데는 효당 선생의 역할이 절대적이라고 알려져 있다. 비록 그의 다도가 의식화되어 있어 일본식이라는 비평이 있으나, 도일(渡日) 전 우리 차를 먼저 알았고, 또한 차에 대해 순교자적인 자세로 임하여야 한다는 그의 투철한 신념의 소산이 아닌가 생각된다. 선생은 다솔사에서 직접 차를 만들어 '반야로(般若露)'라는 상표도 붙였으며, 선생이 만든 차에 대한 자신감으로 쌍계사와 화계사 차와 비교하는 실험도 행하였다고 한다. 저서로 『한국의 차생활사』가 있다. 효당 선생도 선암사와 많은 왕래가 있었는데, 이 내용 역시 후술하겠다.

又峴,〈禪室前景〉, 화선지·먹·채색, 65×50cm, 2013.

제2장 선암사와 작설차

바람일어 벽 스치니 연무 흩어지고
갈가마귀 울며 갈 제 석양 해 저문다
어스레한 연못에 차 달이는 연기 멈췄고
문 닫는 소리 그치니 들닭도 잠들었네…

風生壁落消煙霧 寒鴉啼去夕陽低
咸池已暗茶烟歇 閉戶聲終宿野鷄…

_朗月楄㰉

1. 선암사와 작설차

1) 선암사의 연원과 작설차

전라남도 순천시에는 호남의 명산 중의 하나인 해발 884m의 조계산(曹溪山)이 있다. 이 산중의 곳곳에는 여러 갈래의 깊은 계곡이 있으며, 그 계곡에는 일 년 내내 흐르는 맑은 물이 주위의 숲 및 바위 등과 어울려 자연스러운 절경을 이루고 있어 조계산의 끝자락에 위치한 상사호(上沙湖)와 더불어 이 지역은 일찍부터 명승지로 손꼽히고 있다. 선암사로 들어서는 초입에 세워져 있는 표주석에는 선교양종대본산(禪敎兩宗大本山) 조계산선암사(曹溪山仙巖寺), 벽계남악천봉수(碧溪南岳千峰秀) 방출조계일파청(放出曹溪一派淸)이라고 새겨져 있고, 바로 앞 비전에는 선암사 출신으로 이름을 널리 떨친 선조사 스님들의 비석이 나열되어 있다. 이곳을 지나 이백여 보쯤 걸으면 조계산의 동쪽 기슭 서쪽에서 동쪽으로 흐르는 계류(溪流)와 북쪽에서 남쪽으로 흐르는 계류가 서로 만나는 지점에 천년고찰(千年古刹)인 선암사(仙巖寺)의 관문인 승선교(昇仙橋)와 강선루(降仙樓)가 있다. 강선루에서 차 한두 잔 마실 시간쯤 걸으면 아담한 못 삼인당(三印塘)과 일주문이 나오고 이어서 종각과 함께 선암사 40여 동의 불우(佛宇)가 옹기종기 조계산 품속에 안긴 듯 자리하고 있다.

특히 2개의 홍교(虹橋)인 승선교를 지나 강선루에 이르는 진입 부분은 선암사의 대표적인 아름다운 경관을 이룬다. 이러한 진입과정은 속계의 온갖 번뇌와 오욕을 씻고 천상의 성스러운 곳으로 오르는 의미를 갖는 공간이다. 따라서 점차적으로 오르면서 자신의 영육을 청정케 하는 사찰의 처음 진입 단계에서 거쳐야 할 과정적 공간인 것이다. 깨끗한 계류를 보며 구불구불한 산길을 따라 오르면 선경에 몰입되면서 자연스럽게 자비로운 불심으로 인도되어 이윽고 부처의 경지에 이른다는 상징적 의미가 있다 하겠다.

선암사는 고려와 조선시대를 거쳐 근대에 이르기까지 엄숙한 예배사찰이자 선승의 수행 요람으로 비쳐지고 있었고, 조선말기에는 1문(一門) 4대 강백의 출현으로 교학의 연원(淵源)이 되기도 하였다. 일찍이 고려시대 김극기 선생은 선암사의 숙연한 분위기를 이렇게 읊었다.

선암사 (仙巖寺)

적적한 산골 절이요	寂寂洞中寺
쓸쓸한 숲 아래 스님일세	蕭蕭林下僧
마음속의 티끌은 온통 씻어 떨어뜨렸고	情塵渾擺落
지혜의 물은 맑고도 용하네	智水正澄凝
팔천성인에게 예배 올리고	殷禮八千聖
담담한 사귐은 삼요의 벗일세	淡交三要朋
내 와서 뜨거운 번뇌 식히니	我來消熱惱
마치 옥병 속 얼음 대한 듯하네	如對玉壺水

또한 조계산은 풍수학적으로 많은 이야기들이 전해져 오는데, 선암사에 본사급 사찰이면 어디에서나 볼 수 있는 사천왕문이 없는 이유는 풍수학적으로 조계산 사대봉이 선암사를 수호하는 역할을 하여 수호신의 상징인 사천왕문을 건립할 필요가 없었기 때문이라고 전한다. 또한 조계산의 우백호 산줄기와 좌청룡 산줄기는 군왕지지인 명당으로 알려

져 있어 암장도 심했다고 전한다. 18세기 초부터 19세기 초까지는 조계산에서 생산되는 닥나무와 산뽕나무의 껍질을 원료로 종이를 만들어 공납하도록 진상지지(進上紙地)로 지정하였고, 홍릉관에서는 향탄(香炭)을 공물로 상납해야 한다는 명분으로 입산을 통제하기도 하였다.

조선말기에 이르러 강학이 융성하여 교학(教學)의 연원(淵源)이 되기도 하였던 선암사는 도선과 대각국사의 유적 등 문화재가 많기로도 유명하다. 소장된 국가지정 문화재로 우선 대웅전을 비롯하여 통일신라시대에 세워진 삼층석탑과 고려시대 석탑 내 유물(3종 3점), 동쪽과 서쪽(대각암), 북쪽에 건립된 3부도(도선국사가 선암사 창건 시 산천 배역을 진압하기 위해 세움), 그리고 조선시대에 축조된 승선교와 동시대에 제작한 대각국사·도선국사 진영, 석가모니 괘불탱화, 서부도암 감로왕도, 33조사도 동종 2점으로 이상 14점은 보물로 지정되었다.

사적 제507호 선암사 일원은 명승 제65호로, 선암매는 천연기념물 제488호로, 가사탁의는 중요민속자료 제244호로 지정되었다. 이 밖에도 지정 문화재로는 고려시대에 제작한 금동향로와 도선국사 직인통, 그리고 조선시대 건축물 팔상전, 일주문, 원통전, 불조전, 중수비, 금동관음보살좌상 이렇게 유형문화재가 8점이고, 삼인당은 기념물로, 마애여래입상과 각황전, 측간(해우소)은 문화재자료로 지정되어 현재에 이른다.

장군대좌(將軍大座)의 형국이면서 산강수약(山强水弱)의 지세에 자리한 선암사는 1597년 정유재란 때 사찰의 모든 건물이 불타 없어졌고 1759년에는 40여 채의 전각이 불에 타버려 1761년 화재예방 차원에서 산명을 청량산(清凉山)으로 복칭하고 선암사를 해천사(海川寺)로 개칭하였다. 그러나 1823년 모든 건물이 다시 불에 타버리는 대화재가 발생하였고, 이후 중건한 전각을 화재와 대비되는 뜻으로 해주당(海珠堂), 연지당(蓮池堂), 창파당(滄波堂), 해천당(海川堂), 소재전(消災殿)으로 명명하였고, 타 전각의 연목(椽木)에도 해수(海水) 글자를 거꾸로 써 붙였다. 대웅전의 부연 사이 수십여 개의 착고판(着固板)에도 단청 시 해(海)자를 써넣어 주의를 환기시켰으며, 각황전은 우물 정(井)자 형으로 중건하였다. 또 크고 작은 연못과 석조를 만들어 늘 물이 넘치게 하였으며, 이외에도 간이 소방차도 곳곳에 비치하는 등 화재예방 차원의 모든 방편을 동원하였고 화재에 대비한 모든 노력을 다하였다.

선암사의 가람배치는 다전(多殿)에 따르는 중축형(重軸型)으로 웅장한 기상을 보인다. 이 중 북쪽 끝에 위치한 각황전(覺皇殿)을 두르며 자리 잡은 무우전(無憂殿)은 저자가 성장하고 공부하고 수행하는 한편, 차를 배우며 알게 되어 차의 세계에 발을 들여놓게 되면서 선친인 용곡 스님께 차일과 제다법을 전수받은 곳이다. 무우전 바로 옆 불우(佛宇)들이 칠전선원인데, 칠전이란 일곱 개의 불당이 응진당을 중심으로 서로 엇물려 자리하고 있어 붙여진 것이다. 호남제일선원이라는 편액이 걸려 있는 대문을 들어서면 전면에 응진당, 그 좌우에 벽안당과 미타전, 그 양 옆에 달마전과 진영각이 한눈에 들어온다. 선암사 차 유적지 중 핵심이자 백미(白眉)라 할 수 있는 곳이 달마전이다. 달마전 안쪽으로 출입할 수 있는 조그마한 문은 폐쇄적으로 보이나 그 문을 통과하면 너른 마당과 후정(後庭)이 있어 개방적이다. 달마전 부엌에는 차를 덖을 수 있는 가마솥과 차탕을 끓이는 차 부뚜막이 있고 후정에는 각기 다른 형태의 석제 수조(水槽)가 차례로 놓여 있어 상탕·중탕·하탕이라 하고 땅 속의 수로와 상탕을 연결하는 밤나무 홈대를 타고 흐르는 물은 중탕·하탕을 채우며 흘러내린다. 이 달마전은 바로 뒤편에 선암사의 자랑인 일만여 평의 차밭이 있어 언제든 찻잎을 따서 바로 법제하여 우려 마실 수 있는 완벽한 요건을 갖춘 선원으로 이곳에서는 선 수행의 동반자로 규칙적인 차생활이 가능하도록 배려되어 있다. 또한 달마전에는 선객들이 필히 지켜야 할 수행 중 금기사항이 열두 항목의 조례[禪院十二淸規]로 제정되어 있다. 선원 출입문 뒤편에 세계일화조종육엽(世界一花祖宗六葉)의 편액은 추사 김정희의 필흔(筆痕)이다. '세계일화'의 의미는 석가모니가 제자들 앞에서 연꽃을 들어 어떤 뜻을 암시했으나 아무도 모르고 가섭만이 그 뜻을 알아 혼자 미소로 답했다는 염화미소 즉, 이심전심의 전법이 조종육엽 즉, 선의 초조 달마 이후 혜가, 승찬, 도신, 홍인에 이어 육조혜능에 이르러 선종이 성립 발전할 수 있었다는 의미로 해석할 수 있겠다. 또한 일로향실(一爐香室)과 다로경권실(茶爐經卷室)과 같은 추사 필흔 편액들도 이곳에서는 차와 선이 둘이 아님을 이해할 수 있는 자료들이다. 1759년 선암사 대화재로 소실되었다가 1797년 다시 복원된 칠전선원의 상량문에는 "호남의 삼백 사찰 중 물자 풍부하기로 세 번째요, 깊고 그윽한 곳에 있어 인재가 홍성(興盛)하였다. 우리나라의 사찰 중에서 제일 명승지로 꼽는다"(物阜湖南三百利之居三 境幽人盛 海東八路寺之第一地勝)라는 내용이 있고, 동년 윤유월 낭월섭련이 짓고 쓴[嘉慶二年 丁巳閏六月 朗月橊欒謹述書] 다음 차시(茶詩)도 기록되어 있다.

바람일어 벽 스치니 연무 흩어지고　　　　　風生壁落消煙霧
갈가마귀 울며 갈 제 석양 해 저문다　　　　寒鴉啼去夕陽低
어스레한 연못에 차 달이는 연기 멈췄고　　　咸池已暗茶烟歇
문 닫는 소리 그치니 들닭도 잠들었네　　　　閉戸聲終宿野鷄
고승 면벽수행 침식도 잊었고　　　　　　　　面壁高僧忘寝食
스님 나갈 일 없으니 길에 이끼만 끼었네　　山人不出苔生路
정처 없이 떠다닌 인생 스스로 옳고 그름 없고　幾處浮生自是非
본심 청정커늘 근심걱정 있으랴　　　　　　　心源淸淨元無恙

현재 조계산 장군봉을 주봉으로 한 동쪽을 조계산이라 한다. 그리고 서록(西麓)의 동쪽에서 서쪽으로 흐르는 계류가 섬진강 줄기와 합치는 곳에 송광사(松廣寺)가 있고, 연산봉을 중심으로 송광사가 위치한 서쪽

산을 송광산이라 부르기도 한다. 목우자 지눌(牧牛子知訥: 1158~1210) 스님이 수행결사(修行結社)인 정혜사(定慧社)를 지리산 상무주암(上無住庵)에서 송광산(松廣山) 길상사(吉祥寺)로 옮긴 후, 고려 희종이 조계산 수선사(修禪寺)로 개명(改名)하라는 제방(題榜)을 내렸는데, 이후 송광사로 개명한 시기는 알려지지 않았다.

이 고장에서 수령을 지낸 이수광이 지은『지봉유설』의「훼목부(卉木部)」에는 송광사와 선암사에 대하여 다음과 같은 기록이 있다.

> 순천 송광사에는 몇 백 년 된 지 알 수 없는 마른 나무 한 그루가 있는데 색은 백철처럼 희고, 향과 냄새가 강하다. 무슨 나무인지는 모르나 백단이라고도 한다. 선암사에도 북쪽으로만 자색 꽃이 피어 북향화로 불리는 나무가 있다. 관음죽이라 하는 대나무도 있는데 가지 없이 곧게 자라며 잎은 끝부터 시작된다. 이 역시 기이한 일이다.
> 順天松廣寺 有枯木一株 不知歷幾百年 而枝幹皆完 色白如鐵 有香臭甚烈 不知 其爲何木也 或謂白檀 又仙巖寺 有樹曰北向花 其花紫色 開必向北故名 有竹曰 觀音竹 脩直無旁枝 至末始有葉 亦異矣

그리고『승주군사』에는 "선암사 일대는 비자나무 숲이 9만여 평에 3천여 주가 수림(樹林)을 이루고 있으며, 그 열매는 구충 특효약으로 널리 활용되고 있고, 선암사 경외(境外)의 높이 9m, 흉고 둘레 5.6m의 비자나무는 약 800년 생으로 주민들이 길복(吉福)을 비는 신목으로도 전해지고 있다. 고로쇠나무 수액이 예부터 널리 약수로 사용되었으며 약용식물도 비교적 풍부하다"라는 내용과 조계산 일대 약용식물의 목록도 수록되어 있다.

한편 조계의 어의(語義)는 육조혜능(六祖慧能)이 머물렀던 중국 광동성 소주(韶州) 쌍봉산(雙峰山) 아래 보림사(寶林寺)가 자리했던 곳의 지명으로 조후촌(曹侯村)의 시내[溪]라는 말인데, 이곳에 육조가 머물러서 선종을 크게 일으켰기 때문에 그를 조계(대사)라고 하게 되었다. 그래서 신라말 이래의 우리 선문(禪門)에서는 조계를 육조혜능의 통칭으로 삼다시피 하였다.

선암사의 초창(初創)에 대해서 명확한 기록은 없으나 선암사의 사적(寺蹟)과 사적비, 중수비(重修碑),『승평속지(昇平續誌)』등에 의하면 선암사의 창건주는 도선국사(道詵國師)와 아도화상(阿道和尙)으로 나누어진다. 구전으로도 삼국시대에 창건되었다고 하는 선암사는 대웅전 앞의 보탑이나 사찰 뒤편에 흩어져 있는, 우수한 솜씨와 조성시기 또한 통일신라 말기로 추정되는 3기의 부도 등으로 보아 매우 역사가 깊은 사찰임에 틀림없다고 하겠다.

그리고 선암사에 언제 차밭이 조성되었는지에 대한 구체적인 증빙자료는 없으나 다만 전해 내려오는 바, 도선국사(道詵國師: 827~898)가 호남에 택지법(擇地法)과 음양오행설에 근거하여 명산에 절을 세워 국운을 돕는다는 풍수지리학 상의 사찰인 비보도량(裨補道場)으로 삼암(三岩)을 창건하였다 한다. 그 삼암은 영암군 월출산 용암사(龍巖寺), 광양현 백계산 운암사(雲巖寺), 승평부 조계산 선암사이며, 이 세 사찰의 산천배역을 진압하기 위해 모두 사탑을 건립하고 부도를 세웠다고 한다. 또한 이 삼암사에 도선국사가 차씨를 심었다고 하는데, 현재 용암사와 운암사는 폐허가 되었지만 저자가 답사하여 살펴본 바, 피폐된 폐사 주위에 차밭 흔적과 오래된 차나무들이 여기저기 흩어져 있어 차 관련 구전 내용을 확인할 수 있었다. 그 외 도선국사와 관련된 비보사찰 중 영암 도갑사, 화순 운주사, 순천 향림사, 광양 옥룡사, 경남 다솔사 등에 차밭이 있지만 조성연대를 입증할 자료는 확인되지 않았다.

저자는 국내 유명사찰 주위의 차밭 현황을 파악코자 노력하였으나 개인적으로 여의치 못하여 용곡 스님께 말씀을 드렸고, 스님께서는 조선불교 중앙교무원에서 1929년에 제작 출간한『조선사찰 31본산

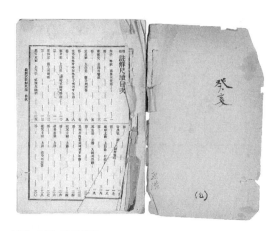
선친 소장 주해척독

사진첩』을 보여주시며, 옛날에 경운 스님을 모시고 31본산 순방길에 나섰을 때 영호남 사찰에서 직접 법제한 차를 접대받은 일이 있었다는 말씀과 자신이 알고 있는 바를 일러주셨다. 이후 시간이 날 때마다 영호남 20여 개 사찰을 찾아다니며 차밭의 실태와 제조법을 알아보기도 하였지만 큰 도움이 되지는 못했고, 단지 10여 개 사찰 주변에서 수령이 오래된 차나무들을 확인할 수 있었다.

선암사와 인연이 깊고 차와 관련이 있는 스님으로는 우선 대각국사를 들 수 있다. 대각국사 의천(大覺國師 義天: 1055~1101)은 1094년 5월부터 1095년 10월까지 남쪽지방을 순유(巡遊)하던 중 머물던 곳에서 크게 오도(悟道)했다 하여 이름 붙여진 선암사의 대각암(大覺庵)에서 한동안 주석하며 선암사의 불우(佛宇)를 중창하였는데, 이 불사의 원만성취를 위해 다례를 행하였다고 전한다. 현재 선암사에는 대각국사의 영정과 3기의 대각국사 부도가 있고, 국사의 중형(仲兄)인 선종(宣宗)이 국사를 위해 하사한 가사(袈裟)와 「조계산선암사대각국사중창건도(曹溪山仙巖寺大覺國師重創建圖)」가 전해지며, 음력 9월 28일 대각국사탄신기념일행사 때 다례도 행하고 있다. 당시 왕자이자 승려의 신분으로 송나라에 다녀와 송의 문물과 특히 차에 대해 익히 알았으며, 차 관련 여러 시와 「차를 보내준 임금께 올리는 감사의 표[謝賜茶藥表]」외 국사의 묘지명에도 차 관련 내용이 기록되어 있는 등 고려의 대표적 차인인 대각국사는 송의 용봉단차에 필적하는 차로 당시에 유행하였던 뇌원차(腦原茶)를 이곳 선암사에서 직접 만들었을 것이라고 추정하는 학자도 있다.

수도승이 차를 마시는 일은 공양 후 소화를 돕고 입안을 청결케 하여 개운하게 하는 효과 이외에도 수행하고 좌선을 행할 때 화두에 집중하고 몰입하기 위해서 일상적으로 꼭 필요로 했던 절차로서, 불가에서는 이를 공양(供養)과 더불어 항다반사(恒茶飯事)라고 했던 것이다. 물론 차의 산지가 지리산 이남의 사찰에 국한되고 좋은 차의 생산도 사찰 주변의 환경과 토양 등의 여건이 맞아야 한다는 한계가 있었지만 그만큼 차를 소중히 여기게 하였던 것이다.

개개인에 따라서 호오(好惡)의 정도도 달랐을 것이고 대찰(大刹)일수록 머무는 전각과 수행처, 혹은 문파와 문중에 따라서 마시는 차의 종류와 마시는 법, 그리고 차를 법제하는 방법 또한 차이가 있었을 것이다. 큰스님 모시고 상좌들과, 혹은 큰스님, 작은 스님들이 좌선 전후에 끼리끼리 모여서 차를 마시며 선문답을 나누고, 때로는 불가의 일과 공동의 관심사에 대해서도 논하였을 것이다. 그리고 시를 지으시는 스님은 때로 차에 대해 시를 지어 서로 감상하며 품평도 하고, 선조사 및 선인들의 차에 대한 시와 문, 그리고 우리나라와 이웃인 중국의 다경과 다록 등의 다서에 대해서도 이야기하였을 것이다. 또 차를 좋아하시는 선조사를 위해서 차가 올려졌을 것이며, 이러한 차를 즐겨 마시는 분위기와 차를 영물시(詠物詩)의 대상으로, 수행에 동반되는 존재로, 선조사와 부처님께 바치는 특별한 헌물로 여기는 풍속이 특정된 한 곳에서 대대로 이어 전해져 내려옴을 다풍이나 다맥이라 할 수 있을 것이다. 이에 대를 이어 선암사에 전해져 오는 작설차 관련 문화와 음다풍을 선암사의 다맥이라 칭함에 무리가 없을 것이다.

물론 일반적으로 차인 혹은 차승이라 함은 차를 즐기고 차나무를 재배하며 법제도 하는 등의 생활양식 외에 시와 문의 기록 등을 남긴

분을 말하지만, 차를 마시며 즐기는 일상 행위에 특별한 의미를 부여하지 않은 분들도 많았을 것이다. 삼봉 정도전(三峰 鄭道傳: 1342~1398) 선생은 많은 사대부와 선승과의 교류를 통해 차를 즐기고 수준 높은 차생활을 영위했지만 그 자신 특별히 차 관련 시문 등은 남기지 않았으며, 도은 선생의 〈차일봉병안화사천일병정삼봉(茶一封幷安和寺泉一瓶呈三峯)〉시[1] 와 목은 선생의 시[2]에 언급된 내용으로 그 일면을 짐작할 수 있다. 이처럼 타인의 간찰이나 시문 등에 언급된 내용으로 차인으로 유추할 수 있는 선인도 많음을 알 수 있으며, 따라서 딱히 눈에 보이는 증거 외에 정황으로 차를 알고 즐겼을 것이라고 상정(想定)되는 분 역시 차인이라고 부를 수 있을 것이다.

최근 문화재청장을 역임한 유홍준 교수는 가람의 배치가 자연과 탁월하게 조화되었고, 또한 전통의 보전이 가장 잘된 사찰이 선암사라고하였다. 또한 선암사는 이른 봄, 눈을 뚫고 노랗게 피어나는 복수초,

---

1) 陶隱, 〈차 한 봉지와 안화사의 샘물 한 병을 삼봉에게 드리다[茶一封幷安和寺泉一瓶呈三峯]〉

숭산 바위틈 굽고 얽힌 가느다란 샘	崧山巖罅細泉縈
솔뿌리 엉클어진 곳에서 솟은 것이라오	知自松根結處生
맑고 긴 낮 사모로 머리 두르셨으니	紗帽籠頭淸晝永
돌 냄비 차 끓는 소리 들음이 좋으시리라	好從石銚聽風聲

2) 牧隱, 〈동가군 이광보와 상장군 이자안이 찾아왔는데 정종지가 먼저 와 있다 차를 마시고 헤어지다. 홀로 앉아 읊다[東嘉君李光輔 上將軍李子安來 鄭宗之先在席 啜茗而散 獨坐有詠]〉

병에 시달리던 삼봉은 안색 살아나고	宗之素病色敷腴
하얗던 동가 머리 까맣게 다시 나네	髮白東嘉再黑初
호연지기 기르던 자안은 이제 의 모으고	養氣子安方集義
인 행하던 목은은 그저 듣기만 한다네	爲仁牧隱欲如愚
겨울이 반쯤 지나 한강 가에서 만났으니	盍簪漢水冬將半
송도에서 인사 나눈 지 벌써 한 달여	分袂松都月已餘
모이고 흩어짐 본래 하늘이 정하는 바	聚散自來天所賦
어느 곳 다시 모여 찻잔 나누려나	更於何處共茶甌

174

고매(古梅)의 매화 소식과 더불어 차 아궁이[茶竈], 돌확[水槽]을 비롯한 차 관련 유적이 많은 곳으로 유명하고 또 언론에 소개된 적도 많다. 그 중 차문화지 월간 『차의 세계』에서 선암사를 특집으로 취재한 기사 「절 그대로가 차실인 선암사」가 있어 그 내용을 전재(轉載)한다.[3]

진실을 진실이라 하고 거짓을 거짓이라고 하는 자는 바른 생각에 머물러 진실을 아는구나. 차 한 잔 마시며 문득 '법구경'의 한 게송이 떠오른다면 그 찻자리는 명선의 세계이리라. "오호라 흰 구름 밝은 달을 두 손님으로 모시니, 도인의 찻자리가 이보다 더 좋을 손가." 동다송에서 노래한 초의선사의 심경이 그대로 전해지는 찻자리가 있다면 선암사를 빼놓을 수 없으리라.

조계산 남쪽 기슭에 자리 잡은 선암사는 백제 성왕 7년에 화상이 창건하였으나 처음엔 암자 규모였다. 그 뒤 도선국사가 서기 742년에 다시 크게 중창하여 선암사라 불렀다 한다. 고려 선종 9년에 대각국사가 다시 중건했으나 임진왜란 때 불탄 것을 다시 만들었고 그 뒤로는 또 불에 탔다고 하니 참으로 우여곡절도 많았던 고찰이다. 하지만 우리나라 그 어느 사찰보다 운치 있는 곳으로 많은 이들에게 기억되는 절집 중 하나다.

정교한 수법으로 만들어진 승선교를 건너 수홍문(강선루인 듯 | 인용자 주)을 지나면 선암사 경내에 이른다. 강선루는 또 어떤가. 선암사는 차와 꽃이 돋보이는 곳이다. 그래서 봄에도 좋고 가을에도 좋다. 아니 사철 모두 나름의 멋을 지니고 있으며 아늑한 고향처럼 푸근하다. 오래된 차나무를 비롯해 산철쭉, 영산홍, 동백, 매화, 왕벚꽃, 부용화, 수국, 상사화 등 온통 꽃밭이다. 마치 자연스럽게 잘 짜여진 정원을 보는 듯하다. 선암사를 찾을 때면 느끼는 것이지만 다선의 향기가 짙은 까닭이 비단 절 주위의 질 좋은 차나무 숲 때문만은 아닐 것이다. 바로 이런 주변 경관도 운치를 더하고 있는 것이 아닐는지…

---

3) 이현주, 「절 그대로가 차실인 선암사」, 『차의 세계』 2003년 8월호.

"작설차는 순천산이 으뜸이고 다음이 변산이다."

〈누실명〉을 노래한 차인 허균의 말처럼 선암사 주변 순천지역 땅의 힘은 대단하다. 언젠가 또 다른 차밭을 조성하기 위해 심은 지 고작 두 해밖에 안 되었다는 다원에서 그 지역의 차 명인이 심은 차나무의 뿌리는 어느 곳에서도 만날 수 없을 것 같은 왕성한 생명력을 보여주었다. 그 차나무 뿌리와 굵기는 상상을 초월한다.

무엇보다도 선암사의 차 이야기는 조왕단지를 모셔놓은 차 부뚜막과 삼탕이라 부르는 찻물을 받는 샘물에서 시작해야 하리라. 본당 뒤 응진당 부엌에 조왕을 모신 제당과 차 부뚜막에 아직도 그 흔적이 남아 있다.

옛적엔 보통 밥 짓는 큰 솥을 중심으로 그 솥 뒷벽에 부엌과 음식을 관장하는 조왕신을 모신다. 그리고 큰 아궁이에서 쓰던 숯불을 넣고 그 위에 재를 덮어 불씨를 살려 두곤 언제나 물을 끓일 수 있는 부뚜막을 두는데, 이것이 찻물을 끓이는 차 부뚜막이다. 선암사 차 부뚜막은 차 유적으로 유명하다.

또한 부엌 밖 뜰의 소담한 마루에서 바라보는 풍경은 차실의 미가 무엇인가를 보여준다. 돌을 쪼아 만든 물받이 돌확 곧 상, 중, 하탕이야말로 차샘의 백미다. 이곳에서는 석간수가 흘러 와 처음으로 물이 모이는 돌확, 즉 상탕의 물을 찻물로 사용하고 있다. 찻물로 쓰지 않더라도 그 물맛은 일품이다.

선암사 돌확

차실의 아름다움은 자연스러움이다. 봄날의 아침도 좋고 여름의 한낮도 좋으리라. 문득 차 한 잔 생각나면 선암사에 가자. 그곳에서 그 어떤 꽃이라도 좋으리. 그 꽃향기에 취해 꿈결처럼 찻자리를 펴리라.

2) 선암사 용곡 스님의 법맥과 다맥

저자는 일찍 선암사의 재적승[松軒珖秀]이었으나 피치 못할 사유로 선암사를 떠났고, 따라서 지금은 재가불자(在家佛子)의 신분이지만 선암사에서 선친이신 용곡 스님으로부터 구증구포작설차의 제다법을 전승(傳承)한 후 국가로부터 작설차명인(雀舌茶名人)의 명예와 지위를 수여받았고, 또 그 법제를 행하고 전수(傳授)하고 있기에 선암사 구증구포작설차가 전승되어 온 내력에 대하여 정리하고 기록으로 남기는 일은 저자의 당연한 의무일 것이다.

현재 한국불교 태고종 선암사의 법맥은 고려말기 태고보우국사를 종조로 하여 오늘날까지 단일 법계로 이어져 오고 있지만, 작금의 불교계는 불교사의 긴 흐름 속에서 수많은 문류(門流)가 생기고, 또 그 문류에서 다시 많은 세파(世派)가 생기고 보니 본래의 동원의식(同源意識)과 일근체계(一根體系)의 법계를 소홀히 여기거나 잊어버릴 수 있다 하겠다. 이러한 가운데 1980년 간행된 불교출판사의 『불조원류(佛祖源流)』(증보판)에는 종조 태고(太古) 이후의 법계와 이 법계를 이은 청허휴정과 부휴선수(浮休善修) 이후 분류된 20여 파의 문파별로 한국의 승려들이 수록되어 있어 현존하는 승가(僧家) 계보서로서는 가장 기준이 되는 책이라 할 수 있다.

승가에는 양종(兩宗)의 사승(師僧)이 있는데 삭발수계(削髮受戒)하는 득도사(得度師)와 오심전법(悟心傳法)하는 사법사(嗣法師)를 말한다. 득도사와 사법사를 겸하는 경우도 많지만 양종사가 다를 경우 사법사를 더 소중히 한다. 이는 출가의 목표가 전도(傳道)에 있기 때문이다. 따라서 승가상전(僧家相傳)의 계보는 사법(嗣法)을 위주로 하는 법맥종통만이 존속하니 이를 사법전등(嗣法傳燈)이라고 한다. 이 사법전등은 이심전심

(以心傳心)을 생명으로 하여 친승기별(親承記莂)하고 속가의 부자상속제
처럼 스승과 제자 당사자 간에서만 결정되므로 혈맥상승의 법맥종통은
제3자가 바꿀 수 없다. 이렇게 이어온 법맥종통으로 현재 법계를 이은
한국의 승려는 모두 부용영관의 양대 제자인 청허휴정과 부휴선수의
법손으로 청허휴정의 법손이 창성하여 약 90여 세파로 나뉘고 부휴법손
이 왜소하여 40여 세파로 나뉘지만, 『불조원류』에는 청허 이후 19개
문파와 부휴의 1개 문파로 분류하여 법계를 정리 수록하였다. 속가에서
세보(世譜), 즉 족보를 보고 문중의 선조들을 찾아보듯이 불가의 승려들
은 『불조원류』를 보고 어느 선조사 스님의 법손인지 확인할 수 있다.

　선암사의 3대 문파인 월저(月渚)·호암(虎岩)·함월(涵月) 파 중에서 저자
의 선친 용곡 스님께서 이어오신 법맥과 다맥은 선암사에 전해 내려오는
승보(僧譜) 및 사적(寺蹟)과 『불조원류(佛祖源流)』, 성철(性徹) 스님 저(著)
『한국불교의 법맥』에 의하면4) 태고보우를 종조(宗祖)로 중흥조인 6세

---

4) 方丈性徹, 『韓國佛敎의 法脈』, 海印叢林, 佛紀 2520.
　　"승가에는 삭발수계(削髮受戒)하는 득도사(得道師)와 오심전법(悟心傳法)하는
　사법사(嗣法師)의 양 사승(師僧)이 있으며 득도사에게 오심전법하면 양종사(兩種
　師)를 겸하나 타사(他師)에게 오심전법하면 사법사를 별정(別定)한다. 사법사의
　계통을 법계법맥 혹 종통종맥(宗統宗脈)이라고 하며 출가의 목표는 전도(傳道)에
　있음으로 사법사를 더 소중히 하며 승가상전(僧家相傳)의 계보는 사법을 위주로
　하는 법맥종통만이 존속(存續)하니 이것을 사법전등(嗣法傳燈)이라 한다. …
　이는 출가득도의 계보에는 전연관계(全然關係)없이 오직 득도수법(得道受法)의
　법연(法緣)으로써 결정되는 사법전등의 철칙이다. 이 원칙은 전등의 통규(通規)
　로써 자고지금(自古至今)히 불변률로써 엄연(嚴然)하다. … 현재 한국의 승려는
　부용(芙蓉)의 양대 제자인 서산(西山)과 부휴(浮休)의 법손(法孫)으로 그중 부휴의
　법손은 근소(僅少)하고 서산대사의 법손이 창성(昌盛)한 바 서산의 법손 중에서도
　편양(鞭羊)파가 우성(尤盛)하다. … 그 당시 승보(僧譜)를 집대성하여 교계에
　광포되어 왔다. 상래(上來)의 증술(證述)과 같이 태고종통은 개인의 사견으로
　성립된 것이 아니오 양대문도 문손들이 상승공용(相承公用)한 종문의 정론임을
　알 수 있다. 그러하니 후래 법손들은 선사고조(先師古祖)들의 소정(所定)을
　준수할 뿐이오 이를 변개(變)할 수는 없다. … 청허부휴 양대문하에서 상전해
　온 임제태종통의 정당함을 증지(證知)하게 되었다. 그리하여 현금 대한불교는

178

청허휴정(淸虛休靜), 7세 편양언기(鞭羊彦機)를 거쳐 8세 풍담의심(楓潭義諶), 9세 월저도안(月渚道安), 10세 설암추붕(雪巖秋鵬), 11세 상월새봉(霜月璽封), 12세 용담조관(龍潭慥冠), 13세 규암낭성(圭巖郎成), 14세 서월거감(瑞月巨鑑), 15세 회운진환(會雲振桓), 16세 원담내원(圓潭乃圓), 17세 풍곡덕인(豊谷德仁), 18세 함명태선(函溟太先), 19세 경붕익운(景鵬益運), 20세 경운원기(擎雲元奇), 21세 금봉기림(錦峰基林), 22세 용곡정호(龍谷正浩)로 이어진다.

속가에서 종가는 장손들로 이어지지만 불가에서는 가장 출중한 상족(上足)제자가 법을 잇고 법을 이은 분들 중 상월새봉과 함명태선, 경붕익운, 경운원기, 금봉기림 그리고 저자의 선친 용곡정호에 이르기까지 모두 선암사 재적승이고 대승암에서 주석하며 참선과 교학에 정진하신 분들이다. "청편풍월설상용(淸鞭楓月雪霜龍)이요 규서회원풍함경(圭瑞會圓豊函景)이라 경금용(擎錦龍)," 이렇게 청허휴정으로부터 선친 용곡 스님까지 법을 이어온 분들의 법호 첫 글자를 따서 이은 문장을 저자는 칠언절구의 게송처럼 외우며 지내왔으며, 청허 이후 19개 문파 중 가장 창성(昌盛)한 월저파로 저자의 선친께서는 상전준수(相傳遵守)되었다.

고려말의 고승 태고보우(太古普愚: 1301~1382)선사가 장년의 나이에 중국으로 구법의 길에 올라 호주 하무산 천호암에서 석옥청공(石屋淸珙:

석존을 시조로 하고 조계혜능을 원조(遠祖)로 한 임제하 태고의 법통임이 확실하니 도표하면 다음과 같다.
一달마~二혜가~三승찬~四도신~五홍인~六혜능~七남악~八마조~九백장~十황벽~十一임제~一홍화~二남원~三풍혈~四수산~五분양~六자명~七양기~八백운~九법연~十원오~十一호구대자~十二응암~十三밀암~十四파암~十五경산사범~十六설암~十七급암~十八석옥~十九태고보우~二十환암~二十一귀곡~二十二벽계~二十三벽송~二十四부용~二十五청허, 부휴. 이 도표와 같이 달마(達磨)는 서천(西天)에서 동토(東土)에 전법하였으니 동토의 초조(初祖)가 되며 태고(太古)는 중국에서 해동에 전등하였으니 해동 종조가 된다."

1272~1352)을 만나 인가의 법을 받으므로 우리나라 임제종의 시조가 되었음은 주지의 사실이다. 이때 법과 더불어 수행(修行) 및 선(禪)과도 밀접한 관계가 있는 차(茶)와 다도(茶道)도 같이 전해졌을 것으로 생각된다. 그러나 이후 조선시대 혹독한 척불의 시기를 겪는 동안 선종의 계통과 불가의 차문화는 흥하고 쇠퇴하기를 반복하며 이어져 내려왔다. 저자의 선친 용곡 스님께서는 태고종조의 법통을 이은 청허휴정의 법손이시고, 현재 저자가 선친으로부터 전승하여 행하고 있는 구증구포작설차 법제문화는 선친의 16세 선조사이신 청허휴정으로부터 비롯되었다고 늘 말씀하셨다.

고려시대에는 중국에서 증청(蒸靑)의 연고차(研膏茶), 초청(炒靑)의 잎차[葉茶], 백차(白茶)에 의한 향차(香茶), 엄차(醶茶) 및 대차(大茶)와 같은 청차(淸茶) 등 수입된 차와 뇌원차(腦原茶), 유차(孺茶) 등의 토산차 외에 정제되지 못한 병차(餠茶)와 조차(粗茶)를 만들어 마셨을 것으로 추측된다. 우리나라 사찰에서 찻잎을 솥에 볶아 뜨거운 물에 침출하여 마시기 시작한 것은 태고보우 때부터라고 전한다. 태고보우 스님은 고려말 경기도 양평 출신으로 한국불교 임제종(현 태고종) 종조로 추앙받는 스님이다. 태고 스님은 구법차 석옥청공선사를 찾아 하무산 천호암에 머물면서 법과 더불어 차와 선에 몰입하게 되어 차와 선이 둘이 아닌 차삼매가 곧 선삼매요 차와 선이 하나로 인식되는 깨달음으로써 이후 임제종맥을 이어가는 법제자들이 하나의 차맥을 형성케 하는 계기가 되었다. 1348년 귀국하여 소설산 소설암(현 경기도 양평군 용문면)에서 직접 농작물을 경작하며 생활하였고 1382년 입적하였다. 스님께서 주석하던 소설암은 지금 터만 남아 있으나 많은 시문과 차시를 남겼고, 스님이 차를 우려 마시던 우물은 아직 남아 마을 사람들에게 보허(태고보우 속명)샘으로 불리고 있다.

조선건국의 이념인 숭유배불의 정책은 태종대부터 본격적으로 감행되었고, 이후 배불척승(排佛斥僧)은 더욱 심하여 교단은 종명(宗名)을 빼앗기고 승니(僧尼)들은 설 자리를 잃게 되어 깊은 산속이 아니면 발붙일 곳이 없었다. 이른바 산승(山僧)불교시대가 시작된 것이다. 이후 종조의 법맥을 이은 태고(太古) 제1세 환암혼수(幻庵混修: 1320~1392)는 1383년 국사가 되었으나 "항상 왕명을 피해 종적을 감추며 산에서 나오는 것을 원치 않고 이름을 숨기는 데 급급하였다"라고 하는 기록으로 보아도 당시의 시대적 상황이 불법(佛法) 수난시대임을 알 수 있다.

환암혼수의 법을 이은 태고 2세 구곡각운(龜谷覺雲) 역시 이름을 숨기고 세상 밖으로 나오지 않았으므로 호를 소은(小隱)이라 하였고, 태고의 3세가 되는 벽계정심(碧溪淨心)은 구곡각운에게 법을 이었으나 불법에 대한 탄압으로 머리를 기르고 처자를 거느리며 황악산에 들어가 그 이름을 숨기고 자취를 감추었다가 임종에 임해서야 벽송지엄에게 법을 전하였다. 4세 벽송지엄(碧松智儼: 1464~1534)은 전북 부안 출신으로 속성이 송씨이며 벽계정심의 법을 이어 태고의 4세 법손이 되었다. 청허휴정이 지은 대사의 행장에는 시자에게 차(茶)를 청하여 마신 뒤에 문을 닫고 단정히 앉으신 뒤 한참 후 문을 열어 보니 입적하였다고 전한다.

태고 법손 제5세인 부용영관(芙蓉靈觀: 1485~1571)은 삼천포 출신으로 13세에 출가하였고, 벽송지엄을 찾아 20년 동안 가졌던 의심을 풀고 법을 이었으며 한 잔의 차를 마신 후 "부질없는 세월 소림을 생각하여 머뭇거리다 지금에 머리까지 쇠했네"(空費悠悠憶小林 因循衰鬢到如今)라고 게(偈) 한 수를 크게 써 붙였다고 전할 뿐이다. 따라서 태고보우로부터 시작된 다선일여의 다맥은 5세 손인 부용영관까지 200여 년 동안 제대로 이어지지 못하였고 작설차 법제에 대한 자료나 구전도 없으며, 이후 청허휴정에 와서 새롭게 시작되었음을 알 수 있다.

중흥조 청허휴정은 1592년 임진왜란이 일어나자 구국의 승병장이 되어 나라를 구하였으며, 한편 폐불법난(廢佛法亂)의 참담한 시대에 출가자의 본분을 지켜 본연의 법풍을 확립하여 사자상승(師資相承)함으로써 혜명(慧命)을 계승하였기 때문에 불교의 중흥조로 자리매김하였다.

청허휴정의 어릴 적 이름은 운학이었다. 아홉 살에 어머니를, 열 살에 아버지를 여의고 고아가 되었다. 이때 안주목사(安州牧使)로 와 있던 이사증(李思曾)이 슬픔에 잠긴 고아의 소문을 듣고 운학을 자기 처소로 불러 시(詩) 한 수 지어 보겠느냐 묻는다. 제가 어찌 감히 하고 겸양해하는 소년에게 멀리 눈 덮인 소나무숲을 가리키면서 비낄 사(斜)자 운을 떼자 즉석에서 "향응고각일초사(香凝高閣日初斜: 향기 어린 높은 누각에 해가 비끼니)"라고 응대하였고, 이어 꽃 화(花)를 부르자 소년은 또 "천리강산설약화(千里江山雪若花: 온 누리를 덮은 눈이 꽃처럼 곱구나)"라고 읊었다. 안주목사는 운학의 비상한 재주에 탄복하며 "너는 나의 아들이로다" 하며 양아들로 삼았다. 얼마 뒤 내직(內職)으로 들게 되자 서울로 데리고 가 성균관에 취학(就學)시켰으니, 이때 나이 12세였다. 15세 되던 해 진사시(進士試)에 응사했으나 낙방하여 큰 자극을 받게 되고 몇몇 동학(同學)들과 함께 호남지방에 내려가 있던 스승 박상(朴祥)을 찾아갔다. 천리 길을 멀다 않고 찾아간 스승은 친상(親喪)을 당하여 다시 서울로 돌아갔으므로 삼남(三南)의 산천이라도 유람할 생각으로 지리산으로 들어가서 6개월 동안 화엄동, 연곡동, 칠불동, 의신동, 청학동 등 크고 작은 절들을 찾아다니다 한 암자에서 숭인 노승으로부터 "과거급제에는 낙방했지만 심공급제(心空及第)하면 영원히 세상의 명리를 끊고 고통을 떠나 즐거움을 얻게 될 것이다"라는 말을 들었다. 이에 감수성이 예민한 운학은 불교의 심원한 세계에 마음이 끌려 공부를 시작했고, 운학의 범상치 않음을 간파한 숭인 노승은 지리산에서 크게 선풍을 떨치고 있는 부용영관에게 운학을 소개하였으며 영관은 한 번 보고 큰 그릇이라 여기고 제자로 받아들인다. 행자 생활 6년 만에 삭발수계하여 휴정이라는 법명을 받고 부용영관의 법을 잇게 되었다. 이후 지리산 삼철굴(三鐵窟)과 대승암(大乘庵) 등의 암자에서 다섯 해를 정진하였다.

선암사에 전해지는 구전과 용곡 스님의 말씀에 의하면 청허휴정은 지리산 대승암에서 수행하던 때 가마솥에 찻잎을 덖어 우려 마시는 법을 알게 되었으며, 이후 제방(諸方)을 유력(遊歷)하고자 운수행각으로 전국 곳곳의 수많은 산천과 명산대찰을 순유하다가 38세 되던 해 지리산으로 돌아와 내은적암과 칠불암 등에서 지내는 6년 동안 구증구포작설차 법제를 완성하여 이윽고 가마솥에 덖어 만든 잎차 문화가 시작되었다고 한다. 한편 대사는 이 시기에 가장 많은 차시문(茶詩文)을 지어 남김으로써 한국불가와 차인의 세계에서 가장 추앙받는 인물로 자리매김하게 되었다. 청허휴정이 총 20여 년 동안 지리산에서 머물며 완성한 구증구포 작설차와 법제는 중국의 그 어떤 차를 모방하거나 영향을 받지 않은 우리나라만의 독자적인 덖음차로서 이후 스님은 가마솥 덖음차 문화의 중흥조가 되었으며, 이로써 지리산은 조선조 500년간 최고봉의 승려이자 우리 차의 새로운 장을 연 차의 성현을 배출시킨 명산이 되었다.

지리산에서 수행과 더불어 차생활을 하는 동안 구증구포작설차를 완성한 휴정 스님은 빼어난 차인이기 이전에 격조 높은 운수(雲水)시인, 또한 수행승으로서 지극한 선승(禪僧)이기에 차가 선의 경지에 이르러 가히 선차라고 할 수 있다. 이에 스님의 발길이 미쳤던 선암사 등에서 차를 오랫동안 선차라고 불러왔음은 지극히 당연하고 자연스럽다 할 것이다. 선은 스님들의 궁극적 목적인 깨달음에 도달하기 위한 과정이며 이를 위해 가장 보편적이며 소중한 동반자로 차가 선택되었다. 선은 차분하므로 깊고 그윽하다. 마음에 걸리는 일이 없으므로 구애됨이 없고 거리낌도 없다. 흔들리지 않으므로 가식도 없고 꾸밈도 없다. 자연스러움으로 탈속하고 깨끗하다. 간결함으로 불필요한 것이 일체

배제되어 절제의 극치이다. 그러면서도 너무 무겁거나 가볍지 않다. 일자(一字), 일행(一行)이 선구(禪句)로 와 닿는 스님의 선시, 차시가 그러하다. 그러므로 스님의 시에서는 차와 선이 다르지 않는 다선일여, 다선일체의 깊고 그윽한[幽玄]한 경지가 느껴진다.

청허의 노래 [淸虛歌]

그대 거문고 안고 장송에 기댔거니	君抱琴兮倚長松
장송은 변하지 않는 마음이로세	長松兮不改心
나 또한 푸른 물가에 앉아 노래하노니	我長歌兮坐綠水
푸른 물은 맑고 빈 마음이로다	綠水兮淸虛心
마음 마음이여 나 더불어 그대로다	心兮心兮我與君兮

행주선자에게 보임 3 [示行珠禪子三]

흰 구름 벗 삼으니	白雲爲故舊
밝은 달이 생애로세	明月是生涯
깊고 깊은 산 속에서도	萬壑千峯裏
사람 만나면 차부터 권한다네	逢人卽勸茶

천옥선자 (天玉禪子)

낮이면 한 잔의 차	晝來一椀茶
밤 되면 한바탕 잠이거니	夜來一場睡
청산 백운이	靑山與白雲
무생을 이야기하네	共說無生事

낮이면 차 마시고 밤이면 잠잔다고 함은 차를 단순히 즐겨서 마신 것이 아니라 음다를 좌선에 수행되는 승려의 공부로 여겼음을 나타내고, 차와 선은 마음의 상태, 느끼는 경지, 명상하고 깨우치고자 하는 목적이

같다는 뜻일 것이다. 선사에게 도(道), 법(法), 자연과 호연지기(浩然之氣), 그리고 격물치지 성의정심(格物致知 誠意正心)도 다 선에서 비롯되었음이고, 또 청허휴정에게는 차와 선, 승과 속, 있고 없음의 유무까지도 둘로 보지 않는 불이(不二)사상이 있었다. 이 사상은 훗날까지 계속 이어져 용곡 스님도 큰 영향을 받았다고 할 수 있다. 평소 스님은 언행으로도 보이셨지만 모든 것은 인연이 있고 연결고리가 있어 이것, 저것으로 쉽게 분별하는 일을 경계해야 한다고 늘 말씀하셨기 때문이다.

불가에서는 거울이 물체를 바로 비추듯, 대승의 깊고 묘한 교리를 듣고 단번에 깨닫는 것을 돈오(頓悟)라 하며, 과일이 익어가는 과정이 있듯이 단계적으로 차례를 밟아서 점진적으로 해탈에 이르는 가르침을 점교(漸敎)라 하는데, 청허휴정은 점교를 깨달음의 지침으로 후학들을 교화하였으리라 생각된다. 깨달음의 과정을 방해하는 요소는 탐(貪)·진(瞋)·치(癡) 삼독(三毒)과 집착을 말하는데, 이 요소를 소멸시키는 데 차가 크게 기여하므로 평생 반복되는 차생활은 마음을 다스려 생각의 폭과 깊이를 늘려 점진적 깨달음에 이를 수 있게 하는 역할을 한다. 깨달음의 세계는 그 내용이 인간의 풍부한 언어로도 적절한 표현이 지극히 어렵고, 더구나 깊은 사유를 거치지 않은 저자와 같은 범부들에게는 잘 이해되지 않는다 하겠다. 이는 깨달음이 언어와 일치되지 않고, 우리의 경험 속에서 찾아볼 수 없다고 말할 수 있는 것은 성인이 얻은 도의 원형이 그 자신의 머릿속에만 있어 전달되지 않았기 때문이다. 선도 아무것도 가르치지 않으면서 수도자를 단순히 일깨우고 각성하게 만든다고 한다. 따라서 유일한 선의 동반자로 각성의 효능이 있는 차는 선과 함께 이 땅에 들어와 그 맥이 도도히 흐르고 있다고 하겠다. 저자는 청허휴정 스님이 아무 걸림 없는 무애(無礙), 자유(自由), 본래진인(本來眞人)으로 생활하며, 때로는 시(詩)로써 후학을 교화하신 것을 깨닫고 청허휴정의 차 시문을 읽을 때마다 마음이 편안해짐을 느꼈으며, 때때로 스님의 발자취를 찾아 그다지 멀지 않은 화개동천 등지의 행적지를 다녀오곤 하였다.

서산대사는 조선조의 사회적·정치적 악조건을 극복하고 선사상을 다시 정립하여 대승적 교화(敎化)로 문도들에게 깊은 감화를 주었고 많은 고승들이 그 뒤를 이었으며, 이는 임진왜란 중 의병으로 활약한 승려들이 많았던 이유이기도 하다. 대사의 사상은 임제종과 간화선에 그 바탕을 두고 있으며, 특히 간화선은 일상생활에 대한 적극성과 실천이 강조되었고, 차생활과 차시문을 통한 대사의 선행(禪行)은 이후 문도의 수양과 행동지표에 긍정적이고 지대한 영향을 주었다. 어둡고 험난한 시대를 지혜롭게 극복하고 이 땅에 불교를 살린 대사는 진정 조선불교의 중흥조이며 선승, 차승이었다. 청허휴정은 세조가 편찬한 『경국대전(經國大典)』에서 도승(度僧)조를 삭제함으로써 불교교단의 존립근거가 사라진 척불의 시기에 출생하여 잠시 선교양종이 부활되는 때 1555년 승직의 최고 지위인 선교양종도총섭국일도대선사(禪敎兩宗都摠攝國一都大禪師)에 임명되었고, 1748년 청허휴정의 분신이라 하는 상월새봉도 같은 직에 임명되었다. 청허휴정은 1594년(선조 27) 나이 들어 사직을 청원하자 선조는 국일도대선사선교양종도총섭부종수교보제 등계존자라는 호를 내렸고 묘향산 원적암에서 1604년 1월 23일 열반에 들었다.

또한 청허휴정은 서산선(西山禪)의 개조이시기는 하지만 부처의 마음인 선과 부처의 말씀인 교를 둘로 보지 않았고 좌선견성(坐禪見性)을 중시하여 유교·불교·도교는 궁극적으로 일치한다고 주장하여 삼교통합론의 기원을 이루어 놓았다. 청허휴정이 지리산 대승암에서 경전의 심오한 의미를 탐구하며 대승의 법을 세웠던 것처럼 청허의 법손인 여훈 스님은 조계산 선암사에 대승암을 창건하여 청허의 법손들이 대승을 실현하는 도량으로 삼았으며, 이러한 대승적 사상의 영향으로 선암사는 선교양종 대본산으로 자리하여 선원에서는 선학에, 강원에서는 교학에 정진하게 되었다. 조선왕조가 내우외환으로 무너져가고 있을 때 숭유억불정책으로 핍박받던 불교계도 내외의 변화에 대응하면서 새로운 움직임을 보였고 선암사는 어느 사찰보다 뛰어난 강학활동으로 교학이 융성하였다.

한편 임란 순국공신으로 저자의 선조되는 신여량(申汝樑: 1564~1604) 공은 아호가 봉헌(鳳軒)으로 1564년 고흥군 동강면 마륜리에서 출생하셨다. 그 450여 년 후인 1911년 저자의 선친이신 용곡 스님께서는 같은 집인 봉헌고택(鳳軒古宅)에서 봉헌공파 12세 종손으로 출생하셨다. 청허 휴정과 봉헌여량 두 분은 임란을 맞이하여 구국의 일념으로 참전하여 큰 전공을 세워 국난의 극복에 헌신하였고, 출생 시기는 다르지만 1604년 같은 해에 임종을 맞는다. 봉헌여량 공은 1583년 무과에 급제, 익년 정9품인 선전관이 된 이래 초대 거북선 선장으로 해전에서 연전연승하는 등 큰 공을 세워 상가서(賞加書)를 받았으며 1604년 전라병사로 제수(除授)되었으나, 같은 해 7월 7일 왜잔적과의 전투에서 순국하였고 이후 자헌대부 병조판서로 추증되었다.

청허의 법을 이은 서산의 적사(嫡嗣), 편양언기(鞭羊彦機: 1581~1644) 의 속성은 장씨이고 경기도 안성군 죽주 출신이다. 11세에 출가하여 19세에 깨달음을 얻었으며 대승을 깊이 탐구하였고, 또한 선과(禪科)에 통달하여 도를 이룬 뒤 당을 열어 개강하니 문하생의 신발이 뜰에 가득하였다 한다. 양치는 스님으로 유명한 스님은 십수 년간 평양성 안 모란봉 기슭에 움막을 짓고 살며 임진왜란으로 집과 부모를 잃은 수많은 아이들을 거둬 보살피기도 했다. 스님은 비가 오나 눈이 오나 성안을 돌아다니며 숯과 물을 팔고 또 탁발을 해가며 그들에게 먹을 것을 마련해 주었고, 법문과 기도로 그들에게 희망을 불어넣었다. 임진왜란이 끝날 무렵 묘향산 서산대사의 회상에 참석해 수행하며 그의 법을 이었고 중생교화에도 큰 발자취를 남겼다. 1644년 5월 스승의 뒤를 따르듯 묘향산 내원암

에서 입적했다. 스님의 저서로『편양당집(鞭羊堂集)』3권이 전하며 그
1권에는 90여 수의 시가 수록되어 있는데, 대부분 유가의 선비와 속인에
게 전하는 시이므로 승속을 떠나 마음을 주고받는 시로 승화시켰음을
알 수 있으며, 아래의 차시에서는 스님이 차밭을 손수 조성하고 차생활을
하였음과 차승·선승으로서의 훌륭한 면모를 느낄 수 있다.

산살이 [山居]

통성암에 머무른 뒤	自栖通性後
그윽한 일 날마다 이어진다	幽事日相干
밭을 일구어 향기로운 차 심고	造圃移芳茗
정자 지어 먼 산 바라보네	開亭望遠山
밝은 창에서는 패엽경 읽고	晴窓看貝葉
밤에는 걸상에서 깨달음 궁구하네	夜榻究禪關
번화한 세상 사람들이야	世上繁華子
어찌 세상 밖 한가로움을 알리	安如物外閑

법륜총섭의 운을 따라 [次法輪總攝韻]

해가 바뀌어 흰 털이 늘어도 깨닫지 못하고	新年不覺添衰鬢
변방에서 스님 만나 굳이 반겨 웃어 보네	關塞逢師强破顔
정성으로 작설차 거듭 거듭 권하고	勸盡山茶三五椀
봄바람은 예와 같아 새벽 창이 차구나	春風依舊曉窓寒

  편양언기의 법을 이은 풍담의심(楓潭義諶: 1592~1665) 스님은 속성이
문화유(柳)씨이며 경기도 통진(通津) 사람으로 16세에 성순(性淳) 스님에
게 출가하여 원철(圓徹) 스님에게 계를 받고 공부했으며, 뒤에 묘향산으
로 편양을 찾아가 불법의 오묘한 가르침을 전수받고 깊은 뜻을 철저히
깨달아 법을 이어받게 된다. 청허－편양－풍담 3대는 승속을 구분하지

않고 크고 넓게 교류하였으며, 불법은 물론 학덕도 높아 당시 선비들의 흠모를 받을 수밖에 없었다고 한다. 배불척승의 시대에 선조대의 4대 문장가이며 좌의정을 역임하고 탁월한 외교관으로 유생을 대표하는 월사 이정구(月沙 李廷龜)가 청허당의 비명을 짓고, 월사의 아들 백주 이명한(白洲 李明漢)이 편양당의 비문을 짓고, 백주의 4남 정관재 이단상 (靜觀齋 李端相)이 풍담의 비명을 찬함으로써, 불가의 서산 3대 비명을 유가의 이씨 3대가 지었음은 그 인연과 정의(情誼)가 얼마나 두터웠는지 짐작할 수 있다.

1665년 봄 금강산 정양사에서 풍담은 미질을 보이더니 제자들을 불러 모아 임종게(臨終偈)를 읊고 태연히 입적한다.

기이하여라 이 영묘한 물체는	奇怪這靈物
죽음에 이르러 더욱 쾌활하나니	臨終尤快活
나고 죽음에 달라지지 않도다	死生無變容
가을 하늘 달이 밝고녀	皎皎秋天月

풍담의 법을 이은 월저도안(月渚道安: 1638~1709) 스님은 속성이 유 (劉)씨이고 관향이 평양이며 12세에 출가하여 20년 동안 스승 풍담대사에게 수학하고 의발을 전해받는다. 청허로부터 3세 법손이 되는 월저는 스승으로부터 청허의 중요 가르침을 모두 전해받고 승속을 초월하여 많은 시문을 사대부들과 주고받으며, 한편으로 묘향산에서 화엄경을 강론하니 청중은 항상 수백 명이 넘어 법회의 성대함이 근세에 없었다고 한다.

월저 스님의 명성이 나날이 높아지자 왕이 팔도선교도총섭으로 삼으려 했으나 끝내 사양하였다. 저술로『월저당대사집』2권,『불조종파도 (佛祖宗派圖)』를 남겼고 1709년 묘향산 진불암에서 입적한다.『월저당대사집 상권』에 수록된 수많은 시에서는 일상의 쉽고 평범한 언어를 구사하여 상대 혹은 읽는 이에게 격의 없는 소탈함의 느낌을 받게 하며, 또한 스님의 차시에서 격조 높은 선과 차생활의 면모를 살펴볼 수 있다.

조용히 살며 동파의 뇌주 운에 따라 읊다 5
[幽居雜詠 次東坡雷州八韻 五]

홀로 한 영대에 앉았으되	獨坐一靈臺
삼신산의 선약 굳이 구하지 않네	不採三山藥
밝고 또 밝음은 본시 굴레를 벗어남이니	明明本解脫
하물며 적적하기만 한 절집에서야	寂寂阿練若
문득 떠오르는 근체시 읊고	近體詩偶吟
홀로 마시는 차 한 잔에 마음 씻노라	洗心茶自酌
섣달이 다 가고 한 해가 저물어도	臘盡歲將除
봄이 오면 꽃들은 터질 듯 피어나리	春來花炸炸

우차팔운 3 (又次八韻 三)

그대 아시는가	又不見
동해의 봉래산	東海蓬萊山
일만 이천 봉우리	一萬二千岑
눈과 달빛 옥 같은 계곡에 쏟아지고	雪月瀉玉溪
솔바람은 진나라의 아름다운 거문고	風松秦瑤琴
배고프면 나물 뜯어먹고	草食飢來餐
목마르면 산 차 마시네	山茶渴卽斟
하는 일 없이 우두커니 앉았어도	兀然無事坐
봄이 오면 숲에 꽃이 가득하리	春廻花滿林

월저의 법을 이은 설암추붕(雪巖秋鵬: 1651~1706) 스님은 속성이 김씨이고 관향은 원주이며 10세에 원주 법흥사에서 삭발한 뒤 월저대사에게

참학하여 10년 만에 선(禪)과 교(敎)를 모두 졸업하였다. 스님의 시문집
『설암잡저(雪巖雜著)』에는 시문 806편이 있고 시는 132편이 수록되어
있는데 탈속적이며 승속을 초월한 고매한 사상의 내용으로 당시 승속
간에 추앙되는 바가 많았다 전한다. 스님은 불행하게도 1706년 8월
5일 묘향산에서 스승보다 먼저 입적하여 스승이 그 비명을 애통한 마음으
로 손수 쓰게 되었는데, 이를 보면 스승이 제자를 얼마나 아꼈으며
사제관계의 우의가 얼마나 돈독하였는지를 짐작할 수 있다.

　　스님의 시는 자연을 자연 그대로 서정적으로 표현하면서 탁월한 시적
언어를 절묘하게 구사하여 선승·차승으로서 전문시인 못지않은 격조
높은 차시(茶詩)를 남기기도 하였다.

유거 (幽居)

사는 곳 그윽함에 일 없고 오가는 이 드물어	幽居無事少逢迎
마음 가는 대로 행하며 신령한 품성 기른다	起坐偏宜養性靈
과일 따러 숲 헤치니 가을 이슬 방울방울	摘果穿林秋露滴
계수로 불 피워 차 달이니 저녁연기 모락모락	煉茶然桂暮烟生
들물 끌어온 못에 오리들 북적이고	池通野水鳧來集
산구름 뜰에 깔리니 사슴도 찾아들어	庭枕山雲鹿入行
가만가만 느껴보는 자연의 이치	精裡遍觀消長理
풍성한 만물 저절로 나고 저절로 크누나	藝藝庶物自生成

산방에서 문득 읊다 [山房偶吟]

정하고 삼가는 날 빈 방은 밝은데	齋日明虛室
한가로이 떨어지는 꽃잎 뜰을 반쯤 덮었구나	閑花落半庭
늙은 스님 차 구실 게으름 피우더니	老僧茶夢倦
바람 불어 예주경 덮어버렸네	風卷蘂珠經

청허, 편양, 풍담, 월저, 설암에 이어 청허의 5세 법손으로 적사(嫡嗣)인 상월새봉(霜月璽封: 1687~1767) 스님은 11세에 선암사에서 출가하였고, 1704년 설암추붕에게서 불법을 닦고 법을 이어받는다. 청허 스님의 분신이라 불리는 상월 스님께서는 청허당이 왕래했던 지리산, 금강산, 묘향산의 사암(寺庵)들을 답사하는 등 대사의 행적을 좇아 그의 법과 불성(佛性)을 구했으며, 이윽고는 대사의 대승사상으로 후학들을 교도(教導)하였다. 스님이 입적한 후에는 제자들이 청허당이 임종을 맞았던 묘향산으로 유골을 가지고가 초제(醮祭)를 지내려 할 때, 구멍 뚫린 구슬 세 개가 나와 하나는 그곳 오도산에, 다른 하나는 해남 대흥사(청허 휴정은 임종 시 제자들에게 자신의 유품을 두륜산 대둔사에 보내 보관하라는 당부를 하였음)에, 또 하나는 조계산 선암사에 각각 부도를 세워 안치하였다. 1782년 선암사 비전에 건립된 스님의 비 방향이 남향인 다른 비와 달리, 전면은 대승암을 향하고 뒷면은 상징적으로 묘향산을 향하고 있는데, 이는 청허휴정의 법통이 자신이 강석(講席)을 폈던 대승암에서 계속 이어지기를 바라는 마음에서 그리하였다 한다. 실제로 이후 대승암은 함명, 경붕, 경운과 선친의 스승이신 금봉 스님의 대를 이은 출현으로 조선후기 한국불교 최초의 1문4대(一門四代) 강백(講伯)을 배출시킨 유명한 암자로 이름을 남기게 됨으로써 선암사가 한국불교에 교학의 연원(淵源)됨을 보여주었으며 이는 상월새봉의 영향이 컸음이다.

선암사에는 칠전선원 뒤 차밭과 일주문 앞 차밭이 있는데, 칠전선원 차밭은 중창건주 도선이, 일주문 앞 차밭은 상월 스님이 지리산에서 차나무를 옮겨 심어 조성되었다고 전한다. 선암사 차밭의 현황을 살펴보면 천불전과 장경각, 칠전선원 뒤편에 도선국사가 차씨를 심었다고 전해져 해방 이전까지 군생하고 있는 면적이 1만여 평이었고, 일주문 앞에는 17세기 초 상월새봉 스님이 지리산에서 차나무를 100여 주쯤 옮겨심은 것이 인근 죽학마을까지 점차 확산되어 그 면적이 무려 10ha(3

만 평)에 이른다고 『승주군사(昇州郡史)』에 기록되어 있다. 그러나 심근 성인 재래종 차나무를 이식하는 일은 쉬운 일이 아니고 이식 후 생존율도 낮으며 잘 성장하지도 못하므로 파종하여 조성하였을 것으로 추정된다.

상월새봉 스님은 차에 관한 식견이 높고, 평생 차와 더불어 생활하셔서 차 도인으로 불렸다 하고, 차 관련 내용의 『다오기(茶悟記)』를 저술하셨 는데 1970년대 분규의 심화로 사찰의 재산관리가 허술했을 때 다른 고서들과 함께 도난당한 후 되찾기 위해 많은 노력을 하였으나 현재까지 찾지 못하였다. 스님의 사후, 스님이 지은 수많은 시문이 산실(散失)되었 으며, 현존하는 상월 스님의 시문집(詩文集)에 수록된 차시(茶詩) 2수는 청허휴정이 주석하며 차를 법제하기도 하였다는 칠불암에서 지었다고 전해진다.

경월 근원대사를 기리다 [賽敬月謹遠大師]

선학에서 밝은 달빛 헤치며 석장 휘두르고	錫飛仙壑穿明月
용산에서 납의 떨치니 보랏빛 노을 밀려드네	衲拂龍山襲紫霞
방장산에서 몇 번씩 향적반 나누었고	方丈幾分香積飯
도림에서 조주 차 서로 권하였지요	道林相勸趙州茶
연화정토 향한 참된 염원 굳건해지고	蓮花淨土凝眞念
패엽경 존귀한 가르침으로 화엄경 즐기셨지요	貝樹高枝賞雜華
법계 인연 절로 있어 왔으니	法界因緣來有自
맑고 환한 대낮에도 흥겨움 끝이 없다오	清霄白日興無涯

청암 혜연대사께 드리다 [贈靑巖慧衍大師]

갑술년 봄 화엄경 즐겨 읽고 있었는데	甲戌年春賞雜華
청암 스님께서는 법회 돕느라 바쁘셨다지요	靑巖助會事居多
편지에 답신 없어 걱정스럽더니	未答情書愁不盡
다행히 참모습 뵙고 가없이 즐거웠지요	幸逢眞面喜無涯

쌍계에 물 넘쳤어도 선차 있어 족하였고	雙溪水滿仙茶足
칠불사에서 부는 바람 나그네 흥 더했답니다	七佛風來客興加
멀리 낙동강 위로 가야 하거늘	遙向洛東江上去
헤어질 때 마음 어떠냐고 묻지 마소서	臨分休問意如何

상월 스님은 밀양손씨로 선암사에서 지척인 승주 월계리 출신이다. 사적으로는 저자의 어머님 선조가 되시며, 저자는 스님의 후손으로 월계리에서 살다 돌아가셨던 외조부께 명절과 생신 때면 선친을 따라 찾아뵙고 인사를 드렸고, 1970년엔 상월 스님 비문을 탁본하여 외숙께 전해드리기도 하였다. 또한 별칭 차도인이라 하였던 상월 스님의 고향이자 밀양손씨의 집성촌인 월계리의 부녀들을 차 생산작업에 동참하도록 하여 인연관계를 유지해 나가고 있다. 이 지역에는 조상의 묏자리를 잘 잡아서 상월 스님과 같은 훌륭한 스님이 나왔다는 이야기와 순천부사를 도술로 혼내주었다는 등의 이야기가 전설처럼 구전되어 전해지며 『선암사지』에 수록되어 있다. 또한 『선암사지』에는 상월새봉이 둥근 얼굴에 큰 귀였으며, 그 목소리가 홍종과 같았고 앉음새는 이소(泥塑)와 같아 흔들림이 없었다 하고, 자정이면 반드시 일어나 북두(北斗)에 절을 하였으며, 명료한 강론, 군더더기 없는 풀이, 정갈한 마음가짐으로 실천지혜로의 입증을 가르침 삼았다 한다. 그리고 선친을 모시고 그 묏자리 터를 살펴본 적이 있었는데 선친께서 그 묘터는 마치 학이 비상을 위해 고개를 약간 숙이면서 막 날개를 펴는 모습인데 학 머리에 묘를 써서 학이 날아오르지 못한 형국이라는 설명을 해주신 기억이 있다.

상월새봉 스님은 청허휴정이 머물렀던 대승암을 비롯한 지리산 곳곳을 답사하며 시문을 지었고, 구례 화엄사에서 강석을 펴고 수년 동안 수많은 학인, 납자들을 지도하던 중 1722년 용담조관(龍潭慥冠)을 만나 제자로 받아들였으며, 용담은 수년간 스승을 모시며 선과 교를 겸해

194

수업하였고 1749년에는 상월의 법통을 잇고 의발을 전해받았다.

청허의 6세 법손인 용담조관 스님의 속성은 김씨이고 관향은 남원이며 출생일이 4월 8일 석가탄신일과 같았음이 우연이 아니었다고 전해진다. 어려서부터 재기가 뛰어나 9세에 배움의 길에 들어서 한번 본 것은 무엇이나 기억해 내지 못하는 게 없어 15세 전에 유가의 경전을 모두 섭렵하여 시문의 모임에서 항상 제일의 자리를 차지하니 기동(奇童)이라는 칭호를 받았다고 한다. 16세에 아버지가 돌아가시자 슬픈 마음으로 3년 상을 지내고 세상의 무상함을 느껴 19세에 출가한다. 이 소문을 들은 향리의 유생들은 "빈 숲에 범이 들어갔으니 점차 큰 울림이 있겠다" (虎入空林 獎有大咆)며 장차 큰 인재가 될 것을 예언하였다. 용담 스님은 지리산 견성암에서 좌선하며 기신론(起信論)을 읽고 크게 깨달은 뒤, 1721년 지리산에 가은암(佳隱庵)을 짓고 심원사, 도림사 등에서 20년 동안 강석을 열었으며 1762년 6월 27일 부안 실상사에서 열반에 들었다. 대사의 저서인 『용담집(龍潭集)』에는 199편의 시(詩)와 3편의 문과 2편의 편지가 있다. 그 중 산중생활에서 자적(自適)하며 차를 즐겼던 차승으로서의 면모를 살펴볼 수 있는 차시도 읊었다.

느낌을 읊다 [述懷]

산중 자미를 세속의 누가 알랴	山中滋味世誰知
홀로 숲에서 나물 캐 물가에서 씻네	獨採林蔬洗澗湄
돌아와 돌솥에 차 달여 달게 마시고	歸煮石鐺甘喫了
덩굴 창 보고 높이 누우니 이 무슨 시절인가	薜窓高臥是何時

선암사 비전의 상월 스님 비문에는 자신의 법을 이은 용담과 용담의 법을 이어 청허의 7세 법손이 되는 규암낭성, 규암의 법을 이어 청허의 8세가 되는 서월거감까지 문인의 법호가 새겨져 있다. 이후 서월의

법을 이은 회운진환은 원담내원에게 법을 전하였다. 회운의 법을 이어 청허의 10세 법손이 되는 원담내원은 오랫동안 무등산 원효암에 주석하였다. 그림의 대가로 알려진 스님은 화가로서 당 오도자 미불을 연상케 한다 하여 배우려는 사람이 삼대처럼 줄을 이었다 한다. 이들 중 불모(佛母), 단청, 도금 등으로 이름을 떨치는 사람도 있고 병풍을 솜씨 있게 치는 사람 등 그 문하에는 오이가 주렁주렁 열리듯 많은 제자가 배출되었다고 한다. 『동사열전』에는 유학(儒學)의 철학적 체계를 세워 송나라 때 이름을 날린 정호, 정이, 주희와 같은 성리학자(性理學者)들을 연상케 한다 하였으며, 문장에서는 반고와 사마천, 병법에서는 손무와 오기가 연상된다 하였으니 그 명성을 짐작케 한다고 하였다. 제자들 중 법을 이은 상족제자가 풍곡덕인이다. 풍곡덕인에 대한 구체적인 자료는 아직 찾지 못하였으나 제자 함명태선이 화순 적천리에서 출생하여 14세 때 화순 나한산에 있는 만연사에서 풍곡덕인 스님에게 출가하였고 25세 때 서석암(瑞石庵)에서 풍곡의 법통을 이어받은 내용이 수록되어 있다.

풍곡의 법을 이어 청허의 12세 법손이 되는 함명태선(1824~1902)은 속성이 밀양박씨이고 화순의 적천리에서 출생하였다. 어머니는 동복오씨인데 인도스님을 만나는 꿈을 꾸고 나서 옥동자를 분만하였다고 한다. 어릴 적부터 비린 음식을 싫어하고 성장해 가면서 스님이 되기를 소원하더니 마침내 14세 되던 해에 화순 만연사 풍곡덕인 스님을 만나 의탁하게 된다. 이 인연으로 장성 백양사에서 삭발수계하고 풍곡 문하의 스님이 되었고, 이후 선암사에서 개당하고 있는 침명한성(1801~1876)에게 참구(參究)했는데 침명은 함명을 한 번 보고 대승법기(大乘法器)임을 알았다고 한다. 선암사에서 5~6년간 삼장(三藏)을 두루 섭렵하였고 불교 내외의 학문과 사물의 이치에 대하여 두루 잘 알았고 깊이 통달하였다. 침명은 더욱 감탄하여 대승계(大乘戒)를 주었고 1849년 함명이 26세 되던 해 봄 서석산(무등산)에서 건당하고 풍곡의 법을 잇게 되었다.

함명강백학계 제2권, 제3권

선암사의 요청에 의해 대승암과 운수암에서 개당하니 제방에서 학인들
이 몰려와 배웠는데, 스님의 강의 규칙은 엄격 명백하였으며 재법(齋法)
역시 엄숙 조용하였다. 또한 법을 부탁한 지 30여 년이 지나 늙어서도
경전과 계율을 게을리하지 않았으며, 더욱 정근하여 쇠하지 않자 스님을
뵙는 사람들은 진불(眞佛)이 세상에 나왔다고 하였다. 스님의 명성에
각처의 많은 스님이 찾아와 한마음으로 공부한 것을 보고 이는 선조사
설암추붕과 상월새봉의 영향인 것 같다고 평하였다.

　고종 3년(1866) 가을 경붕익운에게 전강(傳講)하고 법인을 전수하며
말하기를, "나는 이제 다리를 펴고 잠잘 수 있겠다" 하여 이 전법은
고려말 중국의 석옥청공이 고려의 태고보우에게 의발(衣鉢)을 전하면서
"노승은 오늘에야 두 다리를 쭉 뻗고 편히 잠들 수 있게 되었다"고
하였던 옛 일을 생각하게 한다고 하였다. 함명태선 스님은 대한제국
광무 6년(1902)에 입적하니 세수 79세 법랍 65세였다. 갑인년(1914)
봄에 여규형이 찬하고 중국사람인 제갈경이 쓴 「화엄종주 함명당 대선사
비」가 선암사 비전 상월새봉비 곁에 건립되었다.

　선암사 성보박물관에 보존되어 있는 함명태선의 『백학계』는 학계의
계원들의 명단을 적은 학계열록(學契列錄)이다. 첫 장에 전강 스승인
침명한성이 쓴 「함명강백백학계서」가 있고 그 뒤에는 계원들 명단인

함명태선 시판

「학계좌목」으로 이어지는데, 학계에 가입한 승려들을 연도별로 법명과 소속사찰 그리고 법호를 적었다. 서문의 내용은 공자와 수제자 안연(顔淵: B.C.521~490)의 사제관계를 말하여 함명이 침명의 강설을 듣고 상대한 일에 비유해서 기술하고, 모습과 소리가 진실되기를 바라는 뜻을 담았다. 이 학계열록은 선암사가 교학의 연원임을 보여주는 대표적인 유물이다.

　함명태선의 법을 이어 청허의 13세 법손이 되는 경붕익운(1836~1915)은 속성이 김씨이며 순천군(지금의 순천시) 주암면 접치리에서 출생하였다. 모형(母兄)인 화산사(華山師)가 선암사에 출가를 했는데 이를 따라가서 책을 읽다가 방외의 뜻이 있게 되었고, 화산당이 권교(勸敎)하자 입산하였는데 이때 나이 15세였다. 다음 해 은사를 함명 스님으로 정하고 호운선사에게 머리를 깎고 구족계를 받았고, 19세 되던 해 사방으로 멀리 찾아다니면서 능엄, 기신, 반야, 원각경을 응월화상에게, 화엄·염송을 설두화상에게 배워 익혔다. 25세에 선암사에 돌아왔으며 1868년 가을에 무등산 원효암에서 건당하였고, 이후 1870년 35세 되던 해 함명태선의 교편을 전수(傳授)받아 대승암에서 10여 년간 설법하고, 3년여에 걸쳐 대승암을 중건한다. 대승암은 초창건주 여훈 이후 환성, 상월, 보응, 와월, 침명, 함명, 경붕, 경운, 금봉 스님까지 근 2백 년 동안 강론이 끊어지지 않아 한말로부터 일제로 이어지는 시기에 이곳 대승암(남암)에서 1문4대 강백을 배출하여 선암사가 교학의 근본임을 보여주었다. 경붕익운의 출생지인 주암면 접치리는 저자가 30여 년간 찻잎을 생산해 온 죽로차밭에 인접해 있는 마을이다. 1980년대 이 마을 노인들은 300여 년전부터 차나무가 있었고 해방 무렵까지 이곳의 찻잎을 선암사에서 사갔다고 말했다. 적지 않은 양을 생산할 수 있는 선암사에서 자체 생산량으로 소비량을 충당하기 어려웠다는 말이므로 경붕당에게 배우려고 모여든 사람이 산처럼 늘어섰고, 교류하고자 찾아온 이들의 발길이 끊이지 않았다는 말을 실감하게 된다.

경붕익운 스님의 법을 이어 청허의 14세 법손인 경운원기(擎雲元奇: 1852~1936) 스님은 속명이 김원기이며 17세에 출가하였고 30세에 선암사 대승암에서 경붕익운의 강석을 물려받았다. 일찍이 29세 때 명성황후

민비의 뜻으로 양산 통도사에서 금자법화경을 사경(寫經)하였으며, 한국불교계의 거목으로 고종으로부터 교정(敎正)의 교지를 받았고, 스님의 열반 시 사용하라며 내린 연(輦)을 하사받았다. 스님께서는 시·서·화에 능하여 문화재로 지정된 것도 있으며 남기신 유물은 선암사 성보박물관에 보존 관리되고 있다. 특히 스님의 서(書)에 대하여 범해선사는 『동사열전(東師列傳)』에서 "스님

경운원기 스님 진영

경운원기 스님 서 화엄경

이 글씨를 특별히 잘 쓰는 것은 전생에서의 숙련 덕택이지 금생에서의
노력만 가지고는 도저히 이룰 수 없는 경지다. 이는 하늘이 도와서
되는 것이지 가르치고 인도하여 가능한 것이 아니라고 생각된다.…
문장과 글씨가 아울러 능한 자가 드문 법인데 스님은 문장과 글씨에
아울러 능하였으니 법명 원기(元奇)는 자연스럽게 예언적 이름이 되었
다"(着味則書 夙世餘慶 非勤力之所得 自天祐之 非敎導之所能 … 文筆俱備者
其稀也 師能得之 元奇 自然之讖名也)라고 하였다.

　스님께서 사경(寫經)한 『화엄경』서문을 당대의 석학 아홉 분이 쓰셨는
데 첫째, 하정(荷亭) 여규형, 둘째 매천(梅泉) 황현, 셋째 남파(南坡)
김효찬, 넷째 난사(蘭寫) 윤익조, 다섯째 유당거사(酉堂居士), 여섯째
무정(茂亭) 정만조, 일곱째 염생(恬生) 송태회, 여덟째 운양(雲養) 김윤
식, 아홉째 예운(猊雲) 혜근이다. 한편 경운 스님께서 일행일배(一行一拜)

의 믿음으로 사경한『화엄경』전질을 광주의 근원 구철우(槿園 具哲祐: 1904~1989) 선생은 선암사를 방문할 때면 꼭 용곡 스님에게 청하여 세 번의 큰 절로 스님을 뵙는 듯 지극한 예를 갖춘 후 펼쳐보곤 하였다.

그리고 불심이 두텁고 원력(願力)이 높은 스님은 승속을 불문하고 추앙하는 이들이 많았는데, 추우나 더우나 사철 두터운 누비옷[百衲]을 걸치고 삼복더위 때도 뜨거운 차를 마셨다. 가끔 한여름에 스님을 찾아온 불자들이나 유가의 선비들은 더위를 아랑곳하지 않고 두터운 누비옷을 입으신 채 미동도 않고 지극히 단정한 모습으로 뜨거운 차를 마시는 것을 보고 경외감과 함께 온몸이 서늘해지는 느낌을 받았다고 했다. 평생 차와 더불어 수행생활을 한 스님은 역시 자신의 산거생활의 동반자로 늘 차와 함께 지냈던 석옥청공선사의 차시 〈산거(山居)〉를 차운하여 칠언절구를 지었다.

석옥청공선사의 산거시를 차운하여 지은 시를 자가취지로 삼는다
[次石屋淸珙禪師山居詩 以爲自家趣旨]

종이 주머니에 조금 남은 지난해 묵은 차를	紙囊纔乏舊年茶
또다시 강남의 굴 유자꽃과 함께 달이니	又煮江南橘柚花
피어오르는 한 줄기 향 부득 감추고 싶건만	一縷香煙藏不得
솔바람 불어 석옥선사 계신 곳으로 보내누나	松風吹落野人家

〈석옥청공선사의 산거시를 차운하여 지은 시를 자가취지로 삼는다〉 시판

여기에서의 야인가(野人家)란 석옥선사가 호주 하무산 차밭 주위에 천호암을 짓고 산전을 개간 경작하며 선농병중(禪農幷重)의 수행생활을 하던 중, 황제의 부름을 받았으나 병을 칭하고 응하지 않았으므로 사람들은 이곳을 이렇게 불렀다고 하였다. 그리고 석옥청공의 법을 이어 한국불교 임제종 종조가 된 태고보우는 이 땅에 임제종(선종)의 차풍을 전파하였고 태고─청허─상월을 거쳐 석옥의 21세 법손이 되는 경운 스님의 이 시에는 선사를 추앙하는 마음이 그대로 나타나 있다.

한편 경운 스님에게는 한국불교계에 한 획을 그을 만큼 출중했던 4대 제자가 있었는데, 석전 박한영(石顚 朴漢永: 1870~1948) 스님, 혜찬 진진응(慧燦 陳震應: 1873~1941) 스님, 금봉 장기림(錦峰 張基林: 1869~1916) 스님과 원제봉 스님이 그들이다.

근대 한국불교의 거봉인 박한영(朴漢永) 스님의 본명은 정호(鼎鎬), 호는 석전(石顚)이며, 후일 당호(堂號)를 영호(映瑚)라 하였다. 한영(漢永)은 자(子)이다. 이 아호는 추사 김정희가 일찍이 정해둔 것이었다. 추사는 백파 스님에게 석전·만암·설두·다륜·환응이라는 글씨를 적어주면서 훗날 도리를 깨친 자가 있으면 이로써 호를 삼으라는 부탁을 했고, 이것이 설유처명(雪乳處明)에게 전해졌다가 마침내 박한영 스님에게 전해지면서 이름의 주인이 정해진 것이다. 1886년 17세에 출가해 승려로서 배워야 할 바를 익히기 시작한 스님은 1890년 장성 백양사 운문암 김환응 스님 문하에서 사교(四敎)를, 그리고 1892년 당대 최고 강백으로 손꼽히던 선암사 경운 스님에게 경학과 대교(大敎)를 배우고 건봉사와 명주사에서 여러 경전을 연찬했다. 평생 4만 권에 이르는 도서를 섭렵한 석전 스님의 장서는 우리나라 고서, 중국 및 일본에서 출간된 서적 등을 아우르고 있어 독서의 깊이를 짐작케 한다. 학문은 물론 교와 선에 정통할 뿐만 아니라 내·외전에 이르기까지 세간의 그 어느 학자보다 앎의 깊이가 깊었고 표현해 내는 방식도 뛰어났다.

석전 스님은 경운 스님의 뒤를 이어 한국의 화엄종주로 일컬어졌으며 근대 불교교육의 선구자로 추앙받는 인물로서 1913년에는 『해동불교(海東佛教)』를 창간하여 불교의 유신을 주장하고 불교인의 자각을 촉구하였다. 1929년부터 1946년까지 조선불교 교정(敎正)에 취임하여 불교계를 지도하였고, 1931년에는 현 동국대학교 전신인 불교전문학교 교장으로 선임되었다. 8·15해방 이후 조선불교중앙총무위원회 제1대 교정으로 선출되어 불교계를 이끌었으며, 금봉·진응 스님과 함께 근대 불교사의 3대 강백(講伯)으로 추앙받았다. 많은 문하생 중에는 미당(未堂) 서정주(徐廷柱)도 포함되어 있다. 1948년 내장사에서 입적하였다.

석전 스님이 선암사에 입산하여 처음 공부할 때의 일들을 기억하여 쓴 시가 『영호대종사어록』에 한 수 전한다.

눈비를 바라보며 [坐雨暎雪]

저물어 가던 경인년 봄	庚寅春已暮
운문으로 환응 스님 찾았네	雲門訪幻師(幻應)
한 여름 능엄경 읽노라	一夏讀楞嚴
쌍계언덕 내려갈 줄 몰랐고	不下雙溪陲
8월에 조계 건넜더니	八月渡曹溪
세 노장스님 편히 자리하셨네	三老(函溟·景鵬·擎雲)坐參差
경운 스님 자리 베푸시고	擎雲當坐主
벼루 앞에는 빼어난 일곱 스님	俊七列墨池
제봉과 금봉 스님 마주하고	霽峰對錦峰
재민과 찬의 스님은	在敏及贊儀
법석의 앞자리	以爲法筵首
글과 뜻 모두 나무랄 데 없었네	文質彬一時
진응 스님은 끝에 자리하고	震應居末座
화산 스님도 계셨네	華山今殿之

일찍 나의 스승 금산 스님 금강산 가시는 길	吾師(錦山)歸枳怛
봄바람에 천 리 길 따라 나섰다네	春風千里追
계사년 스승께서 저세상 가시니	癸巳吾師沒
나도 석왕사 떠나	我屐雪山籬(釋王寺)
느지막이 신계사로 왔었네	晚參普雲寺(神溪寺)
한여름 깨달음 구하고자	震夏倚皐比
건봉사와 명주사 거쳐	普眼(乾鳳寺)與滿月(明珠寺)
구름 따라 강원 찾았더니	遂雲聽講帷
눈앞 가리는 건 온통 대발에	淋漓在眼簾
귀에는 그저 경 읽는 소리뿐이었네	咿唔印耳皮

위 시의 노스님 중 함명은 경운 스님의 법조, 경붕은 법부, 금봉은 경운 스님의 법자로 이 네 스님은 한국불교의 1문4대 강백으로 칭해지고 추앙받고 있으며, 4대의 조손(祖孫)이 한데 모인 법연(法筵)에서 시문답 하는 정경을 읊은 뜻 깊은 시라 하겠다.

혜찬진응 스님은 구례 출신으로 15세에 출가하여 화엄사 응암 스님과 선암사 경운 스님께 수학한 뒤, 1910년 원종 종무원 종정 이회광이 일본 조동종과 연합하려 하자 석전한영, 만해용운 스님들과 함께 이를 저지했다.

금봉 스님은 순천 출신으로 14세에 출가, 1893년 경운 스님의 법을 잇고 대승암에서 10년 동안 많은 후인들을 지도하였으며, 외래문물이 치성함을 보고 서학(西學)을 배우는 한편 실사구시(實事求是)에 힘썼으며 선암사 주지직에 봉직하다, 1916년 세수 48세로 일찍 입적하셨다. 이후 경운 스님의 뜻에 의해 선친이 법을 잇게 되었다.

원제봉 스님에 대해서는 자세히 전해지는 바가 없으며 영남 출신으로 경운 스님께 수학한 제자였다는 정도만 알려져 있다.

경운 스님은 때가 이르매 상족제자를 선정하기 위한 공안(公案)을 내렸고, 답을 올린 제자들 중 원제봉 스님에게는 "너는 나의 살을 얻었다" 하였고, 혜찬 스님에게는 "너는 나의 피를 얻었다" 하였으며, 석전 스님에게는 "너는 나의 뼈를 얻었다" 하였다. 마지막 금봉 스님에게 "네가 나의 골수를 얻었다" 하여 금봉 스님이 법을 잇게 되었는데, 이 전법(傳法)은 536년 임제선의 초조 달마대사가 자신의 임종 시기가 다가오자 제자 4인의 깨달음에 대한 마음 상태를 점검한 뒤 도부에게는 나의 피부를, 총지에게는 나의 살을, 도육에게는 나의 뼈를 얻었다 말하고 혜가(慧可)에게는 나의 진수(眞髓)를 취하였다고 하여 혜가가 전법의 증표로 신의(信衣)를 받게 되었던 일을 연상케 하며, 이후 석전 스님은 경운 스님께 하직인사를 올리고 조용히 선암사를 떠났다고 전한다.

그러나 당시 불교계는 조선조 오백 년간 척불숭유정책으로 참담한 침체기를 겪은 데 이어 을사늑약 이후 일제 강점기의 사찰령으로 인해 국운과 함께 자율적 종권을 송두리째 잃게 되어 한국불교의 기틀이 풍전등화에 처한 상황이었다. 이에 경운 스님을 주축으로 분연히 일어선 한용운, 장금봉, 박한영, 진진응 스님 등이 중심이 되어 민족정신을 고취하고 한국불교의 나아갈 길을 바로 세워가기 위해 부단한 노력을 하였다. 경운 스님은 85세를 일기로 1936년 입적하셨고, 정인보가 찬한 비문과 오세창이 쓴 글이 새겨진 비가 1940년 경붕대사비 곁에 건립되었다.

한편 용곡 스님의 족형이 되는 단재 신채호 선생은 항일 독립투사이며 사학자 언론인으로 잘 알려진 분인데 독립운동 중 일경에 체포되어 1936년 2월 뤼순 감옥에서 옥사하였다. 용곡 스님은 평소 불교에 깊은 관심을 갖고 대승기신론을 깊이 연구하기도 한 족형을 존경해왔는데 뜻밖의 사망 소식에 마음에 충격이 클 수밖에 없었다. 그 아픔이 채 가시기 전에 경운 스님께서 입적하셨기에 1936년은 평생 잊을 수 없는 한 해가 되었다.

1912년 3월 경운 스님께 올리다 [上擎雲和上] 壬子三月

진흙 길 헤매다 스님 방에 올라가	没泥芒屐上雲房
큰스님 살림살이 즐겁게 살펴봅니다	喜攬高師雜貨囊
제비는 옛정 입에 물고 재잘거리고	燕含舊誼能成語
꾀꼬리는 속절없이 지저귑니다	鶯和無生巧囀簧
세정 향함 괴이하고 종소리 끊어져도	世情疑向鍾聲斷
참됨만 따르나니 물길은 가이없어라	眞契認從水道長
차와 향의 인연 아직 다하지 않았으니	茶話香緣還說罷
아득하게 이어진 맑고 선명한 빛 부디 발하소서	劫前一線付淸狂

위 시를 써서 경운 스님께 바친 송광사의 금명보정(錦溟寶鼎) 스님은 경운 스님보다 9세 연하였고, 이 시를 쓸 때는 일제가 사찰령을 반포하여 조선불교계를 구조적으로 장악하고 지배하기 시작하였는데, 보정 스님은 "세정 향함 괴이하고 종소리 끊어져도"라고 표현하여 조선불교의 자주성이 말살됨을 걱정하고 있었다. 이러한 상황에서 보정 스님은 경운 스님을 믿고 따르며 조선불교의 "물길은 가이없어라"라고 스스로 위로한다. 그리고 그는 경운 스님에게 나라를 빼앗기기 전의 그런 맑은 빛을 계속 유지해주길 간절히 바라고 있다. 이 시 외에 보정 스님이 경운 스님에게 바친 시는 4수가 더 있다. 또한 이 시의 내용으로 보아 당시 불교계가 처한 어려운 상황과 조선불교 임제종 교정으로서의 경운 스님의 위상을 짐작할 수 있다 하겠다.

경운 스님의 법을 이어 청허의 15세 법손이 되는 금봉 스님은 1869년 12월 24일 근천부(近天府: 지금의 여수시 화양면 옥적리)에서 출생하였다. 어린 시절부터 총명하고 지혜가 뛰어나다는 칭찬을 받고 자랐으며, 일찍 유학을 공부하여 13세에 사기(史記)와 경서(經書)를 두루 통달하였다. 14세에 형이 병으로 세상을 떠나자 인생무상을 느끼고 출가원력을 세워 여수 영취산 흥국사의 경담화상에게 출가한다. 출가한 후 10여 년간 오직 내전(內典)을 터득하는 데 몰두하고 경학을 연찬하며 출가사문에 기초를 닦는 데 전념하였다. 이때 당대의 강백들인 화엄사의 원화, 선암사의 경운, 대흥사의 범해, 원응의 문하에서 사집(四集), 사교(四敎), 염송(念誦) 등의 경전을 폭넓게 공부하였다. 스님은 또한 유교에도 심취하여 영제 이건창, 매천 황현, 하정 여규형 등과 학문과 종교를 논박하고 질변(質辨)하며 교류하였다. 이들은 일본제국주의에 맞서 조선의 독립을 꿈꿨던 인물들이다.

금봉 스님은 1895년 3월 27세 때 선암사 대승암에서 경운 스님의 법을 이어 건당(建幢)하고 강봉(講棒)을 잡자 망풍(望風)의 구도자가 섬광개안(閃光開眼)하고 촉처종설(觸處宗說)이 병사(甁瀉)하니 모두 승전(勝詮)의 재래(再來)라 찬앙(讚仰)하였다. 이 시기에 세상물정을 풍문으로 들은 스님께서는 상경하여 급박한 국내외 정세를 면밀히 점검하고 또한 서양에서 들어온 서적들을 구해 상세히 읽으며 서구사회에 대한 지식을 접하기도 했었다. 환산(還山)한 스님은 청년도제들에게 내(內)·외(外)·전(典)을 겸비하고 신문물에도 관심을 가져야 함을 강조하고 조선의 현실을 직시하며 민족의식을 고취하였다.

1908년 3월 6일 각도 대표 승려 50여 명이 서울 동대문 밖 원흥사에 모여 원종 종무원을 설치하고 여기에서 이회광을 종정으로 추대하였다. 원종 종무원이 설치된 지 2년 후 즉 1910년 8월 일제의 무력강압에 의해 한일병합이 이루어지자 시세(時勢)를 재빠르게 탄 이회광과 그 일파는 조선불교와 연합할 수 있는 일본불교는 조동종(曹洞宗)밖에 없다고 보고 교섭대표로 이회광이 일본으로 건너가 조동종과 대등하지 못한 7개조의 연합조약을 체결하고 귀국하였다. 그는 7개조의 내용을 공개하면 찬성을 얻기 어렵다고 판단하여 비공개로 각도의 대표들을 찾아다니며 평등조건으로 계약을 체결하였다고 속인 뒤 찬성 날인을 받았는데, 원 종무원 서기의 손에서 7개조 전문이 통도사 승려에게 누설되었다.

이 내용을 알게 된 조선승려들은 조선불교를 일본 조동종에게 팔아넘기는 매종 행위라고 이회광을 규탄하면서, 태고 이래 면면히 계승되어 온 임제계통의 법맥이 하루아침에 갑자기 조동종으로 개종(改宗)됨은 종지(宗旨)를 뒤바꾸는 반종교적 행위라고 주장하고, 비밀리에 체결한 7개조의 협약에 결사반대하였다. 이 반대세력을 대표한 선암사의 장금봉, 김학산과 백양사의 박한영, 화엄사의 진진응, 범어사의 한용운, 오성월 등의 청년 승려들이 임제종을 표방하면서 이회광 일파의 연합에 대응하여 격렬한 반대운동을 전개하였다.

그리하여 1911년 정월 15일, 영·호남의 승려들을 모아 순천 송광사에서 총회를 열어 임제종의 수호를 결의하고 임시 종무원을 송광사에 설치하였다. 초대 종정에 선암사의 경운 스님을 선출하였으나 연로(年老)하여 나오지 못하였으므로 범어사의 청년승 한용운이 대리로 송광사에서 직무를 수행하였다. 이어 전국 각지에 임제종 포교당을 설치 운영하여 종세(宗勢)를 확장하였다. 일본과의 연합은 속가에서 보면 시조와 선조를 바꾸는 행위이므로 한일 강제병합 후 민족적 적대감정도 가세되어 연합조약 반대운동은 초원의 불길처럼 번져나갔다. 이렇듯 경운 스님의 뜻을 이어받은 금봉 스님은 시대적 상황이 불교계의 일대개혁이 초급(焦急)함을 강조하고 조선불교 수호와 후학양성을 위해 헌신하였다.

그러나 금봉 스님이 48세의 한창 나이로 입적한 후, 이듬해 열린 추도회(1917년 11월 5일)에서 경운 스님 문하에서 동문수학하며 깨달음을 겨루었던 영호(석전) 스님과 10세 연배였던 금봉 스님을 추앙했던 만해 스님은 너무 빨리 떠난 금봉 스님을 아쉬워하면서, 지난 일을 회상하며 다음 추모시를 지어 금봉 스님의 원적(圓寂)을 추모하였다.

금봉 스님을 추도함 9월 [追悼錦峰上人 九月] 석전 박한영

강남에 가을 깊으니 나뭇잎 성글고　　　　　　　　　秋盡江南葉正疎

임공 가신 뒤 빈 달만 휘영청	林公一去月空餘
조계의 바른 법 뉘라서 이을손가	家珍誰續曹溪鉢
책상 위 갖은 책 흩어져 어지럽다오	香案漫飛四海書
못엔 흰 연꽃 고목 하나뿐	白藕野塘唯古木
홍매 피던 안뜰도 황량하기만 하니	紅梅深院便花墟
27년 이어온 정 구름처럼 허망하여	雲歸二十七年契
서릿발 첫 새벽에 하염없이 울었다오	感泣漢山霜曉初

영호 · 금봉 두 선사와 종무원에서 시를 짓다
[與映湖錦峰兩伯 作在宗務院] 만해 한용운

지난날 일마다 소홀했더니	昔年事事不勝疎
만겁도 한바탕 꿈인 듯 적막하고 공허하다오	萬劫寥寥一夢如
이제 강남의 이른 봄빛 보려도 않고	不見江南春色早
성동의 눈바람 속 누워 책만 읽는구려	城東風雪臥看書

　또 당시 총과 칼을 앞세운 일본 제국주의 침탈에 맞서 한민족의 얼과 조선불교를 수호하기 위해 임제종 중흥운동을 펼치는 등 동지적 관계였던 만해 한용운, 영호 박한영, 금봉 장기림, 세 스님의 투철했던 민족애와 조선불교 수호의 결연함으로 똘똘 뭉쳐 의기투합했던 각별한 인연을 짐작할 수 있는 시들이 만해 스님의『님의 침묵』에 여러 수 수록되어 있다.

서울에서 영호 · 금봉 두 선사와 함께 읊다 2수
[京城逢映湖錦峰兩伯同唫 二首]

짧은 머리 흩날리며 속된 세상 들어오니	蕭蕭短髮入紅塵
인생의 덧없음 날로 새삼 느껴지네	感覺浮生日日新
눈 내린 천산 모두가 꿈이거늘	雪後千山皆入夢
머리 들어 육조 옛일 얘기함도 우습다네	回頭漫說六朝人

시는 볼품 없어지고 취하면 객기만 느는데 　　詩欲疎涼酒欲驕
하룻밤 새 영웅들 모두 나뭇꾼 되었다 한들 　　英雄一夜盡樵蕘
설마 두려울까 더없이 고운 이 강산 　　　　只恐湖月無何處
푸르른 산 적요 속에 묻힘도 한바탕 꿈이련가 　一夢靑山入寂寥

선암사에 머물면서 매천의 시에 차운하다 [留仙巖寺次梅泉韻]

불만 가득한 채 반년 지나 　　　　　　　半歲蕭蕭不滿心
하늘 아래 홀로 떨어져 깊은 곳 찾았네 　　天涯零落獨相尋
앓은 뒤 흰머리 가을이면 더욱 성기리 　　病餘華髮秋將薄
큰일 후 국화 피고 풀 또한 무성해 　　　亂後黃花草復深
무상 말씀에 구름 흩어지고 물소리 들려 　講劫雲空聞逝水
경 듣던 사람 돌아가니 상서로운 새소리 　聽經人去下仙禽
온 세상 풍진을 당하매 　　　　　　　　乾坤正當風塵節
하릴없이 두보 시 읊조리고 앉았다네 　　肯數西川杜甫唸

후일 용곡 스님은 일제 강점기가 종식되고 해방이 된 후에도 시국의 어수선함과 혼란스러움, 그리고 이승만정권이 들어선 뒤 시작된 불교 분규로 인한 사찰의 황폐화와 경제난의 가중으로 스승의 비조차 건립하지 못한 안타까움에 밤잠을 설칠 때가 많았다. 그 와중에 스님의 탄강(誕降) 2주갑(二周甲: 120년)이며, 입적 72년에 해당되는 1988년 선암사 비전 경운스님비 곁에 스승의 비를 건립하게 되었다. 이로써 상월새봉 이후 1문4대 강백인 함명·경붕·경운·금봉의 비가 나란히 비전(碑殿)에 자리하게 되었고, 1994년 용곡 스님의 입적 후 18주기(週期)되던 2012년 정월, 태고종 종정 혜초 스님 찬(撰)「용곡당대선사비(龍谷堂大禪師碑)」가 용곡문도회 주관으로 스승인 금봉스님비 옆에 건립되어 비사(碑事)가 종결되었다.

2. 용곡 스님과 작설차

1) 용곡 스님과 선암사

금봉기림 스님의 법을 이은 저자의 선친 용곡정호(龍谷正浩) 스님은 청허의 16세 법손이며, 속성이 고령신씨(高靈申氏)로, 가계(家系)를 살펴보면 시조 휘(諱) 성용(成用: 고려문과관 검교군기감) 공의 26세손이요 휘 덕린(德隣: 고려문과관 간의 봉익대부 예의판서 겸 보문각 대재학) 공의 21세손이다. 아호 순은(醇隱)인 신덕린 공은 포은 정몽주, 목은 이색, 야은 길재, 도은 이숭인, 교은 정인오와 더불어 육은(六隱)으로 병칭되었으며 특히 이색, 정몽주 등과 친교가 깊었고, 고려가 망한 뒤에는 조선의 벼슬에 나가지 않았다. 글씨에 뛰어나 덕린체(德隣體)라고까지 불리어 이름을 떨쳤다.

18대 선조 보한재 신숙주(保閑齋 申叔舟: 1417~1475) 공은 작설차가 언급된 차시도 지은 훌륭한 차인이다. 당시의 왕실 다례에 중국의 사신을 맞이하여 태평관에서 차를 대접하던 의식이 있었는데 사신이 상대례(相對禮)를 강권하여 왕과 신하가 마주앉는 자리에서 신숙주 공이 수차례 다례를 행한 기록이 있고, 명나라 사신이 개경부에 이르러 왕의 기거(起居)를 묻자 왕은 신숙주 공에게 조관을 보내어 회답할지를 의논하였고, 또 무엇으로 답례하는 게 좋겠느냐고 물었다. 이에 신숙주 공은 유지석(油紙席), 도자(刀子), 마장(馬裝), 사의(簑衣), 인삼(人蔘), 작설차(雀舌茶)와 같이 노상(路上)에서 쓰는 물건이 좋겠다고 대답하였으며 사신이 돌아갈 때는 작설차 3말을 주었고, 이후에 다녀간 사신들에게도 다례를 행한 후 왕이 인정물(人情物)로 작설차 3말과 여러 물품을 준 내용들이 『세조실록』에 수록되어 있다.

12대 선조 여량봉헌(1564~1604) 공은 1583년 무과에 급제하여 정9품인 선전관과 전라병사를 역임하였다. 1592년 4월 13일 임진왜란이 발발하자 당포·당항포·노량·한산 대첩에 참전하였고, 거북선 설계와 제조책의 역할과 함께 초대 선장으로 항상 선봉장이 되어 종횡무진 분전 감투하여 혁혁한 전공을 세웠다. 이후에도 명량해전 및 많은 싸움에서 공을 세우므로 선조는 "신 공은 장자방(張子房)도 능가할 지(知)·용(勇)·의(義)를 겸비한 불세출의 장군"이라 칭하고 상가서(賞加書)를 특하하는 한편, 정2품 가선대부로 승격시키고 화사를 보내 호괘도와 당포승첩도를 그리게 하였다. 여량 공은 1604년 남해안 일대에 출몰한 왜잔적 소탕중 현지 벽파진에서 전사하였고 자헌대부 병조판서에 추증되었으며, 집안에서는 아들과 동생 등 9공신을 배출하였다. 현 지명 고흥인 흥양(興陽)땅은 신라 멸망 후 고려조에 이르러 고이부곡(高伊部曲)이라고 하여 천대(賤待)받은 특수지역이었지만 임란 충신들의 공훈에 의하여 천민향에서 속면(贖免)되어 흥양현(興陽縣)이 되었다.

용곡 스님은 1911년 전남 고흥군 동강면 마륜리에서 병조판서를 증직받은 순국공신 집안인 감찰공 후손으로 봉헌공파 종손이며 손이 귀한 3대 독자로 출생하셨는데, 만 1세가 되기 전에 조고께서 타계하시는 불운을 겪게 되었다. 이러한 연유로 조모께서는 종손집안의 대가 끊어질지 모른다는 위기의식에 자식의 무병장수와 대를 이어갈 후손의 출생을 위해 명산의 기도처나 사찰을 찾아다니며 기도하는 일로 일생을 보내게 되었다. 1916년 여섯 살 되던 해 조모께서 스님의 손을 이끌고 순천 선암사에 기원불공을 올리러 갔다가 대승암에 주석하고 계시던 경운 스님을 친견하고, 경운 스님께서 조모님의 소원인 자식을 무병장수케 하고 후손을 볼 수 있도록 해주겠다는 약조의 말씀을 듣고 1년여의 고민 끝에 선친은 1917년 선암사에 동진출가하게 되어 1936년 경운 스님 입적일까지 20여 년을 모시게 되었다.

이 인연으로 경운 스님께서는 선친을 법손상좌로 삼으므로 청허휴정

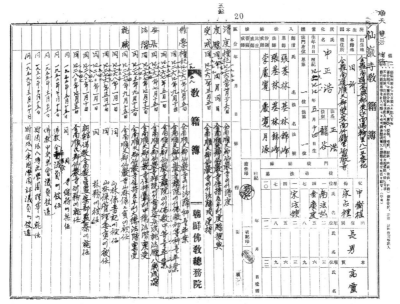

용곡 스님 승적원부

의 법통을 잇게 되고, 먼저 입적한 수법제자 금봉(1916년 입적)의 뒤를 잇도록 수계를 주시면서 산중의 용이 되어 이 골짜기의 가람수호와 불조의 혜명을 전승하라는 의미로 법호를 용곡으로 내렸다. 이후 용곡 스님은 불교문화유산인 천년고찰 선암사의 도량과 선조사 스님들의 유업(遺業)을 지키기 위해 결연한 의지로 진력(盡力)할 것을 천명하고 평생을 통해 그대로 실천하였으며, 이후 77년간을 선암사와 함께한 선암사의 산 역사였다.

선암사에 동진출가한 용곡 스님의 승적원부를 살펴보면 1928년 4월 15일 선암사 불교 강원에서 사미과를 수료하고, 동년 7월 15일 선원에서 수선안거성취용래(首先安居成就甬來) 법납팔세성만(法臘八世成滿)이라고 기록되어 있는 것을 볼 때 1917년 입산하여 2~3년은 행자 생활을 한 후 강원과 선원에서 수업하고, 1931년 9월 10일부터 1934년 5월

용곡 스님 출감 기념사진

1일까지 선암사 불교전문강원에서 초중등과를 수학하고 졸업하였다. 1932년 3월 5일 금봉기림 스님을 은사로 득도, 1934년 선암사 주지로부터 중덕법계를 품수하였고, 1940년에는 대덕법계를 품수하였으며, 같은 해 9월 13일부터 10월 10일까지 당시 조선불교계 대표단의 일원으로 일본불교계 시찰을 다녀온 바 있다. 그러면서도 당시 경운, 금봉 등 스승들의 유지를 받들어 일제(조선총독부)의 조선불교 정통성 말살획책에 맞서 저항활동을 계속하다가 발각되어 1942년 옥고를 치르기도 하였다.

광복 이후 용곡 스님은 1947년 선암사 재무직에 취임한 이래 1952년에 총무직에 취임, 1955년 11월 21일 불교중앙종회의원에 피선, 취임, 1957년 재단법인 정광학원(현 정광중고등학교) 이사에 취임하고, 1959년 5월 20일 재단법인 동국학원(현 동국대학교) 평의원에 피선취임한다. 취임 후 동료의원들과 함께 일본불교계에서 운영하는 각 학원의 현황과 실태를 파악하기 위해 일본을 방문하였다. 지금도 그렇지만 당시에도 일본은 불교를 숭상하였기에 당연히 불교가 성행할 수밖에 없었고, 또한 수많은 종파가 있는데 이 종파들 중 차와 선을 함께 전파한 종파는 에이사이(榮西: 1141~1215) 선사가 시조인 임제종뿐이었다. 임제종과 차에 대한 관심이 지대하였던 용곡 스님은 원래의 방문 목적을 마친 후에 바쁜 일정을 쪼개어 임제종의 일본 발상지와 에이사이 선사의 유적지를 탐방하였다.

임제선의 기원은 6세기경 보리달마가 중국 남방에 입국하여 시조가 되었고 당대(唐代)의 위대한 선사들에 의해 체득되었으며 교시되었던 불교의 진리를 의미한다. 일찍이 중국 후한말 명의로 알려진 화타가 차를 마시면 사유(思惟)에 도움을 준다 하였고, 그의 저서 『식론(食論)』에 기력이 증진된다고 기록하였던 차가 당대에 선을 통해 뜻을 이루고자 하였던 선승들에게는 필수품이었다. 이후 불가에서의 차문화는 선과 절묘한 조화를 이루며 꽃을 피우고 선학의 황금시대를 열어 송과 원나라의 선승들에게 전법된다. 또한 송의 천태산 만년사에서 선승 허암회창(虛庵懷敞)으로부터 1192년 법을 전수받은 에이사이 선사가 일본에 최초로 차와 선을 전파하여 차의 시조, 선종의 시조로 일컬어지게 되었다. 한국과 일본에 전파된 임제종은 종조가 당나라 때 선승 임제의현(臨濟義玄: ?~867)이며 시조는 중국 남북조시대 달마(達磨: ?~528)대사로 그 뿌리와 종지(宗旨)가 같기에 용곡 스님이 에이사이 선사가 창건한 유적지를 탐방한 것으로 이해될 수 있을 것이다.

한편 저자는 에이사이(榮西) 선사가 쓴 『끽다양생기(喫茶養生記)』를 우연히 읽던 중 선사가 임제종 황룡파 8세로 용곡 스님이 이어온 임제종 법계와 동일하고, 한국의 임제종조 태고보우보다 160년 전의 인물로 한국보다 일본에 먼저 임제종의 차와 선을 동시에 전파하였다는 사실에 깜짝 놀라지 않을 수 없었다. 임제종맥은 거슬러 올라가면 중국 선종의 초조인 달마대사에 이르고, 달마가 설한 심인(心印)은 다시 인도의 석가 세존과 과거 7불에서 유래한다. 과거 7불은 제1 비바시불, 제2 시기불, 제3 비사부불, 제4 구류손불, 제5 구나함모니불, 제6 가섭불, 제7 석가모니불인데, 선암사의 법맥이 제7 석가모니불의 제자인 마하가섭을 제1

연원조로 삼아 법을 이어온 데 반해, 에이사이 선사는 제1불인 비바시불을 제1 연원조로 법을 잇기 시작하여 자신이 60대에 이른다 하였으므로 마하가섭을 연원조로 계산하면 임제종 53세가 된다. 그렇다면 임제종 후손인 저자에게 811세가 더 많은 선사는 27대 선조사가 되는 셈이다.

저자도 이러한 연유로 용곡 스님의 발자취를 따라 에이사이 선사의 유적지로 선종사찰인 주후쿠지(壽福寺), 도다이지(東大寺) 및 쇼후쿠지(聖福寺), 겐닌지(建仁寺) 등과 처음 차씨를 파종하여 일본 최초의 차재배지가 된 사가 현(佐賀縣) 세후리 산(脊振山)도 2007년 처음 방문 후 여러 차례 탐방하였다. 그리고 선사에 대한 공부를 하면서 선사가 그토록 심장을 강건히 하는 데 차가 으뜸이라고 주장한 근거는 바로 심근성 차나무에서 생산된 차였기 때문이라 확신하였다. 또한 땅속 깊이 뿌리를 내리는 차나무의 본성인 심근성은 인간의 가슴 속 깊은 곳에 자리한 마음 즉, 마음의 뿌리[心根]와 연관성이 있다고 생각하였다. 따라서 치열하고 심오(深奧)한 사유(思惟)를 요하는 불가의 선(禪)과, 그 사유의 유현(幽玄)함에 직접적인 영향을 미치는 차를 둘로 보지 않았기에 에이사이 선사는 일본에 차와 선의 시조로 자리매김할 수 있었으리라는 생각을 하면서 선사가 심었다는 세후리 산의 차나무도 찾아보았다. 800여 년 수령의 차나무에서 핀 차 꽃은 향기로웠고, 깊은 땅속에 뿌리박은 뿌리는 강건하였으며, 생명력이 넘쳤다.

한편 승려의 신분으로 다도에 심취하여 불가의 이론을 바탕으로, 차의 약리성과 효용성을 중시하여 인체의 오부(五部)의 가지(加持)에 의한 내적인 치료법과 오미(五味)의 섭취에서 기대할 수 있는 외적인 치료법을 결합시켜 인체의 보전 및 양생법을 설명한, 일본 최초의 다서인 『끽다양생기』를 쓴 에이사이 선사에 대해서 저자로서는 일본에 차의 시대를 연 탁월한 차인으로서, 또 임제종 선조(先祖)라는 점에서 경외지감을 가지지 않을 수가 없었으며, 이때부터 지금까지 선사를 잊어본

일본 최초로 조성된 차밭 방문

일이 없을 정도로 뇌리에 새겨두게 되었다.

한편 저자의 조모께서는 선친이 성장한 후에도 집안의 대를 이어야 하는 혼사문제에 관심이 없고 독신으로 살아갈 작정을 하자 종문(宗門)의 후사(後嗣)가 염려되어 경운 스님께 손(孫)을 보게 해주시겠다던 약조를 지켜주시라고 간곡히 애원하셨다. 스님께서는 선친을 불러 어머님 뜻에 따르도록 종용하였으나 계속 혼사를 거부하며 독신수행을 하였고, 그 기간 조모께서는 한숨과 눈물로 보내며 병약해지셨다 한다. 그러다 선친께서 35세가 되던 해 한겨울 밤 대승암의 불당에서 조모님의 목을 조르고 있는 꿈을 꾸다 땀을 흘리고 일어난 뒤 살모(殺母)를 하면서까지 어떻게 독신을 고집할 수 있겠느냐며 마음을 바꾸고 36세 되던 해 선친의 11대 선조사(先祖師)인 상월새봉 스님의 후손인 밀양손씨와 혼사를 이루게 되었다. 이후 선친은 저자를 포함하여 아들 넷과 딸 둘을 생산하였고, 조모께서는 소원성취를 하였음인지 1960년 76세를 일기로 편안하게 임종을 맞이하였다.

한편 저자의 외조부는 두 가지 일을 평생 지켜야 할 원칙으로 정해 놓으셨는데, 하나는 조상의 제례를 지극정성으로 모시는 일로 이를 위해 일 년 내내 최상급 제수(祭需)를 구하는 일이 최우선사였고, 또 한 가지는 무슨 연유에서인지 1남 3녀의 배필로 며느리와 사위를 돼지띠로만 들이겠다는, 다소 황당한 신념이었는데 이를 어김없이 그대로 이행하였다. 저자의 큰 이모는 1910년생 개띠, 작은 이모는 1912년생 쥐띠, 외삼촌은 1915년생 토끼띠이고 어머님은 1923년생 돼지띠이다. 이런 연유로 저자의 부모님은 12세 차이로 띠동갑이고, 큰 이모부는 큰 이모보다 한 살 아래였으며, 외삼촌은 외숙모보다 네 살이 적었다. 외조부는 며느리와 사위들을 모두 돼지띠로 택한 후 몹시 흡족해하였다 한다. 명절이나 생신 때 사위 셋이 모이면 누가 먼저 잔을 올릴 것인가를 두고 실랑이가 있곤 하였는데 결국 생일이 음력 4월 15일로 제일 빠른 막내사위인 선친이 항상 제일 먼저 잔을 올리게 되었다 해서 웃음판이 벌어졌다고 한다. 저자의 기억에 있는 외조부의 형상은 유난히 귀가 컸으며 자녀들 중 어머님의 귀가 제일 많이 닮았고, 선친의 11대 선조사이 신 상월새봉 스님의 귀가 또한 유난히 컸었다고 전한다.

2) 용곡 스님과 불교유시와 원로 차인들

광복 이후 여순사건과 6·25전쟁으로 산중이 무인지경에 처해 몹시도 궁핍한 살림을 꾸려가고 있을 때, 1953년 5월 13일 이승만 대통령의 불교탄압과 불교인 분열획책의 일환으로 제1차 불교정화유시가 내려졌고, 1954년 5월 21일 다시 불교정화라는 명분으로 모든 사찰은 비구승이 수호하도록 계도하는 유시(諭示)를 내렸다. 기록에 의하면 1954년 8월 24일 선학원(禪學院)에서 열린 '전국비구승대표자회의'에서 불교정화의 방침을 의결하였고, 같은 해 11월 6일에는 대처승은 사찰에서 물러날 것을 강권하는 초법적인 유시가 내려져 분규가 본격화되었다. 이후 발발된 불교분규는 선암사를 감당하기 어려운 혼란과 위기로 몰아넣었다. 이후까지 총 7차례에 걸친 초법적인 유시로 호남 일대의 본찰들인 선암사를 비롯하여 백양사, 대흥사, 송광사, 화엄사가 같은 역경에 처했으며, 이에 5대 사찰은 한동안 힘을 합쳐 공동으로 대응하였다. 그러나 천년 넘게 이어온 생활과 신앙의 터전인 사찰을 뺏고 빼앗기는 치열한 싸움은 법정송사와 함께 수십 년 계속 이어지면서 소송비용과 수호비용을 마련하기 위해 재정상황이 크게 악화되어 1950년대 후반부터 1960년대에는 장리쌀과 고리대금업자로부터 사채를 빌리기도 하는 등 선암사의 경제사정은 극도로 어려워졌다.

　1955년 10월 선곡 스님이 선암사 주지직을 맡고 있을 때 주지확인 및 사찰명도청구 소송을 제기하여 1958년 3월 11일 순천지원에서 승소하였고, 1962년 10월 4일 종헌종정무효확인 소송을 제기하여 1965년 6월 11일 서울지법에서 승소하였다. 그러나 상대 쪽이 불복하고 항소하여 패소하게 되었고, 이번에는 다시 선암사 측에서 항소심에 불복하여 상고하였으나 대법원에서 패소하였다. 이에 상대 쪽에서는 수단 방법을 가리지 않고 선암사를 점거하려 했지만 선암사를 자신의 집으로 알고 살아온 재적승들은 죽음으로 선암사를 수호한다는 결의문을 채택하고 결사적으로 방어하였다. 하지만 선암사의 궁핍한 살림살이와 열악한 환경은 결의를 다지며 수호하고자 했던 재적승들마저 떠나게 하는 요인이었고, 당시 대통령의 유시는 법 위에 군림한 것처럼 막강하였으므로 법에 의존하여 분규의 해결을 기대하기는 어려웠다. 그리고 무엇보다도 사찰 내의 민생과 어려운 경제문제를 해결해야 하였기에 용곡 스님은 애통함과 안타까움에 밤잠을 설치다 고뇌에 찬 결단을 내리어 고흥군 동강면 마륜리의 가산을 정리하게 되었다. 임란 순국공신 봉헌여량 공이 출생하셨고 자신이 출생한 봉헌고택(鳳軒古宅) 종갓집을 비롯, 세습된 선산 및 전답을 팔아 선암사를 수호하기 위한 비용으로 충당한 것이다. 이렇게 가세는 기울고 종손으로서 해서는 안 될 일을 자행하여 문중 어른들께 차마 듣기 민망한 질책도 많이 받았지만 가문의 흥망성쇠보다 우선 선암사를 위기상황에서 일으켜 세워 선조사 스님들의 유업을 굳건히 지켜 후세에 전하고자 하는 일념이 더 강했던 것이다.

이후에도 선암사 분규문제는 실력행사와 법정싸움이 끊이지 않는데, 선암사는 1978년 건물명도 소송에서 승소하였으나, 곧이어 '선암사 사찰림 마구 도벌'이라는 허위 내용이 신문사와 TV 등에 과대 보도되어 당시 권력기관에 의해 선친과 저자가 1979년 1월 26일 함께 구속되었다. 선친께서는 분규로 인해 1970년 1월 20일에도 구속된 일이 있으며 유치장에 수감된 일은 손가락으로 헤아리기가 어려울 정도였다. 이런 일이 생각나면 자신도 모르게 몸서리가 쳐져 그 기억을 머릿속에서 다 지워버리고자 애를 썼다. 당시 저자는 전역한 지 몇 년 되지 않은 혈기왕성한 젊은이였지만, 선친 용곡 스님은 70여 세의 고령이어서 엄동설한의 추위에 건강을 많이 해치게 되었으며, 2월 12일 병보석으로 석방되었다. 저자도 3월 20일 선고공판에서 징역 8개월에 집행유예 1년으로 석방되었다. 이 당시 교도소 환경은 몹시 열악하였다. 감방 바닥에 소나무 판자가 깔려 있었는데, 관솔 구멍이 군데군데 뚫려 있었고, 수감자들은 면회 온 사람들이 가져온 간식을 간수가 넣어주면 먹고 난 뒤 봉지와 부스러기를 송판구멍에 밀어넣곤 하였다. 그러다보니 그 아래는 쥐 서식지가 되어 쥐머리가 송판 구멍을 통해 올라오는 것을 날마다 볼 수 있었으며 부스럭거리는 소리에도 익숙해져야 했다. 식사는 한 덩어리의 주먹밥에 뜨거운 국물 한 국자를 배식받아서 먹었고, 먹고 난 뒤에는 식기를 감방 밖 연못에서 세척하였다. 한겨울에 연못 얼음을 깨고 빨래비누를 사용하여 씻지만 비누와 기름기가 식기에 붙어 잘 씻어지지 않았으며, 다음 배식 때 그 위에 뜨거운 국물을 부어 녹으면 그냥 그대로 먹었다. 당시 감방 내에서 이유는 털끝만큼도 있을 수 없는, 주면 주는 대로 먹고, 시키면 시키는 대로 해야 하는 등 질서 아닌 질서가 있었다.

출감 후 선친과 마주앉은 저자는 선친의 초췌한 모습에 가슴이 쓰라렸고, 부자관계이며 스승과 제자 사이인데 영어(囹圄)까지도 같이 당하는 참담한 현실에 하도 기가 막혀 눈물을 쏟아내고 말았다. 그때 선친께서 "천참만륙을 당해도 제 정신을 잃으면 안 된다"라고 하셨는데 이는 저자의 뇌리에 깊이 박혀 그 후 힘들거나 어려운 일이 닥칠 때면 늘 되새기곤 하는 말씀이 되었다. 이어 선친은 선조사 스님들의 유업이 후세에 전해지지 못하고 자신의 대(代)에서 끊어지는 것이 한없이 애통한 듯 가끔 "내 대에서! 여기에서!" 하시며 한숨을 내쉬곤 하였다. 그러나 저자는 이 일을 계기로 선친의 출생 이후의 모든 과정과 전개 상황들을 소상히 전해들을 수 있었고, 이후 저자는 이전의 서운한 감정은 봄눈 녹듯 사라지고, 더욱 확고한 인생관을 갖게 되었으며, 선친에 대한 이해심과 존경하는 마음이 한층 깊어져 오직 용곡 스님을 잘 보필해야겠다는 생각만 하게 되었다. 그 후에도 용곡 스님은 가끔 어린 시절 종가를 떠난 후 종손 역할을 제대로 하지 못하고 종가의 가산까지 정리하게 되어 문중은 물론 가정도 제대로 보살피지 못했음을 가슴 아프게 생각하였다. 그러나 그보다 더 큰 고통은 함명, 경붕, 경운, 금봉 4대 강백의 맥을 잇지 못하고 선조사 스님들의 빛나는 유업을 후세에 전하는 일이 자신의 대에서 끊어지는 것이었으며 이 일에 늘 애통함을 금치 못하였다.

전술했지만 용곡 스님은 3대 독자로 출생하여 만 1세가 되기 전 조부께서 작고하였기에 무슨 일이 닥쳐도 의논할 만한 형제도, 가까운 일가친척도 없이 말할 수 없는 외로움 속에서 성장하였다. 이런 여건 속에서 경운 스님을 만나 아버지처럼 조부처럼 믿고 의지하며 받들어 모시는

20여 년 동안 경서와 차를 배웠고, 혈통의 정보다도 소중한 이심전심의 사자상승(師資相承) 법통에 더 큰 비중을 두었으며, 선암사가 풍전등화의 위기에 처하자 선조사 스님들의 유업과 빛나는 문화유산을 보존 관리하여 후세에 전하려는 일념으로 가정도 보살피지 못하고 사찰수호의 험난한 역경 속에 몸을 던지는 헌신적인 삶을 살게 되었던 것이다.

1979년 출소하여 수개월이 지난 9월 27일 저자의 집에서 조모님의 기제를 모신 후, 음복도 마치고 나니 자정이 넘었다. 선친은 절을 비워두고 온 일이 마음에 걸린 듯 처소로 올라가시겠다며 자리에서 일어나셨다. 밤길이 염려되어 따라나서니 초승달이 유난히 밝았고 별빛도 초롱초롱했다. 저자 집에서 선친의 처소까지 1.5km의 거리이고, 집에서 200m쯤 가면 징검다리가 있어 선친을 업고 건넜는데 선친은 이제 됐으니 그만 들어가라고 종용하여 저자는 조심히 가시라 말씀드리며 발길을 돌린 척하고 잠시 후 몰래 뒤를 따랐다. 저자 집과 선친의 처소 중간쯤에 선암사 비전이 있는데, 선친께서 비전 앞에서 걸음을 멈추고 합장배례하고는 잠시 뒤 덩실덩실 춤을 추었다. 저자는 선친의 이런 모습을 처음 보았지만 곧바로 이해할 수 있었다. 당시 비전에는 선친께서 평소 존경하고 추앙했던 법조 경운 스님, 증조 경붕당, 고조 함명당, 11대 선조사 상월당의 비가 전면에 일렬로 건립되어 있었다. 저자는 상월, 경운 두 분 스님에 대한 말씀을 많이 전해들었기에 그 분들의 유업을 제대로 보존하지 못한 채 불교계가 역사의 소용돌이 속에서 빛을 잃고 어둠의 나락으로 떨어지고 있는 것에 대한 회한의 춤이라고 생각한 것이다.

한참 후 선친께서 처소로 들어가신 것을 확인하고 내려오는 길에 비전 앞에 잠시 멈춰섰다. 역시 합장배례 후 선조사 스님들의 원력으로 일으켜 세운 선암사를 부디 후세에 잘 전할 수 있도록 도와달라 염원하고 발길을 돌리면서 문득 새벽 2시가 다 되어갈 텐데 그림자가 선명한 것을 보니 선친께서 혼자 춤을 추신 게 아니라 달과 별과 그림자와 산천초목의 구경꾼과 함께 비전의 선조사 앞에서 춤을 추신 것처럼 느껴졌다.

한편 조모께서는 젊은 시절 선친을 경운 스님께 의탁한 뒤 자나 깨나 걱정이 되어 사흘이 멀다 하고 대승암을 찾아 아들을 보러 다니셨다. 선암사 대승암에서 고흥 마륜리까지는 산길 100리(40km)라 하고 아침에 출발하면 해질녘에 도착하는 멀고 험한 길이라 30대의 청상이 다니기에는 무서운 길이었는데, 이 길을 다니시면서 어떤 마음과 어떤 생각을 하셨을지 저자는 선친으로부터 그런 말씀을 듣고 나름대로 조모님의 간절한 염원의 뜻을 짐작할 수 있었다. 조모께서는 철없는 나이의 선친을 오직 무병장수하여 대를 이을 후손을 보기 위한 목적으로 경운 스님께 의탁하였지만 선친은 경운 스님을 모시며 불교의 교리를 배우고 계행을 실천하며 성장하는 동안 독신으로 살아야겠다는 생각을 굳혔다. 선친의 혼기가 지나 삼십여 세에 이르자 문중어른들은 중들에게 속아 종손을 뺏기고 종가의 문을 닫게 생겼다며 선암사를 찾아 선친을 설득하기도 하였고, 조모께서는 경운 스님께 후손을 볼 수 있도록 도와달라는 요청을 하곤 하셨다.

어린 시절 선친과 함께 성묘 차 고흥 마륜에 가서 선친의 생가를 둘러보았는데 그리 큰집은 아니었지만 양지바른 위치에 짜임새 있게 잘 지어진, 유서 깊은 오래된 한옥이었다. 기단을 축조한 반듯한 돌과 댓돌에는 태극문양이 새겨져 있었고, 두레박으로 퍼 올려야 하는 제법 깊은 샘은 우물 정(井)자 형태로 축조되어 있었다. 고목이 되어가는 큰 유자나무와 동백나무는 잡초가 무성한 마당에 연륜을 말해주듯 버티고 서 있었고, 담장 내의 텃밭도 묵혀져 있었다. 옆집에 사는 노인이 오더니 관리를 제대로 못하니 집이 빨리 상할 거라며 농사를 맡긴 사람들에게 살도록 하면서 관리까지 맡기는 것이 좋을 거라고 한 말이 기억난다. 훗날 결혼하고 다시 들렀을 때 마을에 사시는 문중 어른들에게서 "자네

아버지가 이것저것 다 처분했는데 제 값도 받지 못했다"며 위토답(位土畓) 이라도 남겨 놓을 일이지 몹쓸 짓을 했다는 말도 듣게 되었고, 언젠가 형편이 된다면 다시 매입해야겠다고 다짐도 했었지만 선암사에서 생활 하는 20여 년은 생계유지에 급급하였다. 아이들이 출생한 이후에는 어려운 형편에 급히 돈쓸 일이 생길 때에는 선친에 대한 서운한 생각이 들기도 했고 승려사회에 대한 부정적인 생각도 갖게 되었다.

당시 저자의 생각으로는 불교의 기원은 생사문제에서 시작되었고, 출가자는 인간세상에 헌신적으로 봉사하며 어둠 속에 빛과 같은 역할을 해야 한다고 배웠는데, 언제 끝이 날지도 모르는 불가의 종권과 재산 싸움, 그것은 그 모두가 땀 흘려 일한 대가로 형성된 것이 아닌데도 분쟁의 희생물이 되고 있는 자신이 너무나 안타까웠다. 더구나 부처님께 서는 교단을 만들지도, 받아들이지도 않았으며, 교권 종단주의자들을 참다운 불자라고 보지 않았기에 이들의 자성을 촉구하지 않았던가! 이는 도를 위해 시간과 노력, 생명을 바치는 헌신적인 삶이 결과적으로 인류역사에 빛을 형성한다는 사실을 망각하고 명리를 위해 이전투구하 며 사는 불자들의 어리석음을 질타한 것이리라!

이 땅에 불교가 전래된 이래 선과 교, 종문(宗門)도 각자의 취향이나 종교적 신념에 따라 선택하여 입문 혹은 입산하였고, 더구나 승려로서 가정을 이루는 문제는 별다른 구속됨이 없이 전적으로 개인의 사정과 신념에 따르는 일이었으므로 천년이 넘는 오랜 세월 동안 비구와 대처승 사이에는 갈등과 큰 문제의 발생 없이 서로 평화롭게 존중하며 공존하여 왔다. 그렇다면 과연 불교분규의 원인은 무엇일까? 해방 후 일제의 마수에서 갓 벗어난 혼란스러운 시대에 대한민국정부가 수립되고, 자유 당이 창설되었으며 이승만정권이 출범하였고, 국회의원도 선출되었다. 일설에 의하면 이 대통령은 자유당 공천자 중 영남지역에서 몇 사람 낙선된 것이 불교인의 비협력 결과라는 정보를 입수하게 되었다. 이에 분개한 대통령은 불교계에 큰 타격을 가하는 동시에 내분을 유발시켜 세력을 약화시킴으로써 장차 정치적 이점을 얻으려는 정략을 수립하였다. 그리하여 1954년 당시 종단 주도 측을 왜색승 또는 대처승이라 명명하고 "대처승은 각 사찰에서 물러나라!"는 대통령유시를 발표하였다. 이 유시는 종단 운영에 불만을 가진 세력들에게 절호의 기회였기에 본격적인 사찰 점거행동을 개시함으로써 천년 불교계의 이 비극적 분규의 서막이 오르게 된 것이다. 이리하여 이때부터 비구와 대처가 절을 뺏고 뺏기는 사생결단의 치열한 싸움이 전개되었고, 사망자가 발생하기도 하였다. 이로 인해 1980년대 초까지 백양사, 대흥사, 송광사, 화엄사가 차례로 사찰정화라는 명분으로 절을 빼앗기고 기존 승려들은 사찰에서 떠나야 했으며, 자신이 출가하여 입산한 사찰에서 스승과 제자가 이어가는 법통인 사자상승(師資相承)의 전통이 무너진 것이다. 속가로 말하면 가문의 혈통이 끊어지고, 이를테면 김씨 가문을 아무 연이 없는 이씨가 차지하는 격이 되어 부자지간에 상속해야 할 세보(世譜)와 가산이 사라지고, 그 구성원은 뿔뿔이 흩어져 이른바 풍비박산이 된 셈이다. 그 사찰과 아무 연고도 없는 사람들이 입주하여 주인이 되니 안팎으로 많은 변화가 있을 수밖에 없었고 차를 제조하는 법도 차츰 달라졌다. 1987년 용곡 스님께서 선암사 주지직에서 퇴임할 때까지, 그리고 저자가 선암사에서 하산하여 현재의 거주지로 옮길 때까지는 선암사에서 구증구포작설차 제조법으로 차를 생산했었지만, 이후 선암사는 분규문제로 몹시 혼란스러워 주지직에 취임한 분들이 임기를 다 채우지 못하고 물러나는 안타까운 일들이 여러 차례 있었으며, 차를 제조하는 방법도 주지직에 취임하는 스님에 따라 선암사에 면면히 이어져 온 전통제다법이 조금씩 달라지고 있음이 현실이다.

　1987년 용곡 스님께서 주지를 퇴임하고 선암사 말사인 순천 향림사로 거처를 옮겼으며, 이후에는 맏상좌 금암 사형이 모시게 되었고, 후임 주지로는 서울 용운사에서 주석하던 만운(滿雲) 스님이 진산식(晉山式)을 거친 후 취임하였다. 만운 스님은 저자에게 "차밭을 계속 관리하고 좋은 차를 만들어 선암사 작설차 위상을 더 높이라" 부탁하며 차밭에 저자의 공덕비를 세워야겠다는 덕담도 하였다. 하지만 선친께서 퇴임하시며 "네 길을 찾으라"는 당부도 있었고, 또 법복도 벗었으므로 굳이 머무를 이유가 없어 재가승으로서 밖에서 돕겠다는 말씀과 주지스님께서 다른 합당한 스님에게 맡기시는 게 좋겠다는 말씀을 드리고 이십년 이상 머물렀던 선암사 경내 생활을 청산하였다. 이후 선암사 아랫마을로 내려와 70여 평 규모의 제다공방을 신축하고 가족과 함께 본격적으로 독립된 저자 개인의 작설차 제다업에 종사하게 되었다. 당시 별다른 생계수단이 없이 오직 차일밖에 몰랐던 저자로서는 이제 한 집안의 가장으로 처와 1남 2녀의 가솔들을 책임지고 뒷바라지하기 위하여 오직 차농사에만 전념해서 좋은 차를 생산하여 소득을 올리는 일, 그 일밖에 딴 희망이 없었다.

한편 신임 주지 만운 스님은 원만하고 자상한 성품에 사욕도 없으셨던 분인데, 취임 한 달 후쯤 분규가 재연되어 선암사는 큰 혼란에 빠지게 된다. 상대 쪽에서 선암사 재적승들을 포섭하여 삼직(총무·교무·재무)등 주요 직책에 임명하고 적극 협조토록 사주하여 실력으로 입주한 것이다. 그 과정에서 폭력을 행사하여 75세인 만운 스님 등이 부상을 당하였고, 당시 68세인 신현호 스님은 부상의 후유증으로 1987년 5월 3일 서울경희대 부속병원에서 사망하였다. 이는 정교분립의 원칙이 있는 나라에서 대통령이 종교를 권력의 도구로 생각하고, 이에 편승한 일부 승려들이 본분을 망각하고 권력과 결탁하여, 교단과 사찰정화라는 허울 좋은 명분으로 폭력을 동원하여 죄 없는 승려를 사망에 이르게 한 비극적인 사건이었다. 또한 이 불상사는 해방 후 대한민국정부가 수립되고, 민족상잔의 비극적인 6·25전쟁을 겪으면서 가뜩이나 혼란스러운 상태의 불교계에 엎친 데 덮친 격으로 엄청난 회오리바람을 몰고와서 발칵 뒤집히게 만들었으며, 오늘날 100여 개 종단 난립의 원인이 되기도 하였다. 세상에는 억울하고 처참한 일을 당하고도 권력 앞에 어쩔 도리가 없는 경우도 허다하고, 나라마다 통치자의 탐욕과 오판으로 비극적 사태가 발발하는 경우도 많다고 하지만, 불교유시로 촉발된 이 일련의 사태는 한국불교사에 큰 오점을 남긴 참담한 사건이라 아니할 수 없다. 일반인의 눈에도 재력과 권력과 음모가 불가(佛家)에 횡행하고, 종권과 교권주의자들의 자리다툼으로 불도(佛道)가 없는 불교가 되었으니, 이는 정치가 없는 정계나 의사가 없는 병원에 다름없으며, 또한 불교계의 암흑기라 생각되었다.

어찌되었든 당시 선암사는 현실적으로 가장 우려하던 상황에 직면하였다. 일치단결하여 수호해도 어려운 상황인데 사리사욕에 본분을 망각한 일부 재적승들로 인하여 내부 분열이 심화되면 전남의 5대 본사 중 마지막 남은 선암사도 주인이 바뀌게 됨은 불 보듯 뻔한 일이기 때문이다. 지금까지 올바른 의식으로 선조사 스님들의 종풍과 유지를 받들고, 선암사를 잘 보존하고 수호하여 그 빛나는 문화유산이 후세에 전승될 수 있도록 헌신적인 노력을 게을리하지 않았던 승려들이 있었기에 오늘이 있었고 미래를 기약할 수 있었지만 앞으로의 선암사 운명은 풍전등화처럼 희망이 보이지 않았다. 그러나 이미 불문을 떠났고, 또 이미 분규문제로 수감생활을 한 전력이 있는 저자로서는 선친의 당부도 있었지만 더 이상 이 일에 연루되어 희생양이 되어서는 안 되겠다는 부끄러운 다짐을 할 수밖에 없었다. 그러나 한편으로 저자에게 부여된 거스를 수 없는 책무를 다하기 위해서 더욱 더 차공부와 차일에 매진하여 청허대사로부터 용곡 스님까지 켜켜이 이어져 저자에게 전승(傳承)된 구증구포작설차의 법제를 온전히 지켜나가고 또 전수(傳授)하는 한편, 인간의 심신에 지극히 유익하고 좋은 영향을 줄 수 있는, 더없이 훌륭한 우리 전통작설차의 생산에 주력하리라고 작정하였다.

한편 전남의 5대 본사에서는 백양사에 주석하셨던 송만암(1876~1957년) 스님의 제안으로 사회교육사업기관인 정광학원(광주시 광산구 소촌동소재 정광중고등학교 전신)을 설립하여 운영하기로 의견을 모아 송광사, 대흥사, 백양사 및 선암사 각 사찰의 재력비준에 의해 1948년 5월 5일 광주 송정리에서 기공식을 갖게 되었다. 용곡 스님은 선암사를 대표하여 1957년 10월 15일 재단법인 정광학원 이사로 취임하였고, 1979년 2월 16일에는 이사장에 취임하여 1991년 2월 15일까지 봉직하였다. 이런 연유로 각 본사에서 선임된 이사들을 통해 사찰의 운영문제를 비롯하여 차 제조법도 비교적 소상히 전해들을 수 있었는데, 각 사찰마다 대개 가마솥에 차를 덖는 덖음차를 만들어 주로 사찰 내부에서 소비하고 때로는 방문객에게 선물도 한다고 했다.

일찍이 청허휴정으로부터 비롯된 구증구포작설차 제조법 및 그와 유사한 방법으로 차를 제조하는 곳은 전남의 불교종단 5대 본사(대흥사, 송광사, 백양사, 화엄사, 선암사)와 하동 쌍계사 칠불암 등이며, 찻잎을 솥에 볶거나 덖어서 차를 만들었다고 전해지고 있다.

한국불교사와 한국 차문화사를 면밀히 살펴보면 사찰의 흥망은 곧 차의 흥망과 관련이 있다는 것을 알 수 있다. 대흥사에 출가하여 20여 년 주지직에 봉직하였던 응송 스님도 말년에 쫓겨나듯 대흥사에서 물러나올 수밖에 없었고, 효당 최범술 스님도 다솔사에서 짐을 꾸려 빠져나와야 했으며, 백양사 다천 스님도 결국 사찰을 떠나야 했다. 일반인들의 입장에서 보면 사찰이 개인소유도 아니며 어느 승려가 주인이 되든지 자신들에게 피해만 없으면 상관할 바가 아니라고 생각할 수 있지만 사찰마다 내려오는 전통의 맥이 끊어진 것은 사실이다. 이후 사찰에서 제다작업에 참여하였던 분들에 의해 덖음차 제조법이 그 지역에 전파되기도 하였지만 그 방법이 서투르고 정교함이 없었으며 일관되지 못해 오래가지 못하였다.

대흥사에는 다른 사찰에서 찾아볼 수 없는 청허휴정의 많은 유물과 유품이 보존되어 있고 비석과 사당도 있으며, 청허 이후 제1세 편양언기, 제2세 풍담의심, 제3세 월저도안, 제4세 설암추붕, 제5세 상월새봉으로 법을 이은 분들의 비석과 부도도 건립되어 있다. 이분들은 모두 차시를 남긴 훌륭한 차승(茶僧)이었기에 이런 분들의 영향을 받아 한국 다도의 중흥조라 일컫는 초의선사 같은 분이 나올 수 있었을 것이라 생각한다.

대흥사에는 초의선사(1786~1866)의 유작인 『동다송』과 『다신전』 및 차문화를 연구하여 『동다정통고(東茶正統考)』라는 다서를 저술한 응송 박영희(應松 朴暎熙: 1893~1990) 스님이 계셨다. 응송 스님은 1911년 18세 때 대흥사에 출가하여 1933년 주지로 취임한 후 20년 간 봉직하였고 방장을 역임하면서 초의선사가 남긴 다풍(茶風)을 그대로 간직해 온 스님이다. 저서에 소개된 내용을 살펴보면, 대흥사에는 초의선사가 조성했다고 전하는 나한전 동편 산울에 약간의 차나무가 산재해 있는 정도여서 인근 마을의 아낙네들이 야생 찻잎을 채취하여 오면 매입하여 제다하는데, 제다법은 가마솥에 찻잎을 넣고 덖는데 덖을 때는 대나무로 만든 빗자루로 찻잎을 여러 번 돌려가며 덖어내어 손으로 비빈 후 대강 찻잎을 털어 다시 말린다고 했다. 그런데 덖는 과정에서 찻잎의 양과 물의 온도를 알맞게 조절하지 못하여 혹은 타고 혹은 덜 덖어져 그 맛이 떫고 좋지 않았다고 하였고, 이 방법은 초의선사 당시와 그 공정은 같겠으나 그 색과 맛은 거리가 있는 것 같다 하였다. 또한 대흥사에는 각각 다른 문중의 살림이 전각 위주로 독립되어 있어 차철[茶季]이면 각 문중마다 따로 제다하곤 했는데 생각해 보면 제다법에서 정제(精製)된 차를 제조하지 못한 것 같다고도 적고 있다. 서문 끝부분에 제자 박동춘(朴東春)에게 자신이 경험하여 알고 있는 바를 전한다는 내용이 있다. 현재 저명한 여성 차인인 박동춘 선생은 1997년 저자의 다원을 방문한 일이 있고, "서울에서 아이들에게 차 교육을 시키며 차 생산철에는 지방에 내려와 차를 만들어 간다"는 등의 대화를 나눈 적이 있다.

제헌국회의원을 지낸 효당 최범술(1904~1979) 스님은 다솔사 인근 지역에서 출생한 뒤 13세 때 출가하여 다솔사 조실로 원효 교학 및 다도 연구에 매진하며 1966년 『한국의 차 생활사』와 1973년 『한국의 다도』를 저술한 유명한 차인이다. 다솔사 작설차가 하동화계나 구례 화엄사보다도 월등한 품질이라고 노장스님들로부터 들었던 구전을 즐겨 얘기하며 스스로 다솔사의 상품차를 '반야로(般若露)'라 하고 다음 등급을 '반야차'라 하였다. 제조법은 찻잎을 끓는 물에 데친 다음 건조하는 듯이 하여 달구어진 쇠솥에 넣고, 덖고, 꺼내 비빈 뒤 삼베에 싸 뜨거운 김으로 다시 쪄서 또 솥에 덖는데, 이 방법은 특이하게도 일본의 찐 차 방법과 한국의 덖음차 방법을 혼합한 제법으로서 후인들에게 전수되어 효당의 맥을 잇고 있다. 『한국의 차문화』를 펴낸 김운학(동국대학교 교수, 평론가. 1982년 타계) 박사는 효당의 차통(茶統)을 일본식이라 하여 폄하하는 경향이 있지만 그러한 요소가 있다 해도 우리 차를 인식시키는 절대적 공로가 있어 대흥사 응송 박영희 스님과 쌍벽을 이루는 우리나라 대표적인 차인임에 틀림이 없다고 기술하였다.

훗날 용곡 스님께서 상월대사시문집 사본과 경운 스님 임종작인 난 한 폭을 저자에게 물려주실 때, 1966년 효당 스님의 저서 『한국 차 생활사』, 『한국의 다도』와 1985년 응송 스님의 저서 『동다정통고』도 함께 물려주면서 잘 읽고 간직할 것을 당부하셨다.

한편 구례 화엄사가 최초의 차 생산지라고 주장한 분은 만우 정병헌(鄭秉憲: 1890~1969) 스님이다. 만우 스님은 1930년부터 1938년까지 화엄사 주지를 했던 분이며 자신이 정리한 『화엄사사적기』에서 신라의 차는 지리산에서 비롯되었다고 주장하였다. 창건주 연기조사가 절을 세우면서 절 뒤의 긴 대나무밭[長竹田]에 차나무를 심어 장죽전의 죽로차라 이름하여 최초의 차 생산지라 못 박고 있다. 그러나 만우 스님과 동문수학을 했던 대흥사 응송 스님은 만우 스님의 주장일 뿐 뒷받침할 만한 근거가 없다고 일축하였다. 1980년대 몇 차례 화엄사 뒤 키 큰 대숲에 옹기종기 군락을 이룬 차밭을 둘러보니 3천여 평은 될 것 같았다. 만우 스님의 자제 태준 씨는 그 지역에서 생산되는 작설차보다 화엄사 작설차가 제일이라는 얘기를 듣지만 자신의 기억 속에 선친께 차를 끓여드리면 맛이 있다 없다 말씀이 없으셨고, 맛이 있어도 없어도 역시 차라고 생각하신 것 같다고 하였다. 저명한 차인 김대성 선생은 그의 저서 『차 문화유적 답사기』에서 화엄사가 속해 있는 구례군 마산면 마산농업협동조합에서는 차 농민들이 차를 따서 제품을 만들고 나면 일괄 수매하여 '지리산 자연생 무공해 작설차'라는 이름으로 유리병에 넣어 판매한다고 하였고, 이어 "찻잎을 가마솥에 덖어 멍석 위에 손으로 문지르면서 비비는 작업을 5~6번 반복 음건하므로 약효 보존을 기하고 있고 산촌 여인들 부업으로 만들어 값이 저렴하다고 홍보하고 제조방법은 화엄사에 차일을 하러 다니면서 배웠던 방법이라 하는데 책임을 맡은 스님이 바뀔 때마다 제조법이 달라졌다고 한다"라고 쓰고 있다.

한편 백양사에서 송만암(1876~1957) 스님을 모시며 불교교리를 수학하셨던 다천(茶泉) 스님은 내장사에서 주지직을 수행하시다 사찰분규로 인해 떠날 수밖에 없었던 분인데, 법호에서도 드러나듯이 차를 몹시 즐겼던 분으로 저자의 선친 용곡 스님과 매우 절친하여 1970년 봄에는 직접 덖어 만들었다는 차를 가지고 선암사를 방문하여 선물하였으며, 저자는 그 차를 차 탕으로 우려내어 두 분께 올리기도 하였다. 다천 스님은 백양사에도 수천 평의 차밭이 있어 해방 전까지는 그런대로 관리를 하며 대중들이 함께 차를 만들었으나, 이후 모두 묵혀져 버렸고 지금은 분규문제로 손볼 여력이 없어 방치된 상태라고 하였다. 다천 스님과 용곡 스님은 분규로 사찰에 위급한 상황이 발생하면 서로 돕기도 하고 정보를 주고받으며 밀접하게 지냈다.

『승주군사(昇州郡史)』제1장 자연환경 제4절 부존자원 특산물조에는 선암사의 작설차와 송광사의 죽로차에 대하여 "승주군의 쌍암면(승주읍)과 송광면에서는 1914년부터 차재배지로 알려져 있고 산사차(山寺茶) 적지조사(蹟地調査: 차고사의 고찰과 현황 | 권태원)에 의하면 송광사 보호림 내 2ha의 차나무가 자생하고 있어 연생산 3관여이며 죽로차 또는 옥로차라고 하였고, 선암사에는 일만여 평의 자생차나무가 자생하고 연 생산 5~6관이며 작설차(선차, 청량차)라 하였다"라는 내용이 수록되어 있다. 이 밖에 하동 쌍계사, 칠불암, 고창 선운사 등의 사찰에서도 솥에 덖어서 차를 생산하였다고 하나 불교계의 분규가 시작된 이후 각 사찰의 주지가 바뀌면서 제다법은 큰 변화를 맞게 된다.

용곡 스님은 1970년 1월 20일 분규문제로 수감된 지 한 달 만에 출감하여 돌아온 후 수시로 종단 관계자를 비롯하여 응송 박영희 스님과 효당 최범술 스님, 백양사 다천 스님 등 불교계 주요 인사들과 회동하여 분규문제를 해결하기 위한 방법을 논의하곤 하였으며, 그 자리는 늘 찻자리가 준비되었다. 그 외에 다른 여러 목적으로 찾아온 손님들을 맞이할 때도 차를 접대해야 하는 일이 있으면 저자를 불러 다각 소임에 소홀함이 없도록 특별히 당부하였다. 그리고 용곡 스님이 평생을 써온 집무일지에는 선암사에서 매일 일어나는 일상사는 물론이고, 초파일 등의 주요 행사 및 공적, 사적업무 등 온갖 사안들이 꼼꼼히 기록되어 있는데, 그로써 주요 인사들의 방문 목적과 출입자 명단 및 식수 인원수를 파악하여 밥이 남지 않도록 적당량을 짓게 하여 식량을 절약하는 부수적 이점도 있었다. 선암사의 갖가지 살림살이의 내용이 집약된, 즉 선암사의 역사라고도 할 수 있는 그 집무일지의 한 예를 들면, 매년 연례행사인 장을 담기 위해 소요된 콩의 양, 만든 메주의 수량, 따뜻한 방에 매달아 띄우는 기간, 장 담글 때의 소금과 메주와 물의 양, 숯과 붉은 고추의

232

양 및 누가 담았는지 등의 소소한 내용도 세밀히 기록하였다. 그리고 배달되는 우편물과 소포 등의 내용을 세부사항까지 빠짐없이 기록하였으며, 그 중에는 1977년 3월 25일에 홍익대학교 홍순관 교수가 발송한 「차생활에 대한 설문서」를 접수하였다는 내용도 있다.

그러므로 한때 송헌광수(松軒珖秀)의 법명으로 법복도 입었던 저자에게, 한국불교 정통 임제태고종(臨濟太古宗) 월저파(月渚派)로 세존(世尊) 제79세의 법을 이은 용곡 스님은 선친이라기보다 한국불교 정통을 이었고, 저자에게 선암사에 오랫동안 전승되어온 구증구포작설차의 법제와 그 역사를 전수하였다는 점에서 참스승으로 늘 외경과 신앙의 대상이었으며 자부심 그 자체였다. 스님은 본시 조용하고 맑은 성품이었지만 겸허(謙虛)와 근검(勤儉)을 평생의 화두(話頭)로 삼아 실천하였고, 또 주위의 모두에게도 강조하고 요구하였다. 스님은 절의 안팎 조그만 자투리땅에도 어김없이 작물을 손수 심고 가꾸고 거두었으며, 수확 후에는 땅에 떨어진 낱알까지도 손수 줍는 선농일치(禪農一致)와 부작불식(不作不食)의 문풍(門風)을 철저히 수행하는 근검성을 보였다. 비록 시대적 상황이 스님을 불행한 승려로 만들었을지라도, 저자에게는 가장 위대한 스승이며 영원한 자부심이고 가슴에 품고 사는 신앙의 대상이다. 저자가 차를 통해서 차의 모든 것을 보고, 듣고, 배우고 느끼며 행복을 추구해올 수 있었던 것은 오로지 선친의 영향이며, 그러므로 차는 저자에게 종교 이상의 가치가 있다. 종교의 기원 목적과 존립 가치도 현세든 내세든 궁극적으로 인간의 행복추구에 있지 않은가!

1953년의 불법유시로 발발된 분규는 용곡 스님이 선암사 주지에서 퇴임한 1987년까지도 계속 이어졌으며, 35년 동안의 이와 관련된 각종 송사 판결문 40여 통이 선암사 성보박물관에 보관되어 있다. 이 판결문의 내용을 살펴보면 용곡 스님의 처절한 투쟁과 노력은 사자상승으로 이어져 내려온 선조사 스님들의 유업을 후세에 전하기 위한 간절한 염원과 피눈물

나는 투쟁사였음을 알 수 있다. 그러나 이후에도 최근에 이르기까지 분규문제는 해결되지 않은 채 2012년 새로운 변화가 생겼다. 태고종과 조계종 양 종단의 선암사 주지가 합의하여 순천시장이 가지고 있던 선암사 재산관리권을 인수하여 공동으로 운영하게 된 것이다. 자그마치 60여 년이나 이어져 온 분규는 이렇게 되어 잠정적으로 봉합되었으나 불교사에 이름을 남길 만한 선암사의 젊고 유능한 재적승들의 미래는 어둡고 불투명하게 되어 장래를 기약할 수 없게 되었음은 참으로 가슴 아픈 일이다.

그리고 저자와 용곡 스님뿐 아니라 관련된 많은 불교인들에게 돌이킬 수 없는 참담한 결과를 야기한 이승만정권의 불교유시에 대하여 조명제 신라대학교 교수는 한 포럼에서 다음과 같이 비판하였다.

> 시종일관 왜색 대처승을 몰아내라는 식의 선동적 구호에서 드러나듯 일반 국민에 대한 반일감정을 이용한 반일이데올로기의 선동과 확산을 통해 반이승만 세력을 배척하는 데 활용하였다. … 그러나 정작 안타까운 일은 불교계의 대응이다. 비구승 측이 당시 정치적 상황이나 이승만의 정치적 의도를 전혀 파악하지 못하고 국가권력에 기대 분규를 진행함으로써 종교의 자율성을 스스로 포기하고 결국 불교계가 국가권력에 예속되는 문제점을 야기했다.(『법보신문』 1098호)

이제 저자는 불문을 떠난 재가 불제자의 입장이지만, 선친 용곡 스님의 고난과 역경을 지켜보며, 또 형언할 수 없는 참담한 수난을 부자가 같이 겪어오면서 참으로 억울하고 비통한 심정으로 그 현장을 지켜왔다. 그러나 이제 누구를 탓할 것인가? 단지 앞으로는 한낱 위정자의 그릇된 판단으로 역사가 왜곡되고, 대를 이어오면서 평생 지켜온 신앙과 삶의 터전이 강압에 의하여 박탈되는 잘못이 다시는 반복되지 않기를 바랄 뿐이다. 아울러 이제는 선암사가 태고·조계 양종 간에 그간의 갈등을 벗어던지고 다 같은 부처님의 제자로서 더 이상 반목하지 않고 평화롭게 서로를 이해하고 존중하는, 진정한 수행자의 참 도량으로 거듭나기를, 그리고 천년 넘어 조계산의 품안에 오롯이 안겨 있는 옛 모습 그대로 온전히 그리고 영원히 간직되고 지속되기를 진심으로 기원한다.

법호가 운제(雲霽)인 이영무(李英茂: 1921~1999) 선생은 한국불교 태고종 제14세 총무원장을 지낸 불교학자로 태고종의 발전에 일익을 담당했었고, 조선대학교 국사연구원 원장(1964), 동국역경원 역경위원 (1965), 건국대학교 사학과 교수(1968~1987), 동방불교대학장(1988), 원효연구원 초대이사장(1996), 태고종 총무원장(1988~1991), 태고종 승정(1991~1999)을 역임하였으며, 원효사상, 유마경, 한국의 불교사상 등의 저서와 불교사와 불교계 인물에 대한 많은 논문을 남겼다. 건국대학교 사학과장으로 재직할 때 방학 때면 선암사에 와서 저자가 기거하고 있던 무우전 건물에서 차를 즐기며 생활하였다. 저자에게 단식을 지도하여 2~3주간의 짧은 단식을 여러 번 같이 하였으며, 용곡 스님께서 선암사 수호에 헌신한 것을 높이 평가하여 시를 지어 헌정하였다.

오랜 세월 부처님과 인연이 깊어	多劫佛緣重
이윽고 선암사의 주인이 되었네	仙巖作主人
조계산의 청정한 달처럼	曹溪淸淨月
취한 듯 누웠어도 뜻은 새롭네	醉臥意維新

3) 선암사 차밭 복원

선암사는 일찍이 대승암에서 1문4대 강백의 배출로 교학의 연원 및 상징이 되었고, 이후 1913년도 교육기관 자료에 의하면 보통학교 2개와 전문강원 2개로 전남도내 4대 본산인 송광사, 대흥사, 백양사, 선암사 중 교육기관의 수와 유학생에서 으뜸이었다. 해방이 되자 선조사 스님의 유지를 받든 용곡 스님은 교육을 통한 인재양성을 목적으로 광주 정광(淨光)학원(현 정광중고등학교)의 설립에 동참하여 오랜 기간 이사장직을 봉직하였고, 1959년에는 동국학원(현 동국대학교) 평의원으로 피선취임하는 등 후진 양성을 위한 학교와 교육계를 위한 헌신적인 활동에도 소홀함이 없었다. 그러기에 스님은 1960년대 후반 저자에게 면학과 더 넓은 세계로의 진출을 강권하셨으나 선친 곁을 떠날 수 있는 상황이 아니었기에 결국 용곡 스님의 뒤를 이은 불제자로서 선암사에 남을 수밖에 없었다.

당시의 상황이 이렇게 어렵고 헤어날 길이 없는 고난과 역경의 연속이었지만 그래도 용곡 스님에게 길게 이어온 한 가지 즐거움이 있었으니 차와 더불어 지낼 수 있다는 것이었다. 청허휴정의 법통을 이어온 선조사 스님들께 차는 곧 선의 구현이요 생활의 반영이었듯이 용곡 스님도 경운 스님을 모시는 동안이 "불법과 경서를 배우고, 다각소임을 맡아 차밭을 관리하고 법제하며, 늘 차와 함께할 수 있음으로 차와 선으로 인한 기쁨과 즐거움[茶喜禪悅]을 느낄 수 있어 행복한 때였다"라고 저자에게 피력하곤 하였다. 이런 말씀을 듣고 자란 저자는 차를 배우면서 점점 깊이 알게 되었고, 또 그 소중함과 중요성을 깨닫게 되면서 용곡 스님과 함께 일제 강점기 이후 황폐화된 선암사의 차밭을 복원하고 조성하기 시작하였으며, 1966년부터는 용곡 스님으로부터 직접 구증구포작설차 제다법과 그 역사성을 함께 전수받게 되었다.

선암사의 차와 차밭에 대하여 1982년 8월 17일 일본의 유명한 다인(茶人) 부부인 당시 도쿄 고법 판사 오가와 세이지(小川誠二: 당시 62세), 오가와 야에코(小川八重子: 당시 57세) 부부와 일행 20여 명이 선암사를 방문하여 선친과 저자를 만났고, 이 일은 8월 28일자 『한국일보』에 「4백년만에 햇빛 본 선향(禪香), 전남 선암사 뒤뜰에서 야생차 대량 발견」이란 제목으로 용곡 스님과의 인터뷰 기사와 더불어 실려 있다. 스님은 인터뷰에

『한국일보』 기사 사진

서 당시 "선암사에 입산한 지 60년이 넘었지만 차밭을 관리하고 찻잎을 생산하여 차를 법제하는 일은 참으로 어렵다"며 "칠전선원 뒤편에 군생(群生)하는 3정보의 다원에서 1년에 4~5회 찻잎을 채취하고 여기에서 나오는 작설차는 문자 그대로 참새 혓바닥 모양의 여린 새순의 잎이다"라고 하였으며, "해방 이전까지는 그래도 관리가 제대로 되었지만 이후 수십 년 방치하게 되었고, 차나무는 나이테가 없어서 차나무 나이는 뿌리의 굵기로 측정하는데, 전라도는 경상도와 달리 불심(佛心)이 약하다 보니(재정사정이 열악하다는 뜻) 차밭을 잘 관리하여 널리 알리지도 못하고 건물들이 낡아 허물어져도 보수할 엄두를 내지 못하고, 이곳 외에 3만여 평의 차밭이 더 있지만 사세(寺勢)가 기울어 차밭 관리와 차 개발은 뒷전인 현실이 안타깝다"는 점을 말씀하였다. "그런데 이 다원이 주목을 끈 것은 지난 17일 일본의 다도연구가인 오가와 야에코 여사 일행이 현지를 답사, 이 같은 사실을 확인함으로써 더욱 알려지게 된 것이다"라는 내용과, 칠전선원 뒤쪽 차밭에서 찻잎을 손수 채취하시는 용곡 스님의 사진과 달콤한 물을 빨아먹기 위해 작이라는 새가 모여든다는 차나무의 꽃과 열매 사진이 실려 있다.

오가와 부부는 30년간 차에 관한 연구와 많은 다서(茶書)를 출간한 일본의 차 권위자로서, 1978년 주일 미국대사관에서 선암사 작설차 50g을 입수하여 시음한 결과 그 맛에 심취하여 매년 선암사에 작설차를 주문하였고, 1983년 4월에는 재방문하고 관련자료를 수집하여 선암사 작설차에 관한 논문을 작성, 책자로 출간한다 하였다고 『승주군사』에 기록되어 있다. 이 일은 한창기 선생과의 만남과 더불어 저자가 차에 매진하게 된 또 다른 계기가 되었다.

앞에서 기술했지만 저자의 선친 용곡 스님께서 1916년 6세의 어린 나이로 선암사로 출가한 이래 평생을 선암사를 지켜오신 관계로 저자 역시 어렸을 때부터 선암사를 집으로 알고 살아왔으며, 또한 어려서부터 선친에게서 차를 배웠고, 또 동자승 다각(茶角)으로 선암사에 계셨던 여러 노스님들에게 차를 공양하기를 게을리하지 않았다.

어느 사찰이나 마찬가지이지만 일 년 중 가장 큰 행사가 부처님 오신 날인 사월초파일 봉축행사인데 한 달 전쯤부터 모양과 크기가 다른 축등을 제작하기 시작한다. 지금은 제작사에 주문하면 되지만 그때는 사각등, 팔각등, 연등 등을 직접 재료를 준비해 만들기 때문에 시간이 많이 소비되는 작업이었다. 일 년 중 차를 생산할 수 있는 시기는 춘분, 청명, 곡우, 입하, 소만, 망종 그리고 가을 백로 절기이지만 대개 청명, 곡우, 입하, 소만 절기에 많이 생산한다. 이 시기가 항상 초파일 행사 준비기간과 행사 이후 정리해야 하는 일손이 많이 필요한 때와 겹쳐 차밭을 관리하는 일과 생산하는 일은 저자가 거의 도맡아 전담해야 하는 실정이었다.

저자는 입영하기 몇 해 전 선친과 사형사제간인 혜곡 스님을 은사로 득도 수계하여 법명 송헌(松軒珖秀)인 선암사 재적승려 신분으로 계(戒)와 율(律)에 따라 생활하다가 입영하였다. 전역한 후 군인 티도 벗기 전 마을에서 청년 7~8명과 장년 5~6명을 고용하여 완전히 황무지가 되어버린 차밭을 복구하기 시작하여, 이후 3~4년 동안 괭이질을 하는 손바닥엔

선암사 차밭 복원작업 모습

항상 물집이 잡혀 있었고, 수백 개의 괭이자루가 부러지기도 하였다. 작업중 잘못하여 차나무 가지가 찢어지면 황토로 감싸고 칡덩굴을 찢어 묶어두어 다시 회복될 수 있도록 조치하기도 하였다. 당시 선암사는 비가 새는 전각이 많았는데도 보수를 할 수 없을 정도로 몹시 어려운 형편이었지만 차밭은 꾸준히 복원해 나갔다.

저자는 법복을 입은 탓이기도 하겠지만 이후 몇 년 동안 일상적으로 변함없이 반복되는 불경 공부는 물론이고 차 공부와 차밭 복원하고 법제하는 차일이 싫증이 나지 않았으며, 오히려 갈수록 깊이 빠져들게 되고 차에 대한 집착이 심해지는 것을 절감하면서도 다른 대안을 찾아 헤쳐나올 생각은 아예 하지 못했다. 한편으로 천불전, 장경각, 칠전선원 뒤쪽의 차밭이 1만여 평이라 했는데 경계도 없고, 또 워낙 오랫동안 묵혀져 있던 터라 과연 용곡 스님의 말씀대로 옛 모습으로 복원이 가능할지 회의가 들 때마다 일찍이 18세 때 차를 마시고 난 후 체험한, 그 경이로웠던 느낌을 상기하면서, 또 차는 저자의 또 다른 생명이라 다짐하며 복원작업에 박차를 가했다.

한편으로는 광양, 보성, 하동 차산지와 야생차밭을 찾아다니며 찻잎을 구해 그 형태를 관찰하고 차를 만들어 향, 색, 미를 비교 연구하였다. 찻잎의 채취시기에 따라 그 품미가 달라지므로 늦게 딴 찻잎의 쓴 맛을 줄이고자 할 때, 그리고 오미를 두루 갖춘 조화로운 차를 생산하기 위해서는 어떤 방법이 좋은가에 대해서, 또 차가 인체에 흡수되면 어떤 경로를 통해서 생리에 반응하고 정신신경계에 어떻게 영향을 미치는지 등에 대해서도 공부하였다. 그리고 느낀 점은 차의 학문적 영역이 매우 넓어 각 분야를 다 배워나가는 게 결코 쉽지 않다는 것이었다. 차 자체는 식물학이고, 차나무 육종과 재배는 농학이며, 차 제조는 식품가공학이고, 생산·소비·유통 과정은 경제학이며, 마시기 위한 차와 물의 양, 온도조절 등은 조리학일 것이다. 또 다구(茶具)는 미술공예학이고 차실 연구는 건축학과 미학, 차 문화변천 연구는 역사학일 터인데 지금 저자는 학문적으로 깊은 공부는 못하고 오직 차밭을 복구하는 데 온 심혈을 기울일 수밖에 없으니 한편으로 답답하기도 하였다.

어쨌든 차밭의 복원도 상당한 인내력과 끈기가 필요한 작업이었지만 선친의 일상생활 속에서 두 가지를 배우게 되었다. 하나는 선암사 집무일지를 수십 년간 하루도 빠짐없이 써온 그 끈기와 근면함, 배달되는 수많은 소포물들이 늘 질긴 노끈 등으로 묶여져 있었는데 한 번도 그것을 잘라내거나 손쉽게 끊어버리지 않고 손톱과 송곳을 이용하여 매듭 하나하나를 풀어 따로 모았다가 재활용하는 검소함이다. 당시에 그 일을 볼 때마다 그냥 허비하는 듯하는 시간과 애써 푸는 모습이 참으로 답답하기도 하였지만, 저자는 자신도 모르게 차츰 그 모습을 본받게 되어 작업일지를 계속 쓰게 되었고, 근면과 검소는 저자에게도 평생의 화두가 되었으며, 또 인간사의 얽히고 설킨 문제도 결국 인내력을 가지고 풀어나가는 것이 가장 현명한 일이라는 것도 깨닫게 되었다.

1976년 저자는 군 제대 후 오로지 젊은 패기만을 무기로 맨손으로 차밭을 복원하던 중, 당시 선암사 재산관리인인 승주군수에게 건의하여 다원보존관리비로 50만 원을 지원받았고, 1980년에는 처음으로 새마을 사업자금 400만 원을 융자받아 차밭의 잡목 및 잡초 제거작업을 하고,

240

조계산 기슭에 넓게 펼쳐져 있는 재래종 차밭

1982년부터 1984년까지 군비 지원금 350만 원으로 선암사 차밭 6000여 평을 복원하고, 그와 별도로 자부담(自負擔) 397만 원을 투자해서 개인다 원 1만여 평을 조성하였다. 그 과정에서 월간문화지인 『뿌리 깊은 나무』와 『샘이 깊은 물』의 창간인 겸 발행인인 한창기 선생과 만나 우리의 전통문화 와 구증구포작설차의 중요성과 그 의미를 다시 확인하게 되었다.

차밭 복원의 가시적인 성과는 용곡 스님과 저자의 의지 및 노력과 승주군의 지원에 힘입어 차츰 나타나기 시작하였다. 1976년 본격적인 복원작업을 시작하여 2년이 지난 1978년에는 100g들이 제품 250여 통을 생산할 수 있었고, 이후 차츰 생산량이 증가하여 1987년 용곡 스님께서 제18세 주지에서 퇴임할 시기에는 100g들이 제품 1,500통을 생산할 수 있었다.

용곡 스님의 후임 주지로는 19세 주지 만운정철, 그 다음 20세 혜운규 선, 21세 지허지웅, 22세 지암동곤, 23세 인곡영선, 24세 지허지웅,

25세 설운윤식, 26세 금룡인수, 27세 경담형택을 거쳐 현재는 28세
설운윤식 스님이 맡고 있으며 10차례의 진산식(晉山式)을 거쳤다. 용곡
스님께서 10여 년(1978~1987) 주지직에 봉직하고 퇴임한 이래 24년이
흘렀으며, 이 기간 동안 임기 4년인 주지직이 10여 회나 바뀌었으니
분규사찰인 선암사가 얼마나 혼란스러웠는지를 미루어 짐작할 수 있다.
차의 제조법과 품질도 주지스님의 성향과 관심 정도에 따라서 달라진다.
차밭 관리를 잘하여 생산량도 늘리고 법제를 잘하여 선암사차의 가치를
높이는 스님이 있는가 하면, 차밭이 묵혀지고 생산량도 줄며 품질이
떨어지는 경우도 생겼다.

저자가 용곡 스님의 뜻을 받들어 차밭 복구작업을 시작한 후 35년이
지난 2010년 가을 어느 날, 저자에게 찾아온 손님과 함께 차밭을 지나치다
가 깜짝 놀라지 않을 수 없는 광경을 목격하였다. 차밭 북쪽에 못 보던
조그만 한식 건물이 한 채 세워져 있었고, 이 건물을 신축하는 과정에서
포클레인이 자재를 운반하기 위한 길을 내면서 차밭을 관통하는 바람에
수령 수백 년 되는 차나무 수백 주가 뿌리째 뽑혀 말라비틀어진 모습으로
여기저기 방치되어 있었다. 차밭 복원에 심혈을 기울였으며, 문화재적
보존가치도 충분히 있다고 믿었던, 그러므로 누구보다 애착이 컸던
저자는 참으로 안타까운 마음을 금할 수 없었다. 고인(古人)도 "대나무
안타까워 길도 돌려내었고"5)라고 하였건만 옛사람의 그 정성까지는

---

5) 鄭道傳, 〈산중 2수 중 우[山中 二首 又]〉, 『三峯集』 二卷
　　삼봉(삼각산) 아래 하찮은 나의 터전　　　　　弊業三峯下
　　돌아오니 어느덧 송계의 가을　　　　　　　　歸來松桂秋
　　집안이 가난하여 병든 몸 요양은 힘들어도　　家貧妨養疾
　　마음이 고요하니 근심은 잊었다오　　　　　　心靜定忘憂
　　대나무 안타까워 길도 돌려내었고　　　　　　護竹開迂徑
　　산이 어여뻐 작은 망루 세웠다오　　　　　　憐山起小樓
　　이웃 스님 찾아와 글자 묻더니　　　　　　　隣僧來問字
　　해가 저물도록 머물러 있네　　　　　　　　　盡日爲相留

못 미치더라도 조금만 신경을 써 주위를 살펴보면 약간의 우회로 차나무를 많이 손상시키지 않고 얼마든지 작업로를 낼 수 있었는데도 잠시의 편함을 위해 굳이 관통하는 우를 범하여 그 가치를 헤아리기도 어려운 수백 년 수령의 차나무들을 무참히 훼손하는 참담한 행위가 자행된 것이다. 예전 한때 순천군수보다 위상이 높았고, 큰 덕과 믿음의 표상으로 추앙받았던 선암사 주지가, 또 그 누구보다도 전통과 자연을 소중히 여기며 보존해야 하고, 한포기 풀에 깃든 생명도 존중하는 자비심으로 대중을 교화하여야 하는 선암사에서, 선조사 스님들의 본뜻이 어디에 있는지 헤아릴 줄도 모르고, 더구나 선암사 차나무의 의미와 가치조차 모른 채, 그저 모든 일을 너무 쉽게 판단하고 안이하게, 그리고 독선적으로 저지른 결과라는 생각에 참괴(慚愧)한 마음을 감출 수 없었지만, 이미 저질러진 일이고 또 지금은 관여할 수 있는 입장이 아니기에 복잡한 심경을 달래며 돌아올 수밖에 없었다.

1953년 이승만정권이 불교말살정책의 일환으로 발표한 7~8차례의 초법적인 불교유시로 인해 촉발된 불교분쟁의 긴 분규에 따른 힘든 고난과, 있을 수 없는 선암사 주변 사찰림 도벌, 문화재 훼손 등의 참언(讒言)과 무고로 저자와 용곡 스님 두 부자가 같이 영어(囹圄)의 수난까지 당했던 그 참담하였던 질곡(桎梏)의 틈 속에서 선암사와 한국불교의 장래에 대한 회의와 "더 이상 너에게까지 희생을 강요하지는 않겠다. 스스로의 길을 개척하라"는 선친 용곡 스님의 당부말씀에 따라 1987년 선암사를 떠나 선암사의 아랫마을에 정착한 이래 저자는 온 가족이 함께 전통 구증구포작설차의 법제와 그 사업에 헌신하였다.

이후 저자는 자연농법으로 관리 생산하는 전국 최대규모인 13만여 평의 재래종 차밭을 조계산 기슭에 조성하였고, 1999년에는 전통식품명인 지정요건에 해당되어 당시 농림부로부터 '승주야생작설차제조기능 부문 명인'으로 지정되었으며, 또한 '자랑스런 전남인 상'을 수상하였고,

'순천시 신지식인 제1호'로 선정된 바 있다. 2001년에는 전국에서 처음으로 유기농 차포장 품질인증, 차재배 기술보급 표창, 2002년에는 '국립품질관리원'으로부터 국내 처음으로 유기가공품 품질인증을 획득하였다. 그리고 2007년 미국 FDA등록 공인인증시험소 안전성테스트 수행완료, 2008년에는 일본유기인증JAS 획득, 2009년과 2010년 ISO22000과 ISO9001시스템인증을 각각 획득하였다.

그러므로 저자의 현재가 있기까지는 선암사 무우전에서 용곡 스님으로부터 전수받은 구증구포작설차의 법제와 청허·상월 대사 등 많은 선조사의 가호가 있었고, 특히 선암사 작설차의 가치를 일찍 알고 애호하여 주신 국내·외 많은 차인의 격려와 후원이 있었으니 이에 진심으로 감사의 말씀을 드린다.

제3장 저자와 작설차

구증구포작설차와 그 제조법은 중국 것을 모방하거나
다른 나라의 영향을 받지 않은 우리의 독자적인 차문화
이다. 대량생산을 목적으로 개량된 외래품종의 찻잎은
손쉽게 쪄내는 기계화 생산방법이 적합하다 할 것이고,
비록 생산량은 적지만 차의 본성인 심근성을 유지하고
있는 우리 재래종 차나무에서 채취하는 찻잎만이 구증
구포 제다법에 적합한 것이다.

1. 작설차에 대해서

1) 심근성 재래종 차나무

재래종 차나무는 땅 위 목체(木體)보다 뿌리가 훨씬 긴 심근성이며 영년생 식물이다. 사철 푸른 상록수이며 꽃과 열매를 함께 볼 수 있어 실화상봉수(實華相逢樹)라고 한다. 꽃은 9월 하순부터 피기 시작하여 10월이면 만개하고 11월까지도 피고 진다. 9월에 익기 시작한 열매는 10월이면 채취할 수 있고 11월이면 겉껍질이 벌어져 떨어진다. 따라서 이 시기에 꽃과 열매를 같이 볼 수 있는 것이다. 차 열매는 잣이나 호두, 밤처럼 껍질이 세 겹인 삼피과(三皮果)인데 겉껍질 속에는 씨방이 1~5개 있고 지름이 1.2~1.5cm 정도의 둥근 모양의 씨알이 들어 있다. 한 알부터 세 알 정도가 많고, 네 알이나 다섯 알이 든 것도 드물게 있다. 열매는 주로 파종했지만 요즘은 건강기능식품의 원료로도 사용하고, 또 기름을 짜서 여러 용도로 다양하게 이용한다. 또한 열매를 삶아서 땅콩이나 호두, 밤, 은행과 같은 견과류를 먹을 때 조금씩 같이 먹으면 열매의 쓴맛이 느끼함을 줄여주고 입맛을 개운하게 한다.

근래 주요 차 생산국들은 찻잎을 많이 생산하기 위해 자연교잡이나 인공교잡 등의 방법으로 개량한 품종들을 많이 식재한다. 이 품종들이 수입되어 남부지방 곳곳에 식재되어 있지만 재래종처럼 꽃이 많이 피지 않으므로 열매 또한 많이 열리지 않는다. 저자는 차씨를 파종한 뒤 발아한 싹이 뿌리를 내리며 땅 위로 돋아나는 그 생육과정이 임신한 산모가 10개월 동안 탯줄에 의해 아기의 생명을 유지하여 출산하는 과정과 유사하다고 생각하게 되었다. 임신은 자궁 속에 도달한 정자가 난자를 만나 수정이 되어야 한다. 차씨도 땅 속에 들어가야 비로소 태동이 시작되고 발아가 된다. 차종자의 씨눈을 감싸 보호하며 싹을 틔우고 뿌리를 내리게 하여 땅 위로 돋아 올곧게 자랄 수 있도록 영양성분을 공급하는 역할을 종자살[果肉]이 한다. 이 종자살은 씨눈에 붙어 파종 10개월 후쯤 차나무의 어린 움이 틀 때까지 필요한 역할을 다하고 형태를 남기지 않은 채 산화(散化)된다. 산모의 태아를 보호하고 잘 자랄 수 있는 양육기관의 역할을 태반이 한다. 태반은 태아의 배꼽과 탯줄로 연결되어 10개월 후 모체 밖으로 만출(娩出)되어 탯줄을 끊음으로써 그 역할을 다한다. 임신하여 산고의 모진 고통을 이겨내고 출산하여 수유하는 산모의 모습은 상상만 해도 참으로 신성하고 아름답다. 같은 의미로 오직 씨눈을 싹 틔워 차나무로서 잘 자랄 수 있도록 헌신적인 밑거름이 된 채 사라져간 차씨의 종자살도 경이로움을 느끼게 한다. 이 모든 과정은 자연의 생리이며, 이러한 원리를 깨닫게 됨으로써 인생의 고와 락이 둘이 아님도 배우게 되었다.

흔히 차인(茶人)들의 세계에서 개량종 일반 녹차를 인삼에, 재래종 잎차인 작설차를 산삼에 비유한다. 개량종은 18세기 이후부터 차 소비량이 늘어나는 데 대처하기 위해 대량생산을 목적으로 중국, 대만, 일본 등 주요 생산 및 소비국에서 품종을 개량하기 시작하였고, 이후 현재까지 등록된 품종만도 수백 가지이고 수천 종이 지구상에 식재되어 있다고 한다. 우리나라에는 약 20여 개 개량품종이 식재되어 있다. 1940년경에 보성읍 봉산리 일대에 인도산 베니오 마레라는 차 열매를 심은 것을 시작으로, 전라남도가 1969년부터 1973년까지 농·특사업으로 보성군 회천면 영천리 일대 450여 ha에 일본의 개량품종인 야부키타(藪北) 다원

저자의 재래종 차밭. 아래는 제주도의 녹차밭

을 조성하였다. 1981년 대만 다업 개량장에서 육성한 대차 12호와 13호 품종은 제주도와 해남의 태평양 다원에 4만 여 평이 식재되었고, 1983년 대만에서 들여온 청심 오룡은 제주도 서귀포 태평양 도순 다원에 식재되어 해남과 일부 지역에 전파되었다. 1984년 무이라는 품종 역시 대만에서 들여와 제주도에 식재되었으며 그 외의 품종들도 곳곳에 식재되어 있다.

대량생산 품종인 개량종은 속성성장과 다량수확을 목표로 하기 때문에 차밭을 조성할 때 기계화 관리와 생산에 알맞게 조성지를 경사도를 완만하게 하거나 평지로 만들어 잔돌까지 모두 제거하고 식재한다.

주요 차 생산국의 기계화된 다원을 살펴보면 한 구획당 면적이 15~20ha 정도이며 일본의 잘 정비된 개량종 차밭은 그 이상의 면적도 있다. 차는 토양의 성분에 따라 차의 향, 색, 미와 잎의 형태가 조금씩 다르지만 생산량을 늘리기 위해 시비(施肥)를 많이 하게 되면 영양분을 흡수하는 가는 뿌리가 비료성분이 있는 지표면으로 향하기 때문에 가뭄이나 냉해를 받기 쉽다. 이러한 원인으로 발생되는 탄저병과 윤반병, 떡병, 적소병, 적엽고병은 3~11월 사이에 발생하지만 기온이 높은 6~10월 사이에 심하고, 찻잎 채취시기인 4~6월에 초록애매미충과 먼지응애, 털벌레, 깍지벌레, 자벌레 등의 해충이 새순과 잎, 어린 줄기 부분의 수액을 빨아먹고 탄저, 붉은잎마름병 등의 병 때문에 병충해 방제를 소홀히 할 수 없다. 방제작업을 하는 사람들은 살포하는 살충제가 저독성이고 채취시기를 피해 사용하므로 별 문제 될 것 없다고 하지만 더러는 잔류농약 성분이 검출되기도 한다. 소규모의 재래종 차밭도 비료를 하고 병충해가 발생하면 농약을 사용하는 경우가 있다고 하는데 안전기준을 잘 습득하고 사용하여 소비자들이 안심하고 섭취할 수 있도록 해야 할 것이다. 개량종은 엽록소 성분의 농도는 짙은 것 같은데 섬유질 함량이 낮은 탓인지 덖어보면 쉽게 물러져 으깨어지고, 수분이 증발되면 잘 부스러져 솥에 덖어서 만들기에 적합하지 못하다. 이런 이유로 대량생산을 위한 개량종은 역시 기계화 설비에 의해 쪄내는 방법으로 가공 생산하는 것이 적합하다 할 수 있겠고 또한 품종별로 적절한 제다법을 연구해서 생산해야 한다고 생각한다. 그리하여 녹차는 녹차대로 작설차는 작설차대로, 그리고 발효차의 경우 발효의 정도에 따라 생산되는 각각의 차 제품에 대한 객관적이고 통일된 품평 및 관능심사(官能審查) 기준과 표준이 설정되어야 한다. 지금처럼 차의 품종과 제품을 일관되고 공정하게 평가할 수 있는 기준이 없다면 우리 차는 소비자로부터 더욱 멀어지고, 또한 우리 차 산업의 앞길은 요원하다 할 것이다.

개량종과 재래종의 채엽 효율성을 비교해 보면 1일 1인 기준으로 개량종이 20~30kg, 재래종은 2~3kg이고 재래종 차밭에서 기계 채엽은 불가하다. 가위 채엽이 200kg, 소형동력기 채엽이 500kg, 트랙터형 동력채엽기는 2,000kg 채엽이 가능하다. 현재 중국이 1,000여 종, 일본이 250여 종, 대만이 200여 종, 그 외 인도, 스리랑카, 인도네시아, 케냐 등 각국에서 지역 특성에 맞는 개량품종들을 보유하고 있는 것으로 알려져 있다. 이 개량종의 실제 경제 수명은 30년 전후로 보는데 수령이 오래될수록 병충해 발생률이 높고 생산력이 저하되어 수종갱신과 함께 재식재가 불가피하다. 따라서 묘목을 심어서 조성하게 되는 개량종과 열매를 파종하여 조성하는 재래종 차밭의 장단점은, 차의 품질은 차치하고라도 우선 생산량에서 현격한 차이가 있다는 점과 병충해에 약하고 강한 점, 그리고 기계화 공정에 의한 관리·생산이 가능하다는 점과, 기계화 작업이 불가능하여 온전히 수작업에 의존해야 하므로 많은 일손을 필요로 하며, 따라서 효율적 관리와 대량생산에 적합하지 못한 점 등을 들 수 있다.

재래종 차나무의 수성(樹性)은 자생력이 극히 강하여 파종 후 일단 싹이 돋아난 후에는 거의 죽지 않고, 그 수명 역시 가늠할 수 없기에 영년생(永年生) 식물이라 칭하며, 하늘이 인간에게 내려준 최고의 선물이라 말하는데 이는 인간만을 위해 존재하는 식물이라는 뜻이기도 할 것이다. 저자가 차일을 시작하여 지금에 이르는 동안 단 한 번도 차나무가 수령이 다하여 죽거나 야생조류나 야생동물에 의한 피해를 입은 일을 본 적이 없다. 다른 종류의 유실수나 농작물은 때때로 야생동물에 의한 피해가 심각하기도 하지만 삭막한 겨울에도 진한 초록색을 유지하는 찻잎과 그 열매는 전혀 피해가 없었다. 이는 차의 생엽을 먹으면 해롭다는 것을 야생동물도 알기 때문일 것으로, 이런 연유로 심근성 차나무는 사람만을 위해서 존재하고 사람의 손에 의해 법제되어 차가 탄생함으로써 그 존재가치가 있다 할 것이다.

재래종 차나무는 뿌리와 잎에 멧돼지 등의 해수(害獸) 피해도 없을뿐더러 강한 엽성(葉性)으로 해충과 벌레가 해를 끼치지 못하므로 농약과 비료가 필요 없고, 또한 그 뿌리는 심근성(深根性)으로 뿌리가 거의 수직으로 자기 몸체의 2~3배, 즉 땅속으로 2~3m 정도 내려간다. 저자는 여러 차례 비탈이 무너져 내린 곳에서 차나무의 뿌리가 노출된 경우 그 뿌리를 끝까지 파헤쳐 살펴보곤 하였는데, 그때마다 재래종 차나무의 강한 생명력에 외경감과 더불어 신령감을 느끼지 않을 수 없었으며, 지표면의 흙과 3m 깊이의 흙을 만져보고 유심히 관찰하면서 그 차이점에 대해 궁금점도 가지게 되었다.

2003년 저자는 배추와 무, 당근 그리고 오이, 감자 이렇게 다섯 가지 야채를 한지로 싸서 비닐봉투에 넣고 차밭을 파서 50cm와 1m, 그리고 2m와 3m 깊이에 각각 묻어 두었다가 2개월 후 야채의 상태를 살펴보기 위해 땅을 파보았다. 그 결과 50cm 깊이에 묻어둔 야채는 모두 썩어 있었고, 1m 깊이의 야채는 겉만 조금 부패되었을 뿐 형태들은 온전하였으므로 다시 흙을 덮어 두었다가 2개월 경과 후 다시 파보았는데 2m 깊이의 야채는 여태 싱싱하였다. 다시 흙을 덮어두고 2개월 후 파보았지만 2m 깊이 야채는 껍질을 벗기고 손질해서 먹을 수 있을 만큼 크게 변질되지 않았고. 3m 깊이의 야채는 신선도가 처음 상태와 같았다. 그래서 저자는 땅의 깊이에 따라 온도는 물론이고 토양의 기운과 함유된 성분이 다를 것이라는 생각을 갖게 되었다. 2007년 초여름 일본 농림수산성 다업연구관과 도쿄대 지질학 분야의 교수 일행이 방문하여 차밭을 둘러보고 세밀히 관찰한 후 차나무 뿌리 끝 부분의 흙을 300g쯤 채취하여 가져갔고, 8개월 가량 후 『모노리스 바로 밑의 우주1cm, 100년의 땅의

모노리스 보도자료 사진

프로필(モノリス眞下の宇宙1cm 100年の土のプロフィール)』이라는 책을
받아보았다. 그 책의 내용에는 저자와 차밭에 대한 소개와 저자가 생산한

차에는 "신비적이고 우주적인 맛이 있고 이는 깊은 땅속의 기를 흡수하여 생명력이 강하다"(申さんの煎茶は神秘的で宇宙的な味わいだ. 地中の氣を吸い上げたような生命力にあふれているからだ)라는 내용 등이 사진과 함께 실려 있었다. 이후 일본에서 과학적 근거에 의해 취재한 보도자료들을 근거 및 참조하여 2009년 일본 농림수산성 인증기관으로부터 유기농 JAS를 인증받았다.

조선왕조실록에는 백성들이 시신을 매장할 때 5자(150cm) 이상 깊게 묻는 것을 금하는 내용이 있다. 이는 열십(十) 자 깊이의 위, 아래를 막으면 왕(王)자 형상으로 왕을 의미한다는 상징적 의미와, 깊은 땅속의 지기(地氣)가 매우 왕성해 왕(王)기가 서린다 하여 그렇게 정하였다고 한다. 물론 현대의 과학적 상식으로는 이해하기 어려운 일이지만 깊은 땅 속의 기운이 서한(暑寒)과 풍화에 시달리는 지표면보다 강하다고 추측하기는 어려운 일이 아니다. 따라서 차나무의 뿌리가 이렇게 강하고 신묘한 지기(地氣)가 형성된 깊이까지 뻗어 내려가 각종 미네랄과 미량 원소 등 유익한 성분을 흡수하여 싹을 틔우므로 그를 섭취하는 우리의 심신에 지대한 영향을 미치게 됨은 지극히 자명한 일일 것이다.

일찍이 선친 용곡 스님은 저자에게 "차의 본성은 심근성이요, 인간의 본성은 자유성이다. 자연의 본성은 영원성이니 본성이 일체감을 이루면 조화적이요, 본성을 벗어나면 대립적 현상이 일어난다"라고 말씀하셨다. 이후 차의 본성인 심근성은 저자의 가슴에도 깊이 뿌리를 내려 자리 잡게 되었고, 따라서 이 재래종 차나무의 찻잎으로 정성을 다한 차를 만들어 많은 애호가들이 이 차나무의 유익한 심근성을 알게 되는 한편, 이 차를 마시는 즐거움이 오래 지속되기를 기대하게 되었다.

그러나 깊은 땅 속에서 순수한 자연의 기를 흡수하여 자라는 것이 본성인 심근성 차나무도 생산량을 늘리기 위하여 비료나 퇴비를 하게 되면 비료성분을 흡수하기 위해 지표면 가까이에 잔뿌리가 형성되면서 본 뿌리는 타고난 심근성인 그 생리작용을 멈추고 퇴화되어 개량종 뿌리의 모습을 닮아가게 된다. 즉 구태여 땅속 깊이 내려가야 할 이유와 명분이 없어지게 되어 비배관리(肥培管理)에 의존하는 개량종과 차이가 없어지게 되며, 따라서 차의 품질 역시 현격히 저하된다. 사람도 어떤 음식물을 섭취하느냐에 따라서 건강과 성격에 큰 영향을 미친다고 하는데 이와 비슷한 원리가 아닌가 생각한다. 그러므로 차를 제조하는 사람은 소비자를 위하여 차나무의 품종, 관리생산의 농법, 제다법 등을 투명하게 공개하는 것이 의무이며 마땅한 일인 것이다.

재래종 차나무는 씨앗을 땅 속에 파묻으면 6월이나 7월에 발아되어 싹이 돋아나지만 그 싹은 주위의 잡초와 생존을 건 힘겨운 싸움을 하게 되기 마련이다. 그러다가 뿌리가 자리를 잡고 줄기에 가느다란 세지(細枝)가 생기면서부터는 잡초와 더불어 사이좋게 크다가, 점차 키가 커지고 줄기가 굵어지면서 잡초보다 강인한 생명력을 드러낸다. 차나무는 갓움이 튼 어린 상태일 때도 잡초에 치이거나 고사하는 경우는 거의 없다. 단지 성장이 느리고 빠른 차이만 있을 뿐이다. 따라서 찻잎을 따기 전까지는 성장과 채엽을 방해하는 잡초와 잡목, 넝쿨류 등을 제거하는 것이 차밭 관리의 중요한 일이다.

개량종은 일반적으로 묘상(苗床)에 삽목을 하여 일 년 후쯤 차밭 조성지에 이식하는데 3년이면 찻잎을 채취할 수 있지만, 재래종은 파종하여 6~7년 이상이 지나야 생산을 시작할 수 있게 되며 생산량도 개량종에 비해 10% 정도밖에 되지 않는다. 이러한 요인으로 우리 재래종 차밭을 소유하고 있는 차 생산 농가들도 생산량을 늘리기 위해 비배관리를 하지만 이는 병충해 발생 원인이 되므로 농약을 살포하게 되고 따라서 품질은 떨어지게 된다. 농업에 종사하는 사람들은 한결같이 현실적으로 모든 농작물을 가꾸면서 농약을 사용하지 않고는 생산할 수 없어 최소한 저농약이라도 살포하게 된다고 말한다.

저자는 1980년대 차밭과 차밭 주위에 여러 가지 유실수를 심었다. 주로 매실과 감, 자두, 배, 밤, 은행, 산딸나무 등인데 식재한 후 10년에서 20년 사이에 일부를 제외하고 거의 모두 베어냈고, 현재 매실나무 30년생 50여 주와 45년생 은행나무 100여 주, 그리고 20년생 산딸나무 수천 주가 차밭에 비음수로서의 제 역할을 하며 자리를 지키고 있다. 다른 유실수들은 실제로 농약을 사용하지 않으면 병충해로 인해 생산이 어렵다는 것을 확인하고 베어낸 것이다. 해마다 2~3t 정도 생산할 수 있는 매실도 병충해가 심한 해에는 아예 수확을 포기하는 경우도 있었다. 하지만 비록 병 때문에 수확을 못해도 농약만큼은 사용하고 싶지 않아서 생산을 포기한 것이다.

저자의 경험으로 지금까지 농약을 사용하지 않고도 재배 가능한 유실수는 재래종 차나무와 은행나무이다. 농약이 없었던 때에도 농작물을 잘 가꾸어 왔지만 지금은 무농약 재배는 정말 쉽지 않은 일이 된 것이다. 그러나 우리 심근성 재래종 차나무는 병충해 발생으로 인한 피해가 없으니 이 얼마나 다행한 일인가!

재래종 찻잎을 전통적 법제방법에 의해 구증구포작설차를 생산하면 품질은 뛰어나지만 한잎 한잎 손으로 따야 하므로 생산량은 적고 생산비용은 많이 들어서 판매가격이 비싸니 누구나 손쉽게 선뜻 구해서 즐겨 마시기에는 부담스럽다는 단점이 있으며, 생산자의 소득도 기대하기 어렵다. 그러나 여러 종류의 유사한 차 제품들과 비교해 보면 향·색·미가 우수하며 투박하지 않고 윤기가 나며, 마신 후 차향이 입안에 오래 머문다. 일반 차가 보통 2~3회 우려 마시고 버리는 반면 구증구포작설차는 아홉 번을 우려 마실 수 있고, 완전 유기농 생산품이므로 차탕에 남은 찻잎을 그대로 먹을 수도 있으며, 나물처럼 무쳐 먹기도 하고,

건조하여 밥짓기 용 등 여러 용도로 활용하기도 한다. 작설차의 격높은 향미 이외에도 이러한 많은 장점 때문에 일반 녹차 값과 비교해서 궁극적으로 결코 값이 비싸지 않다는 것을 알 수 있다. 그러나 재래종 차나무는 채엽부터의 모든 제다과정이 수작업에 전적으로 의존하므로 대량생산품과의 경쟁에서 밀리고, 따라서 소득도 적으므로 현상유지조차 어려운 상황에 처해 있다. 게다가 그나마 조금씩 남은 차밭들도 제대로 관리하지 못하고 방치함으로써 차밭들의 피폐해 점차 심해지는 것이 작금의 현실이다. 그리하여 재래종 차나무는 자연스럽게 도태되고 사라져가는 희귀종처럼 되어 대량생산 품종의 차는 인삼에, 재래종 심근성 차는 산삼에 비유하는 또 다른 이유인 것이다.

그러므로 국내에서 재래종 차나무를 파종하여 7년 이상의 오랜 시간을 비료와 농약을 사용하지 않고 본성인 심근성을 유지하며 재배하여 전통 작설차를 생산하는 업체는 극히 드물고, 그 생산량은 전체 차 생산량의 단 1%도 되지 않을 것으로 추정된다. 그러나 작설차는 우리 민족의 얼이 담긴 전통차이므로 간단하고 편리한 대량생산 방법을 거부하고 우리 전통문화의 우수성에 대한 자부심, 자긍심과 확신으로, 그리고 양보다는 질과 그 품격에 최우선 가치를 둠으로써 그 존재가치와 의미를 찾을 수 있을 것이라고 저자는 생각한다.

2) 수하다원(樹下茶園)

양질의 차를 생산하기 위해서는 호조건의 차밭과 최적의 차밭 관리가 필수적인데, 어떤 땅에 조성하여 어떤 농법에 의해 생산해야 하는지가 가장 중요한 요소라고 할 수 있다. 이러한 요인 중 차밭은 반음반양의 일조환경이 적격이다. 선암사의 차밭도 그러하지만 저자의 차밭은 거의 전부가 해가림나무[庇蔭樹] 아래의 수하다원(樹下茶園)으로 죽로(竹露)차밭 3만여 평, 은행과 매실나무 아래[梅下] 차밭 약 만여 평, 그리고 상사호가 내려다보이는 조계산 남쪽 기슭에 펼쳐져 있는 12만여 평의 차밭은 때로 박달나무라고도 불리는 산딸나무[野荔枝, 四照花 : 학명 *Cornus kousa*] 아래 조성되어 있고, 전부 자연농법으로 관리하고 생산한다. 일본에서는 복하다원(覆下茶園)이라고 하여 수확기 전 갈대나 볏짚, 거적 등으로 덮개를 만들어 씌우기도 하였지만 지금은 대부분 현대적인 편리한 방법으로 일조량 조절을 한다. 수하다원은 차밭의 일조량을 조절하고 방풍, 수분 공급 외에 낙엽에 의한 유기질 공급 등의 효과를 얻을 수 있는 차밭이며, 찻잎이 선록유연(鮮綠柔軟)해지고 향미가 온화해지며 고삽(苦澁)미가 감소되고 감미가 증가된다.

그리고 수하다원을 조성할 때 비음수 수종의 선택은 중요한 문제이다. 차와 궁합이 맞지 않는 소나무나 잣나무, 잎이 바늘같이 생긴 침엽수와 늘 푸른 상록수 그리고 뿌리를 비교적 깊이 내리는 수종은 피해야 한다. 우리나라 산간지대 대부분을 차지하고 있는 소나무는 살아서도 죽어서도 차와는 상극이라고 할 수 있다. 4월 하순부터 5월에 꽃이 피는 소나무의 송화가루는 찻잎 채취시기에 바람에 날려 찻잎에 붙어 차향을 해치고 두 나무의 뿌리는 서로 강력한 산(酸)을 발산하여 상생이 어렵다. 소나무 장작 불길도 차향을 해쳐 서로 조화를 이룰 수 없는 수종이므로 차밭에 소나무가 있는 것은 이롭지 못하고 제다 작업 시 소나무 장작을 연료로 쓰는 일도 피해야 한다. 그러나 송화가루는 따로 모아 꿀로 반죽하여 무늬가 있는 판에 찍어내어 찻자리에서 다식(茶食)으로 사용하기도 한다.

차와 조화를 이루는 수종으로는 대나무가 으뜸인데, 차나무의 심근성을 보호하며 대나무의 수량을 적절히 조절하여 통풍이 잘될 수 있도록 관리하여야 한다. 저자가 차밭을 조성할 때 식재하였던 층층나무과의 산딸나무는 9~10월에 흡사 딸기처럼 생긴 열매가 열리고, 6월에 무리지어 피어나는 꽃은 장관을 이룬다. 청순한 자태와 해맑은 빛깔의 백색 꽃은 십자 모양으로 십자수로 불리기도 하고 예수님이 이 나무로 만든 십자가에서 운명하였다는 속설도 있어서 성스러운 나무로 취급되며 기독교인들의 사랑을 받는다. 나무의 질이 단단하고 나이테가 아름다워 목재는 조각재와 가구재로 이용한다. 낙엽활엽관목으로 수고 10미터쯤 자라며 꽃과 열매, 수피와 단풍 모두가 일품인 산딸나무는 조계산 기슭의 차밭으로서는 최적인 토질 등 제반 환경과 생장하는 해발고도가 잘 맞으므로 택하였다. 이제는 수령이 거의 20년 이상으로 대부분 크고 높게 자라서 비음수로서의 역할은 물론 초여름부터 같은 나무에서 청신하고 고결하게 피어나는 하얀색의 암·수꽃들이 차의 애호가 및 심방객에게 상사호의 멋진 비경과 더불어 또 다른 선물이 되고 있다.

저자가 선암사에서 동자승 때부터 승적을 보유한 재적승일 때, 그리고 1987년 선암사를 떠나 아랫마을로 내려와 정착할 때까지 무우전(無憂殿)에서 내내 기거하였으며, 무우전과 진영당(眞影堂) 사이 비전(碑殿)과 북쪽의 운수암으로 통하는 길에는 고색이 창연한 담장 옆에 오래된 고매(古梅)들인 백매, 청매, 홍매가 줄지어 서 있었다. 이른 봄 매화가 꽃망울이 맺히기 전부터 봄소식을 가장 먼저 전하는 철간선춘(鐵幹先春)을 찾아 성미 급한 상춘객들이 즐겨 찾았던 그곳은 늦겨울부터 꽃망울 소식을 자주 물어오던 한창기 선생과의 인연이 시작된 곳이며, 한창기 선생이 저자에게 들려준 한국의 전통문화와 문화재, 그리고 작설차에 관한 많은 이야기는 저자의 인생행로와 지식함양에 큰 도움이 되었다. 한편 선생은 선암사의 차밭 복원으로 "절간의 경제 사정이 많이 좋아질 것"이라고 저자를 격려 겸 독려하기도 하였다.

선암사의 고매에 대하여 『동아일보』 김화성 기자는 다음과 같이 썼다.

매화는 역시 고목은 토종 매화가 으뜸이다. 조선 토종 매화는 꽃이 작지만 야무지다. 꽃이 띄엄띄엄 듬성드뭇하다. 어느 날 안간힘을 다해 화르르 토해낸다. 매실은 그저 그렇다. 하지만 향이 은은하고 오래간다. 저녁밥 짓는 냄새처럼 가만 바람에도 낮게 깔려 스며든다. 검버섯 마른 명태 같은 몸에서 어느 날 한점 두점 꽃을 밀어올린다. 순천 선암사 늙은 매화들은 이제야 하나둘 몸을 풀고 있다. 600여 살의 무우전 담장 가운데 홍매와 원통전 뒤편의 백매(이상 천연기념물 제488호)는 온 힘을 다해 꽃을 토해내고 있다. 뒤틀린 가지에 부르트고 거무튀튀한 껍질, 거기에 나비처럼 매달린 분홍 홑꽃(홍매), 녹갈색 꽃밭침에다 모시적삼 같은 하얀 꽃잎(백매), 다음 주쯤이면 벌들이 잉잉대며 코를 박을 것이다.

"검은 기와 돌담 위에 축 늘어진 이끼 낀 줄기와 풍상을 겪느라 휘어지다 못해 비틀려 감긴 가지는 옛 그림에서 보던 그대로였다"라고 홍익대학교 문봉선 교수가 그의 전시회 도록 「문매소식(問梅消息)」에서 표현했듯이 선경(仙境)인 무우전과 매화는 저자의 가슴에 깊이 각인되어 있어서, 또 매화와 차나무가 잘 어울리니 그 매의 후손들을 비음수(庇蔭樹) 삼아 차밭을 조성하게 되었다. 이제 철마다 차의 부산품격인 매실고(梅實膏)를 지인에게 보낼 수 있음도 한 보람이며 즐거움이다.

저자의 죽로차밭 조성은 뒤에 기술하겠거니와, 죽로차에 대해서 이덕리는 『동다기(東茶記)』에서 "대숲 사이에서 나는 차는 특히나 효험이 있다"(竹間之茶 尤有效)라고 하였으며, 혜장선사도 "차 따는 사람에게 들으니 대숲에서 나는 것 가장 좋다네"(聞諸採茶人 最貴竹裡挺)라고 읊었다. 초의선사(草衣禪師)와 정다산(丁茶山) 선생도 죽로차(竹露茶)를 찬양하였고, 특히 추사(秋史) 선생은 "화개동 죽로차는 중국에서 제일가는 용정(龍井), 두망(頭網)보다 질이 좋으며 인도의 유마거사 주방(廚房)에도 이처럼 좋은 묘미(妙味)의 차는 없을 것"이라고 극찬하기도 하였다. 현재 우리나라의 다인(茶人) 중에도 죽로차를 제일로 생각하는 이들이 많다. 김대성 선생은 『차 문화 유적답사기』에서 "차나무는 대나무숲 사이를 뚫고 들어오는 햇빛과 또 그 그늘, 반양반음(半陽半陰)에서 자란 죽로차를 제일로 친다"라고 말하였고, 김주희 선생도 『한국 차 문화협회 지』에서 "차나무는 대나무 밑에서 잘 자란다. 대밭에서 생산된 차를 죽로차라 하여 일품(逸品)으로 치고 있다. … 대나무는 신성스러운 나무 다. 차나무는 그러한 대나무 아래 군림하며 사는 지체 높은 나무라 할 수 있다"라고 하였다.

과연 차나무와 대나무는 둘 다 신이 우리 인간에게 축복으로 내린, 참으로 유익하고 경이(驚異)로운 식물들이다. 대나무밭 아래에서는 그 어느 식물도 잘 자라지 못하지만 차나무만은 예외이다. 대나무의 뿌리는 횡근성(橫根性)·천근성(淺根性)이고, 야생차나무의 뿌리는 심근성(深根性)이므로 서로 간섭성(干涉性)이 적으며, 수하다원(樹下茶園)으로서 햇볕 조절 기능도 훌륭하고, 또한 밤부터 아침까지 맺힌 댓잎의 이슬을 낮에 흘러주어 수분을 공급하는 등 아주 이상적인 연분 즉, 신비한 만남이라 할 수 있다. 대나무로서는 차나무에 베풀기만 하는 것처럼 보이나 차나무 낙엽은 대나무 뿌리에 유기질을 공급하여 죽순의 발아를 촉진시키고 건강한 성장을 도우므로 서로 상생한다고 할 수 있을 것이다. 그러나 죽로차밭은 관리하는 일이 결코 쉽지 않고 일손이 많이 필요하다. 반음반양의 상태와 통풍이 잘 되어야 하므로 적당량의 대나무를 베어내고 가지도 쳐야 하며, 차나무에 이롭지 못한 잡초와 넝쿨들을 제거해 주어야 찻잎 생산을 원활히 할 수 있다. 자칫 1년만 방치해도 출입과 찻잎 채취가 어려워지는 등 관리와 생산이 어려운 차밭이 되어 버리므로 죽로차밭 관리는 소홀히 해서는 안 된다. 또한 차나무의 시배지(始培地)로 화엄사 뒤쪽의 진대밭[長竹田]이 거론되고 있기도 하며, 이능화는 그의 저서 『조선불교통사(朝鮮佛教通史)』에서 수로왕비 허씨와 죽로차에 대해서 기술하였다.

3) 작설차의 제 효용

작설차를 포함하는 Green tea는 2001년 미국 『뉴욕타임스』에서 10대 음식의 하나로 선정한 바 있으며, 그 효능은 이뇨, 강심, 피로회복, 각성 등 헤아릴 수 없이 많다. 1596년 선조의 왕명에 의해 내의원(內醫院)에 편찬국을 두고 허준을 중심으로 우리 민족의학을 정립시키는 대역사가 시작되어 14년 후인 1610년 8월 6일 25권의 방대한 의서(醫書)가 완성되어 1613년 11월 활자 인쇄본으로 간행된 『동의보감(東醫寶鑑)』에는 차의 대증요법으로 내경(內景), 외형(外形), 잡병, 탕액편 합하여 총 167예(例)의 병증(病症)에 93종 복약(服藥), 38종 처방(處方), 11종 단방(單方)의 차요법(茶療法)이 실려 있다. 그리고 작설차의 효능에 대해서 "기를 내리게 하고 오랜 식체를 삭이며, 머리와 눈을 맑게 하고 소변을 잘 통하게 하여 준다. 소갈증을 멎게 하고, 잠을 적게 자게 하며 음식을 먹어서 생긴 독을 풀어준다. 오랫동안 마시면 인체의 지방분이 줄어들고 몸매가 야위어진다"라는 내용이 수록되어 있다. 『동사열전』을 지은 범해선사도 이질(痢疾)로 사경을 헤매다가 차를 음용하여 병을 구했다는 자신의 체험을 차약설(茶藥說)에서 기술하였다.

차의 효능은 의학적 효능뿐 아니라 애호가의 소양(素養)과 음다 시의 분위기에 따라 받아들이는 정신적 신체적 효능은 다양하다 할 것이다. 일찍이 당나라 시인 노동(盧仝)은 〈주필사맹간의기신차(走筆謝孟諫議寄新茶)〉에서 "첫째 잔은 목과 입술을 적셔주고, 둘째 잔은 외로운 시름을 떨쳐주고, 셋째 잔은 메마른 창자를 더듬어서, 뱃속엔 문자 오천 권만 남았을 뿐이요, 넷째 잔은 가벼운 땀을 흐르게 하여, 평생에 불평스러운 일들을, 모두 털구멍으로 흩어져 나가게 하네. 다섯째 잔은 기골을 맑게 해주고, 여섯째 잔은 선령을 통하게 해주고, 일곱째 잔은 다 마시기도 전에 또한 두 겨드랑이에 맑은 바람이 이는 걸 깨닫겠네"(一椀喉吻潤

二椀破孤悶 三碗搜枯腸 惟有文字五千卷 四椀發輕汗 平生不平事 盡向毛孔散 五椀肌骨清 六椀通仙靈 七椀喫不得 也唯覺兩腋習習清風生)라고 그 효능을 노래하였다. 여기에서 창자를 더듬는다는 것은 차를 마셔서 시상(詩想)를 촉진시키는 것을 의미한다.

한편 작설차는 민가의 관혼상제의 사례(四禮)에도 빠지지 않고 등장하며 신에게 현실의 복을 비는 주요한 재물이었다. 차를 기복(祈福)의 매개체로 쓰는 이유는 복을 비는 대상인 신들에게 올리기에 신령한 차가 적격이라고 믿었기 때문이다. 따라서 차를 올리면 신이 인간의 염원을 가장 잘 들어준다고 하여 농사풍작과 자손번영을 빌었고 가신(家神)에게 비는 가정의 고사(告祀)에도 차를 올리고 소원을 빌었다고 한다. 차가 나는 지방에서는 일반 백성들이 이질이나 독감 등에 특효가 있는 약용으로는 물론이려니와, 부처님께 올리고 산신님께도 올려 소원을 빌고 들뜬 마음을 안정시키고 차분하게 하는 특용음료로도 즐겨 마셨음을 화엄사 근처에 전래되어 온 아래 민요에서도 알 수 있다.

　　잘못먹어 보챈애기 작설먹여 잠을재고
　　큰아기가 몸살나면 작설먹여 졸게하고
　　엄살많은 시아비는 작설올려 효도하고
　　시샘많은 시어머니 꿀을드려 달래놓고
　　혼자사는 청산이는 밤늦도록 작설먹고 근심없이 잠을잔다
　　바람바람 봄바람아 작설낳게 불지마라 이슬먹는 작설낳게
　　한잎두잎 따서모아 인적기도 멀리한날
　　앞뒤당산 산신님께 비나이다 비나이다 산신할매 비나이다

불가에서 다례는 부처, 나한, 삼보 등에 차를 올릴 때와 돌아가신 스님의 제사를 모실 때 주로 행해졌으며 탑이나 부도에도 다례를 올렸다. 아침 예불 시에는 다음 차게(茶偈)를 염송한다.

제가 지금 이 청정한 물로	我今淸淨水
감로차를 만들어서	變爲甘露茶
삼보 전에 올리오니	奉獻三寶前
바라옵건대 자비로이 받아주소서	願垂哀納受

또한 작설차를 계속 마시면 간이 좋아지고 눈이 맑아지며, 정신도 명경지수(明鏡止水)처럼 맑아진다고 하여 작설차가 선정(禪定)에 드는 스님들의 각별한 아낌을 받았다. 이규보가 읊은 "차 한 사발 이것이 곧 참선의 시작이라네"(一甌卽時參禪始)의 의미가 이미 몸소 체득된 바 있으므로 심신수련에 이보다 더 좋은 기호식품이 없었던 것이다.

작설차를 좋아하시는 분은 누구나 한 번쯤 차 마신 후 말로 표현하기 어려운 묘한 기분이 들거나 혹은 오싹 소름이 돋는다거나 하는 느낌을 받았으리라 생각된다. 차 모임 후 간혹 차를 마신 후의 느낌을 이야기 할 때가 있다. "머리가 맑아진다"거나 "오장이 개운해지며 기분이 상쾌해 진다", "눈이 맑아지는 느낌이다"라거나 "겨드랑이에서 찬바람이 위로 솟구친다"라고 표현하는 이가 많았다. 어떤 저명한 차인은 저자의 차를 마시고 차의 종류뿐 아니라 여러 곳 차밭 위치까지 정확히 맞추어 저자도 놀란 적이 있으며, 그 중의 한 차밭인 덤바위의 차에 대해서는 "등에서 부는 시원한 기운으로 몸이 둥실 떠오르는 것 같다"고 항상 이야기 하였다.

저자도 아주 오래 전 신묘한 체험을 한 적이 있었다. 1969년 18세 때, 늦가을 따사로운 햇살을 온몸에 받으며 무우전 앞마루에 앉아서 여느 때와 같이 차 한두 잔을 마셨다. 그런데 잠시 후 감미로운 찻물이 부드럽게 목을 넘어가자마자 소름이 끼치는 듯한 싸늘한 기운에 몸이 움츠러들면서 순간적으로 닭살이 돋았고, 다시 따뜻한 듯 뜨거운 듯 선열감(禪悅感)이 차오르며 몸속에서 무엇인가 머리 쪽으로 솟구쳐 백회혈을 통해 터져나오니 순간적으로 감정을 자제할 틈도 없이 저자도 모르게 큰 소리로 신음하며 고함을 내질렀다. "우와! 바로 이것이다. 바로 이것이야!" 하며 소리를 질렀고 한동안 넋이 나간 상태로 정신이 없었다. 잠시의 시간이 지난 후 저자는 무우전 건물 안쪽에 있는 각황전 법당에 들어가 향촉에 불을 붙이고 좌정하여 한동안 저자에게 일어난 이 믿기지 않는 놀라운 현상을 파악하기 위해 몰입하였고, 무아지경의 상태에서 자문자답하게 되었다. 도대체 무슨 일이 저자에게 일어났는지, 어떤 작용에 의해서인지, 무슨 조화인지 도무지 이해되지 않았고, 다각의 소임에는 늘 충실했지만 아직은 어린 나이라고밖에 할 수 없는 당시로서는 신묘하다는 느낌밖에 들지 않았다.

다음 날과 이후 오직 한 번만이라도 그 체험을 다시 하고 싶은 마음으로 그 시간 그 자리에서 차를 마셔 보았지만 그 느낌과 그 감정은 다시 느낄 수 없었다. 저자는 차를 마시면 정도의 차이는 있어도 심신의 미묘한 변화는 감지할 수 있지만 오랜 세월이 지난 지금은 그때와는 달리 정신적 육체적 감각과 감수성이 많이 둔화되었고, 생활에도 많은 변화가 있어 그 시절 느꼈던 그런 느낌을 다시 체험할 수 없으리라 생각한다. 그러면서도 여전히 혼자서 차를 즐기는 시간에는 그 일을 기억하며 그 느낌을 내심 기대하기도 한다. 그리고 그때 분명히 느낄 수 있었던 그 신묘한 선열로 인해 차는 그 순간부터 저자에게 불성(佛性 : 禪)으로 자리하였고, 또 평생 풀어나가야 할 화두가 되었으며, 그 신령스러운 경험은 이후 차와 저자가 하나되어 살아가야 할 충분한 이유와 계기가 되었다. 따라서 차와 저자는 상대적이 아니라 조화적이며, 내외적으로도 합일(合一)되는, 곧 저자의 새로운 생명이므로 차 없는 인생은 아무런 의미가 없다는 확고한 신념을 마지막 순간까지 놓지 않으리라 다짐하였던 것이다.

한편 오관(五官)에 의한 종합예술인 다도는 문학, 미술, 음악, 무용과

도 깊은 관련을 맺어왔으므로 차생활을 하는 많은 사람들은 작설차를 통한 건전한 교류와 창작 등의 예술활동, 그리고 심신의 안정 등에 도움이 된다고 믿었고, 따라서 작설차는 "남도문화의 귀결점이고 모든 문화의 중심에 서 있다"라는 말이 과언이 아닌 것이다. 어느 기자가 쓴 "차문화는 모든 문화의 위에 있다"라는 글을 본 기억이 있다. 이는 차문화가 문화의 꽃이며, 꽃을 보면 그 나무 혹은 화초의 모든 것을 알 수 있듯이, 우리의 작설차 문화를 알면 우리 전통문화를 깊이 알 수 있다는 말과 통한다고 저자는 생각한다. 따라서 이제 세계 각국에 우리의 우수한 전통차 문화의 홍보는 물론 전통 구증구포작설차 수출에 도 더욱 노력하여 어려운 현 상황의 타개와 우리 차문화의 진가를 알리고 자 진력할 생각이다.

4) 작설차의 고유성

고려시대 말기까지도 중국에서 수입된 차의 영향으로 말차(末茶)류인 단차(團茶)가 성행하였지만 조선시대에 들면서 단차는 차츰 자취를 감추게 된다. 조선중기 이후 청허휴정으로부터 비롯되고 전수된 가마솥에 덖어 만든 엽차(작설차)가 남부 대찰을 중심으로 제조되어 음용하게 되었고, 이때부터 우리의 차밭에서 우리의 제조법으로 덖음차가 생산되어 우리 차문화로 정착된다. 비록 척불의 시대에 승려의 사회적 지위는 도성 출입이 금지될 정도로 형편없이 떨어져 사역(使役)이나 하며 천대와 멸시로 산중에 숨어 사는 지경이었어도, 찻잎을 따서 차를 만드는 일을 소홀히 하지 않았고 제조법도 다서 등으로 깊이 있게 연구하였다고 전해온다. 왕실의 다례나 연회석에서부터 민가의 상례, 혼례, 제례 등의 가례 때와 공동사회적 조직의 친목과 우호적 교제 및 기타 의례적 모임의 자리까지 모든 행사에 빠지지 않았으며 산신이나 부처님께 신령한 차를 올리는 헌 다례 후 기원하는 풍습도 우리의 독특한 다례이다. 특히 혼례 시 규수(閨秀)가 차씨 세 알을 몸에 지니고 시댁으로 간 이유는 심근성 차나무의 뿌리가 깊어 이식이 불가하고 영년생 식물이므로 생을 다할 때까지 그 집에 뿌리를 내려 부모와 남편을 섬기고 대를 이어갈 자손을 잘 키우겠다는 일편단심의 상징물로 그 가치와 의미가 있었기 때문이다. 이 작설차는 허준의 『동의보감』과 범해선사의 「차약설」 및 조선초 하연(河演: 1376~1453)이 경상감사 재직중 엮은 『경상도지리지』의 「약제항」에 수록되어 있는 등 약용으로 사용한 근거 자료는 많다. 물론 나라의 잘못된 제도(숭유척불과 관청의 차 공납 등)로 우리 차문화가 흥하지 못한 시기였지만 청허휴정의 구증구포작설차 제조법은 남부 대찰을 중심으로 그 명맥을 유지해 왔다고 하겠다.

작설차는 우리 민족 고유의 차였다. 왕실의 다례나 행사 사신들에게 전달한 물품목록에도 기재되어 있으며, 왕조실록과 승정원일기 등의 기록에 의하면 세종 때는 사대부가의 규수를 뽑아 사신들에게 다례를 행하기도 하였고, 의식 다례를 여성이 행하기도 하였다. 진찬의궤(眞饌儀軌)에는 여집사(女執事)가 왕세자 앞에 차를 올리고 여관(女官)은 왕세자빈에게 차를 올리고 음악을 연주하며 과일을 올린다고 했으며, 왕이 주다례(晝茶禮)를 행한 후에 대비(大妃)가 따로 다례를 행한 경우도 있었다고 한다. 조선시대 문인들은 대체로 대자연 속에서 소박하게 차를 즐겼지만 계회(契會)를 조직하여 더불어 차를 마시고 시도 지으며 친목을 다지며 우의를 돈독히 하였고, 세종 때는 선비들이 선사(禪社)를 만들어 차를 마시며 선수행과 학업을 하였다고 기록에 전한다. 선조실록에는 명나라 장수 양호가 선조를 접견할 때 남원의 토산차를 보이자 선조는 그것을 작설차라 하였다고 기록되어 있다.

우리나라에서 작설차가 문인들의 기록에 나타난 시기는 12세기로 차탕이 상류사회에 등장하는 때와 거의 일치한다. "작설을 달인다"(煎雀

舌)든가 "황금빛 싹을 달인다"(煎黃金之芽) 등으로 표현하였고, 조선초기에 명나라 사신들에게 작설차를 선물로 준 기록으로 보아 고려시대 왕이나 귀족들이 고급 작설차를 보편적으로 마셨던 것 같다. 차의 등급은 조다(早茶) 즉, 일찍 딴 것으로 작설(雀舌)이나 응조(鷹爪), 혹은 맥과(麥顆)라고 불리던 차가 상품(上品)이었으며 이는 찻잎 모양이 참새 혀, 매의 발톱, 보리 낟알과 비슷하여 붙여진 이름이다. 또한 찻잎 채취시기에 따라 등급을 정하기도 하였다.

조선시대는 전반적으로 고려 때보다 음다풍습이 쇠퇴하였으나 중국을 왕래하는 사신이나 수행원, 역관들과 사신을 맞이하는 영빈관(迎賓官)의 관원들, 그리고 고위 관료층과 차의 산지 승려들 및 승려와 교류한 문인들을 중심으로 차문화는 이어졌고 이들이 지은 1000편이 넘는 차에 관한 시와 글이 전해진다. 민가에서는 차를 접하기가 어려웠으며 고가 등 여러 가지 이유로 비록 기호품으로 자리 잡거나 보편화되지는 못하였으나 일부 사대부와 유가에서는 조상께 올리는 제수 등으로 사용했다. 차의 산지에서는 차를 만병통치약으로 여겨 차약(茶藥)이라 부르며 소중히 여겼으며, 차에 관한 많은 민요가 전해지는 등 우리 차문화는 특정 대중 속에서 면면히 이어져 내려왔다. 이러한 차가 퇴조하게 된 가장 큰 원인으로는, 주자학이 정치이념으로 자리하여 불교가 배척되면서 많은 사찰이 폐쇄되어 사찰 소유의 토지와 노비가 국가에 귀속되고 사찰의 재정사정이 나빠져 차의 증산은커녕 절 주변의 많은 차밭을 관리하는 것이 어렵게 되었기 때문이다. 조선말기에는 지나친 공세로 인해 인위적으로 차밭을 없앴고, 깊은 산중의 사찰도 세리(稅吏)가 두려워 외인(外人)을 경계하고 조심하였으며, 심지어 승려들은 마시던 차를 숨기기도 하였다.

선조 때 명(明)나라를 수차례 방문하여 사신으로서의 소임을 수행하는 한편, 『천주실의(天主實義)』, 『중우론(重友論)』 등을 가지고 들어왔고,

광해군 6년(1614)에는 『지봉유설(芝峰類說)』을 간행하여 조선사회에 천주교와 서양문물을 소개하는 등 실학 발전의 선구자가 된 이수광(李睟光: 1563~1628)은 순천부사로 재직하면서 특히 우리나라 지지사(地誌史)의 연구 대상이 되는 『승평지(昇平志)』를 편찬하기도 하였는데, 승평(순천의 옛 이름)지 서문에는 작설차를 진상품으로 올린 기록(昇平卽順天故號也 進上 二月令 雀舌茶一斤五錢)이 있다. 한편 조선 선조 때 문신이자 소설가로, 차의 명인으로 알려진 허균(1569~1618)은 자신이 지은 시문집 『성소부부고(惺所覆瓿藁)』의 제3책에 수록된 우리나라 최초의 식품전문 백과사전 격인 「도문대작(屠門大嚼)」에 "작설차는 순천산이 으뜸이며 다음이 변산이다"(茶 雀舌産于 順天者最佳 邊山次之)라는 내용을 수록하여 순천의 작설차가 전국 각지에서 생산되는 차 중 최상품임을 기술하였다. 우리나라에 최초로 천주교를 소개한 이수광이나, 1610년 명나라에서 우리나라 최초의 천주교 신도가 되어 천주교 기도문을 가져온 허균은 모두 차에 높은 식견이 있었던 차인(茶人)으로, 특히 허균은 차 끓이고 경전 보는 일이 자신의 살림살이라고까지 하였으며 차시문(茶詩文)을 20편 이상 남겼다.

한편 당대의 해박한 지식인으로, 또 차를 몹시 좋아한 차인으로서, 차문화의 쇄락과 그에 따라 사헌부의 찻때[茶時] 등도 본래의 뜻을 상실한데 대해 몹시 안타까워한 이수광은 저서 『지봉유설』의 「식물부(食物部)」 편에서 우리나라 차의 시기와 명칭, 유래 등을 기술하였다.

옛 사람들이 우전차라고 하는 것은 모두 3월 곡우 전의 차로서 처음 움튼 어린잎이 좋다. 혹은 정월의 우수 전을 말하기도 한다. 이제현의 시에 "맑은 향기는 금화 전 봄에 따왔던가"라는 구절이 있고, 화전차를 살피건대 한식절인 금화 전에 따서 만든 것이었다. 신라 흥덕왕 때는 사신이 당에 갔다 돌아오면서 차씨를 가져와 지리산에 심도록 하였는데 지금의 남쪽지방의 생산되는 여러 차는 그때의 차 종자다.

古人所謂雨前茶 蓋以三月中穀雨前茶 初生嫩葉爲佳 或言正月中雨水前也 李
齊賢詩 香淸曾摘火前春 按火前者 採造於寒食禁火前也 新羅興德王時 使臣自
唐還 得茶子來 命植智異山 今南方諸郡産茶 乃其時所種云

이런 사실을 뒷받침하듯 1983년 일본 도쿄에서 개최된 세계 차 경진대
회에서 저자가 출품한 순천의 구증구포작설차가 최우수 품질의 차로
평가받았고, 1999년에는 농림수산식품부 전통식품명인지정제도에 의
하여 작설차 제조분야명인(전통식품명인 제18호)으로 저자가 선정되기
도 하였다. 따라서 순천은 4백여 년 전부터 지금까지 우리나라 최고품질
의 작설차 산지로 인정받고 있다고 하겠다.

그리고 2000년 대한국토도시계획학회, 경실련도시개혁센터, 중앙일
보 주최로 개최된 '살고 싶은 도시 만들기'(지속가능한 도시 대상 2000)에
서 순천시가 우수상을 수상하는 영예를 차지했는데, 그 수상의 배경에는
작설차가 있었으며 순천시에서는 "한국차의 맥 순천이 이어간다"는
시장의 인터뷰와 적극적인 홍보로 차산업발전 사업계획을 수립하기도
하였다.

2007년 일본 시즈오카(靜岡)에서 세계차축제가 개최되어 35개국 650
여 개 차 생산업체가 참가하였다. 중국의 유명한 발효차 생산업체들과
일본의 찐차 생산업체들이 많이 참가하였고, 차의 종류만도 수백 가지
제품이 출품되고 제다법도 소개되었다. 우리나라에서는 저자를 비롯하
여 1곳 지자체를 포함한 3개 업체가 참가하였다. 저자는 거의 모든
제다업체와 그 제품들을 주의 깊게 살피고 확인하여 각 업체와 차의
종류별로 제다법 등을 쉽게 파악할 수 있었지만, 우리 재래종 차나무의
찻잎으로 덖어지는 구증구포작설차와 그 제다법으로 차를 생산하는
업체는 국내뿐 아니라 어느 나라에서도 찾아볼 수 없었다.

한편 일제강점기에는 일본인들이 우리 차밭을 인수하여 자기들의 입맛에 맞는 차를 생산해서 일본으로 가져갔으므로 차의 모양과 맛도 달라지는 등, 한때 우리 전통작설차(엽차) 문화가 사라지고 말차류인 일본의 녹차문화가 대신 자리하였다. 일본의 녹차는 1738년 일본인 에이타니 무네마루(永谷宗円)가 증기로 쪄서 만드는 찐차를 고안해 지금까지 이 방법으로 만드는데, 끓이면 푸른색이 돈다고 하여 '료쿠차(綠茶)'라고 하였다. 이 일본의 영향을 받아 일제강점기로부터 오늘에 이르기까지 많은 사람들이 우리 차도 녹차라고 부르는 등 우리 전통차인 작설차의 명칭까지 일본 녹차에 내어주었으나, 근래 응송, 효당, 김운학 선생 및 많은 차인들의 헌신적인 노력으로 우리 작설차가 점차 활성화되고 그 정체성을 찾아가게 됨은 큰 다행이며, 이제부터라도 저자는 물론 모든 차인이 힘을 합치고 많은 노력을 경주하여 우리 작설차 문화를 전통을 바탕으로 더욱 발전시켜 한국전통차 문화의 새로운 부흥기를 열도록 하는 한편 우리 차의 우수성을 세계에 알려야 할 것이다.

유엔식량농업기구(FAO)에 현재 차 생산국으로 등록된 나라는 40여 개 국이며 등록되어 있는 차나무의 품종만도 수백 종에 이른다. 차의 생산국가들마다 기후 풍토에 적합한 우량품종을 육성하여 널리 보급시키고 있고, 우리나라도 몇 년 후쯤이면 아열대성 식물인 개량품종의 차나무가 수입되어 겨울철 추위가 극심한 금강산 지역 같은 곳에서도 재배가 가능할 것이라고 한다. 이러한 상황이지만 우리나라는 아직 자체적으로 개발한 품종이 없어 차 생산국으로 등록되어 있지 못한 실정이고, 대량생산을 목적으로 개량된 20여 외래품종이 1940년대부터 수입되어 제주도와 남부지방에 식재되어 있는 실정이다.

그러나 『삼국사기』에 의하면 신라 선덕여왕(632~647) 때에는 차를 즐겼음(茶自善德王時有之 至於茶盛焉)을 알 수 있고, 흥덕왕(828) 때는 중국종 차씨를 들여와 지리산 기슭에 심었다는 기록으로 보아 우리 차문화도 확실한 근거자료에 의해 1300~1400여 년의 역사를 가지고 있는 셈이다. 따라서 천년 이상 이 땅의 기후풍토 속에서 올곧게 자라온 우리 차나무는 유전자 검증을 통해서라도 우리 품종으로 등록되어야 하는 것이다. 저자가 일본에서 한국 차문화 시연공연을 하던 때, 중국차 수입상이 참석하여 저자의 작설차 가격에 대하여 한국은 차 생산국도 아닌데 비싼 값에 차를 거래하는 것은 이해가 되지 않는다며 불만을 제기하였으나 강의 내용을 듣고 난 뒤 충분히 납득되었고, 또 감명도 받았다고 말한 적이 있다. 이후 우리나라도 꼭 차 생산국으로 등록이 되어야 한다는 생각에 나름대로 노력해 왔지만 아직 눈에 보이는 성과가 없음은 아쉬운 일이다.

FAO에 등록된 차 생산국에서 현재 생산하고 있는 차의 종류는 1,200여 종에 달하며, 차제품의 종류는 6,000여 가지가 넘는다고 한다. 차는 나라마다 지역마다 제조방법과 지역명칭 등으로 분류하는데 가장 과학적이고 보편적인 분류방법은 찻잎의 발효 정도에 따른 것일 것이다. 발효가 전혀 일어나지 않는 불발효차, 발효의 정도가 10~65% 사이인 것을 반발효차, 85% 이상인 것을 발효차라고 한다. 그리고 발효가 모든 공정의 처리 뒤에 일어나게 제조한 차를 후발효차로 분류하고 있다. 불발효차로는 증제차와 덖음차가 있으며 증제로는 전차(磚茶), 옥로차(玉露茶), 말차(末茶), 은시옥로차(恩施玉露茶)가 있고, 덖음차로는 중국의 눈썹모양의 미차(眉茶), 구슬모양의 주차(珠茶), 편평한 용정차, 그리고 비벼 말아진 벽라춘(碧螺春), 침상형인 우화차(雨花茶)가 있으며 우리나라 전통차인 작설차가 있다. 반발효차로는 중국의 백차(白茶), 화차(花茶), 포종차(包種茶), 우롱차(烏龍茶)가 있는데 이에 포함할 수 있는 차 종류도 수십 종에 이른다. 발효차는 잎차형 홍차와 파쇄형 홍차가 있는데 제품의 종류는 많다. 후발효차는 황차와 흑차가 있는데 황차에는 군산은침(君山銀針)과 북항모첨(北港毛尖), 몽정황아(蒙頂黃芽) 등이 있고, 흑차에는 보이차, 농정차, 흑모차(黑毛茶), 육보차(六堡茶) 등이 있다.

불발효차는 찌는[蒸] 것과 덖는[炒] 것으로 나뉘는데 찌는 것은 덖는 것보다 훨씬 쉽게 할 수 있고 기계화 공정도 단순하고 용이함으로 차의 수요가 많은 나라에서 대량으로 생산하는 데 알맞은 방법이다. 중국의 덖음차 제다법도 간단히 제조하고 손쉽게 많은 양을 생산하기 위해 단순화된 기계화 공정이어서 적은 인력으로도 대량생산이 가능하다. 그러나 우리나라의 덖음차인 작설차는 채엽 단계부터 일일이 손으로 따야 하므로 손이 많이 가고, 찻잎의 눈만성(嫩晚性)과 함수율, 불의 온도, 습도 등 제다에 영향을 주는 모든 조건을 확인하고 감안하여 제다에 임하여야 하는 등 온갖 정성을 다하여 법제하여야 한다. 따라서 이 구증구포 제다법은 우리나라만의 독특하고 고유한 제다법이라 하겠다.

여기서 말하는 구증구포의 의미는 가마솥에서 찻잎을 덖고 건조하는 횟수를 아홉 번 정도 반복한다는 뜻이다. 그러기 위해서는 땔감[火木]의 종류를 잘 선택해야 하는데, 찻잎을 6~7회쯤 덖어 수분함량이 20%대로 줄어들 때까지는 열량이 높은 참나무와 감나무를 사용하고, 이후의 마무리 덖음은 열량이 낮은 오동나무를 사용하여 수분함량이 최적인 4%정도에 이르도록 한다. 이렇게 법제한 구증구포작설차의 특징은 아홉 번을 우려 마셔도 그 맛과 향이 새롭고, 차탕의 색상도 크게 다르지 않으며, 우려 마시고 난 뒤 차관에 남아 있는 찻잎은 제다하기 전의 온전한 찻잎 형태로 다시 되살아나는 특징이 있다.

현재 국내에 차나무 품종은 20여 종이 식재되어 있고, 수없이 많은 각각의 제다법에 의해 생산되어 각기 다른 명칭으로 수백 가지 제품이 유통되고 있다. 우리 정부(농림수산식품부)에서는 전통식품의 제조가공 보유기능을 전수받아 20년 이상 종사하면서 원형대로 보전하며 그대로 실현할 수 있는 자를 심사하여 전통식품명인으로 지정한다.

　이 제도에 의해 차류(茶類) 부분에는 다섯 사람의 명인이 지정되었는데, 경남 하동의 수제녹차 박수근, 우전차 김동곤, 죽로차 홍소술, 고인이 된 광주의 황차·말차 서양원, 무안의 초의차 전중석, 그리고 순천의 야생작설차 신광수이다. 이들은 각자 제품의 명칭과 제조법이 다르며 저자는 구증구포작설차 제조기능 보유자로 지정되었다. 이 제조법과 유사한 제조법으로 생산한 차를 덖음차라고 하는데 이 덖음차도 청허의 법맥을 이어가는 문도들과 그 도반들에 의해 남부 각 사찰에 전파된 것으로 생각된다.

　구증구포작설차와 그 제조법은 중국 것을 모방하거나 다른 나라의 영향을 받지 않은 우리의 독자적인 차문화이다. 대량생산을 목적으로 개량된 외래품종의 찻잎은 손쉽게 쪄내는 기계화 생산방법이 적합하다 할 것이고, 비록 생산량은 적지만 차의 본성인 심근성을 유지하고 있는 우리 재래종 차나무에서 채취하는 찻잎만이 구증구포 제다법에 적합한 것이다.

　저자는 오래 전 개량종 찻잎으로 구증구포를 시도해 보았으나, 1~3회 덖어 비비는 유념과정에서 찻잎이 뭉개지고 으깨어지는 현상으로 개량종에 적합한 제다법이 아님을 알게 되었다. 까다롭고 손이 많이 가며, 제다과정에서 신경을 곤두세워 면밀히 살피며 온갖 정성을 다해야 하는 이 제다법과 한약 제약법의 영향으로 여러 종류의 식물잎과 꽃, 열매 등을 덖거나 쪄낸 뒤 건조하는 등의 방법으로 만든 다양한 상품들이 대용차로 출현하였는데, 감잎, 뽕잎, 두충잎, 연잎, 댓잎, 솔잎, 국화, 매화, 산수유, 오미자, 구기자차 등이 그것들이다. 하지만 차는 차나무에서 채취한 원료를 가지고 마실 거리를 만들어낸 것으로 이 법제 방법은 타 종류 식물에서 얻어지는 원료에는 적합하지 않으므로 "차는 모든 풀의 성현이다"라는 말이 이해된다 하겠다. 저자는 앞으로 더욱 지방자치단체 및 관련 연구기관과 협력하여 개량종인 외래품종과 재래종인 우리 품종의 차이점을 과학적으로 입증하고, 가능하면 조계산 지역을 국제 차문화 학술교류 중심지로, 그리고 우리 차 체험 관광명소로 육성해 나가는 데 일조할 것이다. 선암사와 저자의 작설차는 심근성(深根性)이 본성인 재래종 차나무의 찻잎을 원료로 법제하고, 그 제법은 구증구포이다. 거기에 구증구포 차의 특성인 유현미(幽玄味)와 선불교(禪佛敎)의 본성인 청정심(淸精心)이 합일되어 우리 차문화는 그 깊이를 더했다. 이러한 우리의 구증구포 작설차와 우리 차문화가 국내뿐 아니라 지구촌 곳곳으로 알려지고 또 으뜸으로 발돋움하도록 혼신의 힘을 다할 각오이다.

2. 저자와 구증구포작설차

1) 저자와 작설차와의 인연

저자는 60여 년전 순천에서 고령신문(高靈申門) 27대 손으로 출생하였는데 어렸을 적부터 병약하여 생사고비를 몇 차례나 넘겨 선친으로부터 "너는 생일이 서너 번 된다"는 말을 듣고 성장하였다. 어머님께서는 손이 귀한 집 아이라고 몸에 좋다는 약을 구해 자주 먹여주셨는데 그 맛이 어린 입에 몸서리치도록 썼었다. 그러나 선친께서 약 삼아 우려주시는 차는 쓰지 않고 입맛에도 맞았지만 그 당시는 차가 흔하지 않아서 자주 마실 수 없었다. 훗날 자상한 어머님보다 엄한 선친을 더 따랐던 이유가 차 때문이란 생각이 들었다.

저자가 15세 무렵인 1966년 선친 용곡 스님과 선암사 무우전 조왕단(竈王壇) 앞 가마솥에 마주앉아 습기로 눅눅해져 말리기 위해 널어놓았던, 밤새 이슬을 흠뻑 뒤집어쓴 묵은 차를 다시 덖는 작업으로 제다법을 익히기 시작했다. 이후 저자에게는 용곡 스님이 세속적 혈연인 부자지간보다는 스승과 제자로서, 법에서 법으로 이어지는 사자상승(師資相承)의 무게가 더 크게 가슴에 와 닿는 것을 느낄 수 있었다. 이 시기에 70여 세쯤 되시는 경용 스님께 저자와 도반 2~3명이 함께 『명심보감』, 「초발심자경문(初發心自警文)」과 『사서(四書)』를 배웠으며, 이후 경서들을 공부하기 시작하였다.

저자가 지금까지 고난과 역경을 낙(樂)으로 알고 이웃삼아, 또 좋은 일 앞에 오는 액땜쯤으로 생각하며 많은 어려운 상황을 극복하며 살아오면서도 차일[茗業]을 포기하지 못한 이유는 크게 두 가지이다. 하나는 청허휴정에서 비롯되어 긴 세월 선조사 스님들로 이어져 선친인 용곡 스님까지 전승된 유업을 저자의 대에서 끝낼 수 없다는, 거스를 수 없는 사명감이고, 다른 하나는 차 혹은 차의 신[茶神]과의 교감이라고밖에 설명할 수 없는, 상상할 수 없는 신령스러운 기운을 저자가 직접 접하고 느꼈기 때문이다.

따가운 햇살이 한가로운 어느 평범했던 가을, 점심공양을 마친 후 불경공부 전 일상적으로 차 한두 잔을 마시고 잠시 좌선에 들었을 때 저자는 알 수 없는 묘한 느낌과 신령스러움이 발끝에서 시작되어 온몸으로 퍼지면서 소름이 돋으며 신비로운 선열감(禪悅感)에 빠져들었다. 이윽고 저자의 몸에서 번개가 스쳐 지나는 듯 뜨거운 전율과 신묘지기(神妙之氣)가 찰나적으로 백회혈을 통해 솟구쳐 뜨거운 불에 데인 듯 펄쩍 뛰어오르며 절로 신음소리와 함께 고함이 터져나왔다. 저자는 이 18세 때 체험하였던 그 순간과 그 느낌을 지금까지 잊은 적이 없으며 세상을 떠날 때까지 그 기억은 머릿속에서 사라지지 않을 것이다.

당시 저자는 "차와의 교감"이라거나 "차가 보내는 신령한 신호" 외의 어떠한 말이나 수사적 문장으로도 그때의 느낌과 감정을 다 표현하기 어려웠지만, 그 이후 차는 차츰 저자에게 운명적인 새로운 생명으로 자리 잡게 되었고, "그런 차를 마시고 많은 사람이 그 느낌을 직접 공유할 수 있다면 얼마나 좋을까! 그렇다면 꼭 그런 신령함을 느낄 수 있는 차를 만들어야 하는 것 아닌가!" 하는 나름대로의 사명감을 느끼게 되었다. 그래서 선암사의 선실에서 차를 즐기시는 스님들에게 저자의 경험에 대해 물어보았지만 여러 노장스님들은 "선암사 차의 뛰어난 효능 때문에 그런 현상이 올 수 있다"며 선암사 차 자랑으로 대신하거나 건성 답변하였다. 그러던 어느 날 가까이 지내던 30대 후반의 스님과 이런저런 대화를 나누던 중 자신은 "적당히 뜨거운 차를 한두 잔 마시면 온몸이 서늘해지고, 소름이 돋는 듯하며 마음이 더없이 편안해진다"라고 하는 이야기에 쉽게 공감할 수 있었다. 그렇지만 저자는 그때나 지금이나 저자가 직접 체득한 일임에도 말이나 글로 상대방에게 그 느낌을 온전히 전하고 설명하는 일이 쉽지 않았고, 또 쉬운 일이 아니라고 생각했으므로 이 무렵부터 선에 대해 관심을 갖게 되어 이후 선학(禪學)에 대한 역사적 자료와 서적들을 구하여 읽게 되었다.

선의 초조(初祖) 달마대사의 교의적 표방(標榜)인 교외별전(敎外別傳)·불립문자(不立文字)·직지인심(直指人心)·견성성불(見性成佛)은 교리 밖에 따로 전한 것으로, 문자를 세우지 않고 곧바로 사람마음을 가르쳐 성품을 보아 부처에 이르게 한다는 정각사상(正覺思想)은 당대(唐代)에 이르러 차와의 만남으로 더욱 발전하였고, 당대 최고의 선승인 조주(趙州)의 끽다거 공안(公案)이 내려진 후 차와 선은 일체성으로 영원히 함께 존재하게 되었다. 저자는 젊은 시절 불경과 참선 공부를 하면서 차와 선에 깊이 몰입되었고, 늘 참선에 어울리며 동반될 수 있는 격 높은 작설차를 만들어야겠다는 각오와 다짐을 하곤 하였다. 그리하여 저자는 입영 전 3년 동안 저자가 마시고 선열을 느꼈던 바로 그 차를 다시 만들기 위해 얼마나 발버둥치고 노력했는지 모른다. 그 찻잎을 언제 어디서 땄으며, 그날의 일기 상태는 어떠하였고 가마솥 온도는 몇 도 정도였는지, 또 어떤 종류의 나무를 연료로 사용하였으며, 어떻게 보관하였고, 차는 어떻게 달여서 그러한 신령스러움을 접하게 되었는지 확인하고 시험해보며 나름 무척 고민하면서 갖은 애를 썼지만 끝내 그런 차는 만들어보지 못하고 입영하였다. 한때는 저자의 지나친 집착으로 인한 착각현상이었는지도 모른다는 생각도 들었고, 차는 같은 차인데 저자가 다신(茶神)의 선택을 받음이라고 편한 생각도 했었으나 그날의 그 느낌이 너무도 생생하였기에 쉽게 포기하지 못했는지도 모른다.

불가에서는 무릇 모든 생명체는 생멸이 있고, 눈에 보이는 모든 사물도 무상(無常)이라 하며, 이러한 현상들도 마음에서 생기고 또 마음에서 소멸된다고 한다. 사랑과 미움, 소망과 욕망, 믿음과 불신, 집착과 버리는 것, 그 모든 만상이 모두 마음의 조화에서 비롯되므로 일체유심조(一切唯心造)라고 표현할 만큼 심본(心本) 위주이다. 차는 이러한 마음을 관조(觀照)토록 하여 자신을 바로 볼 수 있는 매개체 역할을 한다. 본래 인간의 마음은 명경(明鏡)과 같고 태양과도 같다고 하는데, 거울은 먼지가 가리고 태양은 구름이 가리듯 자신의 본심도 때가 끼면 막히고, 이 막힌 본마음이 차생활을 통해서 열리게 된다고 생각했다. 그리고 불가에서는 수행승들이 인생의 존재와 본질에 대한 답을 얻고자 정진하고, 수행과 생활의 의도하는 바는 자신과 중생의 깨우침과 교화함을 본으로 삼는다. 이러한 목적 달성을 위해 스승의 가르침도 중요하지만 스스로 깨쳐야 한다는 데 더 큰 비중을 두게 되고 스스로 깨우쳐 가는 과정에서 차는 필수품이었다. 차를 통해 존재의 의미를 새롭게 발견하고, 자신이 부처와 차별이 없는 동일한 인격체가 된다면 무엇을 묻고 무엇을 구하겠는가? 따라서 외적으로 훌륭한 스승을 찾아 깨달음의 경지로 인도해주는 가르침을 청하는 일보다는 스스로 깨치지 못함을 자책하고 올바른 차생활로 깨치기를 바라는 마음에서, 그리고 차 한 잔에도 깨우침에 이를 수 있는 학승들의 용맹정진을 염원하는 마음에서 조주선사의 끽다거는 유래되었다고 할 수 있을 것이다.

278

한국 불가에서는 당나라 때의 임제종 선승(禪僧) 조주(趙州: 778~897) 선사를 다성(茶聖)으로 추앙하고 선의 역사에서 가장 위대한 스승으로 여긴다. 선의 유래는 남인도 향지국(香至國)의 셋째 왕자로 출생한 보리 달마(菩提達磨)가 인도에서 불교의 제27조가 되는 반야다라를 섬기고, 그 법을 이어 대승불교의 승려가 되어 520년경 중국 낙양의 북쪽에 있는 숭산 소림사에 들어가 9년 동안 면벽좌선의 고행을 실천하고 선에 통달한 뒤, 이 선법을 제자 혜가(慧可)에게 전수하였고, 이로 인해 후세에 중국 선종의 시조로 숭앙받게 되었다.

선종이 형성되기는 육조혜능(六祖慧能: 633~713)의 손 안에서 비롯하여 이후 법을 이은 남악회양(南岳懷讓: 677~744), 마조도일(馬祖道一: 709~788), 남전보원(南泉普願: 748~834), 조주종심(趙州從諗: 778~897), 황벽희운(黃檗希運: ?~850), 임제의현(臨濟義玄: ?~867) 등에 의해 당(唐)나라(618~907) 시대는 선학의 황금시대였고, 우리나라도 당나라 의 제도와 문물, 학문전수와 고급 관리 양성에서 영향을 크게 받았다.

조주선사는 남전보원선사를 의지하여 출가하였고, 80세에 이르러 조주 동쪽 관음원에 주석하고 있던 어느 날 선원을 방문한 학승에게 "여기 온 일이 있느냐?"고 물었다. "있습니다"라고 하자 "차 한 잔 마시고 가거라"(喫茶去)라고 하였다. 또 다른 학승에게 물으니 "없습니다" 하자 역시 "차 한 잔 마시고 가거라"라고 하였다. 이에 스님을 모시고 있던 원주(院主)가 "스님께서 여기에 온 일이 있다는 사람과 온 일이 없다는 사람에게 각각 차를 한 잔씩 권하셨습니다. 이것은 무슨 뜻입니까?" 하고 묻자 스님은 "원주!" 하고 큰소리로 불렀다. 원주가 깜짝 놀라 "예!" 하자 "너도 차 한 잔 마시거라!"라고 하였다. 원주는 그 의미가 자못 궁금하여 물었을 터인데 설명보다 '원주' 하고 큰소리로 부른 것은 원주의 사유과정을 단절시켰고, 차 한 잔 마시라고 함은 각성의 단초를 제공한 것이 아닐까 생각해 본다.

조주선사는 끽다거라는 공안을 통해 불가(佛家)와 차계(茶界)의 많은 사람들의 의식을 깨어나게 하였다. 조주 이래 천년 이상의 세월이 지났지만 지금도 그가 내린 공안을 붙잡고 좌선을 중시하며 씨름하고 있는 선승, 선객들과 혹은 저자처럼 끽다거의 진정한 의미를 알고자 공부하는 차인들도 많다.

한편 "여기 온 일이 있는가?"라고 물은 뜻은 "깨달음에 이른 적이 있는가?" "깨친 적이 있는가?" "깨쳤는가?"라는 의미로서, 물음에 걸맞은, 즉 깨우친 스님의 답변에는 "끽다거"라고 하지 않았을 것이므로 "끽다거"는 볼일이 끝났으니 이제 "차 한 잔 마시고 그만 가보시게!"의 뜻으로도 생각해 본다. 그러나 조주끽다거(趙州喫茶去)의 의미는 매우 깊고 시사하는 바가 크므로 승속(僧俗)을 떠나 무슨 뜻인지 화두 삼아 참구해 볼 필요가 있다고 하겠다.

이렇듯 선종이 성행한 당나라에서는 차와 불교의 관계는 더욱 밀접해졌고, "조주의 선차를 마시니 그 차향이 사방으로 퍼진다"(趙州飲茶則 茶香四溢)는 말에서 알 수 있듯이 조주의 다선일미의 맥이 한반도에 강물처럼 흘러들어왔다. 저자는 과거, 현재, 미래에 있어서 차인들에게 영원한 화두거리인 '끽다거'가 출현하게 된 배경이 몹시 궁금했었다. 나름대로 판단해 볼 때 한 가지 분명한 것은 눈에 보이지 않는 차의 위대한 효능(效能)을 직접 체험하여 크게 깨우쳤고, 그런 체험을 통하여 많은 학승과 불자들도 깨우칠 수 있도록 제시한 것이라고 생각되었다. 이러한 영향으로 불가에서는 제단(祭壇)에 차를 올릴 때 '다헌조주지청 다돈식갈정(茶獻趙州之淸 茶頓息渴情)'이라는 조주차 명칭으로 올리고, 우리 영단(靈壇) 의식문의 게송에도 조주와 차는 언급된다.

풀잎에 깃든 좋은 맛의 차
강 속의 물을 돌솥에 끓인 차

280

조주가 항상 만인에게 권한 차
영가여 이 차를 들고 해탈하소서

　지난 2001년 10월 조주가 주석하며 '끽다거'라는 공안으로 평상심의 도를 일깨운 중국 하북성 백림선사(柏林禪寺)에서 한·중 조주고불선차기념비(趙州古佛禪茶記念碑) 제막의식이 거행되었으며, 비의 건립 내력과 조주의 핵심어록, 조주의 십이시가 조주고불찬과 비문, 기념비 전문을 소상히 밝힘으로써 다승인 조주선사를 연구하는 길잡이가 되고 있다. 비문에는 "한·중의 불교는 한 뿌리이니 예부터 한 집안이며 선풍을 함께하니 법맥 또한 서로 전함이다"(韓中連體 千古休戚 禪風與共 法脈相襲)라고 기록하고 있으며, 2003년 불교춘추사에서 출간한 『조주선사와 끽다거』의 서문에도 이 내용을 언급하였다. 당시 백림선사의 방장인 정혜화상은 조주선사는 중국 선종(남종선)을 통일시킨 마조선사의 증손이면서 한국 선종의 사자산문을 연 철감도윤(澈鑒道允: 797~868)선사와 동문수학한 법형제로, 그런 인연으로 비를 세워 영구히 보존하게 되었다고 하여 한국 선종과 뗄래야 뗄 수 없는 관계임을 강조하였다.
　불가에서와 마찬가지로 유가에서도 일반적으로 차의 미(美)를 지인과 더불어 자연을 느끼고 공유하는, 즉 자연과의 조화 속에서 찾았으며, 따라서 찻자리[茶筵]를 통해 정서를 채우고 자연의 원기도 얻고자 하였다. 우리 차문화사에 자랑할 만한 사대부들의 차시를 살펴보면 풍류와 밀접한 관계가 있음을 알 수 있다. 차문화에 풍류라는 글이 많음은 서로 밀접한 관계가 있기 때문인데, 찻자리는 풍류를 즐길 수 있는 환경과 분위기를 인위적으로 만드는 일이다. 이는 차를 마시면 심신이 편안해지며 고박(枯朴)하고 고상(高尙)한 멋을 느끼는 마음 상태에서 신령한 기운이 충만해지므로 예술적 창작의 중요한 원동력이 되어 차시문(茶詩文)을 짓기도 하고 그림을 그려 표현하기도 한다. 차는 시간에 구애받지 않고 즐길 수 있어 근심, 잡념, 욕심을 버리고 풍류적 자연미를 추구하며 고답적(高踏的) 삶을 느낄 수 있게 해준다. 바로 이런 점이 조선시대 선비와 문인들이 찻자리를 즐기는 요인이기도 하였으며 이러한 문화는 지금도 이어지고 있다. 오랫동안의 찻자리 인연을 차연(茶緣)이라고 하며, 이로써 더불어 인식의 공감대를 넓히고 깨어 있는 오감육식을 통하여 격조 높은 공동의 관심사를 같이 느끼고 즐길 수 있음이며, 또한 자연에의 귀일(歸一)로 조화와 안정 가운데 생동적 기운을 얻기를 추구하고 바라는 우리 차문화의 또 다른 풍류요소가 아닌가 생각한다.

저자는 차철이 끝나고 작업이 없는 날이면 늘 이른 새벽에 차밭 사이 길을 따라 산책을 하며 나름대로 차나무와 교감하면서 차나무의 상태를 살피는 습관이 있다. 초여름으로 접어들어 푸르름의 풋풋함이 온 세상에 가득한 6월 말, 여느 때와 마찬가지의 산책길에서 저자의 걸음을 멈추게 한 너무나 경이로운 현상을 목격하게 되었다. 차나무와 차나무 사이에 새끼손톱만한 크기의 다리 긴 노란 거미 한 마리가 집을 짓고 한가운데 자리하고 있었는데, 거미집 층층의 마디마디에 눈부시도록 아름답게 반짝이는 녹두알 크기만한 이슬이 맺혀 있었다. 분명 어제 오후까지도 없었는데 하룻밤 사이에 거미는 집을 짓고 진주나 금은보화로 꾸민 것보다 더 아름다운 형태로 집을 새롭게 단장한 것이다. 저자가 일구어온 이 재래종 차밭에서 비록 한낱 미물(微物)이지만 신의 은혜이고 자연의 경이로움인 이런 놀라운 생명력과, 자연을 수놓는 아름다운 모습을 볼 수 있다는 것이, 또 새롭게 느꼈음이 너무 기쁘고 가슴이 벅차도록 감동적이어서 자연에 대하여, 그리고 이 모두를 창조한 조물주에 대한 감사의 마음으로 한동안 그 자리에 서 있을 수밖에 없었다.

저자는 불교와 현실에 대한 좌절, 18세 때 차와의 교감 후 신령차(神靈茶)에 대한 갈망, 법복을 벗고 선암사를 떠나야 했던 갈등, 이상과 현실과의 괴리 등 난관이 있을 때마다 새로운 자신을 찾는 마음으로,

또는 잠시의 현실 도피처로, 혹은 자신의 의지로 역경을 타파하고 재도약의 계기를 삼고자 입영하기 전인 1970년부터 선친께서 타계하신 1994년까지 1개월이나 2개월 정도의 단식을 네 차례 단행하였다. 단식을 시작하면 신체의 적응을 위하여 벽곡(辟穀) 등으로 소식을 하며 보통 1주일을 지낸 후, 이어 최소한의 물 이외는 모든 음식물의 섭취를 금하는 2주일 이상의 완전 금식, 그리고 단식 후 회복기로 보식(補食)기간 1주일 정도, 이렇게 한 달이나 한 달포의 일정으로 소음과 잡음이 없는 조용한 장소를 택하여 여름에 한 번, 겨울에 세 번 정도 단행하였다.

저자는 인생의 고비 때마다 앞이 보이지 않고 별다른 대안이 없는 상황에서 스스로의 원력(願力)에 의지하여 역경을 벗어나고자 하는 처절한 몸부림으로 단행한 단식이었지만 다행히 단식으로 인하여 고난을 벗어날 수 있었음은 물론 몸이 가벼워지고 잔병도 치유되는 등 건강에도 분명 큰 도움이 되었다. 처음 단식을 하면서 느꼈던 막연한 기대감은 조개 속에서 상처를 치유하기 위한 처절한 사투를 거쳐 마침내 아름답게 빛나는 진주가 나오듯, 인간의 영혼도 몸과 마음을 비우는 극한적 단식으로 새롭게 빚어져 아름답게 환골탈태(換骨奪胎)할 수 있으리라는 것이었다. 단식중 신체적 변화를 많이 느낄 수 있었는데, 무엇보다도 기도와 좌선을 하는 동안 온몸의 노폐물이 빠져나가면서 세포 마디마디가 꿈틀거리며 활성화되고, 극도로 예민해지고 맑아진 정신상태에서 오감육식의 촉감이 되살아나는 것을 느낄 수 있었다. 착각이었는지는 몰라도 바람결에 어렴풋이 들려오는 듯 식물줄기의 물오르는 소리, 잎의 여닫는 소리와 곤충들의 날개짓 같은 미세한 소리도 분별할 수 있을 정도로 청각 기능이 좋아짐을 느꼈고, 어둠 속의 물체도 식별할 수 있을 정도로 시각 기능도 좋아지는 것을 느꼈다. 또한 식물이 풍기는 고유한 냄새, 이를테면 숲속에서 처음 보는 버섯의 냄새만으로 독성의 유무를 분별할 수 있는 등, 이로움과 해로움을 구별하는 후각 기능도 좋아짐을 느꼈다.

오미를 음미하는 미각 기능이 훨씬 세밀하고 민감해졌음을 느꼈고, 피부에 와 닿는 촉감으로 공기중의 습도와 온도의 감별 기능도 탁월해짐을 느꼈으며, 특히 맑아진 식(識: 정신)으로 읽는 책들은 이해의 정도가 높아지며, 통찰과 예지력의 깊어짐 또한 느낄 수 있었다.

그리고 단식중 기력이 떨어져 몸을 가누기도 어려우면서도 책은 손에서 놓지 않으려 애썼고 떠오르는 단상(斷想)이라도 기록해 두려고 노력하였다. 어느 날인가 그 중의 생각나는 대로 "결코 무엇을 따라서 찾지 마라 자신과 점점 멀어질 것이다. 나는 홀로 가다가 곳곳에서 그대를 만나게 됐네. 그대는 오늘 진실로 나이지만 나는 오늘 그대가 아니네. 반드시 이렇게 이해해야만 비로소 여여(如如)하게 계합할 수 있으니"를 쓰고는 이 화두 아닌 화두를 붙들고 실타래처럼 엉킨 상념을 좇으며 그 끝을 찾아헤맬 때, 문득 발자국 소리가 들리고 문 두드리는 소리가 들렸다.

이곳은 당분간 그 누구의 출입도 금하였지만 동네 결혼식에 미리 하의(賀儀)를 당부하였기에 그 혼주가 궁금하기도 하고 걱정도 되었는지 음식을 가지고 인사차 방문한 듯하였다. 무심코 문 열고 나가니 함박눈이 쏟아지고 내의 차림인데도 추위가 전혀 느껴지지 않았다. 깜짝 놀라는 이를 달래어 보내고 거울을 보니 수염은 길고 머리는 쑥대머리라, 세상에 그런 몰골이 또 없을 듯했는데 그래도 눈빛은 살아 있어 조금 위안이 되었다. 거울을 보고 저게 나인가 싶어 없는 기운 짜내어 억지로 웃어 보았더니 그도 억지로 따라 웃는 게 아닌가. 나 따라 웃는 나를 보면서 "네가 나이기에 나 따라 고생하는구나!"라고 거울 속의 나에게 웃음과 위로의 말을 던지니 거울 밖의 나 또한 마음이 편해지는 것을 느낄 수 있었다. 결국은 이렇게 모든 게 마음에 있는 것을, 일체유심조가 그냥 빈말이 아니었음을 느꼈고, 이후 힘들 때면 거울 앞에 서서 서로 웃고 위로하는 일이 습관이 되었다.

이윽고 단식기간이 끝나고 회복된 후, 건강하고 맑은 심신으로 정성을 다해 차를 만들고 음용하면서 사유력이 더욱 깊어지고 풍부해져 잡념을 버리고 집중해야 하는 수행과 참선공부뿐 아니라, 여러 가지로 얽힌 현실적 문제를 통찰하는 데도 많은 도움이 됨을 알 수 있었다. 이는 불가에서 차와 선을 결코 둘로 보지 않는 한 이유이기도 할 것이다.

2) 무우전(無憂殿)

선암사에는 10여 개의 법당이 있고 각 법당을 담당하는 스님이 조석예불을 하며 관리하는데, 무우전과 그 안쪽 부처님 계신 각황전(覺皇殿)은 다각(茶角)인 저자 담당이었다. 그때는 전기가 들어오지 않을 때여서 어두워지기 전에 장등(長燈)하는데 사기(沙器)로 된 등잔이나 두꺼운 양철을 오려붙여 만든 등잔에 석유를 채운 뒤 심지에 불을 붙여야 했다. 1960년대 후반 경내에 등이 20여 개 이상이었고 날마다 혼자서 하다시피 한 이 일도 쉽지 않았다. 장등은 옛날부터 사찰 경내의 각 법당 앞에 세운 석등에 불을 밝혀 왔으며, 불가의 장등문화는 전등불로 대체되었을 뿐 현재도 계속 이어지고 있다.

당시 대중스님들은 설선당(說禪堂) 큰방에서 발우공양을 하였는데, 공양 전 죽비소리에 맞춰 "한 방울의 물도 천지의 은혜가 스며 있고, 한 알의 곡식에도 만인의 노고가 담겨 있습니다. 이 음식으로 주림을 달래고, 사회대중을 위하여 봉사하겠습니다"라고 공양게(供養偈)를 외웠다.

아침, 점심, 저녁 공양시간이 끝나면 노스님들께 차를 달여 올리는데 화덕에서 물을 끓여 차관을 방으로 가져와 차를 넣고 잠시 후 밥 한 공기 쯤 들어가는 제법 큰 찻잔에 인원수대로 고루 나누어 따른 뒤, 찻상을 들고 한분 한분 앞으로 가서 한잔씩 내려놓고 다시 우려 따라드리기를 반복한다.

"선암사 차는 보통차가 아니다. 신비스러운 약이고 제호(醍醐), 감로(甘露), 불로차다. 옛날에 관찰사가 공양미를 수레에 싣고 와 작설차 한 말과 바꿔간다"라고 등허, 성해, 원암, 계월 노장스님들께서는 자랑도 늘어놓으시지만 어린 다각인 저자를 놀리는 게 재미있으신지 "차가 짜다, 짜!" "싱겁구먼, 덜 익었어! 덜 익어!" "찻물이 식었다, 다시 달여라!" 등등 한 마디씩 하시고 "내일은 아침 일찍 토란 밭에서 이슬을 받아다 차를 대려 봐라! 차를 잘 대려야 쓴다!" 이런 저런 말들을 하지만 용곡 스님만큼 차에 조예가 깊은 분은 일찍 없었다. 어떻든 저자는 분부대로 다음 날 토란 밭에 나갔다. 선암사는 저자가 군복무차 입영하기 전까지는 필요한 식자재를 구입하는 일이 쉽지 않아 자급자족이 일상이어서 경내 주변에는 채소밭을 많이 만들어 배추, 무, 고소, 상추, 당근, 시금치, 우엉, 근대, 들깨, 참깨 등을 가꾸고, 경내에서 조금 먼 산밭 등 쪽에는 토란과 콩, 산두, 보리 등을 심었다. 두세 마지기쯤 되는 토란 밭에서 토란잎을 조심스레 움직여 은구슬 같은 이슬방울을 모으고 한쪽으로 조심조심 흘려 큰 주전자에 따라 한 시간쯤 모으면 3~4L쯤 되는데 이렇게 이슬을 모아 차를 달여 올리기도 했었다. 불교분규가 발생되지 않았다면 선암사는 일상생활과 수행 및 참선공부를 차와 함께 할 수 있는, 더 없이 한적하고 평화로운 곳이어서 지상의 낙원과도 같은 곳이었을 것이다.

저자는 어릴 적부터 선농일치(禪農一致)와 부작불식(不作不食)의 규율에 따라서 스님들과 같이 농사일도 거들고, 때로는 허드렛일도 마다하지 않았지만 특히 선친과 함께 일하는 시간들이 싫지 않았다. 봄이면 채소밭에서 김매는 작업도 하였고, 가을철 수확기에는 일꾼들과 함께 탈곡 일을 돕기도 하였다. 무와 배추를 심은 밭에서는 벌레를 한 마리씩 잡아내기도 하였다. 대나무 조각으로 핀셋 모양의 집게를 만들고 대나무

한 마디를 잘라 만든 대통에 벌레를 잡아넣었는데 한 시간도 안 되어서 제법 큰 대통으로 벌레가 가득 찼고, 바로 옆 운수암(雲水庵) 쪽에서 강선루(降仙樓)로 흐르는 계곡 물이 고인 곳에 벌레 통을 비우면 피라미들이 몰려들어 벌레를 삼키는 모습이 당시에는 어린 마음에 퍽이나 신기했고 재미있기도 하였다. 가을에 콩을 수확할 때는, 보리를 탈곡하는 장소인 보리마당에서 도리깨질을 하여 줄기와 껍질을 가려내고 다시 한 번 두드리기도 한다. 이때 깔아둔 멍석이나 포장 밖으로 튀어나간 게 많아서 작업이 끝난 후 낱알을 하루 종일 줍기도 했었다. 조각난 콩이나 벌레 먹은 콩, 식용으로 사용할 수 없는 것들은 따로 모아서 소변소의 통에 넣어두었다가 여러 가지 채소를 가꿀 때 요긴한 밑거름으로 사용하였다. 여느 절도 마찬가지겠지만 선암사에서는 식용으로 콩을 많이 사용했는데 주로 콩을 볶아 장에 담가 두었다 먹는 콩장, 콩나물, 그리고 메주 쓰는 데 제일 많이 소요되었다. 매년 80kg 들이 20여 가마의 메주를 만들 때는 대중스님들도 동참하고, 절에서 일하는 일꾼, 일반 신도들도 함께 참여하여 작업하는데 절구통에 방아를 찧기 전 새참으로 삶은 콩 한 바가지를 퍼서 맛있게 나누어 먹기도 했었다.

기록으로는 상월새봉 스님 주석 당시 선암사는 대중이 700여 명으로 여러 전각과 각 암자에 방앗간과 취사시설을 따로 갖추고 생활해야 하는 특수한 여건이어서 전국 어느 사찰보다 많은 수의 동종(銅鐘)이 있어 근래까지도 승려들의 실제 생활에 이용되었다. 그리고 들깨와 콩을 맷돌에 갈아서 식재료로 많이 활용하였기에 유난히 많은 맷돌과 절구도 보관되어 있지만 지금은 거의 사용하지 않는다. 그러나 저자가 기거하던 1960년대 중반부터 70년대 중반까지 선암사 대중은 불과 20~30명에 불과하여 경내조차도 적막강산처럼 조용하였고, 분규로 인해 늘 불안과 긴장감이 떠돌았다.

저자는 18세 무렵까지 마르고 허약한 체질이었으나 입영 전 2~3년

사이에 건강이 몰라보게 좋아졌다. 그러나 입영할 당시는 분규 등으로 인한 선암사의 어려운 여건 때문에 선친에 대한 걱정이 태산 같아서 오랫동안 잠을 이루지 못하였다. 입영 후에는 선암사의 분규문제와 선친의 건강 등에 대한 염려스러운 마음이 자나 깨나 머리에서 떠나질 않았고, 그러면서도 차를 마시지 못하는 일도 견디기 힘들었다. 기다리던 첫 휴가 때는 딴 일 다 제쳐두고 직접 차를 따고 한 솥 덖어 원 없이 마셔보았다. 이후 1976년 저자가 전역하면서 선암사 차밭 복원작업이 본격적으로 시작되어 10여 년 계속되었다.

이 시기에 저자는 호남 삼암사 등 기록상의 옛 차밭을 답사하고 승주, 순천, 광양 등지의 차와 차밭을 두루 살펴보는 한편, 화엄사, 대흥사 등 5대 본찰의 제다법도 알아보았으며, 이어 나름대로 차에 대해 학문적 접근을 시도하고 더불어 선친 용곡 스님께서 이어오신 임제종 법맥 및 다맥을 살펴보았다. 그 중에 차생활을 하며, 차 시문을 남긴 스님들께서 비교적 장수하였던 사실—종조 태고보우(1301~1382) 82세, 종조로부터 5세 부용영관(1485~1571) 86세, 6세 청허휴정(1520~1604) 85세, 청허휴정으로부터 5세 상월새봉(1687~1767) 81세, 13세 경붕익운(1836~1915) 80세, 14세 경운원기(1852~1936) 85세, 16세 선친 용곡정호(1911~1994) 84세—등에서 우리 차의 소중함을 더욱 깨닫게 되었다.

저자가 선암사를 떠나기 전까지 거주하였던 무우전(無憂殿)은 근심 걱정이 없는 전각이라는 뜻이다. 이 건물은 선암사 대웅전의 북동쪽에 위치해 있는데, ㄷ자 형으로 전면이 남향이고 후면이 북향이며 후면에 각황전이 있다. 선암사에서 제일 외진 곳으로 참선을 공부하기에 좋고 사찰의 요사(寮舍)채라기보다 양반집을 연상케 하는 건물이다. 이 건물을 에워싸듯 ㄷ자형 담장이 있는데, 전면은 낮고 옆면과 후면 담장은 조금 높다. 옆면과 후면 즉 서쪽에서 북쪽으로 연결된 담장을 따라 오래된 매화나무가 일정한 간격으로 식재되어 있어 봄철 개화시기에는

지금은 종정원이라는 현판이 걸려 있는 무우전. 아래 사진은 무우전의 옛 모습이다.

그 향이 경내에 진동한다. 동편은 무우전 건물과 5m쯤 떨어진 곳부터 가파른 비탈이어서 담장이 없고 대나무가 빽빽하게 서 있었다. 담장 안 건물 전면과 옆면에 150여 평의 공간이 있는데, 전면 100여 평은 정원이고 옆면 50여 평은 상추, 고추, 가지 등 여러 채소를 심어 식재료로 사용하였다. 100여 평의 정원 동쪽에는 제법 큰 사철나무와 비자나무가 한 그루씩 서 있고, 그 밑에 상사화와 백합, 달맞이꽃, 부용화가 있었다. 건물 중앙 돌계단 양 옆에 큰 파초가 있었고, 무우전 서쪽 출입문 계단 앞에는 용설란이 있었으며, 전면 남쪽 담장 옆에 수령이 300~400년쯤 되는 큰 영산홍이 자리 잡고 있었다. 전면 서쪽 담장 밑에는 가로 세로 2.5m쯤 되고 깊이 1.5m쯤 되는 큰 수조(水槽)가

설치되어 있었는데, 수조를 크게 제작한 것은 화재에 대비하여 방화수 용도로 사용하기 위함이고, 평소에는 식수로 사용하며 설거지나 빨래 등의 목적으로 사용한다. 이 수조로 유입되는 물은 시원(始原)이 서쪽에서 동쪽으로 흐르는 서출동류수이며, 수백 년 전부터 조계산의 서출동류 상선약수(西出東流 上善藥水)라고 하여 호남제일(湖南第一)이라는 소문이 났었다고 한다.

저자는 이 수조 옆 작은 공간에 춘란이 잘 살 수 있는 토양과 차광 역할을 하는 발, 그리고 배수가 잘되도록 묘상을 준비하여 20여 포기의 춘란을 심었다. 어느 해 가을에 용곡 스님이 건물 동쪽 창문 앞에 국화를 심고 나니, 고매와 동쪽 비탈 대밭과 더불어 저자에게는 더없이 훌륭한 사군자 정원이 되었다. 사군자(四君子)는 세상의 오탁(五濁)에 물들지 않고 고절(高節)을 지킨 사대부와 고사(高士), 그리고 문인화가들의 단연 으뜸인 화재(畵材)로 애호의 대상이었는데, 명나라 진계유(陳繼儒)가 매난국죽사보(梅蘭菊竹四譜)에서 매·난·국·죽을 사군자라 부른 데서 유래하였다고 한다.

매난국죽의 특징과 의미를 간략히 살펴보면, 매화나무는 잎이 돋기 전에 꽃이 먼저 피면서 철간선춘(鐵幹先春)·한향철간(寒香鐵幹)이라 하여 봄소식을 가장 먼저 알려준다. 따라서 사람들로 하여금 추위가 채 가시기 전부터 인생의 활기와 희망을 갖게 하고, 또한 매화꽃은 사랑을 상징하는 꽃 중의 으뜸이라고 한다. 매화나무는 늙으면 뒤틀리며 용의 형상처럼 되는데 여기서 꽃이 피니 심고 가꾸는 것은 회춘의 의미와 춘정을 돋게 한다 하고, 열매로 담근 술은 강장의 효과가 있다고 알려져 있다. 선암사 에는 보호수목으로 지정된 매화나무가 있고 선암매향은 전국적으로 잘 알려져 있기도 하다. 저자는 근래 저자 차밭의 매실을 수확하면 낮에는 자연건조하고 밤에는 끓여둔 소금물에 담그기를 3주간 반복한 뒤 소엽(붉은 깻잎)과 함께 항아리에 담아 매실김치를 만들기도 하고,

매실을 쪄서 건조한 뒤 매실주를 담그기도 하였다. 또 3일간 밤낮으로 가마솥에 매실을 고아 만든 매실고(梅實膏)는 소화기관과 배앓이에 큰 효험이 있어 지인에게도 보내는 등 요긴하게 활용하고 있다.

난(蘭)은 꽃 중에 가장 뛰어난 향을 풍긴다 하여 명문귀녀에 비유되곤 하였다. 난을 기르면 잡기를 막고 상서로운 기운을 돋운다 하며 난잎을 오랫동안 달여 마시면 해독작용으로 몸이 가뿐해지고 노화현상이 없어진다고 중국『본초경』에 기록되어 있다.「공자가어(孔子家語)」에는 숲속의 난초나 지초(芝草)는 깊은 숲에서 자라지만 사람이 찾지 않아도 향기를 풍기고, 군자는 궁핍하다고 절개와 지조를 바꾸지 않는다 하였다(芝蘭生於深林 不以無人而不芳 君子修道入德 不以困窮而改節). 저자는 난을 직접 채취하고 키운 여러 난분을 책상 위와 곳곳에 놓아두고 잎과 꽃이 피어나는 자태를 늘 완상(玩賞)하였고, 촛불에 난 그림자가 창 밖에 투영되는 모습에 깊이 빠져들기도 하였다.

국화는 가을에 피는 대표적인 꽃으로 중국에서는 장수를, 일본에서는 태양을, 서양에서는 평화와 풍요, 그리고 거룩한 아름다움을 상징한다. 중국이 원산지인 국화는 관상식물로 재배역사가 가장 오래되었고 우리나라에 전래된 것은 고려 충숙왕 때라고『양화소록(養花小錄)』에 기록되어 있다. 9월 9일 중양절에 국화주를 마시면 무병, 불로장생한다는 말은 중국 주유자가 이를 달여 마시고 신선이 되었다는 고사에서 유래된 말이라고 한다. 1970년대에 선암사 경내 주변에 가을 감국과 구절초가 많아 이를 꺾어다 건조하여 방에 걸어두어 벌레들을 퇴치하는 효과를 보기도 하였다. 유가에서는 국화가 봄, 여름을 피하여 가을에 서리를 맞고 홀로 피는 모습을 고고한 기품과 절개를 지키는 군자에 비유하였고, 불가에서는 일상의 모든 사물을 보고 느끼며 심오한 교리의 이치를 깨우치고자 하는 의도가 있음을 다음 청허휴정의 시에서 알 수 있다.

소나무와 국화를 심다 [栽松菊]

지난해 뜰 앞에 국화 심고	去年初種庭前菊
금년엔 난간 밖에 소나무 심었네	今年又栽檻外松
산속의 스님이 화초를 사랑해서가 아니라	山僧不是愛花草
사람들에게 색이 곧 공임을 알리고자 함이네	要使人知色是空

　대나무는 「공자가어(孔子家語)」에 나오는바, 대[竹]의 본성이 유교적 윤리도덕의 완성체인 군자와 그 관념적 가치가 일치되었기 때문에 그 가치관에 젖은 선비들은 대를 그들의 척도로 삼았고 대쪽 같은 절개를 중히 여겼다. 대나무속이 비었다는 것을 허심으로 생각하여 중국인의 의식에서 대는 겸허의 미덕을 상징하였고, 사철 푸르고 곧게 자라는 성질을 군자의 행실에 비유하였다. 일본인들은 스스로 자국민의 갈라지되 타협하지 않고 복종과 충성의 극단에 서 있는 특유의 민족성에 대를 비유하여 자신들과 가장 일치하는 식물로 여겨 일상 생활용품과 완호물에 사용하였다. 불가에서는 수행자를 지도할 때 대나무를 쪼게 만든 죽비를 사용하는데 좌선시, 입선(入禪)과 방선(放禪), 공양시에는 신호도구로 사용한다. 1.5~2m 정도 크기의 장군 죽비로는 수행자의 졸음이나 자세를 교정하는데, 경책사(警策師)가 수행자의 어깨를 쳐서 맑고 투명하게 울리는 음향으로 마음가짐을 바로잡아 수행의 증진을 돕게 하였다. 저자는 군에 입영하기 전 죽순 철이면 용곡 스님과 함께 초물과 말물 죽순으로 10여 가지 이상의 요리를 만들어 대중에게 공양하였으며, 죽순을 소금항아리에 저장하여 두었다가 수개월이 지난 후 음식재료로 활용하기도 하였다. 그리고 틈나는 대로 대나무를 이용하여 여러 가지 공예품을 만들기도 하였는데 수년 묵은 작은 대를, 때로는 뿌리까지 캐내어 단소 수백 개를 만들었고, 큰 왕대와 작은 대를 소재로 여러 모양의 단상(段床: 具列)을 만들어 다관과 다서 혹은 차기 등을 올려놓는

선반으로 이용하고 있으며, 당시 대나무를 숯불에 살짝 굽거나 삶는 방법으로 튼튼히 제작하여 지금까지도 잘 사용하고 있다. 그리고 1980년대에는 대나무 마디로 차를 담는 포장용기를 직접 만들어 사용하기도 하였다.

사군자는 고려시대 때부터 성행하였고 조선시대에 계승되어 주로 사대부 계층에 전인적 교양의 일부로 널리 퍼졌고 남종화파 중 문인화파들이 즐겨 그렸다. 저자는 1976년 가을 사군자향이 물씬 풍기는 무우전 큰 방에 차실을 꾸몄다. 천정 대들보에 문고리를 단단히 박고 직경 3cm, 길이 2m쯤 되는 단단한 대나무를 불에 구워 반듯하게 바로 잡아 한쪽에는 3cm 간격으로 구멍을 다섯 개 뚫고 또 한쪽 끝에 구멍 하나를 뚫어 삼줄로 대들보에 박아둔 쇠고리와 단단히 묶었다. 방바닥 쪽으로 내려온 대나무와 방바닥에 놓인 화로 사이가 50cm 정도다. 물을 끓이는 차관은 길이가 30cm로 3L가 조금 더 들어가는 크기이며, 이 차관과 대나무 끝을 연결하는 낚시 바늘 형태의 나뭇가지 두 개를 다듬어 하나는 차관을 걸고 하나는 대나무 구멍에 끼우는 역할을 하도록 하여 화롯불과 차관 사이의 높낮이를 조절한다. 물을 빨리 끓일 때는 불과 차관의 간격을 가까이하고, 사용하지 않을 때는 대나무 윗구멍으로 고리를 옮겨 끼워 차관과 화롯불 간격을 벌려놓고 화롯불은 재로 덮어둔다. 이 방법은 당시 방에서 손쉽게 물을 끓일 수 있는 방법이고 방안의 습도를 조절하는 역할도 했었다. 찻상은 1인용으로 높이가 10cm 정도이고 가로 세로 한 자씩 정사각형으로 20여 개를 만들어 방석과 함께 정렬해 놓으니 그런대로 운치 있어 보였다. 당시 이 무우전, 그 의미대로 근심 걱정이 없는 집에서 차실의 문을 활짝 열고, 지인들과 더불어 안팎에 가득한 자연과 사철 사군자를 즐기며 차를 마실 수 있는, 주위의 선경(仙境)과 어울려 나름대로 이만큼 절묘한 조화를 이룬 차실은 찾아보기 어려울 것이라는 생각도 들었다.

선암사에 행사가 없거나 별다른 일이 없는 날이면 이 차실에서 선친 용곡 스님과 그 비슷한 연배들이신 일당 송기학 사무국장스님, 운수암 만성 스님, 서병열 강주스님, 진우, 탑봉 강사스님 등 5~6분을 자주 모시고 찻자리를 폈었다. 대개 오후 4시쯤 시작되는 찻자리는 5시 반쯤 저녁 공양시간까지 이어졌으며, 보통 아홉 잔 정도 마시면서 선문답을 나누곤 하였다. 저자는 어렸을 적부터 노장(老長)과 함께 대화하며 생활하는 것이 싫지 않았고, 특히 이런 찻자리에서 청빈낙도(淸貧樂道)하는 가운데 유유자적(悠悠自適)하며 소탈하게 다담과 선문답을 즐기는 노장들을 보면 덩달아 기분이 좋아지곤 하였다. 노장스님들은 심심파적으로 파자(破字)와 해자(解字)놀이도 즐겼다.

차를 달인 후 첫잔을 준비해 올리면 천무대라 하시며 첫째 차를 마신다. 천무대란 하늘 천(天)자에 큰 대(大)자가 없으면 한 일(一)자가 남기 때문에 첫 잔을 이렇게 표현하였다. 즉,

첫째 잔은 천무대(天無大)로 한 일(一)자,
둘째 잔은 부불인(夫不人), 즉 부(夫)자에 인(人)을 빼면 두 이(二)자,
셋째 잔은 왕무주(王無柱), 왕(王)자에 곤(丨)을 없애면 석 삼(三)자,
넷째 잔은 죄불비(罪不非), 죄(罪)자에서 비(非)가 없으면 넉 사(四)자,
다섯째 잔은 오무구(吾無口), 오(吾)자에 구(口)자를 빼면 다섯 오(五)자,
여섯째 잔은 연불윤(允不允), 연(允)자에 윤(允)자가 없으면 여섯 육(六)자,
일곱째 잔은 지무일(旨無日), 지(旨)자에 일(日)자를 빼면 일곱 칠(七)자,
여덟째 잔은 모불백(皃不白), 모(皃)자에 백(白)자를 빼면 여덟 팔(八)자,
아홉째 잔은 욱불일(旭不日), 욱(旭)자에 일(日)을 없애면 아홉 구(九)자.

이렇게 찻잔을 헤아리면서 말씀은 차의 구덕(九德)으로 이어진다.

첫째 잔은 이뇌(利腦)로 식(識: 머리)을 맑게 한다.

둘째 잔은 명이명안(明耳明眼) 귀와 눈을 밝게 한다.
셋째 잔은 해로(解勞) 피로를 풀어주고,
넷째 잔은 구미조장(口味助長) 입맛을 돋우며,
다섯째 잔은 해주독능(解酒毒能) 주독을 풀어주는 데 으뜸이고,
여섯째 잔은 지갈(止渴) 갈증을 멎게 하며,
일곱째 잔은 방한척서(防寒滌暑) 추위를 이기고 더위를 물리치고,
여덟째 잔은 소면(小眠) 졸음을 쫓아 잠을 적게 하고
아홉째 잔은 무병장수(無病長壽) 건강하게 오래살 수 있다.

스님들이 아홉 잔의 찻잔 헤아리기와 차의 구덕을 굳이 이야기함은 다각과 법제승(法製僧)으로서의 저자에게 소임의 진중함과 구증구포작 설차의 의미를 강조하기 위함이었다. 또 온 정성을 다해 찻잎을 가마솥에 덖고 건조하기를 아홉 번 반복하여 법제한 구증구포의 차를 아홉 번 우려 마시며, 첫 번째 잔부터 아홉 번째 잔까지 그 한잔 한잔에 의미를 부여하면서 구덕을 이야기함으로써 차의 소중함과 고마움을 새삼 느끼고 강조하며 차를 즐겼던 것이다.

또한 선암사에서 차를 우릴 때 쓰는 물 아홉 가지[九品之水]를 평하곤 하였는데, 그 첫째로 이구동성으로 선암사에서 오래 전부터 물맛 좋고 효험 뛰어난 소문난 상선약수(上善藥水)를 꼽았다. 그 물은 조계산 주봉인 장군봉이 시원(始原)으로 서암인 대각암 쪽에서 천불전 뒤편이며 선원 옆 차밭 사이에 자리한 수조(水槽)로 유입되고 정화되어 칠전선원 내의 삼탕(三湯)으로 밤나무 홈대를 타고 들어오는데, 서출동류수로 수질이 뛰어나 차탕을 내는 데도 으뜸이지만 절에서 쓰는 모든 장류(醬類)도 이곳에서 담근다고 하였다. 둘째는, 선암사에는 수령이 오래된 매실나무가 많이 있는데 꽃이 피기 전 꽃망울에 쌓인 눈을 털어 모아 항아리에 채워 둔 매설수(梅雪水)를 꼽았다. 그러나 저자가 군복무차 입영하기 전 수년 동안 매화 꽃망울에 눈이 쌓인 일은 별로 없었고, 매실나무

밑에 비닐을 깔고 가지를 흔들어 눈을 모아 본 경험은 단 한 번이며 이후에도 수십 년간 눈이 쌓인 것을 보지 못했다. 셋째, 새벽녘에 토란밭에 나가 토란잎에 내린 이슬을 모아 둔 우자수(芋子水), 넷째, 죽순과 대나무 마디에서 채취한 죽간수(竹間水), 다섯째, 조계산 팔부능선에 자리한 향로암 샘물 향로수, 여섯째, 70년대 후반 저자의 집터였던 불당골의 장군수, 일곱째, 은적암 대밭 사이 계곡의 석간수, 여덟째, 조계산 가장 깊은 계곡 냉골의 정화수, 그리고 아홉째로는 보름달 뜨는 날 무우전 샘물을 길어 사흘 잠재운 뒤 사용하는 무우수(無憂水)를 이야기하였다. "차는 차요 물은 물"(茶是茶 水是水)일 터이지만, "차는 물의 신이요 물은 차의 체"(茶者水之神 水者茶之體)라 이를 만큼 차와 물의 관계가 중요하기에 저자는 이런 말씀들을 새겨듣고 이 물들을 구해 직접 탕을 내기도 하였다.

그리고 선친 용곡 스님께서는 구증구포 제다가 끝난 후 처음 시음할 때는 다구척번(茶九斥煩) 즉, 이 차를 마심으로써 번무(煩務), 번민(煩悶), 번잡(煩雜), 번원(煩冤), 번로(煩勞), 번갈(煩渴), 번열(煩熱), 번란(煩亂), 번극(煩劇) 등 아홉 가지 번(煩)을 척결(斥抉)할 수 있다는 마음가짐이 다각과 법제승, 그리고 수행자로서 마땅하다는 말씀도 하셨고, 아울러 구증구포 차를 만들기 위해 용도와 과정 별로 필요한 비품들과, 각별히 신경 쓰고 새겨두어야 할 중요한 항목들인 법제구중(法製九重)에 대해서도 거듭 일러주시곤 하였다.

첫째　　채엽(採葉) : 찻잎은 청명한 날 오전에 채취하여 바로 덖는 게 좋다. 햇볕이 따가운 한낮에는 찻잎의 수분이 뿌리로 내려가 생기가 떨어지므로 가급적 잎 상태를 잘 살펴 채취하도록 한다.

둘째　　차덖는 솥 : 회남자(淮南子)에 구정중미(九鼎重味)라는 말이 있다. 이는 솥이 두텁고 무거워야 제 맛을 낸다는 뜻인데 다정(茶鼎)도 두터운 무쇠 가마솥이 좋다. 차를 법제할 때 문제점이 없도록 관리를 잘하여야 한다.

셋째　초류(樵類) : 차를 덖을 때 쓰는 화목의 종류를 말한다. 잘 건조된 참나무와 오동나무를 높고 낮은 온도의 필요에 따라 가려 쓰도록 한다.

넷째　화두(火頭) : 장작불로 차를 덖어내는 횟수에 따라 솥의 온도를 조절하여야 한다.

다섯째　초제(炒製) : 뜨거운 솥에 찻잎 덖는 기술과 요령 민첩한 손놀림으로 찻잎을 뒤집어가며 타진 것이 없도록 해야 한다.

여섯째　멍석[草席] : 찻잎의 채취시기와 잎의 크기에 따라 올이 가는[細] 멍석과 올이 굵은 멍석을 가려 사용하고, 사용 후 잘 털어서 햇볕에 건조하여 습하지 않은 곳에 보관하여야 한다. 습한 곳에서는 빨리 상하고 비 맞으면 썩는다.

일곱째　비비기 : 멍석에 덖은 찻잎을 비빌 때는 반드시 맨손으로 촉감을 느끼면서 하여야 한다. 뜨거운 찻잎의 수분상태와 끈적거리는 기운을 감지하며 손가락과 손바닥 힘의 강약을 조절해야 한다.

여덟째　털어 널기 : 두세 번 덖어 비비다 보면 찻잎끼리 서로 붙어 콩알과 바둑알 크기로 엉킨 것들이 있으니 따뜻할 때 잘 털어 풀어야 한다. 찻잎이 식어 굳어버린 상태면 솥에 넣어 다시 덖어 잘 풀어야 한다.

아홉째　종초정선(終炒精選) : 마지막 덖을 때는 낮은 온도(200~220℃)에서 시간이 많이(40분) 소요되므로 차로서 상태가 좋지 못한 것은 잘 골라내어야 한다.

저자는 무우전을 떠난 후 사군자원(四君子園)과 함께 그때의 차실을 복원해 보려 작정한 지 오래지만 아직 생각뿐, 늘 바쁨과 마음의 여유가 없음을 핑계로 미루어 왔다. 그러다 2012년 7월 새벽 동이 트는 시간에 1980년대 조성한 차밭 샛길을 산책하던 중, 문득 바로 이 제다장 위쪽에 오랫동안 가슴에 품고 소망해왔던 사군자 정원과 차실을 지어야겠다고

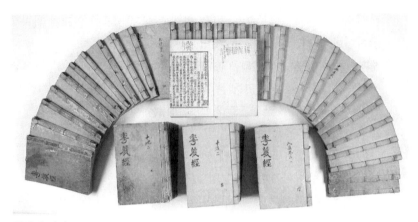

화엄경 전질

생각하였고, 품은 뜻을 포기하지 않고 노력하면 머잖아 이루어질 것이라는 확신도 있어 그 구체적 계획과 설계를 더 늦추지 않고 시작하리라 다짐하였다. 기억을 더듬어 생각해 보니 선암사 무우전에 차실을 마련했던 그해로부터 벌써 36년여의 세월이 흘렀다. 이제 회갑이 지나고 인생의 후반기를 새롭게 시작하는 저자에게 만약 좋은 일이 생긴다면 그 첫 일이 사군자원과 차실의 마련이 아닐까 한다.

선친 용곡 스님은 선암사 주지로 봉직하기 이전에도 오랜 세월 총무와 재무 직 등을 맡아 선암사의 살림과 방문객의 접대를 도맡아왔다. 방문하신 분들 중에는 시인 묵객과 문인, 화가들도 많았는데, 그 중 선친과 교분이 두터웠던 분이 근원 구철우 선생이었다. 선생은 27세 때 경운 스님의 명성을 듣고 친견을 원하는 마음에서 대승암을 찾았다가 용곡 스님을 만나게 되었고, 이후 교분을 나누었다 한다. 선생은 선암사에 오면 으레 용곡 스님께 청하여 경운 스님이 일행일배(一行一拜)의 믿음으로 쓰셨다는 화엄경 전질사본을 청하여, 경건하게 앞에 모셔두고 엄숙한 표정으로 삼배를 올린 후 조심스럽게 펼쳐 보곤 하였다. 그리고 당시

호남의 삼절(三絶)로 일컫는 광주 근원 선생과 전주 강암 송성용(1913~
1993) 선생, 제주 소암 현중화(1907~1997) 선생 이외에도 남농 허건
(1907~1987) 선생, 장전 하남호(1926~2007) 선생, 오지호 선생 등
많은 분들이 늘 방문하였다. 방문 후에는 직접 휘호하기도 하고 때로는
자신의 작품들을 보내기도 하였다. 묵객, 화가의 방문 시에 차 대접과
먹 가는 일은 당연히 저자의 소임이었고, 따라서 그분들께서 저자에게
내린 작품도 헤아릴 수 없이 많았지만 당시 어렸던 저자로서는 그 작품들
에 대하여 무지하여 가치를 정확히 알지 못했으므로 소중하게 간직하지
못하고 많이 산실하였음이 지금도 못내 아쉬운 일이다. 하지만 그대로
방치해 두는 것이 예의가 아니고 민망하기도 하여 용곡 스님의 분부대로
표구를 배운 뒤 일부는 표구하여 보관하기도 하였다. 저자에게 표구하는
법을 가르쳐 주신 분은 선암사 종무소에서 사무국장 직에 봉직하던
용곡 스님과 비슷한 연배인 일당 송기학 선생으로, 성격이 무척 꼼꼼하여
잘못하면 크게 나무라고, 못마땅해하시며 혀를 자주 차기도 하였지만
세심하게 지도해주었다. 그러나 작품이 많아 다 표구를 할 수는 없었고,
1980년도 사하촌에 저자의 사가(私家)를 지을 때 천장과 벽체 등에 도배를
하기도 하였는데 이를 본 지인들이 집값보다 작품값이 더 나가겠다는
말을 하며 웃기도 하였다.

저자가 20여 세 무렵, 당시 선암사는 한동안 조금 안정을 되찾았지만
저자는 장래 문제 등으로 마음이 심란할 때가 많았다. 이럴 때는 각황전에
들어가 부처님께 헌다한 후 네댓 평의 그다지 넓지 않은 공간 안에서
자신을 속박한 채 한동안 두문불출하며 지내곤 하였다. 각황전은 선암사
를 창건한 도선국사가 철불 하나와 보탑 둘, 부도 셋을 건립하였다
하는데 그 철불에 하얀 석고분을 입혀 봉안했으나 지금은 도금 불사를
하였고, 그 당시는 저자가 담당한 법당이어서 자주 출입했을 뿐이지만
지금 생각해 보면 참 인연이 깊었던 법당이다. 불상 앞에서 형식적인

예불을 할 때도, 경건하고 추앙하는 마음으로 예불을 할 때도, 관리책임과 의무감을 가지고 예불을 올렸지만, 때로는 불상을 존경하는 실존인물로 생각하고 격의 없는 많은 대화도 했었고, 부처님 앞에서 좌선에 몰입할 때도 많았다. 선암사 분규문제는 저자가 어떻게 살아가야 할 것인가를 일찍부터 화두로 던져주었기에 이 법당에서 보내는 시간이 많았으며, 자신의 문제를 스스로 해결해 나가고자 하는 데 가장 큰 도움을 줄 수 있는 대상이 차라고 확신하여 부처님께 차와 일생을 함께하겠다는 확고한 의지의 맹약을 하고, 스스로 그 맹약을 다지기 위하여 3박4일의 짧은 단식을 하고 나올 때도 여러 번 있었다. 저자의 인생에서 이때만큼 부처와 무언의 대화를 많이 한 일은 없었으며 지금까지 몇 차례 단식 중 처음으로, 그리고 짧은 기간의 단식을 이때 행했다.

그리고 단식과 병행하여 복식호흡과 단전호흡에도 열중했고, 참선과 차로 안정을 찾기 위해 애쓰기도 한 시절이었다. 돌이켜 생각해 보면 1960년대 중반부터 1987년까지 저자가 일상 속에서 차밭을 관리하고, 차를 법제하며 노장스님들께 차를 올리고 또 즐겼던 무우전과, 조석으로 예불 올리고, 틈틈이 마음의 안정을 위한 목적으로 출입했던 각황전은 저자가 차의 세계로 입문하게 된 학교였다. 당시 용곡 스님은 선곡 스님을 주지로 모시고 총무 소임을 수행하고 있었으며, 사찰의 형편에 의해서 별다른 의미 없이 무우전에 거처를 정해주신 것으로 알고 생활했었다.

그러나 1994년 용곡 스님께서 입적하신 후 지난날을 회상하면서 저자를 무우전에서 생활하도록 하신 일에 깊은 뜻이 담겨 있겠다는 생각이 문득 뇌리를 스쳤다. 각황전과 무우전은 선암사 창건주인 신라시대 도선국사와 고려시대 대각국사, 그리고 조선시대 상월새봉 스님과 인연이 깊은 전각이었다. 이 세 분은 선암사와의 깊은 인연뿐 아니라 차와 관련된 전설과 시와 문이 전해져 온다. 도선국사는 각황전을 초창하여 철불을 봉안하였고, 대각국사는 중창하였으나 정유재란 때 화재로 소실되었다. 소실된 각황전은 1660년 다시 복원되었으나, 1759년 대화재로 또다시 소실되고 1760년 상월(霜月)·서악(西岳) 두 분이 중수하였다고 전해져 온다. 1761년 상월새봉 스님은 화재예방 차원에서 산명을 청량산(淸凉山)으로 복칭하고 선암사를 해천사(海川寺)로 개칭하기도 하였다.

저자가 군복무를 마치고 무우전에서 생활하면서 차밭의 복원에 한창 힘을 쏟을 무렵인 1976년 결혼을 하게 되었으나, 선암사와 선친의 곁을 멀리 떠날 수 없어 선암사 비전 바로 뒤편으로 선암사 경내와 인접해 있는 옛 불당골 암자터에 개인 살림집을 신축하였다. 이곳에 영험함과 맛좋은 약수로 그 이름이 오래 전해져 온 샘 장군수(將軍水)가 있다는 것도 그곳에 터를 잡은 한 이유이다. 신축허가를 받아 농막처럼 집을 짓고, 닭장도 만들고, 길도 새로 내고, 주변도 정비했다. 이 터 앞에는 약 2천여 평의 전답이 있어 주식과 부식, 야채류 등을 스스로 경작하여 생산할 수 있었기에 생활해 나가는 데 큰 불편이 없었고, 호롱불이나 촛불에도 익숙한 터라 전깃불이 없어도 크게 불편한 줄 몰랐다. 보잘것없는 건물이지만 양지바른 남향이고 어머니 품안 같은 자리였으며, 바로 앞 조계천을 건너 10분쯤 걸으면 선친께서 경운 스님을 모시고 생활하였던 대승암이 있다. 저자는 다관에 돌 틈에서 솟아나는 장군수를 떠서 차를 달이고 앞마루에 앉아 대승암 쪽을 향하여 상월 스님과 경운 스님을 생각하며 차를 마시곤 했었다. 저자의 꿈 같은 신혼생활은 명품약수인 장군수와 더불어 더없이 행복했었고, 1977년에는 큰딸, 1979년에는 둘째딸이 태어나는 행운도 얻었다. 그러나 1979년 산속에 있는 독립가옥은 간첩침투의 위험이 있다는 이유로 철거대상이라 하여, 이곳에서 모처럼 행복했던 3년여의 생활은 끝나게 된다. 아쉬움이 많을 수밖에 없었지만 도리 없이 최소한의 철거보상비를 받고 아랫마을로 이축(移築)하였다.

이후 대략 25년의 세월이 흘렀고, 불당골 옛 집터에는 놀라운 변화가 생겼다. 순천시비 18억과 국비 26억의 예산이 투입되어 '순천전통야생차 체험관'이 건립되었던 것이다. 이 공사는 2003년 공모하여 2005년부터 2007년까지 3년여에 걸쳐 대지 1,500여 평에 총 250여 평의 한옥건물로 신축되었다. 이제 명실공히 조계산 일대가 우리 전통차의 한 축으로 우뚝 섰음과, 선암사의 구증구포작설차를 널리 알리고 홍보할 수 있는 발판이 마련되었음이 저자로서는 무엇보다 기쁜 일이었다.

3) 재래종 차밭의 조성

『신증동국여지승람(新增東國輿地勝覽)』「순천도호부편 형승조」에는 순천을 일컬어 "산과 물이 기이하고 고와서 세상에서 작은 강남(小江南)이라고 부른다"라는 구절이 있다. 이는 순천의 산수와 기후풍토가 좋다는 뜻으로, "강남의 귤을 강북에 심었더니 탱자가 열렸다"(橘化爲枳)라는 말의 의미처럼 명차의 산지로도 적합하다는 말일 것이다. 『세종실록 지리지』와 『신증동국여지승람』에도 조계산이 작설차의 산지로 표기되어 있다. 표기된 산지를 살펴보면 지리산권 이남으로 서쪽에서 동쪽으로 전북 옥구·부안·고부·정읍·순창·남원, 전남 구례, 경남 하동·산청·진주·함양·밀양·울산을 잇는 선의 남쪽이다. 순천의 조계산 정상 주봉인 장군봉에서 동쪽으로 뻗어나간 좌청룡 우백호의 두 산줄기가 선암사를 품고 있는 그 배치 형국은 웅장한 기상으로 장군대좌 형국이라고 흔히 말한다. 이 지맥은 노령산맥의 한 지맥이 한쪽으로 내려와 영산강 상류와 섬진강 지류인 보성강 상류가 분수령을 만들면서 우회곡절 뻗어오다가 탐진강 북쪽 상류를 거쳐 남해봉 가까이에 다다라 비로소 역룡(逆龍)이 되어 다시 북상하여 조계산에 이르게 된 것이다.

저자가 1980년대와 1990년대에 이 지역 주민들로부터 수만 평의

겨울 차밭과 상사호

토지를 어렵게 매입하여 조성한 차밭의 위치는 조계산 우백호의 산줄기가 동남쪽으로 뻗어내려 무학마을 앞 하천에 이른 곳이다. 이 차밭의 정상에서 보면 동북쪽 먼 곳에 지리산과 동쪽에 백운산, 동남쪽에 순천만, 서쪽 가까운 곳에 조계산과 선암사 전경을 볼 수 있다. 또한 바로 눈앞에 전개되는 상사호는 그 모양이 한반도 지도 형태와 매우 흡사하게 보이고, 호수에서 발생한 안개가 밀려올 때는 그 경관이 참으로 아름다운 선경이다. 이 우백호 산줄기의 능선을 따라 서쪽으로 40여 분쯤 걸으면 선친께서 경운 스님을 모시고 젊은 시절 수행생활을 하였던 대승암이 나온다.

저자는 가끔 멀리 지리산을 바라보며 청허휴정과 상월새봉을 생각하고 이분들의 정신세계와 삶의 궤적을 떠올리곤 하였다. 청허휴정과 상월새봉이 주석하였던 지리산 칠불암(현 칠불사. 경남 하동군 화개면 범왕리) 대웅전과 문수전 뒤편 언덕에는 보리수 한 그루와, 그 주위에 언제 심었는지 연륜을 알 수 없는 차나무 수백 주가 자리하고 있다. 선암사 칠전선원 뒤편 1만여 평의 차밭 중심부에도 보리수 한 그루가 우뚝 서 있고, 대승암 입구에도 보리수 한 그루가 자신의 위용을 자랑하듯 서 있다. 보리수는 두 종류가 있는데 한 종류는 인도가 원산지이며 뽕나무과의 상록활엽교목으로 높이가 30여m에 이른다. 부처님이 이 나무 아래서 정각을 이루었다 하여 '사유수(思惟樹)'라고 불리며 불가에서 신성시하는 나무다. 또 한 종류는 중국이 원산지이며 피나무과의 낙엽교목으로 높이가 10여m쯤 자라고, 6~7월에 연한 담황색 꽃이 피며, 10월에 작고 단단한 열매가 열린다. 꽃은 건조하여 대용차로 음용하기도 하고, 보리자라고 하는 열매는 피(皮)를 제거하고 일정한 크기대로 선별하여 염주(念珠)를 만드는 데 사용한다. 염주는 인도에서 비롯된 불교인의 법구(法具)중 하나인데 108개를 꿰어 만든 이유는 108번뇌를 뜻하는 것으로, 이것을 하나씩 넘기면 번뇌 하나씩이 소멸된다는 생각에서 나온 것이라 한다.

저자는 칠불암 차밭과 선암사 차밭 그리고 대승암 입구에 자리한 수백 년생쯤 되어 보이는 보리수가 언제 식재되었는지는 알지 못하지만, 불가의 상징인 보리수와 수행과 참선의 둘도 없는 동반자인 차와의 연관성을 생각하면 그 식재 의도와 깊은 뜻에 대한 유추는 충분히 가능하다. 그리고 상월새봉 스님과 관련하여 칠불암과 선암사의 연관관계를 입증할 자료가 현존하고, 지리산에서 차나무를 이식했다고 하는 기록과 칠불암에 주석하며 지은 차시 등을 살펴볼 때 자신의 출가본산인 선암사 차밭에, 그리고 또한 강석을 폈던 대승암 입구에 깨달음의 상징인 보리수를 식재했을 것이라고 생각되었다.

또한 저자는 오래 전부터 하늘 천(天)자가 들어가는 지명에 관심이 많아 국내뿐 아니라 중국과 일본의 지인들에게도 자국에 천자가 들어가는 지명은 몇 군데 되는지와 어떤 의미를 가지고 있는가에 대해 묻곤 하였다. 어쩐지 범상치 않은 기운이 흐르고 있거나 특별한 상징적인 뜻이 숨겨져 있을 것 같다는 생각에서였다. 중국과 일본도 특별한 의미가 있음을 전해들었고 저자는 백두산 천지(天池)와 천안 그리고 순천에서 천기와 지기의 조화로움을 강하게 느꼈다. 또한, 순천의 범상치 않은 기(氣)는 차에 있다고 믿고 이 차를 세계적인 명차의 반열에 올려야겠다는 꿈을 갖게 되었다.

심근성 차나무는 영년생 식물이라 칭하므로 차밭을 조성하기 전에 먼 훗날까지 내다보고 여러 가지를 잘 살펴 조성지를 선택하여야 한다. 저자가 일독한 청허휴정의 보장록(寶藏錄)의 내용에 의하면 청허당은 묘향산에서 자신이 임종한 후 유품들을 두류산 대흥사에 보관하여 나라에 충성한 곳을 영원히 이어가게 하고 그 자취를 보존하라는 유지를 남겼다. 제자가 의아하여 우리나라 제일 승지(勝地)가 금강산과 묘향산인데 무슨 뜻으로 두륜산에 보관하라고 하시느냐고 여쭈자 스님은 세 가지 이유를 말하였다. 그 중 첫째가 두륜산의 북쪽에 월출산, 남쪽에 달마산, 동쪽에 천관산, 서쪽에 선운산이 우뚝 솟아 바다와 산이 사방에서 호위하고, 구름과 골짜기는 깊고 멀었으니 영원히 무너지지 않고 보존될 땅이라 하였다. 저자는 만약 금강산이나 묘향산에 그 유품이 보관되었더라면 과연 온전히 잘 보존되어 있을 것인가 생각해 보았고, 감히 청허휴정으로부터 비롯된 가마솥에 덖어 만든 잎차 문화가 영원히 보존될 수 있는 산기슭에 차밭을 조성해 보려는 꿈을 갖고 차밭 터를 물색하였다.

용곡 스님도 일찍 저자에게 "차농사는 결코 쉬운 일이 아니다. 먼저 차나무와 궁합이 잘 맞는 땅에 차 종자를 심어 자식처럼 잘 보살피고 가꾸는 철저한 차 농사꾼의 정신이 필요하다"라고 하였다. 이 말씀은 재래종 차나무는 차 열매를 파종한 후 6~7년쯤 지나야 겨우 찻잎을 생산하게 되고, 또 차나무 수령이 오래될수록 양질의 찻잎을 수확할 수 있으며, 이 재배과정에서 생리를 파악하고 이해하며 사랑하는 마음으로 차나무와 서로 하나가 되어야 차를 법제할 수 있는 자격이 주어진다는 의미이다. 저자는 이런 말씀을 듣고 차밭을 조성하기 위한 자료수집과 공부를 하며 계획을 세워나갔다.

그리하여 저자는 조계산 우백호 산줄기 끝자락 부분의 땅을 면밀히 살피고 지질까지 파악하여 확실히 차나무가 성장하는 데 최적지인 영묘지지(靈苗之地)임을 확신할 수 있어 매입을 시작하였다. 수십 명이나 되는 토지소유주를 7~8년에 걸쳐 설득하고 많은 공을 들여 매입한 후 벌목 허가를 받고 차씨를 파종하여 오늘에 이르렀는데, 생각해 보면 이 땅을 매입하기 시작하면서부터 의욕적인 마음이 앞서다보니 사업계획은 허술하였고 현실적인 어려움으로 고난의 여정이 시작되었다. 토지소유자들 사이에 신광수가 일본사람들에게 명당이라고 소개해 땅을 팔려 한다든가, 공원묘지나 골프장 혹은 경마장을 조성하려고 한다는 둥 참으로 어처구니없는 소문들이 돌아 매입하기 어려운 값을 제시하기도 하고, 객지에 있는 자식들이 반대한다는 둥의 핑계를 대어 매입과정이 순탄할 수 없었다. 심지어 토지 매매계약을 체결한 후 보름쯤 지난 뒤 모 변호사 사무실에 근무한다는 젊은 사람은 계약당사자인 저자가 있는 자리에서 계약서를 확인 좀 하자며 보더니, 바로 찢어버리고 위약금을 줄 테니 없던 일로 하자고 말한 일도 있었다. 그래도 저자는 마을 주민들이 모인 자리, 혹은 개인적으로 찾아다니기도 하면서 진정성을 가지고 차밭을 조성하고자 하는 의도를 설명하고 이 일을 혼자서 할 수 있는 일이 아니므로 여러분들이 함께 해주지 않으면 안 되는 것임을 설명하며 포기하지 않았다. 하여 십여만 평에 이르는 토지를 매입하였지만 이 일로 감당하기 어려운 부채를 짊어지게 되었고, 이후부터 지나친 욕심의 대가를 치르게 되어 오랫동안 경제적인 어려움에 시달리게 되었다. 그러나 일을 중도에서 포기할 수 없었기에 계속 추진하면서 점점 수렁 속으로 깊이 빠져들고 있는 자신의 모습을 보며 스스로도 어쩔 수 없는 차에 대한 욕망과 집착이 무서운 병이라는 생각이 들기도 하였다. 하지만 지금 이 과정이 지나면 분명 차의 본성이 살아 숨쉬는 아름답고 생기 가득한 차밭이 펼쳐지게 될 것으로 확신하면서 머릿속에 그려지는 이러한 희망에 찬 푸른 그림이 고난의 괴로움을 극복하는 힘이 되었다.

이 당시에는 차밭 조성을 잘해서 사업적 성공을 이루려면 지자체와 관계부처의 지원이 필요하였고, 따라서 이러한 일의 성과는 비지니스 활동 여하에 좌우되는 경우가 많았지만 그런 일은 천생 차 농사꾼인 저자의 적성에 맞지 않았다. 그런데다 차 농사가 워낙 장기적인 사업이어서 당장의 성과가 보이지 않으므로 늘 일에 묶여 있는 자신이 초라하게 느껴지기도 하였다. 그러나 아무리 힘들고 경제적 어려움에 직면해도 내색하지 않으려 했고, 나름대로 선친과 선조사 스님들의 원력에 의지하기도 하는 한편, 죽로차와 몇 군데의 차가 생산중이므로 더욱 고품질의 차를 생산하여 난국을 타개해 가는 쪽으로 작정하고 차 농사꾼의 본분을 잊지 않으려 마음을 다잡기도 하였다.

그러나 이 차밭을 조성해 나가는 과정은 필설로 전할 수 없을 만큼 어려운 일들도 많았으며 생사고비를 넘긴 일도 있었다. 작업도중 몸에 생기는 크고 작은 상처는 작은 일이고, 한번은 차밭 조성 과정에서 벌목하고 반출 후 남은 엄청난 양의 잔가지와 부스러기들을 소각시키기 위해 일기예보에 관심을 기울이고 있다가 다음 날 오전부터 비가 온다는 예보를 확인하고, 다음 날 이른 아침 모아둔 잔가지들에 불을 붙였다. 그러나 예보와는 달리 비는 오지 않았고, 불길은 바람을 타고 산 전체를 다 태워버릴 것 같은 기세로 타올랐다. 진화작업을 하던 사람들은 지쳐 불길만 쳐다보았고, 저자 또한 절망감에 망연자실하다가 순간적으로

'이렇게 끝나는 것인가? 차라리 저 불길 속으로 뛰어들어 버릴까?' 하는 극단적인 생각과 함께 선친의 다비식 때 맹렬히 타오르던 불꽃이 떠올랐다. 그런데 잠시 후 산쪽에서 아래로 역풍이 불면서 불길이 주춤거리더니 자연 진화되기 시작하였고, 이에 우리는 용기를 내어 잔 불씨까지 다 소화할 수 있었다. 저자에게 이 경험은 작은 일도 쉽게 생각하거나 소홀히 해서는 안 된다는 교훈과, 자연의 섭리와 그 영향력은 온전히 이해하기 어렵지만 자연의 소중함을 다시 일깨워 주기도 하였다.

순천지역은 위도상으로 34~35° 범위에 속해 있고, 연평균 강우량은 1490.7mm로 전국 평균을 훨씬 상회하고 있으며, 연평균 지면온도가 15.1℃ 정도이다. 차나무를 재배하기에 위도상으로 적합하고 생육에 필요한 강우량(1400~1500mm)과 기온(14~16℃) 모두 적합하다. 겨울이 비교적 짧고 1월의 평균기온도 0.8℃여서 최저기온 -10℃ 이하면 냉해 피해로 찻잎 생산에 큰 영향을 주는데 그럴 염려도 없었다. 대체적으로 한랭하며 일교차가 크고 주변 하천과 주암댐의 조절지 역할을 하는 상사호가 있어 안개 발생이 180여 일로 습도가 높아 양질의 차산지로 이만큼 적합한 지역을 찾기 어려웠다.

차밭의 위치는 우선 동남향이나 남향 땅 그리고 경사도가 10~20도 사이면 적합하다. 북향은 일조량도 적으므로 생육에 적합하지 않고, 경사도가 심하면 잎의 채취나 제초 등의 작업 효율성이 낮으며, 강우량이 많을 때는 붕괴 위험도 있기 때문이다. 1980년대 초 어렵게 한 필지 두 필지 땅을 매입하여 토질을 살피고 열매를 심으며 차밭을 조성하기 시작하였다. 파종은 한 줄 심기와 두 줄 심기가 있는데 파종간격은 가로 30㎝이고, 두 줄 심기를 할 경우 가로 세로 각 30㎝이며 엇갈리게 심는다. 이랑과 이랑 사이는 1.8~2m 정도가 좋고 자연농법으로 관리하고자 한다면 파종 후 1~2년 후쯤 반음반양의 비음수 역할을 해줄 수종을 이랑 사이에 식재한다. 차나무와 궁합이 잘 맞는 수종은 대나무가 으뜸이지만 관리에 일손이 많이 필요해 어려움이 따른다. 열매를 심을 때 염두에 두어야 할 것은 껍질째 다섯 알 정도를 5~7cm 정도의 깊이로 심어야 하고, 파종 시기는 11월이 좋고 3~4월 파종이 다음이다. 봄에 파종을 할 경우 열매를 물에 담가 두면 3~4일 후 물에 가라앉게 되는데 그때 건져내어 심는다.

　저자는 차 씨가 발아된 후 어떻게 싹이 돋고, 자라는지 그 모습이 보고 싶었고, 또한 어떤 토질에서 잘 자라는지 궁금했었다. 하여 직접 눈으로 확인하고자 준비작업을 하였다. 우선 직경이 7~8cm 이상인 큰 대나무를 골라 길이 30cm 정도 되는 대나무 30여 개의 마디마디를 톱으로 자르고 이것을 절반으로 쪼갠 뒤 다시 그대로 붙여 묶었다. 그리고 이 대통에 사질토, 양토, 부엽토, 황토 등 여러 종류의 흙을 2/3쯤 채우고 차 종자를 한 알에서 세 알까지 골고루 넣은 뒤 다시 같은 흙으로 종자 위를 덮었다. 이 대통들의 윗부분 5cm 정도가 지표면 위로 드러나도록 하여 땅 속에 묻었다. 이 작업을 한 시기는 3월 중순이었다. 한 달 후쯤인 4월 중순 대통 하나를 꺼내 조심스럽게 차종자의 상태를 살펴보았으나 겉으로는 달라진 모습이 보이지 않았다. 다시 한 달이 지나 5월 중순이 되었을 때 또다시 대통을 꺼내 살펴보니 갈라진 껍질 틈 사이로 발아현상을 볼 수 있었다. 2개월 만에 발아가 되는 것은 다른 식물 종자에 비하여 발아기가 늦은 것이다. 사람의 경우 보통 임신 2개월 이후를 태아기라고 하는데 차 종자도 파종 2개월 이후를 발아기라고 할 수 있는 것이다. 다시 묻어 두었다가 한 달 후인 6월 초에 꺼내서 살펴보니 마치 시루 속의 콩나물 모습을 연상케 하듯 10cm 정도 자라 있었다. 그동안 차 종자살이 씨눈의 발아지점에 그대로 붙어 있으면서 뿌리가 될 부분 5cm와 줄기가 될 부분 5cm를 자라게 한 것이다. 마치 태아의 상하 중심부분인 배꼽에 탯줄이 연결되어 태아가 잘 자라도록 필요한 영양성분을 공급해주듯 어린 차나무로 성장할 수 있는 중심부분에서 종자살이 영양성분을 공급하고 있는 것이다. 태아가 출산 시기까지 자궁 속에서 안전하게 잘 자라야 하듯 발아해서 땅 위로 돋아날 때까지 땅 속에서 튼튼하게 잘 성장하여야 하는 것이다.

이후 저자는 차밭을 조성해 나가면서 차나무와 마음 속으로 이야기하고 서로 교감을 통하기 위한 노력을 게을리하지 않았다. 어차피 저자가 선택한 일이고 차나무를 아끼고 사랑하는 마음이어야만 서로가 일체를 이룰 수 있다는 단순한 생각이었다.

모든 농산물을 생산하기 위한 재배과정에서 농약의 사용은 불가피하다고 하지만 저자는 그동안 차밭에 비료는 물론 제초제나 살충제 한 번 사용한 일 없이 지극정성으로 가꾸어 나갔다. 그런데 어느 날 3년생 차나무가 여기저기 말라 죽어가고 있는 것을 보고 깜짝 놀라 차나무를 뽑아 보았다. 너무 쉽게 뽑혀 뿌리를 살펴보고 땅을 파보니 두더지의 소행이었다. 그날 이후 밤낮없이 두더지가 뿌리를 갉아먹는 소리가 들리는 듯하였고, 이어 차나무의 비명소리가 들리는 듯하여 마치 저자가 그 고통을 당하는 듯하였다. 피해면적이 점차 확산되어 가는데도 피해방지를 위한 대책이 생각나지 않았고, 이러다 차농사를 포기해야 하는 것 아닌가 하는 비관적인 생각도 들었다. 그래서 많은 농민들에게 두더지를 퇴치할 수 있는 방법을 물어보기도 하고, 농작물 재배 관련 서적들도 찾아보았으나 별다른 뾰족한 방법이 없었다. 땅 속의 두더지 통로와 입구에 덫을 놓기도 하고, 볍씨와 콩을 농약에 담갔다 꺼내어 건조시킨 뒤 조금씩 뿌려 두기도 했으나 큰 효과는 없었다. 무려 4년 동안 두더지 잡을 생각에 골몰하여 두더지의 생리에 대해서도 공부했다. 두더지는 쥐와 비슷하지만 꼬리가 짧고 몸이 둥글고 통통하며 다리는 짧지만 발바닥이 유난히 넓어 땅을 잘 판다. 눈은 거의 퇴화되어 햇볕에서는 버티지 못하고, 귀와 코는 아주 예민해서 미세한 소리에도 민첩하게 반응하며 냄새도 잘 맡기 때문에 두더지 잡는 일은 쉽지 않았다. 땅

속의 벌레와 지렁이, 개구리 등을 잡아먹고 칡뿌리, 약초뿌리, 농작물의 뿌리 등을 갉아 먹고 살아간다. 야생동물 중 두더지 외에 그 어떤 동물의 피해도 없었기에 충격이 컸고 저자의 모든 것인 차나무 뿌리를 갉아 먹은 두더지만큼은 무슨 일이 있어도 퇴치하고 싶은 마음이었다. 그러던 차 포클레인을 이용하여 차밭 사이로 길을 내면서 포클레인 바가지로 땅을 내려치기도 하고 큰 돌을 들어 떨어뜨리기도 하며 땅을 진동시켜 보았다. 이 작업은 확실히 두더지 퇴치에 효과가 있었고, 또한 차나무가 10여 년쯤 되자 뿌리가 굵어지며 깊이 내려가고 단단해지면서 피해가 줄어들었다.

차밭을 조성하여 찻잎을 수확하기까지 어려움은 많고, 오랜 시간 보존하고 관리하는 일이 결코 쉽지 않다. 따라서 생계유지와 직결된 영농노동은 오직 알찬 결실을 목표로 피땀을 흘리게 된다는 현실적 이유에서 새삼 농민들의 절실한 마음을 느끼게 된다. 모든 일을 취미삼고 운동삼아 즐기면서 할 수 있으면 생활에 활력소도 되고 건강에도 좋으련만 농사일은 그렇게 할 수 있는 일이 아닌 것이다.

차밭 조성 후 오랜 세월이 흐른 요즘, 홀로 차밭에 올라 지난 일을 돌이켜보면 스스로 생각해도 실로 엄청나다고밖에 할 수 없는, 유기농으로서는 광대한 면적의 차밭과 또 그 차밭을 어떻게 유지 관리해 왔는지가 도무지 믿기지 않고 꿈같기도 하였다. 그리고 이러한 일을 할 수 있었던 힘의 원천은 선친과 선조사 스님들의 생애와 사상의 영향을 크게 받았음이 첫째요, 둘째는 차와 함께하는 동안은 차의 신이 저자를 보호해줄 것이라는 굳은 믿음 때문이었을 것이다. 어찌되었든 정말 무모한 일을 하고 살았다는 생각과 함께 이 차밭은 운명처럼 차의 신령스러운 마력에 빠진 한 인간의 역고의 산물이라고 스스로 평가하기도 하였다.

지금으로부터 십수 년 전 저자는 지리산 깊은 계곡을 지나다 우연히 무슨 행사인 듯 굿판이 벌어지는 무속현장을 보게 되었는데 호기심에 잠시 지켜보았다. 굿판 주위에는 꽤 많은 사람이 있었고, 제물을 진설한 젯상에는 통돼지를 비롯한 각종 음식과 과일들이 넘쳐서 필경 많은 비용을 들여 치르는 제법 큰 굿판임이 분명하였다. 저자는 모든 의식이 끝난 뒤 철상(撤床) 채비를 하는 60대 후반쯤 되어 보이는 무녀와 잠시 대화를 나누었는데 그 대화의 내용이 아직 잊혀지지 않는다.

그녀는 처음 보는 남자인데도 무엇이 통했던지 개인적인 가족이야기 등을 스스럼없이 담담하게 털어놓았다. 어찌 생각하면 넋두리랄 수도 있고 하소연일 수도 있겠지만 그녀는 가슴속 이야기를 풀어내면서 깊이 뭉친 답답함이 조금씩 뚫리는 듯하였다. 이야기인 즉, 그녀의 딸이 스물이 되기 전 신이 내려서 몇 년 간 열병을 앓은 후 강신굿을 올렸고, 이제는 자신의 뒤를 이어 크고 작은 굿판 일을 도맡아한다는 것이다. 몇 년 전까지만 해도 좋은 사람 만나 시집을 갔으면 했는데 이제는 이 일에서 벗어나고 싶어도 그렇게 할 수 없다고 했다. 접신(接神)과 응신(應神)을 숙명으로 알고 사는 두 모녀의 처지와 인생을 차와 운명적 동반자로 자처하는 저자로서는 누구보다도 잘 이해할 수 있었다. 오랜 세월이 지난 후 그들의 소식이 문득 궁금해지기도 하지만 다시 만나지는 못했다.

이와 비슷한 경험이 또 있다. 오래 전 차의 반려격인 다기(茶器)의 명장을 찾아다녔을 때 명장 중의 몇 분은 저자와 초면이지만 수인사를 끝낸 뒤에는 으레 흉금까지 터놓는 편하고 막연한 사이가 되곤 하였는데, 이는 아마 차와 다기의 불가분성과 불을 다룬다는 공통점 때문일 것이다. 그 무녀도 저자가 평생을 두고 간구(懇求)하는 차신(茶神)이 혹 저자의 어딘가에 깃들어 있음을 눈치채고 동류의식(同類意識)을 느꼈는지도 모를 일이다.

그러나 작금 여러 여건이 어려워지고, 또 앞으로도 계속될 잡초와의 끝없는 전쟁도 저자의 차에 대한 과욕과 운명적으로 차의 노예가 되기를 자초하였기 때문일 것이다. 때로는 '이제 가슴에 담고 있는 모든 것을 내려놓고 멍에를 벗을 때도 되지 않았는가' 하는 생각이 들기도 하지만 차를, 차신을 벗어나는 것은 저자에게 또 다른 구속이 되리라는 생각이 앞설 뿐이다.

저자에게는 전국 각 지역에서 차밭 조성 관련 문의가 많이 온다. 조경용으로 선조들의 묘소 주위에 차씨를 심고자 하는 사람, 자신의 취미생활로 운동 삼아 차밭을 조성하고자 하는 사람, 가족과 지인들의 건강을 위해서 소규모 농장을 경영하고자 하는 사람, 차밭을 조성하여 차 생산업에 종사하려는 사람, 빈 땅을 그대로 방치해 두기 아까워서 조성하려는 사람 등 다양한 형태의 질문을 받지만 조언은 늘 비슷하다. 어떤 목적으로 조성하고자 하는지를 분명히 하고, 먼 훗날까지 자신의 능력으로 관리 생산할 수 있는 면적을 설정하라는 것이다. 또한 양질의 찻잎을 생산하고자 한다면 가급적 다른 작물을 재배하지 않는 땅이 좋다. 조성지가 결정되면 장비를 이용하여 심근성 생리의 유효 토층인 1.5~2m 정도 땅 뒤집기를 하여 토양을 부드럽게 하고, 비가 오더라도 차밭 내에 물이 고이지 않도록 배수로 시설을 잘 하여야 한다. 파종 후 발아하면 비교적 생명력이 강해 잘 자란다. 찻잎을 생산하기까지 보통 6~7년 정도 걸리며 차밭 관리에 특별한 어려움은 없고, 단지 차나무 성장에 방해되는 잡목과 잡초를 제거해주면 된다.

선암사 차밭의 조성과 복원과는 별도로 저자는 1978년부터 순천 관내를 비롯하여 곡성, 광양 등지까지 우리 재래종 차밭을 수소문하여 찾아다니며 복원해 나가기 시작하였다. 이때만 해도 차밭 주인들은 차에 별 관심이 없어 찻잎을 채취해 오는 데 별 어려움이 없었다. 1979년에는 승주군 주암면 창촌리 6만여 m²의 대밭에 피폐해진 차나무가 여기저기 눈에 띄어 소유권자를 알아보니, 오래 전 박세영이란 분이 후손이 없어

주암면에 기증하여 면에서 관리하고 있으며, 차나무는 약 3백여 년 전부터 있었고, 몇 십 년 동안이나 방치된 상태라는 말을 듣게 되었다. 얼마 후 주암면 관계자와 현장을 방문한 저자는 "10년 후까지 이곳을 우리나라 제일의 죽로차밭으로 가꾸어보겠다"라는 제안을 하였다. 누가 봐도 엄두가 나지 않는 일이고, 많은 비용이 소모될 것이기에 불가능하다고 생각하는 일에 무모한 도전장을 낸 것이나 마찬가지였다. 그 지역 노인들 말에 의하면 해방 이전까지는 찻잎을 따두면 저울에 무게를 달아 선암사에서 매입하였으므로 면사무소에서 면민들을 동원하여 관리를 했다고 했었다. 이곳 주민들은, 이 대밭이 출발점에서 콩을 한 되 볶아 하나씩 먹으면서 돌다 콩이 다 떨어질 때쯤 출발점에 도착하게 될 정도로 아주 넓은데 수십 년씩 묵혀진 이곳을 옛날처럼 복원하기는 힘들 것이라고 이구동성으로 걱정들을 하였다. 그러나 그 후 10여 년간 각고의 노력 끝에 1990년대에 들어서 우리나라 최대 면적의 죽로차밭으로 탈바꿈되었으며, 이후 2008년 8월 15일 계약이 만료되는 날까지 30년을 저자와 함께했었다.

최영년(1856~1935)의 『해동죽지(海東竹枝)』에는 "죽로차는 조선에서 생산되는 황매향편 이후의 제일품이다"(竹露茶 朝鮮所産 黃梅香片 以後 爲第一品)이라는 구절이 있다. 과연 조선에서 생산되는 황매향편 이후 제일품이라는 말을 들을 수 있을 만큼 그 향·색·미가 뛰어나다는 판단을 하였기에 이 차밭 복원과 관리에 심혈을 기울였던 것이다. 그러나 죽로차밭의 관리는 너무 많은 일손을 필요로 하고, 1년만 방치해도 채엽이 어려울 정도의 상황이 되어 버린다. 반음반양의 죽로차밭에서는 일조와 통풍이 잘 되게 하기 위하여 많은 대나무를 베어 내어야 하는데 그 일이 가장 어렵다. 저자는 2002년 제초작업중에 대나무를 감고 올라간 칡넝쿨을 자르려고 낫을 내리치는 순간 대나무에 부딪힌 낫이 튕겨서 왼쪽 손목의 혈관이 잘리는 큰 부상을 당했다. 주위 사람들의 도움으로 가까스로 병원에 도착하여 수술을 받았으나, 이후 5~6년 동안 손가락을 마음대로 움직일 수 없는 불편함을 안고 생활했다.

이렇게 여러 힘든 과정을 거쳐 복원하고 관리하였던 창죽전 죽로차밭은 2008년 계약기간이 만료되었으나 일손 부족과 13만여 평의 조계산 기슭 차밭에 전념코자 계약 갱신을 포기할 수밖에 없어 또다시 방치되어 지금은 출입이 어려운 상태로 묵혀져 버렸다. 저자는 그곳을 지날 때마다 30년 동안 힘들게 죽로차를 생산하면서 겪은 갖가지 일들, 좋은 일들과 힘들었던 일, 아픈 기억들이 떠올라 눈을 감고 언젠가 이곳에서 지었던 시를 읊조리곤 한다.

주암호 인근 죽로차밭은	住岩湖近竹田茶
30년 동안 나와 인연을 맺었다	三十年同我結緣
짙은 안개 단 이슬 대와 차의 상생지	濃霧甘露相生地
산뜻한 아름다움 지극한 향은 차의 구덕을 기린다네	鮮麗至香九德頌

돌이켜보면 제대 후 1980년대 초반까지는 이와 같은 환경에 있는 피폐된 차밭들을 찾아 임대형식으로 관리하여 생산한 차밭이 광양에 5천여 평, 곡성에 1만여 평, 순천 곳곳에 5만여 평 등 마치 차의 왕국이라도 건설할 것처럼 한동안 젊은 혈기에 앞뒤 가리지 않고 오직 차만 생각하였던 무모한 시절이었다. 그러나 이즈음에 저자는 우리 작설차의 우수성에 대한 확신과 자긍심으로 가득차서 재래종 차나무의 본성인 심근성이 올곧게 살아 숨쉬는 우리 품종의 차밭을 수만 평 제대로 조성하여 세계적인 명소로 만들어 보겠다는 당차고 야심찬 꿈과 희망을 가지게 되었던 시절이기도 하다.

그러나 저자가 1980년대 초부터 틈나는 대로 오래된 차밭이 있는 곳이나 전통적인 방법으로 차를 만든다고 하는 곳은 거의 다 찾아다니며 제다법을 파악할 무렵, 화계골에는 차 제조에 필요한 기계(살청기·유념기·건조기)가 설치되기 시작하였고, 현재에 이르러서는 제조에 필요한 기계 한 대쯤 없는 업체는 찾아보기 어렵다. 가급적 일손이 적게 드는 간단하고 효율적인 방법에 의존하여 차를 생산하게 된 것이다. 이후 정부에서도 농가소득 증대 방안으로 증산정책을 시행하여 적은 면적에서 많은 양을 생산할 수 있는 개량품종들을 개발하여 농가에 공급하였고, 1980년대에는 대량생산을 목적으로 개량된 차 품종들이 수입되어 제주도와 남부지방에 식재되었다. 이러한 요인들로 인해 우리 재래종 전통차는 설자리를 점차 잃어가게 되었다.

1985년 승주군에서는 작설차를 지역특화 소득작목으로 개발 보급하며, 향토 관광상품의 선양과 군민의 소득증대에 기여하기로 하고 '작설차 농가육성계획'을 수립하였고, 저자와 함께 관내에 분포되어 있는 기존 다원의 현황을 파악하였다. 기존 다원은 복원 및 확장하고 신규로 차밭을 조성하여 생산량을 늘리기로 계획하고 제다공장을 설립하여 본격적인 작설차 생산체제를 갖추기로 한 것이다. 이후 이 사업은 의욕에 찬 시작과 달리 정부 시책과 차 산업의 흥망에 따라 부침을 거듭하여 농가에 큰 도움이 되지 못한 채 오래 지속되지 못하였음은 지금도 아쉬운 일이었다.

4) 구증구포작설차의 법제

1987년 용곡 스님께서 선암사 주지 임기가 만료되어 퇴임하게 됨으로써 저자도 선친의 당부 말씀에 따라 법복을 벗고, 20년 이상의 선암사 경내 생활을 청산하고 현재 거주하는 선암사 초입 마을로 내려와 독립된 여건 속에서 개인적으로 차밭을 조성하며 70여 평의 제다작업장을 신축하고, 그동안 전승해온 우리 전통 구증구포작설차의 법제방식에 따라 차를 생산하면서 독립적인 차사업을 본격적으로 시작하였다.

용곡 스님은 누가 농사를 잘 지었는지 쉽게 알 수 있다는 뜻으로 "들농사 남이 안다, 차 농사도 마찬가지다. 좋은 차를 생산하기 위해서는 철저한 차 농사꾼 정신으로 심고 가꾸어야 한다"라고 말씀하시곤 하였다. 이는 평소에도 차밭은 관리는 물론 차나무의 생리와 찻잎의 상태를 면밀히 점검해야 하고, 법제 이전의 생활계율로써 근면과 근검을 늘 강조하셨음이다.

찻잎은 청명한 날 이슬이 가실 때 따야 손에 달라붙지 않고 가마솥에 눌어붙을 염려가 적다. 찻잎을 잘근잘근 씹어 그 맛을 기억해 두었다가 제다 후 차 맛과 비교해 보아라. 법제과정에 도움이 된다. 차 덖는 가마솥은 차 열매를 탈피하여 볶아 찧은 뒤 당목이나 삼베포로 잘 싸서 문질러 윤기가 나도록 보관해라. 차는 다른 냄새를 다 빨아들이니 냄새나는 물질은 제다 장소에 두지 마라. 나무도 소나무, 향나무, 침엽수는 건조된 상태에서도 특유한 향냄새를 풍겨 차향을 해치게 되고 솥 밑바닥에도 그을음이 많이 끼게 되니 사용하지 말고 잘 건조된 참나무, 감나무, 오동나무를 쓰도록 해라. 차를 만들려면 가마솥 불보기 3년은 해야 한다. 솥의 온도 조절이 제일 어렵기 때문이다. 차는 우려 마시고 난 뒤에 차관에 남은 찻잎을 그대로 차나무에 갖다붙여도 될 만큼 원형의 형태로 되살아나는 게 좋다. 따라서 눋거나 타는 것이 있어서는 안 되니 각별히 신경 써서 덖어야 한다. 너무 익거나 설익지 않은 상태에서 꺼내어 바로 비벼야 하고 따뜻한 기운이 남아 있을 때 털어 널어야 한다. 세 번째 덖은 후에는 찻잎 상태를 면밀히 살펴 비비되 멍석에 부스러기가 나오면 찻잎이 상한다는 뜻이니 비비는 작업을 멈춰야 한다. 덖어진 찻잎을 비비다 보면 끈끈한 액이 나와 찻잎끼리 서로 엉켜 바둑알 크기 정도로 뭉쳐진 것들이 더러 보이는데 이런 것들은 속에서 발효된 뒤 곰팡이가 피게 되어 차 맛을 망치게 되니 따뜻한 기운이 남아 있을 때 잘 털어 널어야 한다. 덖을 때마다 수분이 빠져나가니 불길을 줄여 솥의 온도를 낮추어 가도록 해라. 일곱, 여덟 번째 덖어낸 차는 반드시 따뜻한 온돌방에 한지를 깔고 하룻밤 이상 건조하도록 해라. 덖는 과정에서 털어 말리는 것은 겉에 수분만 다 빠져나갈 뿐 속에 있는 수분은 온전히 다 빠져나가지 못한다. 완성된 차를 엄지와 검지로 문지르면 거친 것 없이 가루가 된 게 좋다. 1년에 4~5회 큰 행사 때 쓰는 차는 잘 건조된 옹기에 넣어 저장할 때 죽순 껍질이나 한지를 이용하여 차가 옹기 면에 바로 닿지 않도록 하고 옹기 밑면에 한지를 두세 겹을 깔고 차를 한 양푼 넣고 다시 한지 깔고 한 양푼 넣고 겹겹이 재어넣도록 하여라. 그런 다음 맨 위에 죽순 껍질과 한지로 덮고 손바닥 크기만한 납작한 돌을 잿불에 따뜻하게 하여 올려놓고 밀봉하여 공기가 유입되지 않도록 칡끈으로 잘 동여매어 보관하였다가 필요할 때 꺼내어 마무리 덖음을 한 후 우리면 지극한 향을 느낄 수 있다.

저자는 위와 같이 일러 주신 용곡 스님의 말씀과 가르침을 바탕으로 늘 심혈을 기울여 구증구포작설차를 법제해 왔다.

차철이 되면 차를 만들기 위해서 찻잎을 따야 하는데 찻잎 채취시기는 차의 품질과 관련이 있다. 춘분과 청명 사이에는 차움을 따서 제다하고, 청명과 곡우 사이에는 차싹을 따서 제다하며, 곡우와 입하 사이에는 1창 1기의 찻잎을 따서 제다한다. 입하와 소만 사이에는 1창 2기를, 소만과 망종 사이에는 1창 3기의 찻잎을 따서 제다하고 백로 절기에는 곡우나 입하 절기보다 적은 양이지만 새로 올라온 잎을 채취하여 제다한다. 그런데 2006년경 4~5월에 황사현상이 심했고, 이후 겨울철에는 차밭에 냉해 피해도 있었다. 2011년에는 심각할 정도의 냉해가 있는 등 해가 갈수록 일기 변화가 심상치 않게 되었다. 따라서 찻잎을 채취하는 시기도 일기 상태에 따라 조금씩 달라질 수밖에 없다.

예로부터 차의 등급은 찻잎의 채취시기에 따라 결정하였는데 이는 찻잎의 성미(性味)를 중시하였기 때문이다. 그러나 이 기준은 대량생산 품종이 등장하기 시작한 18세기 이전이므로 지금은 어떤 품종의 찻잎으로 차를 만드는지가 가장 중요하고, 채취시기에 따른 등급 결정은 그 다음이다.

보통 춘분과 청명 때 기온은 8~13℃ 정도인데 이 시기에 채취한 차움과 싹을 입에 넣고 씹어보면 감미롭고 향긋해서 전 질소 즉, 수용성 아미노산과 향기 성분의 함량이 많다는 것을 느끼게 된다. 그러나 소만과 망종 사이의 기온은 23~30℃에 이르고, 이 시기에 채취한 찻잎을 씹어보면 쓴맛의 탄닌과 떫은맛을 내는 폴리페놀, 카테킨 성분이 비교적 많음을 알 수 있다. 여름철 날이 점차 더워질수록 아미노산이나 카페인 성분이 감소되고 비타민C와 폴리페놀 성분은 증가하므로 차 생산농가들은 품질의 고급화를 위해 일찍 채엽하여 제다하는 경우가 많다. 따라서 쓴맛과 떫은맛을 감소시키기 위해 찻잎을 덖을 때 솥의 온도 설정을 잘해야 한다. 찻잎을 채취하는 날의 기온은 그 찻잎을 처음 덖을 때 가마솥 온도를 몇 도쯤으로 할 것인가와 연관관계가 있고 법제 과정에서의 가마솥 온도는 차를 우려마시는 물의 온도와 연관관계가 있다. 감미로운 움이나 싹을 덖을 때는 300℃ 정도로 솥의 온도를 조절하여 덖기 시작하고, 늦게 채엽한 쓰고 떫은 찻잎을 덖을 때는 솥의 온도를 330℃ 정도로 높여서 덖는 게 좋다.

차나무에서 딴 찻잎은 90%의 수분을 함유하고 있는데 한 번 덖어서 건조할 때마다 이 함수율을 10%정도씩 낮추어야 하기 때문에 솥의 온도조절은 결코 쉬운 일이 아니어서 용곡 스님이 가마솥 불보기를 3년은 해야 한다고 하였던 것이다. 아홉 번째 마무리 덖음을 한 뒤 최적의 수분 함수율은 4% 정도로, 만약 첫 솥의 온도가 300℃ 정도였다면 아홉 번째 덖을 때 솥의 온도는 210℃가 되는 것이다. 제다작업 기간 중 가장 고생스러운 신체 부위가 손인데, 바로 수분과 온도의 적정

여부를 촉감으로 확인해 가며 쉴 틈 없이 움직여야 하기 때문이다. 온종일 차를 덖을 때는 손에 전류가 흐르는 느낌이 오고 손가락이 떨리는 수전증 현상이 나타날 때가 있어 병원을 찾은 일도 있었다.

찻잎을 채취하면 채취과정 중 혹시 불순물이나 경화된 잎, 고르지 못한 잎들이 섞여 있어 이를 가려내는 정선작업을 하고 한 솥 분량씩 대바구니에 담는다. 처음 수분함량이 많은 상태의 찻잎을 덖을 때는 참나무와 감나무로 솥의 온도를 높이고, 대개 6~7회의 덖음이 끝난 이후 수분함량이 20%쯤으로 낮아지면 오동나무로 솥의 온도를 조절한다. 200~230℃ 정도의 온도에 마무리 덖음을 하는데 잘 건조된 오동나무야말로 최적의 연료목이다. 덖어도 될 정도의 온도인지는 가마솥 안에 손을 넣어 손바닥을 휘저어보면 감지되는데, 이렇게 온도를 파악하는 방법을 탐수중정(探手中鼎)이라 한다. 보통 물 한두 숟가락을 솥 안에 떨어뜨려 파지직 내지 파바박 하는 튀는 소리와 물이 증발하는 시간의 정도를 관찰하여 적정온도가 확인되면 찻잎을 넣는다. 채취한 찻잎은 산화효소가 활성화되어 쉽게 발효되기 때문에 그때그때 바로 덖기 시작하는 것이 좋고, 바로 덖지 못할 시 저온저장하여 발효되지 않도록 보관해야 한다.

차밭을 일구고 가꾸며, 수확하고 제다하고, 또 달이며 마시는 과정 중 찻잎을 가마솥에 처음 투입할 때는 늘 긴장되면서 설레고, 또 행복한 순간으로 느끼며 살아왔고 현재도 그러하다. 저자가 좋아하는 공자님 말씀에 "그림 그리는 일은 먼저 흰 바탕이 있는 후에 한다"(繪事後素)라는 말이 있다. 이는 몸가짐의 중요성을 강조하는 말씀으로, 저자는 차를 법제하기 전 늘 몸과 마음을 살피게 된다. 그러므로 지극히 당연한 일로 법제를 위해 찻잎을 솥에 넣기 전 자신의 오감육식의 기능이 정상적인지 확인하고 점검한다. 깊은 땅 속의 순수한 기와 미네랄 등의 미량원소를 흡수하여 싱그럽고 건강하며 강한 힘이 느껴지는 이 찻잎을 건강하지 못한 사람이 다루게 된다면 제 기능을 발휘하지 못해 차다운 차를 법제하기는 어려울 것이다. 찻잎은 뜨거운 솥에 들어가는 순간부터 향과 색과 맛과 소리와 수분의 감소, 이렇게 다섯 가지 현상이 드러나기에 찻잎이 차로 바뀌어 가는 법제과정에서 그 순간 순간의 미세한 변화를 오감으로 느끼고 분별해야 하므로 만약 몸과 마음의 상태가 정상이 아니면 당연히 제다작업을 중단해야 한다.

저자가 차를 법제하는 과정에서 말하는 오감육식의 기능은 눈으로 색과 형태를, 귀로는 소리를, 코로는 냄새를, 입(혀)으로는 맛을, 손(피부)으로는 온도와 수분을, 의식은 관념적 판단을 하여야 한다는 취지이다. 먼저 입으로는 생잎을 씹어 그 맛으로 잎의 여러 성분과 성질을 파악하고, 찻잎이 솥에 들어가는 순간 싱그럽고 풋풋한 향이 열에 의해 산뜻하게 잘 무르익어 가는 향으로 바뀌고, 다시 덖을 때는 감미로운 향으로, 또다시 덖으면 구수한 향으로, 마지막엔 신기가 느껴지는 향으로 달라지기 때문에 코의 기능이 온전해야 이를 잘 분별할 수가 있다. 또한 수분함량이 많은 찻잎이 솥에 들어가면 후다닥 투두둑 대숲에 빗방울 떨어지는 소리, 높은 열에는 깨 볶는 소리, 수분이 줄어 그 소리가 조금씩 약해지면서 초가집 처마에 낙숫물 떨어지는 소리, 톡 토독 하고 봉숭아 열매 터지는 듯한 소리(1960~70년대 선암사에는 유난히 많은 봉숭아가 있었다)들을 청각 기능으로 잘 분별하고, 눈으로는 덖을 때마다 달라지는 색깔의 변화를 주시하며 달라지는 모양과 형태를 관찰해야 한다. 손으로는 덖을 때마다 10% 정도씩 줄어드는 수분(함수율)과 10℃ 정도씩 낮아지는 솥의 온도를 파악해서 솥에서 꺼내야 할 때를 판단해야 하는데, 눋거나 혹시 타는 것을 경계하는 의미도 있다. 이렇게 찻잎이 차로 바뀌어 가는 법제과정에서 입과 코와 눈과 귀와 피부로 시시각각 느낄 수 있는 변화사항을 자신의 오감육식으로 잘 파악하고 분별하여 법제했을 때 오미를 두루 갖춘 조화로운 차가 나오는 것이다. 오미를 두루 갖춘 차라야 오장을 편안하게 하고, 오장이 편안한 상태라야 그 기운이 중추신경계와 정신신경계를 통해 대뇌 기능에 활발한 영향을 미치고, 유현한 사유과정을 거쳐 깨달음의 경지로 인도하는 것이다. 이어 모든 법제과정이 끝나면 시음을 하기 전에 향과 색, 맛, 음, 형을 온전히 다 느끼기 위해 자신의 오감을 정갈히 가다듬는다. 그리고 찻잎과 저자가 하나가 되어 법제된 차가 세상에 나가게 됨으로써 이 차를 애호하시는 분들을 위하여 그분들이 이 차를 오감으로 느끼며 만족감에 충만하기를, 그리고 차와 더불어 생활에 즐거움과 행복이 더해지기를 진심으로 기원하게 된다.

예로부터 오미는 오장과 밀접한 연관관계가 있다는 것이 의학적으로 입증되었는데, 간은 산미(酸味: 신맛), 폐는 신미(辛味: 매운맛), 심장은 고미(苦味: 쓴맛), 비(脾)는 감미(甘味: 단맛), 신(腎)은 함미(鹹味: 짠맛)로 그 영향관계를 나타냈다. 당나라의 진장기(陳藏器)가 지은 『본초유(本草遺)』에 "제약(諸藥)은 각병지약(各病之藥)이나 차는 만병지약(萬病之藥)"이라고 수록된 내용도 오랫동안 음용하여 얻어진 임상실험에 의한 결론이었을 것이라는 생각도 해본다.

차는 몹시 민감하고 흡수력(吸收力)이 강하다. 따라서 법제 장소에 냄새나는 물질이 있어서는 안 된다. 가마솥을 달구는 연료도 등유나 가스를 쓰지 않고 나무를 사용한다. 나무도 송진기가 있어 냄새와 연기가 많이 나는 침엽수 종류는 피하고 잘 건조된 참나무, 감나무, 오동나무를 쓰는데 찻잎에 수분함량이 많아 솥의 온도를 높여 덖을 때는 참나무를, 수분함량이 낮아지면 오동나무를 사용한다. 나무도 종류에 따라 열량이 다르고 불꽃과 연기에서 나는 냄새도 다르다. 전쟁 때 군인들이 산속에서 밥을 지을 때 맹감[土茯笭: 망개]나무 줄기를 사용하는 것은 연기가 나지 않으면서 습기가 많은 곳에서도 잘 타기 때문이고, 중국 황실에서는 황제에게 올릴 약을 달이다가 나무를 잘못 선택하여 약이 굳어져 버렸다는 기록도 있을 만큼 화목의 선택은 중요하다. 잘 건조된 오동나무는 불꽃이 화려하고 보기도 좋으나 열량이 낮아 7~8회째 덖을 때 혹은 마무리 덖음을 할 때 최적의 화목이다.

구증구포작설차 법제 중 가장 어려운 부분이 솥의 온도를 맞추는 불 조절[火候]이다. 용곡 스님도 누차 강조하여 차 덖는 가마솥의 불 조절은 최소한 3년은 배워 익혀야 한다고 하였다. 덖는 시간 동안은 아궁이 곁을 떠날 수 없음은 물론이거니와, 불길 관찰을 잘 하여 덖음의 횟수에 따르는 솥의 온도도 착오 없이 잘 가늠하여야 한다. 몇 번 덖었는가는 몇 번 우려 마실 수 있는가와 비례한다. 구증구포작설차가 아홉번 열번을 우려 마셔도 그 맛이 새롭게 느껴지는 이유는 이 법제방법 때문이다.

차는 때때로 자신의 실체를 쉽게 드러내지 않기에 마무리 덖음을 한밤중에 시작하여 새벽으로 이어지는 시간에 혼자서 하는 경우가 종종 있는데, 그때는 아무 방해 없이 무언의 교감으로 차와 저자가 하나가 됨을 느낄 수 있는 시간으로 저자에게는 그 또한 더없이 소중한 시간이다. 그리고 일반인이 뿌리 깊은 차나무의 생리를 쉽게 파악할 수 없듯이 제다인(製茶人)에게도 차다운 차를 법제하는 일이 결코 쉬운 일이 아니므로 저자는 늘 맑은 정신을 유지하고 몸가짐을 정히 하며 오감을 점검하는 일을 게을리하지 않는다.

함수율 90% 정도의 싱그럽고 풋풋한 찻잎을 300~330℃(찻잎 채취시 기에 따라 가마솥 온도의 차이가 있다)의 가마솥에 넣고 덖기 시작하면 1분 후쯤 숨이 죽고 3~4분 더 덖으면 수분이 10% 정도 줄어 80% 정도가 된다. 이때 덖어진 찻잎을 꺼내 멍석에서 비비는데 찻잎이 뜨거워 맨손으로 비비기 어려울 정도이지만 가급적 뜨거운 상태에서 손바닥으로 힘껏 밀면서 비비고 다시 당겨 밀면서 비비기를 2~3분 정도 반복한다. 그리고 따뜻한 기운이 남아 있을 때 비비기를 멈추고, 비비면서 뭉친 찻잎을 털어 찻잎끼리 얽히고 설킨 것들이 없도록 돗자리나 죽석에 얇게 깔고 잠시 음건(陰乾)하였다가 다시 솥에 넣어 덖는다.

　두 번째 덖는 시간도 첫 번째 덖을 때와 같지만 솥의 온도를 10℃ 정도 낮추어야 한다. 찻잎의 수분은 줄어드는데 온도를 낮추지 않으면 찻잎은 눋거나 타기 쉽고 아홉 번을 덖어낼 수 없다. 찻잎 수분이 70% 정도로 줄고 너무 익거나 설익지 않은 상태에서 찻잎을 꺼내 다시 멍석 위에 부어놓고 비빈다. 두 번째 비빌 때는 첫 번째보다 끈끈한 진액이 많이 나와 손이 끈적거리고 아울러 찻잎끼리 잘 엉겨붙고 손에도 잘 달라붙는다. 이 찻잎들이 식어서 굳어버리기 전에 첫 번째와 마찬가지로 잘 털어서 돗자리에 펼쳐 널고 잠시 음건한다. 솥에는 혹시 눌어붙어 타진 것이 있나 살펴서 제거하고 잘 닦아낸 뒤 다시 10℃ 정도 낮춰진 솥의 온도를 확인하고 세 번째 덖음을 시작한다. 첫 번째와 두 번째보다 세 번째 덖음은 한결 수월해서 절반쯤의 공정이 끝난 듯 긴장이 풀리기도 한다. 솥의 온도가 높고 찻잎에 수분이 많을 때 덖음 공정은 손놀림이 민첩해야 하고 단 1초도 방심해서는 안 된다. 눌어붙어 타진 냄새가 조금이라도 나게 되면 차의 진향에 해가 되기 때문에 긴장감을 놓으면 안 되는 것이다.

　세 번째 덖음으로 수분은 60%대로 줄고 찻잎의 색깔이 달라지고 덖을 때 나는 소리와 향기 그리고 형태가 달라진다. 이 덖음의 공정에서 오감육식의 기능은 오로지 차와 일체가 되어야 한다. 손은 찻잎의 수분 상태와 솥의 온도를 감지해야 하며, 눈으로 찻잎의 색깔과 형태의 변화를, 귀로는 오직 차의 소리를, 코로는 덖을 때마다 향의 변화를 분별하고, 입으로는 매회 덖음이 끝날 때마다 한 잎씩 씹어보며 오미의 변화를 확인한다. 세 번째 덖음이 끝나면 수분도 줄지만 찻잎의 끈끈한 진액도 손에서 그 느낌이 줄어든다. 이때부터 갓난아이 다루듯 조심해서 다루어야지 자칫하면 찻잎이 상하고 부스러진다. 뜨거운 열기를 식히는 정도로 멍석에서 부드럽게 돌리다가 따뜻한 기운이 남아 있을 때 돗자리에 펼쳐 넌다. 이어 아궁이의 불길과 솥의 온도와 솥의 청결 상태를 살핀 뒤 네 번째 덖음을 시작한다. 솥의 온도를 10℃ 정도 낮추고 수분도 10% 정도 덖음 과정에서 줄어들게 되므로 이제는 멍석에 비비는 공정은 하지 않는다. 비비는 공정은 찻잎에 있는 성분들을 잘 혼합되게 하므로 그 효능을 상승시켜주는 인자(因子)가 높아져 인체에 흡수되면 생리에 반응하는 효과 또한 높아진다고 한다. 비비는 공정을 생략하고 덖은 차와 비교하여 시험을 해보면 차탕에서 훨씬 더 잘 우러나는 것을 확인할 수 있다. 네 번째 덖음이 끝나면 찻잎에 수분은 50%대로 줄고 또 덖을 때마다 솥의 온도를 낮추어 왔으므로 덖는 손길 역시 한결 여유로워진다. 오직 5관(五官)의 기능으로 차의 상태를 면밀히 관찰하여 적당할 때 솥에서 꺼내어 돗자리나 죽석에 얇게 펼쳐 널어 잠시 음건하였다가 다시 덖는다.

다섯 번째부터 여덟 번째까지는 네 번째 공정과 같으며 여덟 번째 공정이 끝날 때 솥의 온도는 첫 번째 덖을 때 솥의 온도보다 80℃ 정도 낮아지며 차의 수분 함수율도 10%대로 줄어든다.

보통 마무리 공정인 아홉 번째 덖음 이전에 따뜻한 방이나 혹은 습하지 않은 공간에 한지를 깔고 차를 널어 하루 정도 건조한 후에 마지막 아홉 번째로 덖어낸다. 오동나무 장작불로 가마솥 온도를 210℃쯤 되도록 조절한 후 차를 넣고 손놀림을 천천히 움직이며 30~40여 분 정도 덖은 뒤 꺼낸다. 이때 차를 한 움큼 살짝 쥐었다 놓기를 반복하며 수분함수율을 파악하는데, 차가 손에 붙지 않으면 수분이 4% 정도가 된 것이다. 요즘은 온도와 수분측정기를 이용해 손쉽게 솥의 온도와 차의 수분함량을 파악할 수 있다. 아홉 번째는 여덟 번째까지 덖으면서 느끼지 못했던 또 다른 향이 올라오고 그 향은 마무리 덖음 과정에서도 세 차례쯤 변화하여 30여 분이 지나면 신기가 느껴지며 지극한 경지에 다다름을 알 수 있다. 제다공정 중 이 과정에서 품질이 좌우되므로 덖을 때 나는 미세한 소리와 향기 그리고 색깔과 형태를 자세히 관찰해야 한다. 이로써 찻잎을 덖을 때마다 그 정기가 함축되어 아홉 번을 덖어 내므로 구정(九精)이 담긴 차가 완성되는 것이다. 따라서 시음을 할 때는 다관에 차를 한 번 넣고 우려 마시기를 아홉 번 반복하면서 차의 정기를 느껴 보아야 한다. 여러 종류의 차와 비교 시음해 보면 구증구포 법제에 따른 독특한 정기를 분명 느낄 수 있다.

그리고 찻잎의 채취시기에 따라 덖는 솥의 온도 차이가 있으므로 덖는 솥의 온도가 높으면 차를 우리는 찻물 온도도 높아야 한다. 이는 절기별로 채취하여 법제한 차를 비교 시음해 보면서 느낄 수 있다. 찻잎을 채취하여, 차를 만들고 시음을 하면서 온도와 시간과 차의 수분 상태가 모든 것의 핵심이라고 생각하게 되기도 한다. 춘분과 청명 그리고 곡우 이전에 채취한 차움과 싹과 잎으로 제다한 차를 우려마실 때는 찻물 온도가 75~85℃ 사이가 좋고, 입하 이후 채취한 찻잎으로 제다한 차를 우려마실 때는 85~95℃ 사이가 좋다. 일찍이 용곡 스님께서 경운

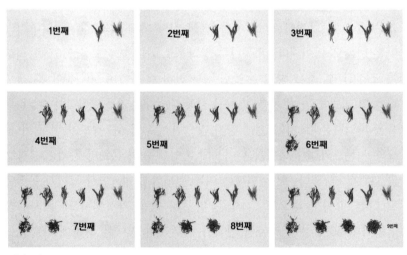

제다 비교

스님을 모시며 생활할 때 때때로 끓는 물에 차를 넣고 달여서 큰 찻종에 따라 올렸다고도 하였는데, 이는 날씨가 더워지기 시작한 망종 무렵에 채취한 찻잎으로 법제한 차였기에 탕차 방법을 사용하였을 것으로 생각된다.

일반적으로 일찍 채취한 차움과 싹, 그리고 여린 찻잎으로 법제한 차는 감미롭고 향이 은은하고 깊으며 아주 부드러운 맛을 낸다. 그런데 찻물 온도가 90℃ 이상이면 약간 떫은맛이 느껴지므로 찻물은 75~85℃쯤이 적당하다. 반면 늦게 딴 찻잎은 쓴맛과 떫은맛이 더 강하게 나타나므로 차를 덖을 때 솥의 온도를 일찍 딴 것을 덖을 때보다 높여야 한다. 따라서 차를 우리는 찻물 온도도 일찍 제다한 차보다 뜨거운 85~95℃ 정도에서 우려내는 것이 구수하고 향긋하다. 그러나 차는 기호음료이므

1. 찻잎채취   2. 선별작업   3. 장작불지피기

4. 덖음(1차)   5. 유념   6. 건조(털어 널기)

7. 덖음(2~8차)   8. 마무리 덖음   9. 덖음 과정

9단계 제다 과정

로 일률적 방식보다는 음용하시는 분들이 각기 온도가 다른 찻물을 사용하여 우려낸 뒤 시음해 보고 자신의 성향에 맞는 찻물 온도를 선택하는 것이 바람직하다고 하겠다.

저자가 차를 덖을 때 사용하는 가마솥은 용곡 스님으로부터 제다법을 배울 당시의 무우전 가마솥과 똑같은 것으로, 1985년 무게 200kg인 가마솥 다섯 개를 특별 주문제작해서 설치하였다. 직경 1m, 내경 73cm, 깊이 35cm이며 솥 중앙 밑바닥 두께는 12cm, 위쪽 가장자리인 전의 두께가 2cm인데 위쪽으로 올라오면서 두께가 얇아진다. 일반적으로 가마솥은 솥의 밑바닥 중앙 부분에 불꽃이 많이 닿게 되므로 솥 두께가 얇으면 열전도율이 높아 빨리 달아오르고 빨리 식는다. 덖음차 전용 가마솥은 이 단점을 보완하여 열이 고르게 전달되도록 특수 제작한 것이다. 이 솥은 사용 후에는 차 열매를 건조해서 볶은 후 짜낸 기름으로 잘 닦아 항상 윤기가 흐르도록 청결히 보관하여야 한다.

또 덖은 찻잎을 비비는 멍석은 짚으로 새끼줄을 짜서 엮은 자리인데 농가에서는 흔히 곡물을 널어 말리는 용도로 쓰이고, 또 잔칫집(관혼상제) 마당에 깔고 손님을 접대하기도 하였으며, 방 크기에 맞춰 돗자리나 죽석처럼 방에 깔기도 하였다. 대개 직사각형이 많고 둥근 것과 큰 것이 있는데 작은 것은 맷돌질할 때 주로 사용하며 맷방석이라고도 한다. 하지만 차를 덖어 비비는 멍석은 다른 용도로 사용하지 않는다. 찻잎이 비교적 여린 것과 찻잎이 큰 것을 비비는 용도에 따라 올이 굵은 새끼줄로 만든 것과 올이 가는 새끼줄로 만든 것이 있다. 올이 굵은 멍석은 1창 3, 4기 정도를 덖어 비빌 때, 가는 올의 멍석은 1창 1, 2기의 찻잎을 덖어 비빌 때 사용하고, 여린 싹을 덖어 비빌 때는 멍석 위에 삼베포를 깐다. 대자리라고도 하는 죽석은 비교적 큰 대를 얇게 떠서 가로, 세로, 위, 아래로 성기게 짜서 만드는데, 멍석에서 비빈 찻잎을 뭉친 것이 없도록 잘 털어 펼쳐놓는 용도로 사용한다.

차는 차나무에서 찻잎을 따는 순간부터 법제과정이 끝날 때까지 햇볕에 노출이 안 되도록 하고 반드시 음건(陰乾)해야 한다.

한편 저자의 차 생산은 찻잎 채취부터 법제에 이르는 전 과정이 수작업으로 이루어지기 때문에 인건비가 차지하는 원가비율이 상품가격과 총매출액의 과반을 훨씬 넘어 거의 대부분이라고 해도 과언이 아니다. 물론 몇 가지 공정만이라도 기계공정으로 대체하면 작업도 수월하고 능률적이며, 생산량도 많이 늘겠지만, 이는 우선 신청인이 배워온 일이 아니므로 마음에서 허락되지 않는다. 이는 차의 품질을 저하시키는 것은 물론 작설차의 정체성을 심하게 해칠 뿐 아니라 선친의 가르침에도 반하는 행위이며, 나아가 구증구포작설차를 완성한 청허휴정 스님과 상월새봉 등 선조사 스님들의 뜻에 어긋나는 일이므로 저자가 해서는 안 될 일인 것이다.

그리고 작설차 법제에서 많은 양의 찻잎을 생산할 수 있는 채엽작업은 차 농사철인 4월 중순에서 6월 상순 사이에 집중적으로 이루어진다. 하루 채엽인이 백여 명일 때는 제다인은 삼십 명 정도다. 제다장에서 오랫동안 일한 분들은 이때 솥을 세 개 돌린다고 말하는데 하나의 솥을 사용하여 제다할 때 십 명 정도의 일손이 소요된다. 우선 솥의 양쪽에 두 사람이 앉아 덖는데 서로 교대해 가며 덖기 때문에 네 사람이 있어야 하고, 덖어낸 찻잎을 비비는 유념작업은 멍석 주위에 다섯 사람이 둘러앉아 한다. 비벼낸 찻잎을 죽석(竹席)에 털어 너는 일은 한 사람이 도맡아 한다. 덖으면서 가마솥 온도를 파악하여 불길을 조절하는 일은 저자가 직접 해야 하므로 솥을 세 개 돌린다 함은 삼십 명 정도의 일손이 필요하다는 뜻이다. 이후 8회 덖음까지의 1차 제다공정이 끝나고 하루나 이틀, 혹은 그 이상의 시일이 경과한 후 마무리 덖음을 할 때는 3~4인이 비교적 차분하고 여유롭게 할 수 있다. 따라서 찻잎 채취시기에 제다장의 일손은 생산량에 의해 늘기도 하고 줄기도 한다.

주로 농한기에 부녀자의 유휴노동력으로 이루어지는 채엽과 여타 1년 내내 계속되는 차밭 관리, 잡초 제거작업 등 계절 따라, 혹은 주문 등의 필요시 수시로 이루어지는 채엽과 제다의 작업공정도 전부 손으로만 이루어진다. 한창 때는 고용인원이 100인에서 120인 정도였으며 년 소요인원은 1만 명을 약간 상회하는 정도였다. 따라서 인건비만 간단히 계산해 봐도 매출액 대비 원가의 개념으로는 수지타산의 답이 없는 셈이다. 그래도 그분들이 있어 오늘이 있고, 또 그동안 차밭을 조성하고 건축물을 짓는 등 사업상 발생한 많은 부채를 조금씩이라도 줄여갈 수 있기에, 또 돈에 우선가치를 두지 않았기에 감수하고 있다. 한편으로는 상당액의 봉급자 수십 명을 고용한 셈으로 자위하기도 한다. 그리고 저자의 소득과 무관하게 지역경제에 작지만 이바지하고, 농사 외의 다른 소득을 기대할 수 없는 농가의 소득에 도움을 줄 수 있었기에 그래도 보람 있는 일이라고 생각하고 있다. 간혹 동네잔치 등에서 만나는 나이 많으신 분이 "고맙네! 형편은 어렵고 돈 벌 곳도 없었는데 명인 덕에 우리 애들 대학까지 보낼 수 있었네. 참말로 감사하네!"라는 말을 해주실 때는 그래도 이 일을 하기 참 잘했다는 뿌듯한 생각이 들기도 한다. 그러나 수년 전부터 차밭을 관리하고 채엽하여 차를 생산하는 인력이 부족한 탓에 애로사항이 발생하기도 한다. 차밭을 관리하고 생산하는 작업에 동참하였던 많은 분들이 이미 고인이 되었고, 또한 고령으로 인하여 작업에 참여하지 못한 분들도 많아졌다. 그리고 마을이 선암사 입구이다 보니 늘어나는 관광객으로 인하여 주변의 상가와 식당으로 일하러 다니는 분들과 주차장 주위에 이 지역에서 생산되는 각종 농산물들을 판매하는 부녀자들이 차밭 일에 나올 수 없게 되면서 노동력이 현저히 줄어들게 되었다.

현재 86세인 조씨 할머니는 18세 때 최씨 댁에 시집온 지 몇 년 후부터 용곡 스님으로부터 차 만드는 것을 배우신 분으로, 한 마을에 살면서

1970년대 후반부터 2007년까지 30여 년간 차밭과 제다공방에서 저자와 함께 일하며 정도 많이 들어 잊을 수 없는 분이다. 일솜씨가 꼼꼼하고 마음씨도 고와 선친께서 자비행이라는 보살계명도 주셨고, 저자는 함께 일하는 분들에게 공방의 지도 선생님으로 잘 모시고 따르도록 이르기도 하였다. 그리고 현재 함께 일하는 분들도 거의 60~80대의 고령이고, 젊은 부녀자들은 힘든 일을 회피하여 앞으로 일손이 더욱 부족해질 것에 심각하게 대비하여야 하는 어려운 실정이기도 하다.

이능화는 일찍이 『조선불교통사』에서 "차(茶)는 풀[草]의 성현이며 이는 곧 선(禪)이다"라고 하였다. 선이란 교리나 계행, 경전에 의존치 않고, 말이나 글로써 표현하지도 않으며, 직접 마음속 진리를 바로 보게 하여 불과(佛果)를 이루는 직지인심(直指人心)으로 번뇌를 버리고, 진리를 추구하며, 무아의 경지에 드는 일이라고 한다. 차는 그 지극한 경지에 이를 수 있도록 영묘(靈妙)한 기(氣)로 사유(思惟)에 도움을 주며, 느끼고, 깨달을 수 있도록 인도하는 역할을 하기에 불가에서는 차와 선을 둘로 보지 않는다는 것이다.

용곡 스님은 "성현과 같고 선과도 같은 차를 법제하기 위해서는 자기 관리를 철저히 하여 항상 겸허하되 법제 과정이 끝날 때까지 집중력과 긴장감을 놓지 말라!"고 하였다. 선친의 가르침이 아니더라도 저자의 손길만 기다리는 찻잎을 단 한 잎도 절대 소홀히 대할 수 없는 일이다. 법제의 과정에서 기분 좋아 웅얼거리는 소리, 소곤거리는 소리, 사각사 각 소리가 나야 마땅한 일인데 자칫 횟수의 착오나 잠깐의 방심으로 눌어붙거나 타거나 할 때 나는 소리는 저자에게는 비명으로 들리기 때문이다. 저자에게 찻잎은 최고의 차로 만들어 달라고 당부하는 친구나 다름없는 소중한 존재이며, 그 가장 소중한 존재의 무언의 부탁이므로 혼신의 열정을 다할 수밖에 없다.

이런 과정을 거쳐 진향을 품은 신묘한 차가 완성되면 그 기쁨은 참으로 대단하다고 말할 수 있다. 이제 이 차는 새로운 주인을 만날 것이고, 따라서 저자는 이 차의 가치를 아는 이가 주인이 되고, 또 한 톨까지 남김없이 주인을 위해 헌신되기를 늘 소망한다. 그리고 저자는 차나무가 원하는 대로 우리 차의 진수(眞髓)를 많은 애호가들이 느낄 수 있도록 최선을 다해 법제하여 제공하는 전도 역할을 할 뿐, 그 효능과 가치를 느끼는 일은 전적으로 음용하시는 분들의 몫으로 생각한다. 결국 자유나 행복은 타인에게서 찾을 수 있는 것이 아니고 자신에게 있는 것과 같은 이치인 것이다.

앞에서 기술했듯이 구증구포작설차 법제 이전의 기본자세는 법제인의 오감육식이 차와 일체가 되어야 하고, 오미를 두루 갖춘 차를 생산하려면 차와 이심전심으로 통하는 교감이 필수적이라 할 수 있다. 끽다하는 사람 역시 차나무와 찻잎 그리고 법제인이 하나 되어 정성으로 이룬 차를 오감으로 느낄 수 있어야 한다고 생각한다. 먼저 차관(茶罐)에 차를 넣으면 어느새 감미롭고 구수한 향이 주위를 감싸게 되므로 코가 먼저 그 첫 향을 느끼게 된다. 이어 잔에 따르면 들리는 듯 마는 듯 잔잔한 찻소리와 더불어 유현하되 너무 깊지 않고, 황금색이되 너무 화려하지 않으며, 그 부드러운 연두빛 색감은 순수하고 그윽한 자연의 색상임을 느끼게 된다(찻잎의 채취 시기와 법제 시 가마솥의 온도에 따라 차탕의 색상은 다르게 나타난다). 잠시 말없이 말하는 차의 소리를 듣고 잔에 따르는 소리에 이어 찻잔 건네며 받는 소리, 차탁에 놓는 소리 등 차로 인해 들리는 자연스런 소리를 귀로 감미롭게 느낀다. 그리고 오미를 두루 갖춘 차의 깊은 맛을 혀로 느끼며 목으로 부드럽게 넘어가는 느낌을 만끽한 데 이어 차의 기운과 따뜻한 온도가 손바닥에 전달되니 피부를 통해서 그 따뜻함을 느낄 수 있다. 부드러운 목넘김을 지나면 이윽고 오장이 편안해지며, 따뜻한 기운이 중추신경계를 통해 대뇌에 이르러 정신신경계와 백회혈의 기능을 활성화시켜 깨달음의 경지로 인도한다. 이것이 불가에서 차와 선을 둘로 보지 않는 또 다른 연유가 아닌가 생각한다. 또한 차를 마신 후 찻잔에 되살아나는 원래의 찻잎 모양, 이는 다른 종류의 차에서는 찾아보기 어려운 아름다운 모습이다.

5) 저자와 여러 인연들

> 찻잎따세 찻잎따세 청명절기 찻잎따세
> 풍요기원 헌다하고 일품작설 진상하네
> 곡우진향 상전주고 입하난향 노장주네
> 소만청향 차약지어 우리가솔 건강하네
> 차신령님 비나이다 무병장수 비나이다
> 찻잎따세 찻잎따세 만병지약 찻잎따세

이 민요는 선암사와 사하촌 등 인근 지역에서 구전된 채다요(採茶謠)로 저자가 어렸을 때 용곡 스님과 노장스님들께 배웠고, 1980년대에는 찻잎을 채취하는 분들과 같이 자주 부르기도 하였으나 이분들 중 많은 분은 이미 고인이 되었거나 노쇠하여 찻잎 따는 일이 어렵고 또 자주 부르지 못하여 점점 잊혀져가는 민요가 되고 있다. 1958년 전 진주산업대학교 교수이며 한국 차학회 회장을 역임한 김기원(金基元) 교수가 당시 진주농과대학 1학년 때 김재생 지도교수와 선암사를 방문하여 용곡 스님을 만나 차맥과 차 제법에 대한 말씀을 듣고 이 민요를 채록하였다. 이후 김 교수는 용곡 스님 생전에 선암사를 자주 방문하였으며, 기고나 논문 작성 시 때때로 차 관련 자료 등을 요청하였고, 저자와는 최근까지도 왕래와 통화 등으로 교류를 계속하고 있으며, 1998년 저자의 명인지정 신청 시 추천서를 쓰기도 하였다.

1978년 주일미국대사관을 통해 우연히 선암사의 작설차를 입수한 후 그 맛의 특유함에 이끌려 1982년과 1983년 선암사를 방문하여 용곡 스님과 저자를 만났던 일본의 저명한 차인(茶人) 오가와 세이지(小川誠二), 오가와 야에코(小川八重子) 부부는 용곡 스님과의 서신에서 당시 일본에서는 시비관리(施肥管理), 기계사용 및 다량생산에만 치중함으로써 선암사차 같은 좋은 차가 생산되지 않고, 선암사 차나무 같은 고수령 재래종 차나무는 일본에 몇 그루밖에 없어 보호차나무로 지정하여 보호하고 있다고 하였다.

그 후 오가와 야에코 여사는 1992년 다시 한국을 방문하여 『뿌리깊은 나무』의 곽소진 부사장과 대담을 나누었고, 그 내용이 1992년 7월호에 「녹차라는 것과 헛물켜는 일본인」이라는 기사 제목으로 다음과 같이 실렸다.

일본차가 나빠진 주된 원인의 하나가 새 품종으로 야부키타(藪北)라고 잘 알려진 품종이 생겼는데 … 이런 차나무에서 나온 차는 모양만 차지 사실 차가 아닙니다. 자기 생명이 있는 진정한 차가 아니지요.… 그러나 화학비료를 과다하게 주니까 밭이 땅의 힘이 점점 약화돼서 인간으로 말하면 병든 거죠. 병든 땅에서 자란 찻잎을 가지고 만든 차가 과연 어떻게 좋을 수가 있겠습니까? … 제가 선암사에서 묵을 땐데 선암사 젊은 스님들이 만든 차를 그날 밤에 마신 일이 있었거든요. 대여섯 명이 차를 마셨는데 마신 순간에 한동안 침묵이 있었어요. 그 침묵이 뭐를 말하는가? 제 생각에는 그때에 사람들이 그 자리에서 자기 밖에 또 하나의 자기를 발견하지 않았겠는가, 이런 생각이 듭니다.… 차를 통해 내 생명도 있지만 식물에도 생명이 있다는 자연과 나의 관계를 생각하지요. 좋은 차를 통해서 사물의 실체를 볼 수 있는 눈을 갖게 된다. 올바른 사고를 갖게 된다고 이야기할 수 있겠죠.… 대만차의 향은 차의 향이 아니라 가공된 향이라고 느끼고 있었는데 한국차에서 비로소 차의 향을 느꼈거든요. 제 뇌에까지 향이 오는 느낌을 받았어요. … 한 가지 부탁하고 싶은 것은 한국에도 정상적인 건전한 차가 남겨졌으면 좋겠습니다. 이것은 외롭고 돈벌이가 안 되고 참 어려운 일이지만 이 목표만은 잃지 말아야 해요. (『뿌리깊은 나무』, 오가와 야에코 인터뷰 기사)

오가야 야에코 여사는 차 전문가로서 참으로 좋은 내용의 이야기를 하였고, 그 내용은 오늘날에도 시사하는 바가 크다 하겠다. 차를 마시는 사람은 단순히 즐기기보다는 먼저 그 차에 대해서 알아야 하고, 또 그 차가 자신에게 어떠한 의미가 있으며 어떠한 영향을 미치는가를 반드시 느낄 수 있어야 할 것이다. 우선 신체적 거부 반응 없이 잘 흡수되는지, 그리고 어떤 경로를 통해서 심신에 어떤 영향을 주고 있는지, 과연 자신의 마음을 편안케 하는지, 오미(五味)와 그윽한 향의 깊이도 취하는 즐거움과 상쾌함까지 더할 수 있는 차가 틀림없는지를 파악하는 일이 중요하다. 더불어 자신의 노력과 기능으로 자신에게 도움이 될 수 있는 차인지 아닌지를 분별해서 음용하는 일도 소홀히 할 수 없다.

1994년 오가와 야에코 여사가 타계한 후 연락이 잠시 두절되었으나, 2006년 일본에서 도쿄 고등법원 판사 정년퇴임 후 차 관련 유통사업을 하는 그녀의 부군 오가와 세이지 씨와 아들 히데히코(秀仁) 씨를 우여곡절 끝에 다시 만나 연이 이어졌다. 더불어 구증구포작설차의 대일 수출과 일본인 탐방객의 다원 탐방이 시작되었고, 이어 서로 자주 왕래하며 마케팅 전략을 공동 수립하는 등 최근까지 사업과 관련하여 좋은 동반자가 되었다.

저자는 1980년 대 초부터 개인 소유의 차밭 조성을 확대해 가면서도 뜻있는 분들의 차밭 조성에 대한 협조 요청을 많이 받은 바 있다. 일찍이 『뿌리깊은 나무』, 『샘이 깊은 물』과 『한국브리태니카』 등의 출판활동을 통해 전통문화의 보존과 계승의 토대를 마련하는 데에 평생을 바쳤으며,

우리 문화에 대한 탁월한 감각과 안목을 갖춘 교양인으로, 또 우리 전통 작설차의 보급에도 앞장선 한창기(韓彰璂) 선생은 선암사와 가까운 벌교읍 징광리 출신으로, 그 고택은 지금은 폐사된 금화산 징광사(澄光寺)의 사하촌이다. 선생은 선암사의 고매와 문화재 등에 관한 특별한 관심으로 선암사에 왕래가 있었으며 특히 선암사의 차밭과 작설차에 대해 애착도 컸다. 하여 선생은 저자에게 선암사 차밭의 복원에 대한 권유와 조언을 아끼지 않았으며, 직접적으로는 선암사 차밭에서 채엽된 찻잎으로 만든 차를 선생의 출판사에서 판매하기도 하였다. 이러한 인연으로 1980년대 중반 벌교 징광다원의 조성 과정에서는 한창기 선생과 그 동생인 한상훈 씨의 부탁으로 선암사의 재래종 차나무 씨앗 30kg들이 50여 가마와 숙련된 인부들을 대동하여 직접 현지까지 가서 파종하고 사후관리와 재배지도 등을 하였는데, 이때의 씨앗 채종과 동원된 인부명단 등의 관련기록이 아직 남아 있다. 이후 1990년대부터 2005년까지는 전라남북도, 경상남도의 각 시군과 차농가의 요청에 의해 차 종자는 물론 차밭 조성과 사후관리 등의 재배교육을 통하여 신규로 차밭이 조성된 면적은 2백여만 평에 이른다.

우리 시대의 존경받는 원로문인 중 한 분이 한승원 선생이다. 고희가 훨씬 넘은 연세임에도 최근 다섯 번째 시집 『사랑하는 나그네 당신』을 펴냈으며, 장편 『겨울잠, 봄꿈』을 펴내는 등 노익장을 한껏 과시중인 선생과의 인연은 십 년 전 선생이 추천사를 쓴 어느 책에 저자에 대한 내용이 왜곡되어 있어 그에 대한 사실 설명을 드리고 또 이해를 구하고자 방문하면서 시작되었다. 그 자리에서 선생은 불과 몇 마디만 듣고도 순식간에 사실과 상황의 판단을 끝낸 듯하였다. 선생의 집필실인 장흥의 바닷가 해산토굴에서 내려다보이는 남해의 푸른 바다와 주위의 고즈넉한 자연풍광의 어울림 속에 나누었던 선생과 사모님과의 소탈하고 격의 없는 대화는 '품위와 고졸(古拙)한 삶'의 의미를 저자에게 선물하였다.

336

이후 우리 전통을 아끼고 우리의 역사를 소중히 여기는 여러 글과 소설들, 『초의』와 『추사』 등등의 많은 귀한 저서를 접하며, 또 차에 대한 많은 기고문을 읽고서 진실로 우리 차를 아끼는 참 차인으로서 선생을 진심으로 존경하게 되었고, 선생의 귀소(貴巢) 뒤편 대밭에 재래종 차씨를 파종하여 죽로차 밭을 만드는 데 조금 일조했음을 다행으로 생각하고 있다. 또한 선생은 저자가 72시간 꼬박 쉬지 않고 저으며 만들어야 하는 매실고를 선생의 자당께서 실제로 음용, 그 효능을 체득하고 약효를 격찬함으로써 저자의 노고가 보상받은 듯하였다. 또한 선생이 2009년 차밭에서 저자에게 한 "당신은 차밭에서 일을 하다 죽거나 가마솥 앞에서 차를 덖다 죽을 것이다"라는 말씀은 저자에게 가장 귀한 격려의 말씀으로 기억하고 있다. 지금껏 차일이 결코 쉽지 않는 일이라는 것을 절감할 때가 한두 번이 아니었지만, 사랑하는 대상과 하나가 되어 살다 가슴에 품은 채 임종을 맞을 수 있다는 것, 그 또한 큰 소망이며 행복한 일이 아니겠는가!

저자가 선암사를 떠난 1987년 이후 10여 년쯤 지난 어느 날 조계산 기슭 차밭에 올라 상사호를 바라보노라니 멀고 가까운 산이 자욱한 운무 가운데 봉우리만 동동 떠 있었다. 너무나 아름다운 풍광에 문득 시심이 일어 한 편의 시를 짓게 되어 졸작이지만 소개해 본다. 우리말 번역은 해산토굴(海山土窟) 한승원 선생께서 수고를 마다하지 않으셨다.

길이길이 보전될 산기슭에	永久保全千年地
내사랑 차나무 가꾸기 반평생	可愛茶木養十年
짙은 안개 찬란한 금빛 햇살	多霧淸靜日出光
하늘 호수에 비친 달빛 세상 별빛 세상	明月湖照看別境
멀리서 찾아오신 귀한 손님들	遠方日到探訪客
모두 시선(詩仙)이 되고	一見喜悅詩心得

대대로 이어온 바른 제다법은   傳承法製雀舌茶

차향 황홀한 극락을 경험하게 한다   萬人試飮讚嘆也

   진정한 차인인 선생은 월간지 『차의 세계』에 차에 대한 글을 자주 기고하였는데, 저자와의 인연 역시 소중히 생각하여 2008년 9월호 등에 저자와 관련된 글들을 기고하였다. 관계있는 부분을 발췌, 전재한다.

- 송헌 신광수 명인의 차는 마법의 향과 우주 시원의 신화적인 맛을 가지고 있다. 그는 차를 만드는 데 있어서나 살아가는 데 있어서 한 사람의 선승이다. 스스로에게 정직하고 세상 사람들에게 정직하고, 우주에게 정직하고, 또한 차나무에게 정직하다. 자연의 순리에 따라 차나무를 심어 가꿀 뿐, 일체의 화학비료나 두엄을 주지 않는다. 차를 제작하는 데도 정직하다. 차를 덖는 데에는 무쇠 솥을 사용한다. 전기나 가스를 사용하지 않고, 참나무, 감나무, 오동나무 장작만을 땔감으로 사용한다. 그는 자기만의 비밀작법에 따라 아홉 번 이상을 덖고 비비는 데, 연금술사가 금을 다루듯이 차를 만들어 낸다.

그는 도를 닦듯이 차나무의 씨를 따서 심어 가꾸고, 참새의 혀 같은 찻잎을 딴다. 차의 달인이 되었다는 말을 듣고 있는 지금도 더욱 좋은 차를 만들기 위하여 그는 늘 새로이 시험하곤 한다. 차 만들기에 몰두하면 먹고 마시는 것을 깜박 잊곤 한다.

선암사의 다맥은 서산대사로 잘 알려진 휴정 스님(제1대)에서 시작된다. 휴정 스님으로부터 제17대 다승이 용곡 스님인데 송곡 신광수 명인은 용곡 스님의 아들이다. 올깍이로 출가하여 20살이 되어 군대에 갈 때까지 승려로서 계를 받고 '송헌'이라는 법명을 받았다. 엄한 아버지 용곡 스님 밑에서, 그분의 불법과 차 만드는 법을 동시에 전수 받았으므로, 그는 18대 다승이 되는 셈이다. 한국의 차를 세계 속에 드높이 자리매김 되도록 하는 데 앞장서고 있는 신광수 명인은 그야말로 세계적인 명인이다.

• 차에는 그 것을 빚어 만든 사람의 영혼과 체취가 서려 있기 마련이다. 신광수는 선암사에서 태어났다. 한국 근대사의 격동기인 일제강점기와 해방 공간 속에서 선암사를 지켜내고 오랫동안 주지를 지낸 용곡 스님이 그의 아버지이다.

선암사는 신화와 전설이 어려 있는 누천년의 고찰이다. 선암사 주변에는 천년 묵은 차나무들이 지천으로 널려 있다. 선암사에 들어서면 어느 누구든지 영혼이 그윽해지기 마련이다. 신광수는 어린 시절부터 아버지인 용곡 스님을 비롯한 어른 스님들을 모시고 살아오면서 차를 마시기 비롯했고, 전통적인 차 만드는 법을 익혀 왔다. 그런 만큼 신 명인의 몸과 마음에는 전통적인 차의 향과 고소한 맛이 들어 있다. 신광수 차의 고소한 맛과 향은 유다르다. 숭늉 맛이 나는 듯싶은데 숭늉 맛이 아니고, 잘 덖은 커피향이 나는 듯싶은데 커피향이 아니다. 그의 차에서는 갓난아기를 미지근한 물에 멱을 감기고 나서 마른 수건으로 물기를 닦아낸 다음 그 아기의 몸에 코를 댔을 때 나는 배릿한 향이 얼핏 나는 듯싶다. 그의 작품인 승설차(勝雪茶)의 향은 고소하면서도, 그 속에 우주의 원초적인 시원의 향기를 품고 있다. 나는 신광수의 차향과 차맛에 대하여 신비향이란 말과 신화적이라는 말과 원초적이라는 말을 사용한다. 그의 차가 그러한 알 수 없는 향을 품고 있는 데에는 이유가 있다.

그는 고집스럽게 오동나무 장작불을 지펴 차를 덖고, 두꺼운 노구솥을 사용한다. 차를 애벌 덖을 때의 온도 다르고, 두벌 덖을 때의 온도 다르고, 세벌 덖을 때의 온도를 각기 달리한다.그는 전통적인 구증구포를 자기 나름의 비법으로 병용하여 사용한다.

그의 독특한 차향과 차맛을 이해하려면 그의 인간을 이해해야 한다. 그는 선암사 승적을 가지고 있다. 머리를 길고 있을 뿐 그는 스님이다. 그는 아주 고집스러운 사람이다. 차 만드는 것을 보면 그는 차에 미친 사람이다. 나는 그에게 '차미친(茶美親)'이라는 별명을 붙여주었다.

저자는 2000년 만18세 된 가아(家兒)의 성인식을 열었다. 장소는 현재 제다공방 옆 숙소 겸 차실이었고, 행사 주관과 집전(執典)은 서울 김대성 선생 내외분을 모셔서 행하였다. 김대성 선생은 『한국일보』 편집위원을 역임하였고, 한국 차인연합회 부설 한국차문화연구원 수석 전문위원이며, 『한국 차 문화유적 답사기』 등 우리 문화 관련 저서를 다수 펴내기도 했다. 부인이신 이연자 선생은 차문화학회 궁중문화회 회원으로 『우리 차요리』, 『종가 이야기』 등 많은 저서와 〈차 생활의 지혜〉를 『서울시민신문』에 32회나 연재하는 등, 한국의 대표적인 차인들이다. 김대성 선생은 선암사의 차와 차 관련 유적들에 많은 관심을 가졌고 선생의 저서에도 여러 번 소개하였다. 저자와의 인연은 두 분이 1980년대 취재 차 선암사를 방문하였을 때부터 이어졌는데, 두 분의 차에 대한 애정과 해박한 지식, 그리고 우리나라의 차문화를 선도하는 그 열정이 가아에게도 고스란히 전해지기를 바라는 마음에서 행사의 집전을 부탁드렸다. 저자는 이 행사에서 저자가 18세 때 느꼈던 바로 그 신묘한 느낌이 아들에게도 전해지기를, 그리고 구증구포작설차의 법제와 다업도 잘 전수되기를 기원하였고, 학문적으로는 차에 함유된 성분들이 인간의 심신에 미치는 영향에 대한 과학적 근거를 탐구하여 인간의 문화와 생활에 널리 도움이 되는 일을 하도록, 그리고 어려운 처지의 재래종 차농가에 희망이 될 수 있도록 열심히 공부할 것을 기원하고 독려하였다.

저자 가아의 성인식 모습

6) 전통작설차와 법고창신

전통이란 마냥 움켜잡고 지키기만 할 것이 아니고 아름다움은 공유하고, 좋은 점은 서로 나누어야 더욱 빛이 나기 마련이다. 아울러 세태에 뒤떨어진 고리타분함으로 대중에게 환영받지 못하는 전통이 무슨 의미가 있겠는가? 그런 의미에서 저자는 법고창신(法古創新)을 지켜야 할 하나의 정신적 계율로 생각하고 있다. 전승된 옛 법을 지키는 일도 물론 더없이 중요하지만 창신의 정신없이 단순히 지키기만 하는 법고는 단지 추억이나 회고(懷古)에 다름없으며, 전통을 가장 잘 지키는 일은 더욱 발전시켜 나가는 일이라고 생각하기 때문이다. 천년을 넘게 내려온 12현의 가야금도 이제 시대의 흐름에 맞추어 25현인 개량금이 출현됨으로써 연주의 영역이 훨씬 넓어졌다고 한다.

저자는 1980년대부터 해마다 10월이면 그동안 쓸모없었던, 지천으로 피어나는 차꽃, 그리고 엄청나게 많이 열리는 차 열매들을 보면서 그 활용 방법을 강구하곤 하였다. 특히 차 열매의 성분에 관심을 가지게 되어 이를 분석 연구하여 차가 인간의 심신에 지대한 영향을 미친 원인을 과학적으로 입증하고 나아가 인간의 건강에 유익한 성분의 추출과 그 활용을 갈망하던 차, 다행히 저자의 가아(家兒)가 저자의 의중을 헤아려 식품공학을 전공하게 되니 그 원하는 바 이루어질 날이 조금이라도 단축되기를 희망하고 있다.

이후 2007년부터 중소기업청을 통한 정부지원으로 국내를 비롯한 동남아 각국에서 차와 관련된 각종 학술자료와 차의 유효성분을 첨단과학기술로 추출하여 현대인들의 각종 질병을 치료할 목적으로 발표된 논문들을 수집하고, 그 검토 결과를 토대로 관련 연구기관과 협력, 산학협동으로 기능성 건강식품 개발에 많은 노력을 기울여 왔다. 찻잎이나 차 열매에 함유된 유익한 성분들을 확인, 추출하여 의약품과 다양한 기능성 식품 및 상품의 개발에 활용하고, 나아가 신상품을 생산할 수 있다면 저자뿐 아니라 실의에 빠져 있는 우리 차 재배농가의 소득을 증대시키고 국가 경제발전에도 기여할 수 있다고 믿기에 나름대로 최선의 노력을 다하였다. 그러나 무엇보다도 그동안 아쉬웠던 점은, 수입종인 개량종 녹차에 대해서는 연구개발사업이 활발하게 진행되고 많은 성과도 있었지만, 우리 품종인 심근성 잎차는 연구대상에서 뒷전으로 밀려 이렇다 할 성과도 없이 녹차에 흡수되어 그 정체성까지 상실하게 되었다는 것이다. 늦기는 하였지만 생업에 종사하는 저자와 가업을 이어가는 가족에게는 이러한 연구개발사업이야말로 필수적으로 수행해야할 과제이다.

인삼이 지구촌 곳곳에 이름을 알리게 된 이유는 사포닌의 탁월한 효능 때문일 것이다. 차 열매에는 불포화 지방산과 토코페롤 등이 존재하여 다른 식물들의 열매와 큰 차이가 없으나, 특이하게도 사포닌 함량이 매우 높은 것으로 보고되었다. 또 지방이 풍부하여 중국과 대만에서는 오래 전부터 고급식용유나 여러 방면의 기능성 제품의 원료로 사용되고 있고, 현재 우리나라에서도 녹차 유지를 식용유와 혼합하여 판매하는 업체도 있다. 그러나 다른 한편으로는 효능 이상으로 중요한 점이 안정성의 확보에 있다 할 것인데, 사업계획에 따라 연구가 계속되고 있지만 현재까지의 성과나 검토에 의하면 차 열매와 차꽃에는 인체에 유해한 성분은 검출되지 않았다. 인제대학교와 일본 로토 제약회사(Rohto Phamaceutical Co. Ltd.)의 가와구치 등은 차 열매에 독성이 없음을 확인하였다. 그리고 일본 제7회 녹차 심포지움에서 구마모토(熊本) 대학과 에히메 대학의 주제발표에 따르면, 차 열매에 존재하는 사포닌 성분은 인체의 췌장에서 분비되는 지질 분해효소의 활성을 억제하여 지방의 소화흡수를 저해함으로써 비만을 예방하는 효과가 있고, 일본 니혼 대학의 쓰카모토 등은 차의 사포닌이 알콜 흡수를 저해하며 흡수한 알콜에 대한 간 보호 작용을 한다고 밝혔으며, 역시 일본 교토 약대의 모리가와 등은 차 사포닌이 술에 의해 손상된 위 점막을 보호하는 효능이 있다고 보고하였다.

이러한 차의 많은 효능에 착안하여 저자는 그간 찻잎을 이용한 작설차 외에 차꽃, 차 열매 등을 활용한 부가가치를 창출하기 위하여 산학협동을 통한 연구 등에 많은 노력을 경주해 왔다. 차 열매에서 항비만 기능성분인 사포닌을 추출하여 신상품을 개발하였으며, 열매의 지방을 추출하여 식용과 기능성 화장품의 원료로, 그리고 아토피 예방을 위한 의약품의 원료로 활용하기 위한 연구를 하고 있으며, 열매의 부산물로 천연비누와 세제류 등의 시제품을 생산하였다. 이것들은 단발성 정부지원에 의존하고 있어 사업의 지속에 많은 어려움이 있지만 이 역시 저자가 헤쳐나가야 할 과제로 생각하고 있다.

위의 연구와 사업내용 등을 토대로 대학의 연구기관과 연계하여 2007년부터 산학협동으로 진행된 '차 열매를 이용한 기능성상품 개발사업'에 저자의 다원 측에서도 책임연구원으로 참여하여 활동하면서 상당한 진전이 있었다. 2010~2012년 6월까지 정부의 일부 지원으로 첨단장비를 이용한 항비만 기능성제품 개발사업을 진행하여 일부 관련제품에서 동물임상실험을 마쳤고, 앞으로 안전성·기능성 평가과정과 가공단계에서 공정표준화·제형개발·임상실험·제품화사업을 단계적으로 수행할 계획이다. 차후 어떤 어려움이 있어도 이러한 연구개발사업이 성공하여 항비만 관련제품을 생산하고, 다른 기능성식품을 상품화하고 건강식품·보조식품 등에 원료로 첨가한다면 그 기능성 효과를 더욱 높일 수 있으므로 첨가제로서의 다양한 파급효과도 기대할 수 있다고 하겠다. 이로써 우리 전통차 상품의 경쟁력을 크게 강화할 수 있음은 물론, 현재 역경에 처한 재래종 차농가에도 새로운 돌파구와 활력소가 될 것이다. 그리고 우리 심근성 차나무와 찻잎, 열매, 꽃 그리고 구증구포작설차는 아직 알려지지 않은 유익한 성분과 효능이 많을 것으로 유추되므로 학문적인 연구가 계속 필요할 것이고, 또 과학적 근거와 분석에 의해 밝혀야 할 부분이 많다고 생각한다.

이 사업에 대하여 자문위원들, 즉 국립농산품품질관리원 전남지원장 장맹수, 전남대학교 식품영양과 신말식 교수, 순천대학교 식품영양과 전순실 교수 등의 검토의견은 대부분 실현 가능성이 높으며, 순천시와 연계함으로써 관광 등에 대한 시너지 효과를 기대할 수 있으며, 지역민의 소득과 고용창출 등의 면에서 긍정적이었다. 특히 일본 교토의 차노카(茶農香) 대표 다카다 마사히로(高田正弘) 선생은 다음과 같은 내용의 검토서를 보내왔다.

… 처음 이 차를 마시고 정말 신기한 차라고 생각하였습니다, 힘이 생기는 차라고 할까요. … 차밭을 보고 현재가 아닌 먼 미래의 후손들까지도 생각하는 마음이 전해져 왔습니다. … 차꽃, 차 열매를 이용한 제품화는 혁신적인 일이 될 것이고, 한국에서의 이러한 연구는 일본뿐만 아니라 차 생산국에도 좋은 본보기가 될 것입니다. … 만약 제가 일본에서 도울 일이 있다면 아주 기쁠 것입니다. …

저자가 2011년 제출한 향토산업 육성사업계획서

한편 저자는 지난 2009년부터 2011년까지 농림수산식품부에서 주관하는 향토산업육성사업(정부지원사업)에 사업명 '순천 야생차 열매 명품화 사업'으로 참여를 신청하였다. 이 사업 내용 중 하나가 순천 조계산권을 국제 차문화 학술교류의 중심지로 육성하여 국내외 관광객을 유치하고 지역 경제의 활성화를 도모하자는 것이었다. 즉 그동안 일본과 체코, 미국에 작설차를 수출하며 교류하고 있는 인사들, 작설차의 시음 및 그 평가에 참여한 각국의 차인들과 차 관련 사업가들을 초청하여 현지에서 전통 작설차 문화의 체험과 차문화 교류의 폭을 확대하는 행사를 개최함으로써 홍보는 물론, 우리 차문화 전파의 효율성을 높인다는 계획이었다. 그러나 중앙정부의 예산지원에 의지해야 하는 지방자치단체의 어려움에 직면하여 계획한 사업이 활발하게 지속되지 못하였던 것은 또 하나의 아쉬움이다.

7) 저자의 주요 연혁 및 작설차의 미래

세계 3대 음료를 차·커피·코코아라고 한다. 그 중 동양에서의 차는 『삼국지』에서 효심 깊은 유비가 어머니께 드리기 위해 집안에 전래되는 보검과 바꿨다는 이야기가 나올 만큼 그 역사가 오래되고 각국에서 지대한 관심을 갖는 기호식품이다. 우리나라에서도 예술 및 문화, 사교, 교육 등 많은 분야와 직·간접적으로 연관되어 있는 이 차를 모르는 사람은 없을 것이며, 최근에는 건강상의 이유로 차를 즐기기도 하는 등 애호인구도 점진적으로 늘고 있다.

저자는 1992년 10월 연형묵 북한총리가 청와대 만찬에 참석하였을 때 당시 노태우 대통령이 저자의 차를 우리나라 최고의 차로 소개하고 선물한 것이 KBS에 보도된 직후 KBS 생방송 초대석에 출연한 바 있고, 이후 롯데·현대·신세계 백화점 등에 납품, 전시 판매하게 되었다. 그리고 각 백화점에서 개최한 명절특선 명인, 명장 초청시연회에 여러 차례 참석하여 우리 차문화를 알리고 제품을 홍보한 바도 있다. 해외에도 저자의 차가 알려져 2004년 일본에서는 한국전통차 체험투어단이 구성되

일본과 체코 홈페이지

었으며, 2007년 5월 일본어 신광수차 홈페이지가 개설된 이래 2008년 6월 체코 프라하에서 체코어 홈페이지가 개설되어 우리 차문화 전파와 제품 홍보에 일조하게 되었다. 그리고 2006년부터 시작된 일본에서의 다도 시연 및 한국 차문화 전파공연은 매년 3~4회 연례행사로 도쿄, 오사카 등 일본 각지에서 열리고 있다.

따라서 저자와 저자가 생산하는 전통 작설차에도 사회적 관심이 많아져 2007년에 〈MBC 다큐 명인 신광수 선생의 차 이야기〉, 2010년 〈KBS 집중인터뷰 이 사람〉, 2011년 〈MBC 왕종근의 아름다운 초대〉 등 한 시간 규모의 프로가 수편 제작 방영되고, TV와 신문방송 등 언론매체를 통해서도 자주 보도되었다. 또한 저자의 다원에는 차를 애호하는 많은 분이 방문하였는데, 각계각층의 사회적 명사, 많은 법조계 인사들과 전 총리를 비롯하여 도지사, 국회의원 및 전·현직 장관 등 정부 요직에 몸담은 분들이 있었고, 외국에서도 많은 분이 방문한 바 있다. 외국인이나 외국에서 오신 손님들 중 기억에 남는 분으로는 주한미국대사관 수장 필립스 농무관과 직원들, 일본 농림수산성 다업연구관과 도쿄 대 교수, 지질학자, 노벨물리학상을 수상한 캘리

346

저자의 차를 소개한 miki tea works의 일본어 홍보물

포니아 대학 교수, 프랑스 낭트 부시장과 대외협력국장 일행, 2012년 3월 1일 중국 대련 번역직업대학 마준 총장과 명인공위 채덕성(蔡德成) 상무부 주석 비서장 일행 등이 있다. 방문자 중 희망제작소 박원순 선생은 대화 내용을 꼼꼼히 입력하여 기억에 남고, 연예인 배용준은 2009년 6월 방문하여 장시간 대화를 나누었고, 후에 저자가 소개된 본인의 책『한국의 아름다움을 찾아 떠난 여행』을 보내오기도 하였다. 해외의 경우, 2007년 11월 일본 시즈오카에서 열린 '세계 차 축제'에서 저자의 부스에 일본 천황의 종제인 미카사노미야 도모히토 친왕(三笠宮 寬仁殿下)이 방문하여 이례적으로 장시간 머물며 시음하고 대화시간도 가졌다.

우리나라의 차 재배면적은 1990년 448ha에서 2003년 2,308ha로 5.2배 증가하였고, 차의 생산량은 1990년 약 1,280t에서 2003년 11,608t로

2007년 일본 세계 차축제에 마련된 명인 신광수의 차 부스를 방문한
도모히토 친왕

약 7.8배 증가하였다. 그리고 차나무의 수종은 일본 개량종인 야부키타
(藪北) 종이 과반수 이상으로 추정된다. 개량종 차나무의 경제적 수령은
30년 정도로 알려진바, 경제적 수령을 경과하게 되면 차나무는 수세(樹
勢)의 악화로 품질과 생산성이 저하되므로 개식(改植)이나 재식(再植)이
요구된다. 그리고 친환경농업이 대세이며, 환경의 중요성이 부각되고
강조되는 현 시점에서는 과거와 달리 환경을 생각지 않는 농업방식으로
는 살아남기 어렵다는 것은 자명한 사실이다. 이러한 기류 속에서 환경에
대한 부담과 피해를 줄일 수 있는 친환경농업방식은 선택이 아니라
필수라고 하겠다.

2006년 현재 전남과 경남지역 차 재배농가는 2천여 곳 이상, 차 생산업
체는 전국에 500여 업체에 이르며, 가용(家用)으로 생산하는 이들까지
포함하면 훨씬 많을 것이다. 그러나 그동안 정부와 지자체의 녹차산업
지원책에 힘입어 차 재배면적의 무계획인 확대에 따른 생산량 급증,

저자의 주요 연혁과 전승활동

1966년	선친으로부터 제다법 전수
1983년	일본 차인 권위자 오가와 세이지 일행 제다 실습
1998년	선도농업인상(농협중앙회 순천시지부)
1999년	전통차 재배기술 보급 표창(순천시)
1999년	전통식품명인지정 제18호, 승주 야생 작설차 제조(농림부)
1999년	자랑스런 전남인상(전라남도)
2000년	순천시 신지식인 제1호(순천시)
2001년	친환경 농산물 인증 획득(국립농산물품질관리원)
2002년	특산물(유기가공품) 품질인증 획득(국립농산물품질관리원)
2004년	전통식품 베스트5 동상 수상(전라남도)
2004년	전라남도 통합상표 사용허가서(전라남도)
2006년	일본 조차카이(常茶會)와 수출계약
2007년	미국 FDA 등록 공인 인증시험소 제품 안전성 검사 통과
2007년	전국 친환경 농산물 품평회 가공부문 대상 수상
2008년	상표등록 2건(특허청)
2009년	ISO22000 인증(아이아이씨인증원)
2009년	특허등록(녹차 열매 추출물을 이용한 타블렛 제조방법) 특허청
2009년	일본 유기 인증 JAS 획득(일본 농림수산성 등록인증 기관)
2009년	제6회 친환경 농업대상 수상
2009년	농식품 파워브랜드 대전 동상 수상
2010년	수출유망중소기업 지정
2010년	컬쳐테인먼트 글로벌과 일본인 대상 관광사업 합자계약 체결
2011년	대한민국 스타팜 지정(국립농산물품질관리원)
2011년	7월 '차와 인의 만남' 전남지방 경찰청 직장교육
2011년	유기가공식품 인증(돌나라유기인증코리아대표이사)

2012년 중소기업청 첨단장비활용 기술개발사업 종료
(2010.6.1~2012.5.31)

2012년 지식경제부 광역경제권 연계협력사업 진행중
(2011.7.1~2014.4.30)

2012년 중소기업청 산학연 공동기술개발사업(지역과제) 진행
(2012.6.1~2013.5.31)

2012년 농림수산식품기술기획평가원 2012년 고부가가치 식품기술개
발사업 진행중(2012.8.8~2015.8.7)

2012년 내·외국인 방문 및 체험객(순천대, 단국대, 일본인 단체 외) 18,000명

1994년 국제 음료 식품 공업 박람회(일본 오사카)

2007년 11월 1~4일 일본 세계 차(茶) 축제 참가
 · 장소: 시즈오카 현 컨벤션 센터 랑시프(시즈오카 시)
 · 주최: 세계 차 축제 실행위원회

2007년 11월 6일 명인 신광수차 강연회 개최
 · 장소: 일본 교토 도다이지
 · 주최: 오사카 차인회(회원)

2008년 3월 15~16일 제12회 전국대전 차대회 전야제와 차회 참가
 · 장소: 오사카 우에다 신사
 · 주최: 재단법인 일본 센차 산기테이 바이샤류(煎茶三葵亭賣茶流)

2008년 5월 일본관광객 3박4일 방문－신광수 명인 강의(제다체험과 다
도체험)
 · 주최: ATTI(한국문화관광협회지)

2010년 7월 11일 신광수 선생 일본방문기념 교류회
 · 주최: miki-tea works
 · 장소: 롯데 시티호텔(킨시쵸)

2010년 7월 12일 한국차와 가마쿠라 무가축선－한국차에 대한 강연
 · 주최: miki-tea works / (주) 메리메이커
 · 장소: 가마쿠라 에노키

2010년 10월 31일 사찰요리 전문가 후지이 마리 선생님과 한국 전통차
명인 신광수강연회

· 주최: 신 연혁회 시마우마
· 장소: 후쿠오카 시 시마우마

2011년 2월 26일 한국 전통문화 명인과의 만남 전야제(韓國の伝統名人との
出會い前夜祭)
· 장소: 도쿄 시로카네다이 핫포엔(白金台 八芳園)

2011년 2월 27일 한국 전통문화 명인과의 만남
· 주최: 주식회사 고니커뮤니케이션즈
· 후원: 한국관광공사
· 장소: 일본 기타센주 시어터 101

2012년 3월 31일~4월 1일 명인신광수차 개별강연회
· 주관: 명인신광수차
· 장소: 일본 오사카

2012년 9월 29일~10월 3일 2012 한일축제한마당
· 주관: 주일본한국대사관·(사)한국식품명인협회
· 후원: 농림수산식품부·농수산식품유통공사
· 장소: 일본 신오쿠보 공원 및 신주쿠 문화센터

농약 녹차파동으로 인한 소비급감, 대용차의 등장, 저가의 중국산 녹차
와 발효차의 무차별 수입 등이 원인이 되어 2006년부터 국내 차 산업은
내리막길로 치닫게 되고, 이후 정부와 지자체의 지원책에서도 차는
제외되다시피 되었다. 상황이 이렇게 되자 차밭을 폐기하여 대체작물을
심기도 하고, 채산성 악화로 많은 차 생산업체도 문을 닫게 되어 2006년
이후에는 생산농가 중 겨우 20% 정도만 살아남아 차 생산업에 종사하고
있을 것이라고 한다. 따라서 실의에 찬 차 생산농가들은 어려움을 호소하
지만 차 생산산업의 상황이 호전될 기미는 좀체 보이지 않는 현실이
지속되고 있다. 2012년 8월 23일 전북 정읍시에서 관내 차 생산농가의
대표 25인을 인솔하여 저자의 다원을 방문하였다. 우리 차 산업의 활로를
모색해 보려는 의도로 저자를 찾아와 강의를 요청하였지만 침체된 차

산업이 언제쯤 회복될지 희망적인 예측도 하기 어려워 강의를 하면서도 마음이 내내 무겁고 편치 않았다. 앞으로 차 산업 전반적으로도 현 상황에 대해 진지하게 성찰하여 문제점들을 정확히 진단하고 그 해결점을 모색하여 우리나라의 차 생산업계가 나아가야 할 방향과 활로를 찾아야 할 것이다. 특히 그동안 커피 등의 외래음료만이 아니라 더욱이 녹차에까지 밀려 우리 전통차와 우리 차의 정체성이 사라져 가는 안타까운 실정을 극복하기 위해서는 우리 차 생산사업의 종사자뿐 아니라, 대학 등의 연구기관, 지방 자치단체 관계자들과의 힘을 합친 각고의 노력이 필요할 것이며, 긍정적이고 전환적 사고를 가지고 상황에 적극 대처하여 위기를 전화회복의 기회로 삼아야 할 것이다.

8) 구증구포작설차의 전승

저자의 본업은 구증구포작설차 제조업이고 현재에 이르기까지 딴 일은 생각해 본 적도, 종사해 본 적도 없다. 저자에게는 선친께서 남기신 모든 언행들이 가슴에 새겨져 있고, 또 전승받은 작설차에 관한 모든 일이 몸에 배어 있어 저자의 생활 자체가 차로 시작해서 차로 끝나니 차 없는 생활이란 상상할 수 없다. 물론 그동안 역경에 부딪힐 때마다 차를 떠나서 살지 않겠다는 다짐을 수없이 했었고, 또 저자에게 문제가 발생하면 먼저 차를 통해 해결하고자 하는 마음이 늘 앞서기도 하였다.

저자는 1976년 결혼한 이후 2녀1남의 자식들이 출생하였고, 1987년에는 선암사를 떠나 선암사 초입 괴목마을에 생활터전을 잡았으며, 이후 아이들의 성장과 더불어 차밭과 제다장, 시음과 전시장 등을 가족과 함께 운영하였다. 그러나 사실 13만여 평의 차밭 관리와 생산 및 운영은 현재의 가족운영체제로는 감당하기 어려울 정도로 벅찬 일이어서 수작업 위주의 생산량에 한계가 있을 수밖에 없다. 그런 이유로 지금은 차밭의 확대는 지양하고 기존 제품의 생산과 품질관리에 주력하고, 차뿐 아니라 차 씨앗을 이용한 항비만제 등 다양한 종류의 신상품을 생산할 수 있는 연구개발과 다원관리의 문제점도 개선하고자 노력하고 있다. 그리고 차밭의 경관을 감상할 수 있는 산책로와 상사호, 지리산과 백운산도 보이는 탐방로를 개설 및 정비하고, 벤치와 정자, 차실을 지어 쉼터와 편의시설로 활용하여 방문객들이 다시 찾고 싶은 곳으로 꾸며나갈 것이다. 그렇게 함으로써 국내 유일무이한 규모의 재래종 차밭의 존재를 널리 알리고, 또 우리 전통작설차의 우수성을 국내외에 과시하는 효과를 동시에 얻을 수 있을 것이라고 믿는다.

저자의 세 아이들은 태어나고 성장한 환경이 차밭이었으므로 어렸을 적부터 차일하는 저자 곁에서 강아지들과 함께 차밭 이랑 사이를 뛰어다니고 차꽃으로 머리도 치장하고 집안을 장식하고 차 열매들을 가지고 놀면서 성장하였으며, 성인이 되면서는 제다의 전 과정에 자연스럽게 참여하게 되었다.

1994년 독일 뮌헨에서 작설차 납품요청이 있었는데, 이를 계기로 고등학교 2학년이던 큰딸은 독어독문학을 전공하게 되어 유럽 쪽 사업에 큰 도움이 되고 있으며, 일본어를 전공한 둘째딸은 20여 년 가까이 일본어 전공자로서 저자를 도와 일본 방문 및 시음회와 법제과정 시연 시 통역과 제품 수출을 담당하고 있는데, 앞으로 차문화 전반과 역사에 대한 체계적인 공부와 연구를 하고 싶다는 희망을 가지고 있다. 그리고 식품공학을 전공한 막내인 아들은 1999년 전통식품명인으로 지정된 저자의 뒤를 이을 준비를 하고 있다. 2006년부터 산학협동으로 진행된 차 열매와 잎, 꽃 등의 성분분석을 통한 효능을 입증하는 연구에 주도적으로 참여하였고, 이를 바탕으로 신상품 개발에 진력하고 있으며, 한편으로는 국제적인 차의 동향과 전망, 그리고 우리나라가 지향하여야 하는 발전방향 등에 대해서도 관심이 많아 저자로서는 매우 바람직하게 생각하고 있다.

저자가 1999년 농림부(현 농림수산식품부)에서 전통식품명인 제18호로 지정(승주 야생작설차 제조부분)받은 이후, 현재 본업을 전수(傳授)하기 위한 후계자로서 아들과 딸이 등록되어 차밭 관리와 찻잎 채취, 가마솥에 불 지피는 일, 덖음과 비비는 과정, 건조와 마무리 덖음의 전 과정에서 저자를 조력하며 제다법을 익혀가고 있어 나름대로 전승과정이 충실히 진행되고 있다고 하겠다. 이에 마음 든든하면서도 한편으로는 대학에 근무하며 학문의 길을 걷고 있는 장녀 외에, 저자의 생업으로 인해 가업을 잇게 된 아들과 딸에게 고마운 마음과 더불어 한편으로는 선택의 길을 제한한 것은 아닌가 하는 생각에 늘 미안한 마음이 떠나지 않는다. 한편, 저자는 저자의 차밭과 제다장을 열린 다원으로 공개하고 있으므로 법제의 모든 과정에서 지켜야 할 비밀이란 존재하지 않는다. 즉 제다작업의 모든 과정이 공개되어 있어 방해만 되지 않으면 언제든지 관람과 촬영이 가능하고, 혹 원하는 사람이 있어 성실하고 의지가 강하다면 법제의 전수 역시 가능하며, 이는 저자로서도 크게 희망하는 일이다.

9) 맺음말

저자는 각 대학과 여러 기관, 각종 단체의 요청 등에 의해 오래 전부터 우리 차문화를 알리기 위한 강의를 해왔으며, 이것을 큰일이라고까지 할 수 없다 해도 우리 차 알리기에 일조한다는 의미에서 나름대로 보람을 느끼고 있다. 그리고 2004년에 시작된 일본인들의 한국전통차 체험 투어가 현재까지 계속 진행되고 있어 지역경제에 작은 도움이라도 될 수 있음을 다행으로 여기고 있다. 2006년에는 일본의 차 문화단체와 교류협약을 체결하여 매년 일본에서 우리 전통차 문화공연과 시연회를 3~4회씩 시행하고, 이후 5년 동안 지속적으로 우리 차문화와 함께 작설차를 수출하여 국내 매출액보다 높은 수출실적을 올리기도 하였다. 한편 농수산물유통공사(AT) 뉴욕지사를 통하여 미국에 차를 수출한 바 있고, 체코에도 수출하였는데 그곳 수입상은 먼저 보낸 샘플용 차를 마시고 그 느낌을 소상히 적어 보내오기도 하였다.

저자는 그간 수출과 제다과정의 시연, 시음회 등 우리 차문화 전파 활동을 목적으로 연중 몇 차례씩 일본출장을 다녀오곤 하는데, 출입국 시 지문이 잘 나타나지 않아 애를 먹기도 했다. 늘 고열인 가마솥 안에서 손바닥으로 찻잎을 덖느라 지문이 닳았기 때문인데 한편으로는 나름대로 열심히 살아왔다는 생각도 들었다.

저자가 심근성 차나무와 작설차를 인생의 단순한 동반자 이상으로 여기며 살게 된 계기와 그렇게 살 수 있었던 중심에 선친 용곡 스님이 계셨고, 스님을 차와 신앙의 스승으로 숭모하며 입적하실 때까지 오랫동안 모실 수 있었음은 낳아준 부자관계를 떠나서도 저자에게 너무나 큰 행운이었다. 1994년 스님께서 타계하신 이후 간혹 돌이켜 생각해 보면 스님과 함께 선암사 차밭을 복원하고, 차를 배우기 시작하며 생활했던 때가 가장 뿌듯하고 행복했던 때라고 이제 말할 수 있다. 한편으로는 스님께서도 역시 경운 스님을 모시고 살았던 때를 늘 회상하셨고, 저자에게 그때의 행복했던 소회를 피력하곤 하셨다. 11대 선조사 되시는 상월새봉과 16대 선조사이신 청허휴정에 대한 말씀도 누누이 해주셨기에 그분들의 행적 등을 잘 알 수 있었고, 그분들에 대한 공부를 소홀히 할 수 없었다. 따라서 그분들은 오늘의 저자를 있게 한 표상(表象)과 사표(師表)가 되는 선승(禪僧)이시고 차인들이시기에 저자로서는 평생을 두고 존경과 흠모함이 지극히 마땅한 일이다.

又峴, 〈無憂殿隅景〉, 화선지·먹·채색, 65×50cm, 2013.

제4장 용곡 스님의 태고임제종 법계와 차맥

종조	태고보우	太古普愚	1301~1382
중흥조	청허휴정	淸虛休靜	1520~1604
1세	편양언기	鞭羊彦機	1581~1644
2세	풍담의심	楓潭義諶	1592~1665
3세	월저도안	月渚道安	1638~1709
4세	설암추붕	雪巖秋鵬	1651~1706
5세	상월새봉	霜月璽封	1687~1767
6세	용담조관	龍潭慥冠	1700~1762
7세	규암낭성	圭巖朗成	연대 미상
8세	서월거감	瑞月巨鑑	연대 미상
9세	회운진환	會雲振桓	연대 미상
10세	원담내원	圓潭乃圓	연대 미상
11세	풍곡덕인	豊谷德仁	연대 미상
12세	함명태선	函溟太先	1824~1902
13세	경붕익운	景鵬益運	1836~1915
14세	경운원기	擎雲元奇	1852~1936
15세	금봉기림	錦峰基林	1869~1916
16세	용곡정호	龍谷正浩	1911~1994

태고보우(太古普愚)

석가모니 부처님의 자비로운 중생제도(衆生濟度)의 설법과 면벽좌선(面壁坐禪)으로 널리 알려진 달마대사의 독특한 선종가풍을 이은 임제의 정종(正宗)이 고려말 46세 장년의 나이에 법을 구해 중국에 건너간, 임제종 18대 적손(臨濟宗十八代嫡孫) 석옥청공(石屋淸珙)선사로부터 의발(衣鉢)을 이어받은 법사(法嗣)에게 전해져 동국(東國)으로 건너오니, 그 스님이 바로 해동정맥제일조(海東正脈第一祖)이며 오늘날 한국 선종(禪宗)의 종조(宗祖)인 태고보우(太古普愚: 1301~1382)국사이다.

임제종의 간화선풍을 도입하여 한국적인 선사상을 확립한 보우 스님의 법맥은 당시 고려불교를 꽃피우고, 환암돈수를 거쳐 서산으로 이어져 오늘날까지 면면히 전승되고 있다. 저서로는 『태고화상어록(太古和尙語錄)』 2권과 『태고유음(太古遺音)』 6책 등이 있다. 원증국사 보우 스님의의 탑비(塔碑)로는 1285년 이색이 비문을 지은[撰] 〈태고암원증국사탑비(太古庵圓證國師塔碑)〉, 1386년 정도전이 지은 나사원증국사석종비(舍那

寺圓證國師石鐘碑)〉1387년 권근이 지은 〈설산암원증국사리탑명(小雪山庵圓證國師舍利塔銘)〉이 있다.

스님은 1382년 세수 82세 법랍 69세로 입적하였으며, 다음 〈사세송(辭世頌)〉이 『태고화상어록』에 전한다.

사람 목숨 물거품처럼 빈 것이어서	人生命若水泡空
지난 80여 년 봄날 꿈속 같았네	八十餘年春夢中
죽음에 이르러 이제 가죽 부대 버리노니	臨終如今放皮袋
한 둘레 붉은 해 서산으로 넘어가네	一輪紅日下西峰

태고암원증국사탑비(太古庵圓證國師塔碑) 역문

국사의 휘는 보우(普愚)이며 법호는 태고(太古)이다. 속성은 홍씨로 홍주 사람이다. 아버지의 휘는 연(延)으로 '개부의동삼사 상주국 문하시중 판사병부사 홍양공'에 추증되었다. 어머니는 '삼한국대부인'으로 추증된 정씨이다. 어머니가 해가 품 안으로 들어오는 태몽을 꾸고 잉태하여 대덕 5년 신축년(충렬왕 27년, 1301) 9월 21일 스님을 출산하였다. 스님은 15세로 성장하니 총명함이 유난히 빼어났다. 13세 때 회암사 광지선사(廣智禪師)를 은사로 출가하였으며, 19세 때부터 만법귀일(萬法歸一)을 화두로 참구(參究)하였다. 원통(元統) 계유년(충숙왕 복위 2년, 1333)에 성서의 감로사에 머무르던 중 어느날 늘 가슴 속의 풀리지 않던 의심이 홀연히 벗겨져 송(頌) 팔구(一亦不得處 踏破家中石 回看沒蹤跡 看者亦已寂 了了圓陀陀 玄玄光爍爍 佛祖與山河 無口悉呑却)를 지으니, "부처와 선조사께서

산하를 입도 없이 모두 삼키셨네"라고 함이 그 결구이다. 그 후 후지원(後
至元) 정축년(충숙왕 복위 6년, 1337) 스님의 나이 37세 되던 해 겨울에
전단원(栴檀園)에서 머무는 동안 무자(無字)를 화두로 참구하였고, 이듬
해 정월 7일 5경에 활연대오(豁然大悟)하고 역시 송(頌) 팔구(趙州古佛老
坐斷千聖路 吹毛觀面提 通身無孔竅 狐兎絶潜踵 飜身獅子露 打破牢關後 清風
吹太古)를 지으니 "굳은 관문을 깨뜨렸더니 맑은 바람이 태고암에 불어
오도다"라는 것이 그 결구이다.

3월에는 양근(楊根)의 초당으로 돌아와서 부모를 모시며 봉양하였다.
스님은 일찍이 일천칠백칙(一千七百則)의 공안을 살펴보던 중 암두(巖頭
全豁: 828~887) 스님의 밀계처(密啓處)에서 막혀 오랫동안 통과하지
못하였다. 그러다 얼마 후 홀연 냉소를 지으며 "암두가 비록 활을
잘 쏜다고는 하여도 옷이 이슬에 젖고 있음을 깨닫지 못하였구나!"라고
크게 소리를 질렀다.

신사년(충혜왕 복위 2년, 1341) 봄에 한양 삼각산의 중흥사(重興寺)에
주석하면서 동봉(東峯)에 암자를 짓고 태고암이라는 편액(扁額)을 붙였
다. 그리고 영가(永嘉玄覺) 스님의 시가[證道歌]를 본받아 한 편의 노래
〈태고암가(太古庵歌)〉를 지었다. 지정(至正) 병술년(1346), 스님의 나
이 46세 때 원의 연도로 유학하였고, 천축 원성선사(源盛禪師)의 고명(高
名)을 듣고 남소로 향했지만 선사는 이미 세상을 떠난 후였으므로
호주(湖州) 하무산(霞霧山)으로 석옥청공(石屋淸珙)선사를 찾았다. 그
리하여 자신을 나타내 보이고 아울러 〈태고암가〉도 바치니 석옥선사는
스님이 큰 법기(法器)임을 알았다. 이어 일용사(日用事)에 대한 문답을
마친 후 스님이 "지금의 말씀 이외에 다른 가르침이 계시나이까?"
하고 여쭈니 석옥선사 이르기를 "노승이 이와 같거니와 삼세의 부처도
선조사도 또한 이와 같을 뿐이니라" 하면서 이윽고 가사(袈裟)를 믿음의
증표(證表)로 전해주고, 이르기를 "노승이 오늘에 이르러서야 다리를
뻗고 잠잘 수 있게 되었다"라고 하였다. 석옥선사는 임제(臨濟)의 18대
법손이다.

종조께서 보름쯤 머문 후 이별하매 석공선사가 주장자(柱杖子)를 주면서

"부디 잘 가시게!"라고 당부하므로 스님은 절하며 받아들고 인사 여쭈고 다시 연도로 돌아오니, 스님의 불도(佛道)와 명성이 널리 알려져 있었다. 천자(順帝)가 이 소문을 듣고 영녕사(永寧寺)의 주지로 명하고 법회를 청하는 한편, 금란가사와 침향, 불자(拂子)를 하사하였다. 황후와 황태자도 향과 폐물을 바쳤으며, 왕공들과 사녀(士女)들도 앞다투어 찾아와 예를 올리기에 분주하였다.

무자년(충목왕 6년, 1348) 봄 귀국하여 미원현(迷源縣) 소설산(小雪山)에 들어가 4년 동안 직접 땅을 일구며 부모를 봉양하였다. 임진년(공민왕1년, 1352) 여름 현릉(공민왕)이 스님을 맞으려 하였으나 응하지 않았고, 재차 사신을 보내어 가르침을 청하므로 스님은 하는 수 없이 나아가 가을까지 머물렀다. 이어 고사(固辭)하고 산으로 돌아갔으며, 그 후 얼마 지나지 않아 조일신(趙日新)의 난이 일어났다. 병신년(공민왕 5년, 1356) 3월에는 스님을 청하여 봉은사에서 법회를 열었던바, 선승(禪僧)과 교승(敎僧)을 가리지 않고 구름처럼 운집하였다. 현릉도 직접 왕림하였고, 만수가사, 수정염주와 여타 복용물(服用物) 등을 헌납하였으며, 스님께서 친히 법대(法臺)에 올라 종지(宗旨)를 밝혀 널리 알렸다. 이에 임금은 여러 색의 비단으로 가사 3백 벌을 만들어 선종과 교종의 큰스님[碩德]들에게 고루 나누어주었다. 이 법회는 일찍이 있어 본 일이 없는 성대한 법연(法筵)이었다.

스님께서 산으로 돌아가기를 청하자 현릉은 "스님께서 계시지 아니하여도 짐의 불심은 더욱 깊어지리이다"라고 하였다. 4월 24일에는 왕사(王師)로 책봉하였고, 원융부(圓融府)를 설치하여 정3품 장관(長官)을 두었으니 스님을 존숭(尊崇)함이 이토록 지극하였음이다. 광명사에 머물던 이듬해 왕사직(王師職)을 사양하였으나 왕이 윤허(允許)하지 않으므로 스님은 밤에 빠져나왔다. 현릉은 마침내 스님의 뜻을 돌이킬 수 없음을 알고 법복과 인장 등을 모두 스님의 처소로 보냈다.

임인년(공민왕 11년, 1362) 가을에는 양산사(陽山寺), 이듬해인 계묘년(1363) 봄에는 가지사(迦智寺)의 주지를 맡도록 청하매 스님은 모두 왕명에 따랐다. 병오년(공민왕 15년, 1366) 10월에 또 왕사의 사직서와 인장을 함께 보내면서 본성에 따라 천성을 기를[任性養眞] 수 있도록 그 윤허를 간청하였다. 이는 신돈이 바라는 바였고 왕은 그 뜻에 따랐다. 이에 앞서 스님이 상소를 올려 신돈을 논박하기를 "나라가 잘 다스려지면 참 스님[眞僧]이 뜻을 얻고, 나라가 위태로워지면 사승(邪僧)이 때를 만나게 되오니, 원하옵건대 성상께서는 이를 살펴 신돈을 멀리하신다면 종사에 심히 다행한 일일 것입니다"라고 아뢰었다.

무신년(공민왕 17년, 1368) 봄 전주(全州) 보광사(普光寺)에 머물렀다. 신돈은 스님을 사지(死地)로 몰기 위해 백계(百計)를 꾸몄으나 뜻을 이루지 못하였다. 그 후 스님이 강절(江浙) 지방으로 유학코자 하니, 신돈이 현릉(玄陵)에게 고하기를 "태고(太古)는 성은을 입음이 지극하와 편안하게 노년을 보냄이 마땅한 일이옵니다. 그가 이제 멀리 떠나려 함은 필시 다른 의도가 있을 것인즉 성상께서는 더욱 통찰하옵소서!" 그 말이 매우 급하므로 현릉은 부득이 그 말에 따랐다. 그리하여 신돈은 명을 내려 스님의 측근들을 신문(訊問), 억지자백(誣服)케 하고 스님은 속리사에 가두었다. 기유년(1369) 3월에 이르러 현릉이 이를 후회하고 소설암으로 돌아오도록 청하였다. 신해년(공민왕 20년, 1371) 7월 신돈이 주살(誅殺)되었다. 현릉은 예를 갖춰 사신을 보내어 스님을 국사로 책봉하고, 영원사의 주지로 청함에 병을 핑계로 고사하였으나 왕의 뜻으로 7년간 먼 곳의 직[遙領]을 맡았다. 무오년(우왕 4년, 1378) 겨울에는 지금 임금[禑王]의 명을 받고 처음으로 절(영원사)에 이르렀고, 1년쯤 주석(住錫)하다가 돌아갔다.

신유년(우왕 7년, 1381) 겨울 양산사로 옮겨 들어가는 날에 다시 국사로 책봉되었으니, 이는 선군인 공민왕의 뜻에 따른 것이다. 임술년(우왕 8년) 여름 소설암으로 돌아왔고, 12월 17일 미질(微疾)을 느끼게 되었다. 23일에 문인(門人)들을 불러모아 이르되 "명일 유시에 나는 떠날 것이니 지군(知郡)에게 청하여 인장과 구술로 읊은 하직인사장(辭世狀) 몇 통을 성상께 전하도록 하라"고 당부하였다. 때가 이르매 목욕하고 옷을 갈아입은 후 단정히 앉아 임종게 사구(四句)를 읊더니 세상을 떠났다. 부음을 임금에게 아뢰니 임금이 심히 애도하였다.

계해년(우왕 9년, 1983) 정월 12일 내려준 향목으로 다비식을 거행하였다. 그날 밤 밝은 빛이 하늘에 뻗쳤으며, 헤아릴 수 없이 많은 사리가 나와서 그 중 100과(顆)를 임금에게 올렸다. 임금은 더욱 경중(敬重)하며 유사(攸司)에 명하여 시호를 원증(圓證)이라 하고 탑을 중흥사 동쪽 봉우리에 세우고, 보월승공탑(寶月昇空塔)이라 이름하였다. 그리고 세 곳에 석종(石鍾)을 만들어 사리를 보장(寶藏)토록 하였으니, 가은(加恩)의 양산사(陽山寺)와 양근(楊根)의 사나사(舍那寺)와 이 절[太古寺] 부도(浮圖) 옆에 서 있는 것이 바로 그것이다. 그리고 이미 만들어진 석탑에 모신 곳은 미원의 소설암이다.

신(臣) 색(穡) 삼가 생각건대, 선왕께서 부처의 가르침[釋敎]을 높이 믿으심이 지극하셨으나, 그간 참소가 횡행하였고, 태고께서도 종교를 지탱하고 보살피심이 지극하셨지만 환난이 그 몸에 미쳤음은 소위 인과(因果)의 응보(應報)라 할지니, 비록 성인(聖人)이라 하더라도 이를 능히 면할 수 없는 일이다. 스님의 명성이 나중에는 중국까지 가득하였고, 사리 또한 밝게 비치어 빛났으니 이는 고금에 어찌 자주 볼 수 있는 일이겠는가? 신(臣) 색(穡)이 재배하고 머리를 조아려 명(銘)하기를 … 중략

홍무 18년 을축(1385) 9월 11일 문인 전 송광사 주지 대선사 석굉이 비를 세우다

太古庵圓證國師塔碑

國師諱普愚 號太古 俗姓洪氏 洪州人也 考諱延 開府議同三司上柱國門下侍中 判吏兵部事洪陽公 妣鄭氏 贈三韓國大夫人夫人 夢日輪入懷 旣而有娠 大德 五年辛丑九月二十一日生師 師成童穎悟絶倫 十三投檜巖廣智禪師出家 十九參 萬法歸一話 元統癸酉 寓城西甘露寺 一日疑團剝落 作頌八句 佛祖與山河 無口 悉呑却 其結句也 後至元丁丑 師年三十七 冬 寓栴檀園 參無字話 明年正月初 七日五更豁然大悟 作頌八句 打破牢關後 清風吹太古 其結句也 三月還楊根草 堂 侍親也 師嘗看千七百則 至巖頭密啓處 過不得 良久 忽然捉敗冷笑一聲云 巖頭雖善射 不覺露濕衣

辛巳春 住漢陽三角山重興寺卓菴於東峰 扁曰太古 倣永嘉體作歌一篇 至正
丙戌 師年四十六遊燕都 聞竺源盛禪師在南巢 往見之 則已逝矣 至湖州霞霧山
石屋淸珙禪師 具進所得 且獻太古菴歌石屋深器之 問曰用事 師答訖 徐又啓曰
未審此外 還更有事否 石屋云 老僧亦如是 三世佛祖亦如是 遂以袈裟表信曰
老僧今日展脚睡矣 屋臨濟十八代孫也 留師半月臨別贈以柱杖曰 善路善路 師
拜受廻至燕都 道譽騰播 天子聞之 請開堂于永寧寺 賜金襴袈裟沈香拂子 皇后
皇太子 降香幣 王公士女奔走禮拜

戊子春東歸 入迷源小雪山 躬耕以養者四年 歲壬辰夏 玄陵邀師不應 再遣使請
益勤 師乃至秋 力辭還山 未幾日新亂作 丙申三月 請師說法于奉恩寺 禪教俱集
玄陵親臨 獻滿綉袈裟 水精念珠及餘服用 陞座闡揚宗旨 天子賜雜色段疋袈裟
三百領 是日分賜禪教碩德 法筵之盛會 古所未有 師請還山 玄陵曰 師不留 我倍
道矣 四月二十四日 封爲王師 立府曰圓融置僚屬長官正三品 尊崇之至也 留居
廣明寺 明年辭位 不允 師夜遁玄陵知師志不可奪 悉送法服印章于師所

壬寅秋請住陽山寺 癸卯春請住迦智寺 師皆應命 丙午十月辭位封 還印章 仍乞
任性養眞 玄陵從之 辛旽用事故也 先是師上書論旽曰 國之治 眞僧得其志 國之
危 邪僧逢其時 願上察之遠之 宗社幸甚 戊申春寓全州普光寺 旽必欲置師死地
百計莫能中 後以師遊江浙白 玄陵曰 太古蒙恩至矣 安居送老 是渠職也 今欲遠
遊 必有異圖 請 上加察 其言甚急 玄陵不得已從之 旽下其事 雜訊之 誣服師之左
右 錮于俗離寺 己酉三月 玄陵悔之 請還小雪 辛亥七月 旽誅 玄陵遣使備禮
進封國師 請住瑩源寺 師以疾辭 有旨 遙領寺事凡七年 戊午冬被今上命 始至寺
居一年而還 辛酉冬移陽山寺 入院之日 再封國師 先君之思也 壬戌夏還小雪
冬十二月十七日 感微疾 二十三日召門人曰 明日酉時 吾當去矣 可請知郡封印
口占辭世狀數通 時至沐浴 更衣端坐 說四句偈 聲盡而逝 訃聞于上 上甚悼 癸亥
正月十二日 降香茶毗 其夜 光明屬天舍利無算 進百枚于內 上益敬重焉命攸司
諡曰圓證 樹塔于重興寺之東峰 曰寶月昇空 作石鍾藏舍利者凡三所 加恩陽山
楊根舍那 是寺浮圖之傍所立是也 已作石塔以藏之者 迷源小雪也

臣穡竊伏念 先王崇信釋教 可謂極矣 而讒說行于其間 太古扶持宗教 可謂至矣
而患難及于其躬 此所謂因緣果報 雖聖人 有所不能免也歟 至於聲名 洋溢華夏
舍利照耀 古今代豈多見哉 臣穡再拜 稽首而銘曰

惟師之心 海闊天臨 惟師之跡 浮杯飛錫 歸而遇知 王者之師 躬耕小雪 隱現維時
時維鷲城 竊弄刑名 如雲蔽日 何損於明 月墜崑崙 餘光之存 舍利晶瑩 照耀王門
惟三角山 翠倚雲端 樹塔其下 與國恒安 惟師之風 播乎大東 臣拜作銘 庶傳無窮
洪武十八年乙丑九月十一日 門人前松廣寺住持大禪師 釋宏 立石

청허휴정 (淸虛休靜)

한국 불교 태고종조 태고보우로부터
6세 법손으로, 용곡 스님으로부터 16
세 선조사이신 청허휴정(1520~1604)
대사는 속성이 최(崔)씨이고 완산(完山)
출신으로 아명은 운학이다. 묘향산에
오래 머물러 있어 서산대사로 더 잘
알려져 있다. 대사는 9세 때 어머니를,
10세 때 아버지를 여의였는데, 안주목
사(安州牧使)가 입양하여 글을 가르쳤
다. 재주가 비상하여 신동이라는 소문
이 퍼지니 왕이 서울로 올려 보내라
하여 성균관에서 수학하면서 세자(世
子) 앞에서 대독을 했다. 15세 때 진사시
험에 낙방한 후 친구들과 더불어 스승
도 찾아볼 겸 지리산에 왔다가 불법에
뜻을 두고 홀로 남아 입산하였다. 한편
나라에서는 한때 중종(中宗)이 부마감
으로 염두에 두고 있었으나 돌아오지
않으므로 데려오라 명하고 관원을 보냈
지만 이미 삭발위승(削髮爲僧)하고 불
경을 읽고 있어 단념했다 전한다.

대사는 입산 후 행자 생활을 하는 동안 경전의 심오한 의미를 탐구하는 한편 참선도 게을리하지 않았고, 일찍 대사의 그릇됨을 알아본[一見而奇之] 스승 영관이 운학의 막힘을 소통시켜 주고 가려운 곳을 긁어주듯 시의적절한 가르침을 내렸다. 어느날 운학이 문자 이면에 숨겨진 오묘한 가르침을 깨닫고 기쁨에 넘쳐 시 한 수를 읊었다.

창 밖의 두견새 울음 듣노라니 　　　　　　　忽聞杜宇啼窓外
눈에 가득한 봄 산 모두가 고향이로다 　　　　滿眼春山盡故鄕

며칠 뒤 또다시 한 수를 읊는다.

물 길어 오는 길에 문득 머리 돌리니 　　　　汲水歸來忽回首
수많은 청산이 흰 구름 속에 솟았네 　　　　靑山無數白雲中

운학은 이튿날 아침 "차라리 어리석은 바보로 살지언정 문자나 외우는 법사는 되지 않으리라"(寧爲一生癡獃漢 誓不作文字法也)라 다짐하며 손수 칼을 들어 머리를 자르고 서원한다. 그리고 일선대사를 수계사, 석희 법사와 육공 장로, 각원 상좌를 증계사, 부용영관대사를 전법사, 숭인 장로를 양육사로 하여 스님이 되는 득도식을 올렸으며(以一禪大師爲授戒師 以釋熙法師 六空長老 覺圓上座 爲證戒師 以靈觀大師爲傳法師 以崇仁長老 爲養育師也), 행자 생활 6년 되던 해 21세의 나이에 휴정이라는 법명을 얻고 부용영관의 법을 잇게 되었다. 이어 도솔산에 들어가 학묵대사(學默 大師)에게 인가를 받고 다시 지리산에 돌아와 삼철굴(三鐵窟) 대승암과 의신(義神), 원통(圓通), 은신(隱神) 등을 전전하면서 5년간 수행정진하였다. 이윽고 출가의 본뜻을 깨닫고 대오(大悟)한 후, 지리산의 곳곳은 물론 태백산, 오대산, 금강산, 묘향산 등 여러 명산을 편력하며 문도들의 지도에 전념하였다. 그러던 중, 향로봉에 올라 세상의 온갖 명리와 부귀영화가 뜬 구름과 같이 허망함을 절감하여 시 〈등향로봉(登香爐峯)〉을 지었는데 뒷날 이 시로 인해 역모혐의를 입어 옥에 갇혔으나 왕의 심문으로 혐의가 풀려 석방되었다. 그리고 오히려 왕이 그의 문장과 충정에 감탄하여 직접 묵죽(墨竹) 한 폭에 시를 지어 하사하고 후한 상을 내려 위로했으며 대사 또한 차운하여 시를 지어 바쳤다.

향로봉에 올라 [登香爐峯]

세계만방의 도성들은 개미집이요	萬國都城如蟻窒
천하의 호걸들도 하루살이라	天家豪傑若醯鷄
맑고 그윽한 달빛 베고 누우니	一窓明月淸虛枕
묘한 소리 솔바람은 끝이 없어라	無限松風韻不齊

선조대왕이 서산대사에게 내린 묵죽시 [宣祖大王賜西山大師墨竹詩]

잎사귀는 붓 끝에서 나왔고	葉自毫端出
그 뿌리 땅에서 솟지 않았네	根非地面生
달이 떠도 그림자 볼 수 없고	月來無見影
바람 불어도 소리 들리지 않네	風動不聞聲

서산대사가 선조대왕의 묵죽시를 공경히 차운함
[敬次宣祖大王御賜墨竹詩]

소상의 대 한 가지	瀟湘一枝竹
임금님 붓 끝에서 나왔어라	聖主筆頭生
산승 향불 사르는 곳에	山僧香熟處
잎마다 가을 소리 띠었고녀	葉葉帶秋聲

서산대사는 조선왕조 역사상 가장 혹독하고 광적인 배불 왕으로 알려

진 중종 15년에 출생하였다. 20여 세 때 지리산에서 행자생활을 마치고 득도식을 할 무렵인 중종 34년(1539) 2월에 호남지역 승려 3천여 명을 환속시켜 군적에 올리도록 한 일이 있었고, 가을 단풍이 물들어 갈 무렵 내장산에 큰 불이 나 무왕 37년(636)에 창건된 천년고찰 백양사와 내장사가 흔적도 없이 타버렸다. 『중종실록』에는 내장산에 승도탁란사건(僧徒濁亂事件)이 일어나자 내장사와 영은사가 도둑의 소굴이라 하여 절을 소각시켰다고 기록되어 있다. 탁란은 세상을 흐리고 어지럽힌다는 뜻으로 스님들이 집단적으로 당시 조정에 반기를 들고 저항했음을 의미한다. 중종은 이들의 근거지가 된 내장사를 도적들의 소굴로 규정하고 아예 소각하여 버린 것이다. 청허휴정은 이러한 시기에 승려가 된 것이다.

그러나 서산대사는 임란과 같은 비상시국에 전국 승려의 최고책임자인 팔도십육종도총섭에 임명되어 나라를 구하는 데 공이 크신 분이다. 신라의 원효, 고려의 대각국사, 조선의 서산대사를 큰스님으로 일컫는 데 누구도 이의가 없을 것이다. 특히 서산대사는 조선의 사회적·정치적 악조건을 극복하고 선사상을 다시 정립하여 대승적 교화(敎化)로 문도들에게 깊은 감화를 주고 많은 고승들이 그 뒤를 이었으며, 이는 임란 중 의병으로 활약한 승려들이 많았던 이유이기도 하다. 대사의 사상은 임제종과 간화선에 그 바탕을 두고 있으며, 특히 간화선은 일상생활에 대한 적극성과 실천이 강조되었고 차 생활과 차시문을 통한 대사의 선행(禪行)은 이후 문도의 수양과 행동지표에 긍정적인 영향을 주었다. 어둡고 험난한 시대를 지혜롭게 극복하고 이 땅에 불교를 살린 대사는 진정 조선불교의 중흥조이며 조선조 500년간의 최고봉의 스님으로 일컬어진다.

대사는 출가 전에 성균관에서 수학하였고, 출가 이후에도 많은 문인들과의 교류를 통해 유교 경전이나 문학적 소양이 상당했을 것이라 짐작된다. 따라서 그의 차 시·문은 문학적 수준과 가치 또한 높다 하겠다. 또한 대사는 우리나라에서 가장 많은 선시(禪詩)와 차시(茶詩)를 남긴 스님 중 한 분으로 손수 덖음차인 구증구포작설차 법제와 차도(茶道)를 행하고 전수(傳授)하셨다. 특히 20여 년을 지리산에서 수행과 보임, 그리고 주석하였으므로 많은 행적을 남긴 한편 차시 또한 지리산에서 많이 지었다. 특히 수행중 차생활이 수행의 한 부분이었던 청허휴정에게 있어서 차는 선과 다르지 않았고, 또한 차는 선의 구현이며 생활의 반영이었으므로 일상의 차와 선사상이 시로써 표현되었다. 이는 다음 차시와 서한문 등에서 느낄 수 있다.

문득 읊다 [偶吟]

산비는 솔밭을 울리는데	松楊鳴山雨
옆 사람은 지는 매화를 아쉬워하네	傍人詠落梅
한바탕 봄꿈이 끝나니	一場春夢罷
시자가 차를 달여 오는구나	侍者點茶來

박좌상 순께 차와 쌍죽지에 감사하며 드림 [上朴左相淳 謝一緘茶雙竹枝]

귀하신 글월과 겸하여 운유와 옥지를 엎드려 받자오니 이 두 가지는 갈증을 그치고 병든 몸을 붙드는 것이라 그 감사함을 이루 말할 수 없습니다. 또 학슬과 용각은 청려와 적등의 유가 아닙니다. 그 서리 같은 지조는 늠름하여 영상의 기풍을 생각하게 하고, 그 쇠 같은 절개는 갱갱하여 영상의 풍채를 생각하게 합니다. 물과 산으로 떨어져 … 영상께서는 이 산인에게 이 물건으로 잊지 못할 귀하심을 주셨고, 이 산인도 영상께 역시 살아 있는 한 잊을 수 없는 연분 맺음이 감사할 따름이옵니다. 부디 잘 살피소서.

伏承金札 兼受雲腴玉枝 竝二物 各能止渴扶病 感何無已 頂戴無已 且鶴膝龍角 逈出於靑藜赤藤之品 其霜操凜凜 以想令相之風 其鐵節鏗鏗 以想令相之標 湖

山雖隔 … 然令相之於山人 以此物 爲不忘之資 山人之於令相 亦以安生 作不忘
之分 伏惟 令鑑

도운선자 (道雲禪子)

중이 한평생 하는 일이란	衲子一生業
차를 달여 조주에게 올리는 것	烹茶獻趙州
마음은 재가 되고 머리 이미 희었나니	心灰髮已雪
어찌 다시 남주를 생각하리오	安得念南洲

　차사(茶史)와 다담과 차시에 자주 등장하는 조주선사(趙州從諗: 778~
893)는 당나라 조주 사람으로 조주의 관음원에 있었으므로 조주라고
한다. 임제종 남전보원의 법제자이며 임제종의 개조 임제의현(臨濟義玄:
?~867)과 동향의 인물로 중국 선학의 황금시대를 연 주역이다. 한국불교
임제종조(현 태고종) 태고보우 이래 고려말에서 오늘에 이르기까지
늘 보편적으로 참구(參究)되는 화두가 '구자무불성(狗子無佛性)', '정전백
수자(庭前栢樹子)'와 '조주끽다거(趙州喫茶去)'이다. 『조선불교통사(朝鮮
佛教通史)』에서도 "한국의 선승들은 조주의 무자화두를 제일로 여기고
있다"(海東禪侶 以趙州無字 爲話頭之王)고 기술하고 있다. '구자무불성'
화두는 어떤 학승이 "개에게도 불성이 있습니까?" 하니, 없다 하였다.
또 묻기를 "위로는 부처님 아래로는 곤충에 이르기까지 다 불성이 있는데
왜 없습니까?" 하자 "업식(業識)이 있기 때문이다"라고 한 데서 유래한
것이다. '정전백수자' 화두는 달마 스님이 "중국에 오신 뜻이 무엇입니
까?"라는 질문에 "뜰 앞에 잣나무니라!"라는 말에 기원한 것이다. '조주끽
다거'는 불법을 묻는 학승들에게 종종 차를 권한 데서 기인한 것이다.
　선사는 항상 본래면목(本來面目)과 본지풍광(本地風光)에서 학인의 마
음을 이끌어주고 일깨워주었다. "이곳에 와 본적이 있는가?" 하고 선사가

묻자 학승이 "예, 있습니다"라고 대답하자, 선사는 "차 한 잔 먹고 가거라" 하였다. 또 다른 학승에게 "여기 온 일이 있느냐?'고 묻자 "없습니다"라고 하자 역시 "차나 한 잔 먹고 가거라" 하였다. 이에 스님을 모시고 있던 원주(살림살이를 맡은 소임)가 스님께 묻는다. "스님께서는 여기 온 일이 있다는 사람에게도, 여기 온 일이 없다는 사람에게도 각각 차 한 잔씩을 권하셨습니다. 이것은 무슨 뜻입니까?" 하자 스님은 "원주!" 하고 크게 불렀다. 원주가 깜짝 놀라 "예" 하고 대답하니 "너도 차 한 잔 먹어라" 하였다. 원주는 논리적인 사람이었는지 몰라도 그 의미가 자못 궁금하여 물었을 터인데 설명을 하기보다는 "원주" 하고 큰소리로 불렀던 것이다. 이것이 원주의 사유과정을 단절시켰고 자상한 목소리로 "차 한 잔 먹고 가거라" 한 것은 각성의 단초를 제공하였다고 하겠다. 원주도 한 잔의 차가 각성의 상징으로 이해되었을 것이다.

불가의 영단(靈壇) 의식문에 "풀잎에 깃든 맛이 좋은 차, 강 속의 물을 돌솥에 끓인 차, 조주가 항상 만인에게 권한 차, 영가여! 이 차를 들고 해탈하소서"라는 게송이 있고, 제단에 차를 올릴 적에 "다헌조주지 청 다번식갈정"(茶獻趙州之淸 茶煩息渴情)이라고 염송하는 것으로 보아도 한국불교사에서 조주는 다성(茶聖)으로 추앙받고 있음을 알 수 있고, 차인들의 세계에서도 조주 차풍(茶風)을 모르는 이가 없을 것이다. 그는 선의 역사에서 가장 사랑받는 위대한 스승이며 가장 훌륭한 차승이다. 선이 곧 차요, 차가 곧 선이라 하며 다선일여를 주창했다. 태고보우는 조주의 차풍(茶風)을 이 땅에 뿌리 내리게 하였고 조주의 다선일여에 몰입하였다. 조주의 무자화두(無字話頭)를 매우 중시하여 시인(示人)에 게 이를 많이 강조하였다. 따라서 임제종맥을 이은 청허휴정은 중이 한평생 하는 일이란 차를 달여 조주에게 올리는 것이라 하였던 것이다. 이처럼 대사에게 있어 차란 선과 한 맛으로 통하는 것이었다. 일상적인 다사는 불을 피우고 물을 끓이며 그 물과 좋은 차로 알맞게 우려 마시는 극히 평범한 일이다. 마조선사의 "평상시의 마음이 곧 도"(平常心是道)라는 말이 있듯이 평범하고 일상적인 일을 떠나 도가 있지 않다. 선도 또한 평상심을 떠나 있지 않은 것이라고 서산대사는 강조하고 있음이다.

명종 1년(1546)에 청허휴정은 제방(諸方)을 편력(遍歷)코자 간편한 행장으로 지리산 화개동천을 떠나 오대산, 풍악산의 미륵봉, 향로봉, 성불암, 영은암, 영대암 등 여러 암자와 함일각에서 몇 해를 보내게 된다. 1550년 대사가 30세 되던 해, 나라에서는 연산군과 중종이 폐지했던 선교양종을 다시 일으키고 승려들을 중용하는 승과제도를 부활시켜 명종 6년(1551) 11월 19일 첫 시험을 실시한다. 휴정은 주위 사람의 권청에 못 이겨 응시하였고 합격자 406명 중 수석 급제하여 대선(大選)이 되었다. 34세 되던 1553년 1월 19일 나라에서 내린 도첩을 받고 주지명(住持名: 中德)에 오르고 36세에 전법(傳法)이 되고 다시 교종판사(敎宗判事)와 선종판사(禪宗判事) 즉 승직의 최고지위인 선교양종판사로 봉은사 주지에 취임한다. 이후 1년여를 머물다 승직의 명리가 출가의 본뜻이 아니라 여겨 눈병을 핑계로 사직하고 금강산으로 들어가 천석간에서 반년을 보낸 뒤 다시 지리산 화개동천 내은적암으로 돌아왔다. 내은적암은 신라말엽 거설간이 초창하였고 고려중엽에 정변지(正遍知)가 중창하였는데 기와와 서까래가 모두 허물어져 대사는 이를 다시 신축하기 위해 모연문(頭流山 內隱寂 新構募緣文)과 개와모연문(蓋瓦募緣文)을 썼고, 또한 손수 쓴 상량문에 내은적이라고 명명하였다.

내은적 (內隱寂)

십년 동안 떠돌던 손	飄泊十年客
돌아오니 백발만 더했고	歸來白髮添
나무꾼 대나무 다 베었으니	樵人刈竹盡
어느 곳에서 향엄 찾을까	何處覓香嚴

대사가 내은적암에서 지은 시 한 수가 또 전해진다.

내은적 (內隱寂)

두류산에 암자 하나 있으니	頭流有一庵
이름은 내은적이라	庵名內隱寂
산 깊고 물 또한 깊어	山深水亦深
유람객 찾아오기 어려워라	遊客難尋迹
동과 서에 각기 누대 있으니	東西各有臺
암자 터 좁아도 마음은 좁지 않네	物窄心不窄
청허라는 주인 있어	淸虛一主人
천지로 장막 삼고 자리도 삼았네	天地爲幕席
여름철엔 솔바람 즐기고	夏日愛松風
푸르고 하얀 구름 누워 보노매라	臥看雲靑白

대사는 내은적에서 많은 집필을 하였는데 역작『삼가귀감(三家龜鑑)』
도 이곳에서 마무리하였다 한다. 『삼가귀감』은 불가·유가·도가의 귀감
이 될 내용을 엮은 책인데 휴정이 산청 단성의 단속사에서 목판조각으로
책을 엮어 인쇄 과정에 들어가려 할 때 이 절에서 공부하던 유생 성여신(成
汝信)이 스님이 외람되게 유를 논하려 하느냐며 절의 사람을 시켜 불태워
버렸다. 유가가 조판 순서의 끝부분에 짜여 있음을 트집 잡은 것이라
하는데, 당시의 숭유억불정책에 따른 유불 갈등이 작용한 것이라 하겠
다. 청허휴정은 당시 두류산 덕산동에서 학문연구와 후진양성에 전념하
고 있던 성리학에 능통한 대학자 남명 조식(1501~1572) 선생을 자주
찾아가 친교를 맺은 바 있는데, 남명의 수제자였던 성여신은 생원·진사
두 시험에 합격한 예절 바른 선비였고 임란 뒤에는 폐허가 된 향토를
복구하고 풍속을 바로잡고 학풍을 일으키는 데 앞장선 인물이었다고
한다.

청허휴정은 자신의 노작(勞作)이 불타는 것을 보고 지리산을 떠날 생각을 하였고 떠난 이후 다시 지리산을 찾지 않았다고 전하지만 배불척승(排佛斥僧)의 시기에 선가·도가·유가의 귀감을 완성하고 많은 시문과 차시를 남겨 한국불가뿐 아니라 유가와 차인의 세계에서 가장 추앙받는 인물로 자리매김하게 되었다.

청허휴정대사는 용곡 스님의 말씀에 의하면 지리산 내은적암과 칠불암, 대승암 등에서 수행과 차생활을 하며 지내는 6년 동안 가마솥에 찻잎을 덖어 우려 마셨으며, 이윽고 구증구포작설차 법제를 완성하여 가마솥에 덖어 만든 잎차 문화가 비로소 시작되었다고 한다. 청허휴정이 20여 년 동안 지리산에서 머물며 완성한 구증구포작설차와 그 법제는 중국의 어떤 차를 모방하거나 영향도 받지 않은 우리나라만의 독자적이고 독특한 덖음차로서 이후 대사는 가마솥 덖음차 문화의 중흥조가 되었다. 그리고 지리산은 조선조 500년간 최고봉의 승려이자 우리 차의 새로운 장을 연 차의 성현을 배출시킨 명산이 되었다. 어리석은 사람도 이 산에 머물면 지혜로운 사람으로 바뀐다 하여 불리게 된 지리산(智異山), 혹은 대지문수사리보살(大智文殊師利菩薩)에서 따온 지리산(智利山)은 백두산이 반도를 타고 내려와 지리산까지 이어졌다고 해서 두류산, 불가에서 깨달음을 얻은 고승의 처소라는 의미의 방장산(方丈山)이라고도 불린다.

대사는 혼자 있을 때, 시자와 함께, 도반들과 염불과 참선을 할 때에도 차를 마시고, 다정한 손님이 찾아왔을 때에도 차담을 하며 서로의 마음을 나누기 위해 차를 권했다. 때로는 자다가 깨어나서도 평상심을 찾기 위해, 만행중에 심신의 피로를 달래기 위해서도 한 잔의 차를 마셨다. 심지어는 청산과 백운 등 대자연과도 벗 삼아 차담을 가졌다. 이러한 내용에서 그에게 차는 일상이었으며 선수행이었음을 알 수 있겠다. 이처럼 평생을 통하여 차를 가까이하고 즐긴 대사는 차의 오묘한 경지에 이르러 차와 선의 합일된 일미를 체득하였다.

백운자 오심을 감사하고 탄식하며 헤어지다
[謝白雲子來訪戲別 三章中三]

푸른 솔 흰 돌로	靑松兮白石
눈썹 긴 스님 차를 달이네	煮茶兮厖眉僧
하룻밤 자고 이별을 고하니	一宿兮告別
맨 다리가 얼음 같구나	赤脚兮如氷
넓은 하늘 적막한데 구름은 유유하고	長天寥廓兮雲悠悠
먼 산은 끝없이 층층이 푸르도다	遠山無限兮碧層層

서울로 부임하는 이를 보내며 [送人赴京]

사십 년래 늙은 스님	四十年來老判事
운수를 좋아하여 푸른 숲 속에 누웠네	性甘雲水臥靑嵐
누군가 나의 처소 묻거든	有人若問樓身處
지리산 중 한 초암이라 하소	智異山中一草庵

윤방백의 운에 따르다 2 [次尹方伯韻 二]

상국의 시 한 번 읊으니	一吟相國詩
비루하고 인색한 마음 얼음 녹는 듯	鄙吝如氷譯
하물며 높은 풍채 대하며	何況對高標
소나무 아래 돌에서 차를 다림이랴	煮茶松下石

순천 원님 운강의 운에 잇다 [次順天倅雲江韻]

성큼 다가온 가을 구월은 국화의 계절	節迫黃花九月秋
정겨운 햇살 없어 유유하진 않지만	有懷無日不悠悠
조계산 소나무에 학을 불러서	曹溪松上如招鶴
지리산 부운과 함께 쉬어 보리라	智異浮雲亦共休

위의 시로 보아 대사는 지리산과 인접한 조계산에 위치한 선암사와 송광사에도 여러 차례 다녀갔고, 또 머물렀을 것으로 생각할 수 있다. 한편 지리산에는 예부터 불교사에 널리 이름을 알린 고승들의 수행처가 많았다. 그 중 반야봉 아래의 고지대에 자리한 옛 이름이 운상원인 칠불사(從般若南三十里 有七佛庵 稱東國第一禪院 舊額雲上院)에는 벽안당(碧眼堂)이라는 이름을 가진 아자방(亞字房) 현판이 걸린 선방이 있다. 이 방은 한 번 데워지면 2~3개월씩 온기가 유지된다고 하는 특이한 구조의 온돌 선방으로, 세계건축대사전에도 수록되어 있을 만큼 유명하다. 칠불사는 삼신동에 있으며 삼신동은 화개동천 골짜기 일대를 말하는데 이곳에 신흥사(神興寺)·영신사(靈神寺)·의신사(義神寺)의 3대 사찰이 있었기 때문에 삼신동이라 하였다고 전한다.

화개동천은 행정구역상 하동군 화개면(섬진강 동쪽) 쌍계사가 있는 이 지리산 골짜기가 겨울에도 칡꽃이 피어난다고 하여 화개동천이라 불리게 되었다 전한다. 이 지리산 화개동천에는 신라시대부터 고려시대에 걸쳐 50여 사암(寺庵)이, 조선시대에는 1백여 사찰과 암자가 있었고, 서산대사를 비롯하여 부휴선수, 백암성총 등 숱한 고승들의 수행처이자 주석처이기도 하여 우리나라 불교의 성지라고도 할 수 있으며, 순조 28년(1828)에는 초의선사가 칠불사에서 모환문의『만보전서』의「다경채요(茶經採要)」에서『다신전』을 초록하여 그 이름이 널리 알려졌다.

이렇듯 화개동천은 오랜 역사와 함께 찬란한 불교문화를 꽃피웠고 수많은 문화유산을 남겨놓았지만 신흥사·영신사·의신사의 3대 사찰을 비롯하여 죄다 불타거나 흔적조차 없이 사라진 문화재가 부지기수이다. 김종직의 제자인 김일손의 기록에 의하면 5백여 년 전 영신사·의신사·신흥사는 독특한 신앙생활의 단면도 보였고 스님들이 범패를 부르며 용맹정진하거나 쇠북을 울리며 불사를 요란하게 벌였다고 하나 지금은 흔적도 없다. 오늘날 신흥사 터에는 왕성초등학교가 들어섰으며 쌍계사만

유일하게 남아있었지만 다행히 근래 칠불암이 칠불사로 복구되었다. 이 칠불암에서 청허휴정이 주석하면서 개와불사가 끝나고 지은 시 〈칠불암 개와낙성시(七佛庵 蓋瓦落成詩)〉 중 "처마도 기와도 부서져 온통 얼음이며 눈이요 부처님 얼굴에 이끼 끼어 비온 뒤에 축축하다"(屋簷瓦破氷兼雪 佛面苔生雨後嵐)라는 내용에서 당시의 열악한 상황을 짐작해 볼 수 있으며, 정치적 탄압이 극심한 척불의 시대에 깊은 산중의 옛 법당을 새로 중수하여 부처님께 예를 올릴 수 있어 한시름 덜게 되었다는 내용과 업연에 대한 경각심도 일깨워 준 글귀로 이해된다.

청허휴정은 내은적암에서 3년을 지낸 뒤 황령암, 능인암, 칠불암 등의 암자에서 3년여를 머무르는 동안 천왕봉, 청학동, 화개동, 불일암, 화엄사, 쌍계사 등 마음 닿는 대로 지리산 곳곳으로 발길을 옮겼고, 그때마다 많은 시문과 기록을 남겼다. 그리고 지리산을 떠나 관동지역의 태백산, 오대산, 풍악산을 거쳐 멀리 관서지방으로 발길을 돌려 묘향산 보현사에 이른다. 묘향산의 내원, 영원, 백운, 심경, 금선, 법왕대(法王臺) 등 아득히 넓은 천지의 수많은 산천을 두루 편력하는 청허휴정의 몸은 마치 기러기 깃털처럼 가벼웠고 풍운처럼 정처 없이 떠돌아다녔다. 휴정은 이렇게 명산대찰을 편력(遍歷)하고 우리나라 4대 명산이라고 일컫는 금강산과 구월산 그리고 지리산과 묘향산에 대해서 느낀 바를 〈사산평(四山評)〉에서 이렇게 표현하였다. "금강산은 빼어났으나 장하지 못하고, 지리산은 장하되 빼어나지 못하며, 구월산은 빼어나지도 장하지도 못하고, 묘향산은 빼어나고도 장하다"(金剛秀而不壯 智利壯而不秀 九月不秀不壯 妙香亦秀亦壯).

대사는 선조 27년 사직의 뜻을 전하고 묘향산으로 돌아온 뒤 유유자적한 본래의 한도인(閑道人)이 되어 10여 년을 보낸 뒤 빼어나고도 장하다고 표현한 묘향산에서 자신의 모습을 그린 영정에 임종게를 남기고 가부좌를 한 채 선조 37년(1604) 입적하니 세수 85세, 법랍 67세였다. 대사의

입적 후, 묘향산 안심사(安心寺)와 금강산 유점사(楡岾寺)에 부도(浮圖)가
세워졌고 해남과 밀양의 표충사(表忠寺), 묘향산의 수충사(酬忠祠)에
배향되었다.

80년 전에는 저것이 나이더니	八十年前渠是我
80년 후에는 내가 저것이고녀	八十年後我是渠

　청허휴정은 좌선견성(坐禪見性)을 중시하여 도를 묻는 이에게 직지(直
指)·견성(見性)하도록 지도하였고, 유교·불교·도교는 궁극적으로 일치
한다고 주장하여 삼교통합론의 기원을 이루어 놓았으며, 성리학의 도통
관(道統觀)에 대비되는 불교의 법통관을 새로 제시하여 임제종의 전통을
강조했다. 저서로는 『청허당집(淸虛堂集)』이 있고, 편저로 『선교석(禪敎
釋)』, 『선교결(禪敎訣)』, 『운수단(雲水壇)』, 『삼가귀감(三家龜鑑)』, 『심
법요초(心法要抄)』, 『설선의(說禪儀)』 등이 있다.

편양언기 (鞭羊彦機)

법명은 언기(彦機), 법호는 편양(鞭羊)이며, 속성
은 장(張)씨로서 죽주(竹州) 곧 경기도 안성군 죽
산(竹山) 사람 박(珀)의 아들이다. 어머니 이(李)씨
가 꿈에 해와 달이 품 안으로 들어오는 것을 본
뒤 잉태하여 선조 14년(辛巳, 1581) 7월 스님을
낳았다. 유년시절 서산대사의 제자인 현빈인영
(玄賓印英)을 좇아 출가하여 구족계를 받고 장성
하여 서산에게 귀의, 그의 심법(心法)을 전수받았
다. 이어 남쪽으로 제방(諸方)을 유력하면서 여러
선로(禪老)들을 참알(參謁)하고, 대승(大乘)을 깊
이 탐구하여 자신의 지경(地境)을 확충하였다.

스님은 도를 이룬 뒤 금강산 천덕사(天德寺)에
머물기도 하고 혹 묘향산의 천수암(天授庵)에 주
석하면서 개당(開堂)하였으되, 일찍 산을 나서지
않았으나 덕업(德業)이 나날이 높아지고 명예는
나날이 전파되어 문하에 들어와 배우고 질문하는 자의 신발이 뜰에
가득하여 절로 선교(禪敎)를 펴매 많은 사람들이 깨달음을 얻었다고
전한다. 스님은 말을 간략히 하되 이치를 명확히 분석하여 찾아오는
이들로 하여금 목마른 자 하수(河水)를 마시듯 헛되이 돌아가는 일이
없도록 하였다. 또한 스님은 타고난 자질이 간요(簡要)하고 원대하여
언제나 정묵(靜默)하였고 세속 일을 하거나 법좌(法座)에 올라도 사람과

더불어 차별함이 없고 말씀은 맑고 간결하여 한 마디로 이치를 분석하며 또 가려서 버리는 것으로 시와 문을 하였는데, 잡스러움을 뽑아버리고 기틀을 새롭게 함이 붓을 잡고 얽어서, 한때 이름을 구하려는 자가 갑자기 얻어서 그 길고 짧음을 견줄 바가 못 되니 그 역시 하늘에서 받은 것이 온전함을 볼 수 있다. 고인이 말하기를 혜원(惠遠)은 덕스러운 도량이 장하고 도림(道林)은 재치(才致)가 승(勝)하다 하였는데 이들을 겸비한 자는 오직 편양뿐이라고 하였다. 『편양집권 1』에는 스님의 시 90여 수가 수록되어 있는데 그 중 거의가 스님이나 속인에게 준 시이므로 승속(僧俗)의 구애를 받지 않고 교화하거나 주고받은 마음을 시로 승화시켰음을 알 수 있다. 그리고 차밭을 만들어서 차를 심고 읊은 시 〈산살이[山居]〉 등의 차시도 남겼다.

두견새 소리를 들으며 [聞杜鵑]

창밖 봄 수풀 두견새 소리 듣고	窓外春林聽子規
앓는 몸 놀라 일어나 꽃가지를 잡아본다	力衰警起楢花枝
혼자임을 잊고서 때 옴을 기다리다	天涯忘却來時久
어느덧 밤이 되어 돌아갈 것을 기다리네	便到今宵記得歸

최생의 운을 따라 2, 3 [次崔生韻 二 三]

묘법은 전생의 업을 모두 태우고	妙法令人宿業焚
옥호광명 속 어지러이 흩날린다	玉毫光裡雨花紛
이 진실한 뜻 세상사람 알지 못해	世人不識眞常道
금언을 도리어 우언이라 하네	反以金言作寓言

언기는 아미산 한 병든 중인뿐	機也峨嵋一病衲
당신은 아마 조주(潮州)를 배우리라	我公應是學潮州
구름창에서 한 번 웃는 무궁한 뜻은	雲窓一笑無窮意

흰 달 맑은 하늘 만고의 가을이네   白月晴天萬古秋

안연경선사에게 받들어 보이다 [奉示安禪蓮卿詩]

금빛 가을 하늘 달처럼   金色秋天月
부처님 지혜 온누리에 비치누나   光明照十方
중생의 불성 물같이 맑으니   衆生水心淨
곳곳에 맑은 빛 가득하리   處處落淸光

스님의 저서로 『편양당집(鞭羊堂集)』3권이 전한다. 스님은 인조 22년
(甲申, 1644) 5월 10일, 서악(西岳)의 내원(內院)에서 입적하니 나이 64세,
법랍 53하(夏)였다. 제자들은 다비 후 신주(神珠: 사리) 5매(枚)를 수습해
석종(石鐘)을 만들어 보현동(普賢洞) 남쪽에 안치했다. 금강산 백화암(白
華庵)에 스님의 비석이 있으니 백주(白洲) 이명한(李明漢)이 비석 글을
지었다. 이에 따르면 편양의 법계를 짐작할 수 있다.

편양선사는 자신의 법계를 고려말 태고(太古)화상에 두었다. 태고화상
은 중국 하무산의 석옥(石屋)선사로부터 임제(臨濟) 스님의 진종(眞宗)
을 이어받아 8대를 전했고 서산대사에 이르러 종풍이 크게 드날렸으며
서산은 다시 편양에게 전했으니 편양은 실로 서산의 적사(嫡嗣)이다.
有太古和尙者 入霞霧山石屋 得臨濟眞宗 八傳而至西山大師 大暢玄風 遺文具
在 又傳而得鞭羊子 實爲西山嫡嗣

한편 스님의 시 몇 구절을 통해 그의 생애와 사상의 편린을 엿볼
수 있다.

윤순사에 답함 [答尹巡使]

공맹의 가르침을 배운 일 없으니   不學宣王敎

어찌 노자의 현학을 들었으랴 　　　　　　　　　寧聞柱史玄
일찍 서산의 집으로 들어가 　　　　　　　　　　早入西山堂
오로지 육조의 선만을 참구했네 　　　　　　　　唯傳六祖禪

천은 스님과 헤어지며 드림 [贈別天隱師]

허깨비 같은 몸 부칠 곳 없어 　　　　　　　　　幻身無着處
떠도는 일 가을 구름과 같으니 　　　　　　　　放浪若秋雲
잠시 봉래산에서 묵었다 　　　　　　　　　　　暫宿蓬萊頂
다시 바람처럼 석문 향하네 　　　　　　　　　隨風向石門

동림의 운을 따라 [東林韻]

구름이 달려도 하늘은 움직이지 않고 　　　　雲走天無動
배는 가도 언덕은 옮기지 않는다 　　　　　　舟行岸不移
본시 아무것도 없거늘 　　　　　　　　　　　本是無一物
어디서 기쁨과 슬픔이 올꼬 　　　　　　　　何處起歡悲

　그리고 편양선사의 「선교원류심검설(禪敎源流尋劍說)」에는 스님의 선
교관(禪敎觀)을 엿볼 수 있는 구절이 있다.

　옛적 마조(馬祖)의 일할(一喝)에 백장(百丈)은 귀가 먹었으며 황벽(黃蘗)
은 혀를 내밀었다. 이 일할이야말로 세존께서 꽃을 들어 보인 소식이고
달마가 중국에 온 참뜻이며 또한 공겁이전(空劫以前) 부모에게서 태어나
기 전의 소식이다. 모든 부처님과 조사들의 기이한 말과 묘한 구절,
양구(良久: 잠시의 침묵)와 방망이·할·백천의 공안(公案), 종종의 방편
이 모두 이로부터 나온 것이다. 은산철벽(銀山鐵壁)이라 들어갈 문이
없고 석화전광(石火電光)이라 사의(思議)를 용납하지 않는 것이다. 이것
이 교외(敎外)에 따로이 전하는 선지(禪旨)이며 이른바 경절문(徑截門)이
라고 하는 것이다.

昔 馬祖一喝也 百丈耳聾 黃薜吐舌 此一喝 便是拈花消息 亦是達摩 初來底面目
卽空劫已前 父母未生時 消息 諸佛諸祖 奇言妙句 良久捧喝 百千公案 種種方便
皆從斯出 銀山鐵壁 措足無門 石火電光 難容思議者也 此敎外別傳 禪旨 所謂徑
截門也

東師列傳 鞭羊宗師傳

師名彦機 號鞭羊 姓張氏 竹州人 萬曆九年辛巳七月生 幼從玄賓 受具壯歸西山
盡傳心法 南遊徧參諸禪老以充其學 常住楓岳 或住妙香 講法證禪 甲午五月十
日示寂 世壽七十四法臘五十三 鞭羊之門 楓潭最昌 拈香者 凡三十餘人 金剛山
白華庵有碑 白洲李明漢撰

풍담의심 (楓潭義諶)

법명은 의심(義諶), 당호는 풍담(楓潭)이며 문화
유씨(文化柳氏) 화춘(華春)의 아들로서 경기도 통
진(通津) 사람이다. 어머니는 정씨(鄭氏)이며 중
서사인(中書舍人) 사근(仕根)은 고조(高祖)이다.

　어머니 정씨가 어느날 이상하게 생긴 구슬을
입에 머금는 꿈을 꾸고 나서 아이를 가져 선조
25년(萬歷 20, 壬辰, 1592) 풍담을 낳았다. 16세(혹
14세라고도 함) 때 출가하여 성순(性淳) 스님을
은사로 머리 깎고, 원철(圓徹) 스님을 계사로 계를
받았으며, 편양(鞭羊) 스님을 참알, 그로부터 법을
전수받았다. 편양은 청허(淸虛)의 법을 이은 제자

이다. 풍담이 대둔사에서 크게 법회를 열자 제방의
학인 250여 명이 모여 성황을 이뤘다.

　조종저(趙宗著)가 지은 「풍담대사비(楓潭大師
碑)」(영변 보현사에 있다)의 글은 풍담이 편양으로부터 법을 전수받을
때의 얘기를 잘 전해주고 있다.

　풍담이 묘향산으로 편양을 찾아가니 편양은 풍담의 절륜한 총명을
기특하게 여겨 법제자로 삼고 그에게 불법(佛法)의 오묘한 가르침을
전하였다. 풍담이 스승의 깊은 뜻을 철저히 깨달으니 편양은 가끔 "공문
(空門)의 법[衣鉢]이 풍담에게 있다"고 말하곤 했다. 풍담은 스승 편양으
로부터 법을 전해받은 뒤 전국 명산대찰을 유력하며 기암(寄岩)·소요(逍

遙)·호연(浩然)·벽암(碧岩) 등 당대의 선지식들을 두루 찾아가 법거량을 한 뒤 금강산으로 돌아갔다.

이때부터 풍담의 도예(道譽)가 널리 알려져 배우려는 이들이 사방에서 구름처럼 모여들었다. 인조 22년(甲申, 1644)에 편양이 묘향산에서 미질(微疾)을 보이자 풍담이 문안차 스승을 찾아 배알하였다.

편양은 『화엄경』과 『원각경』의 제가들 주소(註疏)가 번잡한데다 미흡한 부분이 많아 산삭(刪削)하고 윤문(潤文)하려 했으나 미처 손을 대지 못하고 있던 참이었다. 때마침 풍담이 문안차 방문해 오자 편양은 풍담의 손을 잡고 자신이 못 다한 『화엄경』·『원각경』의 주소 정리작업을 부탁한다. 풍담은 화엄·원각의 교해(敎海)에 깊숙이 침잠, 5~6년간 반복하여 열람한 다음 오류를 바로잡고 사이사이 종지(宗旨)를 드러내 밝혀 하열(下劣)한 근기(根機)들까지도 경전의 의미를 쉽게 이해할 수 있도록 했다.

현종 6년(乙巳, 1665) 봄, 금강산의 정양사(正陽寺)에서 풍담은 미질을 보이더니 마침내 제자들을 불러모으고 임종게(臨終偈)를 읊는다.

기이하여라 이 영묘한 물체는 　　　　　　　　奇怪這靈物
죽음에 이르러 더욱 쾌활하나니 　　　　　　　臨終尤快活
나고 죽음에 달라지지 않도다 　　　　　　　　死生無變容(異)
가을 하늘 달이 밝고녀 　　　　　　　　　　　皎皎秋天月

게송을 마치고 태연히 입적하니 3월 8일이었다. 나이 75세, 법랍 58하(夏: 碑銘에는 60)였다. 이상한 향내가 방안에 가득하여 며칠 동안 계속되었으며 다비하는 날까지도 얼굴빛은 마치 살아있는 듯하였다.

제자들이 잿빛 나는 사리 5과를 수습하여 부도를 만들어 봉안하고 비석을 세웠다. 정관재(靜觀齋) 이단상(李端相)이 금강산 백화암의 풍담 비명을 짓고, 정관재의 부(父) 백주(白洲) 이명한(李明漢)이 백화암의 편양비명을 지었으며, 백주의 부 월사(月沙) 이정귀(李廷龜)가 백화암의 서산비명을 지었으니 이씨 3대가 서산 3대의 비명을 지은 셈이다. 인연이 깊고 정의(情誼)가 두터웠음을 짐작할 수 있겠다.

문인 보당준기(寶幢俊機), 월저도안(月渚道安: 1638~1715) 등은 스승 풍담이 주석하던 남쪽 지방에 스승의 빛나는 생애와 업적을 기리고 영원히 후세에 전하기 위해 해남 대둔사(大芚寺: 오늘의 대흥사)에 비석과 부도를 세웠다. 비명은 예문관 직제학(直提學) 김우형(金宇亨)이 지었다. 법을 이어받은 제자가 47명(혹은 48)에 이른다.

東師列傳 楓潭宗師傳

師法名義諶 號曰楓潭俗姓柳氏 通津人 母曰鄭鄭嘗夢含珠而妊 生師於萬曆二十年壬辰 十六出家 從性淳師而落髮 參圓徹師而受戒 謁鞭羊師而得法 鞭羊卽清虛之法嗣 設大會於大芚 衆二百五十人 康熙四年乙巳 示寂于金剛山正陽寺 臨化吟一偈曰 奇怪這靈物 臨終尤快話 死生無變容 皎皎秋天月 怡然而化 行年七十五 法臘五十八 化之日 顔色如常 弟子等 奉靈骨 獲舍利五枚如銀色者 建浮屠豎碑 靜觀齋李端相作 金剛山白華庵碑 白洲李明漢作 白華庵鞭羊碑 月沙李廷龜作 白華菴西山碑 李氏三代作 西山三代碑 緣誼之重可想也 門人俊機道安等 又於南維住錫之處 闡發幽光 衣圖不朽 立碑浮屠 於大芚寺碑 藝文館直提學金宇亨撰 門人四十七

월저도안 (月渚道安)

법명은 도안(道安), 법호는 월저(月渚)이며, 속성은 유(劉)씨로서 평양사람이다. 아버지 보인(輔仁)과 어머니 김(金)씨 사이에서 조선 인조 16년(崇禎 11, 1638)에 태어났으며, 12세에 출가하여 소종산(小鍾山) 천신(天信)에게 출가해 구족계를 받았다. 풍담(楓潭)대사를 참알, 20년 동안 수학하면서 의발을 받았고, 서산(西山)의 중요 가르침을 모두 전해 받았다. 현종 5년(甲辰, 1664) 묘향산으로 들어가 『화엄경』의 대의(大義)를 강론하매 세상에서 월저를 화엄종주(華嚴宗主)라 일컫었다. 종풍을 거량할 때마다 모이는 청중은 늘 수백 명을 넘었으니 법회의 성대함이 근세에 드문 것이었다.

월저는 편양, 풍담 등이 미처 이루지 못한 『화엄경』의 한글 풀이를 완성하였으며 또 황해·평안의 양도를 두루 다니며 승속(僧俗)을 교화하는 한편, 『화엄경』·『법화경』 등 대승(大乘)의 여러 경전들을 간행하여 스님과 신도들에게 유포시켰다.

정축년(1697)에 무고로 옥에 갇히었으나 임금이 본디 월저의 높은 이름을 들어온 터라 특별명령을 내려 석방케 하였다. 그 뒤로 자신의 지혜의 빛을 깊이 갈무리하였으나 월저의 이름은 더욱 널리 알려져 일국을 진동시켰다. 이에 월저의 회상으로 모여드는 사람들이 마치 목마른 이가 강물로 달리듯 하여 모두 배불리 마시고 돌아가지 않은 사람이 없었다.

스님은 원돈상승(圓頓上乘)의 깨달음으로 대중들에게 염불을 적극 권장하였던 것 같다. 정토보서(淨土寶書)의 서문에 "정토를 구하는 것은 염불보다 나은 것이 없다"는 말이 있는 것처럼 스님의 문집에 있는 「염불책일천권인출권사(念佛冊一千券印出勸詞)」에서 서방(西方)의 염불법이 동토의 최상선이라 하였다. 이렇듯이 선의 수행과정으로 염불을 중시한 것이 아닌가 한다. 권사의 표현방법이 오언고시(五言古詩)라는 고체의 한시체인 것 또한 흥미로운 점이다. 24운이라는 긴 시로서 240자의 장시이며 60자 한 편인 두 수를 더하고 있다. 그 밖에 「예념문일천권인출권문(禮念文一千券印出勸文)」이 있으니 스님은 단순한 법문의 설법이 아니라 실질적인 경문의 간행에도 남달리 힘썼음을 알 수 있다. 스님은 승속을 초월하여 평범하면서 수선(修禪)의 실천을 이행하려 하였던 것이다.

스님이 남긴 산문에 해당하는 글에는 도반에게 준 글이 거의 없으나 시는 같은 도반이나 당시의 사대부들에게 많이 남기고 있다.

조용히 살며 동파의 뇌주 운에 따라 읊다 3
[幽居雜詠 次東坡雷州八韻 三]

한가히 살매 하는 일 적어	幽居少經過
잠자코 푸른 산을 마주 앉는다	默默對層岑
소나무 대나무는 색상이 그만이고	松竹色相好
산과 또 물은 아양의 거문고다	山水峩洋琴
운자가 없거니 뉘라서 화답하리	沒韻詩誰和
스스로 따르는 차로도 적시지 못하고	不濕茶自斟
저무는 날을 앉아 바라보노니	坐看天日暮
새들은 쌍쌍이 숲으로 든다	雙雙鳥投林

문인 향해연종(香海蓮宗)의 발문에 의하면 스님의 시문이 십중팔구 유실되었고, 10분의 1~2밖에 안 되는 시문 5백~6백 수가 문집에 수록되었으니 실제의 작시는 수천 수에 이르렀다는 결론이 된다. 그래서 스님의 시는 일상의 평범한 언어를 시화했다고 생각해 보게 되고, 편집에서 차운의 경우 원시도 부기한 점은 작자와 수창(酬唱)한 주위의 인물에 대한 짐작도 가능하게 하며 매우 요긴한 점이기도 하다. 따라서 이렇듯 승속을 가림없이 주고받음이 많았다는 것도 스님의 시가 굳이 시라는 격식에 얽매이지 않아 주고받는 상대에게 격의 없는 소박감을 주었을 것이다.

참의 권중경의 운에 따라 [次權參議重經韻]

오는 바람에 구름 따라오고	風來雲逐來
바람 가면 구름도 따라가지	風去雲隨去
구름은 바람 따라 오간다지만	雲從風去來
바람 자면 구름은 어디 있죠	風息雲何處

권중경의 원운 [附原韻]

구름 따라 왔던 스님	僧自白雲來
구름 보며 돌아가네	還向白雲去
정처 없는 것이 구름이니	白雲無定居
내일은 어느 곳에 있나요	明日又何處

어찌 보면 일정한 거처가 없는 스님들의 행각을 야유하고 조롱하는 듯한 느낌을 받을 수 있는 권중경(1658~1728)의 시에 대하여 스님은 그저 구름, 바람이 자연의 한 호흡이듯 사람의 삶 자체를 일었다 사라지는 한 순간의 호흡으로 여기는 듯 담담하게 받고 있다. 또한 그것이 바로 윤회적 삶의 본질이요 불생불멸의 진리가 아닌가 생각하게 된다.

제눌수좌에게 드림 [贈濟訥首坐]

큰 도를 이룸은 참으로 어려운 것	大道圓成不可求
사람들은 밖에서 찾아 부질없이 소를 타네	時人外覓謾騎牛
어떻게 조주선사 무의 뜻을 깨칠꼬	何如透得州無意
조사의 뜻 온갖 풀끝에 있거늘	祖意明明百草頭

위 시 역시 스님들의 운수행각을 담담하게 표현한 시이다. 그리고 스님이 남긴 몇 수의 차시(茶詩)에서는 훌륭한 차승의 면모도 엿볼 수 있다.

화악문신(華岳文信)이 취여(醉如)의 종풍을 이어 대둔사에서 크게 법회를 열자 수백여 청중이 몰려 성황을 이뤘다. 이때 마침 북방에서 법풍을 떨치던 월저가 대둔사에 이르러 화악과 선지(禪旨)를 논하매 화악은 월저에게 법사의 자리를 양보하고 물러나 월저로 하여금 법회를 주관하여 마치게 한 일이 있다. 월저는 열반에 임하여 이렇게 노래하였다.

임종게 (臨終偈)

뜬 주름 자체는 본래 공(空)인 것	浮雲自體本來空
본래 공인 것은 바로 저 허공이다	本來空是太虛空
허공에서 구름이 일고 사라지나니	太虛空中雲起滅
기멸(起滅)도 온 데 없이 본래 공이네	起滅無從本來空

숙종 41년(康熙 54, 乙未, 1715) 나이 78세, 법랍 69하(夏)로 생을 마쳤다. 참의 세계로 돌아가는[歸眞] 날 저녁, 상서로운 빛이 하늘을 밝혀 백리 밖에서까지 보지 않은 사람이 없을 정도였다. 다비한 후 사리 3과가 나오자 그 중 하나를 묘향산 보현사의 서쪽 기슭에 탑을 세워 안치하였으며, 나머지 2과는 평양과 해남에 각각 나누어 봉안하였다. 월저의 전법제자인 추붕(秋鵬)은 일찍이 스승에 관해 이렇게 말한

적이 있다.

스님은 경(經)을 풀이할 때 세부적인 구절과 항목에 구애됨이 없이
글의 대체적인 뜻을 파악할 수 있게 가르쳤으며 제자백가(諸子百家)에
있어서도 모두 포괄하여 하나의 원리로 꿰뚫음으로써 크건 작건 빠뜨림이
없었다. 이것이 바로 월저 스님을 월저 스님답게 하는 소이(所以)라
하겠다.

師之傳法弟子秋鵬 嘗爲余言 師於解經 不拘細節項目而善括其大旨 其於諸子
百家 兼包竝貫 巨細不遺 斯所以爲師也

비석 글은 홍문관 대제학 이덕수(李德壽)가 지었다. 언젠가 대둔사
대법회의『강회록(講會錄)』에 기록된 문인만도 39명에 이른다. 월저의
비석은 대둔사에 있다. 저술에 시문(詩文)을 모은『월저집(月渚集)』2권
과『선불교전등도(朝鮮佛敎傳燈圖)』가 있다.

東師列傳 月渚宗師傳

師名道安 號月渚 姓劉氏 箕都人也 父輔仁 母金氏 崇禎十一年戊寅生 康熙五十
四年肅廟乙未終 世壽七十八 僧臘六十九 初從天信長老受戒參楓潭 盡得西山
密傳 甲辰入妙香山 講究華嚴大義 世稱華嚴宗主 每擧揭宗風 座下聽衆 常不下
數百人 法席之盛 近世所未有也 刊大乘諸經 印布道俗 己丑之獄 爲人所誣 上素
聞其名 特命釋之 自是益自韜晦 然其名殷殷動一國 望門而趨者 如渴赴河 莫不
滿腹而歸 歸眞之夕 祥光燭天 百里之外 無不見者 茶毘得舍利三顆 塔于普賢之
西麓 又分藏於箕城海南 海南釋法明 師之高足也 訪余濱陽 求爲師銘 師之傳法
弟子秋鵬嘗爲余言 師於解經 不拘細節項目而善括其大旨 其於諸子百家 兼包
竝貫 巨細不遺 斯所以爲師也 碑 弘文館大提學李德壽撰 曾於大芚寺大會 載在
講會錄 門人三十九人 碑在大芚寺

설암추붕 (雪巖秋鵬)

속성은 김(金)씨이고 원주가 관향이다. 스승 월저 대사에게 참학하여 10여 년 만에 선(禪)과 교(敎)를 모두 마쳤으나 스승보다 먼저 입적하였기 때문에 그의 비명(雪巖子塔銘敎化文)을 스승이 썼다. 스승이 제자의 비명을 쓴다는 것은 흔한 일이 아니므로 사제관계가 남달랐다고 할 수 있겠다. 설암 스님은 시문이 뛰어나 당시 승속 간에 추앙된 바가 많았다. 특히 계행이 엄정하고 언변이 유창하여 많은 학인들이 모여들었다. 시문집으로는 『설암잡저(雲巖雜著)』 3권과 『설암선사난고(雲巖禪師亂藁)』 2권이 있다. 잡저에는 시문 806편이 있고, 시만 132편이 수록되었다. 설암 스님의 시문이 이것뿐만 아닌데 재력이 딸려 다하지 못한다 한 것으로 보아 난고는 미완된 부분의 시만 수록한 것으로 보인다.

대방사미에게 주다 [次贈大方沙彌]

기대 되는 바 가을 물 같고 난과 같으니	襟期秋水質如蘭
소탈하게 웃으며 세상과 부딪혀 보게	笑脫人寰世網揮
마음잡고 벽보면 얻는 바 있을지니	觀壁住心應有得
꽃 집어 대 깨뜨리면 가히 실마리는 되리라	拈花擊竹可爭端
창 앞 흰 코끼리 광기 식히니	窓前白象狂機息

소매 속 푸른 뱀 담기가 차다	袖裏青蛇膽氣寒
진중하게 향악사 찾아	珍重委尋香岳寺
들고 온 솥에 용단차 달이리라	共携茶鼎點龍丹

취율사 운에 따르다 9 [次翠律師韻 九]

이 생애에 지은 것 고요한 세상일지니	生涯入作一窶天
꽃마을 술집 가에서도 차디찬 꿈이라	夢冷花村酒肆邊
한가롭게 계수나무 잎 태우는 화로 붙잡고	閒把丹爐燒桂葉
뇌소차 달이며 남은 생 살피소서	煮驚雷笑護殘年

꽃을 노래함 [嘆花]

엊저녁 바위 아래 몇 송이 꽃을	昨夕巖邊數朶花
환한 그 얼굴빛 무슨 말 하는 듯	浮光似向幽人語
새벽에 문득 일어나 발 걷고 바라보니	淸晨忽起卷簾看
하루 밤새 비바람 따라 가버렸네	一夜盡隨風雨去

가련타 가지 가득 불붙은 저 꽃들아	可憐灼灼滿枝花
광풍에 길을 잃고 물 따라 가는구나	落盡狂風空逐水
이 세상 모든 일 이와 같은데	世間萬事盡如斯
왜 하필 정 들여 울고불고 하는고	何必人情能獨久

설암 스님은 자연을 자연 그대로 표현하면서 탁월한 시적 언어를 절묘하게 구사하여 시인이 아닌 차승으로서 시인 못지않은 다시를 남겼다.

『동사열전』 설암종사전

종사의 법명은 추붕, 법호는 설암이며 성은 김씨로 강동 사람이다. 스님은 작고 여윈 모습에 풍채 또한 볼품없었으나 두 눈의 형형한

빛은 사람을 쏘았으며, 계와 행은 매우 엄격하였지만 사람을 대할 때에는 귀천에 구애받음 없이 평등하였다. 담론할 때는 그 예봉이 불꽃이 이는 듯하였고 샘에서 용솟음치듯 다함이 없었다. 처음 종안(宗眼) 스님에게서 머리를 깎았고, 후에는 벽계구이(碧溪九二)선사를 찾아 손수 물 긷고 절구질하면서 경론(經論)을 참구(參究)하였다. 종사는 이어 월저도안(月渚道安)대사를 찾았다. 좋은 스승을 만나고 법 구함이 지난(至難)함에도 천조(天助)로 만난 스승과 사제는 마음과 뜻이 서로 꼭 맞았다. 월저는 설암이 특이한 법기(法器)임을 알아차리고 가르침을 내렸으며 이윽고 의발(衣鉢)도 전하였다. 스님이 남쪽지방을 주유하며 강석을 펴기 시작하자 스님을 선망한 남방의 많은 스님과 학인들이 깊이 심취하였다. 스님은 순치 8년 신묘년 효종 2년(1651) 8월 27일에 태어나고, 병술년 8월 5일 강희 45년(1706) 입적하니 세수 56세였다. 다비하니 사리 5과가 수습되었고, 낙안 징광사와 해남 대둔사에 나누어 탑에 봉안하였다. 사명(泗溟)존자가 입적한 지 8년이 지난 무오년(1618)에, 그 문인의 호소로 재약사(지금의 載藥山 表忠寺)에 임금의 특명에 의해 사당이 세워지고 편액 표충(表忠)이 하사되었다. 그 뒤 137년이 지난 후, 사명의 5대 법손 남붕(南鵬)이 표충사의 기울어지고 무너짐을 민망히 여겨 재물을 모아 사당을 중건하고, 여러 뜻있는 이들에게 시문을 청하여 한 권의 책으로 만들어 『분충록(奮忠錄)』 1권과 함께 묶었다. 서(序)와 요(要) 2집과 과문(科文)과 사기(私記) 2권이 세상에 알려졌다. 일찍 대둔사 백설당(白雪堂)에서 법회가 열렸고, 그때의 기록 『강회록(講會錄)』이 남아 있다. 홍문관 대제학 이덕수(李德壽)가 비문을 지었다. 문도는 34명에 이른다.

東師列傳 雪巖宗師傳

宗師名秋鵬 號雪巖 姓金氏 江東人 師纖癯無威儀 而雙眸炯炯射人 其戒行甚高 其接人平等 無貴賤 其談鋒若焱 至泉湧而不可窮也 初從宗眼長老剃落 參碧溪 九二禪師 躬執井臼 淹通經論 往禮月渚道安大師 針芥相投 無不脗合 安公深加 器異 授以衣鉢 乃遊南方 南方諸釋 望風心醉焉 丙戌八月初五日示寂康熙四十

五年距其生辛卯順治八年我孝宗二年八月二十七日 世壽五十六 茶毘 得舍利五
顆 分塔於樂安澄光及海南大芚 泗溟尊者入寂後 八年戊午 因門人之呼訴 特命
立祠于在藥寺 賜額曰表忠 後一百三十七年 五世孫南鵬 愍其傾圯 鳩村重建
請諸君子詩文 作爲一卷 幷奮忠錄一卷 序要二集 科文私記二卷 行于世 嘗大會
於大芚寺白雪堂 載在講會錄 弘文館大提學李德壽撰碑 門人三十四

상월새봉(霜月璽封)

상월새봉(1687~1767) 스님은 저자 어머님의 직
계 선조(先祖)가 되시며, 선암사 인근 마을 월계리
(月溪里)에서 출생하여 11세 때 선암사에 출가하
였다. 서산대사를 지극히 숭모한 상월새봉은 청
허당이 머물렀던 4대 명산(묘향, 금강, 지리,
구월산)을 주유하며 견문을 넓히고 시문을 짓기
도 하면서 청허의 행적지를 답사하던 중, 18세
때 당시 묘향산에 주석하고 있던 청허의 4대 법손
인 설암추붕에게 수학하고 깨달음의 경지에 이르
러 의발을 전해받고, 제산(諸山)의 노장들을 두루
찾아다니며 그들로부터 모두 인가(印可)를 받았
다. 이후 남방의 명산인 서석(무등), 내장, 추월,
조계, 백양, 월출, 달마, 천관, 팔영산 등의 수행

처를 섭렵하였다.

　주유(周遊) 중 무용수연(無用秀演)을 만나니,
그는 한눈에 상월의 인물됨을 알아차리고 '지안(志安) 이후 제1인자'라고
평하기도 하였다. 상월 스님은 둥근 얼굴에 귀가 컸으며 목소리는 홍종(洪
鍾) 소리인 듯 우렁차고 앉음새는 마치 진흙으로 빚은 소상(塑像)처럼
흔들림이 없었다. 한밤중[子夜]에는 반드시 북두(北斗)에 절을 하고 정갈
한 몸과 마음가짐으로 수신(修身)에 힘썼으며, "배우는 사람으로서 만약
(스스로를) 되돌아보는 공부를 하지 않는다면, 비록 아무리 좋은 말을 많이

외운다 해도 자신에게는 전혀 도움이 안 된다"(學者 如無返觀工夫 雖日誦千言 無益於自己心性)라고 학인들에게 강조하였다.

1759년 대화재로 선암사의 모든 건물이 소실되자 1760년 중창불사를 할 때 각황전을 중수하고 그 주위를 무우전 건물로 둘러싸 규모가 작은 각황전이지만 도선국사가 초창시 철불을 봉안하였던 의미를 되살려 현재에 이르게 함으로써 그 의미를 더욱 강조 부각시켰다. 한편으로 해주록(海珠錄)에 의하면 칠칸정문(七間庭門)에서 화엄대법회를 개최하니 구름처럼 모여드는 천여 법도를 훈화하여 청허문풍을 크게 진작시켰다고 한다. 또한 선암사를 중건한 이후 선암사 대승암에서 강론이 끊어지지 않도록 초석을 바로 세웠다고 한다.

상월 스님은 선암사에 차밭을 조성하였다고 전하고, 또 평생을 차와 더불어 생활하셔서 차 도인이라 불렸다. 현재『상월대사시문집』에 84수의 시가 수록되어 있고 그 중 차시(茶詩)로는〈새경월근원대사(賽敬月謹遠大師)〉와〈증청암혜연대사(贈靑巖慧衍大師)〉의 두 수가 남아 있는데, 수권의 문집이 산실되었다 하니 더 많은 차시가 있었을 것으로 추측된다. 스님이 남긴『다오기(茶悟記)』라는 다서(茶書)는 오래 전에 다른 경서와 함께 도난당한 뒤 아직 찾지 못하고 있음은 큰 아쉬움이다.

스님의 입적 후 규장각 제학(提學) 채제공(蔡濟恭)이 비문을 지은 상월대사비는 수구지사(受具之寺)인 대둔사에 세워졌고, 숭록대부좌의정(崇祿大夫左議政) 이은(李溵)이 찬(撰)한〈유명조선국선교도총섭국일도대선사상월대사비(有明朝鮮國禪敎都總攝國一都大禪師霜月大師碑)〉는 전법지사(傳法之寺)인 선암사(仙巖寺)에 세워졌다.

한편 스님의 저술인『상월대사시집(霜月大師詩集)』1편에는 정조 4년(1870)의 발(跋)이 있는 간본(刊本)이 현존한다. 책머리[卷首]에 술자년(영조 44, 1768) 여름 대가산인(大伽山人) 신순민(申舜民)의 서(敍)와 현천거사(玄川居士) 원중봉(元重峯)의 서문이 있고, 권말에 문인 징오의 상월

선사행적(霜月先師行蹟: 崇禎紀元後 153年 康子初夏 門人 憕窩 謹述 跋 龍集庚子 正祖4年 門人 憕窩 謹識)과 발문이 부록(附錄)되어 있다. 오언절구(五言絶句) 9수, 육언절구(六言絶句) 1수, 칠언절구(七言絶句) 13수, 오언율(五言律) 6수, 칠언율(七言律) 55수 등의 시가 수록되어 있다. 스님의 유집인 시집의 서문을 쓴 원중봉은 스님의 시는 "그 기미가 고요하기 때문에 생각이 섬세하고 정신이 담담하며 언사가 정결하다"라고 하였고, 문인 징오(憕窩)의 발문(跋文)에 보면 몇 권의 책이 더 있었는데 간수를 잘못해서 분실하였고 나머지를 간행하였다 하니 다른 유형의 시문이 더 있었는지는 더 이상 알 수 없게 되었다고 한다.

삼가 표충사 운을 차운하여 [謹次表忠祠韻]

임진왜란 평정 당시 의병 이끄셨고	定亂當年領義兵
조일 양국 평화로우니 일신의 광영이로다	優遊兩國一身榮
자비 행하고 염불함이 참 수도이나	行慈念佛眞修道
의 저버리고 임금 차마 잊지 못하였다네	棄義忘君不忍情
이처럼 조선 보존 일에 눈부신 공적 남기시고	保此朝鮮留幻跡
타국 일본과의 외교에서 고명 드날리셨네	交他日本顯高名
서산 일맥이 어느 곳에 드리웠나 했더니	西山一脈垂何處
바람 그친 사명에 하늘 개니 달이 밝도다	風息四溟霽月明

차운하여 용담에게 주다 [次寄龍潭]

영호남 사람 사이 거친 일 많아	嶺湖人事幾多荒
밤마다 서로 생각하면서도 뜻은 굽히지 않았네	夜夜相思意匪遑
이 연유로 선심은 뜰 앞 잣나무처럼 혼미하였고	緣此禪心迷栢樹
이에 싯귀도 고양편을 본받았음이네	况乎詩句效羔羊
온 하늘 공활하니 은하수 사라지고	一天空闊星河沒
양쪽 땅 넓고 아득하니 길도 멀다네	兩地蒼茫道路長
꿈속 두류산 넘으니 산이요 물이라	夢越頭流山又水

벽송사에 가을 달 뜰 때 함양에 들었다네   碧松涼月入咸陽

무용 대화상을 삼가 추도하다 [謹挽無用大和尙]

종문에서 큰 법뢰 그침 깨닫지 못하니   宗門不覺法雷停
한 떨기 집어든 꽃 오늘의 영락함인가   一朶拈花此日零
후대 법손들 의탁할 곳 없겠고   後代兒孫無所托
오늘의 선승들 청강(聽講) 끊어졌도다   即今禪侶絶由聽
조계산 산빛조차 새로이 한 품었고   曹溪山色含新恨
수석정 풍광도 옛 명성 잃어 가누나   水石亭光減舊馨
뉘라서 일었다 멸하는 구름 같은 생사 알리오   生死雖知雲起滅
바람 불어 슬픈 눈물 빈 뜰에 떨군다   臨風哀淚灑空庭

『동사열전』 상월종사전

스님의 법명은 새봉, 법호는 상월이며, 성씨는 손(孫)씨로서 순천 사람이다. 숙종 13년 정묘년(1687)에 태어났고, 11세에 조계산 선암사의 극준(極俊) 장로에게 출가하였다. 16세에 문신대사에게서 구족계를 받았고, 18세 때 월저도안(月渚道安)의 전법제자인 설암(雪岩)에게 참학(參學), 도(道)가 이미 통하매 증표로 의발을 전해받았고, 이어 벽허(碧虛)·남악(南岳)·환성(煥醒)·연화(蓮花) 등의 노장들에게 두루 참학하였으며 그들로부터 모두 인가받았다.

27세 되던 해, 조계산으로 되돌아오매 사방에서 학인과 출가승 등이 스님을 좇아 몰려들어 무리를 이뤘다. 스님께서는 언제나 강론이 명료하였고 참됨을 말씀하셨으며, 마음이 따르는 실천과 지혜로 나타내보임을 가르침의 으뜸으로 삼았다.

또 처음 배우는 사람이라 하여 깨달음의 수행(禪)을 소홀히 하지 않도록 했으며, 재주가 뛰어나다 하여 계율을 소홀히 여기지 않도록 하였다. 더욱 주석이나 해설에 의지하거나 얽매이게 됨을 특히 걱정하여 배우는 이는 반드시 문자의 뜻만을 취함이 없이 문자가 가리키는 본래의 참뜻을 잘 살필 수 있도록 강조하였다.

선암사에서는 갑인년(영조10년, 1734) 봄에 화엄강회가 열렸으며, 선암사에 전해지는 대회록인『해주록(海珠錄)』에는 건륭 19년 갑술년(영조 30년, 1754) 3월 16일에 상월대사가 선암사에서 베푼 법회 때 모인 참석대중의 승위(僧位)와 숫자가 적혀 있는데 다음과 같았다.

상실(上室)	종사 19, 학인 56, 어산(魚山) 3, 소동(小童) 16
지장전(地藏殿)	종사 24, 학인 56, 어산 2, 동자 9
선당(禪堂)	종사 24. 학인 93, 어산 1, 동자 7
승당(僧堂)	종사 16, 학연 60, 어산 1, 동자 15
동상실(東上室)	종사 12, 학인 49, 어산 1, 동자 2
명경당(明鏡堂)	종사 33, 학인 78, 어산 7, 동자 18
관음전(觀音殿)	종사 23, 학인 180, 어산 2, 동자 5
칠전(七殿)	종사 7, 수좌 217
천불전 · 무우당(千佛殿 · 無憂堂)	어산 도합 50
독락당(獨樂堂)	우바이(여신도) 도합 150
배면당(背面堂)	비구니(여승) 44

이상 종사 158, 학인 519, 어산 69, 동자 74로 참석대중은 모두 1,287인이다. 강회의 강목은 다섯으로, 첫째는「세주묘엄품(世主妙嚴品)」으로 화일현간(華日玄侃)이 맡았고, 둘째는「십지품(十地品)」으로 연담유일(運潭有一), 셋째는「염송(拈頌)」으로 용담조관(龍潭慥冠), 넷째는『연화경(蓮華經)』으로 용암증숙(龍岩增肅), 다섯째는『금강경(金剛經)』으로 두월청안(斗月晴岸)이 맡았으며, 3월 16일 시작하여 4월 3일 마쳤다. 또 대둔사 청풍료에서도 대회를 베풀었다. 정해년 영종(조) 43년 乾降 32년(1767) 10월, 스님은 몸에 가벼운 질병 증세가 나타나매 담담히 게송 한 수를 남기고 기쁜 표정으로 태연히 입적하니, 세수 81세였다.

물은 흘러 바다로 돌아가고 　　　　　　　　　　水流元歸海

달은 져도 하늘 떠나지 않도다   月落不離天

다비하여 얻은 바 없었으나 탁준(卓濬) 스님이 유골을 받들고 관서지방
묘향산으로 가서 장차 초제(醮察)를 지내려 함에 구멍 뚫린 구슬 세
개를 얻게 되니 마침내 오도산(悟道山)에 부도(浮屠)를 세워 그 중 하나를
모시고, 나머지 둘은 선암사와 대둔사에 각각 안치하였다. 규장각
제학(提學)인 번암(樊岩) 채제공(蔡濟恭)이 비문을 지은 비석은 두륜산
대둔사에 세웠다. 문인은 32인이며, 그 중 용담(龍潭)·해월(海月)·화월
(華月) 스님이 세상에 이름을 드높였다.

東師列傳 霜月宗師傳

師名璽篈 號霜月 姓孫氏 順天人也 肅宗丁卯生 十一投曹溪山仙巖寺極俊長老
出家 十六受具於文信大師 十八參雪巖和尙 道旣通 受衣鉢 編參碧虛南岳 喚醒
蓮花 皆獲心印 二十七歸故山 四方縋流多歸之 師常以講明眞解 心踐智證爲法
門 不以初學而忽覺路 不以高才而略戒律 尤以注說之 桎梏爲憂 必使學者 離文
取義 洞見本源 甲寅春在仙巖寺 設華嚴講會 大會錄云 乾隆十九年甲戌三月十
六日 霜月堂仙岩寺大會 大衆 上室宗師十九 學人五十六 魚山三 小童十六 地藏
殿宗師二十四 學人五十六 魚山二 童子九 禪堂宗師二十四 學人九十三 魚山一
童子七 僧堂宗師十六 學人六十 魚山一 童子十五 東上室宗師十二 學人四十九
魚山一 童子二 明鏡堂宗師三十三 學人七十八 魚山七 童子十八 觀音殿宗師二
十三 學人一百八十 魚山二 童子五 七殿宗師七 首座二百十七 千佛殿無憂堂合
魚山五十 獨樂堂優婆夷合一百五十 背面堂比丘尼四十四 巳上宗師一百五十八
學人五百十九 魚山六十九 童子七十四 衆合一千二百八十七 講目五 一世主妙
嚴品 當機華日玄侃 二十地品 當機蓮潭有一 三拈頌 當機龍潭慥冠 四蓮華經
當機龍岩增肅 五金剛經 當機斗月晴岸 三月十六日開經 四月初三日終 又大芚
寺淸風寮設大會 英宗丁亥乾隆三十二年十月 有微疾 口授一偈曰 水流元去海
月落不離天 怡然順世 壽八十一 及茶毘 無所得 僧卓濬 奉骨之關西之香山 將設
醮 得有孔珠三 遂起浮屠悟道山 以其一安焉 以其二安於仙岩大芚 奎章閣提學
樊嚴蔡濟恭 撰碑 立於頭輪山 門人三十二 出世者 龍潭海月華月三人

용담조관 (龍潭慥冠)

대사는 속성은 김(金)씨이고 관향은 남원 으로 출생일이 4월 초파일 석가탄신일과 같음이 우연이 아니었다 전해진다. 어려 서부터 재기가 뛰어나 9세에 배움의 길에 들어서 한 번 본 것은 무엇이나 기억해내지 못하는 게 없어 15세 전에 유가 경전을 모두 섭렵하여 시문의 모임에서 항상 제일 의 자리를 차지하니 기동(奇童)이라는 칭 호를 받았다. 16세에 아버지가 돌아가시
매 슬픔으로 3년을 지내고 세상의 무상함을 느껴 19세에 감로사 상흡(尙 洽)에게 출가하였다. 이 소문을 들은 향리의 유생들은 "빈 숲에 범이 들어갔으니 점차 큰 울림이 있겠다"(虎入空林 將有大吼)며 장차 큰 인재가 될 것을 예고하기도 하였다. 이후 21세에 대허추간(大虛就侃)에게 구족계 를 받았고, 22세에 상월 스님을 수년간 모시고, 영호남의 선지식을 찾아 선과 교를 배우고, 견성암에서 기신론을 읽다가 정신이 활연함을 얻고 명진수일(冥眞守一)을 만나 신기가 서로 계합하였다. 33세에 영원암 에 가서 가은암(迦恩庵)을 짓고 여생을 마치려고 하였으나 학인들의 간청으로 염송의 요지와 원교(圓敎), 돈교(頓敎)의 묘법을 선양하였다.
스님의 문집인 『용담집』에는 199편의 시와 3편의 문과 2편의 편지가 수록되어 있다.

한거즉사 (閑居卽事)

산 비 그윽이 내리는 곳	山雨濛濛處
새소리 지저귈 때	喃喃鳥語時
마음에 물결 일고 짐을 돌아보나니	返觀心起滅
늙은 소나무가지 바람에 흔들리네	風動老松枝

느낌을 적다 [述懷]

집에서는 의당 효성이고	在家宜盡孝
벼슬에 오르면 충성인데	登仕可輸誠
향을 사른들 무엇을 축원하랴	焚香祝何事
나라 걱정이요 풍년 기원이네	憂國願年豊

효도에서 이어지는 나라에 대한 충성, 평범한 자연인의 소박한 심정에서 승려가 된 지금 향을 사르며 축원하기를 풍년이 들어 온 나라가 평안하기를 바라는 스님의 대승적인 면을 볼 수 있다.

국태사미가 고향으로 돌아가매 주다 [贈國泰沙彌還鄕]

부처님 말씀 정토의 업이나	佛言淨土業
세상에선 효도가 최우선	於世孝爲先
지금 우리 스님 보내면서	今送吾師去
헤어지며 흘리는 눈물	臨分感涕漣

불가에 귀의한 스님을 속가로 돌려보내며 지은 시이다. 불가의 정업이 속가에서는 효도인데 세상살이 으뜸 윤리를 잃고서야 설자리가 없는 것은 너무 당연한 일, 스님이 남긴 시 중 사친(思親)이나 효를 유난히 강조한 것을 보면 어린 나이에 아버지를 여의고 인간 무상을 느껴 출가를 결심하였기에 더욱 그러하였음을 느낄 수 있다.

스님은 상월새봉 스님에게 참학(參學)하고 영조 25년(1749) 의발을 전해받았는데 전발문(傳鉢文)에 "위로부터 내려오는 도구 용담에게 전부 하노라 용담은 소홀히 하지 말 것이라"(從上傳來道具 傳付於龍潭 龍潭休忽 也)라고 쓰여 있었다. 영조 38년(1762) 부안 실상사(實相寺)에서 입적하였다.

원담내원 (圓潭乃圓)

『동사열전』 원담선사전

스님의 법명은 내원이며 법호는 원담이다. 회운진환(會雲振桓)의 법자 (法子)이며, 서월거감(瑞月巨鑑)의 법손, 규암낭성(圭岩郎誠)의 증법손, 용담조관(龍潭慥冠)의 4대 법제자이며 상월(霜月)의 5대 법제자이다. 원담의 법을 이은 제자로는 풍곡덕인(豊谷德仁)이 있고, 법손으로는 함명태선(函溟太先)이 있다.

원담 스님은 무등산 원효암(元曉庵)에 오래 머물렀는데 그림으로 세상에 이름을 떨쳐 스님에게 가르침을 받는 사람들이 뜰과 방에 가득하였다. 스님에게 배우는 사람들 중에는 불모(佛母: 불화)로 이름이 알려진 사람도 있고, 혹은 병풍을 잘 그려 부산한 사람도 있으며, 혹은 건물, 단청, 불상의 조성이나 도금 등의 일을 하는 사람도 있었다. 스님에게 그림을 청하는 사람들의 그림자가 계곡에 이어지고, 그림을 배우려는 사람들도 벼나 삼대처럼 줄을 지었다. 이는 마치 원담 스님의 화격(畫格) 이 도덕(道德)으로 말하자면 정호(程顥)·정이(程頤)와 주희(朱熹), 문장 으로는 반고(班固)·사마천(司馬遷), 병법으로는 손무(孫武)·오기(吳起), 그림으로는 오도자(吳道子)·미불(米芾)에 미쳤기 때문일 것이다.

원담 스님에게 있어서 풍계(楓鷄)는 스승이고 해운(海雲)은 벗, 풍곡(豊谷)은 전법사자(傳法嗣子)이며 금암(金庵)·용완(龍玩)·운파(雲坡)·화담 (華潭)은 모두 서남쪽 벗들이다.

원담 스님은 역대 화가의 화보(畫譜)에 그 빛나는 이름이 올라 있으며, 스님의 성품이 본래 거두고 키우기를 좋아하여 스님 문하에 법자, 법손이 오이가 주렁주렁 열리듯 번성하였다. 또한 부처님의 존상(尊像) 을 정성들여 그린 공덕으로 스님은 영원히 즐거움을 누릴 것이다.

東師列傳 圓潭禪師傳

師名乃圓 號圓潭 會雲振桓之子 瑞月巨鑑之孫 圭岩朗誠之曾孫 龍潭慥冠之四世 霜月之五世 弟子有楓谷德仁 孫有涵溟太先 師久住無等山元曉庵 以畫鳴世 來受業者 滿庭盈室 或鳴於佛母 或馳騁屏障 或屋 或丹艧 塑像塗金 請之者 影綴岩溪 學之者稻麻成列 若道德之程朱 文章之班馬 兵家之孫吳 畫家之吳米也 楓溪我師 海雲我友 楓谷我嗣 金庵 龍晥 雲玻 華潭 皆我之西南得朋 畫譜聯芳 性好種樹 子孫綿綿 瓜瓞靚莊 尊像功德 世世快樂

함명태선 (函溟太先)

『동사열전』 함명강백전

함명선사의 법명은 대현(台現)이며 법호는 함명(函溟)이다. 속성은 밀양 박씨로 화순 사람이다. 그 어머니인 동복오씨가 덕 높고 고매한 스님을 만나는 꿈을 꾸고 나서 출생하였다. 선사는 어릴 적부터 비린 음식을 싫어하였고 성장하면서는 스님 되기가 소원이었다. 그리하여 14세가 되던 해에 장성 백양산으로 출가하여 풍곡덕인(豊谷德仁)선사 문하에서 머리를 깎았다.

후일 함명선사는 도암(道庵)선사의 계단(戒壇)에서 구족계를 받았고 침명(枕溟)강백의 강좌에서 선참(禪懺)을 받았으며, 은사 풍곡선사의 법당에 향을 올리고 전법(傳法)하였다. 선사는 천성이 민첩하였고 그 깨달음이 비길 데 없이 빼어났으며, 모든 지식에 해박하였고 사물에 대한 이해도 두루 넓었고 깊었다. 그리고 학문과 수행에 있어서 세월을 헛되이 보내지 않았으

며, 말을 함에 있어서도 함부로 꾸미거나 가볍게 하는 법이 없었다. 선사는 새로이 법익(法益)을 청하는 이에게도 늘 보는 사람처럼 하였으며, 떠나는 이에게도 평상시처럼 대하였다. 선사의 가르침은 엄격하고 명료하였으며, 문도(門徒)의 재율(齋律)은 엄정하였다. 강석을 열어 제자들과 학인들을 지도한 지 30년이 지나자 함명선사의 명성이 각지로

널리 알려져 팔방에서 뭇 스님들이 모여와 모두 한마음으로 추종하였다. 이는 덕 높은 선조사들인 백암(栢庵)과 무용(無用)의 유풍(遺風)이 이어진 것이고, 또 설암(雪岩)·상월(霜月)의 여향(餘香)일 것이다. 빼어난 고승으로 예전에는 좌 형암(荊庵) 우 양악(羊岳)을 지칭하였고, 근래는 우 백파(白坡) 좌 침명(枕溟)이었으며, 지금은 우 설두(雪竇) 좌 함명을 꼽는다. 이는 마치 옛날 당나라 때의 고승 중에서 북쪽지방의 신수(神秀)와 남쪽지방의 혜능(慧能)을 으뜸으로 여겨 북수남능으로 지칭했던 일을 연상케 하였고, 선사의 명성은 세인의 입에서 입으로, 귀에서 귀로 전해져 선사를 더욱 숭모케 하였다. 함명선사의 전법제자는 경붕익운(景鵬益運)이다. 이는 고려말 중국의 석옥(石屋)선사가 고려의 태고(太古)국사에게 의발(衣鉢)을 전하면서 "노승은 오늘에야 두 다리를 쭉 뻗고 잠들 수 있게 되었다"고 했던 옛 일과 다름이 없음이다. 경붕 스님은 의발을 경운원기(擎雲元奇)에게 전하였다. 이 일 역시 일찍이 중국의 일행선사는 "골짜기의 물이 거꾸로 흐르면 나의 도를 전해줄 사람이 오리라!"라고 예언하였는데 때마침 신라에서 도선 스님이 홀연 찾아와 술법을 모두 배운 뒤 떠나매 일행선사는 "나의 도가 동쪽으로 가도다!"라고 했다는 일과 같음이다. 산에 들어와 승복은 걸쳤어도 한 가지 깨달음도 없이 몸담은 불교를 욕되게 하고 부처님 말씀을 헐뜯으며, 받기는 했으되 전하지 못하니 이러한 무리들은 어찌 부끄럽지 않겠는가. 백파·침명·응화·우담 스님은 이미 열반에 드셨고, 함명·설두·경담·연주 스님은 이미 물러나 암자 문을 닫았고 방 붙은 곳도 없으니 어찌 두렵지 않으리! 애석하도다!

선사께서는 도광 4년 갑신년(순조 24년, 1824) 9월 9일에 태어났다. 선사의 법계는 다음과 같다.

청허휴정(淸虛休靜) → 편양언기(鞭羊彦機) → 풍담의심(楓潭義諶) →
월저도안(月渚道安) → 설암추붕(雪岩秋鵬) → 상월새봉(霜月璽篈) →
용담조관(龍潭慥冠) → 규암낭성(圭岩朗誠) → 서월거감(瑞月巨鑑) →
회운진환(會雲振桓) → 원담내원(圓潭乃圓) → 풍곡덕인(豊谷德仁) →

함명태선(函溟太先) → 경붕익운(景鵬益運) → 경운원기(擎雲元奇)

東師列傳 涵溟講伯傳

師名台現 號涵溟 姓密陽朴氏 和順邑人 母同福吳氏 母夢梵僧而生 幼而厭腥
長而願僧 十四出家於長城白羊山 剃染於豊谷德仁禪師之室 受具足戒於道菴禪
師之壇 受禪懺於枕溟講伯之座 拈香於恩師豊谷法師之堂 師性敏悟絶倫 知解
博達 工不虛送天日 言不謾飾綺語 新見請益者 如舊相識 每送移去者 常見香燈
講規嚴明 齋法爾靜 三十年開導 聞於諸方 八方來衆僧 合於一心栢庵無用之遺
風歟 雪岩霜月之餘香歟 古有左荊庵右羊岳 中有右白坡左枕溟 今有右雪寶左
涵溟 如昔之北秀南能 聞之耳痒 言之舌滑何其令人之欽慕哉 有弟子 曰景鵬益
運 石屋傳衣於太古曰 老僧今日展脚而睡矣 是也 景鵬有弟子 曰擎雲元奇 一行
嘗曰 洞水逆流 則傳吾道者來 道訖忽來 盡得其術而去 別曰吾道東矣 是也 彼入
山披緇 一無證悟 毁教謗講 有受而不傳者不愧 夫心哉 白坡枕溟應化優曇 輪次
示寂 涵溟雪寶 鏡潭蓮舟退隱休庵 可畏者 無向榜處 惜哉 道光四年甲申九月初
九日生 派系清虛休靜 鞭羊彥機 楓潭義諶 月渚道安 雪岩秋鵬 霜月璽岑 龍潭慥
冠 圭岩朗城 瑞月巨鑑 會雲振桓 圓潭乃圓 豊谷德仁 涵溟太先 景鵬益運 擎雲元
奇

경붕익운 (景鵬益運)

대선사의 법휘(法諱)는 익운(益運)이며 경붕(景
鵬)은 그 법호이다. 헌종 2년(1836) 2월 24일 태어
났다. 순천 주암면 접치(接峙)인으로 부친 이름은
기린(麒麟)이며 그 모친은 경주김씨이다.

모형(母兄)인 화산사(華山師)가 선암사에 출가
를 했는데 이를 따라가서 책을 읽다가 방외(方外)
에 뜻을 두게 되었다. 화산당 오선선사(晤善禪師)
가 권교하여 입사하였는데 이때 나이 15세였다.
그 다음 해 선암사의 함명선사에게 들어갔으며
호운(浩雲)선사에게 머리를 깎고 구족계를 받았
다. 내외서(內外書)를 두루 읽고 난 뒤 19세 되던
해 사방으로 멀리 찾아다니면서 능엄·기신·반야·
원각경(楞嚴·起信·槃若·圓覺經)을 응월(應月)화상
에게 배웠다. 설두(雪竇重顯)화상에게는 화엄·염
송(華嚴·拈頌)을 배워 익혔다. 25세에 조계산에
돌아와 고종 5년 무진년(1868) 가을에 무등산
원효암에서 건당했는데 배우려는 사람이 산처럼

늘어섰다고 한다. 함명이 불자(拂子)를 보내면서 말하기를 "나는 이제
다리를 펴고 잠잘 수 있겠다"고 하였다. 35세에 함명태선에게 교편(教鞭)
을 전수(傳授)받았다.

20여 년간 제방(諸方)의 용상(龍象)들이 그 문하에서 배출되었는데

전교상족(傳敎上足)은 경운원기이며, 전은제자(傳恩弟子)는 운악돈각 (雲嶽頓覺)으로 실무에 힘써 불문(佛門)에 많은 도움을 주었다.

1915년 6월 28일 입적하였는데, 세수 80세 법랍 66세였다.

윤선구(尹善求)가 찬한 〈경붕당대선사비명(景願堂大禪師碑銘)〉이 『조 선불교총보(朝鮮佛教叢報)』 제19호에 수대(收戴)되어 있으며, 예운산인 (猊雲散人)이 찬한 「곡조계산선암사화엄종경붕대선사서귀연대(哭曹溪 山仙巖寺華嚴宗景鵬大禪師西歸蓮臺)」도 있다.

경운원기 (擎雲元奇)

스님은 휘(諱)가 원기(元奇)이며 경운(擎雲)은 호
이다. 속성은 김해김씨이며 철종 3년(1852) 임자
년 정월 3일에 태어났다. 17세 되던 해인 고종
5년에 지리산 연곡사(燕谷寺)의 환월(幻月)화상
에게 출가하였다. 순천 선암사의 대승강원에 들
어가서 경붕익운의 시교(時敎)의 전비(全秘)를 진
수(盡修)하다가 30세 되던 해(1881) 법을 잇고
강석을 물려받아 중벽(衆碧)의 추대를 받아 교정
(敎廷)을 주관하였다.

   그는 다시 선암사에 계단(戒壇)을 재수(再修)하
고 계율을 진작하였다. 1913년 선암사와 송광사
가 손을 잡고 순천의 환선정(喚仙亭)을 사들여
포교당을 창설하였다. 환선정을 도심포교당으
로 삼아 백련결사(白蓮結社)를 주도하였다.

   중앙에 각황사(覺皇寺)가 개립(開立)하게 되자
다시 경성에 올라가서 교화를 펼치기도 하였으나
이회광(李晦光)의 원종(圓宗)에 맞서 1911년 정월

15일 영·호남 승려가 순천 송광사에서 총회를 열어 조선불교임제종(朝蘇
佛敎臨濟宗) 창립을 결의하고 임시 종무원을 송광사에 설치하고 임제종종
정에 경운 스님을 선출하였다. 또한 1929년에 조선불교선교양종교무원
이 창립되어 교정으로 추대되기도 하였다.

일찍이 29세 때에 명성황후 민비의 뜻으로 양산 통도사에서 금자법화경을 서사(書寫)하기도 하였다. 통도사에서 사경할 때 족제비의 꼬리털로 정필(淨筆) 두 자루를 만들어 3개월 동안 일자일례(一字一禮)로 전 14축(軸)을 완사하였다. 또한 45세 되던 해 선암사에서 5년 동안 화엄경 전질(全秩)을 역시 일행삼배(一行三拜)의 금강신(金剛信)으로 서사하였다. 선사께서는 1936년 11월 11일 오전 11시에 세수 85세로 선암사에서 입적하였다.

경운선사의 생애와 업적 그리고 시·서·화 등의 예술세계는 선사의 명성에 비해 일반인에게 그다지 많이 알려져 있지 않으나, 최근 선사에 대한 연구가 많이 이루어지고 있으며, 특히 2013년 6월 동국대학교에서의 학술발표회를 통해 선사의 생애와 사상, 활동, 예술세계 등 그간의 연구결과가 발표된 것은 만시지탄이지만 참으로 다행한 일이 아닌가 싶다. 이 발표회를 계기로 선사에 관한, 선말(鮮末)과 강제병탄의 어지러웠던 시기에 탁월한 강백(講伯)으로서, 나아가 선교양종의 교정(敎正)으로서 구국의 일념과 뛰어난 지도력으로 암흑기 조선불교계의 정신적 지주이며 등불이 되었던 선사의 업적과, 사경(寫經)과 문인화 등 예술활동을 통하여 다방면으로 대중의 제도(濟度)에 힘쓴 선사의 예술세계가 더욱 깊은 연구를 통하여 밝혀지고 알려지게 되기를 삼가 진심으로 염원하는 바이다.

경운원기선사의 생애와 사상

신규탁 | 연세대학교 철학과 교수

근대 명성을 떨친 선암사의 4대 강백(함명태선 – 경붕익운 – 경운원기 – 금봉기림)은 법맥과 강맥을 공유하고 있다는 점에서 이채를 발하고 있다. 또한 법맥은 청허휴정 계열이지만 강맥은 부휴선수 계열과 중첩

되는 것을 알 수 있다. 선암사의 인적 구성이 다양했다는 것은 사상적으로도 매우 열린 자세를 취하고 있었다는 사실을 의미한다. 다양한 스펙트럼이 조화를 이루어 선암사 특유의 학풍을 연출했던 것이다. 또 화엄학을 중심으로 선, 염불, 계율사상 등을 회통(會通)하는 점이며, 둘째는 유교와 불교의 회통 전통을 기반으로 진일보하여 고집하지 않은 열린 자세 속에서 근현대의 시대적 변화에 능동적으로 적응하고자 하였던 점이다.

근대 경운원기선사의 활동

김경집 | 위덕대학교 교수

세상 사람은 대사를 화엄종주라 불렀으며, 45세인 1896년부터 1901년까지 선암사에서 『80권본 화엄경』 전질을 사경했다. 29세에 명성황후의 청으로 양산 통도사에서 금자(金字)로 『법화경』을 사경한 것과 더불어 사경을 통한 독실한 신심과 엄격한 필체를 세상에 알리게 됨으로 세상은 선사를 '사경불교의 거장'으로 기억하게 되었다. 또 선사는 젊어서부터 배우고 실천하기를 좋아하였으며, 또한 산천을 유람하다가 마음 드는 곳에 머물렀고, 좋은 글씨가 있으면 베껴두었다고 한다. 이런 성격 탓에 『견물록』과 『견물록초』 각 1권이 전해져 현존하지만 모두 필사본으로, 전문가가 아니고는 감히 엿볼 수 없는 내용이 담겨져 있다.

경운원기선사의 예술세계

진철문 | 동국대학교 외래교수

선사의 생애와 활동은 선암사 대승암에서 후학을 양성한 것과, 계단(戒壇)을 복원하여 수행적 기틀을 마련한 것, 환선정(喚仙亭)을 매입하여 백련결사(白蓮結社)를 통해 대중을 포교한 것, 그리고 참회계를 설립하여 대중의 수행을 이끌었던 것을 들 수 있다. 한편 경운선사의 대표적 예술세계인 통도사의 『금니법화경』 사경과 선암사의 『화엄경』 사경불사는 우리의 아름다운 사경문화의 진수의 한 단면을 보여준다. 한반도의 불교 유입에서 화려한 고려시대를 거쳐 조선조 말과 일제강점기까지 연결시키는 아주 중요한 역사적 불사를 한 것으로 보인다. 선사는 사경이나 경판을 서각할 때 일자일배와 일행삼배의 수행을 하였고, 또한 사경과 달리 서예의 세계는 단숨에 써내려간 듯한 필치는 스님의 예술세계의 진면목을 보여주는 중요한 단서가 되고 있다. 나아가 스님은 상구보리 하화중생(上求菩提 下化衆生)의 예술가로서 시·서·화에 걸림이 없는 생을 살면서 "시는 시인이 짓는 것이 아니라 천지만물이 시인을 만든다"라는 말처럼 부처님이 설하신 법과 진리가 스님의 예술가적 능력을 일깨워 제자와 중생제도에 일조한 것으로 보인다.

현재 선암사 성보박물관에서 수장중인, 스님께서 45세 되던 해부터 5년에 걸쳐 손수 쓰신[手寫] 화엄경 전질의 서문을 당대의 석학 아홉 분이 쓰셨는데, 첫째 하정(荷亭) 여규형, 둘째 매천(梅泉) 황현, 셋째 남파(南坡) 김효찬, 넷째 난와(蘭窩) 윤익조, 다섯째 유당거사(酉堂居士), 여섯째 무정(茂亭) 정만조, 일곱째 염생(恬生) 송태회, 여덟째 운양(雲養) 김윤식, 아홉째 예운(猊雲) 혜근이다. 일찍이 선친께서 그 내용을 손수 번역하시고, 친히 쓰셔서 저자에게 주신 바 있으나 지면 관계로 일부만 게재한다.

하정 여규형(荷亭 呂圭亨: 1848~1921)의 서문

경운법사께서 손수 화엄경 전부 80권 39품을 사(寫)하셨다. 구게(句偈)의 수가 10만 게이고 자수가 10조 9만 5천여 자이다. 전질이 완성됨에 항양(恒陽) 여규형이 관수분향(盥手焚香)하고 서문을 쓴다. 참으로 훌륭하여 미증유의 일이었소. 스님께서 이 경을 사하실 때 매일 새벽 일어나면 건세(巾帨)를 마친 뒤 가사를 입고 염주를 들고 천불께 예경하며 5부의 경전을 독송하고는 아침 햇살이 창지를 비출 때에 일어나 향을 피우고 촉 밝히고 좌석에 나가시어 한자를 쓰고 부처님 명호를 한 번 부르며 일행(一行)을 쓰고는 불감(佛龕)을 향하여 3배를 하였다.

그리하여 정유년(丁酉年)으로부터 금년 신축(辛丑)에 이르기까지 5년에 걸쳐 준공하기까지 시종 하루같이 하였다 한다. 옛날 신광대사(달마의 법을 전수한 혜가를 이름)의 지성이나 파수반두존자의 고행인들 어찌 이보다 더하다 하겠는가. 또 들으니 스님께서는 탁락불기(卓犖不羈)한 자질을 타고 났으며 계율을 엄수하고 정진수행에 힘쓰시어 불유 2가의 경적을 전통하였다. 더욱이 화엄경에 조예가 깊었기에 승속 간에 스님과 지면이 있는 이나 없는 이나 모두 스님을 추존하여 청량징관국사(당나라 화엄종 제4조)와 규봉종밀선사(당나라 화엄종 제5조)처럼 여기었다. 그러기에 강주로 20여 년 지내다가 학자들을 사견(謝遣)하고 석실에 퇴거하면서 깊은 원력을 발하여 이 큰일을 성취하였으니 이는 물방울이 쌓여 바다를 이룬 격이고 모래를 쌓아 큰 산악을 이룬 격이라 그 공행은 더 논할 것이 없거니와 (중략) 알아야 할 것은 이 경은 천만겁이 지나도록 신과 천이 가호하여 물에 젖지도 불에 타지도 않을 것이다. 만약 사마외도나 범부속자들이 이 경의 주사를 상하고 더럽히거나 가첨을 없애고 어지럽히는 자가 있으면 금강신의 보저가 용서치 않으리라.

擎雲法師手寫華嚴經全部 八十卷三十九品 爲句偈十萬 爲字十兆九萬五千 有奇褒旣成 恒陽呂圭亨 盥露炳香 而序之曰 善哉 未曾有也 我佛大道以至誠 爲入門之根源以苦行 爲升堂之樞紐世之談者 謂佛以寂滅無爲 爲宗以六經五禮爲瑣屑 而不爲者斯乃以不了 義語認爲眞諦非定論也 聞吾師寫此經 每曉起巾幩訖披裟手珠 禮千佛誦五部 及朝旭射窓紙 卽起燃炷劗鄒糜 就座 凡寫一字乎一聲佛 寫一行了 向佛龕三拜 自丁酉至今辛丑五年 而告竣始終如一日 雖古神光之至誠 婆修盤頭之苦行 何以過此 又聞吾師稟卓犖不羈之姿 而嚴於戒律 精於進修博通二家典籍 尤深於華嚴 緇白之流 知與不知 成推爲澄觀圭峰者歷二十許年 乃謝遣學者 退居石室 發深願力 就大事業積 涔成海 累沙爲嶽其功行固無論 已卽字畫 精密直侔 昭陵內景 亦可寶也 古有刺指血 而書者有以杖畫 而書邁功德於施利 者比師則皆末也 凡後之讀是經者 讀一字念師呼 讀一行念師拜 讀至全部 念師五年如一日心心皎 向勿敢以紙墨 性空例之是 爲信受奉持當知 自今歷千萬劫 神天呵護 鳥雀不能糞其頂 蟬魚不能蝕其內 水不能濡 火不能焦 如有波旬外道 凡夫俗子傷汚嬾筒 缺亂架籤有金剛寶杵在

光武辛丑孟冬 敬書于漢城寄室 以授惠勤上人 使歸而弁諸卷首庶拙名托以不朽
云 荷亭呂圭亨

매천 황현(梅泉 黃玹: 1855~1910)의 서문

유자(儒者)들은 입을 열면 불교를 비방한다. 그렇게 하지 않으면 유도(儒
道)가 존중되지 못하기 때문에 형세가 자연 그렇지만 통론은 아니다.
불교가 이단가 중에 최후로 나왔는데 그 논의하는 것이 심성을 좇아
일어났고 그 도중(徒衆)으로서 세상에 명성있는 자들을 보면 염정(恬情)
을 좋아하고 영리를 버리는 이가 많아서 스스로 회신멸지(灰身滅智)를
달게 여기고 사모하는 것도 고민(苦憫)하는 것도 없다. 이와 같은 자를
어찌 경소(輕小)하겠는가. 이제 주공과 공자의 학문을 숭상하는 이가
드물다. 그래서 시례발총의 훼자가 왕왕(往往) 있다. 그리고 고성의
말씀에 대하여 망녕되게 지절을 내고 분분하게 스스로 표방을 하면서도
불위(不韙)에 빠지는 줄은 알지 못한다. 그러하니 불자들의 순독허담(純
篤虛湛) 한자와 비교해볼 때 어찌 부끄러운 빛이 없겠는가. 조계산
경운상인은 연령이 더욱 많을수록 학(學)을 더욱 부지런히 하여서
강설하고도 부족하여 찬탄하고, 찬탄하고도 부족하여 화엄경 전부를
사경(寫經)한 데 이르러서는 정호(精好)하기가 비할 데 없으니, 보는
자들이 귀신의 솜씨가 아닌가 의심한다. 아! 세유(世儒) 가운데 경을
존중한다고 호칭하는 자로서 그 성심과 원력이 이를 따를 자가 있겠는
가. 상인께서 김남파 효찬씨를 보내 나에게 글을 청하여 여러 제발(題跋)
들 가운데 두겠다 한다. 나는 본래 불승(佛乘)에는 우매하기에 상인의
뜻을 연술할 수가 없다. 그래서 다만 그 느낀 것을 적어서 회답한다.
대개 상인이 나를 경책(警責)해준 것이 많다.

儒者開口罵佛 盖以不如是則 吾道不尊勢自爾耳非通論也 佛於異端家最後出
其論議 類從心性起見 其徒名於世者 多恬靜遺榮利 自甘灰滅 而無慕無悶 若是
者曷可小哉 今夫周孔之學無以尙之 然詩禮發冢之訾比 比焉且於古賢聖之言
又多忘生枝節 紛紛自標榜 而不知其陷於不韙嗚乎 其視佛者之純篤虛湛 寧無
愧色 曹溪擎雲上人 年愈老而學念勤講說之 不是而讚歎之讚歎之 不是而幷鈔

其書至鈔華嚴全部 精好無比 見者疑出鬼神 鳴乎 求之世儒號稱尊經 而其誠心
願力 有能跂此者乎 上人介金南坡孝燦 徵余文 厠諸題跋之間 余素昧佛乘無以
演上人之旨 但志其所感以復之 之盖上人之警余多矣 梅泉居士 黃玹

난와 윤익조의 송 [蘭窩尹翼朝頌]

조계의 물에 눈을 씻고   洗眼曹溪水
향 피우며 불경을 쓰셨소   焚香寫佛經
저 멀리 원각한 곳에   遙知圓覺處
달빛이 서늘하고 새벽 산이 푸르겠지   月冷曉山靑

유당거사의 송 [酉堂居士頌]

화엄경 1부 쓰기 세월이 얼마신가   一部華嚴歲月遲
침단향(沈檀香) 사향묵(麝香墨)이 언제나 따르셨네   沈檀麝墨鎭相隨
공화(空花)가 흩날리고 하늘이 물 같을 제   空花散盡天如水
그때가 경운 스님 사경(寫經)을 하실 때지   認是雲公下筆時

　　현재 여러 사정으로 경운 스님의 많은 친필시문을 접하기는 어렵지만
단편적으로 스님이 직접 짓고 또 친필로 휘호하여 서각되어 보관되고
있는 몇 점의 시작(詩作)들과 후학에 남긴 법어 등을 살펴볼 수 있음은
아쉽지만 다행한 일이다.

절은 초연하게 속세를 떨쳤는데   蘭若超然隔世寰
사람들이 가끔 와서 시나 그림 그리네   謾將詩畵到人間
산마루 솟은 달은 고운 거울인 듯하고   峰頭月湧懸瑤鏡
담 밖 샘 소리 옥 반지 울리는 소리 같구나   戶外泉鳴響玉環
일찍이 법문 들어 극락세계 알았는데   聽法方能知淨土
스승 따라 옛 명산에서 수행 마쳤네   從師止境老名山
내 이 터전에서 인연이 깊었거니   我於此地夤緣重

420

세월을 세어 보니 어느덧 팔십일세　　　　　　彈指光陰八十還
79세 경오년 석옹경운원기　　　　　　七十九歲 庚午 石翁擎雲元奇

경운 스님 시판

경운 스님 법어

내가 모여 바다를 이루고
티끌이 모여 산을 이루며
털이 모여 머리를 형성하듯
우리 부처님은 덕을 쌓아 부처가 된 것이니
털끝 하나도 소홀히 하지 말라

　　한편 석전 박한영 스님이 경운 스님의 회갑연 때 지은 시와 그 밖에
스님께 올린 여러 시를 살펴보면 스승인 경운 스님을 향한 애틋한 숭모의
정을 느낄 수 있다.

경운 큰스님 회갑을 맞아 [追和擎雲匠伯甲讌韻]

조계산 으뜸 가람　　　　　　管領溪山第一園

눈비 날리는데 문 아직 닫혀 있네	天花暎雨未開門
가는 바람 부는 곳 스님 내음 더하고	微風九畹滋香祖
안뜰 잔설 위 대순이 솟는구나	殘雪中庭見竹孫
날카로운 말씀 각범 스님 지나쳤고	舌底機鋒過覺範
거룩한 선조사 사이 부처님 뵙는 듯하여	座間龍象似慈恩
부족한 이 몸 의지할 곳 없어	晚生汗逡終無賴
영산 다시 두드려 마지막 말씀 올립니다	更叩靈山最後言

삼가 감사히 받들어 운에 맞춘 시를 선암사 경운 노스님께 올림. 11월 25일 [仙巖寺擎雲老師寄之詩和韻奉謝 十一月二十五日]

볕든 곳에 매화 피니 기러기도 날아들고	陽生梅發雁來初
큰스님 한자 한자에 옷깃을 여밉니다	歛衽雙擎一素書
진주 같은 자구는 강 너머까지 빛나고	字眞珠撒輝江際
그윽하신 말씀 골짜기 채우고도 남으셨으나	詞合蘭芳透谷餘
구름도 살피시는 묘수가 아득하기만 하여	遙將妙手雲猶按
돌같이 둔함에 힘들고 어려워	難點頑頭石不如
이 제자는 지난날 의지하고 즐거웠건만	弟子酣嬉依昔日
허락하심에 삼가 문을 나섰습니다	可能許賜出門車

『동사열전』경운강백전

경운선사의의 법명은 원기(元奇)이고 법호는 경운(擎雲)이다. 속성은 김씨이고 본관은 김해(金海)이며 웅천(현 진해시웅천동) 사람이다. 경운 스님은 조계산 선암사의 남암(南庵)이라고도 부르는 대승암(大乘庵)의 강주(講主)이다. 함명(函溟)의 법손이고 경붕익운(京鵬益運)의 적통을 이은 사자(嗣子)이다. 어려서는 곳곳을 주유(周遊)하였고 장성해서는 이름이 높았다. 배우고 때때로 익히니 어찌 즐겁지 아니한가! 스님은 마음 가는 곳으로 향하다가 또 마음 내키는 곳에서 머물렀다. 글씨 감상하기를 좋아했고 흥미가 일면 베껴 쓰곤 하였다. 스님의

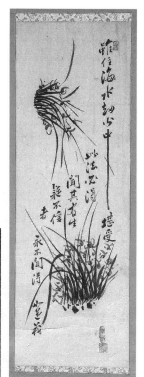

경운 작 행서(왼쪽)와 묵란(오른쪽)

글 솜씨는 전생에서 연유된 일이지 현세에서 열심히 한다고 이룰 수 있는 일이 아니며, 이는 또한 하늘의 도움이 있어야 하는 일로 잘 가르치고 잘 지도한다고 도달할 수 있는 경지가 아닌 것이다. 스님은 당시 선조사 함명·경붕과 함께 선암사에서 1문3대 강백(講伯)으로 우뚝 섰지만 명필로서의 필명(筆名)은 홀로 드러났다. 세상 사람들은 "글씨는 겉에 드러난 이름이고 문장은 속에 감추어진 실상인데 이름과 실상에 아울러 능한 이는 드물다"라고 말한다.

일찍이 성종이 손수 쓰신 어필을 김규(金虯)에게 하사하며 말씀하시기를 "예부터 문장에 능한 문사는 글씨를 잘 쓰지 못하고 글씨를 잘 쓰는 이는 문장에 능하지 못하거늘 그대는 문장과 글씨에 아울러 능하다. 그대의 문장을 보면 그대 아비와 닮았고 그대의 글씨는 그대 아비의

글씨와 격이 같으니 그 효성을 그대로 이어 나라에도 충성하라"라고
하였다. 이때 김규의 나이 13세였다. 옛날 공자께서 "용모만으로는
사람을 잘못 판단하기가 십상(十常)이다"라고 하며 자(字)가 자우(子雨)
인 담대멸명(膽大滅明)을 언급하였다. 자고로 문장과 글씨를 더불어
능한 사람이 드문 법인데 스님은 다 같이 능하였으니 법명 원기(元奇)는
'으뜸으로 뛰어나다'는 그 뜻처럼 자연스럽게 예언적 이름이 되었다.
정해년(고종 24년, 1887) 봄 서울에서 선비 안기선(安箕仙)이 찾아와
함께 자면서 말하기를, "나라에서 올리는 국재(國齋) 때 경전을 서사(書
寫)토록 하였는데 경운스님이 최고의 명필이었고 그 나머지는 모두
그저 그런 무리였다"라고 하였다. 그러면서 그는 스님께 한 편의 글을
특별히 청하므로 스님께서 친히 글을 짓고 쓰셨다.

東師列傳 擎雲講伯傳

師名元奇 號擎雲 俗姓金氏 本嶺南金海熊川人也 曹溪山仙岩寺大乘庵一稱南
庵講主也 涵溟之孫 景鵬益運之嗣 幼而遊方 長而高名 學而時習之 不亦悅乎
從心所如 湊泊則居 觀筆所好 着味則書 夙世餘慶 非勤力之所得 自天祐之 非敎
導之所能 講傳三世鼎居 筆名一身獨露 人之言曰 書寫名也 文章實也 名實幷持
者小也 成廟御筆書紙 賜金蚓曰 自古能文士不能書 能書之人不能文 爾能文又
能筆 見爾文放爾父 見爾書放爾父之同僚 其移孝于忠 蚓時年十三也 子曰以貌
取人失之 子羽澹臺滅明字言 文筆俱備者 其稀也 師能得之 元奇 自然之讖名也
丁亥春京居 士人安箕仙 尋來同宿言 國齋書經 元奇爲首筆 其餘募聚人 皆殿安
爲我書一篇 善書 師乃文筆兼

금봉기림 (錦峰基林)

기림(基林)은 휘이며 호는 금봉(錦峰)이다. 함명 태선은 법증조이며 경붕익운은 법조이고 경운원 기는 법부(法父)였기에, 금봉 스님은 선암사의 4대에 걸친 강맥을 계승하였다. 남방제가(南方講家)의 근대사전(近代四傳)의 적주(嫡冑)였다. 속성은 장씨로 본관은 목천(木川)이었으며 부휘(父諱)는 건하(健廈)이며 모(母)는 영광정씨(靈光丁氏)였다. 고종 6년(1869) 기사년 12월 24일 근천부(近天府: 지금의 여천) 화양면 옥저(玉箸)리에서 태어났다.

14세에 영취산 흥국사에 가서 경담(鏡潭)화상에게 출가했으며 그 다음 해(15세) 4월 8일에 머리를 깎고 십계(十戒)를 받았다. 이때로부터 18~19년간 내전(內典)을 공부하면서 제방(諸方)의 종장에게 두루 참구(參究)하였다. 화엄사의 원화(圓化), 선암사의 경운(擎雲), 대둔사(大屯寺)의 범해(梵海), 원응(圓應) 등을 스승으로 삼아 사집(四集), 사교(四敎), 염송(拈頌), 전등(傳燈) 등 강습하지 않은 것이 없었다. 또한 여한9대가(麗韓九大家)의 한 사람으로 손꼽힌 영재(寗齋) 이건창(李建昌: 1852~1898)과 조선후기 우국지사인 황매천(黃梅泉), 여규형(呂圭享), 이밀재(李蜜齊) 등과 깊은 교유관계를 맺었다. 27세(1895, 고종 32) 되던 을미 3월 28일 대승암에서 건당(建

幢)했는데 배우려는 사람이 몰려들어 이후 10여 년 동안 교편을 잡게 되었다.

1913년 6월 선암사 주지가 되었으며 그 다음 해(1914) 순천군 선교양종 강연소 포교사(禪敎兩宗講演所布敎師)를 겸임하였다. 3년 동안 선암사 대본산 주지로 재피선되어 3~4년간 총림(叢林)의 다사(多事)를 주관하는 동시에 교육을 장려하기도 하였다. 스님은 주지 소임을 보면서 승려 교육과 포교에 관심을 기울이며 사격(寺格)을 일신하기 위해 혼신을 다했다. 또한 망실된 임야(林野)를 되찾는 등 사찰재정을 확충하는 노력도 기울였다. 스님은 1916년 하안거 해제 후 미질(微疾)을 보이다 세수 48세로 일찍 입적하게 되니 중망(衆望)이 안타깝기 그지없었다. 금봉 스님의 진영과 비는 순천 선암사에 모셔져 있다. 수법제자(受法弟子)로 철운종현(鐵雲宗玄), 용곡정호(龍谷正浩) 스님을 두었다.

예운산인(猊雲散人) 최동식(崔東植)이 찬한 「화엄대교사대본산선암사주지금봉당전(華嚴大敎師大本山仙巖寺住持錦峰堂傳)」이 『조선불교총보(朝鮮佛敎叢報)』 제4호에 수록되어 있다.

1910년 총칼을 앞세운 일제의 무력강압에 의해 강제병탄이 이루어지자 일세(日勢)를 등에 업은 이회광과 그 일파는 조선불교와 일본불교의 연합을 획책, 이회광이 일본으로 건너가 조동종과 굴욕적인 7개조의 연합조약을 체결하고 귀국하였다. 그러나 그 내용 7개조 전문이 통도사 승려에게 누설되었고, 이 내용을 알게 된 조선승려들은 매국·매족·매종 행위라고 이회광을 규탄하면서 7개조의 협약에 결사반대하였다. 이 반대세력을 대표하는 선암사의 장금봉·김학산과, 백양사의 박한영, 화엄사의 진진응, 범어사의 한용운 등의 청년 승려들은 임제종을 표방하면서 격렬한 반대운동을 전개하였다. 그리하여 1911년 정월 15일, 영·호남의 승려들을 모아 순천 송광사에서 총회를 열어 임제종의 수호를 결의하고 임시 종무원을 송광사에 설치하였다. 초대 종정에 선암사의 경운 스님을 선출하였으나 연로하였으므로 경운 스님의 뜻을 이어받은 금봉 스님과 석전 박한영, 만해 한용운 등이 주축이 된 젊은 스님들은 시대적 상황이 불교계의 일대개혁이 초급(焦急)함을 강조하고 조선불교 수호와 후학양성을 위해 혼신의 힘을 다해 헌신하였다.

한편 당시 일본제국주의의 침탈에 맞서 민족혼을 되살리고, 민족의 자주권을 되찾기 위해, 그리고 조선불교를 수호하기 위해 임제종 중흥운동을 펼치는 등 생사를 초월한 동지적 관계였던 금봉, 영호, 만해 스님의 각별한 인연을 짐작할 수 있는 시들이 석전영호 스님과 만해 스님의 시집에 수록되어 있으므로 그 시들을 살펴보는 일도 뜻 깊은 일이 아닐까 한다.

금봉 기우 만송과 잔을 기울이면서 [與錦峰杞宇晚松小酌拈韻]

다리마다 땅거미 들고 거리에 종소리 들리는데	六橋薄暮聽街鐘
층층으로 올린 집 눈 그치니 분명하네	棚屋明分雪後容
시의 뜻 점점 서쪽 소식으로 기울더니	韻趣偶同西雅集
즐거운 인연인가 모름지기 옛 친구 대하는구나	歡緣須對故人逢
매화 첫 봉우리 가느다란 향기 잊었건만	不知香暗梅初綻
어디서 피리 소리 달무리에 젖어드네	驚怪簫生月復籠
언젠가 다시 만남 기약할 적에	勞我名園重會約
붉은 노을 일고 서리 맞은 나무 아득하여라	紅雲霜樹暎重重

경운스님 운으로 뜰 앞 홍매 부를 짓다 [用石翁韻賦庭前紅梅]

나는 벗 금봉 스님과	余友錦峰上人
이십여 년 전	廿餘年前
금릉종 홍매 여러 그루 어렵게 구해	搜得金陵種紅梅數本
선암사 천불전 앞과 대승암 옆에 심었다	手植曹山之千佛殿前 及大乘庵樓畔

꽃들은 사방에 화르르 피고 새들은 지저귀었네　　花方穠華翠羽喃喃

스님 떠나신 지 이미 십 년　　　　　　　　　　而上人西化 今已十載矣

난 아직도 마음 다잡지 못하고 이처럼 스산하네　　余尙漂泊至此

매화 피어 웃음 짓건만 옛 벗 볼 수 없어　　　　梅花自笑故人不見

하염없는 슬픔에 꽃 아래 우두커니 섰더니　　　竚立花下以感甚

애끊는 정인 양 매화는 이곳저곳　　　　　　　樓半梅花若爲情

봄날 화사한 꽃 잔치에서 깨지 못하니　　　　　紅酣春日不知醒

꽃 내음에 스님 혼백도 돌아오신 듯　　　　　　香透如回故人魄

둔한 돌이라 아득한 물결 소리에도 구르지 못하네　石頑難轉劫波聲

지난 꿈에 살구 배 맛있는 음식 가득했건만　　　羞與杏梨繁昔夢

홀로 물에 비친 달 가리키니 이 또한 무생인가　　獨敎水月證無生

꽃가지 꺾어쥐고 한참이나 슬픔에 잠기네　　　　芳枝堪把泫然久

꽃잎 지나니 비바람아 불지 말아라　　　　　　　莫使雨風吹落英

|이상 석전 스님 시 |

금봉선사와 밤에 시를 읊다 [與錦峰伯夜唫]

서로 만나 시와 술 즐기니 천리 타향일세　　詩酒相逢天一方

쓸쓸한 이 한밤 생각은 끝이 없고　　　　　蕭蕭夜色思何長

노란 국화 핀 달밤 애틋한 꿈 없어도　　　黃花明月若無夢

옛 절 가을 스산해도 그 또한 고향이리　　古寺荒秋亦故鄕

선암사 향로암에서 밤에 읊다 [香爐庵夜唫]

남국은 때 일러 국화 아직 덜 피고　　　南國黃花早未開

꿈에 누대 오르니 강호 눈에 삼삼해　　　江湖薄夢入樓臺

기러기 나는 산하 사람은 갇혔는데　　　雁影山河人似楚

끝없는 가을 숲 초생달이 뜨누나　　　　無邊秋樹月初來

선암사 향로암에서 느낀 대로 쓰다 [香爐庵卽事]

428

스님 떠나가니 가을 산 멀어지고	僧去秋山逈
백로 나는 곳 들물 맑아라	鷺飛野水明
나무 그늘 서늘한데 퍼지는 피리 소리	樹涼一笛散
다시는 신선 사는 곳 꿈꾸지 않으리	不復夢三淸

선암사에서 병후에 두 수 짓다 [仙巖寺病後作 二首]

흘러오매 남녘 끝이라	客遊南地盡
앓다가 일어나니 어느덧 가을바람	病起秋風生
천리 길 늘 홀로 가다가	千里每孤往
길 다하는 곳에 정 붙이네	窮途還有情

초가을 병 핑계로 사람도 사양하고	初秋人謝病
하얀 귀밑머리 세월이 밀려드네	蒼鬢歲生波
꿈마저 괴로운데 친구는 멀기만 하고	夢苦人相遠
더더욱 찬비마저 내리니 어찌하리	不堪寒雨多

| 이상 만해 스님 시 |

錦峰大宗師碑銘

陰記

先法師의 碑를 營爲한 것은 實로 敎正 擎雲老法祖의 碑를 樹立할 때 이미 그 基盤을 備築하였으나 不意의 數三年 寺紛叫 八一五의 混亂이며 世稱 十數年間의 宗團法難으로 말미암아 有意未遠하고 耿耿不寐한 채 於焉 四十餘星霜 흐르는 어느 날 賢師弟 龍谷의 住持 委任이 忽忙中에 始綜一念 先師의 行狀을 收拾 携帶하고 上京 具陳함에 不覺 感泣하고 碑文을 大博兩田 辛伯에게 請託한 바 一年이요 二月餘에 硏墨 洗筆하였다 細思호니 又明年己 巳는 卽 先師의 誕降二周甲이요 今之丁卯는 示寂 七十二年에 該當되니 可謂 滄業의 無常함을 功感하겠도다 辨費重役에 龍谷 및 滿雲賢弟와 震宇法 姪이 協心戮力하고 法姪南雲이 書寫하니 한결 흐뭇한 바이다 非材와

龍谷은 先法祖師의 慈蔭薰陶로 嗣法하게 되었으니 어찌 宿世의 勝緣이
아니리요 盥手焚香하옵고 九拜頌德하옵나니 一日堂堂하신 調御丈夫 푸른
山이 우뚝 섰고 쇠북 같은 頂聲이여 大들보가 들썩한 듯 擧動이여 象王이
요 威嚴이사 獅子로다 二日求法成市 구름일 듯 仙巖雙溪華嚴拈頌 宗說兼通
瀑泡 쏟듯 事事無碍 구슬굴듯 棒喝縱奪雨滴인냥 殺活機用 번개치 듯 霜月宗
風 그윽하고 擎雲香薰彷彿토다 三日霽月光風珊糊林이 詩禪一味南樓던가
天地一聲前後際斷 獨超物外活潑潑底 우러를사 百歲一紀 頂眼烔烔名匠이여
戊辰晚秋 法子鐵雲空玄 稽首謹誌
受法弟資 鐵雲宗玄 龍谷正浩
法孫 　清霞碩鍾 線嚴基洙 明星炯哲 松坡英賢 道性熙龍 圓溟脩梨 鎬龍仁洙
　　　正祐 龍鎭 完種 汶成 初志 法龍 聖雲 信悟 華城 漢星 信學 漢月
　　　弘雲 慧雲 彩洙 張泮
曾法孫 　漢雄 東根 松坤 在德 一男 原承 炳政 志鎬 承龍
門庭 　誠月福哲 滿雲正喆 惠雲圭善 哲嚴基俊 震宇塔奉 南雲信杓 石愚基榮
　　　智嚴棟坤 指墟智雄 法龍南鉉 口天俸助 虎溟正錫 瑞峯金鎬 雪峯東
　　　杓 翠峯義浣 碧峯德一 永浩 容成 廷元 亭俊 殷白亭澤 道吉 道現
　　　熙南 聲範 柱京 吉模 得昊 東煥 慧幢 鏡眞 鏡微 智攝 慧政 鏡澤
　　　鏡照 鏡岩 友惺 鏡修 華頂 睡華
讚助 　定燮 夢月 月珠 覺性 弘雲 慧雲 聖純 建來 銀洙
宗務秩 　住持 滿月正喆 財務 鎬龍仁洙 講主 雲宇塔奉 總務 指墟智雄
庶務 　一堂基鶴 講師 水鑑丙烈
敎務 　明星炯哲 宋基奉
時大衆八十一人
佛紀二千五百三十二年 戊辰七月十日立

용곡정호 (龍谷正浩)

저자의 선친이신 용곡 스님은 휘(諱)는 정호, 속성은 신(申)씨, 관적(貫籍)은 고령(高靈)이다. 부(父) 휘는 형식(衡植)이고, 모는 여산송씨(礪山宋氏) 점례(点禮)이며, 1911년 4월 15일 고흥군 동강면 마륜리에서 삼대독자로 태어났다. 태어난 지 8개월 만에 선친을 여의고, 6세 때 기원불공을 올리려 집을 나선 모친을 따라 선암사에 당도하였다. 다음 날 경운 스님을 친견하였고, 이 인연으로 다음 해 출가하게 되었다. 이후 1936년 경운스님 입적 시까지 20여 년을 모시며 대승경전과 함께 차를 배워 익혔다. 1932년 금봉 스님을 은사로 득도하고 1941년 법사로 건당하였다. 일제강점기에는 저항운동으로 옥고를 치르기도 하였으며, 1945년 식민지시대에서 해방되었으나 한국불교는 일본불교의 잔재로 많은 문제점을 안고 있었다. 1948년 여순사건이 발생하여 선암사는 지리적 여건으로 피해를 보기도 하였고, 1950년 한국전쟁 당시에도 피해를 입었다. 1952년 토지개혁 때는 사찰의 많은 재산이 망실되기도 하였다. 1953년 대통령의 불교정화 유시로 발발된 분규는 수십 년간 선암사의 비극이었으며, 그 와중에 선조사(先祖師)의 유업(遺業)을 보존하고 지켜내는 선암사의 수호신 역할을 다하였다. 이와 같이 격랑의 시대를 온 몸으로 겪고서

1994년 홀연 한 줄기 빛으로 사라지니 세수 84세 법랍 72세였다. 1912년 입적 17주기에 용곡당대종사비가 선암사 비전에 건립되었다.

龍谷大宗師碑銘

龍谷堂大宗師功績碑

韓國佛教 太古宗 宗正 釋慧草 撰

實際 理地에는 名과 相이 絶하니 無一事로다. 허나 方便 門中에서는 萬事를 舍用하니 하나도 버릴 것이 없도다. 今日에 我等의 所作事가 宗師의 分上에서는 累가 되겠지만 後學들은 宗師의 淸談法香을 가히 감추지도 못하며 가릴 수도 없음이로다. 嗚呼라! 湛寂圓明 고요한 바다도 소용돌이 激浪치는 파도도 根源은 하나이듯, 어리석은 顚倒夢想으로 끌려가는 業識衆生의 生滅도 본디 唯心의 所作이련만 法界에 나투신 作用은 天地懸隔이로다. 近代 韓國佛教의 激浪속에서 佛祖의 慧命과 遺訓을 오롯이 세우고 佛教의 民族精神과 正體性의 確立을 위하여 爲法忘軀의 精神으로 伽藍守護의 護法神將이 되신 宗師의 俗名은 正浩이며 俗姓은 申氏이며 貫鄕은 高靈이며 堂號는 龍谷이다. 高興 東江 馬輪에서 父 衡植과 母 礪山宋氏 사이에서 1911年 陰 4月 15日 四大獨子로 태어나니 壬亂功臣 申汝樑將軍의 12大宗孫이시다. 母親께서는 先代의 早夭가 哀痛하사 鄕利을 찾아 宗師의 壽와 福을 祈願하던 중, 佛菩薩의 互помощ로 仙巖寺의 擎雲老師를 親見하고 童眞出家하게 되니 그때 나이 12歲였다. 擎雲老師께서는 先祖師의 遺訓 속에 函明, 景鵬, 擎雲, 錦峰의 四大講脈으로 이어지는 韓國佛教의 精神的 요람인 仙巖寺의 棟樑之材를 念慮하던 중, 膽力이 크고 聰明한 宗師를 嗣續으로 삼아 먼저 入寂하신 守法弟資 錦峰의 法嗣가 되어 仙巖寺 谿谷을 守護하는 기다란 龍이 되리며 堂號를 龍谷으로 稟受하셨다. 宗師께서는 華嚴宗主 擎雲老師를 13年間 모시면서 日久月深 華嚴思想과 佛法修學에 精進하신바, 1934年 5月에 仙巖寺講院 大教科를 修了하시고 宗團으로부터 宗師法階를 稟受받으셨다. 1948年부터 1967年까지 本寺 總務職을 歷任하셨으며 1978年부터 1981年까지 仙巖寺 第17世 住持

432

를 歷任하시고 學校法人 淨光學院 理事長에 就任하여 後學育成에 邁進하셨다. 韓國佛敎는 朝鮮朝의 抑佛政策으로 僅僅이 命脈을 維持하던 중, 痛恨의 庚戌國恥로 말미암아 더욱 暗鬱하게 되니 韓龍雲, 張錦峰, 朴漢永, 陳震應 스님들이 擎雲老師를 宗匠으로 推戴하여 臨濟宗의 家風을 繼承하고 民族精神을 鼓吹시켜 佛敎의 나아갈 方向을 바로 세우기도 하였다. 光復과 더불어 韓國佛敎는 植民政策의 屈辱에서 벗어나 禪敎不二 理事無碍의 僧風振作에 힘쓰며 佛敎文化 定着에 心血을 기울이던 바, 1954年 5月 24日 李承晩政權은 일부 蒙昧한 邪僧들과 結託하고 不法諭示를 濫發하여 古今에 由來없는 法難을 일으키니 韓國佛敎는 커다란 소용돌이 속으로 휘말리게 되었다. 苛酷한 現實에 直面한 仙巖寺는 難局을 打開하기 爲하여 一心으로 圓融會通하려 하였으나 이미 政府의 管制佛敎에 便乘한 邪僧들이 僧俗을 넘나들며 名利에 耽溺하고 三寶淨財를 蕩盡하기에 이르렀으니 그 混亂은 더욱 極甚하였다. 狀況이 이러할 때, 忽然 蹶然而起 어둠 속으로 한 줄기 빛이 나타나니 바로 龍谷宗師이셨다. 宗師께서는 正法을 守護하는 것은 罪가 아니고 佛法이 毁損되는 것을 傍觀하는 것은 出家丈夫의 恥辱이라 하셨다. "先祖師의 遺業을 佛意에 屈伏하여 侵奪당할 수는 없노라." 하시며 風前燈火에 온 몸을 던져 바람을 막고 호통을 쳐 꾸짖음 秋霜 같으시니 佛祖의 慧命을 지키고 先祖師의 思想과 法脈을 繼承한 臨濟의 嫡孫으로서 悲壯한 覺悟는 始終如一하시더라. 爲政者들을 등에 업은 邪僧들과의 오랜 紛糾로 寺勢가 기울고 財政이 바닥나 大衆의 生活苦는 筆舌로 다하지 못할 것이다. 宗師께서는 草根木皮로 延命하시면서도 三衣一鉢의 精神으로 志操를 굽히지 않으시며 餘他의 懷柔와 脅迫에도 屈伏하지 않고 수차례 誣告에 의한 囹圄의 몸이 되기도 하였다. 이런 極甚無道한 驚惶 중에도 華嚴宗主의 後孫으로써 同體大悲와 善用其心을 平時法門으로 主唱하시며 洞察과 對案으로 本寺의 修行風土를 回復하고 傳統講院을 復元하여 先祖師의 綿綿한 講脈을 繼承하려 勞心焦思하셨으며 毁損된 文化財 補修와 쓰러져가는 殿閣을 重修하고 傳統茶園을 復舊하셨다. 苛酷한 추위라야 松柏의 節槪를 알고 찬 서리 내리고서야 菊花의 짙은 향기를 알 수 있듯이 宗師의 依然하신 風儀는 霜雪이 밀어올린

왼쪽 위 | 용곡 스님 공적비 제막식
오른쪽 위 | 저자 및 자녀 헌다
오른쪽 아래 | 제막식 봉행

한 송이 梅花였습니다. 宗師께서는 不義와 結託하고 名利와 功名을 앞세운 叛徒들로부터 寺利을 守護하여 後孫에게 물려주셨으니 이는 擎雲老師의 遺志를 받든 것일 뿐만 아니라 數十年 波瀾의 韓國佛敎界에 一代 破天荒의 壯擧가 아닐 수 없음이라. 宗師께서는 다시는 自身처럼 不幸한 僧侶가 나오지 않기를 바라며 "法界의 至極한 理致는 一眞境界뿐이니 求法에 힘쓰라."는 말씀을 남기고 1993年 陰曆 12月 17日 入寂하시니 世壽는 84歲요 法臘은 72歲라. 그윽이 생각하건데 宗師께서는 仙巖寺의 魂불이 셨습니다. 數十年 모진 暴風속에서도 결코 꺼지지 않는 魂불은 지금도 後孫들의 가슴속에 타오르며 仙巖寺 中興의 瑞光으로 빛나고 있습니다. 門徒들이 宗師의 涅槃 17週年을 맞이하여 그 功績을 追慕하기 위한 碑碣을 세우고자 宗師의 行狀을 안고 나를 來訪하였기에 나 역시 宗師를 欽慕해왔던 바, 그 부탁을 거절 못하고 이와 같이 撰하노라.

佛紀 二千五百五十五年 十一月　日

한편 용곡 스님은 거센 세파로부터 사찰수호의 힘겨운 일을 홀로 감당하시느라 시와 문을 즐겨 많이 짓거나 또 문집 등을 남기시지는 못했다. 그러나 1983년 당시 승주군이 전국에서 두 번째로 많은 문화재를 소장하고 있고 또 관내에 경승(景勝)이 많아 관광지로서의 승주군을 널리 알리고, 선조들의 얼이 담긴 찬란한 문화유산을 후손에게 길이 전승·보존케 할 목적으로 군청에서 승주팔승(八勝)을 지정, 공고한 후 용곡 스님께 어렵게 팔승시를 요청하여 차마 사양치 못하고, 한시(漢詩)의 정형과 작법에 크게 구애됨 없이 비교적 이해가 쉬운 평이한 문장과 내용으로 〈승주팔승시〉와 〈선암사팔경시〉를 지으셨다. 후일 당시 승주 군수였던 신계우 선생이 저자의 '전통식품명인' 지정과 '자랑스런 전남인상'을 수상한 소식을 듣고 스님의 육필 원본을 자식인 저자가 보관함이 마땅하다며 보내왔다.

승주팔승시 (昇州八勝詩)

조계산 (曹溪山)

볏짚단 높은 넉넉한 고을	固稛富有此城邑
안팎으로 흐르는 물에 달빛은 비치고	內外相隣江月照
터 좋은 곳 쌍암이 으뜸이라	卜築雙巖第一名
조계산 팔승 더욱 빛나네	曹溪八勝更光明

송광사 (松廣寺)

예부터 견줄 데 없는 송광사	從古無雙松廣寺
멀리서 많은 분들 오시는데	遠方日到觀光客
조계의 지경 강 머리까지 뻗치고	曹溪案胍壓江頭
장생을 잘 말하는 스님들이여	善說長生佛道流

선암사 (仙巖寺)

천년 이어온 부처님 계신 신령한 곳	靈區寺刹千年地
아름답고 밝은 문명 절경도 많으니	可愛文明多別境
시부가 일상인 선비들이 찾아오고	詩賦尋常好士遊
승선교는 강물을 움켜쥐고 흐르네	昇仙橋桶挹江流

주암호 (住巖湖)

주암 땅에 둑을 쌓아 큰 호수 만드나니	住巖堰築大湖水
연락선을 띄우자고 정계에 상담하네	政界相談連絡船
출렁이는 물결 바다처럼 멀리 퍼지고	百里滄波碧海流
쉼 없이 돌아가는 문명의 이기	電機動力一無休

낙안성 (樂安城)

인심 좋고 살기 편안한 낙안고을	俗厚民生安堵樂
튼튼한 방비로 이제 걱정 없다네	防衛外賊今無患
예부터 전해온 임경업 장군 이야기	古來相說將軍名
진시황의 만리장성보다 오히려 낫다고 하네	猶勝秦皇萬里城

쌍향수 (雙香樹)

오랜 세월 굳세게 버텨온 쌍향수	雙樹亭匸幾百劫
시원한 그늘에 쉴 수 있음을 알겠네	應知可坐淸陰裡
뜬 구름 꽃과 돌 모두 그 향에 배부르니	浮雲花石飽其香
불교의 정성스런 마음은 옥황상제께 올리네	佛道誠心上帝鄕

신성충무사 (新城忠武祠)

나라 위해 흑룡되어 신성에서 싸우셨네	黑龍水國新城戰
충무공 그 큰 이름 만세에 떨치도다	忠武偉功鳴萬世

왜군을 섬멸하여 하나도 살려두지 않고　　　　殲滅倭兵不一生
사후에는 유림에서 천신처럼 모신다네　　　　儒林亨死極神明

강청 새 마을 [江淸]

상춘객들 너도나도 강가역에 모여들고　　　　賞春行客到江驛
인근 마을 풍악 소리 흥겹고 아름답네　　　　琴坪西隣村樣美
넓은 공단 들어서니 새 지명을 얻게 되고　　　廣設工團得地名
동산에 뜬 반달 빛에 신선해진 마음일세　　　東山半月照心淸

선암사 팔경시 (仙巖寺 八景詩)

1 (一)

선암사 가는 길 평탄해도 구불구불　　　　　路入平蕪此寺行
무지개다리 승선교는 진실로 보물이어라　　　昇仙橋桶眞爲寶
산 너머 산과 물 건너 물이 성처럼 이어져　　山重水復續如城
예부터 견줄 데 없는 반달 모양이구나　　　今古無雙半月成

2 (二)

불심도 지극하면 영생불사 이룬다네　　　　永生不死佛心誠
승과 속 서로 위해 두텁게 쌓아가니　　　　取次宥囗僧俗厚
선암사 맑은 세속 오랜 세월 이어지리　　　誰識仙巖百劫淸
이 도량의 풍물에도 깊은 정을 느낀다네　　斯間風物感吾情

3 (三)

연못의 수석은 거울 속에 옥과 같고　　　　一潭水石玉如鏡
오가는 손님들은 일편단심 나라 걱정　　　救國丹心來往客
용머리 거북꼬리 서로 짝을 이루니　　　　龜尾龍頭造化成
시주님들 불전 앞에 만금 쌓는 정성일세　　佛典施主萬金城

4 (四)

이층 누각 일주문 길 들어서면　　　　一柱門路兩層樓
천상의 신선들과 함께 살 세상　　　　天上仙人共世流
종소리 북소리 멀리멀리 울리며　　　　鐘鼓聲聞城市外
승주팔경 이 가운데 자리하고 있네　　昇州八勝此中留

5 (五)

힘을 모아 신령스런 땅을 개척하고　　靈區開拓誰謀力
화공으로 하여금 실제 경관 그렸네　　若使畵工員景得
받들어 보존했고 오래되어 보수했네　　爲賀多年備保修
영주의 신선을 어찌 다시 찾을까　　　瀛洲仙子更何求

6 (六)

산과 산, 물과 물, 계곡까지 아름다운　　可愛山山水水谷
장군봉 아래 청룡 터에 자리 잡고　　　靑龍坐向上峰下
암벽과 석굴을 옥과 금처럼 둘러　　　巖屛石窟玉金環
백호의 산줄기는 속세를 경계하네　　白虎得波下界間

7 (七)

호남 제일 이곳 선암사　　　　　　　　湖南第一此巖寺
울창한 숲아래 꽃 그림자로 내리고　　萬樹繁陰花影下
하물며 다시 허공에 뜬 구름 같은 강선루가 있으니　況復雲空降仙樓
자연의 이 맛에 취하고자 찾아오네　　自然興味欲來遊

8 (八)

강남의 시부회에 묻지 말게나　　　　問甬江南詩賦會
숲속에서 새소리 듣기도 좋다네　　　且兼林下聽禽好

438

장군봉에 자리한 절 문이 열리니   將軍峯坐寺門開
사녀가 동반하여 날마다 올라오네   士女同班日上來

又峴, 〈호숫가 情景〉, 화선지 · 먹 · 채색, 65×50cm, 2013.

제5장 부록

1. 다부(茶賦)　　　　　　이목(李穆: 1471~1498)

2. 부풍향차보(扶風鄕茶譜)　이운해(李運海: 1710~?)

3. 동다기(東茶記)　　　　이덕리(李德履: 1728~?)

4. 각다고(榷茶考)　　　　정약용(丁若鏞: 1762~1836)

5. 다신전(茶神傳)　　　　초의선사(草衣禪師: 1786~1866)

6. 동다송(東茶頌)　　　　초의선사(草衣禪師: 1786~1866)

7. 다경(茶經)　　　　　　육우(陸羽: 733?~804)

8. 끽다양생기(喫茶養生記)　에이사이 선사(榮西禪師: 1141~1215)

옛 고서는 저술자의 습관 및 취향에 따라 통·속자(通·俗字) 및 고자(古字), 약자(略字) 등이 쓰이기 마련이고, 해서(楷書)와 행초서(行草書), 혹은 전예(篆隷) 사이의 자획의 혼용 등이 왕왕 있다. 이 또한 필사본이나 판본의 경우에도 정도의 차이는 있으나 마찬가지일 것이므로 필사자와 서각자(書刻者)에 따라 오자나 탈자 등이 나오게 마련이다. 초록(抄錄)된 다음에 판본(板本)이 된 경우에는 그 정도가 더 심해질 수도 있을 것이다. 따라서 두 가지 이상의 필사본이나 판본이 있을 경우 그 본 사이에는 약간의 차이가 발생한다. 저자는 독자의 이해를 돕기 위해「동다기」,『다신전』과『동다송』에서 그 차이를 명기하였다. 그러나 저자의 한학(漢學)의 학문 정도가 깊지 않고, 여러 여건 상 원본 확인의 어려움 때문에 현재 출간이 되었거나 세간에 발표된 도서와 논문 등을 참고하였다. 이로써 원로 및 선·후배 차인들과 선각(先覺) 학자나 연구자에게 감사의 말씀을 드리며 아울러 누가 되지 않기를 진심으로 바라마지 않는다.

1.

다부(茶賦) 李評事集 卷一 茶賦幷序

한재 이목(寒齋 李穆: 1471~1498) 선생은 도학자(道學者)이
며 문인이다. 경기도 김포군 하성면 가금리에서 참의공
이윤생의 둘째 아들로 태어나서 8세에 취학하였고, 14세에
성리학자이며 차인인 점필재 김종직 선생 문하에서 수업하
였다. 19세에 초시 갑과에 합격하여 생원진사로서 반궁(泮
宮)에서 독서하였다. 24세에 연경에 다녀온 후 다부를
지었고, 연산 원년 25세에 장원급제하였으나 1498년 27세
때 무오사화로 모함을 받아 김일손·허문병 등과 같이 사사
되었다. 1980년대 차에 관한 우리나라 최초의 문장인 다부
가 선생의 저서 『이평사집(李評事集)』에서 발견되어 재조
명되기 시작하였다. 선생이 남긴 차의 현묘함을 노래한
1,323자의 다부(茶賦)는 차를 언급한 문헌으로는 우리나라
에서 최초이며 선구적인 위치에 있는 작품으로 이는 시기
적으로 초의선사(1786~1866)의 동다송보다 3백여 년 정
도 앞섰다. 특징은 차를 단순히 기호품으로 좋아하는 것으
로 끝나는 것이 아니라 나름대로 체계적으로 구분하고
열거하였고 차 관련 옛선인과 옛일을 되짚어 봄으로써
정신적 수양의 의미를 찾고자 하였다. 그리고 그로써 얻어
지는 정신적·육체적 즐거움 즉 효용(效用), 공능(功能) 및
그 덕을 강조하였다.

무릇 사람이 어떤 물건을 완상하거나 혹은 맛을 보면서도 평생토록 싫증나지 않는 것은 그 성질 때문이다. 이태백이 달을 좋아하고 유백륜이 술을 좋아하는 바가 비록 다르다 할지라도 즐겼다는 점에는 한 가지에 이르렀다고 할 수 있다. 내가 차에 대해서 알지 못하다가 육우의 다경을 읽은 후 차를 알게 되어 마음으로부터 차를 심히 진귀하게 여기게 되었다. 옛날 중산(위나라 中散大夫 嵇康)은 거문고를 좋아하여 부를 지었고, 팽택(彭澤縣令 陶淵明)은 국화를 사랑하여 노래하였으니 이는 그 미미함을 뚜렷하게 나타냄이 오히려 더하였거늘, 하물며 이처럼 차의 공이 가장 높은데도 아직 칭송하는 이가 없었으니 이는 마치 어진 사람을 내버려두는 것과 같으므로 그 또한 잘못이 아니겠는가! 이에 그 이름과 생산됨을 고찰하고 잘 살펴 그 물건의 상하와 품질을 가려 차 노래를 지었으니 어떤 이가 말하기를 "차는 세금을 받아 도리어 사람들에게 민폐되어 원망하나니 어찌 그대는 좋다고 말하려는가!" 라고 말하기에 내 대답하여 가로되 "그러하오! 그러나 이것이 어찌 하늘이 물건을 만들어 낸 본뜻이겠는가! 단지 사람의 탓이지 차의 탓은 아니며 또 나는 정말 차를 좋아해서 그것에 대해서 말하고 싶지 않소!"라고 대답하였다.

凡人之於物 或玩焉或味焉 樂之終身而無厭者 其性矣乎 若李白之於月 劉伯倫之於酒 其所好雖殊 而樂之至則一也 余於茶 越乎其莫之知 自讀陸氏經 稍得其性 心甚珍之 昔中散樂琴而賦 彭澤愛菊而歌 其於微 尙加顯矣 況茶之功最高 而未有頌之者 若廢賢焉 不亦謬乎 於是考其名 驗其産 上下其品爲之賦 或曰 茶自入稅 反爲人病 子欲云 云乎 對曰 然 然是豈天生物之本意乎 人也非茶也 且余有疾 不暇及此云

그 글에 이르기를 이곳에 있는 물건은 그 종류가 매우 많으니 가로되 명이라

하고, 천이라 하고, 한이라 하고, 파라고 한다. 그리고 선장, 뇌명, 조취, 작설, 두금, 납면, 용봉, 소적, 산제, 승금, 령초, 박측, 선지, 란예, 운경, 복록, 화영, 내천, 영모, 지합, 청구, 독행, 금명, 옥진, 우전, 우후, 선춘, 조춘, 진보, 쌍계, 녹영, 생황 등이라 하며 때로는 가루로, 때로는 조각으로, 어떤 것은 그늘에서 어떤 것은 햇볕에서 천지의 순수한 정기를 머금고, 해와 달의 좋은 빛을 받아들인다.

其辭曰 有物於此 厥類孔多 曰茗曰荈 曰蔎 曰菠 仙掌 雷鳴 鳥觜 雀舌 頭金 蠟面 龍鳳 召的 山提 勝金 靈草 薄側 仙芝 嬾蕊 運慶 福綠 華英 來泉 翎毛 指合 淸口 獨行 金茗 玉津 雨前 雨後 先春 早春 進寶 雙溪 綠英 生黃 或散或片 或陰或陽 含天地之粹氣 吸日月之休光 寒藁

그 산지는 석교, 세마, 태호, 황매, 나원, 마보, 무처, 온태, 용계, 형협, 항소, 명월, 상성, 왕동, 흥광, 강복, 개순, 검남, 신무, 요홍, 균애, 창강, 악악, 산동, 담정, 선흡, 아종, 몽곽이다. 뿌리는 두터운 언덕에 깊이 내려감아 돌고, 비와 이슬 덕택으로 가지는 무성하다.

其壤則石橋 洗馬 太湖 黃梅 羅原 麻步 婺處 溫台 龍溪 荊峽 杭蘇 明越 商城 王同 興廣 江福 開順 劍南 信撫 饒洪 筠哀 昌康 岳鄂 山同 潭鼎 宣歙 鴉鐘 蒙霍 蟠柢丘陵之厚 楊柯雨露之澤

차 만드는 곳은 산이 높고 험하고, 높이 솟아 위험하고, 산봉우리가 높고 가파르고, 낮은 산줄기가 길게 뻗었으니 입을 벌린 듯 넓어지고, 활짝 트이다 천길 끊어지고, 갑자기 가리워지고, 굽힌 듯 좁아진다. 그 위에서 보이는 것이 무엇인가. 별자리가 지척에 있으며 그 밑에서 들리는 것이 무엇인가. 강과 바다의 아우성치는 소리로다. 신령스러운 새 지저귀며 날고 기이한 짐승은 움키고 붙잡고 노닌다. 기이한 꽃과 상서로운 풀은 구슬처럼 아름답다. 우거지고 무성하고 돌멩이는 굴러 무리진 사람도 머뭇 거리고 뒤뚱거리니 산도깨비도 겁을 준다. 때마침 골짜기의 바람 갑자기 일어나고, 북두칠성은 하늘 길 도는구나. 황하의 얼음 풀리니 해도 하늘 길 따라 봄으로 들어섰도다. 초목은 마음은 바빠도 아직 움트지 못하고 나무는 뿌리에서 위로 옮기고자 하는구나. 오직 저 차나무는 온갖 만물에 앞서 홀로 이른 봄에 앞서 와, 스스로 하늘을 오로지 하는도다. 자주, 초록, 푸르고 노랑, 올물, 늦물, 짧은 것, 긴 것, 뿌리 맺혀 솟은 줄기, 잎 펼쳐 드리워진 응달에 황금 싹을 토하여 무성한 숲에 푸른 구슬을 드리웠도다. 어둡고 초목이 무성하여, 아름답고 요염하며, 예쁘고 무성하며, 더더욱 가지런하고 어우러지니 마치 구름이 피어나고 안개가 일어나는 듯, 진실로 천하의 장관이로다. 퉁소 불며 돌아와 서둘러 여린 잎 듬뿍 뜯고 따서 지고 또 실어 나르는도다.

埃吐

造其處則崆峒 嶕嶢 險巇 屼峍 峇崒 嵒嶸 嵼嶸 巘崺 呀然或放 豁然或絶 崦然或隱 鞠然或窄 其上何所見 星斗咫尺 其下何所聞 江海吼咳 靈禽兮翃颺 異獸兮挐攫 奇花瑞草 金碧珠璞 蓴蓴蘘蘘 磊磊落落 徒盧之所赵趄 魑魉之所逼側 於是谷風乍起 北斗轉璧 氷解黃河 日躔靑陸 草有心而未萌 木歸根而欲遷 惟彼佳樹 百物之先 獨步早春 自專其天 紫者綠者 靑者黃者 早者晩者 短者長者 結根竦幹 布葉垂陰 黃金芽兮已吐 碧玉蕤兮成林 晻曖翁蔚 阿那嬋媛 翼翼焉與與焉 若雲之作霧之興 而信天下之壯觀也 洞嘯歸來 薄言采采 擷之將之 負且載之

옥 사발 꺼내어 몸소 씻고 바위틈 샘물로 달이며 곁에서 살피니 하얀 김이 넘치는 모습은 여름에 구름이 시내와 산봉우리에 피어나는 듯하고, 하얗게 끓는 물비늘처럼 출렁임은 봄 강의 물결이 거세지는 것과 같고, 차 달이는 소리는 서릿바람이 대숲, 잣나무 숲에 부는 듯 수수하고, 향기가 가득 밀려옴은 전함 달던 적벽이로다. 불현듯 웃으며 스스로 잔에 따라 차 마시니 어지러운 두 눈동자가 밝아졌다 어두워졌다 하면서 능히 몸을 가볍게 하는 것은 상품이 아니겠는가. 오랜 지병을 쓸어주는 것 중품 아니랴. 번민을 위로하는 것 차품이 아니랴? 이에 바가지 붙잡고 두 다리 드러내어 초라하게 백석 끓이고 금단 익힘에 견주랴?

搴玉甌而自濯 煎石泉而旁觀 白氣漲口 夏雲之生溪巒也 素濤鱗生 春江之壯沒瀾也 煎聲颼颼 霜風之嘯篁柏也 香予泛泛 戰艦之飛赤壁也 俄自笑而自酌 亂雙眸之明滅 於以能輕身者 非上品耶 能掃痾者 非中品耶 能慰悶者 非次品耶 乃把一瓢 露雙脚

陋白石之煮 擬金丹之熟

차 한 잔 다 마시니 메마른 창자가 씻긴 듯하고, 두 잔을 다 마시니 상쾌함이
신선이 된 듯, 그 세 사발째에는 병골이 사라지고 두풍이 나으매 마음이
마치 공자께서 뜻을 뜬구름에 겨루시고 맹자께서 호연지기를 기르심과
같도다. 네 주발을 마시니 씩씩하고 날래고 굳센 기운이 일어나고 근심과
울분한 마음이 없어짐에 그 기운은 일찍이 공자께서 태산에 올라 천하를
작다고 하신 것과 같으니 하늘을 우러러보고 세상을 굽어 능히 포용할
수 없음을 두려워한 바와 같다. 다섯 주발을 마시니 색마가 놀라서 달아나고,
탐식하는 시동(尸童)이 눈멀고 귀먹듯이 사라지니 그 몸은 마치 구름치마
날개옷을 입고 백란을 달나라 궁전에서 채찍질하는 것 같고, 여섯 주발을
마시니 해와 달은 사방 한 치 넓이이고 많은 종류의 물건이 대자리 속에
있는 듯, 그 신묘함이 마치 소부(巢父) 허유(許由) 앞세우고 백이숙제 종
삼아 현허에서 상제에게 읍하는 듯하다. 일곱 번째 주발은 절반도 채 안
마셨는데 차향이 성하게 옷깃에 일어나서 천상의 문을 바라보니 봉래산의
빽빽한 숲이 아주 가까운 곳에 있도다.

啜盡一椀 枯腸沃雪 啜盡二椀 爽魂欲仙 其三椀也 病骨醒 頭風痊 心兮若魯叟抗志於
浮雲 鄒老養氣於浩然 其四椀也 雄豪發 憂忿空 氣兮若登太山而小天下 疑此俯仰之
不能容 其五椀也 色魔驚遁 饕尸盲聾 身兮若雲裳而羽衣 鞭白鸞於蟾宮 其六椀也
方寸日月 萬類簍篨 神兮若驅巢許 而僕夷齊 揖上帝於玄虛 何七椀之未半 鬱淸風之
生襟 望閶闔兮孔邇 隔蓬萊之蕭森

만약 이 차의 맛이 지극히 좋고 신묘하다면 그 공에 대한 논함을 빠뜨릴
수 없다. 그 서늘함, 이는 옥당에서 밤새도록 책상을 마주하여 만권 서책을
독파코자 잠시도 그치지 않아 동생(董生)은 입술이 헤지고 한유는 이빨
틈이 벌어질 때 너 없으면 누가 그 목마름 풀랴, 그 공이 첫째요. 다음은
부(賦)를 한나라 궁에서 읽고 글을 올린 양옥(梁獄)이 그 형체 깡마르고
안색은 초췌하며 창자는 하루에 아홉 번 뒤집혀 답답한 가슴 불타듯 할
때, 너 없이 누가 그 울분 풀어주었으랴, 그 공이 둘째요. 다음은 천자의

칙명을 만국의 제후에 전할 때, 받들어 임하여 읍하고 사양하는 예를 베풀고, 춥고 더움의 물음으로 위로와 안부의 인사를 전할 때 네가 아니면 손님과 주인의 정을 누가 다하리오, 그 공이 세 번째라. 다음은 천태산과 청성의 선인이, 돌 틈에서 숨을 가다듬고 솔뿌리를 정제하여 자루 속에 넣었다가 시험함에 뱃속에서 우레 소리가 갑자기 울리니 네가 아니면 삼팽의 벌레 독을 누가 다스리랴, 그 공이 넷째요. 다음은 벌주가 과했던 금곡의 잔치가 파하거나 토원 잔치에서 돌아올 제 숙취에서 깨어나지 못하고 간 폐가 찢기듯 할 제 네가 없다면 한밤중 숙취를 누가 그치게 하랴, 살펴보건대 당나라 사람이 "차는 술을 깨워 숙취를 그치게 하는 심부름꾼이라" 했다. 그 공이 다섯째이다.

若斯之味 極長且妙 而論功之不可闕也 當其涼生玉堂 夜闌書榻 欲破萬卷 頃刻不輟 董生脣腐 韓子齒豁 靡爾也 誰解其渴 其功一也 次則讀賦漢宮 上書梁獄 枯槁其形 憔悴其色 腸一日而九回 若火燎乎膈臆 靡爾也 誰紓其鬱 其功二也 次則一札天頌 萬國同心 星使傳命 列侯承臨 揖讓之禮旣陳 寒暄之慰將訖 靡爾也 賓主之情誰協 其功三也 次則天台幽人 靑城羽客 石角噓氣 松根鍊精 囊中之法欲試 腹內之雷乍鳴 靡爾也 三彭之蠱誰征 其功四也 次則金谷罷宴 兔園回轍 宿醉未醒 肝肺若裂 靡爾也 五夜之醒誰輟 自註 唐人以茶爲輟醒使君 其功五也

나는 그런 뒤에 차에는 또 여섯 가지의 덕이 있음을 알았거니와 사람으로 하여금 천수를 누리고자 함에 요임금과 순임금의 덕을 지니게 하였고, 사람으로 하여금 병을 그치고자 함에 유부(兪附)와 편작(扁鵲)의 덕을 지니게 하였고, 마음을 맑게 하고자 함에 백이와 양진(楊震)의 덕을 지니게 하였고, 마음을 편하게 하고자 함에 백이와 태공망 이로(二老)와 사호(四皓)의 덕을 갖추게 하였고, 신선이 되고자 함에 황제와 노자의 덕을 지니게 하였고, 예를 갖추게 함에 희공(熙公)과 공자의 덕을 갖추게 하였으니 이는 곧 옥천[盧仝]이 일찍이 기린 바요 육우가 일찍이 즐기던 바로 성유[梅堯臣]는 이것으로써 삶을 마치고 조업(曺鄴)은 이것으로써 돌아갈 것을 잊었도다. 한 마을에 비추는 봄빛은 고요한 백낙천의 심기요, 십 년이나 가을 달 물리침은 소동파의 잠귀신[睡神]이로다. 다섯 가지 해로움[五害]을 쓸어 없애고 팔진(八眞)을 휘저었으니 이것은 조물주의 은총이로다. 나는 옛사람과 함께 마주하여 지내는 바이나 어찌 의적(儀狄)의 술[狂藥]을 함께하여 장부 찢기고 창자를 문드러지게 하며, 천하의 사람으로 하여금 덕을 손상하고, 명을 재촉하는 자와 한 날에 말하리오.

吾然後知茶之又有六德也 使人壽脩 有帝堯 大舜之德焉 使人病已 有兪附 扁鵲之德焉 使人氣淸 有伯夷 楊震之德焉 使人心逸 有二老 四皓之德焉 使人仙 有黃帝 老子之德焉 使人禮 有姬公 仲尼之德焉 斯乃玉川之所嘗贊 陸子之所嘗樂 聖兪以之了生 曹鄴以之忘歸 一村春光 靜樂天之心機 十年秋月 却東坡之睡神 掃除五害 凌厲八眞 此造物者之蓋有幸 而吾與古人之所共適者也 豈可與儀狄之狂藥 裂腑爛腸 使天下之人德損而命促者 同日語哉

기꺼이 노래하노라 내가 세상에 나오니 풍파가 모질고 사나워 양생에 뜻을 두나니 그대를 버리고 무엇을 구하리오. 나는 그대를 지니고 다니면서 마시고, 그대는 나를 따라 꽃 피는 아침, 달 뜨는 저녁에 즐겨하니 싫어함이 없었노라. 곁에 천군 있어 두려워하고 경계하여 이르기를 삶은 죽음의 근본이요 죽음은 삶의 근본이니 홀로 안쪽만을 다스리면 바깥은 시들기에 혜강이 양생론(養生論)을 지어서 어려움을 슬퍼하였으니, 어찌 빈 배를 지수에 띄우고 아름다운 곡식을 인산에 심는 것만 같으리오. 신령스러움이 마음을 움직여 묘경에 들게 함에 즐기기를 도모하지 않아도 저절로 이르게 되나니 이것이 또한 내 마음의 차이거니 또 어찌 다른 데서 구하리오.

喜而歌曰 我生世兮風波惡 如志乎養生 捨汝而何求 我携爾飮 爾從我遊 花朝月暮 樂且無斁 傍有天君 懼然戒曰 生者死之本 死者生之根 單治內而外彫 嵆著論而蹈艱 曷若泛虛舟於智水 樹嘉穀於仁山 神動氣而入妙 樂不圖而自至 是亦吾心之茶 又何必求乎彼也

2.
부풍향차보(扶風鄕茶譜)

다서 「부풍향차보(扶風鄕茶譜)」는 당시 통유(通儒)로 통하던 실학자 황윤석(黃胤錫: 1729~1791)이 10세부터 임종 2일 전까지 장장 54년간에 걸쳐 일상사를 기록한 『이재난고(頤齋亂藁)』에 수록되어 있다. 『이재난고』는 천문, 지리부터 시작하여 문학, 예학(禮學), 종교, 물산 등 백학(百學), 백과(百科)와 당시의 정치, 경제 및 사회상 등 실사(實事)를 망라하여 일기 또는 기사체(記事體)로 작성된 방대한 기록물이다. 「부풍향차보」의 내용은 부안 현감으로 있던 필선(弼善) 이운해(李運海: 1710~?)가 고창 선운사 일대의 차를 따서, 각각의 증상에 효험이 있는 여러 약재를 첨가하여 만든 약용차의 제법에 대한 것이다. 따라서 「부풍향차보」는 순수 기호품으로서의 차가 아닌 대용차, 즉 약용차로서 당시 흔했던 여러 질환에 대한 약리(藥理)적 효능을 중시하여 그 효용과 종류를 서술한 문장이지만 그 기록 연대가 어떤 다서(茶書)보다 이른 1755년경으로 추정되는 중요한 자료이다.

부풍(현 부안)은 무장(현 고창)과 3사지(90리) 정도 떨어져 있는데, 듣자하니 무장 선운사에는 알려진 차나무가 있는데도, 관원과 백성이 채취하여 달여 마실 줄을 몰라 보통 풀처럼 천하게 여겨 허드레 나무로나 쓰니 몹시 안타까웠다. 그래서 관아의 하인을 보내 이를 따도록 하였는데 마침 신촌 종숙께서 오셔서 같이 동참하였다. 새 차를 만들면서는 각각의 주효용에 따라 7종의 늘 음용할 수 있는 차를 만들었는데, 지명을 따서 부풍보라 하였다. 10월부터 동짓달, 섣달에도 잇달아 채취하였는데, 일찍 채취한 것이 좋았다.

扶風之去茂長 三舍地 聞茂之禪雲寺有名茶 官民不識採啜 賤之凡卉 爲副木之取 甚可惜也 送官隷採之 適新邨從叔來 與之參 方製新 各有主治 作七種常茶 又仍地名 扶風譜云 自十月至月臘月連採 而早採者佳

쓴 차는 일명 작설이라고도 한다. 약간 찬 성질이나 독성은 없고, 나무는 작으며 치자나무 비슷하다. 겨울에 잎이 나는데, 일찍 따는 것은 '차'라 하고, 늦게 따는 것을 '명'이라 한다. 차, 가, 설, 명과 천 등은 따는 시기가 이르고 늦음에 따라 이름 붙인다. 납차를 맥과차라 부르며, 떡차는 어린잎을 따서 찧어 떡처럼 만들어 불에 굽는다. 잎이 오랜 것은 천이라 한다. 마땅히 뜨겁게 마셔야 하고 차게 마시면 담이 찬다. 오래 마시면 기름기를 없애며, 또한 사람을 여위게 한다.

苦茶一名雀舌 微寒無毒 樹少似梔 冬生葉 早採爲茶 晩爲茗 曰茶曰檟 曰蔎曰茗曰荈 以採早晩名 臘茶謂麥顆 採嫩芽 搗作餠 並得火良 葉老曰荈 宜熱 冷則聚痰 久服去人 脂 令人瘦

[風] 풍 맞았을 때 감국(甘菊), 창이자(蒼耳子)

[寒] 추위 탈 때　계피(桂皮), 회향(茴香)
[暑] 더위 먹었을 때　　　백단향(白檀香), 오매(烏梅)
[熱] 열이 있을 때 황련(黃連), 용뇌(龍腦)
[感] 감기 들었을 때　　　향유(香薷), 곽향(藿香)
[嗽] 기침할 때　상백피(桑白皮), 귤피(橘皮)
[滯] 체했을 때　자단향(紫檀香), 산사육(山査肉)
방점 항목의 약재를 취해 제다하여 칠향차로 삼으니 각기 주된 효용이 있다.
風 甘菊·蒼耳子 寒 桂皮·茴香 暑 白檀香·烏梅 熱 黃連·龍腦 感 香薷·藿香 嗽 桑白皮·橘皮 滯 紫檀香·山査肉 取点字爲七香茶 各有主治

차 6냥과 위 약재 각 1전을 물 2잔에 넣고 반쯤 달인다. 차와 섞어 불에 쬔 후 자루에 넣고 건조한 곳에 둔다. 깨끗한 물 2종으로 다관 안을 먼저 데우고, 물이 몇 차례 끓은 뒤 찻그릇에 따르고 차 1전을 넣어, 진하게 우려내어 뜨거울 때 마신다.
茶六兩 右料每却一錢 水二盞 煎半 拌茶焙乾 入布俗 置燥處 淨水二鍾 罐內先烹數沸注缶 入茶一錢 盖定濃亟熱服

화로는 다관을 쉬이 앉힐 수 있어야 한다. 다관은 2부가 들어가며, 다부는 2종이 들어간다. 다종은 2잔이 들어가고, 찻잔은 1홉이 들어간다. 다반은 다부와 다종, 찻잔을 놓을 수 있어야 한다.
爐可安罐 罐入二缶 缶入二鍾 鍾入二盞 盞入一合 盤容置缶鍾盞

3.
동다기(東茶記)

「동다기」는 이능화, 문일평, 최남선 선생 등에 의해 오랫동안 다산 선생의 저술이라고 알려져 왔으며, 현재 법진 스님이 필사한 법진본과 다산 선생 제자인 이시헌(自怡堂 李時憲: 1803~1860)이 필사한 백운동본이 있다. 그러나 법진본에는 원제는 「다기(茶記)」, 저술자는 전의이(全義 李)라고 되어 있고, 백운동본에는 필사한 이시헌이 뒷부분에 직접 "이덕리(李德履: 1728~?) 선생이 적소인 옥주에서 저술하였다"(乃李德履沃州謫中所作)라고 기술하고 있다. 『강심(江心)』에 수록된 백운동본을 발굴하여 발표한 한양대학교 정민 교수에 의하면 원래 제목은 「기다(記茶)」로 서설 5단락·본문 15항목·다조(茶條) 7항목의 3부로 구성되어 있었다. 그리고 1992년 용운 스님에 의해 차 전문지 『다담』에 그 일부가 10회에 걸쳐 연재되기도 했던 「동다기」는 그 원전인 법진본이 공개된 적이 없고, 또 백운동본에 비해 서설 및 본문 일부가 탈락되었으며, 「다조(茶條)」 7항목도 누락되어 있어 원문의 거의 절반 가량이 누락되었다고 발표하였다. 그리고 일부 학자는 「동다기」의 저자가 "계해년(1743) 봄에 내가 상고당에 들렀다가, 요양의 선비 임모가 부쳐온 차를 마셨는데, 잎이 작고 창이 없었다"(余於 癸亥春 過尙古堂 飮遼陽士人任某所寄茶 而葉小無槍)라는 내용이 있는바, 중국 선비 임모와의 교유와 차에 대한 식견 및 연대 등으로 추측컨대, 당시 15세의 어린 나이였던 이덕리를 저자로 보기는 어렵고, 전의이씨 집안의 선대 사람이 저술하고 이덕리 또한 필사하였다고 주장하기도 한다.

[凡 例]

而得於荒原(園)隙地　而자는 백운동본에만 있음
　　　　　　　　　　(園)은 原의 법진본의 다른 표기
生於越絶島萬里之外　島자는 법진본에만 있음
[茶條]는 백운동본에만, [跋文]은 법진본에만 있음

[서설]

베·비단·콩·조는 땅에서 생산되는바, 각기 일정한 생산량이 있으므로, 관에 앞서 반드시 백성의 살림살이를 먼저 헤아려야 한다. 세(稅)로 거둠이 적으면 국가의 재정이 부족하고, 너무 많이 거두면 백성의 생활은 어렵게 된다. 금·은·구슬·옥은 산과 못에서 나오며 그것들의 산출은 처음에 생산될 때보다 갈수록 줄어들기는 해도 늘어나지 않는 것이다. 진나라와 한나라 때를 살펴보면 상으로 황금을 하사했는데, 대략 백 근에서 천 근을 헤아렸다. 송나라와 명나라 때는 백금과 황금 두 가지로 나라를 다스렸으니, 예나 지금이나 빈부의 차이를 여기에서 볼 수 있다. 오늘날에도 베·비단·콩·조가 백성을 위해 하늘이 내린 것이 아니면서도 금·은·구슬·옥처럼 나라를 부강하게 하는 데 쓰인다면 황량한 들이나 놀리는 빈 땅들을 얻어 스스로 꽃이 피고 지게 하면 초목으로도 가히 국가를 일으키고 백성을 넉넉하게 할 수 있는데 어찌 그 일이 재물의 이익과 관련되어 있다 한들 말하지 않을 수가 있겠는가!

布帛菽粟 土地之所生 而自有常數者也 不在於官 必在於民 少取則國用不足 多取則民生倒懸 金銀珠玉 山澤之所産 而孕於厥初 有減而無增者也 觀於秦漢之賞賜 黃金率以百千斤爲槩(槩) 至於宋明之際 白金以兩計(計) 古今之貧富 於斯見矣 今若有非布帛菽粟之爲民所天 金銀珠玉之爲國所富 而得於荒原(園)隙地 自開自落之閑草木 可以裨(裨)國家而裕民生 則何可以事在財利 而莫之言也

차는 남쪽지방의 상서로운 나무이다. 가을에 꽃 피고 겨울에 싹이 트는데, 잎이 여린 것을 참새의 혀[雀舌]·새의 부리[鳥嘴]라고 하며, 잎이 쇤 것을 명이나 설, 또는 가나 천이라 한다. 신농 때 알려졌고 주관이 반열에 이름을 올렸다. 후대로 내려와 위진시대부터 성행하였고, 당나라를 지나 송나라에 이르러서는 사람들의 솜씨가 점차로 공교(工巧)해져서 천하에 최고의 맛이 되었으며, 또한 천하에 차를 마시지 않는 나라가 없었다. 북쪽 오랑캐들은 차의 산지에서 제일 멀리 떨어져 있는데도 북쪽 오랑캐들만큼 차를 즐기는 사람들은 없다. 그 이유는 그들이 오랫동안 육식을 해왔기 때문에 생기는, 등에 열이 나는 배열병을 견뎌내지 못하기 때문이다. 이것은 송나라가 요하를 누를 수 있었고, 명나라가 삼관을 다스릴 수 있었던 것도 모두가 차를 미끼로 이용했기 때문이다.

茶者南方之嘉木也 花於秋而芽於冬 芽之嫩者曰雀舌鳥嘴 其老者曰茗蔎檟荈 著於神農 列(例)於周官 降自魏晉(秦) 浸盛 歷唐至宋 人巧漸臻 天下之味 莫尙焉 而天下亦無不飮茶之國 北虜最遠於茶鄕 嗜茶者 無如北虜 以其長時餕肉 背熱不堪故也 由是宋之撫遼夏 明之撫三關 皆用是以爲餌

우리나라에서는 호남과 영남의 여러 고을에서 차가 난다. 『동국여지승람(東國輿地勝覽)』과 『고사촬요(故事撮要)』 등에 실려 있는 것은 다만 열 곳 백 곳 중에 한 곳일 뿐이다. 우리나라 풍습이 비록 작설을 약에 넣어 사용하기는 해도, 대부분 차와 작설이 본시 한가지로 같다는 것을 모른다. 때문에 일찍이 차를 채취하거나 차를 마시는 자가 거의 없었다. 혹 호사가가 북경의 저자에서 사가지고 올망정, 가까이 나라 안에서 취할 줄은 알지 못한다. 경진년(1760, 영조 36)에 배편으로 차가 오자, 온 나라가 비로소 차를 알게 되었다. 10년간 쓸 만큼 쓰고, 오래 전 떨어졌음에도 따서 쓸 줄 모른다. 또한 우리나라 사람에게 차는 그다지 긴요한 물건이 아니어서 있고 없고를 따질 일이 아니었으므로, 비록 물건을 죄다 취한다 해도 도거리하여 이문을 취한다는 혐의는 없을 것이다.

我東産茶之邑 遍於湖嶺 載輿地勝覽 攷事撮要等書者 特其百十之一也 東俗雖用雀舌入藥 擧不知茶與雀舌 本是一物 故曾未有採茶飮茶者 或好事者 寧買來燕市 而不知近取諸國中 庚辰舶茶之來 一國始識茶面 十年爛用 告乏已久 亦不知採用 則茶之於東人 其亦沒緊要之物 不足爲有無 明矣 雖盡物取之 無權利之嫌

배로 서북지역의 시장이 열리는 곳으로 운반하여, 차를 은과 바꾸면 주제(朱提)와 종촉(鍾燭) 같은 양질의 은이 물길로 잇달아 들어와 지역마다 배당될 수 있다. 차를 말과 바꾼다면 기주(冀州) 북쪽 지방의 결제(駃騠)와 같은 좋은 준마들이 성시(城市)의 외곽을 채우고 교외의 목장이 넘쳐날 것이다. 차를 비단과 맞바꾸면 서촉(西蜀) 지방에서 짠 곱고 아름다운 비단을 반가(班家)의 여인네들이 나들이옷으로 걸치고, 깃발도 바꿀 수가 있다. 나라의 재정이 조금 나아지면 백성의 힘도 절로 펴질 터인데, 앞서 황량한 들이나 놀리는 빈 땅에서 절로 피고 절로 지는 한갓 초목으로 나라에 보탬이 되고 백성의 생활을 넉넉하게 할 수 있다고 함이 결코 지나친 말이 아닌 것이다.

舟輪西北開市處 以之換銀 則朱提鍾燭 可以軼川流而配地部矣 以之換馬 則冀北之駿良駃騠 可以充外閑而溢郊牧矣 以之換錦段 則西蜀之織成綺羅 可以袨士女而變旌幟矣 國用稍優 而民力自紓 更不消言 則向所云得於荒原隙地 自開自落之閑草木 而可以裨國家裕民生者 殆非過言

중국의 차는 아득히 먼 만리 밖에서 나는데도 오히려 취함으로 나라를 부강하게 하고 오랑캐를 방어하는 특별한 재물로 삼는다. 그러나 우리나라는 차가 울타리나 섬돌 옆에서 나는데도 아무 쓸데없는 흙이나 숯처럼 볼 뿐 아니라 급기야 그 이름조차 잊어버리기에 이르렀다. 그리하여 차에 관한 일을 다음과 같이 조목별로 엮어 다설(茶說) 한 편을 지으니, 이에 당국자에게 그 시행을 건의코자 한다.

中國之茶生於越絶島萬里之外 然猶取以爲富國禦戎之奇貨 我東則産於笆籬堵屽 而視若土炭(灰)無用之物 並與其名而忘之 故作茶說一篇 條列茶事于左方 以爲當局者建白措施之地云爾

[본문]

차에는 우전과 우후라는 이름이 있다. 우전은 작설을 말하고, 우후는 바로 명과 설이다. 차라는 식물은 싹은 일찍 트지만 늦게 자란다. 때문에 곡우 무렵에는 찻잎이 아직 덜 자란다. 모름지기 소만이나 망종에 이르러서야 잎이 다 크게 된다. 대개 섣달 이후에서 곡우 이전까지, 곡우 이후에서

망종 때까지 모두 채취할 수가 있다. 혹 어떤 이는 잎의 크고 작음으로
진짜와 가짜를 구별하기도 하는데, 이는 구방고(九方皐)가 말을 알아보던
것과 어찌 다름이 있겠는가?

茶有雨前雨後之名 雨前者雀舌是已 雨後者卽茗蔎也 茶之爲物 早芽而晩苗 故穀雨時
茶葉未長 須至小滿芒種 方能苗大盡 盖自臘後至雨前 自雨後至芒種 皆可採取 或以
葉之大小 爲眞贋之別者 豈九方相馬之倫(偏)也

차에는 일창과 일기라고 하는 명칭이 있다. 창은 가지를 말하고 기는 잎을
가리킨다. 만약 첫 잎 외 좋은 잎을 따지 않는다 하더라도 형주 옥천사의
차는 그 손바닥만한 크기로 해서 드물고 기이한 차가 되었다. 무릇 초목의
처음 나온 첫 잎은 보통 잎보다는 크기 마련이지만 점차 크게 된다 해도
어찌 첫 잎이 갑자기 손바닥만하게 자랄 수야 있겠는가? 또 배에 싣고
온 차를 보니, 줄기에 몇 치쯤 되는 긴 잎이 네댓 개씩이나 잇달아 매달린
것이 있었다. 대개 일창은 처음 돋아난 줄기를 말함이고, 일기란 그 첫
줄기에 달린 잎을 말함이다. 이후 줄기 위에 또 줄기가 생기면서는 쓰지
못한다.

茶有一槍一旗之稱 槍卽枝而旗卽葉也 若謂一葉之外 不堪採 則荊州玉泉寺茶 以大如
掌 爲稀奇之物 凡草木之始生一葉 大於一葉 漸成其大 豈有一葉頓長如掌者乎 且見
舶茶 莖有數寸長葉 有四五連綴者 盖一槍者謂初苗一枝 一旗者謂一枝之葉也 此後枝
上生枝 則始不堪用矣

차에는 고구사니 만감후니 하고 부르는 이름도 있다. 또 천하에 차에 비길
만큼 단 것이 있는데 이를 일러 감초라고 한다. 차가 쓴 것은 모든 사람들이
능히 할 수 있는 말로, 차가 달다고 하는 것은 생각컨대 이를 즐기는 자의
말일 것이다. 근래 채취하던 여러 종류의 잎을 두루 맛보았는데, 혀로
핥았을 때 유독 찻잎만이 마치 묽은 꿀물에 혀를 잠깐 적신 듯하였다.
그제야 옛 사람들이 사물에 붙이는 이름에 무리가 없고 의미가 있음을
믿게 되었다. 차는 겨울에도 푸르다. 10월에는 수분이 많아져서 닥쳐오는
겨울추위를 막는다. 그래서 잎의 단 맛이 더욱 강해진다. 이때 찻잎을

따서 달여 연고차로 만들면, 우전, 우후를 막론하고 상관 없을 듯한데 그 결과는 모르겠다. 달여서 연고차를 만드는 일은 사실 우리나라 사람이 별다른 근거 없이 억측하여 무리하게 만든 것인데, 맛이 써서 단지 약용으로나 쓸 뿐이다. [왜국의 향차고는 따로 논함이 마땅하다. 우리나라에서 만든 것이 가장 거칠다.]

茶有苦口師·晚甘侯之號 又有以天下之甘者 無如茶 謂之甘草 茶之苦 則夫人皆能言之 茶之甘則意謂嗜之者之說 近因採取 遍嘗諸葉 獨茶葉以舌舐之 有若(苦)淡蜜水漬過(遇)者 始信古人命物之意 非苟然(朊)也 茶是冬靑 十月間液氣方盛 將以禦冬 故葉面之甘 尤顯然 意欲於此時採取煎膏 不拘雨前雨後 而未果然也 煎膏實東人之臆料硬做者 味苦只堪藥用云 [倭國香茶膏 當以別論 我國(東)所造最鹵莽]

옛 사람이 이르기를 "먹빛은 검어야 하고, 차의 색은 희어야 한다"라고 했다. 색이 흰 것은 모두 떡차에 향약을 넣고 만든 차를 말한다. 월토와 용봉단 등이 바로 그 부류이다. 송나라 때 많은 현인이 지은 글[賦]에 대한 것은 모두 떡차이다. 그러나 옥천자[盧仝]의 〈칠완차가(七椀茶歌)〉는 잎차[葉茶]에 대한 노래이다. 잎차의 공능과 효용은 이미 대단했거니와 떡차는 단지 맛과 향이 더 나은 데 불과하다. 또 전대의 정위(丁謂)와 후대의 채양(蔡襄)을 이에 불러 나무람은 굳이 극품(極品) 제다법(龍鳳團)을 구해 만들 필요가 없기 때문이다.

古人云 墨色須黑 茶色須白 色之白者 皆(盍)謂餠茶之入香藥造成者 月兎龍鳳團之屬是也 宋之諸賢所賦 皆餠茶 而玉川七椀 則乃葉茶 葉茶之功效已大 餠茶不過以味香爲勝 且前丁後蔡 以此招譏 則不必求其法 而造成者也

차의 맛에 대해서는 황산곡(黃山谷)이 〈영차사(咏茶詞)〉를 지어 읊음으로 다 말했다고 할 수 있다. 떡차는 향약을 넣고 섞어 만든 뒤에 맷돌로 가루를 내어 끓는 물에 넣는다. 별다른 맛이어서 엽차에 비할 바 아니다. 그리고 옥천자가 "두 겨드랑이에서 솔솔 맑은 바람이 솟는구나"라고 한 것 역시 어찌 향약으로 맛을 보탠 차를 맛보았을 것인가? 당나라 사람 중에도 역시 생강과 소금을 사용한 자가 있어 소동파가 비웃은 일이 있다. 예전 한

귀한 집의 잔치 자리에서 차에 꿀을 타 내오자, 온 좌중이 찬송하면서도 입에 넣을 수가 없었다. 이는 참으로 꿀 많은 곳의 촌티라고 할 것이니 차라리 오중태수를 지냈던 육우(陸羽)의 사당을 헐어 없앰이 맞는 일이다.

茶之味 黃魯直咏茶詞 可謂盡之矣 餠茶以香藥成合(合成)後 用渠輪硏末入湯 另是一味 似非葉茶之比 然玉川子兩腋習習生淸風 則亦何嘗用香藥助味哉 唐人亦有用薑塩者 坡公所哂 而向時一貴家宴席 用蜜和茶而進 一座讚頌 不容口 眞所謂鄕態沃蜜者也 正堪撥去吳中守陸子羽祠堂

차의 효능에 대해 어떤 이는 우리나라 차가 중국 월주차만 못하다고 의심하지만 내가 보기에 색과 향, 느낌과 맛이 조금도 차이가 없다. 『다서』에 이르기를 "육안차(陸安茶)는 맛이 좋고, 몽산차는 약용으로 좋다"고 했다. 우리나라 차는 대개 이 두 가지를 겸하였다. 만약 이찬황과 육우가 있더라도 그들이라면 반드시 내 말이 그렇다고 할 것이다.

茶之效 或疑東茶不及越産 以余觀之 色香氣味 少無差異 茶書云 陸(六)安茶以味勝 蒙山茶以藥用勝 東茶盖兼之矣 若有李贊皇陸子羽 其人則必以余言爲然也

계해년(1743, 영조 19) 봄에 내가 상고당에 들렀다가, 요양의 선비 임모가 부쳐온 차를 마셨는데 잎이 작고 창이 없어, 이는 손초(孫樵)가 말한 우레 소리 들으며 딴 차인 것으로 생각하였다. 때는 바야흐로 춘삼월이어서 뜰에 핀 꽃이 아직 시들지 않았다. 주인은 소나무 아래에 손님을 접대하는 자리를 베풀었다. 곁에는 차 화로를 놓아두었는데, 화로와 다관은 모두 해묵은 골동품 그릇이었다. 각자 차 한 잔씩 마셨다. 그때 마침 감기를 앓는 늙은 하인이 있었는데 주인이 몇 잔 마실 것을 명하고 말하기를, "이것으로 감기를 치료할 수가 있다"라고 하였다. 지금으로부터 40여 년 전 일이다. 그 뒤 배로 차가 들어오자, 사람들은 또 설사에 잘 듣는 약재로 여겼다. 지금 내가 딴 것으로 두루 시험해 보았더니 비단 겨울과 여름철 감기뿐 아니라 식체, 술독, 육독(肉毒), 가슴과 배의 통증에 모두 효험이 있었다. 설사병 걸린 자가 소변이 시원치 않고 껄끄러워지는데 효험이 있으니 이는 차가 오줌길을 편하게 해주기 때문이다. 학질 걸린 자가 두통도 없이 금방 병이 낫게 함은 차가 머리와 눈을 맑게 해주기 때문이다. 마지막으로 염병을 앓는 자도 이제 막 하루나 이틀 통증이 있을 때 뜨거운 차를 몇 잔 마시면 병이 이내 멈춘다. 염병을 앓은 지 오래되었는데도 땀을 내지 못한 자는 마시는 즉시 땀이 난다. 이는 지금까지 아무도 논하지 않은바, 내가 친히 경험한 일이다.

余於癸亥春 過尙古堂 飮遼陽士人任某所寄茶 而葉小無槍 想是孫樵所謂聞雷而採者也 時方春三月 庭花未謝 主人設席 松下相待(對) 傍置茶爐 爐罐皆古董彝(彜)器 各盡一杯 適有老傔患感者 主人命飮數盃曰 是可以療感氣去 距今四十餘年 其後舶茶之來 人又爲泄痢之當劑 今余所採者 非但遍試寒暑感氣 食滯酒肉毒胸腹痛皆效 泄痢者尿澁欲成淋者之有效 則以其和(利)水道故也 痃瘧者之無頭疼 有時截愈 則以其淸頭目故也 寂(最)後病瘧者 初痛一二日 熱啜數椀 而病遂已 病瘧日久 而不得發汗者 飮輒得汗 則古今人之所未論 而余所親驗者也

내가 근래 막걸리 몇 잔 마신 후 곁에 식은 차가 있는 것을 보고 반 잔쯤 마시고 잠이 들었는데, 바로 목에 가래가 끓어올랐다. 십여 일 동안 가래를 뱉고 나서야 겨우 나았다. 그래서 식은 차가 오히려 가래를 끓어오르게 할 수 있다는 말을 더욱 믿게 되었다. 듣건대 표류인이 왔을 때, 병 속에서 따라 손님에게 권했다는데 어찌 찬 것이 아니겠는가? 또 들으니 중국 역관 서종망이 새끼돼지구이를 먹을 때 한 손으로는 작은 차 단지[茶壺]를 붙잡고 먹고 마셨다고 하니, 이것은 반드시 식은 차였을 것이다. 생각건대 뜨거운 음식을 먹은 후의 식은 차는 역시 작은 빌미라도 되지 않는 모양이다.

余頃(傾)於飮濁酒數盃後 見傍有冷茶 漫飮半盃入睡 喉痰卽盛 唾出十餘日始瘳 益信冷則反能聚痰之說 聞漂人之來到也 於餠中瀉出勸客 豈非冷者耶 又聞北譯徐宗望之食兒猪炙也 一手持小壺 且啗且飮 是必冷茶也 想熱食(食熱)之後冷 亦不能作小祟也

차는 능히 사람으로 하여금 잠을 적게 자게 하며, 혹은 밤새도록 눈을 붙이지 않게도 한다. 독서하는 사람이나 부지런히 길쌈하는 사람에게도 한 도움이 될 것이다. 선정에 드는 사람 역시 이것이 적어서는 안 된다.

茶能使人少(小)睡 或終夜不得交睫 讀書者 勤於紡績者 飮之可爲(謂)一助 禪定者亦

462

不可少(小)是

차는 산 속 돌 많은 곳에서 많이 난다. 듣건대 영남지방은 집 둘레에 대숲이
곳곳에 있다고 한다. 대숲 사이에서 나는 차는 특히 효험이 있다. 또한
계절이 늦은 뒤에도 딸 수가 있는데, 햇볕을 보지 않았기 때문이다.
茶之生 多在山中多石處 聞嶺南則家邊竹林 處處有之 竹間之茶 尤有效 亦可於節晚
後採得 以其不見日故也

동복은 작은 고을이다. 근래에 들으니 한 수령이 작설 여덟 말을 따서
이것으로 연고차를 달이게 했다고 한다. 가령 작설 여덟 말을 차가 되기를
기다려 땄다면 차 수천 근을 만들 수 있었을 것이다. 또 여덟 말을 잘
가려서 따는 수고로 말하자면 수천 근을 찌고 말리기에 족한 것이다. 그
많고 적음과 어렵고 쉬움의 차이가 매우 크다고 아니할 수 없다. 그럼에도
국가의 이익을 위하여 이를 활용하지 않으니 어찌 애석하다 하지 않으리!
同福小邑也 頃聞一守令採八斗雀舌 用以煎膏 夫八斗雀舌 待其成茶而採之 則可爲數
千斤 又八斗採掇之勞 足當數千斤蒸焙之役 其多少難易懸絶 而不得用以利國 則豈不
惜哉

차는 마땅히 비가 온 뒤에 따야 한다. 잎이 여리고 깨끗해지기 때문이다.
동파 선생은 그의 시에서 "가랑비 넉넉할 때 차 짓는 이 기뻐하네"라고
읊었다.
茶之採 宜於雨餘 以其嫩淨故也 坡詩云 細雨足時茶戶喜

『문헌통고』를 살펴보면 차를 딸 때는 고을의 관리가 몸소 입산하여 남녀노소
백성들을 두루 거느리고 구석구석을 헤쳐 가며 따고 묶는다. 먼저 처음
딴 것을 찌고 말려 잘 만들어진 것은 상공차(上貢茶)로 하며, 그 다음은
관에서 쓰는 차, 남은 것은 백성이 스스로 가질 수 있도록 하였다. 무릇
차의 이익됨이 매우 커서 국가와의 관계도 이와 같다.
按文獻通考 採茶之時縣官親自入山 使民之老幼男女偏 山披求採綴 蒸焙先以首採

而精者爲貢茶 其次爲官茶 餘則許民自取 蓋茶利甚大 有關國家如此

다서에 또 편갑이란 것이 있는데 이른 봄에 황차다. 차 실은 배가 오면 온 나라 사람들은 황차라 일컫는다. 하지만 창과 기가 이미 커서 결코 이른 봄에 딴 차가 아니었다. 당시에 뱃길로 온 사람들이 과연 그 이름을 이같이 전했는지는 모를 일이다. 흑산도에서 온 사람이 있었는데, 그 사람이 "정유년(1777, 정조 1) 겨울에 바다를 떠돌다 온 사람이 아차(兒茶) 나무를 가리켜 황차라고 했다"라고 말했다. 아차(아구차라고도 한다)는 서울지방에서 이른바 황매라고 하는 것이다. 황매는 꽃이 노랗고 진달래보다 먼저 핀다. 잎은 삼각형으로 산(山)자 모양처럼 세 갈레이다. 가지와 줄기 잎에서 모두 생강 맛이 난다. 산골 사람들이 산에 들어가면 싸서 실컷 먹는다. 각 고을에서는 그 여린 줄기를 따서 달여 손님을 접대하기도 하는데, 그 줄기는 두 줌쯤 되는 것 위주로 꺾어 채취한다. 차와 같이 (약처럼) 달여 마시면 감기나 상한(傷寒) 및 이름 모를 괴질이 며칠이 지났어도 땀이 나면서 신통한 효험을 보지 않을 수 없으니, 이 또한 일종의 별스런 차가 아닐런지!

茶書文有片甲者 早春黃茶 而舶茶之來 擧國稱以黃茶 然其槍枝(旗)已長 決非早春採者 未知當時漂來人 果得傳其名如此否也 有自黑山來者 言丁酉冬漂海人指兒茶樹 謂之黃茶云 而兒茶者(俗謂兒求茶) 圻內所謂黃梅也 黃梅花黃 先杜鵑發 葉有三角如山字形有三 筋莖葉皆帶薑味 峽人之入山也 包飽以(而)食 各邑取其嫩枝煎烹 以待使客 且其枝截取 二握爲主材 和茶(如藥)煎服 則感氣傷寒及無名之疾 彌留數(樹)日者 無不發汗神效 豈亦一種別茶耶

앞의 십여 조목은 모두 차에 관한 일을 떠오르는 대로 적은 것이다. 하지만 국가에 보탬이 되고 민생을 넉넉하게 하는 큰 이로움에는 미치지 못하였다. 이제 바야흐로 본론으로 들어가려 한다.

右十數條 皆漫錄茶事 而未及其裨國家裕生民之大利 今方挽入正事

〈다조(茶條)〉 백운동본

마땅히 앞의 〈다설(茶說)〉 아래 놓여야 한다.

當在上茶說下

주사에서는 전기에 호남과 영남의 여러 고을에 관원을 보내, 차의 있고 없음을 보고토록 한다. 차가 있는 고을은 수령에게 가난한 이들 가운데 집 없는 이와 집이 있더라도 식구가 10명이 못 되는 사람 및 군역을 중첩해서 바치는 사람들을 대기토록 한다.

籌司前期 馳關湖嶺列邑 使開報有茶無茶 而有茶之邑 則使守令查出貧人之無結卜 及有結卜而不滿十員以下者 及疊納軍役者 以待之

주사에서는 전기에 낭청첩 백여 장을 내어 한성의 약국 사람 중에서 분별력 있고 건장한 사람을 골라 뽑은 다음, 곡우 되기를 기다려 마부와 말, 여물 등을 지참시켜 차가 나는 고을로 각기 보내 차가 나는 곳을 상세히 찾아보게 한다. 차 따는 기후와 때를 잘 살펴 본 고을에 빈민으로 수록된 가난한 이들을 이끌고 산에 들어가 찻잎을 딴다. 찻잎을 찌고 불에 말리는 법을 가르쳐 주되 그릇과 도구 등을 애써 잘 정돈하도록 한다.

불에 쬐여 말리는 그릇은 구리로 만든 체가 가장 좋고 그 나머지는 의당 발을 쓴다. 어떤 사찰에서는 밥 담는 상자로 말리기도 하는데, 기름기를 뺀 뒤에 부뚜막에 넣으면, 부뚜막 하나에서 하루 열 근을 말릴 수가 있다. 찻잎은 좋은 것만 골라 모아 적당히 찌고 말리되 근량이 넘치지 않게 하고, 한 근의 차를 대략 50문의 돈으로 보상한다. 첫 해에는 5천 냥 한도로 만 근 정도 차를 사들여 왜국 종이로 포장하여 대처로 나누어 보낸다. 관용 배로 서북지방 개시(대외교역시)로 보내는데 낭청 중 한 사람이 압해관으로 동행하여 출납하고, 그 노고에는 은전(恩典)으로 보상한다.

籌司前期出郎廳帖百餘張 揀選京城藥局人精幹者 待穀雨後 給夫馬草料 分送于茶邑 詳探茶所 審候茶時 率本邑查錄之貧民 入山採掇 敎以蒸焙之法 務令器械整齊 焙器 銅篩第一 其餘當用簾 而諸寺焙佐飯笥 浸去油氣 入飯後竈中 則可一竈一日焙十斤 揀擇精美 蒸焙得宜 斤兩毋濫 通計一斤茶償錢五十文 初年則梢五千兩 取萬斤茶 貿倭紙作貼 分送于都會 官舟送于西北開市處 亦須郎廳中一人押解納庫 仍爲償勞之典

일찍 배로 들어온 차를 보니 포장된 겉면[帖面]에 찍어 붙인 가격은 은 2전이었고, 봉[貼]으로는 1냥이었다. 하물며 압록강 서쪽지역은 연경[北京]과 수천 리나 떨어져 있고, 두만강 북쪽은 또 심양과 수천 리 거리이다. 그러므로 한 첩에 2전씩 받는다면 너무 저렴하여 가볍게 보일까 두렵다. 따라서 한 첩에 2전씩 가격을 매긴다 해도 만 근의 차 값은 은전으로 3만 2천 냥이고, 돈으로 9만 6천 냥이다. 해가 갈수록 더 많이 따서 백만 근을 따게 된다면 그 액수가 50만 냥이고, 이를 국가의 경비로 충당하면 조금이라도 백성의 힘이 덜어질 것인바, 어찌 큰 이익이 아니라고 할 수 있을 것인가? 曾見舶茶 帖面印寫價 銀二戔 而貼中之茶 乃一兩也 況鴨江以西 去燕京數千里 豆滿江北 去瀋陽又數千里 則一貼二戔 恐以太廉見輕 然第以一貼二戔論價 則萬斤茶價 銀當爲三萬二千兩 爲錢九萬六千兩 年年加採百萬斤 費錢五十萬 爲國家經費 而少紓民力 則豈非大利也

논자는 만약 중국에서 우리나라에 차가 있음을 알게 되면 반드시 공물로 바칠 것을 요구할 것이고 이는 두고 두고 폐단이 될 것을 두려워한다. 그러나 이는 관아의 벼슬아치가 날마다 고기 잡아 바치라고 들볶는 것이 두려워 어리석은 백성이 연못을 메우고 미나리를 심는 것과 무엇이 다르겠는가? 이제 만약 수백 근 차를 보내어 온 천하가 우리나라에도 차가 있음을 환히 알게 된다면, 연남과 조북의 상인들이 온통 철벅대며 수레를 몰고 책문 넘어 우리나라로 몰려올 것이다. 앞에서 1만 근의 차로 한정하였음은 워낙 먼 곳이므로 이목이 잘 닿지 않을 것이고, 따라서 한 모퉁이에 쌓일 만큼 재화가 모이지 않거나, (팔리지 않아) 물건을 쌓아두게 되는 일이 있지나 않을까 우려되기 때문이었다. 만약 잘 팔려서 재고가 쌓이지 않으면 비록 1백만 근이라도 쉽게 처리될 수 있음은 분명하다. 그리고 숭양의 종자를 심고 또 장차 뽑아내는 일 없이 나라에 도움이 될 것이다. 이는 실로 쉽게 얻는 기회가 아니니 어찌 이것으로 한정할 수 있을 것인가! 議者必謂彼中若知我國有茶 則必徵貢茶 恐開弊於無窮 而此與愚民畏縣官之日採塡魚池而種芹者 何異 今若輸與數百斤 使天下昭然知東國之有茶 則燕南趙北之商 擧將轔轔趵趵 踰柵門而東矣 向欲以萬斤茶爲限者 誠恐遠地之耳目不長 一隅之財貨

未集 有滯貨之患故也 若使有售無滯 雖百萬斤 可以優辦 而崇陽之種 亦將不拔而益
洲 此實不易得之機也 何可以此爲限也

기왕 차시를 연다면 모름지기 별도로 감시어사, 경역관, 압해관 등을 따로
뽑아야 하고, 수행인에 이르기까지는 모두 일 맡는 자가 차이를 두어 정하되,
예전과 같아서는 안 된다. 다만 만인(灣人)이 시장에 오는 것만 허락한다.
대개 난하(灤河)의 풍속이 여우나 개떼 같아서 저들에게 실정이 알려지면
믿지 못할 자도 있기 때문이다. 또 차시가 파한 후는 상급을 넉넉히 주어서
마치 자기 일인 듯 살펴보게 한 연후라야 오래 행함에 폐단이 없을 것이다.
향기로운 미끼 아래 반드시 죽는 고기가 있다 함은 바로 이를 이른 말이다.
既開茶市 則須別擇監市御史京譯官押解官之屬 至於隨行人 皆以幹事者 差定 不可如
前 只許灣人赴市 盖灤俗獄腸狗態 輸情于彼人 有不可信者故也 且茶市罷後 優加賞
給 使視作已事然後 方可久行無弊 香餌之下 必有死魚云者 政謂是也

소박하고 작은 우리나라에 만약 세수 외에 갑자기 수백만 냥이 생기게
된다면 무슨 일이든 못 할 것인가? 다만 씀씀이가 넉넉해지면 어지럽게
빼앗고 뺏겨서 체하는 곳도 많아지게 마련이다. 만약 상하가 마음을 합쳐서
본전과 잡비, 종이 값과 뱃삯 등과 일하는 이에게 주는 상급 외에는 한
푼도 달리 쓸 수 없게 한다. 그러나 비록 쓰는 바가 서로 상관이 없다
해도 서변 성읍을 수축하고, 연못과 길가 좌우 5리 안은 조세 절반을 감해주
어, 그들로 하여금 성관을 짓고 천 리 길에 봇도랑을 파는 데 힘을 쓰도록
시킨다. 그리하여 누에고치의 실처럼 잇닿게 하고, 길가의 도랑을 그물
모양으로 촘촘히 엮는다. 금년에 못 다하면 내년에도 계속 시행한다. 또
서변의 재주 있고 힘 있는 장사들을 소집해서 성에 주둔케 하고, 날마다
사격술을 익히게 한다. 둔성 한 곳에 수백 명을 두어 대포도 쏘게 한다.
극히 우수한 병사에게는 상급을 내리고, 처자와 함께 생활할 수 있도록
한다. 이와 같음이 평상시 수만 명의 막강한 군대를 보유하는 셈이 될
터인데, 이로써 어찌 흉포한 외적을 막고 이웃 나라에도 위엄을 보이기에
부족함이 없지 않겠는가!

以我國之素儉 若暴得數百萬於當稅之外 則何事不可做 但財用既優 則撓奪多滯 若上
下齊心 而於本錢雜費 紙價船價之屬 償勞之外 不許遷動一毫 雖所需無得相關 只用
於西邊 修築城邑 池及路傍左右五里 減田租之半 俾專力築城館開溝洫 使千里之路
如繭管之窄 使路傍之溝 如地網之密 今年不盡者 明年繼行 又募西邊材力之士 取以
於屯城之日習射聽 一屯城 置數百人 射砲 中極者 優數償賚 使可以畜妻子 則是常時
有數萬莫强之兵 豈不足以禦暴客而威隣國哉

차는 능히 잠을 줄여주며, 혹 밤새도록 눈꺼풀이 붙지 않게도 한다. 새벽부터
밤까지 공무중에 있거나, 새벽에 안부를 여쭙고, 밤늦게까지 잠자리를
보살피며 어버이를 봉양하는 이에게는 모두 필요한 것이다. 닭 울 때 베틀에
앉는 여인네와, 묵향 가득한 서상(書床)에서 학업에 힘 쏟는 선비 모두
이것이 적어서는 안 된다. 만약 담담히 돌아봄 없이 꼿꼿하게 밤을 지새우는
군자라면 즉시 지체 말고 듣고 받들어야 할 일이다.

茶能使人少睡 或終夜不能交睫 夙夜在公 晨昏趨庭者 咸其所需 而鷄鳴入機之女
墨帳勤業之士 俱不可少 是若夫厭厭無歸 頷頷罔夜之君子 則有不暇奉聞焉

강심의 의미는 분명치 않다. 이 한 책에 적힌 사, 문 및 시는 바로 이덕리가
옥주의 귀양 사는 곳에서 지은 것이다.

江心之義未詳 此一冊所錄辭文及詩 乃李德履沃州謫中所作

[발문(跋文)] 법진본

광서 17년(1891) 신묘년 여름 나는 두륜산에 있었는데, 이 경을 얻어 열람한
바, 당나라의 여러 현인들이 각기 체득한 깊고 현묘함에 대하여 서술한
것이다. 이와 같음이 우리나라까지 와서 중간에 초의대사가 이어 차로써
조주의 현풍을 떨치게 되었고, 스스로 현묘한 이치를 얻게 되므로 동다송을
지었다. 세상에서는 이를 일러 초의차라고 불렀으며, 재상 관리 할 것
없이 동다송을 탐내고 부러워하지 않는 이가 없었다. 초의차와 조주차가
과거와 현재로 비록 그 법이 다르다 하더라도 헤아림에는 선후가 없음이다.
대개 차가 (유익한) 물건이라 함은 졸음을 쫓을 수 있고, 온갖 병도 치료할

수 있으며, 마귀 들리는 병을 고칠 수 있는즉, 이로써 참선하는 자는 참선을
하고 책을 읽는 자는 책을 읽을 수 있음에 종종 세상의 일들이 어찌 좋지
않으리오. 진실로 이는 궁구를 다함에 이루어진 것으로 온갖 법의 현묘하고
상서로운 약이로다. 그러함에도 이 경은 도가에서 정규(定規)로 행하는
일이니 세상에 그리 흔한 일이 아니다. 이미 유월(六月)이 되었음에도 생각이
바뀌고 날이 거듭되니 문방사우에 명하여 떨쳐 등사하다. 7일을 넘겨 사시에
붓을 놓다. 스스로 권미에 적는다. 연담후인 법진 삼가 발함.

光緒十七年辛卯夏 余在頭崙山中 得此經閱之 卽大唐諸賢家各得玄玄妙 妙之所述作
至若東國 則中間草衣大師繼振趙州之玄風於茶 自得妙理兼述茶頌 世稱草衣茶 宰官
莫不健羨此頌矣 草衣茶趙州茶 古今雖殊法 無先後於斯可量 盖茶之爲物 能除睡魔能
治百病 除魔治病 則禪者禪讀者讀 種種世間事 豈不好哉 眞是究竟成就百法之妙嘉藥
也 然而此經行 道家之案目 於世未數數有 故流月念二日芴 命四友揮謄 越七日巳時
放兎 自記卷尾

蓮潭后人法眞謹跋

4.

각다고(榷茶考)

차의 명칭과 각다고에 대하여

현재 우리나라에서는 차(茶)의 발음을 차와 다로 혼용하여
쓰고 있는데, 그 빈도는 우열을 가리기 힘들 것이라 생각된
다. 일반적으로 한자어는 각다고(榷茶考)나 끽다거(喫茶去)
처럼 '다'로 쓰고 읽는 경우가 많다고 느끼지만, 작설차(雀
舌茶)나 보이차(普洱茶)처럼 꼭 그런 것만은 아닌 듯하다.
우리나라의 옛 문헌도 두 가지가 혼용되고 있다. 즉『동국정
운(東國正韻)』(1447)에서는 '다'로,『월인석보(月印釋譜)』
(1449)에서는 '차'로,『훈몽자회(訓蒙字會)』(1572)는 훈은
'차', 음은 '다'로 정의하고 있다. 이 차이는 표의문자인
한자를 표음문자인 한글로 나타내기 위해서, 또 관습적으
로 불러 왔던 발음상의 문제로 생각된다. 이에 한 소리음으
로 정하는 것보다는 '다'와 '차' 두 소리가 언어의 다양화와
경우에 따르는 선택이 가능하다는 측면에서 더 바람직하다
고 생각되지만, 저자는 그동안 작설차와 선차(禪茶)처럼
주로 '차'를 써왔기 때문에, 또 더 친근감이 드는 이유로
혼용이 가능할 경우 차 위주로 소리내고 또 쓰려고 노력하
였다. 이에 전재(轉載)하는 한국고전번역원의「각다고」의
번역이 모두 '다'로 되어 있는바, 고유명사외 수정이 가능한
단어는 '차'로 수정하였음에 이해를 구하는 바이다.
다산 선생의「각다고」는『경세유표』지관수제부공 제5편
에「염철고(鹽鐵考)」,「관야고(丱冶考)」,「재목고(材木考)」

와 함께 들어 있으며, 나라에서 생산되는 각종 물품의 세수(稅收)와 관련된 내용을 논하였다. 「각다고」는 중국 당(唐)의 덕종부터 시작된 차세 부과의 배경과 극파(嘔罷), 그리고 다시 복세(復稅)의 과정을 거쳐, 송(宋), 원(元), 명(明)의 역대 왕조에서 시행된 차 전매정책[榷茶]에 대하여 고찰하였다. 그 내용은 역대로 시행된 법령 내용과 관련 문헌의 인용, 그리고 호인(胡寅)·마단림(馬端臨)·진부량(陳傅良)·구준(丘濬) 등 여러 학자의 제 설을 소개하고, 각다에 대한 자신의 견해를 개진하였다.

그리고 육우의 『다경』의 시대적 배경과 그로 비롯된 중국의 차문화, 그리고 편차(片茶)와 잎차로서 침출차(浸出茶)인 산차(散茶), 가루차인 말차(末茶) 등 시대의 흐름에 따른 차의 특성 등을 개괄하여 소개하였고, 각다의 폐해와 다법의 폐단도 언급하였으며, 각다에 대하여 "무릇 부세를 마련하는 데는 나라 용도를 먼저 계산하지 말고 백성의 힘을 요량하고 하늘의 이치를 헤아릴 것"(凡制賦稅者 勿先計國用 惟量民力揆天理)이라는 원론을 제시하였다.

『여유당전서』제5집 전법집 제11권, 『경세유표』권11 지관수제부공제5
(與猶堂全書 第五集政法集第十一卷 經世遺表卷十一 地官修制賦貢制五)

당 덕종(唐德宗) 건중(建中) 원년에 호부시랑 조찬(趙贊)의 논의를 채택하여, 천하의 차(茶)·칠(漆)·대(竹)·목재에 대해 10분의 1세를 받아서 상평본전(常平本錢)을 만들었다. 당시에 군부(軍府) 수용(需用)이 많아서 경상세(經常稅)로는 부족했으므로 이런 조서가 있었다. 그러다가 봉천(奉天)에 나간 다음, 깊이 후회하고 조서를 내려서 바삐 혁파했다.

정원(貞元: 당 덕종의 연호, 785~804) 9년에 차세(茶稅)를 복구하였다. 염철사(鹽鐵使) 장방(張滂)이, 차(茶)가 산출되는 주·현 및 차가 나는 산에 외상(外商)이 왕래하는 길목마다 10분의 1세를 받아서 방면(放免)한 두 가지 세에 대충(代充)하고, 명년 이후에는 수재나 한재 때문에 부세를 마련하지 못하게 되면 이 세로써 대충하기를 주청하자 조서를 내려 윤허하고, 이어서 장방에게 위임해서 처리하는 조목을 갖추었다. 이리하여 해마다 돈 40만 관(貫)을 얻었는데, 차(茶)에 세가 부과한 것은 이때부터 시작되었다. 그러나 수재나 한재를 만난 곳에 일찍이 차세로 구제한 적은 없었다. 호인(胡寅)은, "무릇 이(利)를 말하는 자는 아름다운 명목을 가탁해서 임금의 사사 욕심을 받들지 않은 자가 일찍이 없었다. 방(滂)이 차세로써 수재나 한재를 당한 전지의 조세에 대충한다던 것도 이런 따위였다. 이미 세액을 정한 다음에는 견감(蠲減)하기를 좋아하지 않는다" 하였다.

목종(穆宗) 때에 천하 차세의 율(率)을 100전(錢)에서 50을 증액하고, 천하 차의 근량은 20냥(兩)으로 했다.

문종(文宗) 때에 왕애(王涯)가 정승이 되어서는 이사(二使)를 맡고 다시 각다(榷茶)를 설치해서 스스로 괄할하였다. 백성의 차나무를 관장(官場)으로 옮겨심고, 예전에 저축된 것을 독점하니 천하가 크게 원망하였다.

무종(武宗) 때에 염철사 최공(崔珙)이 또 강회지방 차세를 증액했다. 이때에 차상(茶商)이 지나가는 주·현에 중한 세가 있었고, 혹은 배와 수레째 약탈하여 비[雨] 속에 노적(露積)하기도 했다. 여러 도(道)에 저사(邸舍)를 설치해서 세를 거두면서 탑지전(塌地錢)이라 일렀던 까닭으로 간사한 범죄가 더욱 일어났다.

대중(大中) 초기에 염철사 배휴(裴休)가 조약을 만들어서, "사매(私賣) 3범(犯)으로서 사매한 것이 모두 300근이 되면 사형으로 논죄하고, 장행군려(長行軍旅: 멀리 출동하는 군대)는 가진 차가 비록 적더라도 또한 사형한다. 고재(顧載) 3범으로서 500근에 이르거나, 점사(店舍)에 있으면서 거간해서 4범한 것이 1천 근에 이르면 모두 사형한다. 사매 100근 이상은 장척(杖脊)하고 3범은 중한 요역(徭役)을 가한다. 다원(茶園)을 침탈해서 업(業)을 잃게 한 자는 자사나 현령이 사염(私鹽)한 죄로써 논한다" 하였다.

호인은, "다른 독점한 이래로 상려(商旅)가 무역하지 못하고 반드시 관(官)과 더불어 매매하였다. 그러나 사매(私賣)하는 것을 능히 끝내 금단하지 못해서, 추매(椎埋)하는 악소(惡少)들이 몰래 판매하는 해가 일어났다. 사매하다가 우연히 잡히기라도 하면, 간사한 사람과 교활한 아전이 서로 더불어 제 낭탁(囊橐)에로 돌리고, 옥사는 끝까지 바루어지지 않는다. 그 연유한 바를 다스리다 보면 그루가 연하고 가지가 뻗어나서, 양민(良民)으로서 파산하는 자가 촌리(村里)에 잇달았고 심하면 도적이 되어 나오기도 한다. 관청에서는 저장하는 일에 조신하지 않아서, 제때 아니게 발매하여 부패하기에 이르고, 새로 징렴하는 것과 서로 걸리기도 한다. 혹 몰래 팔던 것을 몰수했으나 판매할 데가 없으면 이에 모두 불태우거나 혹은 물에 넣기도 하니, 백성을 괴롭히고 재물을 해롭게 하면서 다 걱정하지 않는다" 하였다.

마단림은, "『육우전(陸羽傳)』을 상고하니 우(羽)가 차를 즐겨했고 『다경(茶經)』 3편을 지어서 차의 유래와 차 달이는 법과 차에 딸린 도구를 설명하면서 더욱 형식을 갖추었다. 이리하여 천하에서 더욱 많은 사람이 차 마실 줄을 알게 되었다. 그때에 차를 파는 자는 육우의 얼굴을 그려서 온돌 사이에 두고 다신(茶神)으로 모시기도 하였다. 상백웅(常伯熊)이라는 자가 있어,

우의 논설을 바탕으로 차의 공효를 다시 넓혀서 논했는데, 그 후에 차를 숭상하는 것이 풍습이 되었고, 회흘(回紇) 사람이 입조(入朝)할 때 비로소 말을 몰아 차를 매매하였다. 우가 정원(貞元) 말기에 죽었으니 차를 즐기고 차를 독점하던 것을 모두 정원 연대에 비롯되었다" 하였다.

생각건대, 차라는 물(物)이 그 시초에는 대개 약초 가운데도 하찮은 것이었다. 그것이 오래되자 초거(軺車)를 연했고 주박(舟舶)을 아울렀은즉, 현관(縣官)이 부세하지 않을 수가 없었다. 그러나 이것도 판매하는 물건의 한 가지이니 알맞게 요량해서 세를 징수하면 이것으로써 족하다. 어찌 관에서 스스로 장사하면서 백성의 사사 매매를 금단하여, 베어 죽여도 그만두지 않기에 이르는 것인가?

唐德宗建中元年 納戶部侍郎趙贊議 稅天下茶 漆 竹 木 十取一 以爲常平本錢 時軍用廣 常賦不足 故有是詔 及出奉天 乃悼悔 下詔亟罷之

貞元九年 復稅茶

鹽鐵使張滂奏請 出茶州縣及茶山外商人要路 每十稅一 充所放兩稅 其明年已後水旱 賦稅不辦 以此代之 詔可 仍委張滂 具處置條目 每歲得錢四十萬貫 茶之有稅 自此始 然遭水旱處 亦未嘗以稅茶錢 拯贍

胡寅曰 凡言利者 未嘗不假託美名 以奉人主私欲 滂以茶稅錢 代水旱田租是也 既以立額 則後莫肯蠲矣

穆宗時 增天下茶稅 率百錢增五十 天下茶 加斤至二十兩

文宗時 王涯爲相判二使 復置榷茶 自領之 使徙民 茶樹於官場 榷其舊積者 天下大怨

武宗時 鹽鐵使崔珙 又增江淮茶稅 是時茶商所過 州縣有重稅 或掠奪 舟車露積雨中 諸道置邸以收稅 謂之塌地錢 故私犯益起

大中初 鹽鐵使裵休著條約 私鬻三犯 皆三百斤 乃論死 長行軍旅 茶雖少 亦死 顧載三 犯 至五百斤 居舍僧保四犯至千斤 皆死 園戶私鬻百斤以上 杖脊 三犯加重徭 伐園失 業者 刺史縣令 以縱私鹽論

胡寅曰 榷茶以來 商旅不得貿遷 而必與官爲市 在私則終不能禁 而榷埋惡少 竊販之 害興 偶有販獲 姦人猾吏 相爲囊橐 獄迄不直 而治所由歷 株連枝蔓 致良民破産 接村比里 甚則盜賊出焉 在公則收貯不虔 發泄不時 至於朽敗 與新斂相妨 或沒入竊 販 無所售用 於是舉而焚之 或乃沈之 殘民害物 咸弗恤也

馬曰 按陸羽傳 羽嗜茶 著經三篇言 茶之原之法之具尤備 天下益知飮茶矣 時鬻茶者
至畫羽形 置煬突間 爲茶神 有常伯熊者 因羽論 復廣著茶之功 其後尙茶成風 回紇入
朝 始驅馬市茶 羽貞元末卒 然則嗜茶榷茶 皆始於貞元間矣
臣謹案 茶之爲物 其始也蓋藥艸之微者也 及其久也 連軺車而方舟舶 則縣官不得不征
之 然是亦商販之一物 量宜收稅 斯足矣 何至官自爲商 禁民私賣 至於誅殺而不已乎

송 태조(宋太祖) 건덕(乾德) 2년에 조서하여, 백성의 차(茶)에 세를 제한[折]
외에는 모두 관에서 매입하였는데, 감히 감춰두고 관에 보내지 않거나
사사로 판매한 것은 몰수하여 죄를 논고하였다. 주관에는 관리가 관차(官茶)
를 사사로 무역한 것이 1관 500이 되거나, 권세에 의지해서 아울러 판매하다
가 체포된 관원과 사민은 모두 죽였다.

순화(淳化: 송 태종의 연호, 990~994) 3년, 조서하여 관차를 훔쳐 판 것이
10관 이상이면 얼굴에 자자(刺字)하며, 그 고을 뇌성(牢城)으로 귀양을 보냈
다.

송나라 제도는 차를 독점해서 여섯 무(務)가 있고[江陵·蘄州 등] 열세 장이
있었으며[蘄州·黃州 등], 또 차를 수매하는 곳으로서 강남(江南)·호남(湖南)·
복건(福建) 등 모두 수십 고을이 있었다. 산장(山場)의 제도는 원호(園戶)를
통솔해서 그 조(租)를 받고 나머지는 죄다 관에서 수매하였다. 또 별도로
민호에 세액을 절충해서 부과하던 것도 있었다.

무릇 차에는 두 종류가 있는데. 편차(片茶)와 산차(散茶)가 그것이다. 편차는
쪄서 제조하는 것으로, 단단히 말아서 복판이 꼬치처럼 되어 있다. 오직
건주(建州)와 검주(劍州)에는, 찐 다음에 갈고 대를 엮어 시렁을 만들어서
건조실(乾燥室) 안에 두는 것이었는데, 가장 정결하여 다른 곳에서는 능히
제조하지 못했다. 그 명칭으로는 용봉(龍鳳)·석유(石乳)·적유(的乳)·백유(白
乳)·두금(頭金)·납면(蠟面)·두골(頭骨)·차골(次骨)·말골(末骨)·추골(麤骨)·
산정(山挺) 따위 12등급이 있어 세공(歲貢)과 방국(邦國)의 쓰임 및 본도(本道)
내의 차를 먹는 나머지 주에 충당했다.

편차에 진보(進寶)·쌍승(雙勝)·보산(寶山)·양부(兩府)는 흥국군(興國軍)에서
(江南에 있다), 선지(仙芝)·눈예(嫩蘂)·복합(福合)·녹합(祿合)·운합(運合)·경

합(慶合)·지합(指合)은 요지주(饒池州)에서(강남에 있다), 이편(泥片)은 건주(虔州)에서, 녹영(綠英)·금편(金片)은 원주(袁州)에서, 옥진(玉津)은 임강군(臨江軍)·영천(靈川)·복주(福州)에서, 선춘(先春)·조춘(早春)·화영(華英)·내천(來泉)·승금(勝金)은 흡주(歙州)에서, 독행(獨行)·영초(靈草)·녹아(綠芽)·편금(片金)·금명(金茗)은 담주(潭州)에서, 대척침(大拓枕)은 강릉(江陵) 대·소파릉(大小巴陵)에서, 개승(開勝)·개권(開捲)·소권(小捲)·생황(生黃)·영모(翎毛)는 악주(岳州)에서, 쌍상(雙上)·녹아(綠芽)·대소방(大小方)은 악진(岳辰)·풍주(灃州)에서, 동수(東首)·천산(淺山)·박측(薄側)은 광주(光州)에서 각각 나오는데 총 스물여섯 가지 명칭이 있다. 그리고 양절(兩浙) 및 선강(宣江)·정주(鼎州)에는 상·중·하로써, 혹은 제1에서 제5까지를 명호(名號)로 하는 것도 있었다.

산차(散茶)로는 태호(太湖)·용계(龍溪)·차호(次戶)·말호(末戶)는 회남(淮南)에서, 악록(岳麓)·초자(草子)·양수(楊樹)·우전(雨前)·우후(雨後)는 형주(荊州)·호주(湖州)에서, 청구(淸口)는 귀주(歸州)에서, 명자(茗子)는 강남에서 각각 나오는데 총 열한 가지 명칭이 있다.

지도(至道) 말년에 차를 판매한 돈이 285만 2천 900여 관이었는데, 천희(天禧) 말년에는 45만여 관이 증가되었다. 천하의 차를 사사로 매매하는 것은 모두 금했으나, 오직 사천(四川)·섬서(峽西)·광주(廣州)에는 백성이 직접 매매하는 것을 허가하고 경계 밖으로 나가는 것은 금했다.

단공(端拱) 3년에 세과(歲課)가 50만 8천여 관으로 증가되었다.

인종(仁宗) 초년에 차에 관한 업무를 개설하고, 해마다 대소 용봉차(龍鳳茶)를 제조했는데, 정위(丁謂)가 시작해서 채양(蔡襄)이 완성하였다.

진부량(陳傅良)이 이르기를, "가우(嘉祐) 4년에 인종이 조서를 내려서 다금(茶禁)을 늦추었다. 이로부터 차(茶)가 백성에게 폐해를 주지 않은 지 60~70년이 되었다. 이것은 한기(韓琦)가 정승으로 있을 때의 사업이었는데, 그 후 채경(蔡京)이 독점하는 법을 복구하기 시작하여 다리(茶利)는 일철(一鐵) 이상부터 모두 경사(京師)로 돌아갔다" 하였다.

희령(熙寧) 7년에서 원풍(元豊) 8년까지 촉도(蜀道)에 다장(茶場)이 41곳이고 경서로(京西路)에는 금주(金州)에 만든 장이 6곳이며 섬서(陝西)에는 차를

파는 장이 332곳이었다. 그리하여 세가 불어난 것이 이직(李稷) 때에 50만
곳으로 증가되었고, 육사민(陸師閔) 때에 와서는 100만 곳이 되었다 한다.
원풍 연간에 수마(水磨: 관직명)를 창설하여 서울에 있는 모든 다호(茶戶)로서
말차(末茶)를 함부로 갈지 못하게 하는 금령이 있었고, 쌀·팥 따위 잡물(雜物)
을 섞은 자에게도 벌이 있었다.

시어사(侍御使) 유지(劉摯)가 상언하기를, "촉(蜀)지방에 차를 독점하는 폐해
때문에 원호(園戶)가 도망쳐서 면하는 자가 있고, 물에 빠져 죽어서 면하는
자도 있는데 그 폐해는 이웃 오(伍)에까지 미칩니다. 나무를 베어버리자니
금령이 있고 더 심자니 세(稅)가 증가되기 때문에 그 지방 말에, '땅이
차를 생산하는 것이 아니고 실상은 화를 낳는다'고 합니다. 사자(使者)를
선택하여 다법의 폐단을 고찰하시고 촉민(蜀民) 소생시킴을 기약하시기
바랍니다" 하였다.

송나라 희령·원풍 이래로 말을 무역하는 데에 오래도록 모두 조차(粗茶)로
했으나 건도(乾道) 말년부터 비로소 세차(細茶)를 주었다.

성도 이주로(成都利州路) 12주(州)에는 기차(奇茶)가 2천 1백 2만 근이었는
데, 차마사(茶馬司)에서 수입하던 것이 대략 이와 같았다.

구준은 말하기를, "후세에 차로써 오랑캐 말과 교역한 것이 비로소 여기에
보이는데, 대개 당나라 때부터 회흘(回紇)이 입공하면서 벌써 말로써 차와
교역했던 것이다. 그 이유는 대부분의 오랑캐들은 유락(乳酪)을 즐겨 마시는
데, 유락은 가슴에 체하는 성질이 있는 반면, 차는 그 성질이 잘 내리므로
체한 것을 능히 말끔히 씻어주는 까닭이었다. 따라서 송나라 때에 비로소
차마사를 마련하였다" 하였다.

宋太祖乾德二年 詔民茶折稅外 悉官買 敢藏匿不送官及私販鬻者 沒入之 論罪主吏
私以官茶貿易及一貫五百 幷持仗販易 爲官私擒捕者 皆死

淳化三年 詔盜官茶販鬻十貫以上 黥面 配本州牢城

宋制榷茶有六務 江陵蘄州等 十三場 蘄州 黃州等 又買茶之處 江南 湖南 福建總數十
郡 山場之制 領園戶 受其租 餘悉官市之 又別有民戶折稅課者

凡茶有二類 曰片 曰散 片茶蒸造 實捲摸中串之 惟建 劍則旣蒸而研 編竹爲格 置焙室
中 最爲精潔 他處不能造 其名有龍 鳳 石乳 的乳 白乳 頭金 蠟面 頭骨 次骨 末骨

麤骨 山挺十二等 以充歲貢及邦國之用 泊本路食茶 餘州片茶 有進寶 雙勝寶 山兩府
出興國軍 在江南 仙芝 嫩蕊 福合 祿合 運合 慶合 指合 出饒池州 在江南 泥片
出虔州 綠英 金片 出袁州 玉津 出臨江軍 靈川 福州 先春 早春 華英 來泉 勝金
出歙州 獨行 震草 綠芽 片金 金茗 出潭州 大拓枕 出江陵 大小 巴陵 開勝 開捲
小捲 生黃 翎毛 出岳州 雙上 綠牙 大小方 出岳辰 澧州 東首 淺山 薄側 出光州
總二十六名 其兩浙及宣江 鼎州 止以上中下 或第一至第五爲號 散茶 有太湖 龍溪
次號 末號 出淮南 岳麓 草子 楊樹 雨前 雨後 出荊湖 清口 出歸州 茗子 出江南
總十一名

至道末 賣錢二百八十五萬二千九百餘貫 天禧末 增四十五萬餘貫 天下茶皆禁 唯川
峽 廣 聽民自賣 不得出境

端拱三年 歲課增五十萬八千餘貫

仁宗初 建茶務 歲造大小龍鳳茶 始於丁謂 而成於蔡襄

陳傅良云 嘉祐四年 仁宗下詔弛禁 自此茶不爲民害者 六七十載矣 此韓琦相業也
至蔡京始復榷法 於是茶利 自一鐵以上 皆歸京師

熙寧七年至元豐八年 蜀道茶場四十一 京西路金州爲場六 陝西賣茶爲場三百三十二
稅息至李稷 加爲五十萬 及陸師閔爲百萬云

元豐中創置水磨 凡在京茶戶 擅磨末茶者 有禁 米豆雜物拌和者 有罰

侍御史劉摯上言 蜀地榷茶之害 園戶有逃以免者 有投死以免者 而其害猶及鄰伍 欲伐
茶則有禁 欲增植則加市 故其俗論謂地非生茶也 實生禍也 願選使者攷茶法之弊欺
以蘇蜀民

宋自熙豐來 舊博馬 皆以粗茶 乾道末 始以細茶遺之 成都利州路十二州 奇茶二千一
百二萬斤 茶馬司所收 大較若此

丘濬曰 後世以茶易虜馬 始見於此 蓋自唐世 回紇入貢 已以馬易茶 蓋虜人多嗜乳酪
乳酪滯膈 而茶性通利 能蕩滌之故也 宋人始制茶馬司

원 세조(元世祖) 지원(至元) 17년(1280)에 강주(江州)에 각다도전운사(榷茶都
轉運司)를 설치해서, 강·회·형·남·복·광(江淮荊南福廣)지방의 세(稅)를 총괄
했는데, 말차가 있고 엽차(葉茶)도 있었다.
구준은 말하기를, "차의 명칭이 왕포(王襃)의 동약(僮約)에 처음 보이다가

육우(陸羽)의 『다경(茶經)』에 크게 나타났고, 당·송 이래로 드디어 인가(人家)의 일용품(日用品)이 되어서 하루라도 없으면 안 되는 물건이 되었다. 그런데 당·송 시절에 쓰던 차는 모두 세말(細末)하여 떡 조각처럼 만들었다가 쓸 때가 되면 다시 갈았는데, 당나라 노동(盧仝)의 시(詩)에, '손으로 월단(차 이름)을 만진다'[手閱月團] 하였고, 송나라 범중엄(范仲淹)의 시에는, '다 맷돌을 돌리다 먼지가 난다'[輾畔塵飛]라는 것이 이것이었다. 원지(元志)에도 말차(末茶)라는 말이 있는데, 지금에는 오직 위광(闈廣)지방에서만 말차를 쓸 뿐이고 온 중국이 엽차를 사용하였는데, 외방 오랑캐도 또한 그러하여 말차가 있는 줄을 다시는 알지 못한다" 하였다.

元世祖至元十七年 置榷茶都轉運司于江州 總江淮荊南福廣之稅 有末茶有葉茶
丘濬曰 茶之名 始見於王褒僮約 而盛著于陸羽茶經 經唐宋以來 遂爲人家日用 一日
不可無之物 然唐宋用茶 皆爲細末 製爲餅片 臨用而輾之 唐盧仝詩所謂首閱月團
宋范仲淹詩所謂輾畔塵飛者是也 元志猶有末茶之說 今世惟闈廣 間用末茶 而葉茶之
用 遍於中國 外夷亦然 世不復知有末茶矣

명나라 때에는 각무(榷務)·첩사(貼射)·교인(交引)의 법을 혁파하고 차(茶)를 여러 가지 명색에 의하여 오직 사천(四川)에다 차마사 한 곳을 설치했고 섬서(陝西)에는 차마사 네 곳을 설치하였다.

또 가끔 관문(關門)과 나루터, 요긴한 목에는 비험소(批驗所)를 설치하고 해마다 행인(行人)을 보내어, 차를 교역하는 지방에 방(榜)을 걸어서 백성에게 금령을 알렸다.

준은 말하기를, "차가 생산되는 지방은 강남(江南)에 가장 많은데, 오늘날은 독점하는 법이 없고 오직 사천과 섬서에 금법이 자못 엄중한 것은 대개 말과 교역하기 때문이었다. 무릇 중국에서 쓸데없는 차로써 쓸모있는 오랑캐의 말과 바꾸는데, 비록 차를 백성에게서 취한다 하나, 이로 인해 말을 얻어서 백성을 보위할 수 있으니 산동과 하남에 말을 기르는 일과 비교한다면 이미 가벼운 것이다"라고 하였다.

대명률(大明律)에, "무릇 차를 사제(私製)해서 율을 범한 자는 소금을 사제한 것에 대한 법과 같이 죄를 논한다" 하였다.

大明時 悉罷権務 貼射交引茶由諸種名色 惟於四州置茶馬司一 陝西置茶馬司四

又間於關津要害 置批驗所 每年遣行人 掛榜於行茶地方 俾民知禁

丘濬曰 産茶之地 江南最多 今日皆無権法 獨於川陝 禁法頗嚴 蓋爲市馬故也 夫以中

國無用之茶 而易虜人有用之馬 雖曰取茶於民 然因是可以得馬 以爲民衛 其視山東

河南養馬之役 固已輕矣

大明律曰 凡犯私茶者 同私鹽法論罪

사염에 대한 법은 위에서 말하였다. 내가 전고(前古)의 재부(財賦)하던 제도를 일일이 보니, 손익과 득실이 세대마다 같지 않았다. 그러나 대개 도가 있는 세대에는 그 부렴은 반드시 박하면서 그 재용은 반드시 넉넉했고, 도가 없는 세대에는 그 부렴은 반드시 중하면서 그 재용은 반드시 모자랐다. 이것은 벌써 그러했던 자취로 보아 뚜렷한 것이었다. 이로 말미암아 본다면 재용을 넉넉하게 하는 방법은 한 가지가 아니지만, 그 큰 이로움은 부렴을 박하게 함보다 나은 것이 없고 재용이 모자라게 되는 이유도 한 가지가 아니지만, 그 큰 해로움은 부렴을 중하게 함보다 더한 것이 없었다. 아아! 천하의 재물은 한이 있어도 용도는 한이 없으니 한이 있는 재물로써 한이 없는 용도에 응하면 그 무엇으로써 감당해 내겠는가? 그런 까닭에 성인이 법을 마련하기를, "수입을 요량해서 지출한다" 하였으니 수입한다는 것은 재물이고 지출한다는 것은 용도이다. 한이 있는 것을 요량해서 한이 없는 것을 절제함은 성인의 지혜이며 융성하는 방도이고, 한이 없는 것을 함부로 해서 한이 있는 것을 다하게 함은 우부(愚夫)의 미망(迷妄)이며 패망하는 방법이다. 무릇 부세를 마련하는 데는 나라 용도를 먼저 계산하지 말고 백성의 힘을 요량하고 하늘의 이치를 헤아릴 것이며, 무릇 백성의 힘으로 감당하지 못하는 것과 하늘의 이치에 맞지 않는 것은 곧 털끝만큼도 감히 더 할 수 없다.

이러므로 1년 수입을 통계하여 세 몫으로 갈라서 두 몫으로 1년 용도에 지출하고 한 몫은 남겨서 다음 해를 위해 저축한다. 이것이 이른바 3년 농사해서 1년 먹을 만큼을 남긴다는 것이다. 만일 부족함이 있으면 위로 제사와 빈객 접대에서 아래로 승여(乘輿)와 복식(服飾)에 이르기까지 소용되

는 온갖 물품을 모두 줄여서 검소하게 하여 서로 알맞도록 기약한 다음에
그만두는 것이니 이것이 옛적의 도였으며 다른 방법은 없다.

| 이익성 역, 한국고전번역원 |

私鹽法見上 臣歷觀前古財賦之制 雖其損益得失 代各不同 大較有道之世 其賦斂之薄
而其財用必裕 無道之世 其賦斂必重而其財用必匱 此已然之跡 昭昭然者也 由是觀之
裕財之術非一 而其大利無過乎薄斂也 匱財之術非一 而其大害無踰乎重斂也 嗚呼
天下之財有限 而其用無限 以有限之財 應無限之用 其何以堪之故 聖人制法曰 量入
以爲出 入者 財也 出者 用也 量有限以節無限 聖人之智也 興隆之道也 縱無限以竭有
限 愚夫之迷也 敗亡之術也 凡制賦稅者 勿先計國用 惟量民力揆天理 凡民力之所不
堪 天理之所不允 卽毫髮不敢加焉 於是通計一年之入 參分之以其二 支一年之用
留其一爲來年之蓄 所謂三年耕 有一年之食也 如有不足 自祭祀賓客而下 乘輿服飾一
應百物 皆減之爲儉約 期與相當而後已焉 此古之道也 無他術也

5.

다신전(茶神傳)

▰▰▰▰ 초의선사는 43세인 1828년 지리산의 칠불선원에 가서 지내
면서 『만보전서(萬寶全書)』 중의 차 관련 내용을 필사(抄錄)
하고 『다신전(茶神傳)』이라고 이름붙였다. 당시 중국의 풍물
을 기록한 『만보전서』 류(類)는 제도, 규범, 관제, 문학과
문화 등 사회 전반에 관한 내용을 기록한 『사문유취(事文類
聚)』, 『예문유취(藝文類聚)』, 『당류함(唐類函)』, 『천중기(天
中記)』 등과 같은 유서(類書)와 더불어 중국의 백과사전과
같은 것으로 우리나라에 그 종류가 많은 흔한 책이었다.
그 중 선사가 필사한 『경당증정만보전서(敬堂增訂萬寶全
書)』 14권 중의 일부인 「채다론(採茶論)」이 『다신전』이고,
「채다론」의 원본이 명(明)의 장원(張源)이 1595년 전후에
쓴 『다록(茶錄)』이다. 그런데 원래 『다록』에 있던 제22항
「분다합(分茶盒)」조 17자가 『만보전서』에 누락됨으로써 『다
신전』에도 빠져 있고, 제23항 「다도(茶道)」조가 내용은 그대
로인데, 「다도」 대신에 「다위(茶衛)」라 쓴 것만이 다르다.
이는 거듭된 필사가 원인인 듯하며, 현재 전해지는 『다신전』
에도 통·속자(通·俗子), 오자나 탈자 등이 조금 있다.

[凡 例]

香(味)不, 非(芽)紫, 中石(石中)	味, 芽, 石中은 다록의 다른 표기
竹(林)下	林은 다록에는 없음
者又次	又가 다록에는 있음

채다론(埰茶論)

抄出 萬寶全書

1. 차 따기 [採茶]

차를 따는 일은 그 시기가 중요하다. 너무 이르면 맛이 온전치 못하며, 늦으면 신령스러움이 흩어진다. 곡우 전 5일간의 것이 가장 좋고, 곡우 후 5일간의 것이 다음이며, 다시 그 후 5일간의 것이 그 다음이다. 차싹은 자줏빛 나는 것이 으뜸이요, 잎이 주름진 것이 버금가며, 둥글게 말려진 잎이 또 그 다음이며, 조릿대 잎처럼 번쩍이는 잎이 가장 하품이다. 밤새 구름 없던 날 이슬에 흠뻑 젖은 찻잎을 따는 것이 가장 좋고, 해 있는 낮에 딴 것은 그 다음이며, 흐린 날이나 비가 내릴 때는 의당 따지 말아야 한다. 산골짜기에서 나는 것이 으뜸이고, 대나무 숲 밑에서 나는 것이 버금가며, 풍화되어 잘 부스러지는 돌밭에서 나는 것이 그 다음이고, 누런 모래 섞인 땅에서 나는 것이 또한 그 다음이다.

採茶之候 貴及其時 太早則香(味)不全 遲則神散 以穀雨前五日爲上 後五日次之 再五日又次之 茶非(芽)紫者爲上 而(面)皺者次之 團葉者(又)次之 光而(面)如篠葉者最下 徹(撤)夜無雲浥露采(採)者爲上 日中采(採)者次之 陰雨下(中)不宜采(採) 産谷中者爲上 竹(林)下者次之 爛中石(石中)者又次之 黃砂中者又次之

2. 차 만들기 [造茶]

새로 딴 것은 쇤 잎과 가지 부스러기를 골라내고, 너비 두 자 네 치의 노구솥에서 차 한 근 반을 덖는다. 솥이 매우 뜨거워졌을 때 찻잎을 넣어 급히 덖어야 하며 불기를 약하게 해서는 안 된다. 찻잎이 익기를 기다려 불을 물리고 솥에서 꺼내어 초석(草席)에 펼쳐놓고 가볍게 뭉치고 비비기를 몇 차례 한다. 다시 솥에 넣어 불길을 조금씩 줄이면서 쬐어가며 알맞게 말리면 그 속에 그윽함과 미묘함이 있으되 말로 전부 나타내기 어렵다. 불기운이 고르게 퍼지도록 잘 조정하면 빛깔과 향기가 모두 좋게 되지만, 그윽하고 미묘함을 헤아리지 못하면 신령스러움을 갖춘 차가 만들어지기 어렵다.

新採 揀去老葉及枝(枝)梗碎屑 鍋廣二尺四寸 將茶一斤半焙之 候鍋極熱 始下茶急炒 火不可緩 待熱(熟)方退火 徹入筵(籩)中 輕團枷(那)數遍 復下鍋中 漸漸減火 焙乾爲 度 中有玄微 難以言顯 火候均停 色香全美 玄微未究 神味俱妙(疲)

3. 차의 분별 [辨茶]

차의 신묘함은 정성을 다한 만듦에서 비롯되어 법도대로 간수하고, 올바르게 차를 우려내는 데에 있다 할 것이다. 차의 좋고 나쁨은 차를 처음 덖는 노구솥에서 결정되고, 차의 맑고 탁함은 마지막 불길에 달려 있다. 불길이 세차면 향기는 맑아지고, 솥이 차면 신기가 탐탁치 못하게 된다. 불길이 거세면 익기도 전에 타 버리고, 땔감이 더디게 타면 푸른색을 잃게 된다. 불을 오래 지피면 지나치게 익게 되고, 일찍 끝내고 치우면 설익는다. 너무 익으면 누렇게 변하고 설익으면 어두운 색이 된다. 순하게 비비면[挪] 달며 부드럽고, 거세게 비비면 쓰고 떫어진다. 하얀 점을 띤 것은 무방하며, 타거나 그을린 것들이 없는 것이 가장 훌륭하다.

茶之妙(玅) 在乎始造之精 藏之得法 泡之得宜 優劣宜(定)乎始鍋 淸濁係水(乎末)火 火烈香淸 鍋乘(寒)神倦 火猛生焦 柴疎失翠 久延則過熟 早起卻邊(却還)生 熟則犯黃 生則著(着)黑 順那則甘 逆那則溢(澁) 帶白點者無妨 絶焦點者最勝

4. 차의 저장 [藏茶]

차를 만들어 마르기 시작하면 먼저 쓰던 합에 담고 종이로 입구를 막고 밖에 둔다. 사흘이 지나 차의 품성이 회복되기를 기다려 다시 약한 불에 쬐어 바싹 말리고, 식기를 기다려 단지에 담아 저장한다. 대껍질로 얼기설기 묶은 차를 가볍게 채워넣는다. 죽순 껍질과 종이를 사용하여 단지 입구를 겹겹으로 단단히 봉하고, 윗부분을 불에 구운 벽돌로 눌러서 차갑게 한다. 차는 다육고(茶育庫) 속에 넣어두는데 절대로 바람에 쏘이거나 불에 가까이 하지 않도록 한다. 바람에 쏘이면 쉽게 차가워지고 불기에 가까우면 금방 누렇게 되기 때문이다.

造茶始乾 先盛舊盒中 外以紙封口 過三日 俟其性復 復以微火焙極乾 待冷貯壜中 輕輕築實 以箬襯緊 將花筍箬(笋蒻)及紙 數重封緊(紮)壜口 上以火煨磚 冷定壓之 置茶育中 切勿臨風近火 臨風易冷 近火先黃

5. 불길 다루기 [火候]

차를 달이는 요지는 먼저 불 살피기이다. 화롯불이 빨갛게 달아오르면 차관을 비로소 얹고 부채질을 가볍고 빠르게 하여야 한다. 차관에서 물 끓는 소리가 나기를 기다려 차츰 세게 부채질하는데, 이것이 약하고 강한 불 다루는 문무지후이다. 문이 지나치면 물의 맛이 밍밍하여지고, 밍밍하면 차는 가라앉는다. 무가 지나치면 불길이 사나워지고, 사나워지면 차의 맛이 물의 맛을 누른다. 모두 적당하고 알맞음[中和]이 부족한 것으로 이는 차인으로서 살피지 않으면 안 될 일이다.

烹茶旨要 火候爲先 爐火通紅 茶瓢始上 扇起要輕疾 待有聲稍稍重疾 斯文武之候也 過於(于)文則水性柔 柔則水爲茶降 過於(于)武則火性烈 烈則茶爲水制 皆不足於中和 非烹(茶)家要旨也

6. 끓는 물의 분별 [湯辨]

끓는 물에는 세 가지의 큰 분별법과 열다섯 가지의 작은 분별법이 있다. 첫째는 물이 끓는 모양으로 분별하기이며, 둘째는 소리로 분별하기, 셋째는 김으로 분별하기이다. 모양의 분별은 물 끓는 안을 보고 분별하는 것이요, 소리는 밖에서 끓는 소리로 분별하는 것이며, 김은 빠르게 분별하는 것이다. 기포가 새우 눈, 게 눈, 물고기 눈이나 구슬이 이어진 것 같은 것은 모두 덜 끓여진 맹탕이다. 북을 치듯 넘실거리고, 용솟음치며 부글부글 끓기에 이르면 물의 기운이 모두 사라지니 바야흐로 이것이 제대로 끓은 순숙이다.

첫 소리, 구르는 소리, 떨림소리, 말 뛰는 소리와 같은 것을 모두 맹탕으로
여긴다. 그러다 소리가 사라지면 이것이 곧 순숙이다. 김이 한 가닥, 두
가닥, 서너 가닥이 되다가, 가닥이 흩어져 구분이 되지 않고, 왕성하여
어지럽게 얽힘은 모두 맹탕으로 여긴다. 김이 곧게 치솟아 이어지기에
이르면 이것이 곧 순숙이다.

湯有三大辨 十五小辨 一曰形辨 二曰聲辨 三曰氣辨 形爲內辨 聲爲外辨 氣爲捷
辨 如蟹(蝦)眼蝦(蟹)眼魚眼連珠 皆爲萌湯 直如(至)湧沸如騰波鼓浪 水氣全消
方是純熟 如初聲轉聲振聲驟聲 皆爲萌湯 直至無聲 方是結(純)熟 如氣浮一縷
浮二縷三四縷 及縷亂不分 氤氳亂縷(繞) 皆爲萌湯 直至氣直冲貫 方是經(純)熟

7. 탕에 쓰는 여리고 쇤 것 [湯用老嫩]

채군모는 여린 것만을 쓰고 쇤 것은 쓰지 않았다. 대개 옛 사람들의 차
만드는 방법은 차를 만들면 반드시 맷돌질하고, 맷돌질하면 반드시 곱게
갈고, 곱게 간 후에는 반드시 체로 쳤고, 체를 치면 티끌은 휘날리고 가루는
날았다. 이것을 섞어 용봉을 찍고 단차(團茶)를 만들었으니, 끓인 탕을
보면 차의 신령스러움이 곧바로 뜬다. 이것은 여린 것을 쓰고 쇤 것을
쓰지 않은 까닭이다. 요즈음의 차 만드는 방법은 체치기와 맷돌질을 하지
않아 모두 원래의 찻잎 모양을 그대로 갖추고 있다. 이런 차의 탕수는
모름지기 순숙되어야 원래의 신령스러움이 비로소 드러난다. 그러므로
탕수라면 모름지기 다섯 번 정도 용솟음쳐야만 차의 세 가지 기묘함이
나타난다고 말한다.

蔡君謨 湯用嫩而 不用老 盖因古人製茶 造則必碾 碾則必磨 磨則必羅 則味(茶)爲飄
塵飛粉矣 於(于)是和劑 印作龍鳳團 則見湯而茶神硬(便)浮 此用嫩血(而)不用老也
今時製茶 不假羅碾(磨) 全具无(元)體 此湯須純熟 元神始發也 故曰湯須五沸 茶奏三
奇

8. 차를 끓이는 법 [泡法]

살펴보아 물이 다 끓으면 곧 물을 들어 먼저 다관에 조금 따라서 냉기를

가셔낸 다음 차를 넣는다. 차의 많고 적음을 잘 헤아려야 하는데 적당함[中]이 지나치거나 알맞음[正]을 잃어서는 안 된다. 차가 많으면 맛이 쓰고 향기가 가라앉으며, 물이 많으면 빛깔은 맑아도 맛이 떨어진다. 다관은 두 번 사용하면 다시 사용하기 위하여 찬물로 흔들어 씻어서 서늘하고 깨끗하게 한다. 그렇게 하지 않으면 차의 향기가 줄어든다. 탕관에서 차가 익으면 다신이 건실하지 않고, 다관이 청결하면 물의 품성은 언제나 신령스럽다. 차와 물이 잘 어우러지기를 잠시 기다린 뒤에 베에 걸러서 마신다. 거르는 것은 빠르면 마땅치 않고, 늦게 마시는 것도 마땅치가 않다. 빠르면 차의 신령함이 덜 일어나고, 더디면 신묘한 향기가 먼저 사라진다.

探湯純熟便取起 先注少許壺中 祛湯冷氣傾出 然後投茶(葉) 茶多寡宜酌 不可過中 失正 茶重則味苦香況(沉) 水勝則色淸味(氣)寡 兩壺後 又用 冷水蕩滌 使壺 凉潔 不則 減茶香矣 礶熟則茶神不健 壺淸則水性當(常)靈 稍候(俟)茶水冲和 然後 令(分) 釃布飮 釃不宜早 飮不宜遲 早則茶神未發 遲則妙(玅)馥先消

9. 차 넣기 [投茶]

차 넣기는 차례가 있으니 그 마땅함을 잃어서는 안 된다. 차를 먼저 넣고 끓인 물을 뒤에 붓는 것을 하투라고 하며, 끓인 물을 절반 붓고 차를 넣은 다음 다시 끓인 물로 채우는 것을 중투라고 한다. 끓는 물부터 먼저 붓고 차를 뒤에 넣는 것을 상투라고 하며 봄·가을에는 중투, 여름에는 상투, 겨울에는 하투를 한다.

投茶行(有)序 毋失其宜 先茶湯後(後湯) 曰下投 湯半下茶 復以湯滿 曰中投 先湯後茶 曰上投 春秋中投 夏上投 冬下投

10. 차 마시기 [飮茶]

차를 마시기는 객이 적은 것이 더 좋다. 객이 많으면 시끄럽고, 시끄러우면 정취를 찾을 수 없다. 홀로 마시면 신령스럽다 할 것이요, 둘이 마시면 매우 좋을[勝] 것이며, 서너 명은 정취 있음이요, 대여섯은 덤덤하고, 일곱이나 여덟은 그저 나누어 마시는 것이다.

飲茶以客少爲貴 客衆則喧 喧則雅趣乏矣 獨啜曰神 二客曰勝 三四曰趣 五六曰泛
七八曰施

11. 차의 향 [香]

차에는 진향(참 향기), 난향(난초 향기), 청향(맑은 향기), 순향(순한 향기)이
있다. 안과 밖이 같은 것을 순향이라 하고, 설지도 너무 익지도 않은 것을
청향이라 하며, 불기운이 고르게 스며든 것을 난향, 곡우 전의 신령스러움이
잘 갖춰진 것을 진향이라고 한다. 또 함향, 누향, 부향, 문향도 있는데,
이것은 모두가 바르지 못한 향이다.

茶有眞香 有蘭香 有淸香 有純香 表裏如一 曰純香 不生不熟 曰淸香 火候均停 曰蘭香
雨前神具 曰眞香 更有含香漏香浮香 間(問)香 此皆不正之氣

12. 차의 빛깔 [色]

차는 맑고 푸른 것이 빼어난 것이다. 차탕은 여린 쪽빛에 약간 하얀색을
띠는 것이 좋다. 누른색이나 검은색, 붉은색, 어두운 색의 차는 모두 등급에
들지 못한다. 눈 같은 것이 으뜸이요, 푸른 것이 중품이며, 누런 것이
하품이다. 새로 길은 샘물을 잘 타고 있는 불에서 달여 냄은 깊고 빼어남이고,
옥빛 차와 얼음같이 맑은 차탕은 찻잔에서 접할 수 있는 출중한 솜씨이다.

茶以淸(靑)翠爲勝 濤以藍白爲佳 黃黑紅昏 俱不入品 雲(雪)濤爲上 翠濤爲中 黃濤爲
下 新泉活火煮茗玄工 玉茗水(氷)濤 當杯絶枝(技)

13. 차의 맛 [味]

맛은 달고 부드러운 것이 상품이며, 쓰고 떫은 것이 하품이다.

味以甘潤爲上 苦滯(澁)爲下

14. 오염되면 차의 참맛을 잃는다 [點染失眞]

차에는 본시부터 참된 향과 색, 맛이 있는데, 한번 조금이라도 오염되면

곧 그 참됨을 잃게 된다. 물에 짠 것이 있거나, 차에 다른 재료가 섞여 있거나, 다완에 과즙 등이 묻어 있어도 모두 그 참됨을 잃은 것이다.

茶自有眞香 有眞色 有眞味 一經點染 便失其眞 如水中着醎 茶中着料 碗中着菓(果) 皆失眞也

15. 변질된 차는 쓰지 않는다 [茶變不可用]

차를 처음 만들면 푸른 비취색이다. 거두고 간직함에 그 법도대로 하지 않으면, 첫 번째는 초록색으로 변하고, 두 번째는 누런색으로 변하고, 세 번째는 검게 변하고, 네 번째는 하얗게 변하게 된다. 이것을 먹으면 위장이 차게 되고, 심지어는 수척하게 되는 것이다.

茶始造則靑翠 收藏不(得其)法 一變至綠 再變至黃 三變至黑 四變至白 食之則寒胃 其(甚)至瘠氣成積

16. 물의 등급 [品泉]

차는 물의 신이요, 물은 차의 몸체이다. 참된 물이 아니면 그 신령스러움이 나타나지 않으며, 정결한 차 아니면 그 형체를 엿볼 수 없다. 산마루의 샘물은 맑고 가벼우며, 산 밑의 샘물은 맑고 무겁다. 돌 속의 샘물은 맑고 달며, 모래 속의 샘물은 맑고 차가우며, 흙 속의 샘물은 싱겁고 깨끗하다. 누런 돌 틈에서 흐르는 것이 좋고, 푸른 돌 틈에서 솟아오른 것은 쓸 수 없다. 흘러서 움직이는 물은 고인 물보다 낫고, 그늘진 곳에 있는 물이 햇볕을 향해 있는 물보다 더 좋다. 처음 솟는 수원의 물은 맛이 없고, 좋은 물은 향기가 없는 것이다.

茶者水之神 水者茶之體 非眞水 莫顯其神 非精茶 莫(曷)窺其體 山頂泉淸而輕 水(山)下泉淸而重 石中泉淸而甘 砂中泉淸而冽 土中泉淡而白 流於(于)黃石爲佳 瀉出靑石無用 流動者愈於(于)安靜 負陰者眞於(勝于向)陽 眞原(源)無味 眞水無香

17. 우물물은 차에 좋지 않다 [井水不宜茶]

『다경』에 이르기를, "산물이 가장 좋고, 강물이 그 다음이며, 우물물이 가장 아래다"라고 하였다. 우선 강이나 산이 가깝지 않고, 별안간 샘물이 없을 때를 대비하여 오로지 매우(장마비)를 많이 받아 모아두는 것이 마땅하다. 그 맛이 달고 부드러워 만물을 기르는 물로서 뛰어나다. 눈 녹인 물은 비록 맑아도 그 수성(水性)이 무거워 지라와 위장에 들어가면 차갑고 어둡게 하므로 많이 모아두기에는 마땅치가 않다.

茶經云 山水上 江水下(次) 井水最下矣 第一 方不近(江)山 卒無泉水 惟當春(多)積梅雨 其味甘和 乃長養萬物之水 雪水雖清 性感重 陰寒入脾胃 不宜多積

18. 물을 받아놓는 법 [貯水]

찻물을 담는 독은 모름지기 뜰의 그늘진 곳에 두고 비단으로 덮어서 별과 이슬의 기운을 받게 하면, 빼어난 영기가 흩어지지 않아 신령스러운 기운을 언제나 간직할 수 있게 된다. 가령, 나무나 돌로 누르고 종이나 대껍질로 봉하여 햇볕에 두게 되면, 밖으로는 신령스러움이 흩어지고, 안에서는 그 기운이 막혀 신령스러움이 없어지게 된다. 차를 마심에는 오직 차의 신선함과 물의 신령성을 귀하게 여기므로, 차가 그 신선함을 잃거나, 물이 그 신령스러움을 잃는다면 도랑물과 무엇이 다르겠는가!

貯水甕 須置陰庭中 覆以紗帛 使承星露之氣 則英靈不散 神氣常存 假令壓(之)以木石 封以紙箬 曝于日下 則外耗散(其)神 內閉其氣 水神弊(散)矣 飲茶惟貴夫(乎) 茶鮮水靈 茶失其鮮 水失其靈 則與溝渠水何異

19. 찻그릇 [茶具]

상저옹(육우)은 차 달일 때 은 탕관을 썼는데, 너무 사치스럽게 여기다가 훗날 자기그릇을 썼으나, 이 또한 오래 견디지 못하고 마침내 은으로 돌아갔다. 내 생각건대 은붙이란 단청을 칠한 누각이나 화려한 집에서나 두기에 알맞다. 산에 있는 재실이나 초가집에서는 그저 주석 탕관이 제격이고, 또한 향과 색은 물론 맛의 손상도 없다. 단 구리나 쇠로 된 찻그릇은 삼가야 한다.

水神弊(散)矣 煮茶用銀瓢 調(謂)過於奢侈 後用磁器 又不能耐(持)久 卒歸於(于)銀

愚意銀者 **宜**貯朱樓華屋 石(若)山齋茅(茆)舍 惟用錫瓢 亦無損於(于)香色味也 **但銅**
鐵忌之

20. 찻잔 [茶盞]

잔은 눈처럼 흰 것이 으뜸이다. 쪽빛에 흰빛이 도는 찻잔은 차의 빛깔을
손상시키지 않으므로 버금간다.

盞以雪白者爲上 藍白者不損茶色 次之

21. 차 행주 [拭盞布]

차 마시기 전후에는 고운 삼베를 갖추어두었다 잔을 닦는다. 그 밖의 것은
더러워지기 쉬워서 쓰기에 마땅치 않다.

飮茶前後 俱用細麻布 拭盞 其他物(易)穢不堪(宜)用

22. 차를 나눠 담는 그릇 [分茶盒]

주석으로 만든다. 큰 단지에서 나누어 쓰고, 다 쓰면 다시 담는다.

以錫爲之 從大壜中分用 用盡再取

23. 다도 [茶衛(道)]

만들 때 정성스럽게, 저장할 때 건조하게, 물 끓일 때 청결하게 한다.
정성스럽고, 건조하고, 청결하게 하면 다도는 다 된 것이다.

造時精 藏時燥 泡時潔 精燥潔 茶道盡矣

발문 (跋文)

무자년(1828) 곡우 무렵 스승을 따라 방장산의 칠불아원에서 (채다론을)
베껴 내려와서 다시 정서하고자 하였으나 병 때문에 아직 결과를 맺지
못하였다. 사미 수홍이 시자방에 있을 때 다도를 알고자 정초하였으나,
그 역시 병으로 아직 끝내지 못하였다. 이에 참선 틈틈이 억지로 붓에

명하여 마침내 이루었다. 시작 있고 끝 있음이 어찌 군자만의 할 일이던가.
불가에 간혹 조주선사의 다풍(茶風) 있어도 온전히 알 수 없기에 외람되이
베껴서 보이고자 함이다.

경인년 중춘 병으로 암자에서 쉬는 선승이 눈 내리는 창가에서 화로를
안고 삼가 쓰다.

戊子雨際 隨師於方丈山七佛亞院 謄抄下來 更欲正書 而因病未果 修洪沙彌 時在侍
者房 欲知茶道 正抄 亦病未終 故禪餘强命管城子成終 有始有終 何獨君子爲之 叢林
或有趙州風 而盡不知茶道 故抄示可畏 庚寅中春休菴病禪雪窓擁爐 謹書

6.

동다송(東茶頌)

▓▓▓▓▓▓ 『동다송』은 총 31편 중 상당 부분이 육우의 『다경』에서 인용되었다. 즉 차의 근원[一之源], 차 달이기[五之煮], 차 마시기[六之飮], 차의 옛 일 들[七之事] 등의 내용 중에서 많은 부분이 인용되었다. 『동다송』의 판본으로는 석경각본(石經閣本), 다예관본(茶藝館本), 한국불교전서본(韓國佛教全書本), 다송자본(茶松子本) 등 많은 판본이 있으며, 그 내용은 탈자나 오자 등으로 조금씩 다르다. 본문 중 별도로 표기된 부분은 인용된 『다경』의 내용과 번역에 이용된 석경각본과 다예관본의 내용에서 차이가 있는 부분이며, 이는 독자의 이해를 돕고자 함이다.

[凡 例]

餘姚人虞洪	人이 다경에는 있음
少寡與二子(寡)居	(寡)가 다경에는 없음
卿子常(恒)欲見殷	常은 동다송, 恒은 다경의 다른 표기
送茶焦刑(丹)部曰	刑(丹)에서 刑은 석경각본, (丹)은 다예관본의 표기
當以立夏前後爲及時也	前이 석경각본에는 있고 다예관본에는 없음

『동다송』은 해거도인 홍현주의 부탁으로 사문 초의 장의순(張意恂)이 지었음.
東茶頌 承海道人命作 草衣沙門意恂

하늘이 상서로운 나무 덕 갖춘 귤 짝되게 하시니　　　后皇嘉樹配橘德
명대로 옮김 없이 남쪽에서 산다네　　　受命不遷生南國
촘촘한 잎은 눈과 다투어도 겨우내 푸르고　　　密葉鬪霰貫冬靑
하얀 꽃 서리에 씻겨 가을에 꽃 피우네　　　素花濯霜發秋榮
고야산[藐姑射山] 신선인 양 분바른 듯 고운 살결　　　姑射仙子粉肌潔
염부[閻浮堤] 단금(檀金)처럼 꽃다운 맘 맺혔네　　　閻浮檀金芳心結

차나무는 과로(瓜蘆)와 같고, 잎은 치자(梔子)와 같으며, 꽃은 들장미와 같이 하얗고, 꽃술은 황금빛이다. 가을되어 꽃이 피면 맑은 향기가 그윽하다.
茶樹如瓜蘆 葉如梔子 花如白薔薇 心黃如金 當秋開花 淸香隱然云

푸른 옥 같은 가지는 이슬 기운에 맑게 씻기어　　　沆瀣漱淸碧玉條
아침 안개에 물기 머금으니 푸른색 새 혀로다　　　朝霞含潤翠禽舌

이백이 말하기를, "형주 옥천사가 있는 청계의 모든 산에 차나무[茗艸]가 온 산을 뒤덮어 자라고 있는데 가지와 잎이 푸른 옥과 같다. 옥천사 진공(眞公)이 따서 차를 만들어 늘 마셨다"라고 하였다.
李白云 荊州玉泉寺 淸溪諸山 有茗艸羅生 枝葉如碧玉 玉泉眞公常采飮

494

하늘 신선 사람 귀신 모두 아끼고 소중히 여기니　　　　　　天仙人鬼俱愛重
너의 타고난 됨됨이 참으로 기이하고 절묘하다　　　　　　　知爾爲物誠奇絶
염제가 일찍 맛보고 식경에 올렸도다　　　　　　　　　　　炎帝曾嘗載食經

염제[神農]는 『식경』에 이르기를 "차를 오래 복용하면 사람에게 기력이
생기고 마음이 즐거워진다"라고 하였다.
炎帝 食經云 茶茗久服 人有力悅志

제호 감로 그 이름 예로부터 전해왔네　　　　　　　　　　醍醐甘露舊傳名

왕자상(王子尙)이 팔공산(八公山)에 거처하는 담재도인(曇齋道人)을 예방하
였을 때, 도인이 차를 베풀자 왕자상이 맛보고 "이것이 감로(甘露)입니다"라
고 말했다.
나대경은 〈약탕시〉에서 "소나무와 회나무의 비바람 소리가 들리기 시작하
여, 서둘러 구리병을 죽로에서 내려놓았네. 기다려 소리가 고요해진 후에
한 잔의 춘설차를 맛보니 제호보다 낫구나"라고 읊었다.
王子尙詣曇齋道人 于八公山 道人設茶茗 子尙味之曰 此甘露也
羅大經瀹湯詩 松風檜雨到來初 急引銅瓶離竹爐 待得聲聞俱寂後 一甌春雪勝醍醐

술 깨게 하고 잠 줄임은 주공(周公)이 밝혔고　　　　　　　解醒少眠證周聖

『이아(爾雅)』에는 "가(檟)는 고다(苦茶)"라 하였고, 『광아(廣雅)』에는 "형주
(荊州)와 파주(巴州) 지방에서는 그 잎을 따서 차로 마시면 술이 깨고 사람으로
하여금 잠을 적게 한다"고 하였다.
爾雅 檟苦茶 廣雅 荊巴間采葉 其飮醒酒 令人少眠

차나물에 현미밥 즐김은 제나라 안영이라 들었네　　　　　脫粟伴菜聞齊嬰

『안자춘추』에 "안영(晏嬰)이 제(齊)나라 경공(景公)의 재상일 때 현미밥[脫粟

飯]에 구운 고기 세 꼬치, 계란 다섯 개와 차나물 만을 먹었다"라고 하였다.
晏子春秋 嬰相齊景公時 食脫粟飯 炙三弋 五卵 茗菜而已

우홍은 간소한 제물 올려 단구에게 차 빌었고   虞洪薦犧乞丹邱
모선(毛仙)은 진정(秦精)을 이끌어 차밭을 보였네   毛仙示蔗引秦精

『신이기(神異記)』에는 "여요현 사람 우홍이 산에 들어가 차를 따다가 우연히
한 도사를 만났는데, 그는 세 마리의 푸른 소를 끌고 있었다. 우홍을 데리고
폭포산에 이르러 말하기를 '나는 단구자라오. 듣건대 그대가 차를 좋은
도구로 잘 차려 마신다고 듣고 늘 만나기를 기대했소. 혜산 중에 큰 차나무가
있어 가히 흡족할 만하리다. 후일을 기약하면서 구기에 남은 차 있거든
부탁컨대 보내주시기 바라오.' 이로 인하여 제사를 올리게 되었고, 후일
산에 들어가면 항상 큰 차나무에서 많은 차를 얻을 수 있었다"고 하였다.
선성현 사람 진정(秦精)이 무창산(武昌山)에서 차를 따던 중 머리털이 긴
한 선인을 만났는데, 머리털 길이가 열 자가 넘었다. 선인은 진정을 이끌고
산 아래로 내려와 무리진 차나무를 보여주고 떠났다. 얼마 후 다시 돌아와
품에서 귤을 꺼내어 진정에게 건네니 진정은 두려워서 차를 등에 지고
돌아왔다고 하였다.
神異記 餘姚人虞洪 入山采茗 遇一道士 牽三靑牛 引洪 至瀑布山曰 予丹邱子也
聞子善具飮 常思見 惠山中有大茗 可以相給 祈子他日 有甌犧之餘 乞相遺也 因立奠
祀 後入山 常獲大茗 宣城人秦精 入武昌山中採茗 遇一毛人 長丈餘 引精 至山下
示以叢茗而去 俄而復還 乃探懷中橘 以遺精 精怖 負茗而歸

흙속에 묻힌 썩은 뼈도 만금의 사례 아끼지 않았고   潛壤不惜謝萬錢

『이원(異苑)』에 "섬현(절강성) 진무(陳務) 아내가 젊어서 두 아들과 과부로
살고 있었는데 차 마시기를 좋아하였다. 집 가운데 옛 무덤이 하나 있어
차를 마실 때마다 먼저 무덤에 제를 올렸다. 두 아들이 '옛 무덤이 어찌
알겠습니까? 공연히 마음만 괴롭히는 일입니다' 하고 묘를 파내어 버리고자

하니 어머니가 말려서 그만두었다. 그날 밤 꿈에 한 사람이 나타나 말하기를 '내가 여기에 머문 지 3백 년이 넘었는데 그대 두 아들이 내 무덤을 파버리고자 할 때마다 돕고 보호해주었을 뿐 아니라 오히려 내게 좋은 차까지 주시니 비록 땅속에 묻혀 있는 썩은 뼈라 할지라도 어찌 예상(翳桑)의 보은(報恩)을 잊겠는가' 하였다. 날이 밝자 뜰에서 돈 십만 냥을 얻었다"고 하였다.

異苑 剡縣陳務妻 少**寡**與二子(寡)居 好飲茶茗 宅中有古塚 每飲輒先祭之 二子曰 古塚何知 徒勞人意 欲堀去之 母**苦**禁而止 其夜夢一人云 吾止此三百年餘 卿**二子常** (恒)欲見毀 賴相保護 反享吾佳茗 雖潛壤朽骨 豈忘翳桑之報 及曉 於庭中獲錢十萬

제후 성찬에 육정의 으뜸이라 일컬어졌네 　　　　　　鼎食獨稱冠六情

장맹양의 〈등루시[登成都白菟樓詩]〉에 "귀인의 성찬[鼎食]이 때때로 나오고 온갖 음식의 맛 뛰어났어도 향기로운 차 육정[水·漿·醴·醇·醍·酏]의 으뜸이라. 넘쳐흐르는 그 맛 온 나라에 퍼졌도다"라고 했다.

張孟陽 登樓詩 鼎食隨時進 百和妙且殊 芳茶冠六情 溢味播九區

수나라 문제(文帝) 두통 나은 기이한 일 전해오고 　　　　開皇醫腦傳異事

수나라 문제가 황제가 되기 전, 꿈에 어떤 귀신이 나타나 그의 머릿골을 바꾸었는데 그 후로 문제는 줄곧 두통을 앓게 되었다. 홀연히 만난 한 스님이 이르기를, "산중의 차나무 잎으로 치유할 수 있습니다"라고 하였다. 문제가 마시니 효험이 있었다. 이로부터 천하의 사람들이 차를 마실 줄 알기 시작했다.

隋文帝微時夢 神人易其腦骨 自爾腦痛 忽遇一僧云 山中茗草可治 帝服之有效 於是 天下 始知飲茶

뇌소차 용향차 차례로 생겨났네 　　　　　　　　雷笑茸香取次生

당나라 각림사 스님 지숭이 세 종류로 차를 만들었다. 경뢰소는 스스로

봉양하고, 훤초대는 부처님께 공양하고, 자용향은 손님을 대접하였다고
한다.
唐 覺林寺 僧志崇製茶三品 驚雷笑自奉 萱草帶供佛 紫茸香待客云

(原意: 唐 覺林寺志 僧崇製茶三品 驚雷莢待客 萱草帶自奉 紫茸香供佛 云)

당나라 임금에게 백 가지 진수성찬을 올렸으나   巨唐尙食羞百珍
공주의 처소[沁園]에선 오직 자영차만 기록했네   沁園唯獨記紫英

당나라 덕종이 동창 공주에게 매번 찬과 더불어 녹화자영(綠花紫英)이라
불리는 차를 하사하였다.
唐德宗 每賜同昌公主 饌與茶 有綠花紫英之號

첫물차[頭綱]로 법제함이 이로부터 성하여   法製頭綱從此盛
어진 이와 명사들이 비길 데 없는 맛 자랑했네   淸賢名士誇雋永

『다경(茶經)』에 "차 맛은 빼어난 맛[雋永]이라" 하였다.
茶經 稱茶味 雋永

비단장식 용봉단은 아름답기 그지없어   綵莊龍鳳團巧麗
만 금 들여 백 덩이 떡차 만들었네   費盡萬金成百餠

크고 작은 용봉단은 정위가 처음 만들기 시작하여 채군모에 의해 완성되었는
데, 향약을 넣어 덩이로 떡[餠]처럼 만들었다. 떡차 위에 용과 봉황의 무늬로
장식하였고, 황제에게 바칠 차는 금으로 장식하였다.
소동파의 시에는 "자금차 백 덩이에 만 전을 들였네"라는 구절이 있다.
大小龍鳳團 始於丁謂 成於蔡君謨 以香藥合而成餠 餠上飾以龍鳳紋 供御者 以金莊
成
東坡詩 紫金百餠費萬錢

누가 알리오 좋은 색 좋은 향 가득하여도 　　　　　誰知自饒眞色香
한 점 티에 물들면 그 참됨 잃어버림을 　　　　　　一經點染失眞性

『만보전서』에 "차는 스스로 진향·진미·진색을 가지고 있는데 한번 다른
물질에 오염되면 곧 그 참됨을 잃는다"고 하였다.
萬寶全書 茶自有眞香眞味眞色 一經他物點染 便失其眞

도인이 차의 뛰어남 온전히 하려 　　　　　　　　道人雅欲全其嘉
일찍이 몽정산 봉우리에서 손수 차를 길렀다네 　　曾向蒙頂手栽那
애써 길러 얻은 다섯 근 군왕에게 바치니 　　　　養得五斤獻君王
바로 길상예와 성양화라네 　　　　　　　　　　吉祥蕊與聖楊花

부대사(傅大士)가 몽산정(蒙山頂)에 암자를 짓고 살면서 손수 차를 가꾸어
3년 만에 최고의 좋은 차를 얻어, 성양화와 길상예로 이름지었다. 다섯
근을 가지고 돌아와 왕께 바쳤다.
傅大士 自住蒙頂 結庵植茶 凡三年 得絶嘉者 號聖楊花吉祥蕊 共五斤持歸 供獻

설화 운유차는 강한 향기 다투고 　　　　　　　雪花雲腴爭芳烈
쌍정 일주차는 강서 절강에서 이름 높아라 　　　雙井日注喧江浙

소동파의 시에는 "설화 우각차야 더 말해 무엇하리"라는 시구가 있고,
황산곡의 시에도 "강남 우리 집에서는 운유 찻잎을 딴다네"라고 하였다.
소동파가 절에 이르니 범영 스님이 당우 지붕을 이었는데 매우 깨끗하였다.
차를 마시니 향이 매우 짙어 이에 "이것이 햇차입니까" 하고 묻자, 범영이
"햇차와 묵은 차를 섞으면 향과 맛이 되살아납니다"라고 하였다.
초다(草茶)는 양절(浙東: 浙西)지역에서 만들어지는데, 양절에서 만든 차의
품질로는 일주차(日注茶)가 으뜸이다. 경우(景祐: 宋 仁宗 연호, 1034~1037)
이후부터 홍주의 쌍정차(雙井茶), 백아차(白芽茶)가 점차 성해졌고, 근래에
는 제작법이 더욱 정교해져 그 품질이 일주차를 앞서게 되어 마침내 초다

가운데 으뜸이 되었다.

東坡詩云 雪花雨脚何足道 山谷詩云 我家江南採雲腴 東坡至僧院 僧梵英茸治堂宇
嚴潔 茗飮芳烈 問此新茶耶 英曰 茶性新舊交 則香味復 草茶成於兩浙 而兩浙之茶品
日注爲第一 自景祐以來 洪州雙井白芽漸盛 近世製作尤精 其品 遠出日注之上 遂爲
草茶第一

건양 단산은 맑은 물의 고장이라	建陽丹山碧水鄕
뛰어나기로 월간(月澗) 운감(雲龕)차 꼽는다네	品製特尊雲澗月

『둔재한람』에 "건안차는 천하제일이다. 손초가 초의 형부에 차를 보내며
송장에 이르기를 '만감후(晩甘候) 15인을 시재각(侍齋閣)으로 보냅니다. 이
무리들은 번개 칠 때 잎 따고 길은 물로 맛을 조절한 것입니다'라고 하였다.
이는 건양(建陽) 단산(丹山) 맑은 물의 고장에서 나는 월간 운감차 품질이
천하게 쓰이는 것을 삼가라는 말이다. 만감후는 차 이름이다"라고 하였다.
다산(茶山) 선생은 「걸명소(乞茗疏)」에서 "아침 햇살에 일어났을 때, 맑은
하늘에 구름이 둥실 떠 있을 때, 낮잠에서 막 깨어났을 때, 밝은 달이
푸른 시냇물에 어른거릴 때"(를 차 마시기 좋은 때)라고 하였다.
遯齋閑覽 建安茶 爲天下第一 孫樵 送茶焦刑(丹)部曰 晩甘候十五人遣侍齋閣 此徒乘
雷而摘 拜水而和 盖建陽丹山碧水之鄕 月澗雲龕之品 愼勿賤用 晩甘候茶名
茶山先生 乞茗疏 朝華始起 浮雲晶晶於晴天 午睡初醒 明月離離於碧澗

우리나라 차도 원래 중국과 같아	東國所産元相同
색깔 향 효능 맛 한가지라 말들 하네	色香氣味論一功
육안차 맛 몽산차 약효가 좋다 하지만	陸安之味蒙山藥
옛 사람 높은 식견으로 둘을 겸했다 했네	古人高判兼兩宗

「동다기」에 이르기를 "어떤 이는 우리나라 차의 효능이 중국 월주의 차에
미치지 못한다고 의심하지만 내가 보기에는 색·향·효능·맛에서 모두 별다른
차이가 없다. 다서에 이르기를 육안차는 맛이 뛰어나고, 몽산차는 약효가

높다 하였으나 우리나라 차는 이 두 가지를 모두 겸하고 있다. 만일 이찬황이나 육우가 살아 있다면 그들도 반드시 나의 말을 옳다고 할 것이다"라고 하였다.

東茶記云 或疑東茶之效 不及越産 以余觀之 色香氣味 少無差異 茶書云 陸安茶以味勝 蒙山茶以藥勝 東茶盖兼之矣 若有李贊皇陸子羽 其人 必以余言爲然也

| 도로 아이 되고 고목에 싹 나는 신통한 효험 빨라 | 還童振枯神驗速 |
| 팔십 노인 얼굴이 붉은 복숭아꽃처럼 젊어지네 | 八耋顔如夭桃紅 |

이백이 말하기를 "옥천 진공은 나이 여든에 얼굴빛이 복숭아, 오얏 같다. 이 차향의 맑음이 다른 것과 달라서 늙은이가 수척함을 떨치고 능히 어린아이로 돌아올 수 있는바, 이는 사람으로 하여금 장수를 누리게 한다"고 하였다.

李白云 玉泉眞公年八十 顔色如桃李 此茗香淸異于他 所以能還童振枯 而令人長壽也

| 내게 유천 있어 수벽 백수탕 만들어도 | 我有乳泉把成秀碧百壽湯 |
| 어떻게 가져가 목멱산 아래 해옹에게 바칠까 | 何以持歸木覓山前獻海翁 |

당나라 소이의 저서 『16탕품』의 세 번째는 백수탕이라 하는데, "이는 사람이 백 번 숨 쉬는 시간을 지나고 물은 열 번 넘게 끓여야 한다. 혹은 이야기 때문에, 혹은 무슨 일 때문에 못쓰게 되어 이제 막 그 탕을 쓰려하는데 탕은 이미 그 본성을 잃었다. 그래서 감히 묻거니와 흰머리와 구레나룻이 성성하고 얼굴이 팍 늙은 노인이 활을 들어 화살을 쏘아 명중할 수가 있겠는가! 기운차게 높은 데도 오르고 씩씩하게 활보하여 먼 길도 갈 수 있겠는가!" 하였다. 여덟 번째 수벽탕에 이르기를, "바위는 천지의 빼어난 기운이 엉키어 그 형상을 이룬 것이다. 그것을 쪼아 그릇을 만들면 빼어난 기운이 여전히 남아 있어 물을 끓이면 그 탕이 나쁠 리 없다"라고 하였다 얼마 전 유당 어른(김정희의 부친)께서 남쪽으로 두륜산을 지나가다가 자우산방[一枝庵]에서 하룻밤 묵으면서 이곳 샘물을 마시고 나서 "물맛이 소락보다 낫구나"라고 하셨다.

唐蘇廙著 十六湯品 第三曰 百壽湯 人過百息 水逾十沸 或以話阻 或以事廢 如取用之
湯 已失(生)性矣 敢問 皤鬢 蒼顔之老夫 還可執弓扶矢 以取中乎 還可雄登闊步以邁
遠乎 第八曰 秀碧湯 石凝天地秀氣而賦形者也 琢而爲器 秀猶在焉 其湯不良 未之有也
近西堂大爺 南過頭輪 一宿紫芋山房 嘗其泉曰 味勝酥酪

또한 차에 구난 사향의 현묘한 작용 있음을   又有 九難四香玄妙用

『다경(茶經)』에 이르기를, "차에는 아홉 가지 어려움이 있는데, 첫째 차
만들기, 둘째 차의 품질을 가리는 법, 셋째 차를 달이고 마시는 다구,
넷째 불 다루기, 다섯째 물, 여섯째 차를 덖는 일, 일곱째 가루 내는 법,
여덟째 차 달이는 법, 아홉째 차를 마시는 법이다. 흐린 날 찻잎을 따서
밤에 불에 말리는 것은 그 만드는 법이 아니요, 차를 씹어 맛을 보거나
냄새를 맡는 것은 품질을 가리는 법이 아니며, 누린내 나는 솥이나 비린내
나는 사발은 좋은 다기가 아니요, 생나무나 막숯은 좋은 땔감이 아니며,
여울에서 떨어지는 물과 고여 있는 물은 찻물로 쓸 수 없고, 겉만 익고
속이 설익은 것은 올바른 덖음이 아니요, 푸르스름한 가루가 먼지처럼
날리는 것은 그 가루 내는 법이 아니며, 급히 서투르게 잡거나 서둘러
휘젓는 것은 차 달이는 법이 아니고, 여름에 많이 마시고 겨울에 마시지
않는 것은 차 마시는 법이 아니다"라고 하였다.
『만보전서(萬寶全書)』에 이르기를 "차에는 진향(참 향기), 난향(난초 향기),
청향(맑은 향기), 순향(순한 향기)이 있다. 안과 밖이 같은 것을 순향이라
하고, 설지도 너무 익지도 않은 것을 청향이라 하며, 불기운이 고르게
스며든 것을 난향, 곡우 전의 신령스러움이 잘 갖춰진 것을 진향이라고
하며, 이것을 사향이라고 한다"라고 하였다.
茶經云 茶有九難 一曰造 二曰別 三曰器 四曰火 五曰水 六曰炙 七曰末 八曰煮
九曰飮 陰采夜焙 非造也 嚼味嗅香 非別也 羶鼎腥甌 非器也 膏薪庖炭 非火也 飛湍壅
潦 非水也 外熟內生 非炙也 碧粉飄塵 非末也 操艱攪遽 非煮也 夏興冬廢 非飮也
萬寶全書 茶有眞香 有蘭香 有淸香 有純香 表裏如一曰純香 不生不熟曰淸香 火候均
停曰蘭香 雨前神具曰眞香 此謂四香也

옥부대의 좌선하는 무리들에게 어떻게 가르칠꼬

何以敎汝 玉浮臺上坐禪衆

지리산 화개동에는 차나무가 사오십 리에 걸쳐 자라고 있는데, 우리나라 차밭으로는 이보다 더 넓은 곳이 없다. 화개동에 옥부대가 있고 그 밑에는 칠불선원이 있다. 그곳에서 좌선하는 스님들이 항상 늦게 쇤 찻잎을 따서 햇볕에 말려 섶으로 솥에 나물국 끓이듯 삶으니, 그 탕이 몹시 탁하고 붉은 빛깔에 맛은 매우 쓰고 떫었다. 정소가 "천하의 좋은 차가 속된 솜씨로 버려짐이 많다"라고 말하였다.

智異山 花開洞 茶樹羅生四五十里 東國茶田之廣 料無過此者 洞有玉浮臺 臺下 有七佛禪院 坐禪者常晩取老葉 晒乾 然柴煮鼎如烹菜羹 濃濁色赤 味甚苦澁 政所云 天下好茶 多爲俗手所壞

구난을 범치 않고 사향 또한 온전히 하면 　九難不犯四香全
지극한 맛 구중궁궐에 바칠 만하리 　至味可獻九重供
푸른 물결 초록 향 처음 마시자마자 　翠濤綠香纔入朝

입조우심군(마음님께 알현함)의 다서(茶序)에 이르기를 "잔 위에 비취색 찻물 맷돌에는 푸른 가루 날린다. 또 (엽)차는 푸른 비취색이 제일 좋고, 찻물은 남백색이 좋으니, 누런색이거나 검은 빛, 붉은 빛, 어두운 색은 좋은 품질에 들지 못한다. 구름 빛 같은 찻물이 상품이요, 비취색이 중품, 누런색은 하품이다"라고 하였다.
진미공의 시에는 "곱게 덮인 그늘진 곳 옹기종기 차싹이 깃대 같구나. 죽로를 슬며시 헤치니 솔가지 불티가 날아오른다. 물과 섞이어 담백하고 퉁퉁하기로 차를 겨루었네. 차향 길에 가득하니 종일토록 돌아가길 잊었었네"라고 하였다.

入朝于心君 茶序曰 甌泛翠濤 碾飛綠屑 又云 茶以靑翠爲勝 濤以藍白爲佳 黃黑紅昏 俱不入品 雲濤爲上 翠濤爲中 黃濤爲下 陳糜公詩 綺陰攢盖 靈艸試旗 竹爐幽討 松火怒(恕)飛 水交以淡 茗戰以肥 綠香滿路 永日忘歸

총명함 사방에 뚫려 막힘이 없네 　　　　　　　聰明四達無滯壅
하물며 네 신령스런 뿌리 신산(방장산)에 의탁하였으니 矧爾靈根托神山

지리산은 세칭 방장산(方丈山)이라 한다.
智異山世稱方丈

옥골에 신선 풍모 절로 별종이로다 　　　　　　　仙風玉骨自另種
초록 싹 자줏빛 순 구름 속에서 자라고 　　　　　綠芽紫筍穿雲根
오랑캐 신발 들소 가슴 주름진 물결무늬라네 　　胡靴犎臆皺水紋

『다경(茶經)』에 이르기를 "차는 난석 가운데서 자란 것이 으뜸이요, 자갈
섞인 흙에서 자란 것이 그 다음이다. 또 말하기를 골짜기에서 자란 차가
상품이라 했는데 화개동 차밭은 모두 골짜기이면서 난석이다"라고 하였다.
『다서』에서 또 말하기를 "차는 자줏빛이 으뜸이요, 주름진 것과 초록빛이
그 다음이다. 죽순처럼 생긴 것이 상품이요, 새싹 같은 것이 다음이다.
그 형상이 마치 오랑캐 신발같이 우글쭈글하고, 들소의 가슴같이 가지런하
며 반듯하고 가벼운 바람에 옷자락 떨리는 것과 같이 함초롬함이니 이것은
모두 차의 정수(精髓)이다"라고 하였다.
茶經云 生爛石中者爲上 礫壤者次之 又曰 谷中者爲上 花開洞茶田 皆谷中兼爛石矣
茶書又言 茶紫者爲上 皺者次之 綠者次之 如筍者爲上 似芽者次之 其狀 如胡人靴者
蹙縮然 如犎牛臆者 廉沾然 如輕颰拂水者 涵澹然 此皆茶之精腴也

밤사이 맑은 이슬 흠뻑 머금어 　　　　　　　　　吸盡瀼瀼清夜露
삼매경 솜씨에 기묘한 향기 피어오르네 　　　　三昧手中上奇芬

『다서』에 "찻잎 따는 일은 그 시기가 중요하다. 너무 일찍 따면 맛이 온전하지
않고 너무 늦게 따면 신기가 흩어진다. 곡우 전 5일간의 것이 가장 좋고,
곡우 후 5일간의 것이 그 다음이며, 다시 그 5일간의 것이 그 다음이다.
그러나 경험에 비추어 보면 우리나라 차는 곡우 전후는 너무 빠르고 입하

504

전후가 의당 알맞은 때인 것 같다. 찻잎 따는 법으로는 밤새 구름 없던 날 이슬에 흠뻑 젖은 찻잎을 따는 것이 가장 좋고, 해 있는 낮에 딴 것은 그 다음이며, 흐린 날이나 비가 내릴 때는 따지 말아야 한다"고 하였다.
소동파는 시 〈겸사를 송별함[送謙師]〉에서 "도인께서 새벽 일찍 남병산에서 내려와 삼매경의 솜씨로 차를 달이네"라고 읊었다.

茶書云 採茶之候貴及時 太早則香(茶)不全 遲則神散 以穀雨前五日爲上 後五日次之
後五日又次之 然驗之 東茶 穀雨前後太早 當以立夏前後爲及時也 其採法 撤夜無雲
浥露採者爲上 日中採者次之 陰雨下不宜采

老坡 送謙師詩曰 道人曉出南屏山 來試點茶三昧手

그 속의 현미함은 오묘함에 드러내기 어려워   中有玄微妙難顯
참 정기는 체와 신으로 나눌 수 없음이고   眞精莫敎體神分

「조다편」에 이르기를 "새로 딴 것은 쇤 잎을 골라내고 뜨거운 노구솥에서 덖는다. 솥이 매우 뜨거워졌을 때 찻잎을 넣어 급히 덖어야 하며 불기를 약하게 해서는 안 된다. 찻잎이 익기를 기다려 곧 꺼내어 체 광주리에 담아서 덩이로 모아 가볍게 비빈다. 다시 솥에 넣어 불길을 조금씩 줄이면서 덖어 가며 말림을 법도로 한다. 그 속에 현미함이 있으니 말로 전부 나타내기 어렵다"라고 하였다.
「품천편」에 이르기를 "차는 물의 신이요, 물은 차의 몸체이니 참된 물[眞水]이 아니면 그 신이 나타나지 않고, 정성들여 잘 만든 차가 아니면 그 몸체를 엿볼 수 없다"라고 하였다.

造茶篇云 新採 揀去老葉 熱鍋焙之 候鍋極熱 始下茶急炒 火不可緩
待熟方退 撤入筐中 輕團枷(那:다록)數遍 復下鍋中 漸漸減火 焙乾爲度 中有玄微
難以言顯

品泉云 茶者水之神 水者茶之體 非眞水 莫顯其神 非精茶 莫窺其體

체와 신이 온전해도 오히려 중정 잃을까 두려워   體神雖全猶恐過中正
중정은 건과 영을 아우름에 지나지 않음이네   中正不過健靈幷

「포법」에 이르기를 "살펴보아 물이 다 끓으면 곧 물을 들어 먼저 다관 안에 조금 붓고 흔들어 냉기를 가시게 하고 물을 따라 비운 후, 차의 많고 적음을 잘 헤아려야 하는데, 적당함이 지나치거나 알맞음을 잃지 않아야 한다. 차가 많으면 맛이 쓰고 향기가 가라앉으며, 물이 많으면 맛은 떨어지고 빛깔이 옅어진다. 다관은 두 번 쓴 후 냉수로 씻어서 서늘하고 깨끗하게 한다. 그렇지 않으면 차의 향이 줄어든다. 대체로 다관의 물이 너무 뜨거우면 다신이 온전하지 못하고 다관이 깨끗하면 물의 성품이 신령해진다. 차와 물이 잘 어우러지기를 기다린 연후에 베에 걸러 마신다. 거르기가 너무 빠르면 마땅치 않아 다신이 나타나지 않고, 늦어도 마땅치 않으니 오묘한 향기가 먼저 사라지게 된다"라고 하였다.

총평하자면, 차를 딸 때는 그 오묘함을 다해야 하고, 차를 만들 때는 정성을 다해야 하며, 물은 참 물이어야 하고, 달일 때는 그 중을 얻어야 한다. 몸체와 신이 서로 조화되고 건과 영이 함께 어우러져야 한다. 여기에 이르면 마침내 다도를 다했다 할 수 있을 것이다.

泡法云 探湯純熟 便取起 先注壺中小許 盪祛冷氣 傾出然後投茶葉 多寡宜酌 不可過中失正 茶重則味苦香沈 水勝則味寡色淸 兩壺後 又冷水蕩滌 使壺凉潔 否則減茶香 盖罐熱則茶神不健 壺淸則 水性當靈 稍俟茶水冲和 然後令布釃飮 釃不宜早 早則茶神不發 飮不宜遲 遲則妙馥先消

評曰 采盡其妙 造盡其精 水得其眞 泡得其中 體與神相和 健與靈相倂 至此而茶道盡矣

| 옥화 한 잔 기울이니 겨드랑이에 바람 일고 | 一傾玉花風生腋 |
| 몸은 가벼워 맑은 하늘 거니는 듯 | 身輕已涉上淸境 |

진간재의 〈다시〉에는 "이에 옥화(玉花)를 맛보았도다"는 구절이 있고, 노옥천(盧仝)은 〈다가〉에서 "오로지 양 겨드랑이에서 맑은 바람이 솔솔 이는 듯하구나"라고 읊었다.

陳簡齋茶詩云 嘗此玉花句

盧玉川茶歌云 唯覺兩腋習習生淸風

밝은 달은 촛불인 양 벗인 양   明月爲燭兼爲友
흰 구름으로 자리 펴고 병풍도 삼으리라   白雲鋪席因作屏
퉁소 소리 차 끓는 소리 모두 서늘도 해라   竹籟松濤俱蕭凉
맑고 찬 기운 뼈에 스미고 심성도 일깨우네   清寒瑩骨心肝惺
오직 흰 구름 밝은 달이 두 손님 되니   惟許白雲明月爲二客
도인께서 자리하심이 바로 승의 경지로다   道人座上此爲勝

차를 마시는 법에 "객이 많으면 시끄럽고, 시끄러우면 정취를 찾을 수
없다. 홀로 마시면 신령스럽다 할 것이요, 둘이 마시면 매우 좋을[勝] 것이며,
서너 명은 정취 있음이요, 대여섯은 덤덤하고, 일곱이나 여덟은 그저 나누어
마시는 것이다"라고 하였다.

飲茶之法 客衆則喧 喧則雅趣索然 獨啜曰神 二客曰勝 三四曰趣 五六曰泛 七八曰施
也

초의선사 햇차 달이니 푸른 향 모락모락   艸衣新試綠香煙
새 혀 같은 어린 잎 분명 우전차로다   禽舌初纖穀雨前
단산의 운감 간월차 헤아리지 마시게   莫數丹山雲澗月
종지 가득 뇌소차(雷笑茶)로 연년익수 한다네   滿鍾雷笑可延年

백파거사 쓰다
白坡居士 題

7.
다경(茶經) 서문

육우의 『다경(茶經)』은 새삼 언급할 필요도 없이 다도의 성전(聖典)으로서의 그 지위를 세상에 나오면서부터 누려 왔다고 해도 과언이 아닐 것이다. 그리하여 다경은 자연스 럽게 전범(典範)이 되어 고래(古來)의 다서들에 수없이 반복 인용되었으며, 그 내용 중의 구절들은 오랜 세월 차시·문에 즐겨 사용되었다. 따라서 차를 애호하는 차인으로서 『다 경』을 읽지 않고, 또 그 내용을 숙지하고 있지 못하면 차인들과의 대화에서 소외되었을 것이다.

『다경』은 우리나라에서도 고려 때부터 많은 문인, 시인 및 차인의 시문에 헤아릴 수 없이 많이 언급되며, 그 내용은 본문에 여러 차례 소개되었다. 이규보의 시 〈강가 마을에서 묵다[宿瀰江村舍]〉에 최초로 언급된 이래 이제현, 이색의 시 등과 조선조 서거정과 김시습 등의 시에 등장하며, 초의선사도 그의 명저 『동다송(東茶頌)』에 많은 부분을 참조하였고, 각해 스님의 장시 〈차가(茶歌)〉 및 금명보정 (錦溟寶鼎)에 이르기까지 즐겨 시문의 소재가 되었다.

육우가 『다경』을 저술한 때부터 1,200여 년이 지났지만 『다경』이 세월을 뛰어넘어 아직도 그 명성이 여전함은 『다경』으로부터 차문화가 본격 시작되었고, 차문화를 학 문과 예술의 경지로 승격시켰으며, 당시의 시대상과 맞물 려 차 애호가의 저변 확대에 지대한 공을 세웠기 때문일 것이다. 한편 박학하고 체계적이며 치밀한 그 내용은 차

애호가가 아니더라도 차에 대한 궁금증을 해소시키기에
충분하였던 것이다.

이번 『다경』을 숙독해 가며 느낀 일 한 가지는 오래 전
이곳에 지천인 대를 이용하여 차 살림에 소용되는 여러
기구 및 진열장[具列] 등을 만들곤 하였는데, 육우는 작은
소도구 하나하나에도 모두 멋진 이름을 붙이고 있어 그
소홀함 없는 치밀함에 감탄하는 한편, 옛 생각으로 새삼스
레 감회에 젖었던 일도 한 보람이었다.

권상(卷上)

차의 근원 [一之源]

차는 남쪽에서 자라는 상서로운 나무이다. 한 자나 두 자에서 몇십 자에 이르기도 하며, 파산과 협천에는 두 사람이 껴안을 만한 것도 있는데 가지를 쳐서 찻잎을 거둔다. 나무의 모양은 과로 같고, 잎은 치자 같으며, 꽃은 들장미 같고, 열매는 종려 같으며, 꼭지는 정향 같고, 뿌리는 호도 같다. [과로나무는 광주에서 나는데, 차와 비슷하고 매우 쓰고 떫다. 병려는 포규 종류인데 열매가 차와 비슷하다. 호도와 차는, 뿌리가 모두 아래로 뻗는데, 기와 조각이나 자갈 등에 닿으면 묘목은 위로 솟는다]

차의 글자는 혹 풀 초(艸)를 좇거나, 혹 나무 목(木)의 부수를 따르거나, 혹 초와 목을 합하여 쓰기도 한다. [초두(艸)를 따르면 마땅히 다(茶)가 되는데, 그 글자는 『개원무자음의(開元文字音義)』에 나오고, 목(木) 부수를 따르면 마땅히 도(樣)가 되는데, 그 글자는 『본초(本草)』에 나오며, 초와 목의 부수를 함께 하면 도(梌)가 되는데 그 글자는 『이아(爾雅)』에 나온다. 그 이름은 첫째 차(茶)라 하고, 둘째 가(檟), 셋째 설(蔎), 넷째 명(茗), 다섯째 천(荈)이라 한다. 주공이 이르기를 "가(檟)는 고도(苦茶)"라 했고, 양집극은 이르되 "촉나라 서남쪽 사람들은 차를 일러 설(蔎)이라 한다"고 했으며, 곽홍농은 "일찍 딴 것을 다(茶), 늦게 딴 것을 명(茗), 혹은 하나로 천(荈)이라 한다"고 했다.

차가 자라는 땅은 상품은 잘 부스러지는 풍화석(爛石)에서 나고, 중품은 자갈 섞인 땅에서, 하품은 황토에서 난다. 무릇 차나무는 심어도 튼튼히 잘 자라지 않고 재배하여도 무성해지지 않는다. 그러나 오이 심는 방법과

510

같이 하면 3년 후에는 찻잎을 딸 수 있다. 차는 야생차가 으뜸, 차밭에서 자라는 것이 버금이다. 양지쪽 벼랑이나 숲의 그늘에서 나는 자줏빛이 상품, 초록빛 나는 차가 다음이다. 새순으로 만든 차는 상품, 새잎으로 만든 차는 그 다음이다. 찻잎이 말린 것은 상품, 펴진 잎은 다음이다. 그늘진 산이나 골짜기의 것은 그 성질이 엉기고 막혀서 복통의 원인이 되므로 따고 즙기에 적당하지 않다.

차의 쓰임은 차의 맛이 지극히 차가운 탓으로 차를 음용하기에 적당한 사람은 행실이 바르고 검소한 덕을 쌓은 사람이다. 만약 열이 나거나 갈증이 나며, 번민이 있거나 머리가 아프거나, 눈이 침침하든지 사지가 노곤하며 마디마디가 펴지지 않을 때 네댓 번만 마시면 제호나 감로와도 어깨를 견줄 수 있는 것이다.

차를 따는데 때를 가리지 않거나 만들 때 정성을 다하지 않고, 또 다른 초목을 섞어 마시면 병이 난다. 차로 인해 폐가 되기는 역시 인삼과도 같다. 인삼의 상품은 상당에서 나고, 중품은 백제와 신라에서 나며, 하품은 고구려에서 난다. 택주, 역주, 유주, 단주에서 나는 것도 있으나, 약용으로는 효험이 없다. 하물며 이외의 곳에서 생산되는 것은 말할 나위도 없다. 설령 인삼 닮은 제니를 복용해도 육질(寒·熱·末·腹·惑·心疾)을 낫게 하지 못한다. 하물며 인삼조차 사람에게 폐가 될 수 있음을 안다면 차 또한 누가 될 수 있음도 알아야 할 것이다.

茶者 南方之嘉木也 一尺 二尺 乃至數十尺 其巴山峽川 有兩人合抱者 伐而掇之 其樹如瓜蘆 葉如梔子 花如白薔薇 實如栟櫚 蒂如丁香 根如胡桃 [瓜蘆木 出廣州似茶 至苦澀 栟櫚 蒲葵之屬 其子似茶 胡桃與茶 根皆下孕 兆至瓦礫 苗木上抽] 其字 或從草 或從木 或草木幷 [從草當作茶 其字 出開元文字音義 從木 當作搽 其字 出本草 草木幷 作搽其字 出爾雅] 其名 一曰茶 二曰檟 三曰蔎 四曰茗 五曰荈 [周公云 檟苦茶 楊執戟云 蜀西南人 謂茶曰蔎 郭弘農云 早取爲茶 晚取爲茗 或曰荈耳]

其地 上者生爛石 中者生礫壤[櫟字當從石爲礫] 下者生黃土 凡藝而不實 植而罕茂 法如种瓜 三歲可采 野者上 園者次 陽崖陰林 紫者上 綠者次 筍者上 芽者次 葉卷上 葉舒次 陰山坡谷者 不款項堪采掇 性凝滯 結瘕疾

茶之爲用 味至寒 爲飮最宜 精行儉德之人 若熱渴 凝悶 腦疼 目澀 四肢煩 百節不舒 聊四五啜 与醍醐 甘露抗衡也

采不時 造不精 雜以卉莽 飮之成疾 茶爲累也 亦猶人參 上者生上党 中者生百濟 新羅 下者生高麗 有生澤州 易州 幽州 檀州者 爲藥無效 況非此者 設服薺苨 使六疾不 廖 知人參爲累 則茶累盡矣

차의 도구 [二之具]

상자[籯]는 작은 바구니[籃]라 하기도 하고, 혹 종다래끼[籠]라고도 하며, 광주리[筥]라고도 한다. 대를 엮어서 만드는데 다섯 되 들어간다, 혹은 한 말, 두 말이나 서 말들이도 있다. 차를 따는 사람이 등에 지고 차를 딴다. [영은 『한서(漢書)』에 "음은 영(盈)이며, 황금이 대바구니에 가득하여 도 한 권의 경전만 못하다"라고 하였고, 안사고는 "영은 대나무 그릇인데 4되가 들어간다"라고 하였다]

부뚜막[竈]은 굴뚝 있는 것은 쓰지 않는다. 솥은 전이 있는 것을 쓴다. 시루[甑]는 나무나 혹 질그릇으로 하며 허리 부분을 제외하고 모두 진흙으로 바른다. 바구니는 종다래끼를 쓰되 대껍질로 동여맨다. 처음 찻잎을 찌기 시작하면 작은 종다래끼를 시루 속에 넣고 다 익으면 꺼낸다. 솥이 마르면 시루 속에 물을 붓는다.[시루는 띠를 두르지 않고 진흙만 바른다] 또 닥나무 가지를 세 갈래로 갈라지게 만들어[아(亞)자는 가지가 아귀진 곳이며 아퀴가지의 뜻이다] 찌고 있는 차싹과 차순을 흩어지게 하는데 이는 찻잎의 진이 흐를까 염려되기 때문이다.

절구[杵臼]는 디딜방아[碓]라고도 하며, 늘 쓰던 것이면 훌륭하다.

틀[規]은 본 혹은 거푸집[模]이라거나 나무그릇[棬]이라고도 한다. 쇠로 만드는데 둥글거나 모나고 혹은 꽃 모양이기도 하다.

받침대[承]는 대(臺)라고도 하며, 다듬이돌[砧]이라고도 하여 돌로 만든다. 그렇지 않으면, 회화나무든지 뽕나무로 만들고, 땅 속에 반쯤 묻어 흔들리거 나 움직이지 않게 한다.

가리개[檐]는 옷이라고도 하는데, 기름 먹인 비단이나 혹은 비옷의 홑옷 떨어진 것으로 만든다. 이 가리개로 받침대 위를 덮고 그 위에 틀을 얹어 떡차를 만드는 것이다. 차가 완성되면 가리개를 걷고 바꾼다.

비리(芘莉)는 상자[籯子]라고도 하며, 붕랑(篣筤)이라고도 한다. 길이 석 자의 가는 대 두 개를 양쪽 몸통으로 하여 2자 5치의 모난 상자[方眼]를 짜고 손잡이는 5치로 한다. 밭 인부의 흙체와 같은 것으로, 두자 넓이 정도로 차를 널어 말린다.

창[棨]은 송곳칼[錐刀]이라고도 한다. 창의 자루는 견고한 나무로 만들고, 차의 복판에 구멍을 뚫는 데 쓴다.

두드리개[撲]는 채찍[鞭]이라고도 하며, 대나무로 만든다. 구멍이 뚫려 꿰인 차가 서로 붙지 않게 떼어 놓는다.

배로[焙]는 땅 속으로 깊이 두 자, 너비 두 자 다섯 치, 길이 한 길의 구덩이를 파고, 위에 낮은 담을 만들되, 높이 두 자 정도의 아궁이를 만들어 진흙을 바른다.

꼬챙이[貫]는 대를 깎아 만드는데, 길이 두 자 다섯 치로, 차를 꿰어 말린다.

시렁[棚]은 혹 선반, 비계[棧]라고도 하며, 나무를 엮어 배로(焙爐) 위에 놓은 것이다. 높이 한 자로 두 개의 층으로 한다. 차를 불에 쬐어 말리고 차가 반쯤 마른 것은 아래 시렁으로, 온전히 마르면 위 시렁에 올린다.

꿰미[穿]는 소리는 천(釧)이다. 강동과 회남에서는 대를 쪼개어 만들고, 파천, 협산에서는 닥나무 껍질을 꼬아서 만든다. 강동에서는 한 근을 한 꿰미로 하여 상천(上穿)으로 삼고, 반 근을 중천(中穿)으로 삼고, 넉 냥 다섯 냥을 소천(小穿)으로 삼는다. 협중에서는 120근의 꿰미를 상천으로 삼고, 팔십 근을 중천으로 삼고, 오십 근을 하천으로 삼는다. 옛 글자는 차천(釵釧)의 천(釧)자를 썼고, 혹 관관(貫串)자를 썼는데, 지금은 그렇지 않다. 마(磨), 선(扇), 탄(彈), 찬(鑽), 봉(縫)의 5자와 같이, 문장은 평성으로 쓰나, 뜻은 거성으로 부른다. 그 글자는 꿰미의 이름이다

숙성고[育]는 나무로 뼈대를 만들고, 대로 엮어서 풀칠한 종이를 발라 만든다. 가운데 칸막이가 있고 위는 덮개가 있으며 바닥은 평상이다. 옆에는 문을 두되, 한쪽 문으로 가린다. 가운데에는 그릇 하나에 잿불을 담아서 훈훈하게 한다. 강남의 장마 때에는 불을 지핀다.[육이란 것은 저장과 숙성을 위한 이름이다]

籯 一曰籃 一曰籠 一曰筥 以竹織之 受五升 或一斗 二斗 三斗者 茶人 負以采茶也
[籯 漢書 音盈 所謂 黃金滿籯 不如一經 顔師古云 籯竹器也 受四升耳]

竈 無用突者 釜用脣口者

甑 或木 或瓦 匪腰而泥 籃以箄之 篦以系之 始其蒸也 入乎箄 旣其熟也 出乎箄
釜涸 注于甑中 [甑 不帶而泥之] 又以轂木 枝三亞者 制之 [亞字 當作椏 木 椏枝也]
散所蒸芽筍幷葉 畏流其膏

杵臼 一名碓 惟恒用者爲佳

規 一曰模 一曰棬 以鐵制之 或圓 或方 或花

承 一曰台 一曰砧 以石爲之 不然 以槐桑木 半埋地中 遣無所搖動

襜 一曰衣 以油絹 或雨衫單服 敗者爲之 以襜置承上 又以規置 襜上 以造茶也 茶成擧
而易之

芘莉[音芭離] 一曰贏子 一曰篣筤[篣音崩 筤音郎 篣筤籃籠也] 以二小竹 長三尺
軀二尺五寸 柄五寸 以篦織方眼 如圃人籮 闊二尺 以列茶也

棨 一曰錐刀 柄以堅木爲之 用穿茶也

撲 一曰鞭 以竹爲之 穿茶 以解茶也

焙 鑿地深二尺 闊二尺五寸 長一丈 上作短牆 高二尺 泥之

貫 削竹爲之 長二尺五寸 以貫茶焙之

棚 一曰棧 以木构于焙上 編木兩層 高一尺 以焙茶也 茶之半干 升下棚 全干 升上棚

穿[音釧] 江東 淮南 剖竹爲之 巴川 峽山 紉谷皮爲之 江東以一斤 爲上穿 半斤爲中穿
四兩 五兩爲小穿 峽中 以一百二十斤爲上穿 八十斤 爲中穿 五十斤爲下穿 字 舊作釵
釧之釧 或作貫串今則不然 如 磨 扇 彈 鑽 縫 五字 文以平聲書之 義以去聲呼之
其字 以穿 名之

育 以木制之 以竹編之 以紙糊之 中有隔 上有覆 下有床 旁有門 掩一扇 中置一器
貯煻煨火 令熅熅然 江南梅雨時 焚之以火[育者 以其藏養爲名]

차 만들기 [三之造]

무릇 차를 따는 달은 2월, 3월, 4월 사이이다. 죽순 같은 차나무의 움은
잘 부스러지는 풍화석[爛石]이 많이 섞인 비옥한 땅에서 나는데, 잎이 네다섯
치 가량이면 고비와 고사리의 첫 싹 같은데 이슬을 밟아가며 딴다. 차의

싹은 무리지어 우거진 곳에서 위로 솟구쳐 자란다. 세 잎이나 네 잎, 혹은 다섯 잎가지 중에서 빼어난 이삭을 가려 딴다. 그날 비가 내리면 따지 않고, 맑아도 구름이 있으면 따지 않는다. 맑은 날 따서 찌고, 찧고, 치고, 불에 쬐고, 뚫고 꿰어 봉해두면 차는 마르게 되는 것이다.

凡採茶 在二月 三月 四月之間 茶之笋者 生爛石沃土 長四五寸 若薇蕨始抽 凌露採焉 茶之芽者 發於叢薄之上 有三枝 四枝 五枝者 選其中枝穎拔者 採焉 其日 有雨 不採 晴有雲 不採 晴採之 蒸之 搗之 拍之 焙之 穿之 封之 茶之乾矣

차는 천만 가지 모양이 있는데, 대강 말하자면, 오랑캐의 가죽신같이 주름지고 오그라든 것도 있고[큰 송곳 자국의 무늬], 들소 가슴같이 주름진 치마 같은 것도 있으며, 산에서 나온 뜬구름같이 꼬불꼬불하기도 하고, 가벼운 바람이 물 위를 스치듯 잔물결이 이는 듯도 하다. 도자기 집에서 도토(陶土)를 체질하여 물에 침전시켜 매끄럽게 한 듯한 것도 있다.[징니라고 한다] 또 새로 일군 땅이 폭우로 물 흐른 자국 같기도 하다. 이 모두는 그 차가 잘 만들어진 좋은 것들이다. 죽순의 껍질 같은 것은 움 줄기가 굳고 단단하여 찌고 찧기가 어렵다. 그러므로 그 형상이 대나무 체와 같다. 서리 맞은 연잎 같은 것은 줄기와 잎이 시들어 그 모양이 바뀐다. 따라서 그 상태가 생기를 잃고 시들하다. 이는 다 차가 메마르고 쇤 것이다.

茶有千萬狀 鹵莽而言 如胡人鞾者 蹙縮然[京錐文也] 犎牛臆者 廉襜然[犎音朋 野牛也] 浮雲出山者 輪菌然 輕飆拂水也 涵澹然 有如陶家之子 羅膏土 以水澄泚之[謂澄泥也] 有如新治地者 遇暴雨流潦之所經 此皆 茶之精腴 有如竹籜者 枝幹堅實 艱於蒸搗 故其形 籭簁然䍁 有如霜荷者 莖葉凋沮 易其狀貌 故厥狀 委萃然 此皆 茶之瘠老者也

차는 찻잎을 따는 일에서부터 봉하기까지 일곱 과정이 있고, 완성차는 오랑캐 가죽신 같은 것에서 서리 맞은 연잎 모양까지 여덟 등급의 품질이 있다. 혹 빛이 나고 검고 평평하고 바른 것이 좋다고 하는 이는 낮은 등급의 감별가이다. 주름지고 노랗고 울퉁불퉁한 것이 좋다고 말하는 이는 다음 등급의 감별가이다. 또 (모두를 견주어) 다 좋다고 하거나 모두 좋지 않다고 하는 이는 으뜸 감별가이다. 왜냐하면 표면에 진이 나온 것은 빛나고,

진을 속에 머금고 있으면 주름이 잡히고, 묵혔다 만든 것은 검고, 그날에
만든 것은 누렇고, 쪄서 세게 누르면 편평하고, 느슨하게 누르면 곧 울퉁불퉁
하니, 이는 차와 풀 나무 잎도 모두 한가지이다. 그러므로 차의 좋고 나쁨은
말에서 말로 전해지는 것이다.

自採至于封 七經目 自胡靴 至于霜荷 八等 或以光黑平正 言佳者 斯鑒之下也 以皺黃
坳垤 言佳者 鑒之次也 若皆言嘉 及皆言不嘉者 鑒之上也 何者 出膏者光 含膏者皺
宿製者 則黑 日成者 則黃 蒸壓 則平正 縱之 坳垤 此茶與草木葉一也 茶之否臧
存於口決

권중(卷中)

차의 그릇 [四之器]

풍로[재받이], 숯광주리, 숯가르개, 부젓가락, 솥, 교상, 집게, 종이 주머
니, 갈개[가루털개], 체·합, 구기, 물통, 물 거름자루, 표주박, 대젓가락,
소금단지[주걱], 탕수그릇, 주발, 삼태기, 솔, 개수통, 찌꺼기통, 행주,
진열장, 모듬바구니

風爐[灰承] 筥 炭檛 火莢 鍑 交床 夾 紙囊 碾[拂末] 羅合 則 水方 漉水囊 瓢
竹莢 鹺簋[揭] 熟盂 盌 畚 札 滌方 滓方 巾 具列 都籃

풍로(재받이) (風爐[灰承])

풍로는 구리나 쇠를 부어서 주조한다. 옛 솥의 형태와 같이 두께 3푼,
가장자리 넓이를 아홉 푼, 속은 여섯 푼을 비워 흙손으로 진흙을 바른다.
무릇 세 다리에 옛글자 21자를 쓴다. 한 다리에는 "위는 물, 아래는 바람,
가운데는 불"이라고 쓴다. 다른 한 다리에는 "몸은 오행을 가지런히 하여
온갖 질병을 물리친다"라고 쓴다. 또 다른 한 다리에는 "거룩한 당나라가
오랑캐를 물리친 이듬해에 주조하다"라고 쓴다. 그 세 다리 사이에 창문
셋을 달고, 밑창 하나에서는 통풍과 불탄 찌꺼기가 빠지도록 한다. 그리고
위에 옛글자로 여섯 자를 쓰는데, 한 창문 위에는 이공(伊公) 두 자를 쓰고,

다른 창문 위에는 갱육(羹陸) 두 자, 또 다른 창문 위에는 씨다(氏茶) 두 자를 쓴다. 이른바 이는 은나라 이윤(伊尹) 공의 국과 육우의 차를 말함이다. 풍로 안에는 높낮이의 차이를 두어 칸막이 세 개를 설치한다. 그 한 칸막이 안에 꿩을 그리는데 꿩은 불을 상징하는 짐승이다. 괘 하나를 그리는데 이것이 '이(離)'괘이다. 다른 칸막이 안에는 표범을 그리는데 표범은 바람을 상징하는 짐승으로 바람 괘인 '손(巽)'을 그린다. 또 다른 칸막이에는 물고기를 그려두는데 물고기는 물짐승이다. 이곳은 '감(坎)'괘를 그려넣는다. 손(巽)은 바람을 주관하고 이(離)는 불을 주관하며, 감(坎)은 물을 주관한다. 바람은 불을 잘 일으키고, 불은 능히 물을 끓게 하므로 그 세 괘를 갖추는 것이다. 풍로의 밖은 연속되는 꽃무늬, 늘어진 덩굴무늬, 파도나 각이 진 무늬이다. 그 풍로는 혹 쇠를 두드려서 만들거나, 혹은 진흙을 빚어서 만들기도 한다. 그 재받이는 세 개의 발을 붙인 쇠쟁반 모양으로 만들어 든다.

風爐 以銅鐵鑄之 如古鼎形 厚三分 緣闊九分 令六分虛中 致其杇墁 凡三足 古文書二十一字 一足云 坎上巽下离于中 一足云 體均五行去百疾 一足云 聖唐滅胡明年鑄 其三足之間 設三窗 底一窗以爲通飆漏燼之所 上竝古文書六字 一窗之上書 伊公 二字 一窗之上書 羹陸 二字 一窗之上書 氏茶 二字 所謂 伊公羹 陸氏茶也 置墆㙇於其內 設三格 其一格 有翟焉 翟者 火禽也 畫一卦曰離 其一格 有彪焉 彪者風獸也 畫一卦曰巽 其一格 有魚焉 魚者水蟲也 畫一卦曰坎 巽主風 離主火 坎主水 風能興火 火能熟水 故備其三卦焉 其飾 以連葩 垂蔓 曲水 方文之類 其爐 或鍛鐵爲之 或運泥爲之 其灰承 作三足鐵柈擡之

숯광주리 [筥]

숯광주리(원형은 숯둥구미)는 대로 짠다. 높이 한 자 두 치, 지름의 넓이는 일곱 치이다. 혹 등나무를 사용하여 나무상자[옛날 상자]처럼 만들되, 숯광주리와 같은 모양으로 겉을 짜고, 육각의 둥근 눈이 나타나도록 한다. 밑바닥 깔개와 위 덮개는 그 크기를 같도록 하여 드나들기 편하게 하고, 입구는 잘 다듬는다.

筥 以竹織之 高一尺二寸 徑闊七寸 或用藤 作木楦[古箱子] 如筥形織之 六出圓眼

其底蓋若利篋 口鑠之

숯가르개 [炭檛]

숯가르개는 쇠로 육각형으로 만든다. 길이 한 자, 한 곳은 예리하게 하고, 가운데는 통통하게 하며 손잡이는 가늘게 한다. 손잡이 머리 부분에 작은 고리쇠를 달아 숯가르개를 꾸민다. 오늘날 하주와 농주지방의 군인들이 차고 다니는 나무방망이 같다. 혹 쇠망치나 도끼처럼 만들기도 하는데 편의에 따른다.

炭檛 以鐵六棱制之 長一尺 銳一豊中 執細 頭系一小[左金右展] 以飾檛也 若今之河隴 軍人木吾也 或作鎚 或作斧 隨其便也

부젓가락 [火筴]

부젓가락을 젓가락이라고도 부른다. 늘 쓰는 것과 같이 둥글고 곧으며 한 자 세 치 정도이다. 꼭대기를 평평하게 잘라서 총대나 갈고리, 쇠사슬 등을 없앤다. 쇠나 정련된 구리로 만든다.

火筴 一名筯 若常用者 圓直 一尺三寸 頂平截 無葱臺勾鏁之屬 以鐵或熟銅制之

솥 [鍑] 鍑의 음은 보이며 부(釜), 혹은 부(鬴)이다.[音輔 或作釜 或作鬴]

솥은 제련되지 않은 생철(무쇠)로 만든다. 요즘 대장장이들이 말하는 이른바 급철이다. 그 쇠는 마모된 농기구 등을 녹여 부어서 주조한다. 솥의 안 틀은 흙으로, 바깥 틀은 모래로 만든다. 흙 틀은 그 내부가 매끄러워 세척을 쉽게 하고, 바깥 틀은 모래로 껄끄럽게 하여 불꽃을 쉽게 빨아들이게 함이다. 솥의 손잡이를 네모지게 한 것은 영(令)을 바르게 함이요, 그 가선[緣]을 넓게 한 것은 먼 곳까지의 이동을 쉽게 함이다. 솥의 배꼽(깊이)을 깊게 한 것은 그 중심을 쉽게 잡기 위함이요, 솥이 깊으면 중심부터 끓어오르고, 중심이 먼저 끓으면 차 거품[沫餑]이 뜨기 쉽고, 거품이 쉬 뜨면 그 맛이 순해진다.

홍주에서는 질그릇을 쓰고, 내주에서는 돌로 만든다. 질그릇과 돌그릇은

다 아담하지만 바탕이 단단하고 튼튼하지 못하여 오래 사용하기 어렵다. 또 은을 사용하여 만들면, 극히 깨끗하지만 사치하고 화려함이 지나치니, 아담하면 아담한 대로, 깨끗하면 또한 깨끗한 대로가 좋을 것이나, 오래 쓸 요량이면 마침내는 쇠로 돌아갈 것이다.

鍑 以生鐵爲之 今人 有業冶者 所謂急鐵 其鐵以耕刀之趄練而鑄之 內模土而外模沙 土滑於內 易其摩滌 沙澁於外 吸其炎焰 方其耳 以正令也 廣其緣 以務遠也 長其臍 以守中也 臍長則沸中 沸中則末易揚 末易揚則其味淳也 洪州以瓷爲之 萊州以石爲之 瓷與石 皆雅器也 性非堅實 難可持久 用銀爲之 至潔 但涉於侈麗 雅則雅矣 潔則潔矣 若用之恒 而卒歸於鐵也

교상 (交床)

교상의 밑은 열십자로 교차시키고, 가운데를 도려내어 빈 곳을 만들어 솥을 지탱하게 한다.

交床 以十字交之 剜中令虛 以支鍑也

집게 [夾]

집게는 자그마한 푸른 대나무로 만드는데 길이 한 자 두 치에 한 치마다 마디를 둔다. 마디가 위쪽을 쪼개서 (떡)차를 (끼워) 굽는다. 그러면 불에 의해 조릿대에서 나오는 진액으로 차의 향과 맛을 더욱 북돋우게 된다. 이 일은 숲이 우거진 골짜기 아니면 얻지 못할 것이다. 혹 정련된 쇠나 정제된 구리를 쓰는 것은 오래 쓰기 위함이다.

夾 以小靑竹爲之 長一尺二寸 令一寸有節 節已上 剖之 以炙茶也 彼竹之篠 津潤于火 假其香潔 以益茶味 恐非林谷間 莫之致 或用精鐵 熟銅之類 取其久也

종이주머니 [紙囊]

종이주머니는 희고 두꺼운 섬등지를 접어 꿰매어 만든다. 구운 (떡)차를 저장한다. 향기가 새나가지 않도록 한다.

紙囊 以剡藤紙白厚者夾縫之 以貯所炙茶 使不泄其香也

갈개(가루털개) [碾(拂末)]

차 갈개는 귤나무로 만들지만 다음으로 배, 뽕, 오동, 산뽕나무로도 만든다. 안은 둥글고 밖은 모나게 한다. 안이 둥근 것은 운행을 대비함이고, 밖이 모난 것은 기울어지거나 넘어짐을 막기 위함이다. 안에 갈개추[碾墮]가 들어가면 남는 공간이 없게 하고, 나무 추는 수레바퀴와 같은데 바큇살은 없고[수레바퀴의 바큇살] 굴대뿐이다. 길이 9치, 넓이 1치 7푼, 추의 지름 3치 8푼, 가운데 두께 1치, 가장자리 두께 반치, 굴대 중앙은 모나게 하고 손잡이는 둥글게 한다. 가루털개는 새 깃으로 만든다.

碾 以橘木爲之 次以梨桑桐柘爲之 內圓而外方 內圓備於運行也 外方 制其傾危也 內容墮而外無餘 木墮形 如車輪 不輻[輪轑也]而軸焉 長九寸 闊一寸七分 墮徑三寸八分 中厚一寸 邊厚半寸 軸中方而執圓 其拂末 以鳥羽製之

체와 합 [羅合]

휴대용 체·합, 체로 친 가루는 합(合)에 덮개를 덮어 저장하고 구기는 합 중간에 둔다. 큰 대를 쪼개어 굽혀서 만들고 비단으로 입힌다. 그 합 그릇은 대 마디로 만들거나 혹 삼나무를 굽혀서 만들고 옻칠을 한다. 높이 3치, 덮개 1치, 바닥 2치, 입구 지름 4치로 한다.

羅合 以合蓋貯之 以則置合中 用巨竹剖而屈之 以紗絹衣之其合 以竹節爲之 或屈杉 以漆之 高三寸 蓋一寸 底二寸 口徑四寸

구기 [則]

구기는 바닷조개로서, 굴 껍질이나 대합조개의 껍질로 만들며, 혹 구리, 쇠, 대나무 등으로 만드는 수저 종류이다. 칙(則)은 그 계량이며 정하여 따르는 것이고 가늠하는 것이다. 대개 물 한 되를 끓이려면 사방 1치 숟가락의 차 가루를 쓴다. 만약 담박함을 좋아하면 줄이고, 짙게 하려면 늘린다. 그러므로 칙이라 한다.

則 以海貝 蠣蛤之屬 或以銅鐵竹匕策之類 則者 量也 准也 度也 凡煮水一升 用末方寸匕 若好薄者減 嗜濃者增 故曰則也

물통 [水方]

물통은 주[소리는 주로서 나무 이름이다]나무, 회화나무, 개오동나무, 가래나무 등을 합하여 만든다. 그 안과 밖을 함께 꿰매고 옻칠한다. 한 말들이다.

水方 以椆[音冑 木名也] 槐 楸 梓等合之 其裏 幷外縫漆之 受一斗

물 거름자루 [漉水囊]

물 거름자루는 늘 쓰는 것과 같다. 그 틀은 생동을 녹여 부어 만들어 물과 습기에 대비함으로써 이끼나 때, 비린내, 떫은 맛이 없게 한다. 정제 구리는 이끼와 때가 끼고, 쇠는 비린내와 쇠 냄새가 난다. 숲속이나 골짜기에 숨어 사는 이는 혹 대와 나무를 쓰기도 하는데, 나무와 대는 오래 쓰지도 못하고 가지고 멀리 다닐 도구도 아니다. 그러므로 생동을 쓴다. 그 자루는 푸른 대로 짠 것을 말아서 만들고 푸른 비단을 재단하여 기우고, 비취색 명주실로 꿰어 묶는다. 또 푸른 기름자루를 만들어 저장하는데, 둘레지름 5치, 자루는 1자 5푼이다.

漉水囊 若常用者 其格 以生銅鑄之 以備水濕 無有苔穢 腥澁意 以熟銅苔穢 鐵腥澁也 林栖谷隱者 或用之竹木 木與竹 非持久涉遠之具 故用之生銅 其囊 織靑竹 以捲之 裁碧縑 以縫之 細翠鈿 以綴之 又作綠油囊 以貯之 圓徑五寸 柄一寸五分

표주박 [瓢]

표주박은 사작(犧杓)이라도 한다. 박을 켜서 만들거나 나무를 깎아서 만든다. 진나라의 사인 두육이 지은 「천부(荈賦)」에 이르기를, "잔질은 박으로 한다"고 했다. 박은 표주박(조롱 바가지)이다. 입이 넓고, 정강이는 잘록하며 손잡이는 짧다. 영가 연간에 여요 사람 우홍이 폭포산에 들어가 차를 따다가 한 도사를 만났는데, 그 도사가 말하기를 "나는 단구자라 하오. 부탁하노니 훗날 차 달이다가 찻사발이나 구기에 차 남거든 부디 보내주오" 라고 하였다. 사(犧)는 나무 구기이다. 지금도 늘 쓰이고 있고, 배나무로 만들어진다.

瓢 一曰犧杓 剖瓠爲之 或刊木爲之 晉舍人杜毓 荈賦云 酌之以瓠 瓠瓢也 口闊 脛薄柄
短 永嘉中 餘姚人 虞洪 入瀑布山採茗 遇一道士云 吾丹丘子 祈子 他日甌犧之餘乞相
遺也 犧木杓也 今常用 以梨木爲之

젓가락 [竹夾]

대젓가락은 혹 복숭아나무, 버드나무, 빈랑나무로 만들거나 혹은 감나무
심재(心材)로도 만든다. 길이 1척, 양쪽의 머리를 은으로 싼다.

竹夾 或以桃 柳 蒲葵木爲之 或以柿心木爲之 長一尺 銀裹兩頭

소금단지(주걱) [鹺簋(揭)]

소금단지는 질그릇으로 한다. 원통의 지름은 4치이다. 합(盒)의 모양과
같다.[슴은 盒과 통한다] 혹은 병이나 혹은 술독 같은 것으로 소금가루를
담는다. 소금 주걱은 대나무로 만들며 길이는 4치 1푼, 넓이는 9푼이다.
길이 네 치 한 푼, 넓이 아홉 푼이다. 주걱은 대쪽 구기와 같다.

鹺簋 以瓷爲之 圓徑四寸 若合形[合通盒] 或瓶 或罍 貯鹽花也 其揭竹制 長四寸一分
闊九分 揭 策也

탕수그릇 [熟盂]

탕수그릇은 끓인 물을 담는다. 혹 자기그릇, 혹 사기그릇이다. 두 되 들이다.

熟盂 以貯熟水 或瓷 或沙 受二升

주발 [盌]

주발은 월주요의 주발이 최상품이고 정주가 다음, 무주가 그 다음, 악주가
그 다음, 수주, 홍주가 그 다음이다. 어떤 사람은 형주를 월주의 위로
치지만 절대로 그렇지 않다. 만약 형주의 자기류가 은이라면, 월주의 자기류
는 옥이라 할 수 있으니 형주가 월주보다 못한 첫 번째 이유이다. 만약
형주의 자기가 눈이라면 곧 월주의 자기는 얼음과 같음이니, 형주가 월주보

다 못한 두 번째 이유이다. 형주자기는 희어서 차 색깔이 붉은데, 월주자기는 푸르러 차 빛깔이 초록이니 형주가 월주보다 못한 세 번째 이유이다. 진나라 두육의 다부에 이르기를 "그릇을 택하고 도기를 고르는데 동구에서 나온다" 했으니 구란 월주를 이름이다.

사발은 월주의 것이 상품이다. 월주사발은 입술이 말리지 않았고, 바닥은 말려 있으면서도 얕아서 반되 이하의 물을 담는다. 월주자기와 악주자기는 다 푸르다. 푸르기 때문에 차의 색과 어우러져 백홍색으로 보이게 된다. 형주자기는 희어서 차 빛깔이 붉게 보이고, 수주자기는 누렇기에 차 빛깔이 자줏빛으로 보인다. 홍주자기는 갈색이어서 차의 색깔이 검게 보인다. 모두가 차에 마땅치 않다.

盌 越州上 鼎州次 婺州次 岳州次 壽州洪州次 或者 以邢州 處越州上 殊爲不然 若邢瓷類銀 越瓷類玉 邢不如越 一也 若邢瓷類雪 則越瓷類冰 邢不如越 二也 邢瓷白 而茶色丹 越瓷靑 而茶色綠 邢不如越 三也 晉杜毓 荈賦所謂 器擇陶揀 出自東甌 甌 越也 甌越州上 口唇不卷 底卷而淺 受半升以下 越州瓷 岳瓷 皆靑 靑則益茶 茶作白紅之色 邢州瓷白 茶色紅 壽州瓷黃 茶色紫 洪州瓷褐 茶色黑 悉不宜茶

삼태기 [畚]

삼태기는 흰 부들을 말아 짜는데 주발 10개를 저장할 수 있다. 혹 광주리로도 쓴다. 종이 수건은 섬등지(剡藤紙)를 겹으로 네모나게 꿰매는데 또한 10장이다.

畚 以白蒲 卷而編之 可貯盌十枚 或用筥 其紙帊 以剡紙夾縫令方 亦十之也

솔 [札]

차 솔은 종려나무 껍질을 모아 수유나무에 끼워 묶거나, 혹 자른 대를 묶은 대롱으로, 큰붓 모양과 같다.

札 緝栟櫚皮 以茱萸莫木夾而縛之 或截竹 束而管之 若巨筆形

개수통 [滌方]

개수통은 세척하고 남는 것을 저장한다. 가래나무쪽을 합쳐서 물통과 같이 만든다. 여덟 되 들이다.

滌方 以貯滌洗之餘 用楸木合之 制如水方 受八升

찌꺼기통 [滓方]

찌꺼기통은 모든 찌꺼기를 모은다. 개수통과 같이 제조하며, 닷 되를 처리한다.

滓方 以集諸滓 制如滌方 處五升

행주 [巾]

행주는 깁이나 베로 만든다. 길이 2자로, 2장을 만들어 번갈아 쓴다. 모든 그릇을 늘 깨끗하게 한다.

巾 以絁布爲之 長二尺 作二枚 互用之 以潔諸器

진열장 [具列]

진열장은 혹 상(床)처럼 만들거나 시렁처럼 만들기도 하는데, 나무만 써서 만들거나 순 대나무로 만들기도 한다. 나무든지 대나무든지 황색과 검정으로 칠하고, 여닫이를 달고 옻칠을 한다. 길이 3자, 넓이 2자, 높이 6치이다. 진열장은 모든 기물을 거두어 다 진열하는 것이다.

具列 或作床 或作架 或純木 純竹而製之 或木 或竹 黃黑 可扃而漆者 長三尺 闊二尺 高六寸 具列者 悉斂諸器物 悉以陳列也

모듬바구니 [都籃]

모듬바구니는 모든 그릇을 다 넣어두기 때문에 붙은 이름이다. 대나무 껍질로 안은 삼각형 모눈으로, 밖은 두 겹의 넓은 대껍질을 날줄로, 홑 대껍질을 씨줄로 하여 동여맨다. 번갈아 두 날줄을 눌러 모눈을 만들어 영롱하게 한다. 높이 1자 5치, 밑바닥 넓이 1자, 높이 2자, 길이 2자 4치,

넓이 2자이다.

都籃 以悉設諸器 而名之 以竹篾 內作三角方眼 外以雙篾闊者 經之 以單篾纖者
縛之 遞壓雙經 作方眼 使玲瓏 高一尺五寸 底闊一尺 高二寸 長二尺四寸 闊二尺

권하(卷下)

차 달이기 [五之煮]

무릇 떡[餠]차 굽기는 바람 불고 불똥 튀는 곳에서는 삼가고 굽지 말아야
한다. 불똥이 튀는 불꽃은 끌 같아서 덥고 서늘함이 고르지 않으니, (떡차를
집게에 끼워) 불 가까이 잡고 뒤집기를 여러 번 하면서 통 채로 잘 구워지도록
한다[炮의 음은 普敎의 반이다]. 차가 부풀거나 두꺼비 등 모양일 때 끄집어내
어 불에서 다섯 치 물려 말렸다 펴지면 처음 본디대로 또 굽는다. 불에
말린 것은 잘 익었다 싶으면 멈추고, 햇볕에 말린 것은 부드러워지면 그친다.
굽기 시작하여 만약 차가 지극히 어린 것은 찌기가 끝나고 뜨거울 때 찧는데,
잎은 문드러지고 싹이나 순만 남는다. 가령 역사(力士)가 천균 공이를 가지고
도 문드러지게 할 수 없다. 또한 칠과주 같아 장사가 힘을 써도 손가락
자국 하나 남길 수 없다. 마무리되면 줄기가 없는 것 같이 되어 구우면
그 마디는 여리고 약해져서 젖먹이의 여린 팔뚝이나 귓불과도 같다. 이미
열을 받았던 차는 종이주머니에 간직하였다 쓰는데, 정화한 김이 흩날리는
바가 되지 않도록 식은 후 가루 낸다.[가루의 상품은 부스러기가 가는
쌀과 같고, 가루의 하품은 부스러기가 마름 같다]

凡炙茶 愼勿於風爐間炙 熛焰如鑽 使炎涼不均 持以逼火 屢其翻 正候炮[普敎反]
出培塿狀 蟆蟆背然後 去火五寸 卷而舒 則本其始 又炙之 若火乾者 以氣熟止 日乾者
以柔止 其始 若茶之至嫩者 蒸罷熱搗 葉爛而芽筍存焉 假以力者 持千鈞杵 亦不之爛
如漆科珠 壯士接之 不能駐其指 及就 則似無穰骨也 炙之則其節若倪倪 如嬰兒之臂
耳 旣而承熱 用紙囊貯之 精華之氣 無所散越 候寒 末之[末之上者 其屑 如細米
末之下者 其屑如菱角]

차를 달일 때 쓰는 불은 숯을 사용한다. 다음은 단단한 땔감[뽕나무, 회화나

무, 오동나무, 상수리나무 종류]을 쓴다. 그 숯은 일찍이 지지고 굽거나
하여 누린내나 기름기가 배었거나, 진이 많은 나무나 상한 기물은 쓰지
않는다.[고목(膏木)은 잣, 계수, 노송나무를 말하고, 패기(敗器)란 상했거나
부서진 기물을 말한다] 옛사람들은 노신을 땔감으로 쓴 것이 맛이 있다고
하였는데 이는 믿을 만하다.

其火 用炭 次用勁薪[謂桑槐桐櫪之類也] 其炭 曾經燔炙爲膻膩所及 及膏木 敗器不用
之[膏木謂柏桂檜也 敗器 謂朽廢器也] 古人 有勞薪之味 信哉

차를 달이는 데 쓰는 물은 산의 물을 씀이 으뜸이고, 강물이 버금, 우물물이
아래이다.[「천부」에 이르기를 "물은 민산 쪽에서 쏟아지는 그 맑게 흐르는
것을 쓴다"고 했다] 그 산의 물은 유천과, 석지에서 더디 흐르는 것을
택하는 것이 좋고, 폭포나 솟구치는 물, 여울물이나 부딪치며 흐르는 물은
마시지 말아야 한다. 오래 마시면, 사람이 목병에 걸린다. 또 산골짜기에
따로 흐르는 물은 맑게 가라앉아서 흐르지 않는다. 한더위부터 상강 이전까
지는 혹 잠룡이 독을 쌓을 수도 있으니 이 물을 마시려면 먼저 그 나쁜
것이 흐르게 물꼬를 트고, 새 샘물이 졸졸 흐른 연후에 떠 쓴다. 강물은
인가가 먼 곳을 가서 취하고, 우물물은 길어가는 사람이 많은 곳을 취한다.

其水 用山水上 江水中 井水下[荈賦 所謂 水則岷方之注 挹彼淸流] 其山水 揀乳泉石
池漫流者上 其瀑湧湍漱 勿食之 久食 令人有頸疾 又多別流於山谷者 澄浸不洩 自火
天至霜降以前 或潛龍蓄毒於其間 飮者 可決之以流其惡 使新泉涓涓然酌之 其江水
取去人遠者 井取汲多者

물이 끓는 것은 물고기 눈과 같은 기포가 생기고, 희미한 소리가 들릴
때를 첫 끓음이라고 한다. 솥 가장자리 쪽에서 샘 솟구치듯 하고 물방울이
구슬이 붙은 듯 이어진 때를 두 번째 끓음, 물결이 넘실거리고 북 치듯
요란하게 끓어오르면 세 번째 끓음, 그 이상 끓으면 쇤 물이니 마실 수
없다. 첫 끓음 때 물의 양을 맞추고 소금으로 맛을 조절하는데, 마시던
차의 나머지를 버리라 함은[철은 맛보는 것이다. 시탈의 반, 또는 시열의
반이다] 짠 맛만 남고 염과 감 맛 중 그 한 가지 맛을 모을 수 없기 때문이다.[염

은 고잠의 반이고, 감은 토람의 반으로 맛이 없다] 두 끓음 때 물 한 표주박을 퍼내고, 대젓가락으로 끓는 중심을 휘저은 다음 찻가루를 헤아려 적당량을 가운데로 떨어뜨린다. 잠시 후 끓는 물의 기세가 성난 파도처럼 거품을 날리며 물방울이 튀어오를 때 떠냈던 물을 부어서 (끓음을) 멈추게 하는데, 이는 차의 정화(精華)를 살리기 위함이다.

무릇 차를 여러 주발에 따를 때에는 거품[沫餑]을 고르게 한다.[「자전」과 「본초」에 함께 발은 차의 거품이다. 소리는 부홀의 반이다] 말발은 차 탕의 정화(거품)이다. 거품이 엷은 것을 말[沫]이라 하고, 두터운 것을 발[餑]이라 한다. 작고 가벼운 것을 꽃이라 한다. 대추 꽃이 둥근 못 위에 둥둥 떠 있는 것 같다. 또한 도는 못이나 굽은 물가에 푸른 부평초가 처음 자라는 듯하며, 또 시원하고 맑은 하늘에 떠오르는 비늘구름 같다. 그 거품[沫]은 물가에 뜬 이끼 같고, 또한 국화 꽃잎이 술단지 안에 떨어져 있는 것과 같다. 또 거품[餑]이란 차의 찌꺼기도 달여져 끓으면 곧 겹쳐진 꽃이나 거품덩이가 희끗희끗하여 쌓인 눈과 같으니, 「천부」에는 이른바 "밝기는 쌓인 눈과 같고, 빛나기는 봄꽃 같다"고 했다.

其沸 如魚目 微有聲爲一沸 緣邊如湧泉連珠爲二沸 騰波鼓浪爲三沸 已上 水老 不可食也 初沸則水合量 調之以鹽味 謂棄其啜餘[啜嘗也 市稅反 又市悅反]無迺䤁䤖而鐘其一味乎[䤁古暫反 䤖吐濫反 無味也] 第二沸 出水一瓢 以竹夾 環激湯心 則量末當中心而下 有頃勢若奔濤濺沫 以所出水止之 而育其華也

凡酌至諸盌 令沫餑均[字書幷本草 餑均茗沫也 蒲笏反] 沫餑 湯之華也 華之薄者曰沫 厚者曰餑 細輕者曰花 如棗花 漂漂然於環池之上 又如回潭曲渚 靑萍之始生 又如晴天爽朗 有浮云鱗然 其沫者 若綠錢浮於水湄 又如菊英墮於樽俎之中 餑者 以滓煮之及沸 則重華累沫 皤皤然若積雪耳 荈賦所謂 煥如積雪 燁若春蘍 有之

첫 번째 달일 때는 물을 끓여서 버린다. 그 거품 위에는 검은 운모와 같은 수막이 있어서, 마시면 그 맛이 바르지 않아서이다. 그 첫째 것을 전영이라 한다.[음은 서현과 전현의 두 반음이다. 지극히 맛있는 것을 전영(雋永)이라 이른다. 전은 맛있다는 뜻이고 영은 뛰어나다는 뜻으로, 맛이 뛰어남을 일러 전영이라 했다. 「한서」에 괴통이 전영 이십편을 지었다고 했다] 혹자는 익힌 것을 묵혀 저장하여 정화를 키워 끓임용으로 쓰는 데 대비한다. 여럿 중에 첫째와 둘째 사발을 마심이 좋고 셋째는 다음이다. 넷째와 다섯째 사발 외는 심한 갈증이 아니면 마시지 말아야 한다.

보통 달인 물 한 되를 다섯 주발에 나누어 따른다.[주발 수는 적으면 셋, 많으면 다섯 주발에 이르는데, 만약 사람이 많아서 열에 이르면, 풍로를 둘로 늘린다] 뜨거울 때에 이어 마신다. 무겁고 탁한 것은 밑에 엉기고, 차의 정영[沫餑]이 위에 뜨는데, 차탕이 식으면 정영도 차탕의 기운을 따라 없어지지만 차를 마시면 정영이 사라지지 않는다. 차의 성품은 검소하여 넓은 주발은 마땅치 않다. 그 맛은 어둡고 담담해진다. 또한 한 사발 가득한 차를 절반만 마셔도 맛이 줄어드는데 하물며 넓은 주발에서랴! 차탕의 색은 담황색이고 그 향기는 지극히 아름답다.[향이 지극히 좋음을 사(駚)라고 한다. 駚의 음은 사다] 그 맛이 단 것을 가(檟)라 하고, 달지 않고 쓴 것을 천(荈)이라 한다. 마시면 쓰나 목에서 달면 차(茶)다.[한 책에서 이르되 그 맛이 쓰고 달지 않음이 가(檟), 달고 쓰지 않음이 천(荈)이라 했다]

第一煮 水沸而棄 其沫之上有水膜如黑云母 飮之則其味不正 其第一者爲雋永[徐縣全縣二反 至美者曰雋永 雋味也 永長也 史長曰雋永 漢書 蒯通著雋永二十篇也] 或留熟以貯之 以備育華救沸之用 諸第一與第二 第三盌 次之 第四 第五盌外 非渴甚莫之飮

凡煮水一升 酌分五盌[盌數 少至三 多至五 若人多至十 加兩爐] 乘熱連飮之 以重濁凝其下 精英浮其上 如冷 則精英隨氣而竭 飮啜不消亦然矣 茶性儉 不宜廣 則其味黯澹 且如一滿盌 啜半而味寡 況其廣乎! 其色緗也 其馨駚也[香至美 曰駚 駚音使] 其味甘檟也 不甘而苦荈也 啜苦咽甘茶也[一本云 其味 苦而不甘檟也 甘而不苦荈也]

차 마시기 [六之飮]

날개 있어 나는 새, 털 있어 달리는 짐승, 입 벌려 말하는 사람, 이 셋은 하늘 땅 사이에 태어나 마시고 쪼아 먹으면서 살고 있다. 마신다는 것에 대한 때와 그 의의가 참으로 오래되었음이로다. 목마름을 달래려고 음료를 마시고, 근심과 울분을 달래려고 술을 마시고, 어둡고 혼미함에서 벗어나려고 차를 마셨다. 차를 마시게 한 것은 신농씨에서 시작하여 노(魯)나라

주공으로 널리 알려졌다. 제(齊)에는 안영(晏嬰)이 있었고, 한(漢)나라에는 양웅과 사마상여가 있었고, 오에는 위요가 있었고, 진에는 유곤과 장재, 먼 조상 육납(陸納)과 사안, 좌사의 무리가 다 차를 마셨다. 시대의 흐름에 따라 차츰 풍속으로 젖어들어 당(唐)의 초기부터는 매우 성하여져서 두 도읍(洛陽, 長安)과 형주와 유주 등지에서도 서로 뒤질세라 모두가 마실 음료로 삼았다.

翼而飛 毛而走 呿而言 此三者 俱生於天地間 飮啄以活 飮之時義遠矣哉 至若救渴飮 之 以漿 蠲憂忿飮之 以酒 蕩昏寐飮之 以茶 茶之爲飮 發乎神農氏 聞於魯周公 齊有晏 嬰 漢有楊雄 司馬相如 吳有韋曜 晉有劉琨 張載 遠祖納 謝安左思之徒 皆飮焉 滂時浸 俗 盛於國朝 兩都并荊兪間 以爲比屋之飮

마시는 차에는 거친 추차(觕茶), 잎차[芽茶]인 산차(散茶), 가루차인 말차(末茶), 덩이차인 떡차[餠茶]가 있다. 차는 쪼개고 볶고, 불에 쬐고 절구질하여 병이나 단지에 담아 놓았다가 끓는 물에 넣어 마시는데 이를 엄차(淹茶)라고 한다. 혹은 파, 생강, 대추, 귤껍질, 수유나 박하 등을 넣어 오랫동안 끓여 달인다. 때로 건더기를 건져 매끄럽게 하거나, 혹 거품을 버려가며 달인다. 이는 도랑이나 개울에 물을 버리는 일인데도 세상의 습속은 그치지 를 않는다. 오호라! 하늘이 만물을 육성함은 다 그 지극한 오묘함이 있을진 대, 사람이 만들고자 하는 바[茶]는 단지 얕고 쉬운 것이로다! 가리고 살 곳은 집인데 그 정성이 끝이 없고 입을 것은 옷인바, 정교하기 그지없고, 먹고 배불릴 것은 음식인바, 음식과 술은 다 그 정성이 지극했도다.

飮 有觕茶 散茶 末茶 餠茶者 乃斫 乃熬 乃煬 乃舂 貯於瓶缶之中 以湯沃焉 謂之痷(淹) 茶 或用葱 薑 棗 橘皮 茱萸 薄荷之等 煮之百沸 或揚令滑 或煮去沫 斯溝渠間棄水耳 而習俗不已 於戲 天育萬物 皆有至妙 人之所工 但獵淺易 所庇者屋 屋精極 所著者衣 衣精極 所飽者 飮食 食與酒 皆精極之

차는 아홉 가지 어려움이 있으니, 첫째 만들기, 둘째 분별하기, 셋째 그릇 가리기, 넷째 불의 조절, 다섯째 물의 선택, 여섯째 굽는 방법, 일곱째 가루 만들기, 여덟째 달이기, 아홉째 마시는 법이다. 날이 흐릴 때 찻잎을 따거나, 밤에 불을 쪼이는 것은 차를 만들지 않는다. 차의 맛을 보거나 냄새를 맡아서 가리지 않는다. 노린내 나는 솥이나 비린내 나는 사발은 좋은 그릇이 아니다. 진액이 많이 나오는 나무나 부엌에서 쓰는 숯은 쓰지 않는다. 솟구치는 물이나 막혀 흐르지 않는 물은 찻물로 적당하지 않다. (餠茶는) 겉만 익고 속은 설익게 굽지 않는다. (餠茶를) 가루낼 때 푸른색이 나거나 옥색 티끌은 좋은 가루가 아니다. 달일 때 서투르거나 급하게 마구 휘젓는 것도 옳은 방법이 아니다. 차를 여름에만 마시고 겨울에 마시지 않음도 마시는 방법이 아니다. 무릇 귀하고 신선하며 향기가 좋은 것은 그 주발 수를 셋으로 하고, 다음 것은 다섯 주발이다. 만약 좌객 수가 5인에 이르면, 세 주발로 행다하고, 7인이면 다섯 주발로 행다한다. 만약 6명 이하면, 주발 수에 얽매이지 않는다. 다만 한 사람을 제외하며 전영으로 그이에게 보충한다.

茶有九難 一日造 二日別 三日器 四日火 五日水 六日炙 七日末 八日煮 九日飮 陰採夜焙 非造也 嚼味嗅香 非別也 羶鼎腥甌 非器也 膏薪庖炭 非火也 飛湍壅潦 非水也 外熟內生 非炙也 碧粉縹塵 非末也 操艱攪遽 非煮也 夏興冬廢 非飮也 夫珍鮮 馥烈者 其盌數三 次之者 盌數五 若坐客數至五 行三盌 至七 行五盌 若六人已下 不約盌數 但 闕一人而已 其雋永 補所闕人

차의 옛일들 [七之事]

(역대의 차인으로는) 삼황 때의 염제 신농씨, 주나라의 노나라 주공 단, 제나라의 재상 안영, 한나라의 선인인 단구자와 황산군, 문원령 사마상여, 집극 양웅이 차를 마셨다. 오나라 때의 귀명후[孫皓]와 태부 홍사[韋曜], 진나라의 혜제와 사공 유곤과 곤의 조카로 연주자사 유연, 황문 장맹양, 사예 부함과 세마 강통, 참군 손초, 기실 좌사, 오흥태수 육납, 납의 조카로 회계내사를 지낸 육숙, 관군 사안석, 홍농태수 곽박, 양주태수를 지낸 환온, 사인 두육, 무강 소산사의 석법요, 패국의 하후개, 여요 사람 우홍, 북지의 부손, 단양의 홍군거, 신안의 임육장, 선성 사람 진정, 돈황의 단도개, 섬현 진무의 아내와 광릉의 노모, 하내 산겸지가 이어 차를 마셨다. 후위 때는 낭야 사람 왕숙, 송나라 때는 신안왕 자란, 란의 아우 예장왕

자상, 포소의 누이 영휘, 팔공산 스님 담제, 제나라 세조 무제, 양나라의
정위 류효작과 도선생 홍경, 그리고 황조[唐]에는 영공 서적이 있다.
三皇 炎帝神農氏 周魯周公旦 齊相晏嬰 漢仙人丹丘子 黃山君 司馬文園令相如 楊執
戟雄 吳歸命侯 韋太傅弘嗣 晉惠帝 劉司空琨 琨兄子兗州刺史演 張黃門孟陽 傅司隸
咸 江洗馬統 孫參軍楚 左記室太冲 陸吳興納 納兄子會稽內史俶 謝 冠軍安石 郭弘農
璞 桓揚州溫 杜舍人毓 武康小山寺釋法瑤 沛國夏侯愷 餘姚虞洪 北地傅巽 丹陽弘君
舉 新安任育長 宣城秦精 敦煌單道開 剡縣陳務妻 廣陵老姥 河內山謙之 後魏瑯琊王
肅 宋安王子鸞 鸞弟豫章王子尚 鮑昭妹令暉 八公山沙門譚濟 齊世祖武帝 梁劉廷尉
陶先生弘景 皇朝徐英公勣

신농이 지은 『식경(食經)』에는 "차를 오래 복용하면 사람이 힘이 나고 마음이
즐거워진다"고 했다. 주공이 지은 『이아(爾雅)』에는 "가(檟)는 쓴 차이다"라
고 하였다.
『광아(廣雅)』에 이르기를 "형주와 파주 사이에는 찻잎을 채취하여 떡 모양으
로 만든다. 잎이 쇤 것은 쌀죽에 담갔다 떡으로 만든다. 차를 달여서 마시고자
하는 사람은 먼저 차를 빨갛도록 구워서 빻은 가루를 자기그릇 속에 담아놓고
끓는 물을 붓고는 뚜껑을 덮는다. 또 때로는 파, 생강, 귤을 넣고 차와
같이 달이기도 한다. 이렇게 달인 것을 마시면 술이 깨고, 사람으로 하여금
졸리지 않게 한다"라고 하였다.
神農食經 茶茗久服 令人有力悅志

周公爾雅 檟 苦茶 廣雅云 荊巴間 採葉作餅 葉老者餅成以米膏出之 欲煮茗飲 先炙令
赤色 搗末置瓷器中 以湯澆覆之 用葱薑橘子芼之 其飲醒酒 令人不眠

『안자춘추』에는 "안영이 제나라 경공의 재상으로 있을 때 현미밥과 구운
새 세 마리, 알 다섯 개, 그리고 차와 명아주만을 먹었다"고 하였다.
한나라 사마상여의 「범장편」에는 "바꽃, 도라지, 서향나무, 민들레, 패모,
누른나무, 누금초, 작약, 계수나무, 절국대뿌리, 삽주, 왕골버섯, 천탁,
가희톱, 구리대뿌리, 창포, 유산소오다, 난디나무열매, 수유가 있다" 등이
수록되어 있다.

양웅의 『방언』에는 "촉의 서남 사람들은 차를 설(蔎)이라고 한다"라고 적혀 있다.

『오지』의 「위요전」에는 "손호는 향연을 베풀 때마다 좌석에서 7되의 술을 기준으로 삼지 않는 법이 없었다. 비록 그 술을 입으로 다 마실 수는 없을지라도 억지로 부어서라도 다 없애게 했다. 그러나 요는 주량이 2되에 지나지 않아 손호는 처음부터 위요에게 예의를 다르게 하여 몰래 차를 내려서 술을 대신하게 하였다"라고 적혀 있다.

晏子春秋 嬰相齊景公時 食脫粟之飯 炙三弋五卵茗菜而已

司馬相如 凡將篇 烏啄 桔梗 芫花 款冬 貝母 木蘗 蔞芩草 芍藥 桂 漏蘆 蜚廉 藋菌 荈詫 白斂 白芷 菖蒲 芒硝 菀椒 茱萸

揚雄 方言 蜀西南人 謂茶曰蔎

吳志 韋曜傳 孫皓 每饗宴 坐席無不率以七勝爲限 雖不盡入口 皆澆灌取盡 曜 飮酒 不過二升 皓 初禮異 密賜茶荈 以代酒

『진중흥서』에 "육납이 오흥태수로 있을 때 위장군으로 있던 사안이 항상 육납을 찾아 뵙기를 원하였다.[『진서』에 육납은 당시에 이부상서였다] 납의 형 아들인 숙은 육납이 아무 준비가 없는 것을 이상하게 여겼으나 감히 묻지를 못하고 이에 마음대로 수십 인분의 음식을 준비하였다. 사안이 이미 이르렀는데 준비하여 갖춘 것은 차와 과일뿐이었지만 육숙이 진수성찬으로 접대하였다. 이에 사안이 물러가자 육납은 조카인 육숙에게 몽둥이로 40번이나 매질을 하고 이르기를 '너는 이미 숙부를 빛내는 데 도움이 되지 못하였거늘 어찌하여 나의 검소함까지 더럽혔느냐'라고 하였다."

『진서』에는 "환온이 양주목사를 지낼 때 성품이 검소하여 잔치에는 늘 오직 일곱 쟁반의 차와 과일을 내릴 뿐이다"고 쓰여 있다.

『수신기』에는 "하후개가 병으로 죽었다. 친척 중에서 자가 구노라는 사람이 귀신을 살펴볼 줄 알았다. 구노가 보건대, 하후개의 귀신이 집으로 들어가 말과 병중인 그 아내를 거두더니, 평상건을 쓰고 홑옷을 입고, 생시처럼 서쪽 벽의 커다란 의자에 앉아서 가족에게 차를 찾아 마시는 것을 보았다"라고 적혀 있다.

晋中興書 陸納爲吳興太守時 衛將軍謝安 常欲詣納[晋書以納爲吏部尙書] 納兄子俶
怪納無所備 不敢問之 乃 私蓄數十人饌 安旣至 所設唯茶菓而已 俶 遂陳盛饌 珍羞必
具 乃安去 納 杖俶四十云 汝旣不能光益叔父 奈何 穢吾素業
晋書 桓溫爲楊州牧 性儉 每讌飮 唯下七奠茶柈菓而已
搜神記 夏候愷 因疾死 宗人 字苟奴 察見鬼神 見愷來收馬 幷病其妻 著平上幘 單衣入
坐生時西壁大床 就人覓茶飮

유곤이 형의 아들인 남연주자사 연에게 보낸 서한에서 "앞서 안주에서
얻은 마른 생강 1근, 계피 1근, 황금 1근은 다 필요한 것이었던바, 내가
속이 답답하고 어지러워 항상 좋은 차를 갈망했거늘 네가 보내 주었다"라고
하였다.
부함은 「사예교」에서 이르기를 "듣자 하니 남쪽 저자에 찻죽을 쑤어 파는
곤궁한 촉 노파가 있다는데 염탐꾼을 보내 찻죽 쑤는 기구를 깨뜨려버리고,
또 저자에서 떡은 팔게 하고 죽은 금지하여 촉 노파를 괴롭힌다는데 어찌된
일인가?"라고 하였다.
劉琨 與兄子南兗州刺史演書云 前得安州乾薑一斤 桂一斤 黃芩一斤 皆所須也 吾體
中潰悶 常仰眞茶 汝可置之
傳咸 司隷教曰 聞南市有以困蜀嫗作茶粥賣 爲簾事打破其器具 後又賣餠於市而禁
茶粥以困蜀姥何哉

『신이기(神異記)』에는 "여요현 사람 우홍(虞洪)이 산에 들어가 차를 따다가
우연히 한 도사를 만났는데, 그는 세 마리의 푸른 소를 끌고 있었다. 우홍을
데리고 폭포산(瀑布山)에 이르러 말하기를 '나는 단구자라오. 듣건대 그대가
차를 좋은 도구로 잘 차려 마신다고 듣고 늘 만나기를 기대했소. 혜산
중에 큰 차나무가 있어 가히 흡족할 만하리. 후일을 기약하면서 구기에
남은 차 있거든 부탁컨대 보내주시기 바라오'라고 하였다. 이로 인하여
제사를 올리게 되었고, 후일 집안 사람들이 산에 들어가면 항상 큰 차나무에
서 많은 차를 얻을 수 있었다"고 하였다.
神異記 餘姚人虞洪 入山采茗 遇一道士 牽三靑牛 引洪 至瀑布山曰 予 丹邱子也

聞 子 善具飮 常思見 惠山中有大茗 可以相給 祈子他日 有甌犧之餘 乞 相遺也
因 立奠祀 後常 令家人入山 獲大茗焉

좌사의 〈교녀시〉에는 "우리 집 아리따운 여인, 환하고 희어 자못 광채
난다네. 이름은 환소, 입술이 맑고 가지런하여라. 언니 있어 혜방인데
눈썹 눈 빛나니 그림 같다네. 동산 숲속 나는 듯 바쁜 걸음, 덜 익은 과일도
모두 딴다네. 비바람 속에서도 예쁜 꽃 보면 수백 걸음도 한 달음. 차
생각 간절하니 입김으로 솥을 녹이려네"라고 하였다.

左思 嬌女詩 吾家有嬌女 皎皎頗白皙 小字爲紈素 口齒自淸歷 有妹字惠芳 眉目粲如
畫 馳騖翔園林 果下皆生摘 貪華風雨中 倏忽數百適 心爲茶荈劇 吹噓對鼎鑼

장맹양은 시 〈등성도루〉에서 "양웅의 옛집을 물어보고 사마상여[長卿]의
오두막집을 상상해 본다. 정정과 탁왕손은 천금을 쌓아서 교만과 사치는
다섯 제후들에 버금가네. 대문 앞에는 말 탄 손님들 줄 잇고 비취 허리띠에
오나라의 검을 찼다네. 귀인의 성찬[鼎食]이 때때로 나오고 온갖 음식의
맛이 뛰어났도다. 숲을 헤쳐 가을 귤 채취하고 강에서는 봄 물고기 낚는다.
흑자는 용젓보다 낫고 차린 과일은 게장보다 뛰어나네. 향기로운 차 육정(水·
漿·醴·醇·醷·酏)의 으뜸이라. 넘쳐흐르는 그 맛 온 나라에 퍼졌도다. 인생이
진실로 안락하려면 이 땅에서 잠시나마 즐길 만하네"라고 읊었다.

張孟陽 登樓都樓詩云 借問揚子舍 想見長卿盧 程卓累千金 驕侈擬五侯 門有連騎客
翠帶腰吳鉤 鼎食隨時進 百和妙具殊 披林採秋橘 臨江釣春魚 黑子過龍醢 果饌踰蟹
蝑 芳茶冠六情 溢味播九區 人生苟安樂 玆土聊可娛

부손의 『칠회』에는 "포도, 대완 능금, 제나라 감, 연나라 밤, 환양의 파인애
플, 무산의 붉은 귤, 남중의 차씨, 서극의 석청" 등의 제방(諸方) 특산물이
적혀 있다.
홍군거의 『식격』에는 "추위와 더위의 수인사가 끝나면 으레 서리꽃 같은
차를 내린다. 차 석 잔을 마시고 난 후에는 사탕수수, 모과, 큰 자두,
복숭아, 오미자, 감람, 산딸기, 아욱국 등을 한 잔씩 내놓는다"라고 적혀

534

있다.

손초의 노래에는 "수유는 방수의 정수리에서 나고, 잉어는 낙수의 샘에서 난다. 흰소금은 하동에서 나고, 좋은 북은 노연에서 난다. 생강, 계피, 차는 파촉지방에서 나고, 후추, 귤, 목란은 고산에서 난다. 여뀌와 차조기는 도랑에서 나며 좋은 피는 밭 가운데서 난다"고 적혀 있다.

傳巽 七誨 蒲桃 宛奈 齊柿 燕栗 峘陽鳳梨 巫山朱橘 南中茶子 西極石蜜
弘君擧 食檄 寒溫旣畢 應下霜華之茗 三爵而終 應下諸蔗 木瓜 元李 楊梅 五味
橄欖 懸豹 葵羹 各一杯
孫楚歌 茱萸出芳樹顚 鯉魚出洛水泉 白塩出河東 美豉出魯淵 薑桂茶荈出巴蜀 椒橘
木蘭出高山 蓼蘇出溝渠 精稗出中田

화타는 『식론』에서 "차를 오래 마시면 사유하는 데 도움이 된다"고 하였다. 호거사의 『식기』에는 "쓴 차를 오래 마시면 신선이 되고, 부추와 함께 마시면 체중이 무거워진다"라고 쓰여 있다.

곽박은 『이아』의 주석에서 이르기를 "나무는 작고 치자와 비슷한데 겨울에 나는 잎은 국을 끓여 마실 수 있다. 지금은 일찍 취한 것은 차라고 하고, 늦게 취한 것은 명이라 한다. 혹은 천이라고도 한다. 촉나라 사람들은 이를 고다라고 한다"고 하였다.

華佗 食論 苦茶久食 益意思
壺居士 食忌 苦茶久食 羽化 與韭同食 令人體重
郭璞 爾雅註云 樹小似梔子 冬生葉 可煮羹飮 今呼早取爲茶 晚取爲茗 或一曰荈
蜀人名之苦茶

『세설신어』의 「비루편(紕漏篇)」에는 "임첨의 자는 육장인데 어렸을 때부터 이름이 났었다. (진나라가 양자강을) 건너 옮긴 뒤부터 임첨은 희망을 잃었다. (어떤 사람이 준) 차를 마시고 나서 임첨이 그 이에게 올차[茶]인지 늦차[茗]인지를 물었다. 그런데 그 사람의 얼굴에 문득 괴이한 빛이 일어나는 것을 깨닫고 임첨은 질문이 뜨거운 차인지 차가운 차인지의 뜻이라고 스스로 변명하였다고 했다.[마신 차는 올차였다]"라고 기록되어 있다.

世說 任瞻 字育長 少時有令名 自過江 失志 既下飮問人云 此爲茶爲茗 覺人有怪色
乃自申明云 向問飮爲熱爲冷耳[下飮 謂設茶也]

『속수신기』에 선성현 사람 진정(秦精)이 무창산(武昌山)에서 차를 따다가
머리털이 긴 한 선인을 만났는데, 머리털 길이가 열 자가 넘었다. 선인은
진정을 이끌고 산 아래로 내려와 무리진 차나무를 보여주고 떠났다. 얼마
후 다시 돌아와 품에서 귤을 꺼내어 진정에게 건네니 진정은 두려워서
차를 등에 지고 돌아왔다고 하였다.
진나라 『사왕기사』에 "혜제가 난을 당하매 파천(播遷)하였다가 다시 낙양으
로 돌아왔는데 황문에서 사발에 차를 가득 담아 황제에게 올렸다"라고
하였다.
續搜神記 宣城人秦精 入武昌山中採茗 遇一毛人 長丈餘 引精 至山下 示以叢茗而去
俄而復還 乃探懷中橘 以遺精 精怖 負茗而歸
晋四王起事 惠帝蒙塵 還洛陽 黃門 以瓦盂盛茶 上至尊

「이원(異苑)」에 "섬현(절강성) 진무(陳務) 아내가 젊어서 두 아들과 과부로
살고 있었는데 차 마시기를 좋아하였다. 집 가운데 옛 무덤이 하나 있어
차를 마실 때마다 먼저 무덤에 제를 올렸다. 두 아들이 이를 근심하여
'옛 무덤이 어찌 알겠습니까? 공연히 마음만 괴롭히는 일입니다' 하고 묘를
파내어 버리고자 하니 어머니가 말려서 그만두었다. 그날 밤 꿈에 한 사람이
나타나 말하기를 '내가 여기에 머문 지 3백 년이 넘었는데 그대 두 아들이
내 무덤을 파 버리고자 할 때마다 돕고 보호해 주었고, 또 내게 좋은 차까지
주시니 비록 땅 속에 묻혀 있는 썩은 뼈라 할지라도 어찌 예상(翳桑)의
보은(報恩)을 잊겠는가' 하였다. 날이 밝자 뜰에서 돈 십만 냥을 얻었다고
하였다. 이 돈은 흙 속에 묻힌 지 오래된 것 같았으나 다만 돈 꿰미는
새것이었다. 어머니가 이 사실을 두 아들에게 알렸더니 그들은 매우 부끄러
워하였다. 그리고 그 이후부터는 더욱 극진하게 제사를 올렸다"고 하였다.
異苑 剡縣陳務妻 少與 二子寡居 好飮茶茗 以宅中有古塚 每飮輒先祭之 二子患之曰
古塚何知 徒以勞意 欲堀去之 母苦禁而止 其夜夢一人云 吾止此塚三百餘年 卿二子

恒欲見毀 賴相保護 又享吾佳茗 雖潛壤朽骨 豈忘翳桑之報 及曉 於庭中獲錢十萬
似久埋者 但 貫新耳 母告二子 慙 是 從之 禱饋愈甚

『광릉기로전』에는 "진나라 원제 때 매일 아침마다 홀로 차 한 그릇을 들고
시장에 나가 파는 늙은 노파가 있었다. 시장 사람들이 서로 다투어 사
먹는데도 아침부터 저녁까지 그 차 그릇은 줄어들지 않았다. 차를 팔아
남은 돈은 길가에 흩어져 있는 외롭고 가난한 걸인들에게 나눠주었다.
사람들이 이상하게 여기므로 그 고을의 법관들이 잡아서 옥 안에 가두고
굴레를 씌워 두었다. 밤이 되자 노파는 차를 팔던 그릇을 챙겨서 감옥의
창 밖으로 날아가 버렸다"라고 적혀 있다.
『진서』의 「예술전」에는 "돈황 사람 단도개는 추위나 더위를 두려워하지
않았고 항상 작은 돌멩이를 먹었다. 먹는 약에는 솔, 계피, 꿀 등 향기
있는 것이었고, 나머지는 차와 차조기일 뿐이었다"라고 쓰여 있다.
廣陵 耆老傳 晋元帝時 有老姥 每旦 獨提一器茗 往市鬻之 市人競買 自旦至夕 其器不
減 所得錢 散路傍孤貧乞人 人或異之 州法曹繫之獄中 至夜 老姥執所鬻茗器 從獄牖
中 飛出
藝術傳 燉煌人單道開 不畏寒暑 常服小石子 所服藥 有松桂蜜之氣 所餘茶蘇而已

석도해는 『속승명전』에서 "송나라 법요 스님의 성은 양씨이고 하동 사람이
다. 영가 연간에 양자강을 건너는 중에 심대진을 만나 무강 소산사로 돌아가
라는 청을 받았다. 법요는 이때 수레를 매달아 놓고 물러날 시기였으며
밥으로 차를 마셨다. 영명 연중에 오흥으로 칙명을 받고 예로써 서울로
올라왔으니 이때 나이가 79세였다"고 쓰여 있다.
송나라의 『강씨가전』에는 "강통의 자는 응천이요, 민회태자의 세마였다.
일찍이 상소를 올려 간하기를 '지금 서원에서 식혜, 국수, 쪽나물과 차
등을 팔고 있는데 이것은 나라의 체면을 손상시키는 것입니다'라고 하였다"
라는 내용이 적혀 있다.
『송록』에는 "신안왕 자란과 예장왕 자상이 담제도인을 팔공산으로 찾아갔
다. 담제도인이 차를 대접하자 자상이 마시고 말하기를 '이것은 감로이옵니

다. 어찌하여 차라고 하시는지요?'라고 하였다"라고 적혀 있다.

왕미는 〈잡시〉에서 "깊은 고요함 높은 누각 덮치고, 끝없는 쓸쓸함 넓은 처마에 가득하네. 기다리던 내님 오시지 않으니 이제 옷깃 거두고 차라도 마시리"라고 읊었다.

포소의 누이동생 영휘가 〈향명부〉를 지었다.

釋道該說 續名僧傳 宋釋法瑤 姓楊氏 河東人 元嘉中過江 遇沈臺眞君 請還武康小山
寺 年垂懸車 飯所飮茶 永明中 勅吳興 禮致上京 年七十九

宋 江氏家傳 江統 字應遷 愍懷太子洗馬 嘗上疏諫云 今 西園賣醯麪藍子菜茶之屬
虧敗國體

宋錄 新安王子鸞 豫章王子尙 詣曇濟道人於八公山 道人設茶茗 子尙味之曰 此甘露
也 何言茶茗

王微 雜詩 寂寂掩高閣 寥寥空廣廈 待君竟不歸 收領今就櫃

鮑昭妹 令暉 著香茗賦

남제의 세조 무황제가 남긴 조서에는 "짐의 영좌 위에는 삼가 희생을 제물로 삼지 말라. 다만 떡, 과실, 차, 마른 밥, 술과 말린 고기만을 쓸지어다"라고 적혀 있다.

양나라 유효작은 「진나라 안왕께 군량미를 받고 사례 드림」에서 "조서를 전하는 이맹손이 교지를 알리고 쌀, 술, 오이, 죽순, 김치, 말린 고기, 식초, 차 등의 여덟 가지를 내려주었사옵니다. 쌀은 새로 쌓은 성처럼 향기롭고, 술맛은 운송처럼 향긋하고, 강과 못에서 뽑은 죽순은 창포와 마름의 진미보다 뛰어나옵니다. 밭두둑에서 뽑은 오이는 깨끗이 인 지붕의 아름다움보다 넘치옵니다. 포는 고라니 묶음만이 아닌데도 자루 안의 것은 눈 속의 나귀와 같사옵니다. 식혜는 도자기병의 잉어와 다르고 잡으니 빛나는 옥과 같사옵니다. 차는 고운 쌀밥을 먹는 것과 같사옵고, 식초는 바라던 밀감이옵니다. 천리 길 풍찬노숙에 절구질을 면하고 석 달의 곡식 모으기가 생략되어 소인이 은혜를 입었사오니 이 좋은 일을 어이 잊겠사옵니까"라고 적고 있다.

도홍경의 『잡록』에는 "차는 몸을 가볍게 하고 뼈까지 바꾼다. 옛날에 단구자와 황산군이 이를 복용하였다"라고 적혀 있다.

南齊 世祖武皇帝 遺詔 我靈座上 愼勿以牲爲祭 但 設餠菓 茶飮乾飯 酒脯而已
梁 劉孝緯 謝晋安王餉米等啓 傳詔 李孟孫 宣敎旨垂賜米 酒 瓜 筍 菹 脯 酢 茗八種
氣苾新城 味芳雲松 江潭抽節 邁昌荇之珍 壇場擢翹 越茸精之美 羞非純束野麏 囊似
雪之驢 鮓異陶瓶河鯉 操如瓊之粲 茗同食粲 酢類望柑 免千里宿舂 省三月種聚 小人
懷惠 大懿難忘

陶弘景雜錄 苦茶輕身換骨 昔 丹丘子 黃山君 服之

『후위록』에는 "낭야의 왕숙은 남조[齊]에서 벼슬을 하였는데, 차를 마시고
순채국을 좋아했다. 북지로 돌아와서는 다시 양고기를 먹고 우유 마시기를
즐겼다. 간혹 사람이 '차를 우유에 비하면 어떻습니까?'라고 물으면 왕숙은
'차를 우유의 종으로 삼는 것은 견딜 수 없소이다'라고 대답했다"라고 하였
다.

『동군록』에는 "서양, 무창, 여강, 진릉에서 나는 차는 모두 동쪽 사람들이
좋아하는 차이다. 맑은 차를 만드는데 차에는 발이 있다. 사람이 마시는
데 알맞다. 무릇 가히 마실 만한 물건은 모두 그 잎을 취한다. 천문동이나
발설은 뿌리를 취하는데 모두 사람에게 유익하다. 또 파동에는 따로 참차라
고 있는데 이것을 달여 마시면 사람이 졸음을 쫓을 수 있다. 세상에는
흔히 박달나무 잎과 대조리를 함께 달여 차를 만들기도 하는데 둘 다 냉한
것이다. 또 남쪽에는 과로목이 있는데, 이것 또한 차와 비슷하며 몹시
쓰고 떫어서 가루차를 만들어 마신다. 이것 역시 밤새도록 잠이 오지 않는다.
소금을 달이는 사람들은 다만 이 음료가 자산이므로 교주(交州)나 광주(廣州)
에서는 가장 소중하게 여긴다. 손님이 오면 먼저 이것을 대접하고 향기로운
나물 따위는 추가로 접대한다"라고 쓰여 있다.

『신원록』에 "진주 서포현 서북쪽 350리의 무사산이 있다. 이에 이르기를
'오랑캐의 풍속에는 길하고 경사스러운 때에는 친족들이 산위에 모여서
춤추고 노래 부르는데 산위에는 차나무가 많다'고 했다"라고 하였다.

後魏錄 瑯琊王肅 仕南朝 好茗飮 蓴羹 及還北地 又 好羊肉 酪漿 人或問之 茗何如酪
肅曰 茗 不堪與酪爲奴

桐君錄 西陽 武昌 廬江 晋陵好茗皆東人 作淸茗茗有餑 飮之宜人 凡 可飮之物 皆多取
其葉 天門冬 拔揳 取根 皆益人 又 巴東 別有眞茗茶 煎飮 令人不眠 俗中 多煮檀葉幷大
皁李 作茶 並冷 又 南方有瓜蘆木 亦 似茗 至苦澁 取爲屑茶飮 亦 可通夜不眠
煮鹽人 但資此飮 而交廣最重 客來先設 乃 加以香芼輩
坤元錄 辰州漵浦縣西北三百五十里 無射山 云 蠻俗 當吉慶之時 親族集會歌舞於山
上 山多茶樹

『괄지도』에 "임수현의 동쪽 140리는 다계가 있다"라고 하였다.
산겸지의 『오흥기』에는 "오정현의 서쪽 20리에 온산이 있는데 그곳에서
천자에게 진상하는 차가 난다"라고 기록되어 있다.
『이릉도경』에 "황우, 형문, 여관, 망주 등의 산에서 차가 난다"라고 하였다.
『영가도경』에 "영가현의 동쪽 300리에는 백다산이 있다"라고 하였다.
『회음도경』에 "산양현 남쪽 20리에 차언덕이 있다"라고 하였다.
『다릉도경』에 이르기를 "다릉이라는 곳은 이른바 차가 자라는 능의 골짜기
이다"라고 하였다.

括地圖 臨遂縣東一百四十里 有茶溪

山謙之 吳興記 烏程縣西二十里 有溫山 出御荈

夷陵圖經 黃牛 荊門 女觀 望州等山 茶茗出焉

永嘉圖經 永嘉縣東三百里 有白茶山

淮陰圖經 山陽縣南二十里 有茶坡

茶陵圖經云 茶陵者 所謂 陵谷生茶茗焉

『본초』의 「목부」에는 "명은 쓴 차이며 맛이 달고도 쓰다. 약간 찬 성질이지만
독은 없다. 부스럼을 다스리고 소변이 잘 나오게 하며 가래, 갈증, 몸의
열을 내려주고, 사람으로 하여금 잠을 적게 자게 한다. 가을에 채취한다.
쓴 것이 기를 내리게 하고 먹은 것을 소화시킨다. 주석에서는 봄에 채취한다"
라고 기록하고 있다.
『본초』의 「채부」에는 "쓴 차는 일명 차, 일명 선이며 일명 유동이라고
한다. 익주의 시내가 흐르는 골짜기나 산의 언덕이나 길 옆에서도 자란다.

겨울을 지내면서도 죽지 않는다. 3월 3일에 따서 말린다"고 했다. 주석에 이르기를 "이것은 지금의 차이다. 일명 도라고 하며 사람으로 하여금 잠이 오지 않게 한다"고 하였다. 「본초주」에는 "살피건대 『시경』에 이르기를 '누가 도를 쓰다고 하였는가?'라고 하였으며 또 이르기를 '근도는 엿과 같다'고 하였는데 이것은 다 쓴 나물이다. 도홍경은 '고다는 나무의 종류요, 채소류가 아니다'고 했다. 봄에 따는 차 싹은 이를 고도라고 이른다"라고 하였다.

『침중방』에는 "오래된 부스럼을 낫게 하는 데는 쓴 차와 지네를 함께 구워 냄새가 나도록 익혀서 반으로 갈라 찧고 체로 쳐서 감초와 함께 달인 물로 씻어내고, 남은 가루를 바른다"라고 적혀 있다.

『유자방』에는 "어린아이가 까닭 없이 놀라고 뛸 때에는 쓴 차와 파뿌리를 달여서 복용시킨다"라고 기록되어 있다.

本草木部 茗苦茶 味甘苦 微寒 無毒 主瘻瘡 小利便 去痰 渴 熱 令人少睡 秋採之 苦 主下氣消食 注云 春採之

本草菜部 苦茶 一名茶 一名選 一名游冬 生益州 川谷 山陵道傍 凌冬不死 三月三日 採乾 注云 疑此卽是今茶 一名茶 令人不眠 本草注 按 詩云 誰謂茶苦 又云 堇茶如飴 皆苦菜也 陶 謂之苦茶 木類 非菜流 茗春採 謂之苦㯓

枕中方 療積年瘻 苦茶 蜈蚣 竝炙 令香熟 等分搗篩 煮甘草湯洗 以末傅之

孺子方 療小兒無故驚蹶 以苦茶 葱鬚 煮服之

차의 산지 [八之出]

산남에서는 협주의 차가 상품이다.[협주에서는 원안, 의도, 이릉 세 고을의 산골짜기에서 난다] 양주와 형주의 차는 다음이다.[양주는 남장, 형주는 강릉 두 고을의 산골짜기이다] 형주의 차가 하품이다.[형산과 다릉 두 고을의 산골짜기에서 난다] 금주와 양주 차 역시 더욱 하품이다.[금주는 서성과 안강, 양주는 포성과 금우 두 고을의 산골짜기에서 난다]

山南以峽州上[峽州 生遠安 宜都 夷陵 三縣山谷] 襄州荊州次[襄州 生南漳縣山谷 荊州 生江陵縣山谷] 衡州下[生衡山茶陵 二縣山谷] 金州 梁州又下[金州生西城 安康 二縣山谷 梁州 生襃城金牛二縣山谷]

회남에서는 광주의 차가 상품이다.[광산현 황두항에서 나는 차는 협주의 차와 같다] 의양과 서주의 차는 다음이다.[의양현 종산에서 나는 차는 양주의 차와 같고, 서주 태호현 잠산에서 나는 차는 형주(荊州)의 차와 같다] 수주의 차가 하품이다.[성당현 곽산에서 나는 차는 형주(衡州)의 차와 같다] 기주와 황주의 차는 더욱 하품이다.[기주는 황매현, 황주는 마성현의 산골짜기에서 나는데 금주와 양주의 차와 같다]

淮南以光州上[生光山縣 黃頭港者 與峽州同] 義陽郡 舒州次[生義陽縣 鐘山者 與襄州同 舒州 生太湖縣潛山者 與荊州同] 壽州下[生盛唐縣霍山者 與衡州同] 蘄州黃州又下[蘄州 生黃梅縣山谷 黃州 生麻城縣山谷 並與金州梁州同也]

절서의 호주에서 나는 차가 상품이다.[호주의 장성현 고저산 골짜기에서 나는 차는 협주와 광주의 차와 같고, 산상과 유사 두 곳의 차는 백모산 현각령의 차와 함께 양주, 형주와 의양군의 차와 같다. 봉정산과 복익각, 비운과 곡수 두 절, 그리고 탁목령에서 나는 차는 수주의 차와 같다. 안길과 무강 두 곳의 산골짜기에서 나는 차는 금주와 양주의 차와 같다] 상주의 차는 그 다음이다.[상주 의흥현의 군산 현각령 북봉 아래서 나는 차는 형주 의양군의 차와 같고, 권령 선권사의 석정산의 차는 서주의 차와 같다] 선주, 항주, 목주, 흡주의 차는 하품이다.[선성현 아산에서 나는 선주차는 기주 차와 같고, 상목과 임목에서 나는 태평현 차는 황주차와 같다. 천목산에서 나는 임안과 어잠 두 현의 항주차는 서주차와 같다. 천축과 영은 두 절에서 나는 전당차와, 동려현의 산골짜기에서 나는 목주차, 무원의 골짜기에서 나는 흡주차는 형주차와 같다] 윤주와 소주차는 더욱 하품이다.[오산의 강녕현에서 나는 윤주차와 동정산의 장주현에서 나는 소주차는 금주, 기주, 양주의 차와 같다]

浙西以湖州上[湖州 生長城縣顧渚山谷 與峽州光州同 若生山桑儒師二塢 白茅山懸脚嶺 與襄州 荊州 義陽郡同 生鳳亭山伏翼閣 飛雲曲水二寺 啄木嶺 與壽州常州同 生安吉武康二縣山谷 與金州梁州同] 常州次[常州義興縣 生君山懸脚嶺北峰下 與荊州義陽郡同 生圈嶺善權寺 石亭山 與舒州同] 宣州 杭州 睦州 歙州下[宣州 生宣城縣雅山 與蘄州同 太平縣 生上睦臨睦 與黃州同 杭州 臨安於潛二縣 生天目山 與舒州同

錢塘 生天竺靈隱二寺 睦州 生桐廬縣山谷 歙州 生婺源山谷 衡州同] 潤州 蘇州又下
[潤州江寧縣 生傲山 蘇州長洲縣 生洞庭山 與金州 蘄州 梁州同]

검남의 팽주에서 나는 차가 상품이다.[구룡현 마안산 지덕사와 붕구에서
나는 차는 양주차와 같다] 면주와 촉주차는 다음이다.[송령관의 용안현에서
나는 면주차는 형주차와 같고, 서창과 창명, 신천현의 서산차는 모두 훌륭하
다. 과송령의 차는 채취할 만한 차가 못 된다. 청성현의 장인산에서 나는
촉주차는 면주차와 같다. 청성현에는 산차와 목차도 있다] 공주차는 다음이
고, 아주와 노주차는 하품이다.[백장산과 명산에서 나는 아주차와 노천에서
나는 노주차는 금주차와 같다] 미주와 한주차는 더욱 하품이다.[단릉현
철산에서 나는 미주차와 면죽현 죽산에서 나는 한주차는 윤주차와 같다]
절동에서는 월주차가 상품이다.[폭포천령에서 나는 여요현 차를 일명 선차
라고 부르는데 큰 것은 유난히 다르고, 작은 것은 양주차와 같다] 명주와
무주차가 다음이다.[명주 무현의 유협촌에서 나는 차와 동양현 동백산의
무주차는 형주차와 같다] 태주차는 하품이다.[시풍현 적성에서 나는 태주차
는 흡주차와 같다]

劍南以彭州上[生九隴縣馬鞍山至德寺 棚口 與襄州同] 綿州蜀州次[綿州龍安縣 生
松嶺關 與荊州同 其西昌 昌明 神泉縣西山者 並佳 有過松嶺者 不堪採 蜀州靑城縣
生丈人山 與綿州同 靑城縣有散茶 末茶] 邛州次 雅州 瀘州下[雅州百丈山 名山
瀘州瀘川者 與金州同也] 眉州 漢州又下[眉州丹棱縣 生鐵山者 漢州綿竹縣 生竹山者
與潤州同]

浙東以越州上[餘姚縣 生瀑布泉嶺 曰 仙茗 大者 殊異 小者 與襄州同] 明州婺州次[明
州鄮縣 生楡莢村 婺州東陽縣東白山 與荊州同] 台州下[台州始豊縣 生赤城者 與歙州
同]

검중에서는 사주, 파주, 비주, 이주에서 차가 난다.
강남에서는 악주, 원주와 길주에서 난다.
영남에서는 복주, 건주, 소주와 상주에서 난다.[복주에서는 민현 방산의
음지에서 난다]

그 사주, 파주, 비주, 이주, 악주, 원주, 길주, 복주, 건주, 소주와 상주 11개 주에 대해서 아직 자세히 알지 못하나 간혹 얻는 차를 마셔 보면 그 맛이 매우 훌륭하다.

黔中 生思州 播州 費州 夷州

江南 生鄂州 袁州 吉州

嶺南 生福州 建州 韶州 象州[福州 生閭縣方山之陰也]

其思 播 費 夷 鄂 袁 吉 福 建 韶 象 十一州未詳 往往得之 其味極佳

차의 생략 [九之略]

차 만드는 도구는 만약 바로 봄의 금화 시기에 야외의 절간이나 정원 같은 곳에서 일손을 모아 찻잎을 따서 쪄내어 찧고, 또 불에 쬐어 말릴 수만 있다면 창, 두드리개, 배로, 꼬챙이, 선반, 꿰미, 숙성고 등 일곱 가지 도구를 쓰지 않아도 된다.

其造具 若方春禁火之時 於野寺山園 叢手而掇 乃蒸 乃舂 乃復以火乾之 則又棨 扑 焙 貫 棚 穿 育等 七事 皆廢

차를 달이는 그릇은 만약 소나무 사이의 돌에 얹어 놓을 수 있다면 진열장은 없어도 된다. 마른 섶나무와 세 발 달린 솥[鼎]이나 다리 굽은 솥[鑢]을 쓸 수 있으면 풍로, 재받이, 숯가르개, 부젓가락, 교상 등은 쓰지 않아도 된다. 만약 가까이 샘이 있거나 개울이 있으면 물통, 개수통, 물 거름자루를 쓰지 않아도 된다. 만약 5인 이하이고 잘 정제된 차라면 체는 없어도 된다. 만약 칡덩굴 도움으로 바위를 오르거나 산 어귀에서 밧줄을 붙잡고 동굴 속에 들어가 차를 구워 가루 내어 종이에 싸서 합에 저장하거나 하면 차갈개와 가루털개는 쓸 필요 없다. 이미 표주박, 주발, 대젓가락, 솔, 차탕그릇, 소금단지를 모두 한 광주리에 담았으면 모듬바구니는 쓰지 않아도 된다. 다만 성읍 안이나 왕공의 가문 내에서는 스물네 가지의 찻그릇 중 하나라도 빠지면 찻자리를 폐한다.

其煮器 若松間石上可坐 則具列廢 用槁薪 鼎鑢之屬 則風爐 灰承 炭檛 火筴 交床等廢 若瞰泉臨澗 則水方 滌方 漉水囊廢 若五人以下 茶可末而精者 則羅廢 若援藟躋岩

引経入洞 於山口 炙而之末 或紙包合貯 則碾 拂末等廢 既瓢 盌 筴 札 熟盂 鹺簋
悉以一筥盛之 則都籃廢 但城邑之中 王公之門 二十四器闕一 則茶廢矣

차 살림 그림 [十之圖]

흰 비단을 4폭, 혹은 6폭으로 나누어 펴고 그림을 그린다. 차 관련하여
모든 것, 즉 차의 근원, 도구, 만들기, 그릇, 달이기, 마시기, 내력, 산지,
생략 등의 위치를 적절히 배치하여 살필 수 있도록 하였으니, 이로써 「다경」
의 처음부터 끝을 다 갖추었음이다.

以絹素或四幅 或六幅分布寫之 陳諸座隅 則茶之源 之具 之造 之器 之煮 之飲 之事
之出 之略 目擊而存 於是 茶經之始終備焉

다경의 서문 [茶經序]

육우의 『다경』은 집안에 전하는 것이 1권, 필씨와 왕씨의 책이 3권, 장씨의
책이 4권, 내외의 책이 11권이나 된다. 또 그 글들의 번잡함과 간략함이
같지 않다. 왕씨와 필씨의 책이 번잡한 것은 그 책들이 옛 글임을 뜻한다.
장씨의 책이 간명하기로는 집안에서 전하는 책과 같지만 빠진 것과 틀린
것이 많다. 집안의 책은 그다지 옛 것이 아니므로 가히 교정할 만하다.
가로되, 이를테면 〈일곱 번째, 차의 옛일들〉 이하의 글들은 합쳐 세 책을
이루므로 베껴 두 편으로 만들어 집에 간직한다. 대저 차의 책을 짓는
일은 육우로부터 시작되었다. 그 책이 세상에서 쓰이게 된 일도 또한 육우에
서 비롯된다. 육우는 진실로 차에 공이 있다. 위로는 궁성에서부터 아래로는
읍리에 미치고, 밖으로는 동서남북의 융·이·만·적의 이민족에 이른다.
손님맞이나 제사, 잔치 등에는 먼저 차를 베푼다. 자연스레 사람 사는
곳에서는 차시장이 이루어지고, 상품으로서의 차는 집안을 일으킨다. 또
육우는 사람들에게도 공이 있으니 가히 지혜로운 일이었음이다. 경서에
이르기를, "차의 좋고 나쁨은 구결에 있다"고 하였다. 곧, 책에 실린 바는
오히려 세련되지 못하여 차를 예술의 경지로 삼기에는 미치지 못하고,
그 깊고 미묘함에 이르러서는 책도 다하지 못하거늘, 하물며 천하의 지극한

이치를 글씨나 종이와 먹 사이에서 구하고자 한들 그것의 얻음이 있을 것인가! 옛날의 선왕들은 사람의 근본을 가르치고, 바라는 바가 같음으로 다스렸다. 무릇 사람들에게 유익한 것은 모두 폐하지 않았으므로 세상 사람들은 이를 일러 "선왕들에게는 시서와 도덕뿐이다"라고 하였다. 이는 곧 속세를 벗어난 곳에서의 한 방편이 될 것이며, 힘든 형편을 스스로 지키는 행실로서 천하에 무리를 짓지 못하는 것이다. 『봉씨문견기(奉氏聞見記)』의 「음다편」에 이르기를 "육우가 다구를 펼치고 이계경에게 마시게 하였으나, 계경이 진정 차주(茶主)로 여기지 않아 훼차론(毀茶論)을 지어 이를 비방하였다"라고 하였다. 무릇 예술이란 것은 군자가 갖게 되는 것으로 덕이 이루어진 다음에야 백성과 화합하기에 이르는 것이다. 근본에 힘쓰지 않고 하잘 것 없는 것을 좇는 까닭에 진정한 예술이 이루어지지 않는 것이다. 학자는 이를 경계해야 할 것이다.

송 진사도 찬

陸羽茶經 家傳一卷 畢氏 王氏書三卷 張氏書四卷 內外書十有一卷 其文繁簡不同 王畢氏書煩雜 意其舊文 張氏書簡明與家書合 而茶脫誤 家書近古 可考正 曰七之事 其下文乃合三書以成之 錄爲二篇藏於家 夫茶之著書 自羽始 其用于世 亦自羽始 羽誠有功於茶者也 上自宮省 下逮邑里 外及戎夷蠻狄 賓祀燕享預陳于前 山澤以成市 商賈以起家 又有功于人者也 可謂智矣 經曰 茶之否藏 存之口訣 則書之所載 猶其粗 也 夫茶之爲藝下矣 至其精微書有不盡 況天下之至理 而欲求之文字 紙墨之間 其有 得乎 昔者先王因人而教 同欲而治 凡有益於人者皆不癈也 世人之說曰 先王詩書道德 而已 此乃世外執方之論 枯槁自守之行 不可群天下而居也 史稱羽持具飮李季卿 季卿 不爲賓主 又著論以毀之 夫藝者 君子有之 德成而後及 所以同于民也 不務本而趨末 故藝成而下也 學者謹之 宋 陳師道 撰

8.
끽다양생기(喫茶養生記)

가마쿠라(鎌倉) 시대에 송나라로 유학한 에이사이(榮西: 1141~1215) 선사는 천태산 만년사의 허암회창(虛庵懷敞)을 찾았고 그 밑에서 5년 동안 선을 배우고 참선에 매진한다. 당시 천태산의 운해(雲海)와 운무차(雲霧茶)는 유명하였기에 안개 속에서 자라는 야생차밭을 보고 차나무 재배법과 차 제조법, 차 마시는 법 등을 함께 배우게 되었다. 1192년 선사는 허암회창의 법통을 이어받고 귀국길에 오를 때 운무차 종자를 구해 돌아온 뒤 규슈(九州)의 세후리산(脊振山) 쇼후쿠지(聖福寺)에 차씨를 심어 일본 이와카미차(石上茶)의 기원이 되게 하였고, 교토를 중심으로 마음의 실상을 설하며 선종 유포에 전념하여 일본에 최초로 차와 선을 전파하여 차와 선종의 시조로 일컬어진다. 작금 일본이 장수국가로 알려진 배경에는 세후리 산의 심근성 차나무가 있었고, 차가 수명을 위한 선약이라고 판단한 에이사이 선사와 그가 저술한『끽다양생기』로 인해 차문화가 정착되어 국민들이 건전한 차생활을 영위할 수 있었던 것과 관련있을 것이라 추측되기도 한다.

한편 에이사이 선사가 겐닌지에 있을 때의 일로 선사의 일면을 단적으로 볼 수 있다. 어느 날 병들고 굶주린 거지가 찾아왔다. "보시다시피 제가 병이 들어 처자식에게 먹일 것이 없어 모두가 굶어 죽게 되었습니다. 자비를 베푸소서." 그러나 선사 역시 도와줄 만한 소유물이라고는 아무것도 가진 게 없었다. 한참 궁리를 하더니 결국 불당으로 들어갔다. 그리고는 부처님의 금박광배를 잘라서 가지고 왔다. "이것을 팔아서 쌀이라도 사시오." 그리고는 친절히 위로하고 돌아가게 했다. 이튿날 불당에 들어간 대중들은 난리가 났다. 급기야 대중공사가 벌어졌고 분기탱천한 대중들과 에이사이 선사가 맞붙었다. "불경스럽습니다. 너무 지나친 것 아닙니까?" 그러자 선사는 단호하게 말했다. "무엇이 지나치단 말이오? 나는 불상을 파괴하지 않았고 단지 부처님의 뜻을 행했을 뿐이오. 부처님도 나처럼 불쌍한 중생을 보셨다면 당신의 팔과 다리를 잘라서라도 도움을 주셨을 텐데 광배 정도가 무슨 대수로운 일이겠습니까?" 스님은 오히려 대중을 꾸짖었다. 불상이라는 상(相)의 모양에 집착하는 대중들에게 상(相)을 떠나 부처님의 진상(眞相)을 보라고 선사가 일갈(一喝)한 것이었다. 이 일화는 대중이 "모든 상(相)이 상(相)이 아님을 볼 수 있다면 여래를 볼 것"(若見諸相非相 卽見如來)이라는 〈금강경〉의 법문을 다시금 새기도록 만들어준 선 지식의 화현이라고 평할 만한 일이다.

끽다양생기 서(喫茶養生記 序)

입송구법전권승정법인대화상위 영서록(入宋求法前權僧正法印大和尚位 榮西錄)

차는 후세에 있어서의 양생의 선약이요, 사람의 수명을 연장시키는 기묘한 수단이다. 산골짜기의 차가 있는 곳은 신령스러운 땅이요, 차를 채취하여 마시면 수명이 길어진다. 인도와 당나라에서도 이를 귀중히 여겼으며 일본에서도 차를 아끼고 즐겨왔다. 예전부터 지금까지 우리나라나 타국에서도 이 차를 숭상하였으므로 이제 와서 버릴 수 있겠는가. 더구나 후세에 생명을 위한 양약이 된다면 충분히 짐작이 가는 일이다. 생각건대 사람을 구성하는 네가지 요소(地·水·火·風)가 견고하여 사람의 몸이 하늘의 신들과 같았다. 그러나 후세의 사람들은 골격과 육체가 겁 많고 나약하여 썩은 나무처럼 되었다. 침이나 뜸으로 고쳐 보지만 아플 뿐이고 탕약으로 다스려도 듣지 않는다. 그 치료법을 찾는 사람은 점차 약해져 기운이 다하게 되니 어찌 두렵지 않겠는가. 옛 의사들은 더하거나 덜하지 않게 치료하였는데 지금 생각하면 부족하다 하겠다.

삼가 생각건대 조물주가 만물을 창조함에 사람을 가장 귀하게 여겼으므로 사람은 그 목숨을 잘 지키고 보전함이 가장 현명하다 할 것이다. 이 육신을 보전하는 데 그 근원은 양생을 하는 데에 있다. 양생의 비술은 오장(五藏=五臟: 심장·간장·폐장·비장·신장)을 잘 보전함에 있다. 오장 가운데 심장이 가장 소중하다. 심장을 튼튼하게 보전하는 방법은 차를 마시는 것이 가장 좋은 방법이다. 심장을 잘 살펴 보전하지 못하면 오장이 무력해지고, 오장이 무력해지면 목숨이 위태로워진다. 이제 인도의 명의 기파가 죽은 지 이천년이 지났으니 후세에 있어서 의술의 비경을 누구에게 물을 것인가! 또 중국의 신농제가 죽은 지 삼천여 년이 지났으니 지금에 와서 약의 효능을 어떻게 헤아릴 것인가! 그런즉 병의 증상에 대해 물어볼 사람이 없어 헛되이 앓다가 죽고 만다. 치료의 처방을 구하는데 잘못이 있어서 공연히 뜸질로 손상만 시킨다. 들은 바, 지금의 의술은 약을 먹어서 심지가 상하는 일이니 그 병에 그 약이 맞지 않음이다. 그리고 뜸질하다가 일찍 죽었다 함은 맥을 뜸이 지나치게 자극하였기 때문이다. 그러므로 중국의 치료법을 살펴 지금의 처방술을 보이는 것만 같지 못하다. 그러므로 이제 오장화합과 견제귀매두 문[二門]을 세워 병의 증상을 보여 후세에 전함으로 모든 사람에게 이롭게하고자 함이다.

조겐 5년 신미년 봄 정월 초하루에 삼가 서문을 쓰다.

제1 오장화합문

제2 견제귀매문

茶也 末代養生之仙藥 人倫延齡之妙術也 山谷生之 其地神靈也 人倫採之 其人長命也 天竺 唐土同貴重之 我朝日本 昔嗜愛之 從昔以來 自國他國 俱尙之 今更可損乎 況末世養生之良藥也 不可不斟酌矣 謂劫初時 人四大堅固 與諸天身同 末世時人骨肉怯弱 如朽木矣 針灸竝痛 湯治亦不應乎 若好其治方者 漸弱漸竭 不可不怕者歟 昔者醫方不添削而治 今人斟酌之寡歟

伏惟 天造萬像 以造人爲貴也 人保一期 以守命爲賢也 其保一期之根源 在養生 其示養生之術計 可安五藏 五藏中 心藏爲王乎 心藏建立之方 喫茶是妙術也 厥忘心藏則五藏無力也 忘五藏 則身命有危乎 寔印土者婆往而隔二千餘年 末世之血脈 誰問乎 漢家神農隱而送三千餘歲 近代之藥味詎理乎 然則無人于詢病相 徒患徒死也 有惟于請治方 空灸空損也 偸聞 今世之醫術 則含藥而損心地 病與藥乖故也 帶灸而夭身命 脈與灸戰故也 不如訪大國之風 示近大治方乎 仍立二門 示末世病相 留贈後昆 共利群生矣

于時承元五年辛未歲 春正月一日謹敍

第一 五藏和合門

第二 遣除鬼魅門

끽다양생기 권상(喫茶養生記 卷上)

오장화합 (五藏和合)

제일오장화합문이라 함은 「존승다라니파 지옥의궤비초」에 이르기를, "첫째 간장은 신맛을 좋아하고, 둘째 폐장은 매운맛을 좋아한다. 셋째 심장은 쓴맛을 좋아한다. 넷째 비장은 단맛을 좋아한다. 다섯째 신장은 짠맛을 좋아한다"라고 하였다. 그리고 오장을 오행(五行: 木·火·土·金·水)에 맞추기도 하고, 또 오방(五方: 東·南·西·北·中)에 맞추기도 하였다.

간장은 동쪽이고, 봄이고, 나무이고, 푸른색이고, 혼이고 눈이다.

폐장은 서쪽이고, 가을, 금, 하얀색이고, 넋이고 코다.

심장은 남쪽, 여름, 불, 빨간색 정신, 혀다.

비장은 가운데, 계절의 끝이고, 흙, 황색, 땅, 입이다.

신장은 북쪽, 겨울, 물, 흑색, 생각, 골수, 귀다.

第一五藏和合門者 尊勝陀羅尼破 地獄儀軌秘鈔云 一肝藏好酸味 二肺藏好辛味三心藏好苦味 四脾藏好甘味 五腎掌好醎味 又以五臟 宛五行 又宛五方

肝 東也 春也 木也 青也 魂也 眼也

肺 西也 秋也 金也 白也 魄也 鼻也

心 南也 夏也 火也 赤也 神也 舌也

脾 中也 四季終也 土也 黃也 地也 口也

腎 北也 冬也 水也 黑也 想也 骨髓也 耳也

이 오장은 받아들이는 맛이 다르기 때문에 하나의 장기가 좋아하는 맛을 많이 받아들이면 주변의 다른 장기에 영향을 주어 병을 일으키는 원인이 된다. 매운맛 신맛 단맛 짠맛의 네 가지 맛은 주변에 항상 있으나 쓴맛은 주변에서 구하기 어려워 이를 먹지 않기 때문에 네 가지 장기(간장·폐장·비장·신장)는 튼튼하나 심장은 약하므로 항상 병이 생긴다. 만약 심장에 병이 생기면 일체의 맛을 보기 어렵고 먹으면 이를 토하므로 어떤 것도 먹지 못한다.이제 차를 사용하여 심장을 다스리면 병이 없어진다. 심장에 병이 있으면 안색이 나빠지고 목숨이 짧아짐을 알아야 한다. 일본이나

외국이나 요리의 맛이 같지만 어디서나 쓴맛이 결여되어 있다. 단지 중국에
서는 차를 마시고 일본은 마시지 않는다. 그래서 대국 사람은 심장이 병들지
않고 또 오래 살며, 병들지 않고 마르거나 수척해지지 않는다. 일본 사람들은
심장에 병들이 있어 오래 앓고 마르고 수척하다. 이는 결국 차를 마시지
않은 탓이다. 사람이 오장이 조화롭지 못하고 마음이 편하지 못하면 반드시
차를 마실 일이다. 이로써 심장을 튼튼하게 하고 만병에서 벗어날지니
심장이 건강하면 비록 다른 병이 있어도 크게 아픈 일은 없으리라.

此五藏受味不同 一藏好味多入 則其藏强 剋傍藏 互生病 其辛酸甘醎之四味 恒有之
食之 苦味恒無 故不食之 是故四藏恒强 心藏恒弱 故恒生病 若心藏病時 一切味皆違
食則吐之 動不食萬物 今用茶 則治心藏 爲令無病也 可知心藏有病時 人皮肉色惡
運命依此減也 自國他國調菜味同 皆以缺苦味乎 但大國喫茶 我國不喫茶 大國人心
藏無病 亦長命 不得長病羸瘦乎 我國人心藏有病 多長病羸瘦乎 是不喫茶之所致也
若人五藏不調 心神不快之時 必喫茶 調心藏 除萬病矣 心藏快之時 諸藏雖有病 不强
痛也

또 「오장만다라 의궤초」에는 비밀진언으로 병을 다스리는 법이 있다.
간은 동방 아축불이고 약사불, 금강불이니 독고인을 맺어 다라후의 진언을
계속 염송하면 간장은 오래 무병하리라.
심장은 남방 보생불, 허공장보살이다. 즉 보부이니 보형인을 맺고 우의
진언을 계속 염송하면 심장은 무병하리라.
폐는 서방 무량수불, 관음보살이다. 즉 연화부이니 팔엽인을 맺어 기리우의
진언을 계속 염송하면 폐는 무병하리라.
신장은 북방 석가모니불, 미륵보살이다. 즉 갈마부이니 갈마인을 맺고
아우의 진언을 계속 염송하면 신장은 무병하리라.
비장은 중앙의 대일여래이고 반야보살이다. 즉 불부이니 오고인을 맺어
반자의 진언을 계속 염송하면 비장은 무병하리라.

又五藏曼多羅儀軌鈔以 秘密眞言治之
肝 東方阿閦佛也 又藥師佛也 金剛部也 卽結獨鈷印 誦ᄌ怛羅字眞言加持 肝藏永無
病也

心 南方寶生佛也 虛空藏也 卽寶部也 卽結寶形印 誦 吽字眞言加持 心藏則無病也

肺 西方無量壽佛也 觀音也 卽蓮華部也 結八葉印 誦 乞里字眞言加持 肺藏則無病也

腎 北方釋迦牟尼佛也 彌勒也 卽羯摩部也 結羯摩印 誦 惡字眞言加持 腎藏無病也

脾 中央大日如來也 般若菩薩也 佛部也 結五鈷印 誦 鑁字眞言加持 脾藏無病也

이 오부의 기도[加持]는 내부의 병을 치료하는 방법이고, 오미의 양생법은 밖의 병을 치료하는 방법이다. 안과 밖이 서로 도와 비로소 수명은 건강하게 보전되는 것이다. 그 오미, 즉 다섯 가지 맛은 신맛으로 감자, 귤, 유자, 초 등이다. 매운맛은 생강, 호초, 고량강 등이다. 단맛은 설탕 등이다. 쓴맛은 차나 청목향 등이고, 짠맛은 소금 등이다.

심장은 오장의 군자이고 차는 맛 중에서 가장 중요하다. 즉, 쓴맛은 모든 맛의 우두머리이고, 심장은 이러한 쓴맛을 좋아하므로 이 차의 쓴맛으로 심장을 튼튼하게 하면 나머지 모든 장기도 편안해진다.

此五部加持 則內之治術也 五味養生 則外療治也 內外相資保身命也 其五味者 酸味者 是柑子 橘 柚 酢等也 辛味者 是薑 胡椒 高良薑等也 甘味者 是砂糖等也 苦味者 是茶 靑木香等也 醎味者 是鹽等也

心藏是五藏之君子也 茶是味之上首也

苦味是諸味上首也 因玆心藏愛此味 以此味建立此藏 安諸藏也

만약 사람의 눈에 병이 있으면 간이 손상된 것으로 생각하고 신 성질의 약으로 병을 치료한다. 귀에 병이 있으면 신장에 병이 있는 것으로 생각하고 짠맛의 성질을 가진 약으로 병을 치료한다. 코에 병이 있으면 폐장이 손상된 것으로 생각하고 매운 성질의 약으로 치료한다. 혀에 병이 있으면 심장이 손상된 것으로 생각하고 쓴맛의 성질을 가진 약으로 치료한다. 입에 병이 있으면 비장이 손상된 것으로 생각하고 단맛의 성질을 가진 약으로 치료한다. 만약 몸이 약하고 의기가 소침할 때는 심장이 손상된 것으로 생각하고 차를 자주 마시면 심장이 튼튼해질 것이다.

若人眼有病 可知肝藏損也 以酸性藥可治之 耳有病 可知腎藏損也 以醎性藥可治之

鼻有病 可知肺藏損也 以辛性藥可治之 舌有病 可之心藏損也 以苦性藥可治之 口有
病 可知脾藏損也 以甘性藥可治之 若身弱意消者 可知亦心藏之損也 頻喫茶 則力强盛
也

차의 효능과 아울러 채취하고 제조하는 절기, 6개 조로 게재한다.

첫째, 차의 이름을 밝힌다.

『이아(爾雅)』에 이르기를 가(檟)는 쓴 차로 일명 천(荈), 명(茗)이라 한다.
일찍 채취한 것을 다(茶)라 하고, 늦게 채취한 것을 명이라 한다. 서촉
사람들은 고다라 한다(서촉은 나라 이름이다). 또 이르기를 성도부는 당의
도읍에서 서쪽 5천 리에 있는 곳으로 이곳의 물산은 매우 좋고, 차 역시
훌륭하다.

『광주기』에 이르기를 고로는 차다. 일명 명이라고 하였다. 광주는 송도의
남쪽 5천 리 되는 곳에 있으니 곤륜국과 천축(인도)에 가깝다. 그러므로
인도에서 귀하게 생각하는 물품을 이곳에서 생산한다. 이곳의 토산품은
마땅히 품질이 좋고 차 역시 좋다. 이곳은 온난하여 눈과 서리가 없고,
겨울에 솜옷도 안 입는다. 따라서 차 맛이 좋다. 그래서 예쁜 이름을 붙여
고로라고 하는 것이다. 이곳은 풍토인 열병[瘴熱]이 있어 북쪽에서 오는
사람 중 열의 아홉은 걸려 위험에 빠지기 마련이다. 모든 것이 맛이 좋아
너무 많이 먹으므로 식전에 빈랑과를 먹는데 손님에게는 억지로 많이 먹게
한다. 식후에는 차를 많이 마시는데 역시 손님에게는 많이 마시도록 한다.
그렇게 하지 않으면 몸과 마음이 상하기 때문이다. 따라서 이 곳에서는
빈랑 열매와 차를 귀하게 여긴다.

『남월지』에는 과라(過羅)는 차를 말함이고 일명 명이라 한다고 하였다.
육우는 『다경』에서 차에는 다섯 이름이 있는데, 차·가·설·명·천이라 하였다
(묘를 더하면 여섯이다).

『위왕화목지』에는 명 운운하였다.

其茶功能并採調時節載左 有六箇條矣

一者 明名字章

爾雅曰 檟 苦茶 一名荈 一名茗 早採者云茶 晚採者云茗也 西蜀人名曰苦茶(西蜀

國之名也) 又云成都府 唐都西五千里有此處 此處一切物美也 茶必美也

廣州記曰 皐盧 茶也 一名茗 廣州宋朝南五千里有此處 與崑崙國幷天竺相近 天竺貴
物生於此 依土宜美 茶亦美也 此州無雪霜溫煖 冬不着綿衣 是故茶味美也 仍美名云
皐盧也 此州瘴熱之地也 北方人到 十之九危 萬物味美 故人多侵 然者食前喫檳榔子
客人强多喫之 食後喫茶 客人來 强多令喫 爲不令身 心損壞也 仍貴重檳榔子與茶矣

南越志曰 過羅 茶也 一名茗

陸羽茶經曰 茶有五種名 一名茶 二名檟 三名蔎 四名茗 五名荈(加筄爲六)

魏王花木志曰 茗云云

둘째, 나무의 모양과 꽃과 잎의 모양
『이아』의 주에는 나무는 작고 치자나무와 비슷하다고 하였다.
『동군록』에는 차꽃은 치자꽃과 모양이 같고, 그 색은 흰색이라고 되어
있다.
『다경』에는 잎은 치자나무의 잎과 비슷하고 꽃은 희고 장미와 같다고 하였
다.

二者 明樹形花葉形章

爾雅註曰 樹小似梔子木云云

桐君錄曰 茶花狀如梔子花 其色白云云

茶經曰 葉似梔子葉 花白如薔薇也云云

셋째, 차의 효능
『오흥기』에는 오정현의 서쪽에 온산이 있고 어묘가 나는데 임금께 바친다고
하였다. 공어라 함은 임금이 먹고 마시는 것 모두를 말한다. 묘로 불리는
차도 귀한 것이다.
『송록』에 이것은 감로이다. 어찌 차나 명이라고 할 수 있는가라고 하였다.
『광아』에 이르기를, 차를 마시면 술이 깨고, 사람으로 하여금 잠을 적게
자게 한다. 졸림은 만병의 근원이니 병이 없으면 졸림이 없다고 했다.
『박물지』에서는 진차를 마시면 잠을 적게 하며, 잠은 사람을 둔하게 한다고
적혀 있다.

『신농식경』에서는 차를 오래도록 마시면 사람의 마음을 즐겁게 한다고 하였다.

『본초』에는 차의 맛은 달고 쓰며, 약간 차고 독이 없다, 차를 마시면 종기가 생기지 않는다, 이뇨에 좋고 잠을 적게 하며 병과 갈증과 숙식[滯症]을 없앤다, 모든 병은 체증에서 시작되는데 체증을 없애므로 병이 없어진다라고 하였다(숙식이란 3일이나 5일 동안 먹은 음식이 소화되지 않음을 말한다). 화타의 『식론(食論)』에는 차를 오래 마시면 기력을 증진시킨다고 적혀 있다(몸과 마음에 병이 없으면 의지와 기력이 증진되지 않겠는가).

호거사는 『식기』에서 차를 오래 마시면 신선처럼 되고 부추와 함께 먹으면 몸이 무거워진다고 하였다. 부추는 일본에서 나지 않고 백합과 종류이다. 도홍경의 『신록』에는 차를 마시면 몸이 가벼워지고, 골고를 낫게 한다. 골고란 각기를 말함이며, 각기를 낫는 데에는 차만한 것이 없다라고 하였다. 『동군록』에는 차를 달여 마시면 사람이 졸지 않고, 졸지 않으면 병이 없다라고 하였다.

두육은 『천부』에서 이르기를 차는 정신을 조화롭게 하고 권태와 게으름을 없애서 편안하게 한다고 하였다(내는 오장의 다른 이름으로, 오장의 불화를 다스림에는 차가 있었고, 또 오내라고도 하였다).

장맹양은 『등성도루시』에서 향기로운 차는 마시는 6청(水·漿·醴·醇·醍·酢) 중에서 으뜸이고 그 넘치는 맛은 온 중국에 퍼졌도다. (차로써) 인생이 진실로 즐겁고 편안하면 이 땅도 가히 즐거운 좋은 곳 아닌가라고 하였다. 6근(眼·耳·鼻·舌·身·意)이 맑고 밝음을 6청이라 하며, 9구(九區)는 중국의 구주를 말함이다(중국을 9등분하여 9주라 한다. 지금은 36군 368주다). 생구는 생채를 쓰면 몸이 안락해지고 병이 없게 됨을 이르는 말이다. 구는 채와 통하고, 즐긴다는 것은 좋아하고 즐김을 말함이다.

『본초습유』에는 고로는 쓰면서도 편안하다, 이것을 마시면 목의 갈증이 멈추고 역병이 제거되고 졸음이 없고 이뇨에 잘 들고 눈이 밝아진다, 남해의 여러 산속에서 생산되는데 남인은 이것을 매우 귀하게 여긴다라고 하였다. 남인이란 광주의 해상에 고도가 있는데 이곳을 해남 또는 광남이라 이르고, 또 그 근처 곳곳에는 많은 해안이 있어 이것들을 총칭하여 남이라 하고 여기에 사는 사람들을 남인이라 부른다. 광주는 열병이 심한 곳이다(瘴은 일본에서 적충병이라 부른다). 중국의 도읍 사람이 지사로 이곳에 도착하면 열 명 중 아홉은 죽어 돌아가지 못한다. 먹을 것이 맛이 좋아 (너무 많이) 먹어 소화시키지 못하기 때문이다. 그러므로 빈랑자를 많이 먹고 차를 마신다. 추위가 없는 곳이어서 많이 먹고 차를 마시지 않으면 몸과 장기가 병에 침범되어 백에 한 사람도 살아남지 못한다. 일본은 워낙 추운 곳이라 이런 어려움은 없다. 남쪽 구마노 산을 여름에 참예하지 않음은 풍토병인 장열이 있기 때문이다. 장은 온열병의 다른 이름이기도 하다.

『천대산기』에는 차를 오래 마시면 날개가 생긴다라고 하였다. 이는 나를 수도 있을 만큼 몸이 가벼워짐을 말한다.

백낙천의 『백씨육첩다부』에는 공어라고 하였다(백성과 하인들이 사용하는 것이 아니므로 (차를) 귀중히 여겨 이같이 말했다).

『백씨문집시』에서는 오차는 능히 잠을 쫓는다라고 하였다. 오는 점심때를 말하고 차는 식사 후 마시므로 오차라고 하였다.

『백씨수하시』에서는 간혹 한 사발[甌]의 차를 마신다라고 하였다. 구란 찻잔을 예쁘게 부름이다. 입이 넓고 바닥이 좁다. 차탕이 오래 식지 않도록 바닥이 좁고 깊다. 작은 그릇의 이름이고 얕은 잔은 차 마시기에 좋지 않다.

또 말하기를 잠을 깨니 차의 공덕이 보인다라고 하였다. 차를 마시면 밤새 잠을 자지 않아도 몸이 고통스럽지 않다.

또 말하기를 깊은 봄 술 마신 갈증으로 차 한 잔 마시네라고 읊었다. 술을 마시면 목이 말라 무엇인가 마시고 싶어지는데 그럴 때에는 차 외의 다른 끓인 물 등을 마셔서는 안 된다. 만약 다른 탕 등을 마시면 종종 여러 병에 걸릴 수도 있음이다.

『효문』에 이르기를 효자는 오직 어버이에게 차를 올린다라고 하였다. 이는 부모로 하여금 무병장수토록 한다는 말씀이다.

송인의 노래에 역신이 수레를 버리고 차나무에 예를 올렸다라고 하였다.

『본초습유』에 차탕이 역병을 물리치니 귀하도다 차여! 라고 하였다.

위로 여러 하늘의 경계에 통하고 아래로는 인간을 돕는다. 여러 약은 단지

각 한 가지 병만을 치료하나, 오직 차는 능히 만 가지 병을 고칠 수 있다.

三者 明功能章

吳興記曰 烏程縣西有溫山 出御茆云云 是云供御也 君子召物 皆名稱供御 貴哉茶乎

宋錄曰 此甘露也 何言茶茗焉

廣雅曰 其飲茶醒酒 令人不眠云云 眠 萬病之根源也 無病不眠也

博物志曰 飲眞茶 令小眠睡云云 眠者令人鈍根

神農食經曰 茶茗宜久服 令人有悅志云云

本草曰 茶 味甘苦 微寒無毒 服即無瘻瘡也 小便利 睡小去疾渴消宿食云云 一切不予

發於宿食 宿食消 故無病也(宿食 三日 五日食也)

華陀食論曰 茶久食 則益意志云云(身心無病 故增意志乎)

壺居士食忌曰 茶久服羽化 與韭同食 令人身重云云 韭草此方無之 薤之類也

陶弘景新錄曰 喫茶 輕身 換骨苦云云 脚氣即骨苦也 脚氣妙藥 何物如之哉

桐君錄曰 茶煎飲 令人不眠云云 不眠則無病也

杜育荈賦曰 茶調神和內 倦懈康除云云(內者五藏異名也 治五藏不和 在茶而已 又五內云也)

張孟陽登成都樓詩曰 芳茶冠六情 溢味播九區 人生苟安樂 玆土聊可娛云云 六根淸明云六情也 九區者 漢地九州云也(漢地九分立州 今州三十六郡 三百六十八州也) 生苟者 生用菜 身安樂 無病云也 苟則菜也 可娛者 娛樂也

本草拾遺曰 皐盧苦平 作飲 止渴 除疫 不睡 利水道 明目 生南海諸山中 南人極重之云云 南人者 廣州之洋 有孤絶之島 稱曰海南 又云廣南也 又近近有多洲渚 此等皆稱曰南也 今南人即是等也 廣州即瘴熱地也(瘴 此方赤蟲病云也) 唐都人知州到此地 十之九不歸北方 食物美味 食而難消 故多食檳榔子 喫茶 不喫多食 則侵身藏 不存百之一也 無寒之地故也 日本國大寒之地 故無此難 而尙南方熊野山 夏不參詣 爲瘴熱之地故也 瘴又溫病異名也

天臺山記曰 茶久服 生羽翼云云 是身輕而可飛 故云爾也

白氏六帖茶部曰 供御云云(非百姓下人所宜 故貴重而如此云也)

白氏文集詩曰 午茶能散睡云 午者 食時也 茶 食後喫 故云午茶也

白氏首夏詩曰 或飲一甌茗云云 甌者茶盞之美名也 口廣底狹也 爲不令茶湯久寒 器之底狹深也 小器名也 淺盞飲茶非也

558

又曰 破眠見茶功云云 喫茶終夜不眠而不苦身矣

又曰 酒渴春深一盃茶云云 飮酒則喉乾引飮 其時唯可喫茶 勿飮他湯水等 飮他湯水
生種種病故也

觀孝文云 孝子唯供親 言爲令父母無病長壽也

宋人歌云 疫神捨駕禮茶木

本草拾遺云 上湯除疫貴哉茶乎

上通諸天境界 下資人倫 諸藥各治一病 唯茶能治萬病而已

넷째, 차를 채취하는 절기

『다경』에는 대개 차는 2월, 3월, 4월 사이에 채취한다라고 하였다.
『송록』에는 대화 7년 정월에 오와 촉나라에서 햇차를 바쳤다라고 하였다.
모두 겨울에 만든 것이다. 그래서 이에 대해 진공(進貢)하는 햇차는 입춘
후에 만들도록 조서를 내렸다. 그 뜻은 겨울에 만들면 백성들이 번거롭기
때문이다. 이후 모두 입춘 이후에 만들어 진상하게 되었다.
『당사』에 이르기를, 정원 9년 봄 처음으로 차에 세금을 부과하였다라고
하였다. 차를 일러 조춘이라 하고 아명이라 이름 지음이 그래서이다. 송조에
서도 이른 봄[早春]에 차를 따고 만들었다. 내리의 후원에 다원이 있는데
정월 3일 동안 하인들을 모아 다원에 들여보내 첫날에는 소리 지르며 왔다갔
다 하게 하고, 둘째 날에는 한 푼에서 두 푼 정도 움튼 싹을 은집게로
따서 차를 만든다. 이 차는 한 숟가락의 찻값이 천 관에 이른다.

四者 明採茶時節章

茶經曰 凡採茶在二月三月四月之間云云

宋錄曰 大和七年正月 吳蜀貢新茶 皆冬中作法爲之 詔曰 所貢新茶 宜於立春後造云
云 意者 冬中造 則有百姓煩故也 自此以後 皆立春後造之 進之

唐史曰 貞元九年春 初稅茶云云 茶美名云早春 又云芽茗 此義也 宋朝此比採茶作法
內裏後園有茶園 元三之內 集下人入茶園中 言語高聲 徘徊往來終日 則次之日 茶芽
一分二分萌以銀之毛拔採之 而後作茶 一匙之直及千貫矣

다섯째, 차를 채취하는 방법

『다경』에는 비가 오면 차를 채취하지 않는다라고 하였다. 비록 비가 오지 않더라도 구름이 낀 날은 역시 채취하지 않는다. 불에 쬐어 말리지도 찌지도 않는다. 그 효과나 효용성이 약해지기 때문이다.

五者　明採茶樣章

茶經曰 雨下不採茶 雖不雨而有雲 亦不採 不焙 不蒸 用力弱故也

여섯째, 차를 만드는 방법

송나라에서 차를 불에 쬐어 말리는 방법을 보면 아침에 찻잎을 따서 즉시 찌거나 불에 쬐어 말린다. 게으르거나 나태한 사람은 할 수 없는 일이다. 말리는 선반에 종이를 깔고 그 종이가 눌지 않도록 불을 잘 조절하여 정성으로 말린다. 느리지도 급하지도 않게, 자지 말고 그 날 밤 안에 말려야 한다. 말린 것은 좋은 병에 넣고 댓잎으로 견고하게 밀봉하면 몇 년이 지나도 손상되지 않는다. 차를 채취하고자 할 때는 인부와 먹을 것, 숯, 땔감 등을 충분히 준비한 후 차를 채취하여야 한다.

이상 후세의 양생법은 기술한 바와 같다. 원래 일본의 의술인은 차를 채취하는 법을 몰라서 차를 쓰지 않는다. 그러면서도 도리어 차는 약이 아니다 운운한다. 이것은 차의 효용을 알지 못하는 탓이다. 이에 본인 에이사이(榮西)가 중국에 있던 때, 차를 소중히 함을 눈으로 직접 보았다. 이런저런 이야기들에 굳이 토를 달지는 않겠지만 제왕은 충신에게 차를 포상으로 내렸고, 좋은 설법을 하는 고승에게는 차를 보시(布施)하였다. 이러한 일은 예나 지금이나 같은데 변함이라면 차의 법도일 것이다. 만약 차를 마시지 않으면 심장이 약한 고로 제약의 효과가 없다. 후대 각계각층의 모든 사람들은 이 뜻을 잘 헤아리기 바란다.

이제 분부에 의해 찬술하였다. 후인의 첨삭은 불가하다.

끽다양생기 권상(喫茶養生記 卷上)

六者　明調樣章

見宋朝焙茶樣 朝採 卽蒸 卽焙之 懈倦怠慢之者 不可爲事也 焙棚敷紙 紙不燋許誘火

入 工夫而焙之 不緩不急 終夜不眠 夜內焙上 盛好瓶 以竹葉堅閉 則經年歲而不損矣
欲採時 人夫幷食物炭薪 巨多割置 而後採之而已
右 末世養生之法 記錄如斯 抑我國醫道之人 不知採茶法 故不用之 還譏曰 非藥云云
是則不知茶之德之所致也 榮西在唐之昔 見貴重茶如眼 有種種語 不能具註 帝王有忠
臣必給茶 僧說妙法則施茶 今昔同儀 或只在茶之法 若不喫茶者 諸藥無效 心藏弱故
也 庶幾末代上中下諸人悉之 今依仰撰之 後不可添削矣

끽다양생기 권하(喫茶養生記 卷下)

第二 遣除鬼魅門은 주로 상(桑)의 내용이므로 생략함

🍃 후기

"좋은 차는 아름다운 사람과 같다"(佳茗似佳人)라는 시구가 있다. 이는 차 자체를 말하기도 하지만 차를 알고 차생활을 여유 속에서 진정 즐길 줄 아는 차인을 아름답고 멋진 사람으로 표현한 것이라고 생각한다. 세상에는 훌륭한 차인으로 이름을 남긴 분도 많고 또한 현존하는 분들도 많다. 저자의 기억 속에 우리나라 사람이 아님에도 우리 차를 이해하고 진정으로 사랑하는 몇 분이 계신다. 그 중 한 분인 일본인 오가와 세이지(小川誠二) 선생은 1980년대 초반에 몇 번 부부가 함께 선암사를 방문한 이래 연락이 두절되었다가 몇 년 전 저자의 딸의 국비 일본연수 중 어렵게 연락이 되어 2006년 저자의 차밭을 방문하였다. 이미 연세는 미수(米壽)가 넘었음에도 정정하셨고, 차를 아주 진하게, 보통보다 5~6배 정도 진하게 우려 드시면서 눈물을 흘릴 만큼 감격해하였다. 알고 보니 선친과 저자의 소식을 알려고 여러 번 연락했으나 중간에서 연락을 취하는 사람이 소홀히 했던 것으로 그이에게 면전에서 호통을 치기도 하였다. 다음 해 초청으로 일본답방을 했는데 당시 90세인 선생께서는 "명인차 덕분에 다리에 새로 힘이 생겨 댄스를 배우기 시작했다"는 말씀도 하였다. 지난 2011년 93세의 일기로 돌아가셨고, 또 비록 일본인 이지만 우리 차를 이해하고 즐길 줄 아셨던 정말 아름다운 차인으로 기억한다. 그분의 자제인 오가와 히데히코(小川秀仁) 씨는 현지를 방문하여 차밭을 두루 살펴보고, 법제 과정도 상세히 파악한 뒤 귀국하여 그 내용을 발표하였으며, 저자의 차를 수입하여 일본에 널리 알리고 판매하는 등 사업의 좋은 동반자가 되었다.

저자는 차를 만드는 사람이지만 만약 차 만드는 사람도 자격이 있다면 아름다운 사람으로 기억되고 싶은 소망이 있다. 후일 우리 전통작설차를 만들고 알리기에 신명을 다했고, 평생 차의 동반자로서 차밖에 모른 채 차와 더불어 살았던 아름다운 사람으로 기억되는 일이다. 서가(書家)에 "글은 그 사람이다"(書與其人)라는 말이 있어 글[書藝]이 글쓴이의 인품, 학식, 교양, 마음과 사상까지 나타내므로 서예가는 글을 쓸 때 혼신의 힘을 다한다고 한다. 마찬가지로 차를 보면 그 차를 법제한 사람의 모든 것을 알 수 있을 것이다. 그러므로 저자는 예전에도 그래 왔지만 앞으로도 저자의 분신인 구증구포작설차의 법제에 마땅히 모든 능력과 정성을 기울일 것이며, 아울러 그 전승을 위해서도 최선을 다할 것이다.

4월 초부터 시작된 한 해 차농사 일이 거의 마무리되고 책 쓰는 일도 본궤도에 오른 2013년 8월 중순 무렵이었다. 그런데 유난히 무더웠고 길었던 이 여름의 말복 즈음하여 심한 여름감기에 걸리고 말았다. 기억에도 없는 지독한 감기 몸살과 기침으로 목소리도 변했고, 현기증으로 정신상태도 몽롱하였다. 여러 날 지나 병원에 다녀온 후 새벽에도 별 차도가 보이지 않았으나 이래서는 안 되겠다 싶었고, 또 감기에 질 수는 없겠다는 생각으로 마음을 다잡고 아침 일찍 차밭에 올랐다. 한걸음 한걸음이 무거웠지만 생전의 선친 걸으시는 모습을 생각하며 힘들게 걸음을 재촉하였다. 한 번도 바삐 걸으신 일이 없이 늘 묘보(猫步)로 소리 없이 걸으시는 선친을 보며 저자는 전쟁중 포탄이 곁에 떨어져도 서두르거나 경망하게 빠른 걸음으로 움직이지 않으실 분으로 생각하곤 하였고, 따라서 저자도 처신을 늘 바위같이 무겁게 하고자 노력하였다.

때마침 저자는 2013년 봄, 한국식품명인협회 회장직에 추대받고 취임하게 되어 개인의 명업(茗業) 외 협회 일과 정부의 관련 행사들, 저자로서는 원거리인 서울과 세종시에서의, 특히 새 정부의 출범과 더불어 관련 행사들이 줄을 잇는 등 회장으로서의 소홀할 수 없는 많은 책무로 일상사가 더욱 복잡해졌다. 이런 때일수록 저자에게 의연함과 여유로운 마음가짐이 필요하였겠지만, 기왕의 막중한 차 농사철과 맞물리고, 저자로서 쉽지 않은 글쓰기, 또 회장으로서 빠질 수 없는 행사 등으로 인해 무리한 일정 탓인지 단기간에 기가 소진되어 몸 상태가 많이 쇠약해졌는데도 미처 건강을 살필 여유가 없었던 것이다. 그리하여 잠시 틈을 내어 자신도 돌아볼 겸 선친의 비석과 영정에 참배하며 심신을 추스르기도 하였다.

　　저자는 저자의 태생이 불가와 인연이 깊어 다경의 저자 육우나 끽다양생기를 저술한 에이사이 선사와 비슷한 환경 속에서 성장하며 차 공부를 할 수 있었다. 일찍이 일본이 장수국가로 알려지게 된 한 배경에 일본에 최초로 차와 선을 전파한 에이사이가 있었듯이 저자도 우리 땅에 건강한 차나무들을 무성히 우거지도록 하여 차로 인한 우리 민족문화의 흥성함을 희망하였고 또 실현해 보고자 하였다. 그러나 근래에 와서 그 바람은 그저 부질없는 욕심에서 비롯되지 않았는가 하는 생각도 들었다. 그동안 차와 더불어 살아오면서 차가 생활과 건강을 지켜주리라 굳게 믿었고, 또 실제 그러하였기에 항상 자긍심 넘치는 생활을 해 왔으나 이번 일로 새삼 건강의 중요성을 깨닫게 되었음이 다행이고, 또 가족을 비롯하여 멀리서도 걱정해 주는 많은 지인의 따뜻한 마음에 대한 감사와 소중함에 대해서는 어떠한 말로도 표현이 미치지 못할 것이다. 이제 차일에 대한 큰 욕심 버리고 할 수 있는 만큼만 일해서 거두고, 그리고 선인의 차사랑을 더욱 본받으며, 더욱 베풀고, 더욱 더불어 살아가리라 새삼 작정해

본다.

　저자에게는 전통 작설차사업이 잘 진행되기를 바라는 마음 외 몇 가지 희망사항이 있다. 하나는 상월 스님의 다오기(茶悟記)를 온전히 찾아서 선암사에 잘 모시는 일, 우리 차에 대한 교육과 체험학습 등이 활성화되어 어린 학생들도 우리 전통차를 커피나 타 음료만큼 잘 알게 되었으면 하는 바람, 차 열매사업이 잘 진행되어 탁월한 효능의 항비만성 및 건강에 유익한 신상품이 개발되어 국민건강 증진에 이바지하고 재래종 차 농가에 큰 희망이 되는 일, 저자가 소장한 도서 및 서화 등 예술품, 다기, 차밭 복원일지와 사진 등 차에 관련된 자료들이 잘 정리되어 후일 많은 분들에게 작은 도움이라도 되었으면 하는 바람이 그것이다.

　이제까지 두서 없고 정리되지 못한 본 졸저를 끝까지 읽어주신 여러 독자들께 삼가 죄송함과 감사의 말씀을 드린다.

2014年 雨水節
曹溪山 勝雪軒에서
松軒 申珖秀 頓首

불가에서는 현세의 인연은 오랜 세월의 연(緣)이 쌓이고 겹쳐서 이루어진
다고 합니다. 귀한 인연 소중히 생각하고 소홀히 말라는 말씀이기도
하겠지요. 저와 세교지우(世交之友)인 이 책의 저자 신광수 명인과의
인연이 그러합니다. 제 선친과 명인의 선친이신 용곡(龍谷) 스님과의
만남의 인연은 50여 년도 훨씬 더 되었을 것입니다. 순천 향교의 전교(典
敎) 재임중 별세하신 저의 선친(張公洹字宅字)께서는 건축업, 특히 문화재
복원과 보수공사 등의 사업을 하셔서 선암사의 일도 많이 하셨고, 또
인품으로도 서로 존중하고 통하는 바가 있으셨음인지 10여 세의 나이
차와 유가(儒家)와 불가(佛家)의 종교 및 현실에서의 우선적 가치관의
차이에도 불구하고 명인의 선친이신 용곡(龍谷) 스님과는 격의(隔意)
없이 지내셨습니다. 또 군이 한 인연 보태자면 순천 출신으로 저의
13대 선조이신 전라좌의병부장(全羅左義兵副將) 충의공(忠毅公) 명보(明
甫) 장윤[張公 潤字: 1552~1593] 공 할아버지께서 임진왜란 때 제2차
진주성 싸움에서 창의사(倡義使) 김천일(金千鎰), 충청병사 황진(黃進)의
뒤를 이어 목사(牧使) 겸 대장으로 전쟁을 지휘하시다 전사하셨습니다.
전쟁 후 할아버지께서는 병조참판으로 추증되셨고 이후 우리 집안은
목천장씨(木川張氏) 참판공파가 되었습니다. 당시에 역시 신 명인의 13대
선조이신 충의공(忠義公) 봉헌(鳳軒) 신여량(申汝樑: 1564~1604) 공께서
초대 거북선의 선장 및 수군절도사 등을 역임하신 후 전사하시어 추후

병조판서로 추증되셨으며, 병란중 구국의 기치 아래 수군과 의병의 왜병 척결을 위한 긴밀한 협력은 충분히 예상할 수 있는 바, 두 분의 만남과 교류는 어느 정도 개연성이 있다고 생각됩니다. 저와 명인과는 어릴 적부터의 친구로 학교도 같이 다녔고 이후 평생의 지기(知己)로 지내고 있습니다.

이번 명인이 역저(力著)를 저술함에 있어 자료 수집과 정리 등 의력지조(蟻力之助)의 역할 정도나 할 수밖에 없었던 소생에게 뜻밖의 발문(跋文) 요청은 분에 넘치는 일로 적잖게 당황하였고, 또한 감당할 만한 문재(文才)도 아니므로 선뜻 응할 수 없었으나 거듭 사양함은 고우(古友)로서 그 또한 예가 아닐 것이기에, 또 명인을 비교적 가까이에서 지켜볼 수 있었다는 이유로 용기를 내어 삼가 비재(非才)의 본보기가 됨을 감수하기로 하였습니다.

사실 저는 10여 년전 교통사고 후 6개월여 병상에 누워 지내던 중 교회에 나가게 되었습니다. 그러나 아직 믿음이 깊지 못한 얼치기 교인으로서의 저는 교회의 신앙은 구원이고, 불가에서의 신앙의 궁극적 목표는 깨달음인데 그 사이에는 혹독한 자기 수행 과정이 있다고 생각하고 있습니다. 하여 그 중에는 학문적·예술적 요소도 크게 잠재되어 있으므로 불교와 스님들에 대한 공부와 연구의 변(辨)으로 하고자 합니다. 하지만 우리나라에 교회가 없던 시절 백성의 소박한 희망과 절박함을 들어주고, 그들의 간구함에 믿음의 대상과 터전을 제공했던 도량으로서의 역할을 크게 평가하지 않을 수는 없는 일입니다. 그리고 교회와 불교가 강조하는 바는 사랑과 자비, 즉 베품을 통해 행복을 추구하고 또 저 세상에서의 영생을 추구하는 것이라고 생각합니다. 하지만 간혹 서로에게 그닥 좋지 않은 편견과 선입관으로 보는 현실에서 서로를 인정하는 너그러운 마음과 슬기로운 공생으로 아름다운 조화가 이루어지기를 간절히 바라는 마음과 더불어, 교회에서도 우리 전통차인 작설차를 애호하고 아껴주었으면 하는 소망 또한 있습니다.

저는 직업 때문에 해외생활도 오래했었고, 그러다가 IMF 때는 실직의 실의도 겪었으며, 병원생활 등 한때 여의치 못했던 사회생활로 상당 기간 명인과 소원하였다가 꽤 오랜만에 명인을 방문하였는데 당시는 한창 차밭을 조성하던 중이었습니다. 한데 차밭을 조성하느라 작은 계곡을 따라 돌로 된 성처럼 엄청나게 높은 축대들을 층층이 쌓은 것이 보였습니다. 물론 땅의 활용도를 최대한으로 높이기 위해서였고 중장비도 사용하였겠지만, 그 정성과 한편으로는 그 무모함에 놀라지 않을 수 없었습니다. 그러나 차를 향한 그 열정에 그만 울컥해질 만큼 감동을 받았습니다. 범인으로서는 감히 시도할 수 없는 그 무모함, 그리고 명인이 이어온 선암사 구증구포작설차에 대한 신앙이나 다를 바 없는 그 애정과 열정, 그리고 그 정성이 일찍이 유례없는 오늘의 십수만 평 재래종 차밭을 일군 신광수 명인이 있게 하였던 것입니다.

신광수 명인은 일찍이 불가(佛家)에서 태어나서 동자승이 되어 경전과 불경 등을 배웠고, 차츰 성장해 가면서 노장 스님들에 대한 차 공양으로 차 생활이 절로 몸에 배었으며, 따라서 자연스럽게 그 선친이신 용곡 스님을 통해 청허 스님으로부터 전해져 온 선암사 구증구포작설차에 대한 모든 것을 전수받게 되었습니다. 1970년대 중반까지 여력 부족으로 방치되다시피 하던 선암사 차밭을 복원하기 시작한 일을 계기로 차 공부에 매진하는 한편, 당시 불모지나 다름없던 작설차에 눈을 뜨게 되어 각지의 사찰이나 폐사 주위에 방치되어 황폐화된 차밭을 답사, 확인하여 그 복원과 새로운 차밭 조성에도 기여하는 한편 각처의 제다법도 두루 확인하였습니다. 또한 중국과 일본 등지의 유명 다원과 차 시배지 등을 두루 답사하고, 다경(茶經)을 비롯한 국내외 수많은 다서(茶書)들도 섭렵하게 되면서 우리 전통 작설차의 우수성에 대한 확신감과 자신감을 가지게 되었으며, 이후 우리 전통차의 부흥에 평생을 헌신하게 됩니다. 또한 명인은 젊어서부터 선친 용곡 스님께서 이어오셨고 또 명인에게 전수된, 임제종 중흥조이며 덖음차를 완성하셨다고 알려진 서산대사의 발자취를 좇아 지리산 등지를 수없이 편력한 그 열정에, 선암사와 용곡 스님 및 명인이 직접 당면하였던 고난으로 점철되었던 인생역정과, 저자가 일생을 바쳐 이룩한 경험들로 나름대로의 인생관과 철학이 확고하게 수립되었겠지요. 사실 쉽게 말해서 인생역정이지 그 고난은 실로 참담할 때도 많았습니다. 명인과 그 선친께서 같이 영어(囹圄)의 몸이 되기도 하였고, 작업 도중 소소하게 다치는 일은 부지기수였습니다. 한번은 죽로차 밭의 대나무 간벌 도중 도구에 크게 다쳐 지금도 한쪽 팔이 부자연스러운 상태이고, 또 고열의 덖음솥 안에서의 덖는 작업 때문에 지문이 마모되어 출입국 시 공항에서 문제가 되기도 할 만큼 치열한 삶이었던 것입니다. 그리하여 이제 명인이 지내온 그 굴곡 많았던 인생, 하지만 오직 한 길이었던 그 여정이 오롯이 이 한 권의 책에 담기게 되었습니다.

따라서 신광수 명인의 이 저서는 저자의 가슴에 가득한 차에 대한 열정, 저자가 온몸으로 부딪히며 저항할 수밖에 없었던 시대의 아픔, 선친 용곡 스님과 청허대사 및 선조사(先祖師)를 향한 숭모(崇慕)와 사랑, 또 어쩔 수 없는 종교인으로서의 고뇌와 모든 차인(茶人)에 대한 감사의 뜻까지 모두 토해낸, 보태지도 빼지도 않은 역사의 기록이기에 그 글은 무거울 수밖에 없었고, 또 한편으로 장황하리 만큼 길었을 것입니다.
이제 시대의 변천에 따라 우리 전통차의 미래가 크게 밝다고만은 할 수 없는 현 시점에서 그 누가 있어 우리 전통 재래종 차의 과거를 되돌아보고 현재를 정리하며, 또 현실에 대한 대안과 나아갈 바까지 제시할 수 있겠는가를 생각하면 참으로 고개가 숙여질 수밖에 없습니다. 물론 오래 전부터 준비는 해왔으리라 생각되지만 최근에는 중차대한 명인협회 회장직까지 추대받아 그야말로 동분서주할 수밖에 없는 어려운 처지에서 탈고할 수 있었음에 그저 존경의 뜻을 전하는 외 더 이상 그 큰 노고에 대한 위안의 말씀 드리기 어렵습니다. 이에 자랑스러운 제 친구 신광수 명인에게 드리는 한 마디로 졸(拙) 발문(跋文)을 마무리하고자 합니다.

"친구여! 존경합니다. 그리고 사랑합니다!"

2014년 三月 峨嵯山下 寓居에서

素洲 張芒根 謹識

姜仁姬, 『韓國食生活史』, 三英社, 1989.

孔子, 『論語』, 平凡社, 1986.

關口眞大 저, 이영자 역, 『禪宗思想史』, 문학생활사, 1987.

官崎市定 著, 曺秉漢 編譯, 『中國史』, 역민사, 1983.

橋本實, 『植物の文化9 茶の傳播史』, 淡交社, 1988/2006.

九松眞一, 『茶道의 哲學』, 동국대학교출판부, 2011.

金明培, 『茶道學』, 學文社, 1984.

金明培, 『韓國의 茶詩鑑賞』, 大光出版社, 1999.

金雲學, 『韓國의 茶文化』, 玄岩社, 1981.

김광식 편, 『한국불교100년』, 민족사, 2000.

김달진 역, 『無用 鞭羊堂集』, 동국역경원, 1994.

김달진 역, 『白谷集』, 동국역경원, 1994.

김대성, 『茶文化 遺蹟 踏査記』, 佛敎春秋社, 2000.

金煐泰, 『韓國佛敎史』, 경서원, 1997.

김일두 편, 『名刹扁額巡歷』, 한진출판사, 1979.

김종태, 『茶의 科學과 文化』, 도서출판 보림사, 1996.

동아시아선학연구소 편저, 『趙州禪師와 喫茶去』, 불교춘추사, 2003.

라즈느쉬 강의, 손민규 옮김, 『趙州語錄』, 태일출판사, 1994.

『梅月堂-그 文學과 思想』, 江原大學校人文科學硏究所·江原大學校出版部, 1991.

文鳳宣, 『問梅消息』, 공아트스페이스, 2011.

朴暎熙, 『東茶正統考』, 호영出版社, 1985.

박은숙, 『高敬命 시 연구』, 집문당, 1999.

朴漢永 저, 서정주 번역, 『石顚朴漢永詩集』, 동국역경원, 2006.

백련선서간행위원회 번역, 『趙州錄』, 불기2535(1987).

梵海, 『東師列傳』, 廣濟院, 1994.

불교신문사 편, 『禪師新論』, 우리출판사, 1989.

『佛祖源流』, 佛敎出版社, 1980.

『뿌리 깊은 나무』 1992년 7월호.

석지현 편역, 『禪詩』, 현암사, 1975.

성락훈 역,『韓國의 思想大全集』, 동화출판공사, 1972.

性徹, 『韓國佛敎의 法脈』, 海印叢林, 佛紀2520.

松下智, 『日本における茶の系譜』(季刊人類學 1-4), 1969.

昇州郡·南道佛敎文化硏究會, 『仙巖寺』, 圖書出版 미주, 1992.

昇州郡·昇州郡史編纂委員會, 『昇州郡史』, 1985.

신계우, 『한국지방행정의 실제』, 금성인쇄, 1989.

신동아편집실 편, 『韓國近代人物百人選』, 東亞日報社, 1979.

안동림 역주, 『碧巖錄』, 현암사, 1978.

양상경 역, 『唐詩選』上·下, 을유문화사, 1974.

역경위원회 역, 『禪門念誦集』, 동국역경원, 1987.

榮西禪師 著, 朴良淑 解譯, 『喫茶養生記』, 자유문고, 2005.

榮西禪師 著, 柳建楫 註解, 『喫茶養生記』, 이른아침, 2011.

오경웅, 『禪學의 黃金時代』, 도서출판 삼일당, 1978.

禹貞相·金煥泰, 『韓國佛敎史』, 신흥출판사, 1968.

劉喜海 編著, 『海東金石苑 上』, 亞細亞文化社, 1976.

陸羽 著, 金明培 譯, 『茶經』, 太平洋博物館, 1982.

陸羽 著, 朴良淑 解譯, 『茶經』, 자유문고, 2005.

윤영춘 역해, 『四書五經』, 한국협동출판공사, 1984.

『毅齋 許百鍊 : 作品과 生涯』, 全南日報社, 1977.

이기백, 『韓國史 新論』, 일조각, 1967.

李丙燾 外, 『韓國의 民俗宗敎思想』, 삼성출판사, 1981.

李盛雨, 『茶와 飮料의 文化(한국식품문화사)』, 교문사, 1984.

李盛雨, 『古代韓國食生活硏究』, 향문사, 1992.

李崇寧, 『韓國의 茶(한국의 전통적 자연관)』, 서울대학교출판부, 1985.

이연자, 『名門宗家를 찾아서』, 컬처라인, 2002.

이연화 옮김, 『라즈니쉬의 달마어록 강의』, 정신세계사, 1992.

이종찬, 『韓國佛家詩文學史論』, 불광출판부, 1993.

一然 저, 金斗萬 역, 『三國遺事』, 弘新文化社, 1991.

임혜봉, 『한국의 불교다시』, 민족사, 2005.

張意恂, 『東茶頌·茶神傳』, 太平洋博物館, 1985.

장휘옥 역, 『海東高僧傳』, 동국역경원, 1994.

鄭相九, 『茶文化學』, 詩文學社, 1983.

정영선 편역, 『東茶頌』, 너럭바위, 2007.

諸岡存, 『朝鮮의 茶와 禪』, 삼양출판사, 1983.

曺斗鉉, 『韓國의 漢詩』, 一志社, 1980.

조무연, 『원색 한국수목도감』, 도서출판 아카데미서적, 1989.

『朝鮮金石總覽』, 亞細亞文化社, 1976.

『朝鮮王朝實錄』 世祖·中宗·明宗·宣祖 편, 광주전남사료조사연구회, 1994.

曺首鉉, 『雙谿寺眞鑑禪師碑』, 梨花文化出版社, 1998.

종단사간행위원회, 『太古宗史』, 한국불교출판부, 2006.

芝村哲三, 『榮西を訪ねて』, サンコ一印刷株式會社, 2004.

『茶文化硏究』, 차문화연구소, 1990.

『茶의 世界』 月刊誌, 불교춘추사, 2002~ .

천관우선생 추모문집간행위원회 편, 『韓國史大係』, 아카데미, 1984.

최만허, 『禪理採根』, 불서보급사, 1986.

崔撫山, 『韓國 歷代 高僧의 茶詩』, 圖書出版 瞑想, 2002.

崔凡述, 『韓國의 茶 生活史』, 1966.

崔凡述, 『韓國의 茶道』, 寶蓮閣, 1975.

케네스첸, 『中國佛敎』, 민족사, 1991.

『한국민족문화대백과사전』, 한국정신문화연구원, 1997.

한국출판연구소 편, 『歷代人物韓國史』, 신화출판사, 1977.

『한글대장경』, 東國譯經院·東國大學校, 1969.

韓勝源, 『草衣』, 金寧社, 2003.

韓龍雲, 『韓龍雲全集(님의 침묵)』, 신구문화사, 1973.

許浚, 『東醫寶鑑』, 圖書出版 둥지, 1993.

혜업 역, 『선종영가집』, 대각회출판부, 1977.

효동원선다회 편역, 『茶香禪味』, 도서출판 보림사, 1989.

●

姜承希, 「茶詩를 통해 본 牧隱李穡의 思想硏究」, 원광대학교 석사학위논문, 2006.

고연미, 「高麗圖經의 金花烏盞 硏究」, 『韓國茶學會誌』 14-1, 2008.

奇敬姬, 「許筠의 茶文化硏究」, 원광대학교 석사학위논문, 2010.

김기원, 「孤山 尹善道 茶詩 考」, 『韓國茶學會誌』 3-2, 1997.

김기원, 「四溟堂大師 惟政의 茶詩考」, 『韓國茶學會誌』 6-1, 2000.

김기원 外, 「朝鮮王朝 實錄에 나타난 當時 雀舌茶의 用度 考察」, 『韓國茶學會誌』 13-1, 2007.

金明培, 「『조선의 차와 禪』의 분석적 연구」, 『韓國茶學會誌』 4-2, 1998.

金明熙, 「朝鮮前期 선비들의 차정신-茶詩를 중심으로-」, 원광대학교 석사학위논문,

2006.

金美淑, 「梅月堂 金時習의 茶道觀 研究」, 원광대학교 석사학위논문, 2009.

金石泰, 「眞覺國師慧諶의 禪詩 研究」, 전남대학교 석사학위논문, 2000.

金延炷, 「唐代禪宗의 茶文化研究」, 원광대학교 석사학위논문, 2010.

김재생, 「韓國産 茶의 歷史的 考察」, 『진주농대농학연구소보』 2, 1968.

金再姬, 「朝鮮時代 茶畫에 나타난 茶文化 研究」, 성균관대학교 박사학위논문, 2004.

김지연, 「紫霞 申緯의 茶詩에 관한 研究」, 공주대학교 석사학위논문, 2010.

김진숙, 「唐代의 飮茶文化」, 『韓國茶學會誌』 13-1, 2007.

閔丙秀, 「李奎報의 詩世界」, 『韓國漢文學研究』 19, 한국한문학회, 1996.

朴漢永, 「최남선편」, 『石顚詩抄』, 출판사 미상, 1940.

白順華, 「茶詩文에 나타난 崔舌茶 考察」, 성균관대학교 석사학위논문, 2008.

寺刹文化研究院, 「仙巖寺」, 『傳統寺刹叢書 6』, 1996.

篠田統, 「唐代の茶」, 『茶生活文化研究』 11冊, 1962.

孫庚子, 「高麗時代의 茶文化 展開」, 동국대학교 석사학위논문, 2012.

송경섭, 「茶詩에 나타난 朝鮮 開國 士大夫의 具顯 世界 小考」, 『韓國茶學會誌』 14-1, 2008.

송경섭, 「茶詩 著者 行歷 考察에 의한 茶 生活 背景 연구」, 『韓國茶學會誌』 15-1, 2009.

송경섭·김세리, 「茶詩에 나타난 朝鮮 集賢殿 학사들의 茶文化 小考」, 『韓國茶學會誌』 15-2, 2009.

李貞畢, 「韓國茶文化 발전에 있어서 佛敎의 役割에 관한 연구」, 원광대학교 석사학위논문, 2010.

李鍾燦, 「高麗禪詩研究」, 한양대학교 박사학위논문, 1984.

李周娟, 「梅月堂金時習의 茶道연구」, 성균관대학교 석사학위논문, 2005.

李慧子, 「朝鮮時代 宮中儀式에 나타난 茶禮 研究」, 성균관대학교 박사학위논문, 2007.

정병춘 外, 「野生 茶나무 資源蒐集 및 特性調査」, 『작물과학연구논총』 8, 2007.

鄭相九, 「韓國 茶詩에 표현된 禪思想에 관한 研究」, 『韓國茶學會誌』 11-3, 1995.

정서경, 「茶詩를 통해 본 高麗時代 茶文化 研究」, 목포대학교 석사학위논문, 2008.

정서경, 「韓國 茶文化 기능의 傳承에 관한 硏究」, 목포대학교 박사학위논문, 2012.

정천구, 「喫茶養生記에 나타난 佛敎的 思惟」, 『일본불교사연구』 6, 2012.

趙仁淑, 「朝鮮 前期 茶詩 研究 : 徐居正과 金時習을 중심으로」, 원광대학교 박사학위논문, 2009.

천종은 外, 「最近 國內 茶 品質審査 分析」, 『韓國茶學會誌』 11-3, 2005.

崔完秀, 「秋史 金正喜」, 『澗松文華』, 韓國民族美術研究所, 2006.

韓主熙, 「朝鮮中期 禪僧들의 茶文化觀 研究」, 원광대학교 석사학위논문, 2011.

허경진, 「梅月堂 金時習」, 「茶山 丁若鏞」 外, 『韓國의 漢詩』, 平民社, 2002.

許筠, 「屠門大嚼」, 『惺所覆瓿藁』, 民族文化推進會, 1985.